高等学校"十三五"规划教材

大学化学

周为群　朱琴玉　主编

化学工业出版社

·北京·

《大学化学》共分五个模块，第一模块从宏观上介绍化学基础原理，包括气体与溶液、化学热力学基础与化学动力学基础；第二模块从微观上介绍物质结构的基本原理，包括原子结构、分子结构及晶体结构；第三模块讨论水溶液中的四大化学平衡（酸碱平衡、沉淀溶解平衡、配位平衡、氧化还原平衡）以及相关计算；第四模块介绍一些重要元素和化合物的组成、结构、性质及其变化规律；第五模块为分析化学篇，介绍分析化学基础知识，在此基础上介绍滴定分析的基础知识以及现代仪器分析方法。

《大学化学》可作为理工类非化学化工类专业、农林类专业、医药类专业学生的本科教材。

图书在版编目（CIP）数据

大学化学/周为群，朱琴玉主编．—北京：化学工业出版社，2019.10（2024.9重印）
ISBN 978-7-122-34938-5

Ⅰ.①大…　Ⅱ.①周…②朱…　Ⅲ.①化学-高等学校-教材　Ⅳ.①O6

中国版本图书馆CIP数据核字（2019）第153160号

责任编辑：李　琰　　　　装帧设计：关　飞
责任校对：杜杏然

出版发行：化学工业出版社（北京市东城区青年湖南街13号　邮政编码100011）
印　　装：三河市双峰印刷装订有限公司
787mm×1092mm　1/16　印张24¼　彩插1　字数612千字　2024年9月北京第1版第6次印刷

购书咨询：010-64518888　　售后服务：010-64518899
网　　址：http://www.cip.com.cn
凡购买本书，如有缺损质量问题，本社销售中心负责调换。

定　　价：68.00元　　

前言

大学化学是理工农医等学科非化学专业的重要基础课程。近年来，国内许多高校相继对非化学专业的化学基础课教学内容和课程体系进行了改革。为了适用于理、工、农、医等专业学生，国内近年来相继出版涵盖四大化学基础内容的《普通化学》，也有包含无机化学和分析化学基础内容的《无机及分析化学》。为了紧跟21世纪我国高等教育教学改革的步伐和一体化教学理念，编写一套适用于不同专业的通用一体化大学化学课程教材很是必要。

《大学化学》由公共化学与教学系组织教学经验丰富的教师编写而成。与国内现有的大学化学教材相比，本书以掌握基本理论、够用为度，并以应用为目的，以掌握概念、强化应用为重点，突出在实践中广泛应用的基础理论、基础知识和基本技能，以利于学生综合素质的提高。考虑到各专业学生对大学化学的需要，在选材上适当放宽范围，以便不同专业教学时选用。

《大学化学》的主要目的是使非化学专业的学生在学习完本课程以后，能掌握最基本的化学原理，并能应用这些原理来处理实际问题，为后续的相关专业学习打好基础。

为了适用于不同专业，本书在内容编排上做到知识点尽可能模块化，力求做到循序渐进。第一模块从宏观上介绍化学基础原理，包括气体与溶液、化学热力学基础与化学动力学基础；第二模块从微观上介绍物质结构的基本原理，包括原子结构、分子结构及晶体结构；第三模块讨论水溶液中的四大化学平衡（酸碱平衡、沉淀溶解平衡、配位平衡、氧化还原平衡）以及相关计算；第四模块介绍一些重要元素和化合物的组成、结构、性质及其变化规律；第五模块为分析化学篇，介绍分析化学基础知识，在此基础上介绍滴定分析的基础知识以及现代仪器分析方法。本教材保留了大量无机化学、物理化学、分析化学基础内容，以够用为基础，减少了篇幅。通过多年来的教学实践，我们认为，基础知识的掌握需要不断地重复学习。把无机化学部分的四大平衡与分析化学部分滴定分析基础内容再一次拆分，有利于学生更深入地掌握化学基础理论知识。为了适应当前分析化学的发展，本书对现代仪器分析进行了简介。教师可以根据各专业对化学的要求的不同，对教材内容进行适当的取舍。

为了适应高等教育与国际接轨的发展趋势，每章后安排3～5个英文习题，希望这种编写能为本课程的双语教学提供方便。本书每一章的部分小字体、“*”号标记内容，可为师生进一步拓宽知识面之用。习题序号上的“*”号用来表示题目难度，两个“*”号题目较难，学生可根据自己情况选做。相关章节介绍了近年来苏州大学材料与化学化工学部老师有代表性的科研成果，使本书的特色更加突出。

《大学化学》编写人员（按姓氏笔画）：朱琴玉、刘玮、杨文、张振江、周为群、曹洋等老师。周为群、朱琴玉担任主编。其中，周为群负责编写绪论和第八章；朱琴玉负责编写第一章和第七章；刘玮负责编写第四章和第五章；杨文负责编写第二章和第三章；张振江负责编写的第十一章、第十二章和第十三章；曹洋负责编写第六章、第九章和第十章，全书由周为群负责统稿。本书的成稿由苏州大学材料与化学化工学部朱利明老师、李敏老师、施玲老师和储海红老师给予帮助和支持，得到了苏州大学材料与化学化工学部历届领导的指导和支持，在此表示衷心的感谢！本书在编写过程中，参阅了本校及兄弟院校已出版的教材和专著，借鉴了许多内容，在此深表谢意！

由于编者水平有限，书中难免存在疏漏与不当之处，祈望同行专家、读者批评指正，使之不断得到补充和完善。

编者

2019 年 6 月于苏州

目　录

绪　论/1

第一章　气体与溶液/6
(Gas and Solution)

第二章　化学热力学基础/27
(Foundation of Chemical Thermodynamics)

第三章 化学动力学基础/53
(Fundamentals of Chemical Kinetics)

第四章　原子结构/66
(Atomic Structure)

第五章　分子结构/89
(Molecular Structure)

第六章 酸碱平衡/112
(Acid-base Equilibrium)

第七章 沉淀溶解平衡/140
(Equilibrium between Deposition and Dissolution)

第八章 配位化合物及配位平衡/149
(Coordination Compounds and Coordinative Equilibrium)

第九章 氧化还原反应及氧化还原平衡/179
(Oxidation-reduction Reaction and Oxidation-reduction Equilibrium)

第十一章　分析化学基础/238
(Fundamentals of Analytical Chemistry)

第十二章　滴定分析法/255
(Titration Analysis)

第十三章　现代仪器分析基础/313
（Overview of Modern Instrumental Analysis）

附　录/346

参考文献/373

绪 论

一、概述

世界由物质组成，化学则是人类认识和改造物质世界的主要方法和手段之一。化学是在原子、离子、分子层面上研究物质的组成、结构、性能及其变化规律的自然科学，也是创造新物质的科学。简单地说，化学是研究物质变化的科学，不但研究自然界的本质，而且创造出具有特殊性质的新物质。化学与分子生物学、材料科学、环境科学、生物化学等学科有着很深的渊源，在推进其他学科发展的同时，自身也得到了进一步的发展。

1. 化学的历史和发展

自从有了人类，化学便与人类结下了不解之缘。人类使用的第一个化学反应就是火的使用。几千年来，火被视为一种神秘的力量，可以通过燃烧将一种物质转化为另一种物质，从化学的角度看，燃烧是一个典型的氧化还原反应。化学的发展程度由生产决定。钻木取火，用火烧煮食物，烧制陶器，冶炼青铜器和铁器，都是化学技术的应用。这些应用极大地促进了当时社会生产力的发展，成为人类进步的标志。今天，化学作为一门基础学科，在科学技术和社会生活的方方面面起着越来越重要的作用。伴随着人类社会的进步，化学的发展经历了哪些时期呢？

（1）萌芽时期

从远古到公元前1500年，是化学的萌芽时期。化学作为一门科学尚未诞生，这时人类的制陶、冶金、酿酒、染色等工艺，主要是在实践经验的直接启发下经过多年摸索而来的，化学知识还没有形成。

（2）炼丹术和医药化学时期

从公元前1500年到公元1650年，炼丹术士和炼金术士们，在皇宫、教堂、自己的家里以及深山老林中，为求得使人可以长生不老的仙丹和使人得到荣华富贵的黄金，开始了最早的化学实验。中国、阿拉伯、埃及、希腊都有不少记载、总结炼丹术、炼金术的书籍。这一时期已经积累了许多物质间的化学变化，为化学的进一步发展准备了丰富的素材。后来，炼丹术、炼金术几经盛衰，人们也更多地看到了它荒唐的一面。此时，化学方法转向医药和冶金，化学在这些方面得到了应用。在欧洲文艺复兴时期，出版了一些有关化学的书籍，第一次有了“化学”这个名词。英语的chemistry起源于alchemy，即炼金术。chemist至今还保留着两个相关的含义：化学家和药剂师。这些可以说是化学脱胎于炼金术和制药业的最好的证据了。

（3）燃素时期

从1650年到1775年，是近代化学的孕育时期。随着冶金工业和实验室经验的积累，人们总结感性知识，认为可燃物能够燃烧是因为它含有燃素，燃烧的过程是可燃物中燃素放出的过程，可燃物放出燃素后成为灰烬。这一时期进行化学变化的理论研究，化学成为自然科学的一个分支。这一阶段开始的标志是英国化学家波义耳（Boyle）提出了化学元素的概念。借助燃素说，化学从炼金术中解放出来。尽管燃素说是错误的，但它把大量的化学事实统一在一个概念之下，解释了当时许多化学现象。特别是，燃素说认为化学反应是一种物质转移到另一种物质的过程，化学反应物质守恒，这些理论奠定了近代化学思想的基础。这一时期，不仅从科学实践上，还从思想上为近代化学的发展做了准备。

(4) 近代化学时期

17 世纪后半叶到 19 世纪末的近代化学时期，也是近代化学发展期。1774 年拉瓦锡 (A. L. Lavoisier) 用定量化学实验阐述了燃烧的氧化学说，元素概念彻底取代燃素论，开创了定量化学时期，使化学沿着正确的轨道发展。1803 年道尔顿 (J. Dalton) 又提出近代原子学说，使化学进入了持续至今以原子论为主线的新时期——近代化学时期。

(5) 现代化学时期

1860 年康尼查罗 (S. Cannizzaro) 根据阿伏伽德罗 (A. Avogadro) 假说，解释了当量和原子量的关系，改正了几乎全部化学式和分子式，确立了原子-分子理论。量子论的发展使化学和物理学有了共同的话题，解决了许多悬而未决的化学问题。德国化学家李比希和维勒发展了有机结构理论等，使化学成为一门系统性的科学，为现代化学的发展奠定了基础。另一方面，化学又向生物学和地质学等学科渗透，使蛋白质、酶的结构等问题得到逐步的解决。随着工业的发展，无机化学、有机化学、分析化学和物理化学等四大基础学科相继建立，实现了由经验到理论的重大飞跃，成为一门独立的科学，给化学科学提供了日益丰富的研究对象和物质技术条件，促进了化学工业的发展，开辟了日益广阔的研究领域。目前，按研究对象或研究目的不同，化学可分为五大分支学科（即化学的二级学科）。

无机化学　研究无机物的组成、结构、性质和无机化学反应与过程的化学学科。

有机化学　研究碳氢化合物及其衍生物的化学学科。

分析化学　测量和表征物质的组成和结构的化学学科。

物理化学　研究所有物质系统的化学行为的原理、规律和方法的化学学科。

高分子化学　研究高分子化合物的结构、性能与反应、合成方法、加工成型及应用的化学学科。

(6) 21 世纪化学发展展望

首先，21 世纪化学向各学科的交叉渗透趋势会更加明显。更多的化学工作者会投身到研究生命、材料和能源的队伍中去，并在化学与生物学、化学与材料等交叉领域大显身手。化学也将为解决基因组工程、蛋白质组工程中的问题以及理解大脑的功能和记忆的本质等重大科学问题的解析中做出巨大的贡献。其次，化学也会不断地借鉴数学、物理学和其他学科中发展的新理论和新方法，如非线性理论和混沌理论等，从而对多元复杂体系的研究产生影响。另外，随着化学研究的深入，化学还将带动仪器仪表工业发展，必将出现多功能组合仪器、智能型色谱等，使仪器仪表工业更加蓬勃发展。化学将在控制人口数量、治疗疾病和提高人的生存质量等人口与健康诸多方面进一步发挥重大作用。化学工作者必将在环境污染防治、新能源的开发以及核能的安全利用等方面作出应有的贡献。在材料方面，将不断提高基础材料和通用有机高分子材料及复合材料的质量与性能；将创造各类新材料，如电子信息材料、生物医用材料、新型能源材料、生态环境材料和航天航空材料等，将利用各种先进技术，在原子、分子及分子链尺度上对材料组织结构进行设计、控制及制造。晶体材料的设计理论和方法研究，是我国化学发展的一个重要且富有成效的领域，在 21 世纪它将会有更大的发展。一些有价值的具有新功能的晶体和大尺寸的新型非线性光学晶体、重要激光晶体、闪烁晶体及铁电陶瓷晶体研究将达到实用和开发水平。

2. 化学的地位和作用

化学是一门基础学科，在当今社会的发展中发挥着作用。作为一门核心科学，其在自然科学中的重要地位和作用主要表现在两个方面。

一方面，为人类进步提供物质基础，制造出自然界已有的和根本不存在的物质，为人类提供组成分析和结构分析手段，促进人类对物质世界的认识及进一步的利用。

另一方面，化学在相关学科的发展中起到了牵头作用，牵动其他学科向分子层次发展，化学的实验方法对其他学科在分子层次上观察和测定物质的变化过程也起到了重要的推动作用。总之，化学的核心知识已经应用于自然科学的各个领域，成为人类改造自然、利用自然的强大力量的重要支柱。

(1) 化学是人类赖以解决食品问题的重要学科之一　化学可以提供一系列农用材料，改善作物生长的自然环境和条件，改善水土保持状态和光合作用，改变农作物生长周期，改良农作物的品种，达到增产丰收的目的。化学方法提供一系列制剂及材料改进食物生产和保存的方法。化学仍是解决粮食短缺问题的主要学科之一。高效、低毒、缓释、复合化肥的运用促进农业大幅度的增产，高效、低毒的农药、杀虫剂、除草剂的运用，减少了劳力，增加了农业收入，提升了产品质量，有利于人民的身体健康。

(2) 化学对能源的开发利用有着不可忽视的作用　能源工业在很大程度上依赖于化学过程，能源消费的90%以上依靠化学技术。怎样控制低品位燃料的化学反应，使我们既能保护环境又能使能源的成本合理是化学面临的一大难题。在煤、石油、天然气等化石资源已面临枯竭的情况下，矿物能源的转化及综合利用至关重要。开发太阳能、光解水制氢和CO加氢合成汽油等可再生新能源的开发离不开以化学为核心的技术的发展。

(3) 信息技术的高速发展离不开化学的大力支持　器件的小型化要求促使在分子水平上生产电子器件。开发和研制“分子元件”和“生物芯片”成为当今分子电子学领域里的重大课题。分子铁磁体的研究通过扫描探针显微镜等新技术研究单个原子和分子的性质和行为，并在分子水平上研制电子器件，组装分子器件，这些都离不开化学。

(4) 化学是提高人类生存质量的有效保障　人的出生、成长、繁衍、老化、疾病和死亡等所有生命过程都是化学变化的表现。化学靠合理制备药物对生理学和医药学做出贡献，靠化学合成的医用材料提供代用品。

资源与环境是国民经济和社会发展的重要保障之一。基于化学的产业从自然资源出发制取大量化肥、农药以及钢铁、塑料和水泥等原材料，同时生产的大量合成纤维和橡胶等产品又可弥补农林业的不足。化学能为环境保护提供分析方法，并提出新的替代产品和流程。

(5) 化学是材料科学发展的基础　化学在原子、分子链段以及分子尺度上对材料组织结构的设计、控制及制造技术进行研究，并合成新的物质以代替传统或稀缺的物质；人类用百多个化学元素合成的两千多万个化合物，是人类所依赖的物质宝库，促进了玻璃、水泥、钢铁以及塑料、合成橡胶的迅速发展，并为宇航技术、信息产业、能源工业、汽车工业、轻纺工业、生物技术等提供了大量的必要材料。合成化学中高分子化学促进了合成有机高分子材料的发展和应用。采用新反应、新方法、新试剂研究高效催化剂，使反应实现产率高、耗能低、原料省、反应条件温和、不污染环境，同时对医学产生了重大影响，揭示了基因组工程和蛋白质组工程的诸多奥秘，促使人类向生命科学迈进。

原美国化学会会长 G. T. Seaborg 在美国化学会成立一百周年纪念会上发表演讲指出：“化学必将呈指数的而不是线性的增长。化学将在人类生活的方方面面发挥日益重大的作用”。今天，化学已成为高科技发展的强大支柱，与人类的生存息息相关，现代化的科学文明和美好生活都不能缺少化学这块“基石”。

二、大学化学课程的基本内容和任务

大学化学课程是高等学校理、工、农、医等非化学专业的学生必修的第一门化学基础课程，是培养上述相关各类专业技术人才的整体知识结构及能力结构的重要组成部分，因此大学化学课程内容上涵盖了无机化学、物理化学及分析化学等课程的一些必要的基本理论、基本知识，这些内容也是后继化学课程的基础。大学化学课程的基本内容如下。

① 化学基础原理　研究气体和溶液的性质，讨论化学热力学基础及化学动力学的基础知识。

② 近代物质结构理论　研究原子结构、分子结构和晶体结构，了解物质的性质、变化与物质结构之间的关系。

③ 水溶液中化学平衡　利用化学平衡原理以及平衡移动的一般规律，具体讨论酸碱平衡、沉淀溶解平衡、氧化还原平衡和配位平衡。

④ 分析化学基础　介绍分析化学基础知识、滴定分析的基础知识以及现代仪器分析方法。应用平衡原理和物质的化学性质，确定物质的化学成分，测定各组分的含量，亦即通常所说的定性分析和定量分析。

⑤ 元素及其化合物　介绍一些重要元素和化合物的组成、结构、性质及其变化规律。了解常见元素及其化合物在各相关领域中的应用。

因此，大学化学课程的基本内容可用“结构”“平衡”“性质”“应用”八个字来表达。学习大学化学课程就是要理解并掌握物质结构的基础理论、化学反应的基本原理及其具体应用、元素化学的基本知识，培养运用大学化学的基础理论去解决一般的化学实际问题的能力。

人类的社会实践，不仅仅限于生产活动这一种形式，对化学发展来说，科学实验有着特殊的、重要的意义。化学是一门以实验为基础的学科，化学实验始终是化学工作者认识物质、改变物质的重要手段。因此大学化学实验对大学化学课程学习十分重要，在学习大学化学基本知识、基本理论的同时，必须重视大学化学实验。在大学学习期间，学生必须进行严格的、科学的实验操作训练，掌握实验基本技能，培养良好的科学素养。

实践是检验真理的唯一标准。强调实验的重要性并不意味着可以忽视理论的指导作用。理论能指导实践，理论也能指导学习。对现象的认识提高到理论的高度，就是由感性认识到理性认识的飞跃。但是这种理性认识还必须回到实践中去，实践到理论再到实践，这就是检验理论和发展理论的过程，这是一个更为重要的飞跃。大学化学课程是化学课程的基础，涉及面广，在化学学科本身以及与化学有关的各学科领域的发展上，其重要性是不言自明的。几乎所有的科学研究，只要涉及化学现象与化学变化，就需要应用大学化学课程的基本理论、基本知识以及基本实验技能。大学化学的知识也就必须被运用到其研究工作中去。

三、大学化学课程的学习方法

学习大学化学课程必须采用科学的方法和思维。科学的方法即在仔细观察实验现象、搜集事实、获得感性知识的基础上，经过分析、比较、判断，加以由此及彼、由表及里的推理、归纳而得到概念、定律、原理和学说等不同层次的理性知识，再将这些理性知识应用到实际生产上，在实践的基础上又进一步丰富了理性知识。因此学习大学化学课程与学习其他自然科学一样，必须经历实践到理论再到实践的过程，整个过程中大脑所起的作用就是进行科学思维活动。

感性知识的获得有的是直接通过自身的实践而来，但大多数的感性知识是间接获得的，是前人经验的总结。因此在学习一个新的概念或理论时，首先要注意问题是如何提出的，实验或理论根据是什么，本身的含义和适用条件是什么，有什么实际意义，还存在什么问题，然后再去研究推导过程等具体的细致内容。

在大学化学的学习中必须注意掌握重点，突破难点。重点知识一定要学懂，领会贯通；对难点知识要做具体分析，有的难点亦是重点，有的难点并非重点。由于大学化学课程内容多、学时紧，一定要认真做好预习，包括课前预习需要学习的相关内容以及观看相关视频中老师对一些重点、难点知识点的讲解。在预习的基础上，听好每一节课，把每节课的重点、难点做好笔记。根据各章的教学要求，抓住重点和主线进行复习，在此基础上学会运用这些理论，做好课后练习以及分析解决实际问题。

在学习过程中注意把“点的记忆”汇成“线的记忆”。记忆的“诀窍”是反复理解与应用。记忆力的培养有四个指标：记忆的正确性、敏捷性、持久性和备用性。大学化学课程提供大量的知识信息，应该在理解中进行记忆，把“一”记住了，真正理解了，“一”可以变成“三”。通过归纳，寻找联系，可以由“点的记忆”汇成“线的记忆”。

着重培养自学能力，充分利用图书馆、资料室、网络等手段，通过参阅各种参考资料，帮助自己更深刻地理解与掌握大学化学课程的基本理论和基本知识。

重视大学化学实验，结合实验，巩固、深入、扩大理论知识，掌握实验基本操作技能，培养重事实、贵精确、求真相、尚创新的科学精神，培养实事求是的科学态度以及分析问题、解决问题的能力。

学点化学史。在化学的形成、发展过程中，有无数前辈付出了辛勤的劳动，做出了巨大的贡献。他们的成功经验与失败教训值得我们借鉴，而他们那种不怕困难、百折不挠、脚踏实地、勤奋工作、严谨治学、实事求是的精神更值得我们学习。

第一章
气体与溶液
（Gas and Solution）

学习要求：

1. 掌握：理想气体状态方程及其应用；道尔顿分压定律；溶液组成标度的表示法及其计算；渗透压力的概念；胶团的结构式。

2. 熟悉：稀溶液的蒸气压下降、沸点升高和凝固点降低等依数性；稀溶液定律和渗透压力的意义；溶胶的性质。

3. 了解：晶体渗透压力和胶体渗透压力及大分子溶液。

第一节　气　体
（Gas）

一、理想气体状态方程

分子本身不占体积，分子间没有相互作用力的气体叫理想气体。温度（T）、压强（p）、体积（V）和物质的量（n）是经常用来描述气体性质的物理量。理想气体状态方程表示为：

$$pV=nRT$$

处于低压高温的实际气体均可近似看作理想气体。

在使用本方程时，必须特别注意 R 的数值及单位，R 的值因所用压力和体积的单位不同而改变，如下所述。

pV 单位	R 取值	R 单位
$Pa \cdot m^3$	8.314	$Pa \cdot m^3/(mol \cdot K)$
$Pa \cdot L$	8314	$Pa \cdot L/(mol \cdot K)$
$atm \cdot L$	0.082	$atm \cdot L/(mol \cdot K)$

理想气体状态方程的应用如下。

（1）p、V、T、n 四个物理量之一的计算。

（2）气体摩尔质量 M（分子量）的计算。

（3）气体密度的计算。

二、道尔顿分压定律

理想气体混合物中每一种气体叫作组分气体。分压力指各组分气体在温度不变、单独占据混合气体所占的全部体积时，对器壁施加的压力。总压力就是各组分气体碰撞器壁所产生的压力总和。

道尔顿气体分压定律的要点如下所述。

(1) 混合气体的总压力等于各组分气体的分压力之和。

$$p_{总}=p_1+p_2+p_3+\cdots$$

(2) 各组分气体的分压力等于其摩尔分数 x 乘以总压力 p。

$$p_1=x_1p_{总} \qquad x_1=\frac{n_1}{n_1+n_2+\cdots}$$

$$p_2=x_2p_{总} \qquad x_2=\frac{n_2}{n_1+n_2+\cdots}$$

上述公式可由理想气体状态方程推导：

$$p_1V=n_1RT \qquad p_2V=n_2RT$$

$$p_1=n_1\frac{RT}{V} \qquad p_2=n_2\frac{RT}{V}$$

$$p_{总}=p_1+p_2+\cdots=n_1\frac{RT}{V}+n_2\frac{RT}{V}+\cdots$$

$$=(n_1+n_2+\cdots)\frac{RT}{V}$$

$$\frac{p_1}{p_{总}}=\frac{n_1}{n_1+n_2+\cdots}$$

$$p_1=\frac{n_1}{n_1+n_2+\cdots}\times p_{总}=x_1p_{总}$$

(3) 各组分气体的分压等于其体积分数乘以总压力。

$$p_1=\frac{V_1}{V_{总}}p_{总}=N_1p_{总} \qquad N_1=\frac{V_1}{V_1+V_2+\cdots}$$

$$p_2=\frac{V_2}{V_{总}}p_{总}=N_2p_{总} \qquad N_2=\frac{V_2}{V_1+V_2+\cdots}$$

……

这里的体积分数是指同温同压下某一组分气体的分体积与混合气体的总体积之比。

道尔顿分压定律在溶液、化学平衡等章节中都有应用，在溶液一章中，气体在水中的溶解度与各气体的分压有关。在有关化学平衡计算中，运用道尔顿分压定律计算各组分气体的分压。在化工生产中经常会遇到气体混合物，利用道尔顿分压定律来研究这些气体混合物也是非常方便的。另外，用排水集气法在水面上收集所得气体中常含有饱和的水蒸气。

第二节　分散系
(Dispersion System)

由一种或几种物质以细小的颗粒分散在另一种物质中所形成的系统称为分散系统，简称分散系。被分散的物质称为分散相（或称分散质），容纳分散相的物质称为分散介质（或称分散剂）。例如氯化钠溶液、泥浆、糖水这几种分散系中的氯化钠、泥沙、糖是分散相，水是分散介质。

分散系有固态、液态与气态之分，本章只讨论分散介质为液态的液体分散系。液体分散系按其分散相粒子的大小不同可分为真溶液、胶体分散系和粗粒分散系三类（见表1-1）。

表 1-1　分散系的分类

<table>
<tr><th>分散相粒子大小</th><th colspan="2">分散系统类型</th><th>分散相粒子的组成</th><th>一般性质</th><th>实例</th></tr>
<tr><td><1nm</td><td colspan="2">真溶液</td><td>低分子或离子</td><td>均相；热力学稳定系统；分散相粒子扩散快，能透过滤纸和半透膜；形成真溶液</td><td>氯化钠、氢氧化钠、葡萄糖等水溶液</td></tr>
<tr><td rowspan="2">1～100nm</td><td rowspan="2">胶体分散系</td><td>溶胶</td><td>胶粒（分子、离子、原子的聚集体）</td><td>非均相；热力学不稳定系统；分散相粒子扩散慢，能透过滤纸，不能透过半透膜</td><td>氢氧化铁、硫化砷、碘化银，金、银、硫等单质溶胶及气溶胶</td></tr>
<tr><td>高分子溶液</td><td>高分子</td><td>均相；热力学稳定系统；分散相粒子扩散慢，能透过滤纸，不能透过半透膜；形成溶液</td><td>蛋白质、核酸等水溶液，橡胶的苯溶液</td></tr>
<tr><td>>100nm</td><td colspan="2">粗粒分散系（乳状液、悬浮液）</td><td>粗粒子</td><td>非均相；热力学不稳定系统；分散相粒子不能透过滤纸和半透膜</td><td>乳汁、泥浆等</td></tr>
</table>

系统中物理性质和化学性质完全相同的一部分称为相。相与相之间由明确的界面分隔开来。只有一个相的系统称为单相系统（或称均相系统），有两个或两个以上相的系统称为多相系统（或称非均相系统）。因此，真溶液、高分子溶液为均相分散系，只有一个相，溶胶和粗粒分散系的分散相和分散介质为不同的相，为非均相分散系。

第三节　溶液组成标度的表示方法

（The Expression of the Concentration of Solution）

分子分散系又称溶液，因此溶液是指分散质以分子或者比分子更小的质点（如原子或离子）均匀地分散在分散介质中所得的分散系。在形成溶液时，物态不改变的组分称为溶剂。如果溶液由几种相同物态的组分形成时，往往把其中数量最多的一种组分称为溶剂。溶液可分为固体溶液（如合金）、气体溶液（如空气）和液体溶液。最常见的是液体溶液，其中，最重要的溶剂是水，通常不指明溶剂的溶液就是水溶液。

溶液的浓或稀，常用其组成标度来表示。溶液组成标度就是用来表示在一定量溶液或溶剂中所含溶质的量的多少的物理量。它们的表示方法很多，可分为两大类：一类用一定体积溶液中所含溶质的量表示；另一类用溶质与溶液（或溶剂）的相对量（比值）表示。这里所指的量可以是质量（m）、物质的量（n），也可以是体积（V）。

一、物质的量浓度

物质的量浓度用符号 c_B 表示，定义为溶质 B 的物质的量 n_B 除以溶液的体积 V。即

$$c_B = \frac{n_B}{V} \tag{1-1}$$

物质的量浓度的 SI 单位为摩尔每立方米，$mol \cdot m^{-3}$，常用单位为摩尔每升（$mol \cdot L^{-1}$）、毫摩尔每升（$mmol \cdot L^{-1}$）和微摩尔每升（$\mu mol \cdot L^{-1}$）等。

物质的量浓度可简称为浓度，常用 c_B 表示物质 B 的浓度。

在使用物质的量浓度时，必须指明物质 B 的基本单元。基本单元可以是原子、分子、离子以及其他粒子，也可以是这些粒子的特定组合，可以是实际存在的，也可以是根据需要而指定的。例如：

$c(NaOH)=0.1mol \cdot L^{-1}$，表示每升溶液中含 0.1mol(NaOH)；

$c(NaOH)=0.2mol \cdot L^{-1}$，表示每升溶液中含 0.2mol(NaOH)；

$c(2NaOH)=0.1mol \cdot L^{-1}$，表示每升溶液中含 0.1mol(2NaOH)。

由于浓度两字只是物质的量浓度的简称，其他溶液组成标度的表示法中，若使用浓度两字时，前面应用特定的定语，如质量浓度、质量摩尔浓度等。

二、质量浓度

物质 B 的质量浓度用符号 ρ_B 表示，定义为溶质 B 的质量 m_B 除以溶液的体积 V。即

$$\rho_B = \frac{m_B}{V} \tag{1-2}$$

质量浓度的 SI 单位为千克每立方米，$kg \cdot m^{-3}$，常用单位为克每升（$g \cdot L^{-1}$）、毫克每升（$mg \cdot L^{-1}$）和微克每升（$\mu g \cdot L^{-1}$）。

三、质量摩尔浓度

物质 B 的质量摩尔浓度用符号 b_B 表示，定义为溶质 B 的物质的量 n_B 除以溶剂 A 的质量 m_A（单位为 kg）。即

$$b_B = \frac{n_B}{m_A} \tag{1-3}$$

质量摩尔浓度的 SI 单位是摩尔每千克，$mol \cdot kg^{-1}$，使用时应注明基本单元。

四、质量分数、摩尔分数和体积分数

1. 质量分数（mass fraction）

物质 B 的质量分数用符号 w_B 表示，定义为物质 B 的质量 m_B 除以混合物的质量 $\sum m_i$。即

$$w_B = m_B / \sum m_i \tag{1-4}$$

对于溶液而言，溶质 B 和溶剂 A 的质量分数分别为

$$w_B = \frac{m_B}{m_A + m_B} \qquad w_A = \frac{m_A}{m_A + m_B}$$

式中，m_A 为溶剂 A 的质量；m_B 为溶质 B 的质量。显然，$w_A + w_B = 1$。

2. 摩尔分数

摩尔分数又称为物质的量分数，用符号 x_B 表示，定义为物质 B 的物质的量 n_B 除以混合物的物质的量 $\sum n_i$。即

$$x_B = n_B / \sum n_i \tag{1-5}$$

若溶液由溶质 B 和溶剂 A 组成，则溶质 B 和溶剂 A 的摩尔分数分别为

$$x_B = \frac{n_B}{n_A + n_B} \qquad x_A = \frac{n_A}{n_A + n_B}$$

式中，n_B 为溶质 B 的物质的量；n_A 为溶剂 A 的物质的量。显然 $x_A + x_B = 1$。

3. 体积分数

物质 B 的体积分数用符号 φ_B 表示，定义为物质 B 的体积 V_B 除以混合物的体积 $\sum V_i$。即

$$\varphi_B = V_B / \sum V_i \tag{1-6}$$

例 1-1 5.00g 结晶草酸（$H_2C_2O_4 \cdot 2H_2O$）溶于 67.0g 水中，求草酸的质量摩尔浓度 $b(H_2C_2O_4)$ 和摩尔分数 $x(H_2C_2O_4)$。

解： $M(H_2C_2O_4 \cdot 2H_2O) = 126 g \cdot mol^{-1}$，$M(H_2C_2O_4) = 90.0 g \cdot mol^{-1}$

在 5.00g$H_2C_2O_4 \cdot 2H_2O$ 中 $H_2C_2O_4$ 的质量为

$$m(H_2C_2O_4) = \frac{5.00 \times 90.0}{126} = 3.57\ (g)$$

溶液中水的质量为

$$m(H_2O) = 67.0 + (5.00 - 3.57) = 68.4\ (g)$$

草酸的质量摩尔浓度和摩尔分数分别为

$$b(H_2C_2O_4) = \frac{3.57/90.0}{68.4/1000} = 0.580\ (mol \cdot kg^{-1})$$

$$x(H_2C_2O_4) = \frac{3.57/90.0}{(3.57/90.0) + (68.4/18.0)} = 0.0103$$

例 1-2 在 25℃时，质量分数为 0.090 的硝酸溶液的密度为 $1.049 kg \cdot L^{-1}$。计算 HNO_3 的物质的量分数、物质的量浓度和质量摩尔浓度。

解： 在 1L 该硝酸溶液中

$$n(HNO_3) = 1.049 \times 10^3 \times 0.090 \div 63.0 = 1.50\ (mol)$$

$$n(H_2O) = 1.049 \times 10^3 \times (1 - 0.090) \div 18.0 = 53.0\ (mol)$$

$$x(HNO_3) = \frac{n(HNO_3)}{n(HNO_3) + n(H_2O)} = \frac{1.50}{1.50 + 53.0} = 0.0275$$

$$c(HNO_3) = \frac{n(HNO_3)}{V} = \frac{1.50}{1.00} = 1.50\ (mol \cdot L^{-1})$$

$$b(HNO_3) = \frac{n(HNO_3)}{m(H_2O)} = \frac{1.50}{1.049 \times 10^3 \times (1 - 0.090) \times 10^{-3}} = 1.57\ (mol \cdot kg^{-1})$$

第四节　稀溶液的依数性

（The Colligative Properties of Dilute Solution）

不同的溶质分别溶于某种溶剂中，所得溶液的性质往往各不相同。但是溶液的浓度较稀时，有一类性质只与溶液的浓度有关，而与溶质的本性无关。这类性质包括蒸气压、沸点、凝固点和渗透压等，我们称之为稀溶液的依数性（依赖于溶质粒子数的性质）。下面分别讨论。

一、溶液的蒸气压下降

在一定温度下，将某纯溶剂如水置于一密闭容器中，水面上一部分动能较高的水分子将克服液体分子间的引力自液面逸出，扩散到容器的空间中成为水蒸气分子，这一过程称为蒸发（evaporation）。在水分子不断蒸发的同时，气相中的水蒸气分子也会接触到液面并被吸引到液相中，这一过程称为凝聚（condensation）。开始蒸发速率大，但随着水蒸气密度的增大，凝聚速率也随之增大，最终必然达到蒸发速率与凝聚速率相等的平衡状态。在平衡时，水面上的蒸气浓度不再改变，这时水面上的蒸气压力称为该温度下的饱和蒸气压，简称蒸气压（vapor pressure），用符号 p 表示，单位是帕（Pa）或千帕（kPa）。

在温度一定时，蒸气压的大小与液体的本性有关，同一液体的蒸气压随温度的升高而增大。固体和液体相似，在一定温度下也有一定的蒸气压。在一般情况下，固体的蒸气压都很小，它也随温度的升高而增大。表 1-2 列出了不同温度下冰和水的蒸气压。

表 1-2　不同温度下冰和水的蒸气压

温度（T/K）	蒸气压（p/kPa）		温度（T/K）	蒸气压（p/kPa）
	冰	水		水
263	0.26	0.29	283	1.23
268	0.40	0.42	293	2.34
269	0.44	0.45	298	3.17
270	0.48	0.49	303	4.24
271	0.52	0.53	323	12.33
272	0.56	0.57	353	47.34
273	0.61	0.61	373	101.32

在一定温度下，纯溶剂的蒸气压（p^0）为一定值。当难挥发的溶质（B）溶入溶剂（A）后，必然会降低单位体积内溶剂分子的数目，从而在单位时间内逸出液面的溶剂分子数比纯溶剂减少，当在一定温度下达到平衡时，溶液的蒸气压（p）必然低于纯溶剂的蒸气压（p^0），这称为溶液的蒸气压下降（Δp）。这里所指的溶液的蒸气压，实际上是指溶剂的蒸气压。因为难挥发的溶质的蒸气压很小，可忽略。

1887 年法国化学家拉乌尔（Raoult F. M.）根据大量实验结果，得出了一定温度下，难挥发性非电解质稀溶液的蒸气压下降值（Δp）与溶液浓度的关系，也就是著名的拉乌尔定

律。该定律可用下式表达

$$\Delta p = Kb_B \tag{1-7}$$

式中，Δp 为难挥发性非电解质稀溶液的蒸气压下降值；b_B 为溶液的质量摩尔浓度；K 为比例常数。

式(1-7) 是常用的拉乌尔定律的数学表达式。它表明在一定温度下，难挥发性非电解质稀溶液的蒸气压下降值与溶液的质量摩尔浓度成正比。说明蒸气压下降值只与一定量溶剂中所含溶质的微粒数有关，而与溶质的本性无关。

二、溶液的沸点升高与凝固点降低

1. 溶液的沸点升高（boiling point elevation of solution）

液体的沸点（boiling point）是液体的蒸气压等于外压时的温度。可见液体的沸点是随外界压力而改变的，液体的正常沸点是指外压为标准大气压即 101.3kPa 时的沸点。例如水的正常沸点为 373K。通常情况下，没有注明压力条件的沸点都是指正常沸点。

实验证明，溶液的沸点高于纯溶剂的沸点，这一现象称为溶液的沸点升高。溶液沸点升高的原因是溶液的蒸气压低于纯溶剂的蒸气压。稀溶液的沸点升高和凝固点下降示意图见图 1-1，aa'表示纯溶剂水的蒸气压曲线，bb'表示稀溶液的蒸气压曲线。

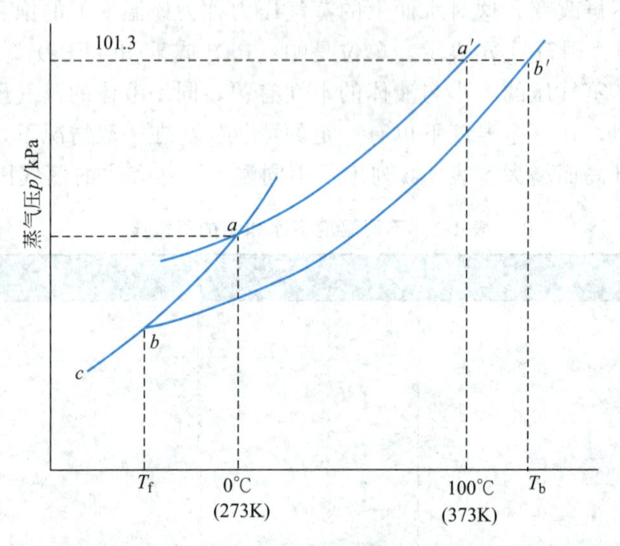

图 1-1　水、冰和稀溶液的蒸气压与温度的关系

在纯水的沸点 373K（T_b^0）处，溶液的蒸气压小于外界的大气压，当温度升高至 T_b 时（b'点），溶液的蒸气压与外界大气压相等而沸腾，溶液的沸点上升 $\Delta T_b = T_b - T_b^0$。溶液越浓，其蒸气压下降越多，沸点升高越多。根据 Raoult 定律，稀溶液的沸点升高值与蒸气压下降值成正比，即

$$\Delta T_b = K'\Delta p$$

而

$$\Delta p = Kb_B$$

所以

$$\Delta T_b = K'Kb_B = K_b b_B \tag{1-8}$$

式中，K_b 称为溶剂的质量摩尔沸点升高常数，它只与溶剂的本性有关。表 1-3 列出了常见溶剂的沸点及 K_b 值。

表 1-3　常见溶剂的沸点（T_b^0）及质量摩尔沸点升高常数（K_b）

溶剂	T_b^0/K	K_b/（K·kg·mol^{-1}）
乙酸	391	2.93
水	373	0.512
苯	353	2.53
乙醇	351.4	1.22
四氯化碳	349.7	5.03
氯仿	334.2	3.63
乙醚	307.7	2.02

从式(1-8) 可以看出，在一定条件下，难挥发性非电解质稀溶液的沸点升高值只与溶液的质量摩尔浓度成正比，而与溶质的本性无关。

例 1-3　将 3.24g 硫溶解于 40g 苯中，所得溶液的沸点升高了 0.78K。求硫在苯溶液中的分子式。

解： 查得苯的摩尔沸点升高常数 $K_b=2.53\ K\cdot kg\cdot mol^{-1}$

根据 $\Delta T_b=K_b b_B$

$$b_B=\frac{\Delta T_b}{K_b}=\frac{0.78}{2.53}=0.31\ (mol\cdot kg^{-1})$$

根据已知条件，溶液的质量摩尔浓度为：

$$b_B=\frac{n(硫)}{m(苯)}=\frac{\dfrac{3.24}{M(硫)}}{0.040}=\frac{81}{M(硫)}$$

故

$$M(硫)=\frac{81}{b_B}=\frac{81}{0.31}=261\ (g\cdot mol^{-1})$$

设硫在苯溶液中的分子式为 S_x，则

$$x=\frac{261}{32}\approx 8$$

所以苯溶液中硫的分子式是 S_8。

2. 溶液的凝固点降低

物质的凝固点（freezing point）是指在一定外压下（一般是 101.3kPa）物质的液相与固相具有相同蒸气压，可以平衡共存时的温度。水的凝固点又称冰点。图 1-1 中 ac 为冰的蒸气压曲线，在 101.3kPa 压力下，当温度为 273K 时，冰和水的蒸气压均为 0.61KPa（aa' 和 ac 曲线的交点 a 点），此时冰和水可以平衡共存，故水的凝固点为 273K（T_f^0）。而对难挥发的非电解质溶液，其蒸气压小于冰的蒸气压，冰将不断融化，只有当温度降低至 T_f 时（b 点），溶液的蒸气压才与冰的蒸气压相等，水和冰重新处于平衡状态。图 1-1 中的 T_f 便是该溶液的凝固点。溶剂的凝固点与溶液的凝固点之差（$T_f^0-T_f$）就是该溶液的凝固点降低值 ΔT_f。

对于稀溶液而言，溶液的凝固点降低值 ΔT_f 与溶液的蒸气压下降值 Δp 成正比

$$\Delta T_f=K''\Delta p$$

而

$$\Delta p=Kb_B$$

所以 $$\Delta T_f = K''Kb_B = K_f b_B \tag{1-9}$$

式中，K_f 称为溶剂的质量摩尔凝固点降低常数，它只与溶剂的本性有关。表 1-4 列出了一些溶剂的凝固点及 K_f 值。

表 1-4　常见溶剂的凝固点（T_f^0）及质量摩尔凝固点降低常数（K_f）

溶剂	T_f^0/K	K_f/（K·kg·mol^{-1}）
萘	353	6.90
乙酸	290	3.90
苯	278.5	5.12
水	273	1.86
四氯化碳	250.1	32.0
乙醚	156.8	1.80

从式(1-9) 可以看出，难挥发性非电解质稀溶液的凝固点降低值与溶液的质量摩尔浓度成正比，而与溶质的本性无关。

通过测定溶液的沸点升高和凝固点降低可以推算溶质的摩尔质量（或分子量）。但在实际工作中，多采用凝固点降低法。因为大多数溶剂的 K_f 值大于 K_b 值，因此同一溶液的凝固点降低值比沸点升高值大，因而灵敏度高且相对误差小。溶液的凝固点测定是在低温下进行的，不会引起生物样品的变性或破坏，溶液浓度也不会变化，因此，在医学和生物科学实验中凝固点降低法的应用更为广泛。

例 1-4　将 64.9g 尿素试样溶于 1.00kg 水中，测得该溶液的凝固点为－2.00℃，求尿素的相对分子质量（分子量）。

解：查得溶剂水的摩尔凝固点降低常数

$$K_f = 1.86\,\mathrm{K \cdot kg \cdot mol^{-1}}$$

设尿素的摩尔质量为 M

$$\Delta T_f = K_f b_B = K_f \frac{\frac{64.9}{M}}{1.00}$$

$$M = \frac{1.86 \times 64.9}{2.00 \times 1.00} = 60.4\ (\mathrm{g \cdot mol^{-1}})$$

所以尿素的相对分子质量为 60.4。

例 1-5　实验测得 2.47g $K_3[Fe(CN)_6]$ 溶解在 50g 水中所得溶液的凝固点为－1.1℃，$M(K_3[Fe(CN)_6]) = 329\mathrm{g \cdot mol^{-1}}$，写出 $K_3[Fe(CN)_6]$ 在水中的解离方程式。

解：
$$b(K_3[Fe(CN)_6]) = \frac{2.47/329}{0.050} = 0.150\ (\mathrm{mol \cdot kg^{-1}})$$

由凝固点降低值测得溶液中各种溶质（包括分子和离子）的总质量摩尔浓度为：

$$b_{总} = \frac{\Delta T_f}{K_f} = \frac{1.1}{1.86} = 0.591\ (\mathrm{mol \cdot kg^{-1}})$$

$b(K_3[Fe(CN)_6])$ 不等于 $b_{总}$ 的原因是 $K_3[Fe(CN)_6]$ 在水中解离成离子。设 1 个 $K_3[Fe(CN)_6]$ 解离成 x 个离子，则：

$$b_{总} = xb[K_3Fe(CN)_6]$$

$$x = \frac{b_{总}}{b(K_3[Fe(CN)_6])} = \frac{0.591}{0.150} \approx 4$$

由此可知，$K_3[Fe(CN)_6]$ 在水中解离按下式进行：

$$K_3[Fe(CN)_6] \longrightarrow 3K^+ + [Fe(CN)_6]^{3-}$$

在生产和科学实验中，溶液的凝固点下降这一性质得到广泛应用。例如，冰和盐的混合物常用来作为制冷剂。冰的表面总附有少量水，当撒上盐后，盐溶解在水中成溶液，此时溶液的蒸气压下降，当它低于冰的蒸气压时，冰就要融化。随着冰的融化，要吸收大量的热，于是冰盐混合物的温度就降低。采用 NaCl 和冰，温度可降到 $-22℃$，用 $CaCl_2 \cdot 2H_2O$ 和冰，温度可降到 $-55℃$。

三、 溶液的渗透压力（Osmotic Pressure of Solution）

1. 渗透现象与渗透压力（the phenomena of osmosis and osmotic pressure of solution）

若在浓的蔗糖溶液的液面上小心地加一层清水，在避免任何机械振动的情况下静置一段时间，则蔗糖分子将由溶液层向水层扩散，同时，水分子也将从水层向溶液层扩散，直至浓度均匀为止。物质从高浓度区域向低浓度区域的自动迁移过程叫扩散。

如果用一种半透膜（semi-permeable membrane）[一种只允许溶剂（如水）分子透过而溶质分子不能透过的薄膜，如动物的肠衣、动植物的细胞膜、毛细血管壁、人工制备的羊皮纸、火棉胶等] 将蔗糖溶液和纯水隔开，使膜一侧溶液的液面和膜另一侧的水面相平，如图 1-2(a) 所示，不久便可见因纯水透过半透膜进入溶液而使溶液的液面上升，见图 1-2(b)。溶剂分子透过半透膜自动扩散的过程称为渗透（osmosis）。若将溶质相同而浓度不同的两种溶液用半透膜隔开，由于渗透，水从稀溶液一侧透入浓溶液一侧，我们会看到浓溶液的液面上升。

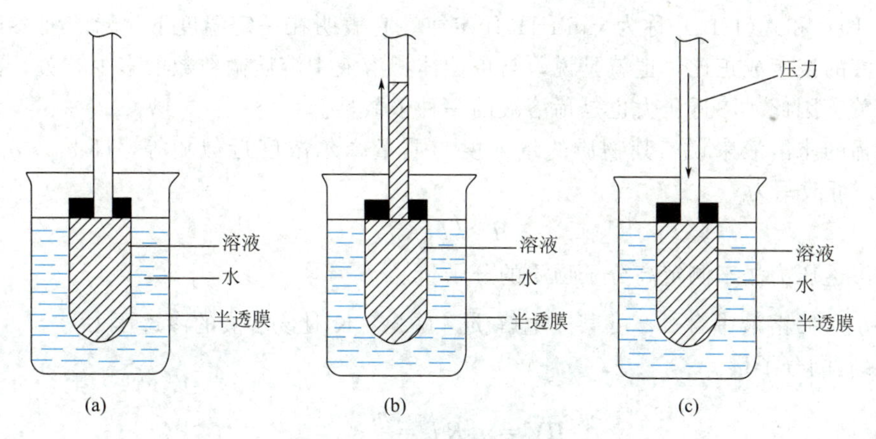

图 1-2　渗透现象与渗透压力

产生渗透的原因是膜两侧单位体积内溶剂分子数不相等。当纯水和蔗糖溶液被半透膜隔开时，由于半透膜只允许水分子自由透过，而单位体积内纯水比蔗糖溶液中的水分子数目多，单位时间内由纯溶剂进入溶液中的溶剂分子数要比由溶液进入纯溶剂的溶剂分子数多，其结果是溶液一侧的液面升高，溶液液面升高后，静水压增大，促使溶液中的溶剂分子加速通过半透膜，当静水压增大至一定值后，单位时间内从膜两侧透过的溶剂分子数相等，渗透作用达到平衡，称为渗透平衡。

由此可见，产生渗透现象必须具备两个条件：一是要有半透膜存在；二是要膜两侧单位体积内溶剂分子数不相等，即存在浓度差。因此，渗透现象不仅在溶液和纯溶剂之间可以发生，在浓度不同的两种溶液之间也可以发生。渗透的方向总是溶剂分子从纯溶剂向溶液渗透，或是从稀溶液向浓溶液进行渗透。

如图 1-2(c) 所示，为了阻止渗透的进行，必须在溶液液面上施加一超额的压力。国家标准规定：为维持只允许溶剂分子通过的膜所隔开的溶液与溶剂之间的渗透平衡而需要的超额压力称为渗透压力，也称渗透压。渗透压力用符号 Π 表示，单位为 Pa 或 kPa。如果被半透膜隔开的是两种不同浓度的溶液，为阻止渗透现象发生，应在浓溶液液面上施加一超额压力，实验证明，此压力既不是浓溶液的渗透压力，也不是稀溶液的渗透压力，而是浓溶液与稀溶液的渗透压力之差。

如果外加在溶液上的压力超过渗透压力，反而会使溶液中的水向纯水的方向渗透，使水的体积增加，这个过程叫作反渗透（reverse osmosis)。反渗透广泛应用于海水淡化、工业废水处理和溶液的浓缩等方面。

2. 溶液的渗透压力与浓度及温度的关系（the relationship between osmotic pressure of solution and concentration as well as temperature）

1886 年，荷兰物理学家 van't Hoff 根据渗透实验结果提出：难挥发性非电解质稀溶液的渗透压力 Π 与温度、浓度的关系为：

$$\Pi V = n_B RT \tag{1-10}$$

$$\Pi = c_B RT \tag{1-11}$$

式中，Π 为溶液的渗透压力，kPa；n_B 为溶液中溶质的物质的量，mol；V 是溶液的体积，L；c_B 为溶液的物质的量浓度，$mol \cdot L^{-1}$；T 为绝对温度，K；R 为气体常数，$8.314 J \cdot K^{-1} \cdot mol^{-1}$。

式(1-10) 和式(1-11) 称为 van't Hoff 定律。它表明在一定温度下，稀溶液渗透压力的大小与溶液的浓度成正比，也就是说，与单位体积溶液中溶质微粒数的多少有关，而与溶质的本性无关。因此，渗透压力也是稀溶液的一种依数性。

对于稀的水溶液来说，其物质的量浓度与质量摩尔浓度近似相等，即 $c_B \approx b_B$，因此，式（1-11）可改写为

$$\Pi \approx b_B RT \tag{1-12}$$

常用渗透压力法来测定高分子物质的分子量。

例 1-6 1L 溶液中含 1.25g 某非电解质，在 298 K 时该溶液的渗透压力为 45.0Pa，求该非电解质的分子量。

解：

$$\Pi V = n_B RT = \frac{m}{M} RT$$

$$M = \frac{mRT}{\Pi V} = \frac{1.25 \times 8.31 \times 298}{45.0 \times 1 \times 10^{-3}} = 6.9 \times 10^4 \ (g \cdot mol^{-1})$$

尽管从理论上讲，利用凝固点降低法和渗透压力法均可推算溶质的分子量，但在实际应用中，溶液的渗透压力越高，对半透膜耐压的要求就越高，就越难直接测定，故测定低分子溶质的分子量多用凝固点降低法。高分子溶质的稀溶液中溶质的质点数很少，其凝固点降低值很小，使用常用仪器无法测定，但其渗透压力足以达到可以进行观测的程度，故确定高分

子溶质的分子量多用渗透压力法。

四、渗透压力的意义（the Significance of Osmotic Pressure）

1. 渗透浓度（osmotic concentration）

渗透压力是稀溶液的一种依数性，它仅与溶液中溶质粒子的浓度有关，而与溶质的本性无关。我们把溶液中能产生渗透效应的溶质粒子（分子、离子等）统称为渗透活性物质。渗透活性物质的物质的量除以溶液的体积称为溶液的渗透浓度（osmolarity），用符号 c_{os} 表示，单位为 $mol \cdot L^{-1}$ 或 $mmol \cdot L^{-1}$。根据 van't Hoff 定律，在一定温度下，对于任一稀溶液，其渗透压力与溶液的渗透浓度成正比。因此，医学上常用渗透浓度来比较溶液渗透压力的大小。

例 1-7 计算 $50.0g \cdot L^{-1}$ 葡萄糖溶液和 $9g \cdot L^{-1}$ 生理盐水的渗透浓度（用 $mmol \cdot L^{-1}$ 表示）。

解： 葡萄糖（$C_6H_{12}O_6$）的摩尔质量为 $180g \cdot mol^{-1}$，$50.0g \cdot L^{-1}$ 葡萄糖溶液的渗透浓度为

$$c_{os}=\frac{50.0\times1000}{180}=278\ (mmol \cdot L^{-1})$$

NaCl 的摩尔质量为 $58.5g \cdot mol^{-1}$，生理盐水的渗透浓度为

$$c_{os}=2\times\frac{9.0\times1000}{58.5}=308\ (mmol \cdot L^{-1})$$

2. 等渗、低渗和高渗溶液

渗透压在生物学中具有重要意义。动植物细胞膜大多具有半透膜的性质，水分、养料在动植物体内都是通过渗透而实现的。植物细胞液的渗透压可达 2×10^3kPa，所以水由植物的根部可输送到高达数十米的顶端。

渗透压力相等的溶液称为等渗溶液（isotonic solution）。渗透压力不相等的溶液，相对而言，渗透压力高的称为高渗溶液（hypertonic solution），渗透压力低的则称为低渗溶液（hypotonic solution）。

在医学上，溶液的等渗、低渗和高渗是以血浆的渗透压力为标准来衡量的。正常人血浆的总渗透浓度约为 $303.7mmol \cdot L^{-1}$，临床上规定，凡渗透浓度在 $280\sim320mmol \cdot L^{-1}$ 范围内的溶液称为等渗溶液，如生理盐水、$12.5g \cdot L^{-1}$ $NaHCO_3$ 溶液等；渗透浓度低于 $280mmol \cdot L^{-1}$ 的溶液称为低渗溶液；渗透浓度高于 $320mmol \cdot L^{-1}$ 的溶液称为高渗溶液，如急需提高血糖用的质量分数为 0.50 的葡萄糖溶液、治疗脑水肿用的甘露醇等。临床实际应用时，略低于（或超过）$280\sim320mmol \cdot L^{-1}$ 的溶液也可看作等渗溶液，如 $278mmol \cdot L^{-1}$ 葡萄糖溶液。细胞膜属于半透膜，通常给病人大量补液时，需使用与血浆等渗的溶液，否则会造成严重后果，这可通过从显微镜下观察红细胞在不同渗透浓度的氯化钠溶液中的形态变化来说明。

若将红细胞置于渗透浓度小于 $280mmol \cdot L^{-1}$ 的低渗 NaCl 溶液（如 $5.0g \cdot L^{-1}$）或纯水中，可以看到红细胞逐渐膨胀，最后破裂［图 1-3(a)］，释放出红细胞内的血红蛋白将溶液染成红色，医学上称之为溶血，这是由于红细胞内液的渗透压力高于稀 NaCl 溶液，水从膜外向膜内渗透，致使细胞膨胀甚至破裂。

若将红细胞置于渗透浓度大于 $320mmol \cdot L^{-1}$ 的高渗 NaCl 溶液中（如 $15g \cdot L^{-1}$）中，

红细胞逐渐皱缩［图 1-3(b)］，这种现象称为胞浆分离。皱缩的红细胞互相聚结成团，若此现象发生于血管中，将产生“栓塞”，这是由于红细胞内液的渗透压力低于浓 NaCl 溶液，红细胞内液的水分子向浓 NaCl 溶液渗透，致使红细胞皱缩。

若将红细胞置于渗透浓度为 280 ～ 320mmol・L^{-1} 的等渗 NaCl 溶液中（9.0g・L^{-1} 的生理盐水）中，红细胞既不会膨胀，也不会皱缩，维持原来的形态不变［图 1-3(c)］，这是由于生理盐水和红细胞内液的渗透压力相等，细胞内、外液处于渗透平衡状态。

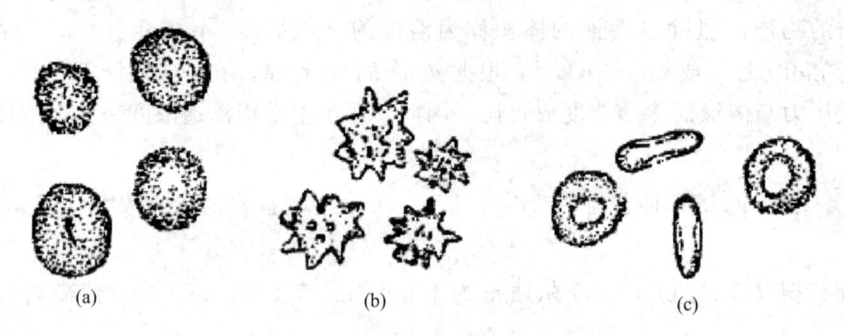

图 1-3　红细胞在渗透压不同的 NaCl 溶液中的形态图

因此，为防止血液中红细胞变形或破坏，临床上给病人大量补液时，常用生理盐水和 50g・L^{-1} 葡萄糖溶液等。但在治疗疾病时，也常根据病情用一些高渗溶液，如给低血糖病人注射 500g・L^{-1} 葡萄糖溶液等。使用高渗溶液时，用量不能太多，注射速度不能过快。少量高渗溶液进入血液后，随着血液循环被稀释，并逐渐被组织细胞利用而使浓度降低，故不会出现胞浆分离的现象。

3. 晶体渗透压力和胶体渗透压力

血浆中含有小分子物质，如氯化钠、碳酸氢钠、葡萄糖、尿素等，也有高分子物质，如蛋白质、核酸等。小分子物质产生的渗透压力称为晶体渗透压力；高分子物质产生的渗透压力称为胶体渗透压力。血浆中小分子物质的含量（约为 7.5g・L^{-1}）虽低于胶体物质的含量（约为 70g・L^{-1}），但是小分子物质的摩尔质量小，其中的电解质又以离子形式存在，因此，它们在单位体积血浆中的质点数很多，由此产生的晶体渗透压力就很高。如 310K 时，血浆的总渗透压力约为 770kPa，其中晶体渗透压力约占 99.5%，胶体渗透压力约占 0.5%。

由于人体内各种半透膜的通透性不同，在维持体内水、盐平衡上，晶体渗透压力和胶体渗透压力具有不同的生理作用。

晶体渗透压力对维持细胞内、外的水盐平衡起主要作用。细胞膜是一种半透膜，它将细胞内液和细胞外液隔开，并且只让水分子自由通过，而 K^+、Na^+ 等离子和高分子均不易通过。因此，当人体内缺水时，细胞外液中盐的浓度将相对升高，晶体渗透压力增大，于是细胞内液的水分子透过细胞膜向细胞外液渗透，造成细胞内失水。若大量饮水或输入葡萄糖溶液过多时，则使细胞外液中盐的浓度降低，晶体渗透压力减小，细胞外液中的水分子就向细胞内液中渗透使细胞膨胀，严重时可产生水中毒。高温作业者之所以饮用盐汽水，就是为了维持细胞外液晶体渗透压力的恒定。

胶体渗透压力虽然很小，却对维持毛细血管内外的水盐平衡起主要作用。毛细血管壁也是一种半透膜，它将血浆和组织间液隔开，但与细胞膜不同，它可以允许水和各种小分子物质自由透过，而不允许蛋白质等高分子物质透过。因此，血浆与组织间液的水和电解质平衡取决于胶体渗透压。如果血浆中蛋白质减少，血浆的胶体渗透压力降低，血浆中的水和盐等小分子物质就会透过毛细血管壁进入组织间液，致使血容量（人体血液总量）降低而组织间液增多，从而引起水肿。因此，临床上对大面积烧伤或失血的病人，除补给电解质溶液外，还要输给血浆或右旋糖酐等代血浆，以恢复血浆的胶体渗透压力。

五、胶体溶液（Colloidal Solution）

胶体是分散系的一种，其分散相粒子的直径在1～100nm范围内，即一种或几种物质以1～100nm的粒径分散于另一种物质中所构成的分散系统称为胶体分散系（colloidal dispersed system）。

与人体密切相关的许多物质如蛋白质、多糖、核酸的溶液均属于胶体分散系统，甚至整个人体也可以看成一个含水的胶体。所以人体的许多生理、病理现象，如血液的凝固、血球的沉降、水肿的发生、结石的形成，均与胶体性质有关。多相系统所具有的很多表面现象，如吸附、乳化等，也与医学专业关系密切。所以熟悉本节内容将对学习生理学、病理学、药理学和生物化学等课程有所帮助。

胶体分散系按分散相和分散介质聚集态不同可分成多种类型，其中以固体分散在水中的溶胶为最重要。

溶胶（sol）的胶粒是由大量分子（或原子、离子）构成的聚集体。直径为1～100nm的胶粒分散在分散介质中形成多相系统，具有很大的界面和界面能，因而是热力学不稳定体系。多相性、高度分散性和聚结不稳定性是溶胶的基本特性，其光学性质、动力学性质和电学性质都与这些基本特性有关。

（一）溶胶的制备

要制得稳定的溶胶，需满足两个条件：一是分散相粒子大小在合适的范围内；二是胶粒在液体介质中保持分散而不聚结，为此必须加入稳定剂。通常用分散法或凝聚法制备溶胶。

（1）分散法　这种方法是用适当的手段将大块或粗粒物质在有稳定剂存在的情况下分散成溶胶粒子大小。常用的方法有：①研磨法，用特殊的胶体磨，将粗颗粒研细；②超声波法，用超声波所产生的能量来进行分散；③电弧法，此法可制取金属溶胶，它实际上包括了分散和凝聚两个过程，即在放电时金属原子因高温而蒸发，随即又被溶液冷却而凝聚；④胶溶法，它并不是粗粒分散成溶胶，而只是使暂时凝聚起来的分散相又重新分散。

（2）凝聚法　它又可分为物理凝聚法和化学凝聚法两种。物理凝聚法利用适当的物理过程使某些物质凝聚成胶粒般大小的粒子，例如将汞蒸气通入冷水中就可得到汞溶胶。化学凝聚法是使生成难溶物质的反应在适当的条件下进行，反应条件必须选择恰当，使凝聚过程达到一定的阶段即停止，所得到的产物恰好处于胶体状态，例如，将 H_2S 通入稀的亚砷酸溶液，通过复分解反应，可得到硫化砷溶胶。

$$2\ H_3AsO_3 + 3\ H_2S \xlongequal{} As_2S_3(\text{溶胶}) + 6\ H_2O$$

（二）溶胶的性质

1. 溶胶的光学性质——丁达尔效应（Tyndall）

用一束聚焦的白光照射置于暗处的溶胶，在与光束垂直的方向观察，可见一束光锥通过溶胶，此即丁达尔效应，也称丁铎尔效应（图1-4）。

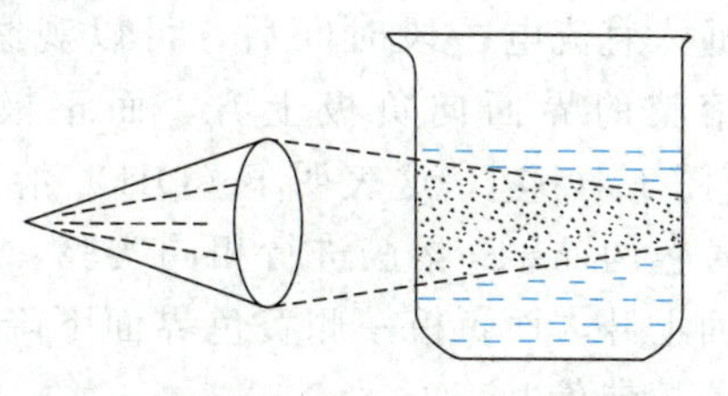

图1-4　Tyndall现象

丁达尔效应的产生与分散相粒子的大小和入射光的波长有关。当光线射入分散体系时，可能发生三种情况：(1) 当分散相粒子的直径大于入射光的波长时，光发生反射；(2) 当分散相粒子的直径远远小于入射光的波长时，光发生透射；(3) 当分散相粒子的直径略小于入射光的波长时，光发生散射。例如可见光（波长 400～760nm）照射溶胶（胶粒直径 1～100nm）时，由于发生光的散射，使胶粒本身好像一个发光体，因此，我们在丁达尔效应中观察到的不是胶体粒子本身，而只是看到了被散射的光，也称乳光。

真溶液中分散相粒子是分子或离子，它们的直径很小，对光的散射非常微弱，肉眼无法观察到乳光；粗分散系中的粒子直径大于光的波长，故只有反射光而呈混浊状；对于高分子溶液而言，它属于均相体系，分散相与分散介质的折射率相差不大，所以散射光很弱。因此，可以利用丁达尔效应区分溶胶与其他分散系。

2. 溶胶的动力学性质

植物学家 R. Brown 在显微镜下观察悬浮在水中的花粉时，发现花粉微粒在不停地做无规则运动。后来人们在研究溶胶时，也发现了类似的现象，因此，把胶粒在介质中不停地做不规则运动的现象称为布朗运动（Brown 运动）。它是由在某一瞬间胶粒受到来自周围各个方向介质分子碰撞的合力未被完全抵消而引起的。实验证明，胶粒质量愈小，温度愈高，介质黏度愈小，Brown 运动就愈剧烈。由于 Brown 运动使胶体粒子不易下沉，所以溶胶具有动力学稳定性。

当溶胶中的粒子存在浓度差时，由于 Brown 运动使胶体粒子自发地由浓度大的区域向浓度小的区域移动，这种现象称为胶粒的扩散。在生物体内，扩散是物质输送或物质的分子、离子透过细胞膜的一种动力。

扩散使粒子浓度趋于均匀；但胶粒在重力作用下会发生下沉的现象——沉降。胶粒的直径、密度越大，沉降速率越大；分散介质密度、黏度越大，沉降速率越小。沉降作用势必造成容器底部胶粒浓度大于容器上部的浓度，即产生浓度差，因而使胶粒由下向上扩散。当这两种相反的作用力达平衡时就称为达到了沉降平衡。沉降平衡时，溶胶粒子的浓度随容器的高度而分布成一定的梯度——底部浓上部稀。

因为胶粒沉降速率与胶粒的体积、密度有关，所以可以通过测定胶粒达到沉降平衡所需的平均时间，确定胶粒的平均胶团质量或高分子化合物的平均分子量。由于胶粒直径较小，在重力场作用下达到沉降平衡所需时间太长，必须采用超速离心来缩短其达到沉降平衡的时间。

溶胶中胶粒沉降困难也是它相对稳定的原因之一。

3. 溶胶的电学性质

(1) 电泳与电渗　图 1-5 是溶胶中胶粒电泳的装置。U 形管中加入红棕色 $Fe(OH)_3$ 溶胶，上部注入无色 NaCl 溶液如图 1-5 所示。在溶胶中插入两个电极［图 1-5(a)］，通入直流电一段时间后，可以观察到红棕色 $Fe(OH)_3$ 溶胶的界面向负极上升，而正极一侧溶胶界面下降［图 1-5(b)］，这表明 $Fe(OH)_3$ 溶胶胶粒带正电。而用黄色的 As_2S_3 溶胶进行相同实验，发现正极一侧黄色界面上升，而负极一侧黄色界面下降，说明 As_2S_3 溶胶中胶粒带负电。

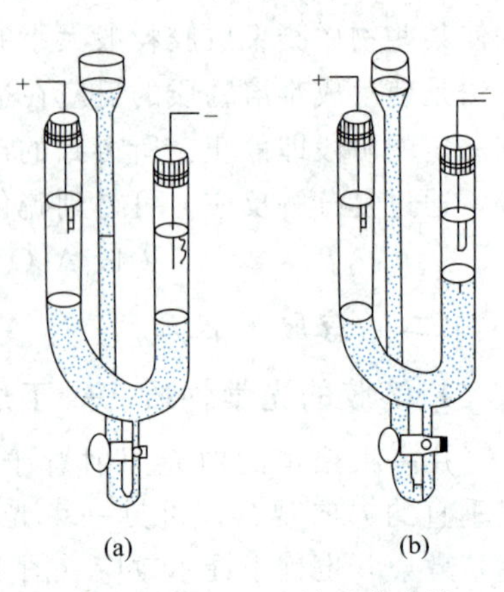

图 1-5　$Fe(OH)_3$ 溶胶的电泳

这种在电场作用下胶粒发生定向移动的现象称为电

泳。电泳现象说明溶胶中胶粒带电，所带电荷种类可由胶粒移动方向确定。胶粒带正电荷的溶胶称为正溶胶，胶粒带负电荷的溶胶称为负溶胶。

通过电泳实验表明，大多数金属氢氧化物溶胶为正溶胶；大多数金属硫化物、硅酸、硫、重金属、黏土等溶胶为负溶胶。也有一些溶胶的胶粒在不同条件下，带不同种类的电荷，如 AgI 溶胶。

表 1-5 列出了一些溶胶胶粒带电情况。

表 1-5　一些溶胶胶粒带电情况

正溶胶	负溶胶
氢氧化铁溶胶	金、银、铂等金属溶胶
氢氧化铝溶胶	硫、硒、碳等非金属溶胶
氧化钍、氧化锆溶胶	氧化锡、氧化钒溶胶
氢氧化铬溶胶	硫化砷、硫化锑、硫化铜溶胶
次甲基蓝溶胶	刚果红等酸性染料溶胶

由于整个胶体系统呈电中性，所以若胶体粒子带某种电荷，则分散介质必定带相反电荷。在直流电作用下分散介质发生定向移动的现象称为电渗。图 1-6 是观察电渗的仪器示意图。

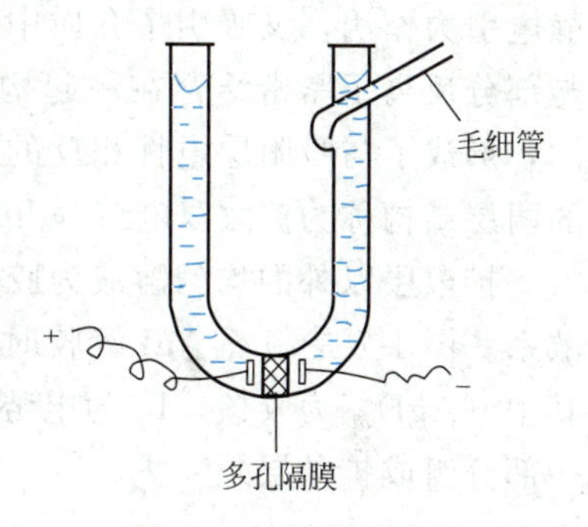

图 1-6　电渗仪示意图

它是一个 U 形管，中间有一个多孔隔膜（如活性炭、素烧瓷片等），U 形管右上方附有一个带刻度的毛细管，将溶胶加入 U 形管中，在多孔隔膜两侧放两个不同电性的直流电极。通电后，分散介质则通过隔膜定向移动。电渗方向可由 U 形管右侧毛细管中液体弯月面的升降来判断。电泳与电渗合称为电动现象。

在临床生化检验中常利用电泳法分离血清蛋白作为诊断参考。

（2）胶粒带电的原因　产生电动现象的根本原因是胶粒带有一定种类的电荷，胶粒带电的原因主要有下面两种。

① 吸附　吸附是胶粒带电的主要原因。因为溶胶是高度分散的多相体系，分散相粒子必然会自发地吸附分散介质中其他物质（如离子）以降低其表面能。研究表明，胶粒中的胶核总是优先选择性地吸附分散介质中与其组成相似的离子。若吸附正离子则带正电荷，若吸附负离子则带负电荷。

例如水解法制备氢氧化铁溶胶，水解过程中产生 Cl^- 与 FeO^+（单铁氧根离子）。FeO^+ 组成与 $Fe(OH)_3$ 类似，故首先被它吸附，使 $Fe(OH)_3$ 胶粒带正电荷，而溶胶中电性相反的 Cl^- 则留在介质中。

$$FeCl_3 + H_2O \longrightarrow Fe(OH)Cl_2 + HCl$$

$$Fe(OH)Cl_2 + H_2O \longrightarrow Fe(OH)_2Cl + HCl$$

$$\Big\updownarrow$$

$$FeO^+ + H_2O + Cl^-$$

$$Fe(OH)_2Cl + H_2O \rightleftharpoons Fe(OH)_3 + HCl$$

又如，As_2S_3 溶胶的制备反应为

$$As_2O_3 + 3H_2S \longrightarrow As_2S_3 + 3H_2O$$

H_2S 解离反应为 $$H_2S \rightleftharpoons H^+ + HS^-$$

胶核 $(As_2S_3)_m$ 表面选择吸附与其组成相似的 HS^- 而带负电荷。

② 胶粒表面分子的解离　胶粒表面分子解离是胶粒带电的另一原因。例如硅酸溶胶的胶粒是由若干 SiO_2 分子聚集而成的。表面上的 SiO_2 分子与水分子作用，在表面形成 H_2SiO_3，它解离产生 H^+ 和 $HSiO_3^-$。H^+ 扩散至水中，而 $HSiO_3^-$ 留在胶粒表面，所以 H_2SiO_3 胶粒带负电荷，H_2SiO_3 溶胶为负溶胶。

$$SiO_2 + H_2O \rightleftharpoons H_2SiO_3$$

$$H_2SiO_3 \rightleftharpoons H^+ + HSiO_3^-$$

（三）胶团的结构

胶团是由胶粒和扩散层构成的，其中胶粒又是由胶核和吸附层组成的。

胶核是溶胶中分散相分子、原子或离子的聚集体，是胶粒或胶团的核心；胶核能选择性吸附介质中的某种离子或表面分子解离而形成带电离子（称为电势离子）。由于电势离子的静电引力作用，又吸引了介质中部分与胶粒所带电性相反的离子（称为反离子）。电势离子与部分反离子紧密结合在一起构成了吸附层，另一部分反离子因扩散作用分布在吸附层外围，形成了与吸附层电性相反的扩散层，这种由吸附层和扩散层构成的电量相等、电性相反的两层结构称为扩散双电层（diffused electric double layer）。

扩散层以外的均匀溶液为胶团间液，它是电中性的。溶胶是由胶团和胶团间液构成的分散系。图 1-7 是制备 AgI 溶胶时，KI 过量所得的 AgI 负溶胶的胶团结构式和结构示意图，其中 $(AgI)_m$ 为胶核，I^- 为电势离子，K^+ 为反离子（其中一部分被电势离子牢固吸引，另一部分组成扩散层）。

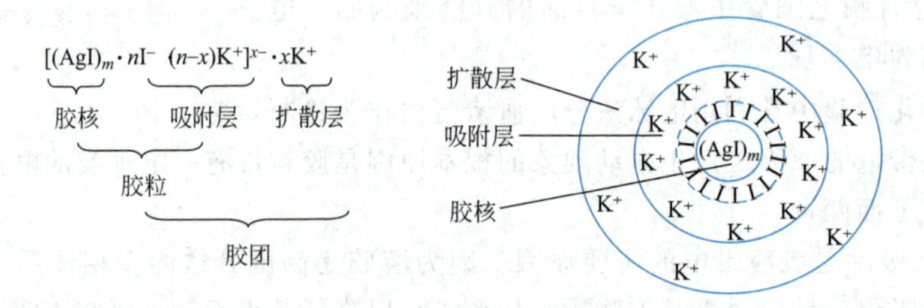

图 1-7　AgI 负溶胶胶团结构式和结构示意图

如果制备 AgI 溶胶时，$AgNO_3$ 过量，则生成 AgI 正溶胶。胶团的结构式如下：

$$[(AgI)_m \cdot nAg^+ \cdot (n-x)NO_3^-]^{x+} \cdot xNO_3^-$$

这里要说明的是，溶胶中胶核吸附的离子（电势离子和反离子）和扩散层中的反离子都是溶剂化的，所以扩散双电层也是溶剂化的。在直流电场作用下发生电动现象时，胶团就从吸附层与扩散层之间裂开，具有溶剂化吸附层的胶粒向与其电性相反的电极移动，而溶剂化的扩散层则向另一电极移动。

（四）溶胶的稳定性

溶胶是热力学不稳定系统，具有自发聚结的趋势，应该很容易聚结而沉降。但事实上很多溶胶相当稳定，如法拉第制备的金溶胶几十年后才沉淀。溶胶相对稳定的原因有如下几

方面。

(1) 布朗运动　由于溶胶分散度很高，胶粒体积小，具有剧烈的布朗运动，可以克服重力作用，所以不易沉降。但胶粒剧烈的布朗运动又使碰撞次数增加，从而使胶粒易于聚结。所以除动力学因素外，必然有其他原因使溶胶稳定。

(2) 溶剂化作用　溶胶胶团结构中的吸附层和扩散层中的离子都是溶剂化的，在此溶剂化层保护下，胶粒就难因碰撞而聚沉。溶剂化层的厚度主要取决于扩散层的厚度，扩散层越厚，溶胶越稳定；扩散层越薄，溶胶越不稳定。

(3) 胶粒的带电　同种溶胶中的胶粒带有相同电荷，当两胶粒接近时，静电斥力的作用使它们分开，不易聚集成大颗粒，保持了溶胶的稳定。

溶胶的稳定性是相对的，如果失去了稳定因素，胶粒就会相互聚结而沉降，这种现象称为聚沉。引起溶胶聚沉的因素很多，例如加入电解质、溶胶的相互作用、加热、溶胶的温度和浓度以及异电溶胶之间的相互作用等。其中最主要的是加入电解质所引起的聚沉。

① 电解质的聚沉作用　在溶胶中加入电解质可以引起聚沉。一般认为电解质的反离子与扩散层中的反离子同性相斥，将反离子排斥入吸附层，使溶剂化层变薄，因而聚结沉降。

电解质对溶胶聚沉能力的大小可以用聚沉值来表示。聚沉值指使 1L 溶胶开始聚沉所需要的电解质浓度，单位为 $mmol \cdot L^{-1}$。聚沉值越大，说明该电解质对这种溶胶聚沉能力越小。

电解质对溶胶的聚沉作用有如下规律。

a. 起主导作用的是与胶粒具有相反电性的离子。同一价态反离子聚沉能力相近，随着反离子价态增加，聚沉能力急剧增加。一般来说，异号电荷离子价态为 1、2、3 时，其聚沉值的比例约为 100∶1.6∶0.14。

b. 同一价态离子聚沉能力相近，但也略有不同。如对负溶胶来说，一价金属离子的聚沉能力是 $Cs^+ > Rb^+ > K^+ > Na^+ > Li^+$；对正溶胶来说，聚沉能力是 $Cl^- > Br^- > I^- > CNS^-$。

② 加热聚沉　加热增加了胶粒之间的碰撞机会，同时削弱了胶粒的溶剂化作用，使溶胶聚沉。例如将 As_2S_3 溶胶加热煮沸时，As_2S_3 呈黄色沉淀析出。

③ 溶胶的相互聚沉　正、负溶胶有相互聚沉能力。将带相反电荷的溶胶按适当比例混合，致使胶粒所带电荷恰被完全中和时，可使溶胶完全聚沉。若两者比例不适当，则聚沉不完全，甚至不发生聚沉。

明矾净水作用就是溶胶相互聚沉的典型例子。因带悬浮物的水大多为负溶胶，而明矾在水中水解产生 $Al(OH)_3$ 正溶胶，它们相互聚沉而使水净化。

(五) 大分子化合物溶液

1. 大分子化合物溶液

由许多原子组成的相对分子质量大于 10^4 的一类化合物称为大分子（也称高分子）化合物。它包括天然和合成两大类。前者如蛋白质、多糖、核酸等，是构成生物体的基础；后者如聚乙烯、聚苯乙烯。这类物质可以是电解质，如蛋白质、核酸等，也可以是非电解质，如多糖、聚乙烯等。大分子的分子大小与胶粒大小相近，因此它的溶液表现出某些溶胶的性质，如扩散速率慢、分散质点不能通过半透膜等。因此研究大分子化合物的某些方法，也和研究溶胶的方法有相似之处。

大分子化合物都是由一种或几种小单位连接而成，所以也称为高聚物。例如聚乙烯的基本单位是—CH_2—。这些基本单位重复地结合形成长链，故聚乙烯的分子式可以写成$\text{⫞}CH_2\text{⫟}_n$。每一个单位称为一个链节，链节的数目 n 称为聚合度，聚乙烯的聚合度为500～2000。由于聚合度只是一个范围，所以大分子化合物没有确定的分子量，只能用平均分子量 M 表示。聚乙烯的 M 为40 000左右。

大分子化合物与适当的溶剂接触时，吸收溶剂，本身体积胀大，最后溶解在溶剂中，形成均相体系，即大分子化合物溶液，简称为大分子溶液（macromolecular solution）。虽然大分子溶液分散相粒子的大小与胶粒大小相似，某些性质与溶胶类似，如扩散速率慢、不能透过半透膜等，但其本质是真溶液，是均相的热力学体系，因此与溶胶的性质又有不同。大分子溶液也有电解质溶液和非电解质溶液之分。蛋白质、核酸的水溶液是大分子电解质溶液，而多糖的水溶液是大分子非电解质溶液。

2. 大分子溶液的稳定性

（1）大分子溶液稳定的因素　大分子溶液比溶胶更稳定，这是它的一个重要特征。大分子电解质溶液稳定的原因是大分子化合物带有相同的电荷和大分子离子高度溶剂化形成溶剂膜。

大分子非电解质溶液主要由于长链上的基团高度溶剂化形成溶剂化膜，从而增大了稳定性。

（2）大分子溶液的盐析　大分子溶液虽然稳定性很高，但在其中加入某些有机溶剂，如甲醇、乙醇、丙酮以及某些无机盐，如 Na_2SO_4、$(NH_4)_2SO_4$、$MgSO_4$ 等，仍能引起大分子溶液的沉淀。这些有机溶剂或无机盐类具有高度的亲水性，能"争夺"水分子而破坏大分子化合物的水化层，从而降低了其稳定性，使其沉淀。

加入无机盐使大分子溶液沉淀的作用称为盐析（salting out）。例如在胎盘浸出液中，加入一定量 $(NH_4)_2SO_4$，使丙种球蛋白沉淀就是利用盐析作用的原理。使大分子溶液发生盐析作用所需无机盐的最低浓度称为盐析浓度，单位为 $mol \cdot L^{-1}$。盐析浓度越大，说明盐析能力越低。

大分子溶液的盐析与溶胶的聚沉有以下几点区别。

① 对电解质的敏感性不同，盐析所需电解质的浓度大而溶胶聚沉所需浓度小。

② 盐析作用的大小与大分子溶液的 pH 值以及大分子化合物带电情况有关。

③ 可逆性不同，盐析具有可逆性，例如盐析得到的蛋白质沉淀，可以重新溶解于水形成大分子溶液，而聚沉通常是不可逆的。

④ 在溶胶聚沉中反离子起主导作用，而在大分子溶液盐析中，正、负离子都起作用，负离子尤为突出。

⑤ 电解质对溶胶的聚沉能力与反离子价数具有明显的关系，而大分子溶液的盐析能力虽与价数有关，但规律性并不明显。

（3）大分子溶液对溶胶的保护作用　将一定浓度的大分子溶液加入溶胶中可以增加溶胶的稳定性，这种作用称为保护作用。例如在红色金溶胶中加入某种电解质可引起聚沉。若先加入一定量的动物胶，然后再加同样量的电解质，金溶胶就不会发生聚沉。这种现象就是大分子化合物对溶胶的保护作用。

大分子溶液对溶胶的保护作用的原因，一般认为是大分子与溶胶的胶粒之间发生相互作用，形成大分子在胶粒表面上的吸附，因而增加了稳定性。研究表明，不同的大分子溶液适用于保护不同的溶胶，而且大分子溶液要达到一定的浓度才能起保护作用，如果大分子溶液的浓度不够，非但起不到保护作用，反而会加速聚沉，这种作用称为敏化。

大分子物质的保护作用在生理过程中有着重要意义。微溶性的碳酸钙和磷酸钙等无机盐均以溶胶形式存在于血液中，由于血液中蛋白质对它们起了保护作用，使其表观溶解度大大提高却仍能稳定存在而不聚沉。当血液中蛋白质减少，这些微溶性盐类便沉淀出来，形成肾脏、胆囊等器官中的结石。

（六）凝胶与胶凝

大分子溶液（明胶、琼脂等）或某些溶胶［H_2SiO_3 溶胶、$Fe(OH)_3$ 溶胶］在适当条件下形成外观均匀并具有一定形状的弹性半固体。这种半固体称为凝胶。凝胶是一种特殊的分散体系。它是由胶体粒子或线形大分子之间相互连接，形成立体网状结构，大量的溶剂分子被分隔在网状结构的空隙中而失去流动性所形成的。从外表看，它是处于固体和液体之间的一种中间状态，其性质介于固体和液体之间。其内部结构的强度往往很有限，容易被破坏。

形成凝胶的过程称为胶凝。胶凝过程就是网状结构形成和加固的过程。例如硅酸溶胶在一定 pH 值下可胶凝成硅酸凝胶；在热水中制备质量分数为 2% ～ 3%的动物胶溶液，冷却后也成为凝胶。凝胶存在是极其普遍的，如日常生活中遇到的豆腐、果酱、粉皮、肉冻以及人体的肝脏、肾脏、肌肉、皮肤无一不是凝胶。血液与蛋清的凝固、豆浆形成豆腐的过程都是胶凝。

习　题

1. 市售浓硫酸的密度为 $1.84kg \cdot L^{-1}$，质量分数为 96%，试求该溶液的 $c(H_2SO_4)$ 和 $x(H_2SO_4)$。

2. 什么是稀溶液的依数性？稀溶液的依数性包括哪些性质？

3. 乙醚的正常沸点为 34.5℃，在 40℃时往 100g 乙醚中至少加入多少摩尔不挥发溶质才能防止乙醚沸腾？

4. 苯的凝固点为 5.50℃，$K_f = 5.12K \cdot kg \cdot mol^{-1}$。现测得 1.00g 单质砷溶于 86.0g 苯所得溶液的凝固点为 5.30℃，通过计算推算砷在苯中的分子式。

5. 取谷氨酸 0.749g 溶于 50.0g 水中，测得凝固点为 −0.188℃，试求谷氨酸的摩尔质量。

6. 当 10.4g $NaHCO_3$ 溶解在 200g 水中时，溶液的凝固点为 −2.30℃，通过计算说明在溶液中每个 $NaHCO_3$ 解离成几个离子？写出解离方程式。

7. 医学临床上用的葡萄糖等渗液的冰点为 −0.543℃，试求此葡萄糖溶液的质量分数和血浆的渗透压（血浆的温度为 37℃）。

8. 排出下列稀溶液在 310K 时渗透压由大到小的顺序，并说明原因。

（1）$c(C_6H_{12}O_6) = 0.10mol \cdot L^{-1}$

（2）$c(NaCl) = 0.10mol \cdot L^{-1}$

（3）$c(Na_2CO_3) = 0.10mol \cdot L^{-1}$

9. 将 1.01g 胰岛素溶于适量水中配制成 100mL 溶液，测得 298K 时该溶液的渗透压为 4.34kPa，试问该胰岛素的分子量为多少？

10. 什么是分散系统？根据分散相粒子的大小，液体分散系统可分为哪几种类型？

11. 写出下列两种情况下形成的胶体的胶团的结构式。若聚沉以下这两种胶体，试分别将 $MgSO_4$、$K_3[Fe(CN)_6]$ 和 $AlCl_3$ 三种电解质按聚沉能力大小的顺序排列。

(1) 100mL 0.005mol・L^{-1} KI 溶液和 100mL 0.01mol・L^{-1} $AgNO_3$ 溶液混合制成的 AgI 溶胶；

(2) 100mL 0.005mol・L^{-1} $AgNO_3$ 溶液和 100mL 0.01mol・L^{-1} KI 溶液混合制成的 AgI 溶胶。

12. 溶胶有哪些性质？试论述这些性质与胶体的结构有何关系。

* 13. Urea (N_2H_4CO) is a product of metabolism of proteins. An aqueous solution is 32.0% urea by mass and has a density of 1.087g・L^{-1}. Calculate the molality of urea in the solution.

* 14. Calculate the freezing point and boiling point of a solution that contains 30.0g of urea, N_2H_4CO, in 250g of water. Urea is a nonvolatile nonelectrolyte.

** 15. Four beakers contain 0.01mol・L^{-1} aqueous solutions of C_2H_5OH, NaCl, $CaCl_2$ and CH_3COOH, respectively. Which of these solutions has the lowest freezing points? Explain.

第二章

化学热力学基础

(Foundation of Chemical Thermodynamics)

学习要求:

1. 了解热力学能、焓、熵和吉布斯函数等状态函数的概念。
2. 理解热力学第一定律、第二定律和第三定律的基本内容。
3. 掌握计算化学反应的标准摩尔焓变的各种方法。
4. 掌握化学反应的标准摩尔熵变和标准摩尔吉布斯函数变的计算方法。
5. 会用 ΔG 来判断化学反应的方向，并了解温度对 ΔG 的影响。
6. 了解经验平衡常数和标准平衡常数以及标准平衡常数与标准吉布斯函数变的关系。
7. 掌握不同反应类型的标准平衡常数表达式，并能从该表达式来理解化学平衡的移动。
8. 掌握有关化学平衡的计算，包括运用多重平衡规则进行的计算。

物质的任何变化，总伴随有能量的转变和传递。热力学就是研究系统状态变化时能量相互转换规律的科学。它主要包括热力学第一定律（the first law of thermodynamics）和热力学第二定律（the second law of thermodynamics）。这两个定律是人们长期经验的总结，有着牢固的实验基础。它不能用理论方法来证明，但它的正确性和可靠性已被无数实验事实所证实。

将热力学的基本原理用于研究化学现象及与化学有关的物理现象，就称为化学热力学（chemical thermodynamics）。它的主要内容是应用热力学第一定律来研究和解决化学变化和相变化中的热效应问题，即热化学（thermochemistry）；应用热力学第二定律来解决化学和物理变化的方向和限度问题，以及化学平衡和相平衡中的有关问题。

化学热力学在生产实践和科学研究中都具有重大的指导作用。在化工生产中的能量衡算与能量的合理利用问题，在设计新的反应路线或研制新的化学产品时，有关反应变化的方向和限度问题等，都是十分重要的。例如在19世纪末，人们试图用石墨制造金刚石，但无数次的实验均以失败而告终。通过热力学的计算才知道只有当压强超过大气压强15000倍时，石墨才有可能转变成金刚石。人造金刚石的制造成功，充分显示了热力学在解决实际问题中的重要作用。

热力学的研究方法和特点是从能量的观点出发，讨论由大量质点组成的集合体的宏观性质，而不涉及物质的微观结构、过程进行的机理和速率。热力学只需知道变化过程的起始状态和最终状态及条件，就可预示过程进行的可能性和限度。

本章将介绍化学热力学的基础知识，以便用化学热力学的理论、方法解释一些化学和物理现象。

第一节　基本概念和术语
(Basic Concepts and Terms)

为了便于应用热力学基本原理研究化学反应的能量转化规律，首先需要了解热力学中的几个常用术语。

一、系统与环境（System and Surroundings）

热力学把研究的对象称为系统（system），把系统之外而与系统有相互影响的其他部分称为环境（surroundings）。

根据系统与环境之间的关系，可将系统分为三类。

敞开系统（open system）：在系统与环境之间既有物质交换，又有能量交换。

封闭系统（closed system）（也称密闭系统）：在系统与环境之间没有物质交换，只有能量交换。

孤立系统（isolated system）（也称隔绝系统）：在系统与环境之间既没有物质交换也没有能量交换。

例如，在烧杯中进行的溶液反应：研究这个反应时，可以把烧杯中的溶液作为系统，而液面以上的水蒸气、空气等是环境。系统与环境之间既有物质交换，又有能量交换，是一个敞开系统。若在烧杯上加一个盖子，将烧杯内的物质作为系统，它与烧杯外面的环境之间不再有物质交换，但还有能量交换，是一个封闭系统。若再用绝热层将烧杯包住，烧杯内就成了一个孤立系统。

在热力学中，如无特别说明，通常所说的系统一般是指封闭系统。有时为了研究的方便，在某些条件下则将系统和环境合并在一起作为孤立系统。

二、状态和状态函数（State and State Function）

系统的状态（state）是系统所有宏观性质如压强（p）、温度（T）、质量（m）、体积（V）、物质的量（n）及本章要介绍的热力学能（U）、焓（H）、熵（S）、吉布斯函数（G）等宏观物理量的综合表现。当所有这些宏观物理量都不随时间改变时，我们称系统处于一定的状态。反之，当系统处于一定状态时，这些宏观物理量也都具有确定值。我们把这些确定系统存在状态的宏观物理量称为系统的状态函数（state function）。系统的某个状态函数或若干个状态函数发生变化时，系统的状态也随之发生变化。变化前的状态称为始态（primary state），变化后的状态称为终态（final state）。状态函数之间是相互联系、相互制约的，具有一定的内在联系。因此确定了系统的几个状态函数后，系统其他的状态函数也随之而定。例如，理想气体的状态就是 p、V、n、T 等状态函数的综合表现，它们的内在联系就是理想气体状态方程 $pV=nRT$。

状态函数的最重要特点是它的数值仅取决于系统的状态，当系统状态发生变化时，状态函数的数值也随之改变。但状态函数的变化值只取决于系统的始态与终态，而与系统变化的途径无关。

三、过程与途径（Process and Way）

1. 过程

系统状态发生变化时，变化的经过称为过程（process）。例如，气体的液化、固体的溶解、化学反应等，经历这些过程，系统的状态都发生了变化。热力学中常见的过程有以下几种。

（1）等温过程（isothermal process）：系统始、终态温度相等且等于环境温度的过程。即 $T_1 = T_2 = T_e$，下标 1、2 和 e 分别表示始态、终态和环境。

（2）等压过程（isobaric process）：系统始、终态压强相等且等于环境压强的过程。$p_1 = p_2 = p_e$。

（3）等容过程（isochoric process）：过程中系统的体积始终保持不变的过程。

（4）绝热过程（adiabatic process）：过程中系统与环境之间没有热交换，即 $Q=0$。

（5）循环过程（cyclic process）：系统经一系列变化后又恢复到起始状态的过程。

此外，还有许多其他的热力学过程。

2. 途径

系统由始态到终态完成一个变化过程的具体步骤称为途径（way）。

一个过程往往可以经多种不同的途径来完成，例如一定量的理想气体由始态（298K，100kPa）变化到终态（303K，200kPa），可采用先等温加压再等压升温，也可以先等压升温再等温加压的两种途径来完成。

第二节　热力学第一定律

（The First Law of Thermodynamics）

一、热和功

热和功是系统状态发生变化时，系统与环境之间的两种能量交换的形式，单位均为焦耳或千焦（J 或 kJ）。

系统与环境之间因存在温度差异而发生的能量交换形式称为热（heat）（或热量），符号为 Q。

热力学规定：系统从环境吸热，Q 为正值；系统向环境放热，Q 为负值。

系统与环境之间除热以外的其他各种能量交换形式统称为功（work），符号为 W。

热力学规定：系统从环境中得功，功为正值；系统对环境做功，功为负值。

功有多种形式，通常分为体积功和非体积功两大类。由于系统体积变化反抗外力所做的功称为体积功，其他功如电功、表面功等都称为非体积功。在一般情况下，化学反应中系统只做体积功。体积功等于外压乘以体积的改变。当外压恒定时即：$W = -p_{外}\Delta V = -p_{外}(V_2 - V_1)$。注意：本章下面的讨论都局限于系统只做体积功的情况。

热和功总是与系统所经历的具体过程相联系的，没有过程就没有热与功。即使系统的始态和终态相同，过程不同时热与功也往往不同。它们只有在系统发生变化时才体现出来，不能说系统在某种状态下含有多少热或多少功。因此，热与功都不是系统的状态函数。

二、 热力学能

热力学能也称为内能，它是系统中物质所有能量的总和，用符号 U 表示，具有能量单位（J 或 kJ）。它包括分子运动的动能、分子间的位能以及分子、原子内部所蕴藏的能量等。热力学能是系统内所有质点能量的总和，随着人们对微观世界认识的不断深入，还会出现新的微观粒子和新的运动形式，因此，热力学能的绝对值是无法确定的。但热力学能的改变值 ΔU 可由实验测定。在实际应用中，用得多的不是系统的热力学能而是热力学能变。

三、热力学第一定律

"自然界的一切物质都具有能量，能量有多种不同的形式，可以从一种形式转化为另一种形式。能量总量在转化过程中保持不变。"这就是能量守恒和转化定律，把它应用于热力学系统，就是热力学第一定律。

根据热力学第一定律，系统热力学能的改变值 ΔU 等于系统与环境之间的能量传递，这就是热力学第一定律的数学表达式：

$$\Delta U = Q + W \tag{2-1}$$

式(2-1) 表明：系统热力学能的增量应等于环境以热的形式供给系统的能量加上环境对系统以做功的形式所增加的能量。

例 2-1 （1）系统放出 2.5kJ 的热量，并且对环境做功 500J；（2）系统放出 650J 的热量，环境对系统做功 350J。计算系统的热力学能的变化。

解： 由热力学第一定律的数学表达式(2-1) 知：

（1）$\Delta U = Q + W = -2.5 \times 1000 - 500 = -3000\text{J}$

（2）$\Delta U = Q + W = -650 + 350 = -300\text{J}$

第三节　热化学
(Thermochemistry)

应用热力学第一定律研究化学反应热效应的科学称为热化学（Thermochemistry）。热化学提供的反应热数据在化学理论研究和化工生产中有很重大的意义。化学反应改变了分子的结构，因而常以热的形式与环境交换能量，因此发生化学反应时总伴随有各种形式的能量变化。在等温、非体积功为零的条件下，封闭系统中发生某化学反应，系统与环境之间所交换的热量就称为该化学反应的热效应，简称反应热（heat of reaction）。

一、 等容反应热和等压反应热

根据化学反应是在等容还是等压条件下进行，反应热又可分为等容反应热和等压反应热。

1. 等容反应热

若系统在变化过程中，系统不做非体积功，且体积始终保持不变（$\Delta V = 0$），即 $W = 0$。根据热力学第一定律可得

$$Q_V=\Delta U-W=\Delta U \tag{2-2}$$

上式表明，等容反应热等于系统的热力学能变化。

2. 等压反应热

若系统在变化过程中，压强始终保持不变且不做非体积功，根据热力学第一定律，其反应热 Q_p 为：

$$\begin{aligned}Q_p&=\Delta U-W=\Delta U-(-p\Delta V)=U_2-U_1+p(V_2-V_1)\\&=(U_2+pV_2)-(U_1+pV_1)\end{aligned} \tag{2-3}$$

即在等压过程中，系统吸收的热量 Q_p 等于终态和始态的（$U+pV$）值之差。U、p、V 都是状态函数，它们的组合（$U+pV$）当然也是状态函数，并且具有能量的量纲。为了方便起见，我们把这个新的状态函数叫作焓（enthalpy），用符号 H 表示。

$$H=U+pV \tag{2-4}$$

这样，式(2-3) 就可简化为

$$Q_p=H_2-H_1=\Delta H \tag{2-5}$$

即在等压过程中，系统吸收的热量全部用来增加系统的焓。所以等压反应热就是系统的焓变，常用 ΔH 来表示。

由上可知，在等压变化中，系统的焓变（ΔH）和热力学能的变化（ΔU）之间的关系式为：

$$\Delta H=\Delta U+p\Delta V \tag{2-6}$$

上式表明，等压反应热等于反应的焓变，即等于系统的热力学能变加上系统所做的体积功。若 ΔH 为正值，系统的焓值增加，则反应为吸热反应；若 ΔH 为负值，系统的焓值减小，则反应为放热反应。

因 $Q_V=\Delta U$，$Q_p=\Delta H$，故 Q_V 与 Q_p 有如下关系：

$$Q_p=Q_V+p\Delta V \tag{2-7}$$

当反应物和生成物都处于固态和液态时，反应的 ΔV 值很小，$p\Delta V$ 可忽略，故 $\Delta H\approx\Delta U$。对有气体参加的反应，ΔV 值往往较大。应用理想气体状态方程可得：

$$p\Delta V=p(V_2-V_1)=(n_2-n_1)RT=(\Delta n)RT$$

式中，Δn 为气体生成物的物质的量减去气体反应物的物质的量。将此关系式代入式(2-6)，可得

$$\Delta H=\Delta U+(\Delta n)RT \tag{2-8}$$

$$Q_p=Q_V+(\Delta n)RT \tag{2-9}$$

化学反应通常是在等压条件下进行的，因此反应的焓变（等压反应热）更有实际意义。如不加以说明，均指等压反应热。

例 2-2 25℃时，1.250g 正庚烷在弹式量热计中完全燃烧所放出的热为 60.089kJ，求该反应的定容反应热 Q_V 和定压反应热 Q_p。

解：

$$C_7H_{16}(l)+11O_2(g)=\!=\!=7CO_2(g)+8H_2O(l)$$

正庚烷的摩尔质量为 $100g\cdot mol^{-1}$。

$$Q_V=\frac{-60.089}{1.250}\times100=-4807.1kJ\cdot mol^{-1}$$

$$\begin{aligned}Q_p&=Q_V+(\Delta n)RT\\&=-4807.1+(7-11)\times8.314\times298\times10^{-3}\\&=-4817.0kJ\cdot mol^{-1}\end{aligned}$$

正庚烷燃烧是放热反应，故 Q_V 和 Q_p 都是负数。

二、热化学方程式

1. 反应进度

反应进度 ξ 用以表示化学反应进行的程度。对任一化学反应

$$aA + dD \longrightarrow gG + hH$$

可表示为：

$$(gG + hH) - (aA + dD) = 0$$

即：

$$\sum_B \nu_B B = 0$$

式中，B 为化学反应方程式中任一反应物或生成物的化学式；ν_B 是物质 B 的计量系数；$\nu_A = -a$，$\nu_D = -d$，$\nu_G = g$，$\nu_H = h$。即 ν_B 对于反应物取负值，对于产物取正值。

在反应开始时，反应系统中各物质的量为 $n_B(0)$。到反应时刻 t，反应物的量减少，产物的量增加，各物质的量为 $n_B(t)$。反应进度 ξ 的定义为：

$$\xi = \frac{n_B(t) - n_B(0)}{\nu_B} = \frac{\Delta n_B}{\nu_B} \tag{2-10}$$

从式(2-10) 可以看出，$\xi = 1\text{mol}$ 的物理意义是有 a mol 的反应物 A 和 d mol 反应物 D 参加反应完全消耗，转化为产物 g mol 的 G 和 h mol 的 H。即以方程式为基本单元进行了 1mol 的反应，也就是发生了单位化学反应。

例如合成氨反应

$$3H_2 + N_2 \longrightarrow 2NH_3$$

反应进度 $\xi = 1\text{mol}$，表示 3mol H_2 与 1mol N_2 完全反应，生成 2mol 的 NH_3。反应进度 ξ 与该反应在一定条件下达到平衡的转化率没有关系，它是以反应计量方程式为单元表示反应进行的程度，而且用反应系统中任一种物质的量的变化来表示所得的值均相同。若将合成氨的反应计量方程式写为：

$$\frac{3}{2}H_2 + \frac{1}{2}N_2 \longrightarrow NH_3$$

反应进度 $\xi = 1\text{mol}$，则表示 $\frac{3}{2}$mol 的 H_2 与 $\frac{1}{2}$mol 的 N_2 完全反应，生成了 1mol 的 NH_3，所以反应进度与反应计量方程式的写法有关。

2. 热化学方程式

标明了物质的聚集状态、反应条件和反应热的化学方程式称为热化学方程式（thermodynamics equation)。例如：

$$O_2(g) + 2H_2(g) \longrightarrow 2H_2O(l); \quad \Delta_r H^{\ominus}_{m,298} = -571.6\text{kJ} \cdot \text{mol}^{-1}$$

因为 H 为状态函数，ΔH 的值与系统的始、终态有关，所以在书写热化学方程式时要注意以下几点。

(1) 标明物质的物态　通常用 s、l、g、aq 分别表示固态、液态、气态和水溶液。对于有几种晶型的固体物质还需标明晶型，如 C（石墨)、C（金刚石)。

(2) 标明反应时的温度和压强　若温度和压强分别是 298K 和标准压强 $p^{\ominus}$，则可以不注明。

(3) 反应多在定压下完成，用 ΔH 表示反应热，负数表示放热，正数表示吸热。

(4) $\Delta_r H_m^\ominus$ 的意义是“在标准压强下，反应进度 $\xi=1mol$ 时的焓变”。下标 r 代表反应(reaction)，下标 m 代表反应进度 $\xi=1mol$，上标$^\ominus$表示标准态。“标准态”是指物质（理想气体、纯固体、纯液体）处于标准压强 $p^\ominus$下的状态。“标准态”是为了处理问题方便所作的一种人为规定。

若压强不为 $p^\ominus$，反应焓变的符号为 $\Delta_r H_m$。

(5) $\Delta_r H_m^\ominus$ 和 $\Delta_r H_m$ 的单位是 $kJ \cdot mol^{-1}$。ΔH 和 $\Delta H^\ominus$代表一个过程的焓变，单位是 J 或 kJ。ΔH 和 $\Delta_r H_m$ 这两种符号的意义不同，单位也不一样，使用中一定要注意区分。二者之间的关系为

$$\Delta H=\xi\Delta_r H_m, \qquad \Delta H^\ominus=\xi\Delta_r H_m^\ominus \tag{2-11}$$

例 2-3 在 298K，标准状态下，1mol H_2 完全燃烧生成水，放热 285.84kJ。此反应可分别表示为：

(1) $H_2(g)+\frac{1}{2}O_2(g)=H_2O(l)$

(2) $2H_2(g)+O_2(g)=2H_2O(l)$

若过程（1）中有 2mol H_2 燃烧，过程（2）中有 5mol H_2 燃烧，分别求此两过程的 $\Delta H^\ominus(1)$ 和 $\Delta H^\ominus(2)$。

解： 按计量方程（1） $\Delta_r H_m^\ominus(1)=-285.84kJ \cdot mol^{-1}$

按计量方程（2） $\Delta_r H_m^\ominus(2)=-571.68kJ \cdot mol^{-1}$

对于过程（1），反应进度 $\xi(1)=2mol$。根据式(2-11)，$\Delta H^\ominus(1)=-571.68kJ$。对于过程(2)，反应进度 $\xi(2)=2.5mol$，$\Delta H^\ominus(2)=-1429.2kJ$。

此例说明反应热 $\Delta_r H_m^\ominus$ 或 $\Delta_r H_m$ 的数值与计量方程式有关；而某一具体过程的焓变 $\Delta H^\ominus$或 ΔH 的数值与计量方程式无关。

三、盖斯定律（Hess's Law）

瑞士籍俄国化学家盖斯（G. H. Hess）根据大量实验事实，总结出一条规律：化学反应不论是一步完成还是分几步完成，其反应热是相同的。这就是盖斯定律，也称赫斯定律，它是热力学第一定律的必然结果。因为当反应系统不做非体积功时，$Q_V=\Delta U$，$Q_P=\Delta H$，而 H 和 U 都是状态函数。当反应的始态（反应物）和终态（生成物）一定时，H 和 U 的改变值 ΔH 和 ΔU 与途径无关。所以无论是一步完成反应还是多步完成反应，反应热都是一样的。

根据盖斯定律，可以将反应热进行代数和运算，通过已知反应的热效应计算未知反应的热效应。

例如，碳燃烧生成一氧化碳的反应热是实验上无法测定的，因为在反应过程中伴随有二氧化碳的生成。利用 Hess 定律，却能很容易地由已知的热化学方程式求算出它的反应热。

(1) $C(s)+O_2(g)=CO_2(g), \Delta_r H_{m,1}^\ominus=-393.5kJ \cdot mol^{-1}$

(2) $CO(g)+\frac{1}{2}O_2(g)=CO_2(g), \Delta_r H_{m,2}^\ominus=-283.0kJ \cdot mol^{-1}$

反应（3）$C(s)+\frac{1}{2}O_2(g)=CO(g)$

利用 Hess 定律有：反应（1）－反应（2）＝反应（3）

所以：$\Delta_r H_{m,3}^{\ominus} = \Delta_r H_{m,1}^{\ominus} - \Delta_r H_{m,2}^{\ominus} = -393.5 - (-283.0) = -110.5\text{kJ} \cdot \text{mol}^{-1}$

例 2-4 已知 298K 时下列反应的标准摩尔焓

（1）$CH_3COOH(l) + 2O_2(g) = 2CO_2(g) + 2H_2O(l)$，$\Delta_r H_{m,1}^{\ominus} = -871.5\text{kJ} \cdot \text{mol}^{-1}$

（2）$C(\text{石墨},s) + O_2(g) = CO_2(g)$，$\Delta_r H_{m,2}^{\ominus} = -393.5\text{kJ} \cdot \text{mol}^{-1}$

（3）$H_2(g) + \frac{1}{2}O_2(g) = H_2O(l)$，$\Delta_r H_{m,3}^{\ominus} = -285.8\text{kJ} \cdot \text{mol}^{-1}$

计算生成乙酸 $CH_3COOH(l)$ 反应的标准摩尔焓。

解：设计生成乙酸的反应：

$$2C(\text{石墨},s) + 2H_2(g) + O_2(g) = CH_3COOH(l)$$

根据盖斯定律，(3)×2－(1) 可得：

（4）$2H_2(g) + 2CO_2(g) = CH_3COOH(l) + O_2(g)$ $\quad \Delta_r H_{m,4}^{\ominus} = 2\Delta_r H_{m,3}^{\ominus} - \Delta_r H_{m,1}^{\ominus}$

(2)×2＋(4) 可得：

（5）$2C(\text{石墨},s) + 2H_2(g) + O_2(g) = CH_3COOH(l)$ $\quad \Delta_r H_{m,5}^{\ominus} = 2\Delta_r H_{m,2}^{\ominus} + \Delta_r H_{m,4}^{\ominus}$

（5）是乙酸的生成反应，$\Delta_r H_{m,5}^{\ominus}$ 即生成乙酸 $CH_3COOH(l)$ 反应的标准摩尔焓。故

$$\begin{aligned}\Delta_r H_{m,5}^{\ominus} &= 2\times(-393.5\text{kJ} \cdot \text{mol}^{-1}) + 2\times(-285.8\text{kJ} \cdot \text{mol}^{-1}) - (-871.5\text{kJ} \cdot \text{mol}^{-1}) \\ &= -487.1\text{kJ} \cdot \text{mol}^{-1}\end{aligned}$$

四、生成焓和燃烧焓

1. 生成焓

由元素的稳定单质生成 1mol 某物质时的热效应叫作该物质的生成焓。如果生成反应在标准态和指定温度（通常为 298K）下进行，这时的生成焓称为该温度下的标准生成焓，用 $\Delta_f H_m^{\ominus}$ 表示［下标 f 表示“生成”（formation）］。例如，石墨与氧气在 $p^{\ominus}$ 和 298K 下反应，生成 1mol CO_2，放热 393.5kJ，则 CO_2 的 $\Delta_f H_{m,298}^{\ominus}$ 为－393.5kJ·mol^{-1}。

按照定义，稳定单质的 $\Delta_f H_m^{\ominus}$ 为零，因为由稳定单质仍旧生成该稳定单质，这意味着未发生反应。

一些物质在 298.15K 时的 $\Delta_f H_m^{\ominus}$ 值列于附录二，任何反应的标准摩尔焓变都可用下式求得：

$$\Delta_r H_m^{\ominus} = \sum_B \nu_B \Delta_f H_m^{\ominus}(B) \tag{2-12}$$

式中，ν_B 为化学计量系数（反应物取负值，生成物取正值）。例如，对于一般化学反应

$$aA + dD = gG + hH$$

式(2-12) 的展开式即为

$$\Delta_r H_m^{\ominus} = [g\Delta_f H_m^{\ominus}(G) + h\Delta_f H_m^{\ominus}(H)] - [a\Delta_f H_m^{\ominus}(A) + d\Delta_f H_m^{\ominus}(D)]$$

例 2-5 根据生成焓数据，计算下面反应的标准反应热 $\Delta_r H_m^{\ominus}$。

$$CH_4(g) + 2O_2(g) = CO_2(g) + 2H_2O(l)$$

解：查表得各物质的 $\Delta_f H_m^{\ominus}$ 为

	$CH_4(g)$	$O_2(g)$	$CO_2(g)$	$H_2O(l)$
$\Delta_f H_m^{\ominus}(kJ \cdot mol^{-1})$	-74.8	0	-393.5	-285.8

$$\Delta_r H_m^{\ominus} = [-393.5 + 2\times(-285.8)] - [-74.8 + 2\times 0]$$
$$= -890.3 kJ \cdot mol^{-1}$$

2. 燃烧焓

多数有机物分子难以由单质直接合成而得，因此它们的标准生成焓无法直接测定。但有机化合物很容易燃烧，而且燃烧反应的热效应也易测定，所以有机反应的热效应多由燃烧焓计算。

在标准状态下，1mol 物质完全燃烧所产生的热量称为该物质的标准燃烧焓，以 $\Delta_c H_m^{\ominus}$ 表示，下标 c 表示“燃烧”（combustion）。完全燃烧是指化合物分子中 C 变为 $CO_2(g)$，H 变为 $H_2O(l)$，S 变为 $SO_2(g)$，N 变为 $N_2(g)$，上述燃烧产物及 $O_2(g)$ 的摩尔燃烧焓均为零。

利用 $\Delta_c H_m^{\ominus}$ 计算有关反应的 $\Delta_r H_m^{\ominus}$，其方法与利用 $\Delta_f H_m^{\ominus}$ 计算 $\Delta_r H_m^{\ominus}$ 的方法相类似：

$$\Delta_r H_m^{\ominus} = -\sum_B \nu_B \Delta_c H_m^{\ominus}(B) \tag{2-13}$$

对于一般化学反应：　$aA + dD = gG + hH$

式(2-13) 的展开式即为：

$$\Delta_r H_m^{\ominus} = [a\Delta_c H_m^{\ominus}(A) + d\Delta_c H_m^{\ominus}(D)] - [g\Delta_c H_m^{\ominus}(G) + h\Delta_c H_m^{\ominus}(H)]$$

表 2-1 中列出了一些有机化合物的标准摩尔燃烧焓数据。

表 2-1　一些有机化合物的标准摩尔燃烧焓（298K）

化合物	$\Delta_c H_m^{\ominus}$（$kJ \cdot mol^{-1}$）	化合物	$\Delta_c H_m^{\ominus}$（$kJ \cdot mol^{-1}$）
CH_4（g）	−890.3	CH_3OH（l）	−726.5
C_2H_2（g）	−1299.6	CH_3CHO（l）	−1166.4
C_2H_4（g）	−1411.0	CH_3CH_2OH（l）	−1366.8
C_2H_6（g）	−1559.8	CH_3COOH（l）	−874.5
C_3H_6（g）	−2092.0	$CH_3COOC_2H_5$（l）	−2254.2
C_3H_8（g）	−2219.9	C_6H_5OH（s）	−3053.5
C_4H_10（g）	−2877.0	$C_6H_5NH_2$（l）	−3397.0
C_5H_{12}（g）	−3536.1	C_6H_5COOH（s）	−3227.5
C_6H_{12}（l）	−3919.9	$(NH_2)_2CO$（s）	−631.7
C_6H_{14}（l）	−4163.0	NH_2CH_2COOH（s）	−964.0

例 2-6　在 298.15K 及 $p^{\ominus}$下，设环丙烷、石墨及氢的燃烧焓分别为$-2092.0 kJ \cdot mol^{-1}$、$-393.8 kJ \cdot mol^{-1}$ 及$-285.84 kJ \cdot mol^{-1}$。若已知丙烯（气）的 $\Delta_f H_m^{\ominus} = 20.5 kJ \cdot mol^{-1}$，试求：

(1) 环丙烷的 $\Delta_f H_m^{\ominus}$。

(2) 环丙烷异构化变成丙烯的 $\Delta_r H_m^{\ominus}$。

解：(1) 环丙烷的生成反应为

$$3C(石墨) + 3H_2(g) = C_3H_6(g)$$

环丙烷的生成热即上述生成反应的反应热：$\Delta_r H_m^{\ominus} = \Delta_f H_m^{\ominus}$ (C_3H_6)

即：$\Delta_f H_m^{\ominus}(C_3H_6) = 3\Delta_c H_m^{\ominus}(石墨) + 3\Delta_c H_m^{\ominus}(H_2,g) - \Delta_c H_m^{\ominus}(C_3H_6,g)$

$$= [3\times(-393.8)]kJ\cdot mol^{-1} + [3\times(-285.84)-(-2092)]kJ\cdot mol^{-1}$$
$$= 53.08kJ\cdot mol^{-1}$$

(2) 环丙烷异构化变成丙烯的反应热为

$$\Delta_r H_m^{\ominus} = \Delta_f H_m^{\ominus}(丙烯) - \Delta_f H_m^{\ominus}(环丙烷)$$
$$= (20.5-53.08)kJ\cdot mol^{-1} = -32.58kJ\cdot mol^{-1}$$

第四节　热力学第二定律

(The Second Law of Thermodynamics)

热力学第一定律解决了变化过程中能量及其转化的求算问题，自然界一切变化都不违背热力学第一定律。但大量事实证明，不违背第一定律的过程不一定都能自动进行。例如，一杯热水可以自动地向周围环境散发热量，但绝不能自动从温度比它低的环境吸收热量而沸腾，即使环境放出的热量与水吸收的热量相等，也决不会自动进行。可见，热力学第一定律不能回答过程自发进行的方向，也不能回答进行到何种程度为止。这些问题的解决有赖于热力学第二定律。

一、化学反应的自发性

自发过程 (spontaneous process) 是在一定条件下，没有任何外力推动就可以自动进行的过程。例如水可以自动地从高处向低处流动，热可以自动地从高温物体传给低温物体。

自发过程的共同特点如下。

(1) 自发过程具有方向性　在一定条件下，自发过程只能自发地单向进行，其逆过程不能自发进行。若要使逆过程能进行，必须要消耗能量，对系统做功。如要消耗机械能才能把低处的水提升到高处；冰箱要耗电才能制冷，把低温物体的热传给高温物体。这些逆过程的进行，都要消耗环境的能量，或者说在环境中留下了“痕迹”。

(2) 自发过程有一定的限度　自发过程不会无休止地进行，总是进行到一定程度就自动停止。高处的水向低处流，到两处水位相等时就停止流动；热传导也是在温度相等时就停止进行了。化学反应进行到一定程度，达到化学平衡，从宏观上看化学反应也停止了。自发过程进行的限度就是系统达到平衡。

(3) 进行自发过程的系统具有做有用功（非体积功）的能力　高处流下的水可以推动水轮机；热机就是利用热传导做功，某些化学反应可以设计成电池做电功。但系统做有用功的能力随着自发过程的进行逐渐减少，当系统达到平衡后，就不再具有做有用功的能力了。

在对自发过程的研究中，人们发现许多系统能量降低的过程是自发的。例如水从势能高处自动流向势能低处；正电荷自动从电势高处流向电势低处；化学反应也有类似的情况，很多放热反应可以自发进行。但研究也发现很多能量升高的过程也可能自发进行。例如，298K 时，冰自动融化成水，同时吸热；NH_4NO_3 等固体物质在水中溶解也是吸热的过程，却可以自发进行。

显然，决定一个过程能否自发进行，除了能量因素之外，还有其他因素。例如，将红豆和绿豆放在一起摇晃，它们便混合起来，系统的混乱度增加了。反之，将混合在一起的红豆和绿豆无论怎么摇晃也不会各自分开。再如，环境污染是目前大家十分关心的问题，其实污染就是混乱度增大的过程。治理污染将污染物分离出来要花很大的力气。由此可见，有两种因素影响着过程的自发性：一个是能量变化，系统将趋向最低能量；另一个是混乱度变化，系统将趋向最高混乱度。

二、熵（Entropy）

系统的混乱度在热力学中用物理量熵来表征，混乱度越大，熵值越大。同热力学能、焓一样，熵也是状态函数，用符号 S 表示，单位为 J/K 或 kJ/K。

当系统的状态发生变化时，熵值也随之改变。系统的熵变用符号 ΔS 表示，它是终态的熵 S_2 与始态的熵 S_1 之差，即

$$\Delta S = S_2 - S_1$$

等温过程的熵变可由下式计算：

$$\Delta S = \frac{Q_r}{T} \tag{2-14}$$

式中，Q_r（下标 r 代表“可逆”，reversible）是可逆过程的热效应；T 为系统的热力学温度。

三、热力学第二定律

熵增加原理“孤立系统的熵永不减少”是热力学第二定律的一种表述。即：

$$\Delta S(\text{孤立}) > 0 \tag{2-15}$$

孤立系统是指与环境不发生物质和能量交换的系统。真正的孤立系统是不存在的，因为能量交换不能完全避免。但是若将与系统有物质或能量交换的那一部分环境也包括进去而组成一个新的系统，这个新系统可算作孤立系统。因此，式(2-15) 可表示为：

$$\Delta S(\text{系统}) + \Delta S(\text{环境}) > 0 \tag{2-16}$$

如果某一变化过程中，系统的熵变 ΔS（系统）和环境的熵变 ΔS（环境）都已知，则可用式（2-16）来判断该过程是否自发。即：

ΔS(系统）$+\Delta S$(环境）>0　　过程自发

ΔS(系统）$+\Delta S$(环境）<0　　不可能发生的过程

热力学第二定律是热力学最基本的定律之一，是人类经验的总结，它的正确性和普适性是不容置疑的。

四、标准摩尔熵（Standard Molar Entropy）

熵是表示系统混乱度的热力学函数。对纯净物质的完美晶体，在热力学温度 0 K 时，分子间排列整齐，且任何分子热运动都停止了，这时系统完全有序化了。因此热力学第三定律指出：在热力学温度 0 K 时，任何纯物质的完美晶体的熵值等于零。

有了第三定律，我们就能测量任何纯物质在温度 T 时熵的绝对值。因为

$$S_T - S_0 = \Delta S \tag{2-17}$$

S_T 表示温度为 T(K）时的熵值，S_0 表示 0K 时的熵值，由于 $S_0=0$，所以

$$S_T = \Delta S$$

这样只需求得物质从 0K 到 T K 的熵变 ΔS，就可求得该物质在 T K 时熵的绝对值。在标准

态下 1mol 物质的熵值称为该物质的标准摩尔熵（简称标准熵），用符号 $S_m^\ominus$ 表示。附录二列出了一些物质在 298.15K 时的标准摩尔熵，单位是 $J \cdot K^{-1} \cdot mol^{-1}$。需要指出，水合离子的标准摩尔熵不是绝对值，而是在规定标准态下水合 H^+ 的熵值为零的基础上求得的相对值。

根据熵的含义，不难看出物质标准熵的大小应有如下的规律。

（1）同一物质所处的聚集态不同，熵值不同，熵值大小次序是：气态＞液态＞固态。如：

$H_2O(g)[188.7]$ $H_2O(l)[69.9]$ $H_2O(s)[39.3]$

方括号内的数值是 298K 时物质的标准摩尔熵，单位为 $J \cdot K^{-1} \cdot mol^{-1}$。下同。

（2）聚集态相同，复杂分子比简单分子有较大的熵值。如：

$O(g)[161.0]$ $O_2(g)[205.0]$ $O_3(g)[238.8]$

（3）结构相似的物质，分子量大的熵值大。如：

$F_2(g)[202.7]$ $Cl_2(g)[223.0]$ $Br_2(g)[245.4]$ $I_2(g)[261.0]$

（4）分子量相同，分子构型复杂，熵值大。如：

$C_2H_5OH(g)[282.0]$ $CH_3—O—CH_3(g)[266.3]$

这是由于二甲醚分子的对称性大于乙醇。

熵是状态函数，有了 $S_m^\ominus$ 的数值，运用下式就可计算反应的标准摩尔熵变 $\Delta_r S_m^\ominus$：

$$\Delta_r S_m^\ominus = \sum_B \nu_B S_m^\ominus(B) \tag{2-18}$$

第五节 吉布斯函数及其应用
(Gibbs Function and Its Application)

决定自发过程能否发生的因素，既有能量因素，又有混乱度因素，因此要涉及 ΔH 和 ΔS 这两个状态函数改变量。1876 年美国物理化学家 Gibbs（吉布斯）提出用吉布斯函数（吉布斯自由能）来判断定温定压条件下过程的自发性。

一、吉布斯函数

吉布斯函数 G 的定义是：

$$G = H - TS \tag{2-19}$$

H、T 和 S 都是状态函数，它们的线性组合 G 也是状态函数。G 具有能量的量纲，单位是 J 或 kJ。系统的吉布斯函数与热力学能、焓一样，不可能知道其绝对值，但系统经历某一过程后，吉布斯函数的改变量 ΔG 是可以求得的：$\Delta G = G_2 - G_1$，其中 G_2 和 G_1 分别为终态和始态的吉布斯函数。若是化学反应系统，则分别是生成物和反应物的吉布斯函数，即：

$$\Delta G = G_2 - G_1 = (H_2 - TS_2) - (H_1 - TS_1) = (H_2 - H_1) - T(S_2 - S_1)$$

$$\Delta G = \Delta H - T\Delta S \tag{2-20}$$

这个关系式称为吉布斯-亥姆霍兹（Gibbs-Helmholtz）方程式，是一个很有用的公式。

系统的吉布斯函数是衡量系统在定温定压条件下对外做有用功的能力。若经某一过程后，系统的 $\Delta G < 0$，即 $G_2 < G_1$，说明这是吉布斯函数降低的过程。在此过程中吉布斯函数

释放出来做有用功，而自发过程也是可以对外做有用功的。当系统达到平衡时，便不再做有用功，此时 $G_2=G_1$。

综上所述，在恒温、恒压不做有用功的条件下，系统发生变化，可以用吉布斯函数的改变量来判断过程的自发性：

$\Delta G<0$　　自发过程

$\Delta G=0$　　平衡状态

$\Delta G>0$　　非自发过程，其逆过程可自发进行

这就是判断过程自发性的吉布斯函数判据。

二、标准生成吉布斯函数

因吉布斯函数是状态函数，在化学反应中如果我们能够知道反应物和生成物的吉布斯函数的数值，则反应的吉布斯函数变 ΔG 可由简单的加减法求得。但是从吉布斯函数的定义可知，它与热力学能、焓一样，是无法求得绝对值的。为了求算反应的 ΔG，我们可仿照求标准生成焓的处理方法：首先规定一个相对的标准——在指定的反应温度（一般为 298K）和标准态下，令稳定单质的吉布斯函数为零，并且把在指定温度和标准态下，由稳定单质生成 1mol 某物质的吉布斯函数变称为该物质的标准生成吉布斯函数（$\Delta_f G_m^{\ominus}$）。一些物质在 298.15K 时的标准生成吉布斯函数值列于附录二。有了 $\Delta_f G_m^{\ominus}$ 的数据，就可方便地由下式计算任何反应的标准摩尔吉布斯函数变（$\Delta_r G_m^{\ominus}$）：

$$\Delta_r G_m^{\ominus}=\sum_B \nu_B \Delta_f G_m^{\ominus}(B) \tag{2-21}$$

例 2-7　求 298K、标准状态下反应 $4HI(g)+O_2(g)=\!=\!=2I_2(g)+2H_2O(l)$ 的 $\Delta_r G_m^{\ominus}$，并判断反应的自发性。

解：查表得：$\Delta_f G_m^{\ominus}(HI)=1.72kJ\cdot mol^{-1}$，

$\Delta_f G_m^{\ominus}(I_2)=19.4kJ\cdot mol^{-1}$，$\Delta_f G_m^{\ominus}(H_2O)=-237.2kJ\cdot mol^{-1}$ 故：

$$\begin{aligned}\Delta_r G_m^{\ominus}&=2\Delta_f G_m^{\ominus}(I_2)+2\Delta_f G_m^{\ominus}(H_2O)-4\Delta_f G_m^{\ominus}(HI)\\&=2\times19.4+2\times(-237.2)-4\times1.72\\&=-442.48kJ\cdot mol^{-1}\end{aligned}$$

$\Delta_r G_m^{\ominus}<0$，反应可以自发进行。

三、ΔG 与温度的关系

由标准生成吉布斯函数的数据算出 $\Delta_r G_m^{\ominus}$，可用来判断反应在标准态下能否自发进行。但是能查到的标准生成吉布斯函数一般都是 298K 时的数据。那么在其他温度，如在人的体温 37℃时，某一生化反应能否自发进行？为此我们需要了解温度对 ΔG 的影响。

一般来说温度变化时，ΔH、ΔS 变化不大，而 ΔG 却变化很大。因此，当温度变化不太大时，可近似地把 ΔH、ΔS 看作不随温度而变的常数。这样，只要求得 298K 时的 $\Delta H_{298}^{\ominus}$ 和 $\Delta S_{298}^{\ominus}$，利用如下近似公式就可求算温度 T 时的 $\Delta G_T^{\ominus}$。

$$\Delta G_T^{\ominus}=\Delta H_{298}^{\ominus}-T\Delta S_{298}^{\ominus} \tag{2-22}$$

由上式可知，吉布斯函数变既考虑了过程的焓变又考虑了温度和熵变。ΔG 符号取决于 ΔH 和 ΔS 的相对大小，且温度 T 对 ΔG 的符号也会有影响。表 2-2 归纳了恒压下 ΔH、ΔS 和 T 对 ΔG 符号影响的几种情况。

表 2-2　恒压下 ΔH、ΔS 和 T 对 ΔG 符号的影响

ΔH 的符号	ΔS 的符号	ΔG 的符号	反应情况
－	＋	－	任何温度下均为自发过程
＋	－	＋	任何温度下均为非自发过程
＋	＋	低温（＋） 高温（－）	低温为非自发过程 温度升高时转化为自发过程
－	－	低温（－）	低温时为自发过程
		高温（＋）	高温时为非自发过程

例 2-8　求 298K 和 1000K 时下列反应的 $\Delta_r G_m^\ominus$，判断在此两温度下反应的自发性，估算反应可以自发进行的最低温度是多少。

$$CaCO_3(s) \xlongequal{} CaO(s) + CO_2(g)$$

解： 首先利用标准摩尔生成焓和标准摩尔熵的数据求 $\Delta_r H_m^\ominus(298K)$ 和 $\Delta_r S_m^\ominus(298K)$

$$\begin{aligned}\Delta_r H_m^\ominus(298K) &= \Delta_f H_m^\ominus(CaO) + \Delta_f H_m^\ominus(CO_2) - \Delta_f H_m^\ominus(CaCO_3)\\ &= (-635.1) + (-393.5) - (-1206.9)\\ &= 178.3 kJ \cdot mol^{-1}\end{aligned}$$

$$\begin{aligned}\Delta_r S_m^\ominus(298K) &= S_m^\ominus(CaO) + S_m^\ominus(CO_2) - S_m^\ominus(CaCO_3)\\ &= 39.7 + 213.6 - 92.9\\ &= 160.4 J \cdot K^{-1} \cdot mol^{-1}\end{aligned}$$

$$\begin{aligned}\Delta_r G_m^\ominus(298K) &= \Delta_r H_m^\ominus(298K) - T\Delta_r S_m^\ominus(298K)\\ &= 178.3 - 298 \times 160.4 \times 10^{-3}\\ &= 130.5 kJ \cdot mol^{-1}\end{aligned}$$

$\Delta_r G_m^\ominus$（298K）$= 130.5 kJ \cdot mol^{-1} > 0$，故在 298K，$p^\ominus$下该反应不能自发进行。

$$\begin{aligned}\Delta_r G_m^\ominus(T) &\approx \Delta_r H_m^\ominus(298K) - T \times \Delta_r S_m^\ominus(298K)\\ &= 178.3 - 1000 \times 160.4 \times 10^{-3}\\ &= 17.9 kJ \cdot mol^{-1}\end{aligned}$$

$\Delta_r G_m^\ominus$（1000K）$= 17.9 kJ \cdot mol^{-1} > 0$，故在 1000K、$p^\ominus$下该反应仍不能自发进行。

设在温度 T 时，反应可自发进行，则：

$$\Delta_r G_m^\ominus(T) \approx \Delta_r H_m^\ominus(298K) - T \times \Delta_r S_m^\ominus(298K) < 0$$

$$178.3 - T \times 160.4 \times 10^{-3} < 0$$

即 $T > 1112K$

所以，温度高于 1112K，反应才能自发进行。

第六节　化学平衡

(Chemical Equilibrium)

当确定了一个反应能自发进行后，不仅要考虑其反应的速率，而且需研究反应进行的程度，即研究化学平衡及影响平衡的因素。

化学平衡是本课程基本理论的重要部分，也是后面有关章节所要讨论的水溶液中离子四大平衡（酸碱、沉淀溶解、配位、氧化还原平衡）的理论基础。研究化学平衡，在理论和实践上都有重要意义。

本节通过对化学平衡共同特点和规律的探讨，应用热力学基本原理，讨论化学平衡建立的条件以及化学平衡移动的方向与化学反应限度等重要问题。

一、 可逆反应与化学平衡

1. 可逆反应

在一定的反应条件下，一个化学反应既能从反应物变成生成物，在相同条件下也能从生成物变为反应物，即在同一条件下能同时向正、逆两个方向进行的化学反应称为可逆反应(reversible reaction)。习惯上，把从左向右进行的反应称为正反应，把从右向左进行的反应称为逆反应。

原则上所有的化学反应都具有可逆性，不同的反应其可逆程度不同。反应的可逆性和不彻底性是一般化学反应的普遍特征。由于正逆反应同处于一个系统中，所以在密闭容器中可逆反应不能进行到底，即反应物不能全部转化为生成物。

在反应式中用双向半箭头号强调反应的可逆性。如 $H_2(g)$ 与 $I_2(g)$ 的可逆反应可写成：

$$H_2(g)+I_2(g) \rightleftharpoons 2HI(g)$$

2. 化学平衡

在恒温恒压且非体积功为零时，可用化学反应的吉布斯函数变 $\Delta_r G_m$ 来判断化学反应进行的方向。随着反应的进行，系统吉布斯函数在不断变化，直至最终系统的吉布斯函数 G 值不再改变，此时反应的 $\Delta_r G_m=0$。这时化学反应达到了热力学平衡态，简称化学平衡(chemical equilibrium)。只要系统的温度和压强保持不变，同时没有物质加入系统中或从系统中移走，这种平衡就能持续下去。

例如在四个密闭容器中分别加入不同数量的 $H_2(g)$、$I_2(g)$ 和 $HI(g)$，发生如下反应：

$$H_2(g)+I_2(g) \rightleftharpoons 2HI(g)$$

在 427℃恒温下，不断测定 $H_2(g)$、$I_2(g)$ 和 $HI(g)$ 的分压，经一定时间后，$H_2(g)$、$I_2(g)$ 和 $HI(g)$ 三种气体的分压均不再变化，说明系统达到了平衡，见表 2-3。

表 2-3　$H_2(g)+I_2(g) \rightleftharpoons 2HI(g)$ 平衡系统各组分分压

编号	起始分压/kPa			平衡分压/kPa			$\frac{p^2(HI)}{p(H_2)\ p(I_2)}$
	$p(H_2)$	$p(I_2)$	$p(HI)$	$p(H_2)$	$p(I_2)$	$p(HI)$	
1	66.00	43.70	0	26.57	4.293	78.82	54.47
2	62.14	62.63	0	13.11	13.60	98.10	53.98
3	0	0	26.12	2.792	2.792	20.55	54.17
4	0	0	27.04	2.878	2.878	21.27	54.62

上述气体的分压是指：该组分单独存在于混合气体的温度 T 及总体积 V 的条件下所具有的压强。某一气体在气体混合物中产生的分压等于在相同温度下它单独占有整个容器时所产生的压强；而气体混合物的总压强等于其中各气体分压之和，这即为道尔顿分压定律。

显然，不管起始反应从正向反应物开始，还是逆向反应从生成物开始，最后容器中的反

应物和生成物的分压虽各不相同，但都不再变化，此时系统达到了平衡，有

$$H_2(g)+I_2(g) \rightleftharpoons 2HI(g)$$

$$\Delta_r G_m = 0$$

化学平衡有以下特征。

(1) 化学平衡是一个动态平衡（dynamic equilibrium）。如表2-3所示的反应系统达到平衡时，表面上反应已经停止，实际上 $H_2(g)$ 和 $I_2(g)$ 的化合以及 $HI(g)$ 的分解仍以相同的速率进行。

(2) 化学平衡是相对的，同时也是有条件的。一旦维持平衡的条件发生了变化（例如温度、压强发生变化），系统的宏观性质和物质的组成都将发生变化。原有的平衡将被破坏，代之以新的平衡。

(3) 在一定温度下化学平衡一旦建立，以化学反应方程式中化学计量系数为幂指数的反应方程式中各物种的浓度（或分压）的乘积为一常数，叫平衡常数。在同一温度下，同一反应的平衡常数相同。

3. 平衡常数

(1) 标准平衡常数（standard equilibrium constant） $\Delta_r G_m^\ominus$ 只能用来判断化学反应在标准态下能否自发进行，但是通常遇到的反应系统都是非标准态，处于标准态的反应系统是极罕见的。对于非标准态，应该用 $\Delta_r G$ 来判断反应的方向。那么，$\Delta_r G$ 如何求算呢？范特霍夫（van't Hoff）化学反应等温方程式给出了 $\Delta_r G$ 的计算式。

对任一化学反应

$$aA + dD \rightleftharpoons gG + hH$$

化学反应等温方程式为

$$\Delta_r G = \Delta_r G^\ominus + RT\ln \frac{a_G^g a_H^h}{a_A^a a_D^d} \tag{2-23}$$

式中，a_A、a_D、a_G、a_H 分别是系统中物质A、D、G、H的活度（介绍见后）。式(2-23）是一个很有用的公式。

如果反应处于平衡状态，$\Delta_r G=0$，由式(2-23）可得

$$\Delta_r G^\ominus + RT\ln \frac{a_G^g a_H^h}{a_A^a a_D^d} = 0 \tag{2-24}$$

式中，a_A、a_D、a_G、a_H 均是平衡状态下的活度。令

$$\frac{a_G^g a_H^h}{a_A^a a_D^d} = K^\ominus \tag{2-25}$$

则

$$\Delta_r G^\ominus = -RT\ln K^\ominus \tag{2-26}$$

在一定温度下，指定反应的 $\Delta_r G^\ominus$ 为一固定值。由式(2-26）不难看出，$K^\ominus$ 也必是一不变的数值。式(2-26）表明：在一定温度下，反应处于平衡状态时，生成物的活度以方程式中化学计量数为乘幂的乘积，除以反应物的活度以方程式中化学计量数的绝对值为乘幂的乘积等于一常数，并称之为标准平衡常数。

关于活度的意义，这里可粗略地把它看作“有效浓度”，它的量纲为1。它是将物质所处的状态与标准态相比后所得的数值，故标准态本身为单位活度，即 $a=1$。物质

所处的状态不同，标准态定义不同，活度的表达式不同。所以对不同类型的反应，$K^{\ominus}$ 的表达式也有所不同。

① 气体反应　理想气体（或低压下的真实气体）的活度为气体的分压与标准压强的比值

$$a=p/p^{\ominus}$$

代入式(2-27)得

$$K_p^{\ominus}=\frac{(p_G/p^{\ominus})^g\times(p_H/p^{\ominus})^h}{(p_A/p^{\ominus})^a\times(p_D/p^{\ominus})^d}=\frac{p_G^g\times p_H^h}{p_A^a\times p_D^d}\times\left(\frac{1}{p^{\ominus}}\right)^{\Sigma\nu} \quad (2\text{-}27)$$

$\Sigma\nu=(g+h)-(a+d)$。这就是气体反应标准平衡常数的表达式。

②溶液反应　理想溶液（或浓度稀的真实溶液）的活度是溶液浓度（单位 $mol\cdot L^{-1}$）与标准浓度 $c^{\ominus}$（即 $1mol\cdot L^{-1}$）的比值

$$a=\frac{c}{c^{\ominus}}$$

将此式代入式(2-27)得

$$K_c^{\ominus}=\frac{(c_G/c^{\ominus})^g\times(c_H/c^{\ominus})^h}{(c_A/c^{\ominus})^a\times(c_D/c^{\ominus})^d}=\frac{c_G^g\times c_H^h}{c_A^a\times c_D^d}\left(\frac{1}{c^{\ominus}}\right)^{\Sigma\nu} \quad (2\text{-}28)$$

这就是溶液反应标准平衡常数的表达式。

③ 复相反应　复相反应是指反应系统中存在两个以上相的反应。如反应

$$CaCO_3(s)+2H^+(aq)=\!=\!=Ca^{2+}(aq)+CO_2(g)+H_2O(l)$$

就是复相反应。由于固相和纯液相的标准态是它本身的纯物质，故固相和纯液相均为单位活度，即 $a=1$，所以在标准平衡常数表达式中可不列入，则上述反应的标准平衡常数表达式为

$$K^{\ominus}=\frac{\left[\frac{c(Ca^{2+})}{c^{\ominus}}\right]\left[\frac{p(CO_2)}{p^{\ominus}}\right]}{\left[\frac{c(H^+)}{c^{\ominus}}\right]^2}$$

(2) 多重平衡规则　一个给定化学反应计量方程式的平衡常数，不取决于反应过程中经历的步骤，无论反应分几步完成，其平衡常数表达式完全相同，这就是多重平衡规则。也就是说当某总反应为若干个分步反应之和（或之差）时，则总反应的平衡常数为这若干个分步反应平衡常数的乘积（或商）。例如，将 $CO_2(g)$ 通入 $NH_3(aq)$ 中，发生如下反应：

$$CO_2(g)+2NH_3(aq)+H_2O(l)=\!=\!=2NH_4^+(aq)+CO_3^{2-}(aq) \quad (1)$$

$$K_1^{\ominus}=\frac{\left[\frac{c(NH_4^+)}{c^{\ominus}}\right]^2\left[\frac{c(CO_3^{2-})}{c^{\ominus}}\right]}{\left[\frac{p(CO_2)}{p^{\ominus}}\right]\left[\frac{c(NH_3)}{c^{\ominus}}\right]^2}$$

反应（1）是 $CO_2(g)$ 与 $NH_3(aq)$ 的总反应，实际上溶液中存在（a）、（b）、（c）、（d）四种平衡关系。也就是说，总反应（1）可表示为（a）、（b）、（c）、（d）四步反应的总和［其中 OH^- 既参与平衡（a）又参与平衡（d）的反应，H_2CO_3 参与平衡（b）和平衡（c）的反应。］在同一平衡系统中，一个物种的平衡浓度只能有一个数值。所以 OH^- 和 H_2CO_3 的浓

度项可消去。因而有

$$
\begin{array}{lr}
2NH_3(aq)+2H_2O(l) \rightleftharpoons 2NH_4^+(aq)+2OH^-(aq) & (a) \\
CO_2(g)+H_2O(l) \rightleftharpoons H_2CO_3(aq) & (b) \\
H_2CO_3(aq) \rightleftharpoons CO_3^{2-}(aq)+2H^+ & (c) \\
+)\quad 2H^+(aq)+2OH^-(aq) \rightleftharpoons 2H_2O(l) & (d) \\
\hline
CO_2(g)+2NH_3(aq)+H_2O(l) \rightleftharpoons 2NH_4^+(aq)+CO_3^{2-}(aq) & (1)
\end{array}
$$

$$K_1^\ominus=\frac{[c(NH_4^+)/c^\ominus]^2[c(CO_3^{2-})/c^\ominus]}{[p(CO_2)/p^\ominus][c(NH_3)/c^\ominus]^2}=K_{(a)}^\ominus K_{(b)}^\ominus K_{(c)}^\ominus K_{(d)}^\ominus$$

多重平衡规则说明 $K^\ominus$值与系统达到平衡的途径无关，仅取决于系统的状态——反应物（始态）和生成物（终态）。

例 2-9 已知 298K 时的下列数据：

(1) $CO_2(g)+4H_2(g)=\!=\!=CH_4(g)+2H_2O(g)$ $\Delta_r G_m^\ominus(1)=-112.6kJ\cdot mol^{-1}$

(2) $2H_2(g)+O_2(g)=\!=\!=2H_2O(g)$ $\Delta_r G_m^\ominus(2)=-456.1kJ\cdot mol^{-1}$

(3) $2C(s)+O_2(g)=\!=\!=2CO(g)$ $\Delta_r G_m^\ominus(3)=-272.0kJ\cdot mol^{-1}$

(4) $C(s)+2H_2(g)=\!=\!=CH_4(g)$ $\Delta_r G_m^\ominus(4)=-51.1kJ\cdot mol^{-1}$

试求反应 $CO_2(g)+H_2(g)=\!=\!=H_2O(g)+CO(g)$在 298K 时的 $\Delta_r G_m^\ominus$ 和 $K^\ominus$。

解：待求反应$=a\times(1)+b\times(2)+c\times(3)+d\times(4)$，则：

$$\Delta_r G_m^\ominus=a\Delta_r G_m^\ominus(1)+b\Delta_r G_m^\ominus(2)+c\Delta_r G_m^\ominus(3)+d\Delta_r G_m^\ominus(4)$$

$$K^\ominus=K^\ominus(1)^a K^\ominus(2)^b K^\ominus(3)^c K^\ominus(4)^d$$

所求反应可以表示为：$(1)-\frac{1}{2}(2)+\frac{1}{2}(3)-(4)$

$$
\begin{aligned}
\Delta_r G_m^\ominus &=\Delta_r G_m^\ominus(1)-\frac{1}{2}\Delta_r G_m^\ominus(2)+\frac{1}{2}\Delta_r G_m^\ominus(3)-\Delta_r G_m^\ominus(4) \\
&=-112.6-\frac{1}{2}\times(-456.1)+\frac{1}{2}\times(-272.0)+51.1 \\
&=30.55kJ\cdot mol^{-1}
\end{aligned}
$$

则：

$$\Delta_r G_m^\ominus=-RT\ln K^\ominus$$

则

$$K^\ominus=\exp\left(\frac{-\Delta_r G_m^\ominus}{RT}\right)=\exp\left(\frac{-30.55\times10^3}{8.314\times298}\right)=4.41\times10^{-6}$$

(3) 有关平衡常数的几点说明

① 实验（经验）平衡常数 实验事实表明，在一定的反应条件下，任何一个可逆反应经过一定时间后，都会达到化学平衡。此时反应系统中以反应方程式中的化学计量系数（ν_B）为幂指数的各物种的浓度（或分压）的乘积为常数，如表 2-3 中最后一列。由于这个常数由实验测得，故称为实验平衡常数（或经验平衡常数），简称平衡常数（equilibrium constant），用 K_c 或 K_p 表示。

对于任一可逆反应

$$aA+dD \rightleftharpoons gG+hH$$

在一定温度下，达到平衡时，各组分浓度之间的关系为

$$K_c = \frac{c_G^g c_H^h}{c_A^a c_D^d} \tag{2-29}$$

式中，K_c 称为浓度平衡常数；c 为物质的平衡浓度。

对于气相反应，在恒温下，气体的分压与浓度成正比（$p=cRT$），因此，在平衡常数表达式中，可以用平衡时的气体分压来代替浓度，用 K_p 表示压强平衡常数，其表达式为

$$K_p = \frac{p_G^g p_H^h}{p_A^a p_D^d} \tag{2-30}$$

式中，p 为物质的平衡分压。

对于同一反应，平衡常数可用 K_c 表示，也可用 K_p 表示，但通常情况下二者并不相等。由于平衡常数表达式中各组分的浓度（或分压）都有单位，所以实验平衡常数是有单位的，实验平衡常数的单位取决于化学计量方程式中生成物与反应物的单位及相应的化学计量系数。

② 实验（经验）平衡常数与标准平衡常数的关系 虽然标准平衡常数和经验平衡常数都反映了在到达平衡时反应进行的程度，但两者有所区别：①标准平衡常数的量纲为 1，而经验平衡常数只有在 $\sum\nu=0$ 时，量纲才为 1；②两者数值一般不等。气体反应的标准平衡常数 $K^\ominus$ 与经验平衡常数 K_p 的数值不等（除 $\sum\nu=0$ 者外）；溶液反应的标准平衡常数 $K^\ominus$ 与经验平衡常数 K_c 的数值相同。由于标准平衡常数可从热力学函数计算得到，所以在化学平衡的计算中，多采用标准平衡常数。

③ 平衡常数表达式和数值与反应式的书写有关。如合成氨反应

$$N_2 + 3H_2 \Longrightarrow 2NH_3 \qquad K_1^\ominus = \frac{(p_{NH_3}/p^\ominus)^2}{(p_{H_2}/p^\ominus)^3 (p_{N_2}/p^\ominus)}$$

$$\frac{1}{2}N_2 + \frac{3}{2}H_2 \Longrightarrow NH_3 \qquad K_2^\ominus = \frac{(p_{NH_3}/p^\ominus)^1}{(p_{H_2}/p^\ominus)^{3/2} (p_{N_2}/p^\ominus)^{1/2}}$$

显然 $K_1^\ominus \neq K_2^\ominus$，$K_1^\ominus = (K_2^\ominus)^2$。因此使用和查阅平衡常数时，必须注意它们所对应的化学反应方程式。

二、 化学反应进行的程度

化学反应达到平衡时，系统中物质 B 的浓度不再随时间而改变，此时反应物已最大限度地转变为生成物。平衡常数具体反映出平衡时各物种相对浓度、相对分压之间的关系，通过平衡常数可以计算化学反应进行的最大程度，即化学平衡组成。在化工生产中常用转化率（α）来衡量化学反应进行的程度。某反应物的转化率是指该反应物已转化为生成物的百分数。即

$$\alpha = \frac{\text{某反应物已转化的量}}{\text{某反应物的总量}} \times 100\% \tag{2-31}$$

化学反应达平衡时的转化率称平衡转化率。显然，平衡转化率是理论上该反应的最大转化率。而在实际生产中，反应达到平衡需要一定的时间，流动的生产过程中往往系统还没有达到平衡，反应物就离开了反应容器，所以实际的转化率要低于平衡转化率。实际转化率与反应进行的时间有关。工业生产中所说的转化率一般指实际转化率，而一般教材中所说的转化率是指平衡转化率。

例 2-10 在 250℃及标准压力下，1mol PCl_5 部分解离为 PCl_3 和 Cl_2，达到平衡时通过实验测知混合物的密度为 2.695g·L^{-1}，试计算 PCl_5 的解离度 α 以及解离反应在该温度时的 $K^{\ominus}$ 和 $\Delta_r G_m^{\ominus}$。

解：

$$PCl_5(g) \rightleftharpoons PCl_3(g) + Cl_2(g)$$

平衡时的物质的量： $1-\alpha$ $\qquad \alpha \qquad \alpha \qquad \sum n_{总} = 1-\alpha+\alpha+\alpha = 1+\alpha$

解离前：$n_0 = 1mol$，$d_0 = \frac{m}{V_0} = \frac{M}{RT/p} = \frac{208.5 \times 101325 \times 10^{-3}}{8.314 \times 523} = 4.859g/L$

解离后：$n = 1+\alpha$，$d = 2.695g/L$

$$\frac{d}{d_0} = \frac{m/V}{m/V_0} = \frac{m/\frac{nRT}{p}}{m/\frac{n_0RT}{p}} = \frac{n_0}{n} = \frac{1}{1+\alpha} = \frac{2.695}{4.859}$$

故

$$\alpha = \frac{4.859-2.695}{2.695} = 0.803$$

$$K^{\ominus} = \frac{\alpha^2}{(1-\alpha)(1+\alpha)} = 3.27$$

$$\Delta_r G_m^{\ominus} = -RT\ln K^{\ominus} = -5.15kJ/mol$$

例 2-11 将 1.5mol H_2 和 1.5mol I_2 放入 10L 容器中，使其在 793K 达到平衡。经分析，平衡系统中含 HI 气体 2.4mol，求反应

$$H_2(g) + I_2(g) \rightleftharpoons 2HI(g)$$

在此温度时的 $K^{\ominus}$。

解： 从反应式可知，每生成 2mol HI 要消耗 1mol H_2 和 1mol I_2。根据这个关系，可求出平衡时各物质的物质的量。

	$H_2(g)$	$+I_2(g)$	$\rightleftharpoons 2HI(g)$
起始时物质的量/mol	1.5	1.5	0
平衡时物质的量/mol	$1.5-\frac{2.4}{2}$	$1.5-\frac{2.4}{2}$	2.4

利用公式 $pV=nRT$，求得平衡时各物质得分压，代入标准平衡常数表达式：

$$K^{\ominus} = \frac{[n(HI)RT/V]^2}{[n(H_2)RT/V][n(I_2)RT/V]}\left(\frac{1}{p^{\ominus}}\right)^{\Sigma n}$$

$$= \frac{n^2(HI)}{n(H_2) \times n(I_2)} = \frac{(2.4)^2}{(0.3)^2} = 64$$

第七节 化学平衡的移动
(The Shift of Chemical Equilibrium)

化学平衡是相对的，有条件的，一旦维持平衡的条件发生了变化（例如浓度、压强、温度的变化），系统的宏观性质和物质的组成都将发生变化。原有的平衡将被破坏，代之以新的平衡。这种因外界条件的改变而使化学反应从一种平衡状态向另一种平衡状态转变的过程

称为化学平衡的移动。

影响化学平衡的因素有浓度、压强和温度。这些因素对化学平衡的影响，可以用1887年法国化学家勒夏特列（Le Chatelier）提出的平衡移动原理来判断：假如改变平衡系统的条件之一，如温度、压强或浓度，平衡就向减弱这个改变的方向移动。如增加反应物的浓度或反应气体的分压，平衡向生成物方向移动，以减弱反应物浓度或反应气体分压的增加的影响；如果增加平衡系统的总压（不包括充入不参与反应的气体），平衡向气体分子数减少的方向移动，以减小总压的影响；如果升高温度，平衡向吸热反应方向移动，减弱温度升高对系统的影响。例如，在下列的平衡系统中

$$3H_2(g)+N_2(g) \rightleftharpoons 2NH_3(g) \qquad \Delta_r H^\ominus = -92.2\text{kJ}\cdot\text{mol}^{-1}$$

增加 H_2 的浓度或分压	平衡向右移动
减小 NH_3 的浓度或分压	平衡向右移动
增加系统总压强	平衡向右移动
增加系统温度	平衡向左移动

但是勒夏特列原理只能做出定性的判断，如果改变两种或两种以上外界条件，此原理就不能做出判断了，此时可以用 $\Delta_r G$ 来判断。因为：

$$\Delta_r G = \Delta_r G^\ominus + RT\ln Q$$

将 $\Delta_r G^\ominus = -RT\ln K^\ominus$ 代入上式：

$$\Delta_r G = -RT\ln K^\ominus + RT\ln Q = RT\ln\frac{Q}{K^\ominus}$$

$Q<K^\ominus$，反应正向进行

$Q>K^\ominus$，反应逆向进行

$Q=K^\ominus$，平衡状态

例 2-12 298K，100L 的密闭容器中充入 NO_2、N_2O、O_2 各 0.10mol，试判断下面反应进行的方向。已知该反应在 298K 时的标准平衡常数为 1.6。

$$2N_2O(g)+3O_2(g) \rightleftharpoons 4NO_2(g)$$

解：气体视为理想气体，则：$pV=nRT$

$$p(NO_2)=p(N_2O)=p(O_2)=\frac{nRT}{V}$$

$$=\frac{0.1\times 8.314\times 298}{100}=2.5\text{kPa}$$

$$Q=\frac{p^4(NO_2)}{p^2(N_2O)p^3(O_2)}\left(\frac{1}{p^\ominus}\right)^{4-5}=\frac{2.5^4}{2.5^2\times 2.5^3}\left(\frac{1}{100}\right)^{-1}=40>1.6$$

故反应逆向进行。

勒夏特列原理只能做出定性的判断，若已知平衡常数则可进一步做定量计算。

例 2-13 已知反应

$$N_2O_4(g) \rightleftharpoons 2NO_2(g)$$

在总压为 200kPa 和温度为 525K 时达平衡，$N_2O_4(g)$ 的转化率为 34.2%，求：

（1）该反应的 $K^\ominus$；

（2）相同温度、压强为 500kPa 时 $N_2O_4(g)$ 的平衡转化率。

解：（1）设反应起始时，$n(N_2O_4)=1\text{mol}$，$N_2O_4(g)$ 的平衡转化率为 α。

$$N_2O_4(g) \rightleftharpoons 2NO_2(g)$$

起始时物质的量 n_B/mol	1	0
平衡时物质的量 n_B/mol	$1-\alpha$	2α
平衡总物质的量 $n_{总}$/mol	$1-\alpha+2\alpha=1+\alpha$	
平衡分压 p_B/kPa	$\frac{1-\alpha}{1+\alpha}\times 200$	$\frac{2\alpha}{1+\alpha}\times 200$

$$标准平衡常数\ K^{\ominus}=\frac{[p(NO_2)/p^{\ominus}]^2}{[p(N_2O_4)/p^{\ominus}]^1}$$

$$=\left(\frac{2\alpha}{1+\alpha}\times\frac{200}{100}\right)^2\times\left(\frac{1-\alpha}{1+\alpha}\times\frac{200}{100}\right)^{-1}$$

$$=\frac{4\times 0.342^2}{1-0.342^2}\times\frac{200}{100}=1.06$$

(2) 温度不变，$K^{\ominus}$不变

$$K^{\ominus}=\frac{4\alpha^2}{1-\alpha^2}\times\frac{5\times 100}{100}=1.06$$

$$\alpha=0.224=22.4\%$$

计算结果表明增加总压，平衡向气体化学计量系数减少的方向移动。

温度对化学平衡的影响与浓度、压强的影响有本质上的区别。浓度、压强改变时，平衡常数不变。而温度改变使标准平衡常数的数值发生变化。因此要定量地讨论温度的影响，必须先了解温度与平衡常数的关系。因为

$$\Delta_r G^{\ominus}=-RT\ln K^{\ominus}$$

$$\Delta_r G^{\ominus}=\Delta_r H^{\ominus}-T\Delta_r S^{\ominus}$$

合并两式：

$$\ln K^{\ominus}=-\frac{\Delta_r H^{\ominus}}{RT}+\frac{\Delta_r S^{\ominus}}{R}$$

设在温度 T_1 和 T_2 时的平衡常数为 $K_1^{\ominus}$ 和 $K_2^{\ominus}$，并设 $\Delta_r H^{\ominus}$和 $\Delta_r S^{\ominus}$不随温度而变，则

$$\ln\frac{K_2^{\ominus}}{K_1^{\ominus}}=\frac{\Delta_r H^{\ominus}}{R}\left(\frac{1}{T_1}-\frac{1}{T_2}\right) \tag{2-32}$$

式(2-32) 是表述 $K^{\ominus}$与 T 关系的重要方程式。当已知化学反应的 $\Delta_r H^{\ominus}$时，只要知道某温度下的 $K_1^{\ominus}$，即可利用式(2-32) 求另一温度 T_2 下的 $K_2^{\ominus}$。此外也可以从已知两温度下的平衡常数求反应的 $\Delta_r H^{\ominus}$。

例 2-14 试计算反应

$$CO_2(g)+4H_2(g) \rightleftharpoons CH_4(g)+2H_2O(g)$$

在 800K 时的 $K^{\ominus}$。

解： 欲利用式(2-32) 计算 800K 时的 $K^{\ominus}$，必须先知道另一温度时的 $K^{\ominus}$。为此，可先查表求得 298K 时的 $K_{298}^{\ominus}$ 和 $\Delta_r H^{\ominus}$。查表得

	$CO_2(g)$	$H_2(g)$	$CH_4(g)$	$H_2O(g)$
$\Delta_f H^{\ominus}/(kJ\cdot mol^{-1})$	-393.5	0	-74.8	-241.8
$\Delta_f G^{\ominus}/(kJ\cdot mol^{-1})$	-394.4	0	-50.8	-228.6

$$\Delta_r H^{\ominus}=-74.8+2\times(-241.8)-(-393.5)$$

$$=-164.9kJ\cdot mol^{-1}$$

$$\Delta_r G^{\ominus} = -50.8 + 2 \times (-228.6) - (-394.4)$$
$$= -113.6\text{kJ} \cdot \text{mol}^{-1}$$
$$\ln K^{\ominus}_{298} = \frac{-\Delta_r G^{\ominus}}{RT} = \frac{-(-113.6 \times 10^3)}{8.314 \times 298} = 45.9$$

将上述数据代入式(2-32) 得

$$\ln K^{\ominus}_{800} - 45.9 = \frac{-164.9 \times 10^3}{8.314}\left(\frac{800-298}{298 \times 800}\right)$$
$$= -41.74$$
$$\ln K^{\ominus}_{800} = 45.9 - 41.74 = 4.16$$
$$K^{\ominus}_{800} = 64.07$$

习　题

1. 一隔板将一刚性绝热容器分为左右两侧，左室气体压强大于右室气体的压强。现将隔板抽去，左、右室气体的压强达到平衡。若以全部气体为系统，则 ΔU、Q、W 为正还是为负或为零？

2. 计算下列系统的热力学能变化。

（1）系统吸收了 100J 的热量，并且系统对环境做了 540J 的功。

（2）系统放出 100J 热量，并且环境对系统做了 635J 的功。

3. 298K 时，水的蒸发热为 $43.93\text{kJ} \cdot \text{mol}^{-1}$。计算蒸发 1mol 水时的 Q_p、W 和 ΔU。

4. 298K 时 6.5g 液体苯在弹式量热计中完全燃烧，放热 272.3kJ。求该反应的 $\Delta_r U^{\ominus}_m$ 和 $\Delta_r H^{\ominus}_m$。

5. 已知 298K，标准状态下

（1）$Cu_2O(s) + \frac{1}{2}O_2(g) = 2CuO(s)$　　$\Delta_r H^{\ominus}_m(1) = -146.02\text{kJ} \cdot \text{mol}^{-1}$

（2）$CuO(s) + Cu(s) = Cu_2O(s)$　　$\Delta_r H^{\ominus}_m(2) = -11.30\text{kJ} \cdot \text{mol}^{-1}$

求（3）$CuO(s) = Cu(s) + \frac{1}{2}O_2(g)$ 的 $\Delta_r H^{\ominus}_m$。

6. 已知 298K，标准状态下

（1）$Fe_2O_3(s) + 3CO(g) = 2Fe(s) + 3CO_2(g)$　　$\Delta_r H^{\ominus}_m(1) = -24.77\text{kJ} \cdot \text{mol}^{-1}$

（2）$3Fe_2O_3(s) + CO(g) = 2Fe_3O_4(s) + CO_2(g)$　　$\Delta_r H^{\ominus}_m(2) = -52.19\text{kJ} \cdot \text{mol}^{-1}$

（3）$Fe_3O_4(s) + CO(g) = 3FeO(s) + CO_2(g)$　　$\Delta_r H^{\ominus}_m(3) = 39.01\text{kJ} \cdot \text{mol}^{-1}$

求（4）$Fe(s) + CO_2(g) = FeO(s) + CO(g)$ 的 $\Delta_r H^{\ominus}_m$。

7. 由 $\Delta_f H^{\ominus}_m$ 的数据计算下列反应在 298K、标准状态下的反应热 $\Delta_r H^{\ominus}_m$。

(1) $4NH_3(g) + 5O_2(g) = 4NO(g) + 6H_2O(l)$

（2）$8Al(s) + 3Fe_3O_4(s) = 4Al_2O_3(s) + 9Fe(s)$

（3）$CO(g) + H_2O(g) = CO_2(g) + H_2(g)$

8. 由 β-葡萄糖的燃烧焓和水及二氧化碳的生成热数据，求 298K，标准状态下葡萄糖的 $\Delta_f H^{\ominus}_m$。

9. 由 $\Delta_f G^{\ominus}_m$ 和 $S^{\ominus}_m$ 的数据，计算下列反应在 298K 时的 $\Delta_r G^{\ominus}_m$、$\Delta_r S^{\ominus}_m$ 和 $\Delta_r H^{\ominus}_m$。

（1）$Ca(OH)_2(s) + CO_2(g) = CaCO_3(s) + H_2O(l)$

(2) $N_2(g)+3H_2(g)=\!=\!=2NH_3(g)$

(3) $2H_2S(g)+3O_2(g)=\!=\!=2SO_2(g)+2H_2O(l)$

＊10. CO_2 在高温时按下式解离：

$$2CO_2(g)\rightleftharpoons 2CO(g)+O_2(g)$$

在标准压强及 1000K 时解离度为 2.0×10^{-7}，1400K 时解离度为 1.27×10^{-4}，倘若反应在该温度范围内，反应热效应不随温度而改变，试计算 1000K 时该反应的 $\Delta_r G_m^\ominus$ 和 $\Delta_r S_m^\ominus$ 各为多少？

＊11. 估计下列各变化过程是熵增还是熵减。

(1) NH_4NO_3 爆炸　$2NH_4NO_3(s)\longrightarrow 2N_2(g)+4H_2O(g)+O_2(g)$

(2) 臭氧生成　$3O_2(g)\longrightarrow 2O_3(g)$

＊12. CO 是汽车尾气的主要污染源，有人设想以加热分解的方法来消除之：

$$CO(g)=\!=\!=C(S)+\frac{1}{2}O_2(g)$$

试从热力学角度判断该想法能否实现？

＊13. 推断下列过程系统熵变 ΔS 的符号：

(1) 水变成水蒸气；

(2) 苯与甲苯相溶；

(3) 盐从过饱和水溶液中结晶出来；

(4) 渗透；

(5) 固体表面吸附气体。

14. 判断下列反应

$$C_2H_5OH(g)=\!=\!=C_2H_4(g)+H_2O(g)$$

(1) 在 25℃下能否自发进行？

(2) 在 360℃下能否自发进行？

(3) 求该反应能自发进行的最低温度。

＊15. 对下列四个反应

(1) $2N_2(g)+O_2(g)=\!=\!=2N_2O(g)$　　$\Delta H=163kJ\cdot mol^{-1}$

(2) $NO(g)+NO_2(g)=\!=\!=N_2O_3(g)$　　$\Delta H=-42kJ\cdot mol^{-1}$

(3) $2HgO(s)=\!=\!=2Hg(s)+O_2(g)$　　$\Delta H=180.4kJ\cdot mol^{-1}$

(4) $2C(s)+O_2(g)=\!=\!=2CO(g)$　　$\Delta H=-221kJ\cdot mol^{-1}$

问在标准态下哪些反应在所有温度下都能自发进行？哪些只在高温或只在低温下自发进行？哪些反应在所有温度下都不能自发进行？

＊16. 石墨是碳的标准态，石墨的 $S_m^\ominus$ 是 $5.694J\cdot K^{-1}\cdot mol^{-1}$。对于金刚石，$\Delta_f H_m^\ominus$ 是 $1.895kJ\cdot mol^{-1}$，其 $\Delta_f G_m^\ominus$ 是 $2.866kJ\cdot mol^{-1}$，求金刚石的绝对熵 $S_m^\ominus$。这两种碳的同素异形体哪个最有序？

＊17. 不查表，预测下列反应的熵值是增大还是减小？

(1) $2CO(g)+O_2(g)=\!=\!=2CO_2(g)$

(2) $2O_3(g)=\!=\!=3O_2(g)$

(3) $2NH_3(g)=\!=\!=N_2(g)+3H_2(g)$

(4) $2Na(s)+Cl_2(g)=\!=\!=2NaCl(s)$

(5) $H_2(g)+I_2(g)$═══$2HI(g)$

(6) $N_2(g)+O_2(g)$═══$2NO(g)$

**18. 由锡石（SnO_2）炼制金属锡（Sn、白锡）可以由以下三种方法：

(1) $SnO_2(s) \longrightarrow Sn(s)+O_2(g)$

(2) $SnO_2(s)+C(s) \longrightarrow Sn(s)+CO_2(g)$

(3) $SnO_2(s)+2H_2(g) \longrightarrow Sn(s)+2H_2O(g)$

试根据热力学原理推荐合适的方法。

*19. 已知 $\Delta_f G_m^\ominus(MgO,s)=-569kJ \cdot mol^{-1}$，$\Delta_f G_m^\ominus(SiO_2,s)=-805kJ \cdot mol^{-1}$，试比较 MgO(s) 和 $SiO_2(s)$ 的稳定性的大小。

20. 写出下列反应的标准平衡常数表达式

(1) $N_2(g)+3H_2(g)$═══$2NH_3(g)$

(2) $CH_4(g)+2O_2(g)$═══$CO_2(g)+2H_2O(l)$

(3) $CaCO_3(s)$═══$CaO(s)+CO_2(g)$

21. 已知在某温度时，

(1) $2CO_2(g)$═══$2CO(g)+O_2(g)$，$K_1^\ominus=A$，

(2) $SnO_2(s)+2CO(g)$═══$Sn(s)+2CO_2(g)$，$K_2^\ominus=B$，

则在同一温度下的反应（3）$SnO_2(s)$═══$Sn(s)+O_2(g)$的 $K_3^\ominus$ 应为多少？

22. 在 585K 和总压强为 100kPa 时，有 56.4% NOCl 按下式分解：$2NOCl(g)$═══$2NO(g)+Cl_2(g)$。若未分解时 NOCl 的量为 1mol。计算（1）平衡时各组分的物质的量；（2）各组分的平衡分压；（3）该温度时的 $K^\ominus$。

23. 反应 $H_2(g)+I_2(g)=2HI(g)$在 713K 时 $K^\ominus=49$，若 698K 时的 $K^\ominus=54.3$。

(1) 上述反应的 $\Delta_r H_m^\ominus$ 为多少？（698～713K 温度范围内），上述反应是吸热反应，还是放热反应？

(2) 计算 713K 时的 $\Delta_r G_m^\ominus$。

(3) 当 H_2、I_2、HI 的分压分别为 100kPa、100kPa 和 50kPa 时，计算 713K 时反应的 $\Delta_r G_m$。

24. 某反应 25℃时 $K^\ominus=32$，37℃时 $K^\ominus=50$。求 37℃时该反应 $\Delta_r G_m^\ominus$，$\Delta_r H_m^\ominus$，$\Delta_r S_m^\ominus$（设此温度范围内 $\Delta_r H_m^\ominus$ 为常数）。

25. 已知气相反应

$$N_2O_4(g) \rightleftharpoons 2NO_2(g)$$

在 318K 时，向 0.5L 的真空容器中引入 3×10^{-3}mol 的 N_2O_4，当达到平衡时总压强为 25.8kPa，试计算：

(1) 318K 时 N_2O_4 的分解百分率；

(2) 318K 时的标准平衡常数和 $\Delta_r G_m^\ominus$；

(3) 已知反应在 298K 时的 $\Delta_r H_m^\ominus=72.8kJ \cdot mol^{-1}$，计算 318K 下反应的 $\Delta_r S_m^\ominus$。

26. 在 497℃，101.3kPa 下，在某一容器中反应 $2NO_2(g) \rightleftharpoons 2NO(g)+O_2(g)$建立平衡。有 56% 的 NO_2 转化为 NO 和 O_2，求 $K^\ominus$。若要使 NO_2 的转化率增加到 80%，则平衡时压强是多少？

27. 将 1.50molNO，1.00mol Cl_2 和 2.50molNOCl 放在容积为 15.0L 的容器中混合，230℃时，反应

$$2NO(g)+Cl_2(g) \rightleftharpoons 2NOCl(g)$$

达到平衡，测得有3.06mol NOCl存在。计算达到平衡时NO的物质的量和该反应的标准平衡常数。

28. 反应

$$PCl_5(g) \rightleftharpoons PCl_3(g)+Cl_2(g)$$

在760K时的标准平衡常数$K^\ominus$为33.3。若将50.0g的PCl_5注入容积为3.00L的密闭容器中，求760K下反应达平衡时PCl_3的分解率，此时容器中的压强是多少？

** 29. The latent heat of vaporization of water is 40.0kJ · mol^{-1} at 373K and 101.325kPa. For the vaporization of 1mol water under these conditions, calculate the external work done and the changes in internal energy (U), enthalpy (H), Gibbs free energy (G), entropy (S).

** 30. The heats of formation of CO and CO_2 at constant pressure and 298K are $-110.5kJmol^{-1}$ and $-393.5kJmol^{-1}$, respectively. Calculate the corresponding heats of formation at constant volume.

** 31. The equilbrium constant K_p for the dissociation of dinitrogen tetroxide into nitrogen dioxide is 1.34 atm at 60℃ and 6.64 atm at 100℃. Determine the free energy change of this reaction at each temperature, and the mean heat content (enthalpy) change over the temperature range.

第三章

化学动力学基础

（Fundamentals of Chemical Kinetics）

学习要求：

1. 了解化学反应速率、反应速率理论的概念。
2. 理解基元反应、复杂反应、反应级数、反应分子数的概念。
3. 掌握质量作用定律和零级反应、一级反应、二级反应的特征。
4. 掌握浓度、温度及催化剂对反应速率的影响。
5. 掌握反映温度与反应速率关系的阿伦尼乌斯经验公式，并能用活化分子、活化能等概念解释浓度、温度、催化剂等外界因素对反应速率的影响。

研究化学反应，例如要使某反应实现工业化生产，必须研究以下三个问题：(1) 该反应能否自发进行？即反应的方向性问题；(2) 在给定条件下，有多少反应物可以最大限度地转化为生成物？即化学平衡问题；(3) 实现这种转化需要多少时间？即反应速率问题。前一章已讨论过问题 (1) 和 (2)，本章我们将讨论第三个问题。

必须指出，化学反应速率和化学平衡是两类不同性质的问题。前者属于化学动力学范畴，后者属于化学热力学范畴，因此研究它们的方法有所不同。

第一节 化学反应速率的表示法

化学反应进行的快慢是用化学反应速率来表示的，反应速率如何定义呢？

化学反应速率（rate of reaction）是指化学反应过程进行的快慢，即化学反应方程式中任一物质的数量（通常用物质的量表示）随时间的变化率。通常用单位时间内反应物浓度的减少或生成物浓度的增加来表示。浓度单位通常用 $mol \cdot L^{-1}$，时间单位可以用秒 (s)、分 (min)、小时 (h)、天 (d)、年 (y) 等表示。

对于任一化学反应：$aA + bB \longrightarrow gG + hH$

若参与反应的物质 A 的浓度 c_A，则

平均速率的定义为：
$$\bar{v} = \frac{-\Delta c_A}{\Delta t} \tag{3-1}$$

式中的负号表示反应物 A 浓度减少。

要确切表示化学反应在某一瞬间的真实速率，应采用瞬时速率 v。

$$v=\lim_{\Delta t\to 0}\frac{-\Delta c_A}{\Delta t}=-\frac{dc_A}{dt} \tag{3-2}$$

用$-\frac{dc_A}{dt}$、$-\frac{dc_B}{dt}$、$\frac{dc_G}{dt}$、$\frac{dc_H}{dt}$中任一种均可表示反应速率。在等容条件下，浓度之比就等于物质的量之比：

$$(-dn_A):(-dn_B):dn_G:dn_H=a:b:g:h,$$

$$即(-dc_A):(-dc_B):dc_G:dc_H=(-dn_A):(-dn_B):dn_G:dn_H=a:b:g:h$$

$$v=-\frac{1}{a}\frac{dc_A}{dt}=-\frac{1}{b}\frac{dc_B}{dt}=\frac{1}{g}\frac{dc_G}{dt}=\frac{1}{h}\frac{dc_H}{dt}$$

由此可见，反应速率与计量系数有关，使用时必须指明物质。反应速率是通过实验测定的。实验中，用化学或物理方法测定不同时刻反应物（或生成物）的浓度，然后通过作图法，即可求得不同时刻的反应速率。

第二节 反应速率理论简介

有关化学反应速率理论，一是 20 世纪初由 Lewis 运用气体分子运动论的成果，提出的反应速率的碰撞理论，二是 20 世纪 30 年代 Eyring 在量子力学和统计力学的基础上提出的化学反应速率的过渡态理论。下面分别简单介绍这两种理论。

一、碰撞理论（Collision Theory）

碰撞理论是在气体分子运动论的基础上建立的，主要适用于气相双分子反应，其主要论点如下。

（1）反应物分子必须相互碰撞才能发生反应，反应速率与碰撞频率 $Z(AB)$ 成正比。

分子发生碰撞是指两个分子以很高的速度相互接近，彼此进入分子力场的范围之内，并使各自的分子力场发生变化。在发生碰撞时造成旧的化学键断裂，新的化学键生成，同时完成化学反应。

（2）不是每一次碰撞都能发生反应，只有分子间相对平动能超过某一临界值 E_C 时，它们碰撞才能发生反应，这种碰撞称为有效碰撞。

能够发生有效碰撞的分子称为活化分子，通常它只是分子总数中的一小部分。活化分子具有的最低能量与反应物分子的平均能量之差称为活化能（activation energy），用符号 E_a 表示。温度一定时，活化能越低的反应其活化分子分数越大；相反，活化能越高，则活化分子分数越小，即在其他条件相同时，活化能越低的反应，其反应速率越快，而活化能越高的反应，反应速率越慢。可见，活化能就是化学反应的阻力，亦称能垒。不同的化学反应具有不同的活化能，因而活化分子分数也不同，这就是化学反应有快有慢的根本原因。

根据气体分子运动论，在常温常压下气体分子之间的碰撞频率极高，数量级达 $10^{29}\,L^{-1}\cdot s^{-1}$。如反应 $2HI = H_2+I_2$，在 556K，HI 浓度为 $1.01\times10^{-3}\,mol\cdot L^{-1}$ 条件

下，若每次碰撞都能发生反应，则从理论上计算得反应速率为 1.2×10^{-5} mol·L^{-1}·s^{-1}，但实验测得反应速率为 3.5×10^{-13} mol·L^{-1}·s^{-1}，说明有效碰撞的频率很低。

(3) 气体分子运动论中把分子看成刚性小球，但实际上分子有一定的几何形状，有特有的空间结构。要使分子发生化学反应，除了分子必须具有足够高的相对平动能之外，还必须考虑碰撞时分子的空间方位。

例如反应 $CO+NO_2 \longrightarrow CO_2+NO$，只有在特定方向上发生碰撞时才能形成新的键而完成化学反应（图 3-1）。

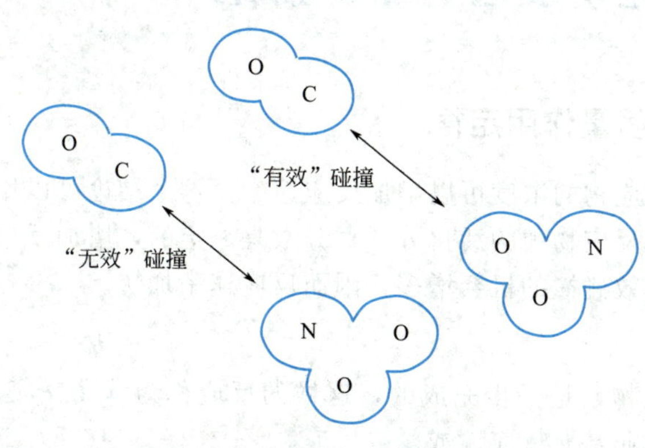

图 3-1　有效碰撞的方向性示意图

碰撞理论为我们描述了一幅虽然粗糙但十分明确的反应图像，在反应速率理论的发展中起了很大作用。它解释了一部分实验事实，理论计算的速率系数 k 值与较简单的反应的实验值相符。但碰撞理论也有一些缺陷，如模型过于简单、对复杂分子的反应误差较大等。

二、过渡态理论

过渡态理论是在量子力学和统计力学的基础上提出来的。该理论认为在反应过程中，反应物必须经过一个高能量的过渡态，再转化为生成物。在反应过程中有化学键的重新排布和能量的重新分配。

$$A+BC \longrightarrow AB+C$$

其实际过程是：$A+BC \underset{}{\overset{快}{\rightleftharpoons}} [A\cdots B\cdots C] \xrightarrow{慢} AB+C$

A 与 BC 反应时，A 与 B 接近并产生一定的作用力，同时 B 与 C 之间的键减弱；生成不稳定的 [A…B…C]，称为过渡态或活性复合物（图 3-2）。

图 3-2 表明反应物 A+BC 和生成物 AB+C 均是能量低的稳定状态，过渡态是能量高的不稳定状态。在反应物和生成物之间有一道能量很高的势垒，过渡态是反应历程中能量最高的点。

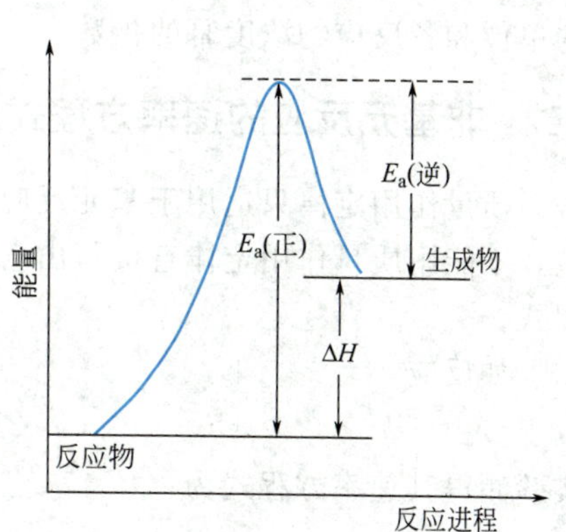

图 3-2　反应物、产物和过渡态的能量关系

反应物吸收能量成为过渡态，反应的活化能就是翻越势垒所需的能量，正反应的活化能与逆反应的活化能之差可认为是反应的热效应 ΔH。过渡态极不稳定，很容易分解为原来的反应物（快反应），也可能分解得到产物（慢反应）。

从原则上讲，只要得到过渡态的结构，就可以运用光谱数据及量子力学和统计力学的方法，计算化学反应的动力学参数，如速率常数 k 等。过渡态理论考虑了分子结构的特点和化学键的特征，较好地揭示了活化能的本质，这是该理论的成功之处。然而对于复杂的反应体系来说，过渡态的结构难以确定，而且量子力学对多质点体系的计算至今尚未彻底解决，这些因素造成了过渡态理论在实际反应体系中应用的困难。

第三节　浓度对化学反应速率的影响

一、基元反应速率与浓度的关系——质量作用定律

大量实验表明，在一定温度下，增加反应物的浓度可以增加反应速率。这个结论可以用反应速率理论来解释。因为在一定温度下，反应物中的活化分子百分数是一定的，增加反应物浓度，单位体积内活化分子总数增加，有效碰撞的机会增多，因而反应速率加快。

1. 基元反应（elementary reaction）

实验证明有些反应从反应物转化为生成物，是一步完成的，这样的反应称为基元反应。而大多数反应是多步完成的，这些反应称为非基元反应，或复杂反应。

2. 基元反应的化学反应速率方程式

对于基元反应，“在一定温度下反应速率与反应物浓度的计量系数次方的乘积成正比”，这就是质量作用定律。

基元反应　$aA+dD = gG+hH$

反应速率　$$v=kc_A^a c_D^d \tag{3-3}$$

式(3-3) 就是质量作用定律的数学表达式，也称为基元反应的速率方程。

式(3-3) 中的 k 为速率常数（rate constant），在数值上等于反应物浓度均为 $1mol\cdot L^{-1}$ 时的反应速率。k 的大小由反应物的本性决定，与反应物的浓度无关。改变反应物的浓度，可以改变反应的速率，但不会改变 k 的大小。改变温度或使用催化剂，会使 k 的数值发生改变。速率常数 k 一般是由实验测定的。在相同条件下，k 的大小反映了反应速率的快慢程度，k 值越大表示反应速率越快，k 值越小表示反应速率越慢。k 的单位则取决于反应速率的单位和各反应物浓度幂的指数。

二、非基元反应的速率方程式

质量作用定律只适用于基元反应及复杂反应中的基元反应，但绝大多数的反应是复杂反应，不能用质量作用定律直接写出它们的速率方程式，必须通过实验数据来确定反应速率方程式。

如反应

$$2N_2O_5 \longrightarrow 4NO_2+O_2$$

实验测得其速率方程式为

$$v=kc_{N_2O_5}$$

说明此反应的速率仅与 N_2O_5 浓度的一次方成正比，而不是与其二次方成正比。原因是这个反应实际上是分三步进行的：

$$(1)\ N_2O_5 \xrightarrow{慢} N_2O_3+O_2$$

$$(2)\ N_2O_3 \xrightarrow{快} NO_2+NO$$

$$(3)\ N_2O_5+NO \xrightarrow{快} 3NO_2$$

由于第一步反应是定速率步骤，又是基元反应，可以用质量作用定律，所得的反应速率即可

代表总反应的速率。

无论是基元反应速率方程式还是非基元反应速率方程式，在应用时都应注意以下几点。

(1) 如果反应物是气体，在反应速率方程式中可用气体分压来代替浓度，例如：

$$2NO_2 \longrightarrow 2NO + O_2$$

用浓度表示反应速率方程式为

$$v = k_c c_{NO_2}^2$$

用分压表示则为：

$$v = k_p p_{NO_2}^2$$

式中，k_p 和 k_c 都是速率常数，但两者的数值是不相等的。

(2) 如果反应物中有纯固体或纯液体参加，则把它们的浓度视为常数，不写进速率方程式中。例如，炭的燃烧反应为

$$C(s) + O_2(g) \longrightarrow CO_2(g)$$

当炭的表面积一定时，反应速率仅与 O_2 的浓度或分压成正比，故

$$v = k_c c_{O_2} \quad 或 \quad v = k_p p_{O_2}$$

(3) 对有溶剂水参加的反应，如反应过程中溶剂的相对量变化不大时，则可以把水的浓度也近似看作常数而合并到速率常数项内。如蔗糖的水解反应：

$$\underset{(蔗糖)}{C_{12}H_{22}O_{11}} + \underset{(溶剂)}{H_2O} \longrightarrow \underset{(果糖)}{C_6H_{12}O_6} + \underset{(葡萄糖)}{C_6H_{12}O_6}$$

$$v = k' c_{C_{12}H_{22}O_{11}} c_{H_2O}$$

设

$$k = k' c_{H_2O}$$

则

$$v = k c_{C_{12}H_{22}O_{11}}$$

三、反应级数和反应分子数

1. 反应级数（reaction order）

多数化学反应的速率方程都可表示为反应物浓度的计量系数次方的乘积，$v = k c_A^a c_D^d \cdots$ 式中某反应物浓度幂指数是该反应物的反应级数，如反应物 A 的级数是 a，反应物 D 的级数是 d。所有反应物级数的加和 $a + d + \cdots$ 就是该反应的级数。

一般而言，基元反应中反应物的级数与其计量系数一致，非基元反应中则可能不同。反应级数都是实验测定的，而且可能因实验条件改变而发生变化。例如蔗糖水解是二级反应，但当反应体系中水的量很大时，反应前后体系中水的量可认为未改变，则此反应表现为一级反应。

反应级数可以是整数，也可以是分数或为零。但对一般化学反应来说，大多数为一级或二级反应，其中尤以一级反应更为常见。反应级数的大小，说明浓度对反应速率影响的程度。级数越大受浓度的影响就越明显。

2. 反应分子数

基元反应中实际参加反应的分子、原子、离子或自由基的数目称为反应分子数。由一个分子参加而完成的反应称为单分子反应；由两个分子参加而完成的反应称为双分子反应；由三个分子参加而完成的反应称为三分子反应。三分子以上的反应目前还未发现。

必须明确，反应级数和反应分子数的概念是不同的。前者是根据实验求得的反应速率

方程式而提出的概念，多用于总反应。而后者是从反应机理提出的概念，是指基元反应中实际参加反应的微粒数目，它只能是正整数，没有分数或小数。对于同一反应来说，两者的数值往往是不同的，只有基元反应和少数其他反应的反应级数才和反应的分子数相同。

四、一级、二级和零级反应

1. 一级反应

凡是反应速率与反应物浓度的一次方成正比的反应称为一级反应，若反应物在瞬时的浓度为 c，则其速率方程式为：

$$v=-dc/dt=kc$$

设反应由时间 0 到 t，反应物浓度由 c_0 到 c，将上式分离变量移项积分得：

$$-\int_{c_0}^{c}\frac{dc}{dt}=\int_{0}^{t}k\,dt$$

$$\ln\frac{c_0}{c}=kt \qquad \ln c=\ln c_0-kt \tag{3-4}$$

$$k=\frac{1}{t}\ln\frac{c_0}{c}$$

或

$$\lg\frac{c_0}{c}=\frac{kt}{2.303} \qquad \lg c=\lg c_0-\frac{k}{2.303}t \tag{3-5}$$

$$k=\frac{2.303}{t}\lg\frac{c_0}{c} \tag{3-6}$$

当反应物消耗一半，即 $c=\frac{1}{2}c_0$ 时，所用的反应时间称为反应的半衰期，用符号“$t_{\frac{1}{2}}$”表示。则

$$t_{\frac{1}{2}}=\frac{2.303}{k}\lg\frac{c_0}{c}=\frac{0.693}{k} \tag{3-7}$$

根据上述各式可以概括出一级反应的特征如下。

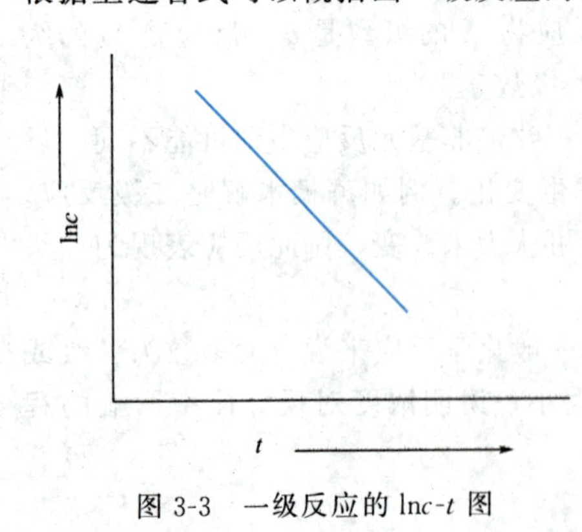

图 3-3　一级反应的 ln$c$-t 图

(1) 由式(3-4) 或式(3-5) 可知，以 ln$c$ 或 lg$c$ 对 t 作图可得一直线，如图 3-3 所示，其截距为 $\ln c_0$ 或 $\lg c_0$，斜率为 $-k$ 或 $-\frac{k}{2.303}$。

(2) 据式(3-6) 可以看出，一级反应的速率常数 k 的单位是时间的倒数，如 s^{-1}、min^{-1} 等，与浓度的单位无关。

(3) 据式(3-6) 可知，一级反应的半衰期与速率常数成反比，而与起始浓度无关，当温度一定时，一级反应的半衰期是一个常数，这个特征可作为判断一级反应的依据。

常见的一级反应有放射性同位素的衰变反应、一些物质的分解反应、分子内重排反应以及许多药物在体内的吸收、代谢与排出等。

例 3-1 某抗生素在人体血液中呈现一级反应。它的起始浓度为 114 单位·mL^{-1}，从实验中得知当药物的浓度不低于 56 单位·mL^{-1} 时才有效，那么何时需要注射第二针？已知反应半衰期为 8.1h。

解：因为是一级反应，故 $k=\ln 2/t_{\frac{1}{2}}=0.693\div 8.1=0.086\text{h}^{-1}$

$$t=\frac{1}{k\ln\frac{c_0}{c}}=\frac{1}{0.086\ln\frac{114}{56}}=8.27\text{h}\approx 8\text{h}$$

故需 8 小时后注射第二针。

例 3-2 ^{14}C 可存在于有生命的树木中，^{14}C 放射性衰变的半衰期为 5730 年。一个考古样仍然含有生命树木 72%的 ^{14}C 的木质，计算此考古样的年纪有多大（已知放射性衰变为一级反应）？

解：一级反应 $t_{\frac{1}{2}}=\frac{\ln 2}{k}$

$$5730=0.693/k$$

$$k=1.209\times 10^{-4}\ 年^{-1}$$

又

$$\ln\frac{c_0}{c}=kt$$

故

$$t=2714\ 年$$

2. 二级反应

凡是反应速率与反应物的浓度的平方（或两种物质浓度的乘积）成正比的反应称为二级反应。二级反应较普遍，大部分有机反应，如酯化、硝化等反应都是二级反应。例如：

（1）$2A \longrightarrow P$，（2）$A+B \longrightarrow P$，在此仅讨论反应物 A 和 B 两种物质在反应中浓度相等的情况，即 $c_A=c_B=c$。

则：

$$v=-\frac{dc}{dt}=kc^2$$

设反应时间由 0 到 t，反应物浓度由 c_0 到 c，将上式分离变量积分得：

$$-\int_{c_0}^{c}\frac{dc}{c^2}=\int_0^t k\,dt$$

$$\frac{1}{c}-\frac{1}{c_0}=kt$$

$$k=\frac{1}{t}\left(\frac{1}{c}-\frac{1}{c_0}\right) \tag{3-8}$$

$$\frac{1}{c}=\frac{1}{c_0}+kt \tag{3-9}$$

当 $c=\frac{c_0}{2}$时，$t=t_{\frac{1}{2}}$，则

$$t_{\frac{1}{2}}=\frac{1}{k}\left(\frac{1}{\frac{c_0}{2}}-\frac{1}{c_0}\right)=\frac{1}{kc_0} \tag{3-10}$$

根据上述各式可得二级反应的特征如下。

（1）由式(3-9) 可知，以 $1/c$ 对 t 作图可得一直线，其斜率为 k。

（2）据式(3-10) 可知，k 的单位为浓度$^{-1}$·时间$^{-1}$。

（3）二级反应的半衰期不仅与速率常数 k 成反比，而且与起始浓度成反比，即起始浓度越大，完成反应一半所需的时间就越少，这和一级反应不同。

3. 零级反应

反应速率方程中，反应物浓度项不出现，即反应速率与反应物浓度无关，这种反应称为零级反应。常见的零级反应有表面催化反应和酶催化反应，这时反应物总是过量的，反应速率取决于固体催化剂的有效表面活性位或酶的浓度。零级反应的速率方程式为：

$$v=-\frac{dc}{dt}=kc^0=k$$

设反应时间由 0 到 t，反应物浓度由 c_0 到 c，将上式分离变量积分得：

$$\int_{c_0}^{c} dc=-\int_0^t k\,dt$$

$$c_0-c=kt \qquad k=\frac{1}{t}(c_0-c) \tag{3-11}$$

$$t_{\frac{1}{2}}=\frac{c_0}{2k} \tag{3-12}$$

根据上述各式可得零级反应的特征如下。

（1）速率常数 k 的单位为浓度·时间$^{-1}$。

（2）半衰期与反应物起始浓度成正比。即反应物的起始浓度越大，半衰期也就越长。

（3）以 c 对 t 作图可得一直线，其斜率为 $-k$。

上面讨论的是一级、二级和零级反应的特点。它们彼此间的主要区别在于：①反应物浓度与反应时间的关系不同；②半衰期与反应物的起始浓度的关系不同；③k 的单位不同。现小结在表 3-1 中。

表 3-1　简单级数反应的特征

反应级数	速率方程	积分式	k 的单位	半衰期	线性关系
一级	$v=kc$	$\ln\frac{c_0}{c}=kt$	时间$^{-1}$	$t_{\frac{1}{2}}=\frac{0.693}{k}$	$\ln c\sim t$
二级	$v=kc^2$	$\frac{1}{c}-\frac{1}{c_0}=kt$	浓度$^{-1}$·时间$^{-1}$	$t_{\frac{1}{2}}=\frac{1}{kc_0}$	$\frac{1}{c}\sim t$
零级	$v=k$	$c_0-c=kt$	浓度·时间$^{-1}$	$t_{\frac{1}{2}}=\frac{c_0}{2k}$	$c\sim t$

第四节　温度对反应速率的影响

温度对反应速率有显著的影响，且其影响比较复杂。多数化学反应随温度升高反应速率增大。一般说，温度每升高 10K，反应速率大约增加 2～4 倍，这是一个近似规律。1889 年阿伦尼乌斯（Arrhenius S. A）在总结大量实验事实的基础上，提出了反应速率常数与温度

的定量关系式

$$k = A\mathrm{e}^{-\frac{E_a}{RT}} \tag{3-13}$$

或

$$\ln k = -\frac{E_a}{RT} + \ln A \tag{3-14}$$

式中，E_a 为反应的活化能；R 为摩尔气体常数；A 称为“指前因子”，对指定反应来说为一常数；e 为自然对数的底（e=2.718）。由式(3-13) 可见，k 与温度 T 成指数的关系，温度微小的变化将导致 k 值较大的变化。

如果由实验测得某反应在一系列不同温度时的 k 值，并以 $\ln k$ 对 $1/T$ 作图，由式(3-14) 可知，应得一直线。直线的斜率为 $-\frac{E_a}{R}$，截距为 $\ln A$，则该反应的活化能 E_a 可求得。

反应活化能也可用阿伦尼乌斯公式直接计算得到。设某反应在温度 T_1 和 T_2 时的速率常数分别为 k_1 和 k_2，则

$$\ln\frac{k_2}{k_1} = \frac{E_a}{R}\left(\frac{1}{T_1} - \frac{1}{T_2}\right) = \frac{E_a}{R}\left(\frac{T_2 - T_1}{T_1 T_2}\right) \tag{3-15}$$

例 3-3 阿司匹林的水解为一级反应，反应在 373K 下速率常数为 $7.92\mathrm{d}^{-1}$，反应的活化能为 $56.48\mathrm{kJ \cdot mol^{-1}}$。阿司匹林在室温下水解 30%所需的时间是多少？

解： 由 $\ln\frac{k_2}{k_1} = \frac{E_a}{R}\left(\frac{1}{T_1} - \frac{1}{T_2}\right)$

得

$$\ln\frac{k_2}{7.92} = \frac{56.48 \times 1000}{8.314}\left(\frac{1}{373} - \frac{1}{298}\right)$$

解得：$k_2 = 8.09 \times 10^{-2}\mathrm{d}^{-1}$

代入一级反应积分方程得：

$$t = \frac{1}{k_2}\ln\frac{c_0}{(1 - 30\%)c_0} = 4.41\mathrm{d}$$

第五节　催化剂对反应速率的影响

一、催化剂与催化作用

催化剂（catalyst）是一种只要少量存在就能显著改变反应速率，但不改变化学反应的平衡位置，而且在反应结束时，其自身的质量、组成和化学性质基本不变的物质。通常，能加快反应速率的催化剂称正催化剂，简称为催化剂。而把减慢反应速率的催化剂称为负催化剂（negative catalyst），或阻化剂、抑制剂。催化剂对化学反应的作用称为催化作用（catalysis）。例如，合成氨生产中使用的铁，硫酸生产中使用的 V_2O_5，促进生物体化学反应的各种酶（如蛋白酶、脂肪酶等）均为正催化剂；减慢金属腐蚀速率的缓蚀剂，防止橡胶、塑料老化的防老化剂等均为负催化剂。人们通常所说的催化剂一般指正催化剂。

对可逆反应，催化剂既能加快正反应速率也能加快逆反应速率，因此催化剂能缩短平衡到达的时间。但在一定温度下，催化剂并不能改变平衡混合物的浓度，即不能改变平衡状态，反应的平衡常数不受影响。因为催化剂不能改变反应的标准摩尔吉布斯函数变 $\Delta_r G_m^\ominus$。

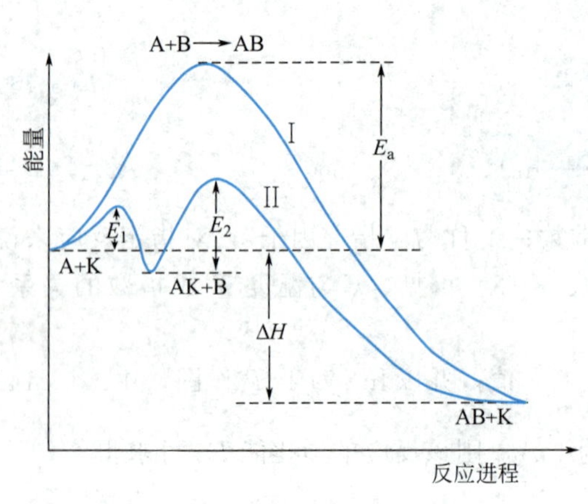

图 3-4　催化剂对反应速率的影响

催化剂不能启动热力学证明不能进行的反应（即 $\Delta_r G_m > 0$ 的反应）。

催化剂能显著地加快化学反应速率，是由于在反应过程中催化剂与反应物之间形成一种能量较低的活化络合物，改变了反应的途径。与无催化反应的途径相比较，所需的活化能显著地降低（图 3-4），从而使活化分子百分数和有效碰撞次数增多，导致反应速率加快。如 $A+B \longrightarrow AB$ 这个化学反应，无催化剂存在时是按照途径Ⅰ进行的，它的活化能为 E_a，当有催化剂 K 存在时，其反应机理发生了变化，反应按照途径Ⅱ分两步进行。

$$A+K \longrightarrow AK \quad \text{活化能为 } E_1$$
$$AK+B \longrightarrow AB+K \quad \text{活化能为 } E_2$$

由于 E_1、E_2 均小于 E_a，所以反应速率加快了。

例如在 503K 时，反应

$$2HI(g) \longrightarrow H_2(g)+I_2(g)$$

无催化剂时，反应的活化能为 $184.1kJ \cdot mol^{-1}$；当用 Au 作为催化剂时反应的活化能为 $104.6kJ \cdot mol^{-1}$，活化能降低了 $79.5kJ \cdot mol^{-1}$，可使反应速率增大 1 亿多倍。

二、均相催化与多相催化

催化剂与反应物同处于一个相中为均相催化。例如 I^- 催化 H_2O_2 分解的催化反应，I^- 叫均相催化剂，相应的催化作用叫均相催化。此外还有一类催化反应叫多相催化反应，催化剂与反应物处于不同相中，相应的催化剂叫作多相催化剂（heterogeneous catalyst）。例如合成氨反应中的铁催化剂。固体催化剂在化工生产中用得较多（气相反应和液-固相反应等）。多相催化反应发生在催化剂表面（或相界面）。催化剂表面积愈大，催化效率愈高，反应速率愈快。在化工生产中，为了增大反应物与催化剂之间的接触表面，往往将催化剂的活性组分附着在一些多孔性的物质（载体）上，如硅藻土、高岭土、活性炭、硅胶等，这类催化剂叫作负载型催化剂，它们比普通催化剂往往有更高的催化活性和选择性。

三、酶及其催化作用

催化剂加快反应速率是一种相当普遍的现象，它不仅出现在化工生产中，而且在有生命的动植物体内（包括人体）也广泛存在。生物体内几乎所有的化学反应都是由酶（enzyme）催化的。酶是一类结构和功能特殊的蛋白质，它在生物体内所起的催化作用称为酶催化（enzyme catalysis）。生物体内各种各样的生物化学变化几乎都要在各种不同的酶催化下才能进行。例如，食物中的蛋白质的水解（即消化），在体外需在强酸（或强碱）条件下煮沸相当长的时间，而在人体内正常体温下，在胃蛋白酶的作用下短时间内即可完成。如图 3-5 所示。

酶催化作用有下列特点。

（1）酶催化的特点之一是高效性。酶的催化效率比普通无机催化剂或有机催化剂高

$10^6 \sim 10^{10}$ 倍。如 H^+ 可催化蔗糖水解，若用蔗糖转化酶催化，在37℃时其速率常数 k 约为同温度下 H^+ 催化反应的 10^{10} 倍。

(2) 酶催化的另一特点是高度的专一性。催化剂一般都具有专一性，但作为生物催化剂的酶其专一性更强，一种酶往往只对一种特定的反应有效。如淀粉酶只能水解淀粉，磷酸酶只能水解磷酸酯，而尿酶只能将尿素转化为 NH_3 和 CO_2。

(3) 酶催化反应所需的条件要求较高。人体内的酶催化反应一般在体温37℃和血液pH约7.35～7.45的条件下进行的。若遇到高温、强酸、强碱、重金属离子或紫外线照射等因素，都会使酶失去活性。

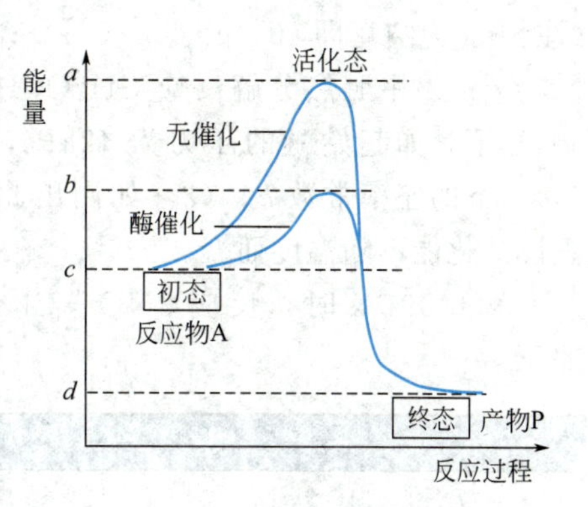

图 3-5 酶催化反应

综上所述，催化剂有如下特点。

(1) 与反应物生成活化络合物中间体，改变反应历程，降低活化能，加快反应速率。

(2) 只缩短反应到达平衡的时间，不改变平衡位置，同时加快正逆向反应速率。

(3) 反应前后催化剂的化学性质不变。

(4) 催化剂有选择性。

总之，催化剂及催化作用的研究，已引起化学家、工程技术专家、生物学家和医学家愈来愈多的关注，它是现代化学和现代生物学、现代医学的重要研究课题之一。

习 题

1. 反应 $2NO(g) + 2H_2(g) \longrightarrow N_2(g) + 2H_2O(g)$ 的速率方程式中，对 $NO(g)$ 为二次方，对 $H_2(g)$ 为一次方。

(1) 写出 $N_2(g)$ 生成速率方程式。

(2) 浓度表示为 $mol \cdot L^{-1}$，该反应速度常数 k 的单位是什么？

(3) 如果浓度用气体分压（大气压为单位）表示，k 的单位又是什么？

(4) 写出 $NO(g)$ 消耗的速率方程式，在这个方程式中，k 在数值上是否与问题（1）中方程式的 k 值相同？

2. 求反应 $C_2H_5Br \longrightarrow C_2H_4 + HBr$ 在700K时的速率常数。已知该反应活化能为 $225kJ \cdot mol^{-1}$，650K时 $k = 2.0 \times 10^{-3} s^{-1}$。

3. 反应 $C_2H_4 + H_2 \longrightarrow C_2H_6$ 在300K时 $k_1 = 1.3 \times 10^{-3} mol \cdot L^{-1} \cdot s^{-1}$，400K时 $k_2 = 4.5 \times 10^{-3} mol \cdot L^{-1} \cdot s^{-1}$，求该反应的活化能 E_a。

4. 某反应的活化能为 $180kJ \cdot mol^{-1}$，800K时反应速率常数为 k_1，求 $k_2 = 2k_1$ 时的反应温度。

5. 设某一化学反应的活化能为 $100kJ \cdot mol^{-1}$，(1) 当温度从300K升高到400K时速率加快了多少倍？(2) 温度从400K升高到500K时速率加快了多少倍？试说明在不同温度区域，温度同样升高100K，反应速率加快倍数有什么不同。

6. 某药物在人体血液中的消除过程为一级反应，已知半衰期为50h，(1) 问服药24h后药物在血液中浓度降低到原来的百分之几？(2) 在服药1片后12h测得血药浓度为 $3ng \cdot L^{-1}$，已知血药浓度必须不低于 $2.54ng \cdot L^{-1}$ 才能保持药效，问服药后隔多少时间必须再次服药？

(注：ng 为纳克即 10^{-9}g)。

*7. 二甲醚热分解反应 $CH_3OCH_3(g) \longrightarrow CH_4(g) + H_2(g) + CO(g)$ 为一级反应，在 504℃下，如起始醚的压力为 42kPa，经 2000s 后系统压力为 80kPa。求：(1) 此反应在 504℃下的速率常数 k；(2) 如测出此反应在 600℃下的半衰期为 140s，求反应的活化能。假设活化能不随温度而变。

*8. 295K 时，反应 $2NO + Cl_2 \longrightarrow 2NOCl$，其反应物浓度与反应速率关系的数据如下：

c_{NO}/mol·L^{-1}	c_{Cl_2}/mol·L^{-1}	v_{Cl_2}/mol·L^{-1}·s^{-1}
0.100	0.100	8.0×10^{-3}
0.500	0.100	2.0×10^{-1}
0.100	0.500	4.0×10^{-2}

问：(1) 对不同反应物反应级数各为多少？(2) 写出反应的速率方程。(3) 反应的速率常数为多少？

9. 高温时 NO_2 分解为 NO 和 O_2，其反应速率方程式为：

$$v = kc_{NO_2}^2$$

在 592K，速率常数是 4.98×10^{-1} L·mol^{-1}·s^{-1}，在 656K，其值变为 4.74L·mol^{-1}·s^{-1}，计算该反应的活化能。

10. $CO(CH_2COOH)_2$ 在水溶液中分解成丙酮和二氧化碳，分解反应的速率常数 283K 时为 1.08×10^{-4}mol·L^{-1}·s^{-1}，333K 时为 5.48×10^{-2}mol·L^{-1}·s^{-1}，试计算在 303K 时，分解反应的速率常数。

*11. 反应 $2NO(g) + H_2(g) \longrightarrow N_2(g) + H_2O(g)$ 的反应速率表达式为 $v = kc_{NO}^2 c_{H_2}$，试讨论下列各种条件变化时对初速率有何影响。

(1) NO 的浓度增加一倍；

(2) 有催化剂参加；

(3) 降低温度；

(4) 将反应容器的容积增大一倍；

(5) 向反应体系中加入一定量的 N_2。

*12. 已知反应 $C_2H_4 + H_2 \longrightarrow C_2H_6$ 的活化能 $E_a = 180$kJ·mol^{-1}，在 700K 时的速率常数 $k_1 = 1.3 \times 10^{-8}$L·mol^{-1}·s^{-1}。求 730K 时的速率常数 k_2 和反应速率增加的倍数。

**13. The first-order rate constant for the decomposition of a certain insecticide in water at 12℃ is 1.45 $year^{-1}$, A quantity of this insecticide is washed into a lake on June 1, leading to a concentration of 5.0×10^{-7}g·L^{-1} of water. Assume that the effective temperature of the lake is 12℃. (a) What is the concentration of the insecticide on June 1 of the following year? (b) How long will it take for the concentration of the insecticide to drop to 3.0×10^{-7}g·L^{-1}?

**14. The following table shows the rate constants for the rearrangement of methyl isonitrile H_3C-NC at various temperatures (these are the data that are graphed in right figure):

Temperature/℃	k/s^{-1}
189.7	2.52×10^{-5}
198.9	5.25×10^{-5}
230.3	6.30×10^{-4}
251.2	3.16×10^{-3}

(a) From these data calculate the activation energy for the reaction. (b) What is the value of the rate constant at 430.0K?

第四章

原子结构

（Atomic Structure）

学习要求：

1. 了解核外电子运动的特殊性——波粒二象性。
2. 理解波函数角度分布图、电子云角度分布图、电子云径向分布图和电子云图。
3. 掌握四个量子数的量子化条件及其物理意义；掌握电子层、电子亚层、能级和轨道等的含义。
4. 能运用泡利不相容原理、能量最低原理和洪特规则写出一般元素的原子核外电子的排布式和价电子构型。
5. 理解原子结构和元素周期表的关系，元素若干性质（原子半径、电离能、电子亲和能和电负性）与原子结构的关系。

物质结构主要是研究物质（原子、分子、晶体等）的组成、结构和性能。这里所说的结构，既包括物质的电子结构（如原子的电子层结构，分子、晶体中的化学键以及分子间作用力等），也包括物质的“几何结构”（如分子中原子和晶体中粒子的结合排布方式等）。

物质结构知识的理论基础是量子力学（研究微观粒子运动规律的科学）；实验基础是合成化学和结构化学等，大量实验事实需要理论解释，从而推动了理论研究的发展。

物质的组成和结构决定物质的性能。碳的三种同素异性体（石墨、金刚石和 C_{60}）的性质各不相同，就是一个典型的实例。原子是物质参与化学反应的最小微粒，所以要研究物质结构和性能之间的关系，首先要研究原子结构。

第一节　原子核外电子运动特征

（The Movement Character of Electrons Out of the Atomic Nucleus）

原子由带正电荷的原子核和带负电荷的电子组成。在化学反应中，原子核并未发生变化，只是涉及原子核外电子的得失。因此，为了更好地理解物质的微观结构与元素性质的关系，我们主要讨论原子核外电子的运动状态、核外电子的排布情况及其与元素基本性质周期性变化规律的关系。

一、原子结构发展简史

早在公元前 5 世纪，古希腊唯物主义哲学家德谟克利特（Democritus）率先提出了原子论。他认为原子是物质最小的、不可再分的微粒。原子“atom”一词源自于希腊语“atomos”，原意是“不可分割的部分”。直到 18 世纪末和 19 世纪初，随着质量守恒定律等的发现，人们对原子的概念才有了新的认识。

1. 道尔顿原子论

英国科学家道尔顿（J. Dalton）总结各种元素化合时的质量比例关系，在 1803 年提出了原子论。他认为物质由原子组成，原子既不能创造，也不能毁灭，在化学变化中不可分割，并且在化学反应中保持本性不变；同一种元素的原子质量、形状和性质完全相同，不同元素的原子则不同。道尔顿原子论为近代化学的发展奠定了基础。

19 世纪末和 20 世纪初，随着科学技术的发展，许多新的实验现象（尤其是电子、X 射线衍射和放射性现象）的发现，使人们修正了原子不可分割的观念，进而探讨原子的组成及其内部结构。

2. 卢瑟福原子模型

1895 年，汤姆逊（J. J. Thomson）从原子中发现带负电荷的电子，根据原子为中性，提出原子是由带正电荷的连续体和带负电荷的电子组成的。

1911 年，英国物理学家卢瑟福（E. Rutherford）根据α粒子散射实验证明，原子中带正电荷的部分集中在一起，称为原子核。此原子核体积很小，但集中了原子的绝大部分质量，带负电荷的电子在原子核外的广大空间做着高速运动。该理论被称为卢瑟福行星式原子模型。

卢瑟福的原子模型理论是人类认识微观世界的一个重要里程碑。但是这个理论却与当时的氢原子光谱实验产生了很大的矛盾。为了解决矛盾，在卢瑟福原子模型理论基础上，丹麦年轻的物理学家玻尔（N. H. D. Bohr）在 1913 年提出了关于原子结构的新模型。

二、玻尔理论

1. 氢原子光谱（hydrogen spectrum）

将一只装有氢气的放电管通高压电流，氢原子被激发后的光通过分光镜，在屏幕上可见光区内得到不连续的红、青、蓝、靛、紫五条明显的特征谱线（图 4-1）。

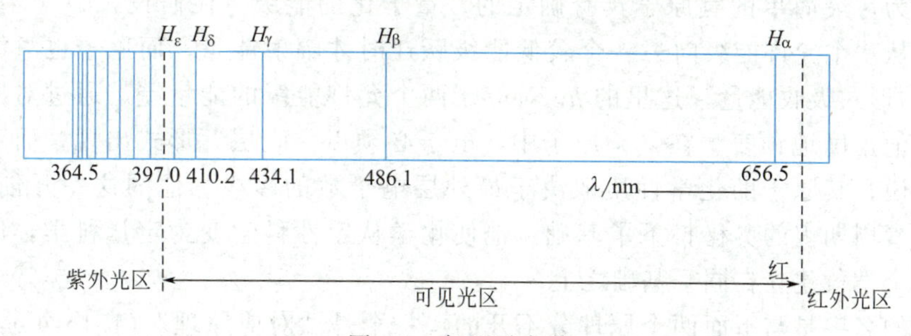

图 4-1 氢原子光谱

这种谱线是线状的，所以称为线状光谱；它又是不连续的，所以也称不连续光谱；线状光谱是原子受激后从原子内部辐射出来的，因而又称为原子光谱。经典物理学中的能量都是连续的，所以用卢瑟福的原子模型从理论上无法解释氢原子光谱。

2. 玻尔原子模型（Bohr's hypothesis）

1913 年，丹麦物理学家玻尔在卢瑟福原子模型基础上，结合普朗克（M. Planck）的量子论和爱因斯坦（A. Einstein）的光电学说，提出了新的原子模型，成功地解释了氢原子光谱的产生。

（1）核外电子在某些特定的轨道上运动，并具有一定的能量，称为定态。在定态轨道上运动的电子既不吸收能量也不放出能量。

（2）在定态轨道上运动的电子的能量值由量子化条件决定。

$$E_n = -\frac{13.6}{n^2}\text{eV} = -\frac{2.179\times10^{-18}}{n^2}\text{J} \qquad n=1,2,3\cdots \text{ 正整数} \tag{4-1}$$

$n=1$ 时能量最低，称为基态；其余的称为激发态。同时也可以计算得到基态时对应的轨道半径为 52.9pm，通常称为玻尔半径，用 a_0 表示。

（3）当激发到高能级的电子回到较低能级时，会释放出能量，产生原子光谱。如当电子由 $n=3$ 的原子轨道跃迁到 $n=2$ 的原子轨道时，产生的原子光谱的波长为 $\lambda_{3\to2}$。

结果表明，运用玻尔原子模型所算出的氢原子光谱的理论值与实验值吻合得很好。

3. 玻尔理论的局限性

玻尔理论冲破了经典物理学中能量连续变化的束缚，引入了量子化条件，成功地解释了经典物理学无法解释的氢原子结构和氢原子光谱的关系。但将其用于解释多电子原子光谱时却产生了较大的误差，主要是因为玻尔理论只是人为地加入一些量子化条件，并未完全摆脱经典力学的束缚，不能够完全揭示微观粒子运动的特征和规律。

玻　尔

玻尔（N. H. D. Bohr，1885—1962）因原子结构和原子辐射的研究，获得了 1922 年的诺贝尔物理学奖。

玻尔运用光谱分析来探索原子内部结构的第一次合理而又富有成效的尝试是在 1913 年进行的。为了解释原子吸收和发射，他把卢瑟福的有核原子模型和普朗克的量子论结合起来，提出了著名的“玻尔理论”——原子的定态假设和频率法则，成功地解释了氢原子的光谱规律。他认为，最简单的氢原子具有确定的、量子化的能级。他假设，电子只有从一个允许能级向另一个较低能级跃迁时才辐射能量，而原子也只能以量子（$h\nu$）化的形式吸收能量，这里的 $h\nu$ 对应于两个允许能级的能量差。通过对原子结构的研究，他正确地预言，在复杂原子中，电子必须以“壳层”形式出现，而对一种具体元素来说，其原子的化学性质取决于最外层电子数的多少。他的这一开创性工作，为揭示元素周期表的奥秘打下了基础。他使化学从定性科学变为定量科学，使物理和化学这两个学科建立在同一基础之上。

玻尔的名字是与下面两个原理分不开的。一个是“对应原理”（1916 年），指原子的量子力学模型在线度很大时必定趋于经典力学；另一个是“并协原理”（1927 年），指的是在不同实验条件下获得的有关原子系统的数据，未必能用单一的模型来解释，电子的波动模型就是对电子的粒子模型的补充。

爱因斯坦曾经讲过："玻尔作为科学上的一位思想家之所以具有如此惊人的吸收力，是因为他对隐秘事物的直觉的理解力，同时又兼有如此强有力的批判能力。"作为量子物理学的最有资格的代表之一，玻尔对物理学和人类的整个思维领域作出了重大贡献，留下了难以估价的精神遗产。

三、核外电子运动特征

1. 微观粒子运动具有波粒二象性（the wave-particle duality of microscopic particles）

光具有波粒二象性，光的波动性主要表现为光存在干涉、衍射等性质，而光的粒子性可以由光电效应等现象来证明。

在光的波粒二象性的启发下，法国物理学家德布罗意（L. V. De Broglie）大胆地提出了电子等微观粒子也具有波粒二象性的假设。他认为既然光不仅是一种波，而且具有粒子性，那么微观粒子在一定条件下，也可能呈现波的性质。他预言，质量为 m、运动速度为 v 的粒子对应的波长为：

$$\lambda=\frac{h}{p}=\frac{h}{mv} \tag{4-2}$$

1927 年由美国科学家戴维逊（C. J. Davisson）和革末（L. Germer）、英国的汤姆逊（G. P. Thomson）通过电子衍射实验（图 4-2）得到了证明。但是，微观粒子的波动性和粒子性，与经典物理学中的波动性与粒子性，既有相同之处，也有不同的地方。

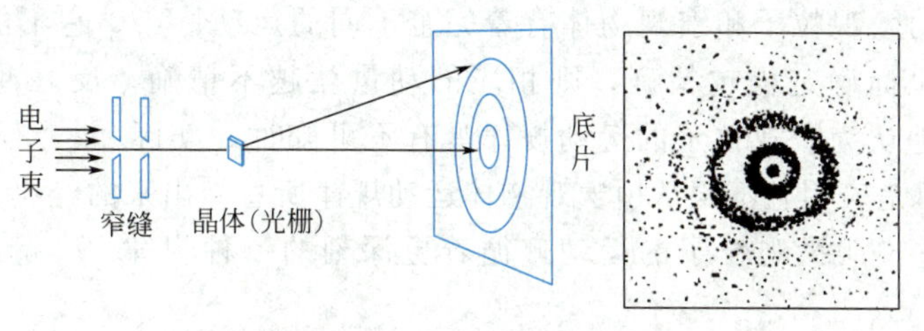

图 4-2 电子衍射示意图

（1）电子的波动性："电子波"是"概率波"，即波的强度与电子出现的概率成正比。

（2）电子的粒子性：电子没有固定的运动轨迹，只有概率分布的规律。

德布罗意

德布罗意（L. V. De Broglie，1892—1960）因发现电子的波动性，获得了 1929 年的诺贝尔物理学奖。

从 1922 年起，德布罗意在法国科学院《波动力学》杂志上，连续发表了数篇有关波动和粒子统一的论文。1923 年夏天，他提出了一个新的设想——把光的波粒二象性推广到物质粒子特别是电子上。他把这一想法以两篇短文的形式分别发表于《通报》杂志和《自然》杂志的评注栏内。1924 年，他在巴黎大学的博士论文《关于量子理论的研

究》中，详细地阐述了这一想法，提出了微观粒子波动性的物质波理论。1925年，他把这篇100余页的论文发表在《物理年鉴》上。德布罗意设想，每个粒子（比如电子）都伴随着波，其波长（λ）与该粒子的质量（m）和速度（v）有关。它们之间的关系可以借助于普朗克常数（h）用一个简单的公式来表示：$\lambda=h/mv$。对于一个大的物体来说，例如，扔出去的具有大动量的棒球，计算所得的德布罗意波长小到惊人的程度，以至于人们无法测量。但是，对于一个以每秒100cm的速度运动的电子来说，波长可以大到约为0.07cm。于是人们想到，利用晶格长度约为原子线度的晶体，通过干涉实验，来检测微观粒子的德布罗意波。在德布罗意的论文发表三年以后，美国的戴维逊和革末、英国的汤姆逊等都先后通过电子衍射实验证实了电子具有波动性。

德布罗意提出的物质波理论成为许多科学家专攻的课题，奥地利物理学家薛定谔正是在这一理论的基础上建立了波动力学。

2. 测不准原理（the heisenberg uncertainty principle）

对于宏观物体，我们可同时测出它的运动速率和位置。对具有波粒二象性的微观粒子，是否也可以精确地测出它们的速率和位置呢？1927年海森堡（W. K. Heisenberg）提出如下的测不准关系：

$$\Delta x\Delta p\geqslant\frac{h}{4\pi} \tag{4-3}$$

具有波动性的微观粒子和宏观物体有着完全不同的运动特点，它不能同时有确定的位置和动量。它的坐标确定得越精确，则相应的动量就越不精确，反之亦然。测不准原理表明，不能错误地认为微观粒子的运动规律具有不可知性。实际上，测不准原理反映微观粒子有波动性，只是表明它不服从由宏观物体运动规律所总结出来的经典力学，这不等于没有规律。相反，它说明微观粒子的运动遵循着更深刻的一种规律——量子力学（quantum mechanics）。

海森堡

海森堡（Werner Karl Heisenberg，1901—1976）是德国理论物理学家，矩阵力学的创建者。1901年12月5日生于维尔茨堡的一位中学教师家庭。1920年进慕尼黑大学，在名师索末菲指导下学习理论物理学。1923年以《关于流体流动的稳定性和湍流》一文取得博士学位。然后到哥廷根大学，当上了玻恩的助手。海森堡主要从事原子物理的研究，对量子力学的建立做出了重大贡献。1925年，他鉴于玻尔原子模型所存在的问题，抛弃了所有的原子模型，而着眼于观察发射光谱线的频率、强度和极化，利用矩阵数学，将这三者从数学上联系起来，从而提出微观粒子的不可观察的力学量，如位置、动量应由其所发光谱的可观察的频率、强度经过一定运算（矩阵法则）来表示。随后他与玻恩、约当合作，建立了矩阵力学。1927年，他阐述了著名的不确定关系，即亚原子粒子的位置和动量不可能同时准确测量，成为量子力学

的一个基本原理。1927 年，海森堡被莱比锡大学聘为理论物理学教授，研究量子力学如何应用于具体问题，如用它解释许多原子和分子光谱、铁磁现象等。为了表彰他在科学上的重大贡献——建立量子力学，海森堡获得 1932 年诺贝尔物理学奖，并获得马克斯・普朗克奖章。海森堡的著作主要有：《量子论的物理学原理》《自然科学基础的变化》《原子核物理》《物理学与哲学》等。1976 年 2 月 1 日，海森堡逝世于慕尼黑，终年 75 岁。

第二节　氢原子核外电子运动状态

(The Movement Condition of the Electrons Out of the Hydrogen Nucleus)

一、波函数

由于电子运动具有波动性，量子力学用波函数（wave function）Ψ 来描述原子中电子的运动。

1. Ψ 的由来

量子力学的基本方程是薛定谔方程（The Schrödinger equation)，它是奥地利物理学家薛定谔在 1926 年提出的一个二阶偏微分方程：

$$\frac{\partial^2 \Psi}{\partial x^2}+\frac{\partial^2 \Psi}{\partial y^2}+\frac{\partial^2 \Psi}{\partial z^2}+\frac{8\pi^2 m}{h^2}(E-V)\Psi=0 \tag{4-4}$$

式中，m 是电子的质量；x、y、z 是电子的坐标；V 是势能；E 是总能量；h 是普朗克常数；Ψ 是波函数。

薛定谔

薛定谔（Erwin Schrödinger，1887—1961）是奥地利理论物理学家，波动力学的创始人。1887 年 8 月 12 日生于维也纳。1910 年，薛定谔获得了哲学博士学位。毕业后在维也纳大学第二物理研究所工作，后来转到了德国斯图加特工学院和布雷斯劳大学教书。从 1921 年起。他在瑞士苏黎世大学任数学物理学教授，在那里创立了波动力学，提出了薛定谔方程，确定了波函数的变化规律。这是量子力学中描述微观粒子运动状态的基本定律，在粒子速度远小于光速的条件下适用。这一定律在量子力学中的地位，可与牛顿运动定律在经典力学中的地位相比拟。1926 年，薛定谔证明自己的波动力学与海森堡、玻恩和约当所建立的矩阵力学在数学上是等价的，这一证明成为整个物理学进一步发展的里程碑。1927 年，薛定谔接替普朗克到柏林大学担任理论物理学教授，并成为普鲁士科学院院士，与普朗克和爱因斯坦建立了亲密的友谊。同年在莱比锡出版了他的《波动力学论文集》。1933 年。薛定谔

对于纳粹政权迫害杰出科学家的倒行逆施深为愤慨，弃职移居英国牛津，在马格达伦学院任访问教授。就在这一年他与 P. A. M. 狄拉克共同获得诺贝尔物理学奖。1961 年 1 月 4 日病逝于维也纳，葬在了阿尔卑包赫山村，墓碑上刻着以他命名的薛定谔方程。

原则上讲，根据薛定谔方程，任何体系的电子运动状态都可求解。把该体系的势能项 V 的表达式找出，代入薛定谔方程中，求解方程即可得到相应的波函数 Ψ 和对应的能量。但遗憾的是薛定谔方程是很难求解的，至今只能精确求解单电子体系的薛定谔方程，稍复杂一些的体系只能求得近似解。即使对单电子体系，解薛定谔方程也很复杂，需要较深的数学知识，这不是本课程的任务。我们只需要了解量子力学处理原子结构问题的大概思路，以及解薛定谔方程所得到的主要结论。

2. Ψ 的物理意义

从薛定谔方程解得的波函数是包括空间坐标 x、y、z 的函数式，常记作 $\Psi(x,y,z)$。如果把空间上某一点的坐标值代入 Ψ 中，可求得某一数值。但该数值代表空间上这一点的什么性质呢？其意义是不明确的，因此 Ψ 本身并没有明确的物理意义。只能说 Ψ 是描述核外电子运动状态的数学表达式，电子运动的规律是受它控制的。但是，波函数绝对值的平方 $|\Psi|^2$ 却有明确的意义，它代表空间某一点附近单位体积内电子出现的概率（probability），即 $|\Psi|^2$ 为电子在该点上出现的概率密度。

如果想知道电子在核外运动的状态，只要把核外空间每一点的坐标值代入 Ψ 函数中，即可求得各点的 Ψ 值，这样就可以掌握电子运动的状态了。

3. 电子云图

为了形象地表示核外电子运动的概率分布情况，化学上习惯用小黑点分布的疏密表示电子出现概率密度的相对大小，小黑点较密的地方表示概率密度较大，单位体积内电子出现的机会多。这种以黑点的疏密表示概率密度分布的图形称为电子云图，也就是 $|\Psi|^2$ 的图像。一般把电子出现概率在 95%以上的空间区域的等密度面称为电子云界面，在此界面之外电子出现的概率很小，通常可忽略不计。基态氢原子电子云呈球形，如图 4-3 所示。应当注意，对于氢原子来说，只有一个电子，图中黑点的疏密只代表电子在某一瞬间出现的可能性。

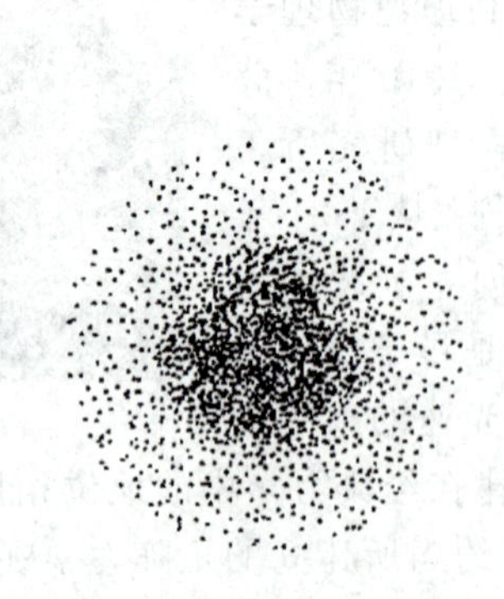

图 4-3　氢原子电子云图

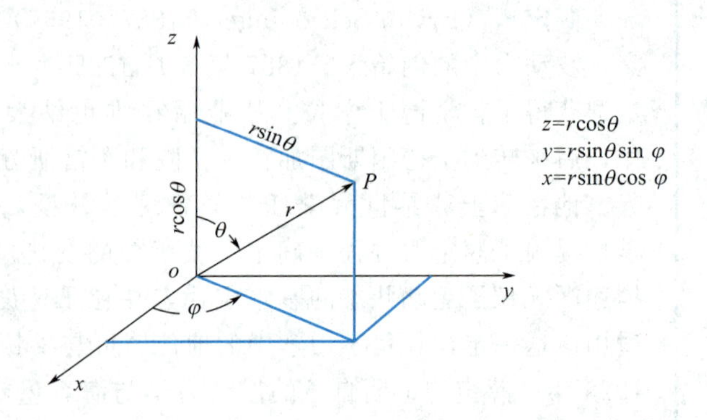

图 4-4　直角坐标与球坐标的关系

4. 氢原子的波函数

氢原子是单电子体系，其薛定谔方程有精确解，求解思路如下。

（1）坐标变换。为了便于描述波函数的形状和大小，在解薛定谔方程过程中首先需要进行坐标变换，把直角坐标 $\Psi(x,y,z)$ 变换成球坐标 $\Psi(r,\theta,\varphi)$（图 4-4）。

（2）分离变量。坐标变换后，氢原子的波函数可以分离为波函数的径向部分 $R(r)$ 和波函数的角度部分 $Y(\theta,\varphi)$ 的乘积：

$$\Psi(r,\theta,\varphi)=R(r)Y(\theta,\varphi)$$

$R(r)$ 表示该函数只随距离 r 变化而变化，$Y(\theta,\varphi)$ 表示该函数只随角度 θ、φ 变化而变化。

（3）引入参数。在解薛定谔方程中，为了得到有合理物理意义的解，波函数中必须引入只能取某些整数值的 n、l、m 三个参数。n、l、m 分别称为主量子数、角量子数和磁量子数，它们的取值有如下限制：

$n=1$，2，3…

$l=0$，1，2，…，$n-1$

$m=0$，±1，±2，…，$\pm l$

每一组 n、l、m 的合理组合，即可得到一个相应的波函数 $\Psi(r,\theta,\varphi)$，即表示原子核外电子的一种可能的轨道运动状态，又称原子轨道（atomic orbital）（注意，这里的轨道已不是宏观质点运动的轨道概念了，它指的是在空间中电子的一种运动状态）。从表 4-1 可以看出，三个量子数可以确定一个原子轨道，即一个空间运动状态。

表 4-1　量子数与原子轨道的关系

主量子数 n	角量子数 l	磁量子数 m	原子轨道波函数	轨道数
1	0	0	Ψ_{1s}	1
2	0	0	Ψ_{2s}	1
	1	0，±1	Ψ_{2p_x}，Ψ_{2p_y}，Ψ_{2p_z}	3
3	0	0	Ψ_{3s}	1
	1	0，±1	Ψ_{3p_x}，Ψ_{3p_y}，Ψ_{3p_z}	3
	2	0，±1，±2	$\Psi_{3d_{xy}}$，$\Psi_{3d_{xz}}$，$\Psi_{3d_{yz}}$，$\Psi_{3d_{x^2-y^2}}$，$\Psi_{3d_{z^2}}$	5

当 $n=1$ 时：

$l=0$（光谱上记以 s），$m=0$，即只有一种合理组合 Ψ_{100}，可以代表核外电子的一种可能的状态，称为 Ψ_{1s}（或简写为 1s）态，也称 1s 轨道。即 $n=1$ 时，只有一个轨道。

当 $n=2$ 时：

$l=0$，$m=0$ 是合理组合，Ψ_{200}（Ψ_{2s}）是核外电子一种可能的状态，即 2s 轨道；$l=1$（光谱上记以 p），$m=0$，±1，可以得到三个 p 轨道，分别记作 Ψ_{2p_x}、Ψ_{2p_y}、Ψ_{2p_z}。即当 $n=2$ 时，可以有四个可能的运动轨道（2s、$2p_x$、$2p_y$、$2p_z$）。

当 $n=3$ 时：

$l=0$，$m=0$，一个 Ψ_{3s}(3s) 轨道；

$l=1$，$m=0$，±1，三个 Ψ_{3p}(3p) 轨道；

$l=2$（光谱上记以 d），$m=0$，±1，±2，五个 Ψ_{3d}(3d) 轨道。

即 $n=3$ 时，可有九个轨道（一个 3s，三个 3p，五个 3d）。

……

当 $n=n$ 时，应当有 n^2 个原子轨道。

表 4-2 给出了一部分氢原子波函数的具体形式。

表 4-2　氢原子波函数（a_0 为玻尔半径 52.9pm）

轨道	波函数 $\Psi(r,\theta,\varphi)$	$R(r)$	$Y(\theta,\varphi)$
1s	$\sqrt{\frac{1}{\pi a_0^3}}e^{-r/a_0}$	$2\sqrt{\frac{1}{a_0^3}}e^{-r/a_0}$	$\sqrt{\frac{1}{4\pi}}$
2s	$\frac{1}{4}\sqrt{\frac{1}{2\pi a_0^3}}\left(2-\frac{r}{a_0}\right)e^{-r/2a_0}$	$\sqrt{\frac{1}{8a_0^3}}\left(2-\frac{r}{a_0}\right)e^{-r/2a_0}$	$\sqrt{\frac{1}{4\pi}}$
$2p_z$	$\frac{1}{4}\sqrt{\frac{1}{2\pi a_0^3}}\left(\frac{r}{a_0}\right)e^{-r/2a_0}\cos\theta$	$\sqrt{\frac{1}{24a_0^3}}\left(\frac{r}{a_0}\right)e^{-r/2a_0}$	$\sqrt{\frac{3}{4\pi}}\cos\theta$
$2p_x$	$\frac{1}{4}\sqrt{\frac{1}{2\pi a_0^3}}\left(\frac{r}{a_0}\right)e^{-r/2a_0}\sin\theta\cos\varphi$	$\sqrt{\frac{1}{24a_0^3}}\left(\frac{r}{a_0}\right)e^{-r/2a_0}$	$\sqrt{\frac{3}{4\pi}}\sin\theta\cos\varphi$
$2p_y$	$\frac{1}{4}\sqrt{\frac{1}{2\pi a_0^3}}\left(\frac{r}{a_0}\right)e^{-r/2a_0}\sin\theta\sin\varphi$	$\sqrt{\frac{1}{24a_0^3}}\frac{r}{a_0}e^{-r/2a_0}$	$\sqrt{\frac{3}{4\pi}}\sin\theta\sin\varphi$

解薛定谔方程还可以得到电子在各轨道中运动的能量公式：

$$E_n=-13.6\frac{Z^2}{n^2}\text{eV}=-\frac{(2.179\times10^{-18})Z^2}{n^2}\text{J} \tag{4-5}$$

式中，Z 为核电荷数。氢原子 $Z=1$，所以，对氢原子而言，各轨道能量的关系是：

$$E_{1s}<E_{2s}=E_{2p}<E_{3s}=E_{3p}=E_{3d}\cdots$$

二、波函数和电子云图形

在处理化学问题时，用一个很复杂的函数来表示原子轨道是很不方便的，因此希望把它的图形画出来，由图形直观地解决化学问题。波函数图形是 Ψ 随 r、θ、φ 变化的图形，电子云图形是 $|\Psi|^2$ 随 r、θ、φ 变化的图形。由于图形共有四个变量（r、θ、φ、Ψ），很难在平面上用适当的图形将 Ψ 或 $|\Psi|^2$ 随 r、θ、φ 变化的情况表示清楚。另外，又由于氢原子的波函数可以分离为波函数的径向部分 $R(r)$ 和波函数的角度部分 $Y(\theta, \varphi)$ 的乘积：

$$\Psi(r,\theta,\varphi)=R(r)Y(\theta,\varphi)$$

$R(r)$ 表示该函数只随距离 r 而变，$Y(\theta, \varphi)$ 表示该函数只随角度 θ、φ 而变化。

因此，可采用分离的方法，分别画出 $R(r)$ 随 r 变化和 $Y(\theta, \varphi)$ 随 θ、φ 变化的图形。这些图形不仅比较简单，而且能满足讨论原子不同化学行为时的需要。氢原子的波函数以及径向部分和角度部分的函数见表 4-2。

1. 波函数角度分布图（或称原子轨道角度分布图，the angular distribution pattern of atomic orbital）

从坐标原点出发，引出方向为 θ、φ 的直线，长度取 Y 的绝对值大小，再将所有这些直线的端点连起来，在空间形成一个曲面，这样的图形就叫波函数的角度分布图。

图 4-5 给出了 s、p、d 原子轨道的角度分布图（截面图）。这些图直观地反映了 Y 随 θ、φ 的变化情况，也反映了同一球面不同方向上的 Ψ 的变化情况。图中的＋、－号表示在指定方向上 Y 值的符号；从坐标原点到球壳的距离（即线段的长度）等于该方向上 $|Y|$ 值的大小。由图可知，Y_{p_z} 在 z 方向上绝对值最大，而 Y_{p_x} 在 x 方向绝对值最大。

2. 电子云角度分布图（the angular distribution pattern of electron cloud）

图 4-6 给出了几种类型的电子云角度分布图。它们是由 $Y^2(\theta, \varphi)$ 对 θ，φ 作图所得。这

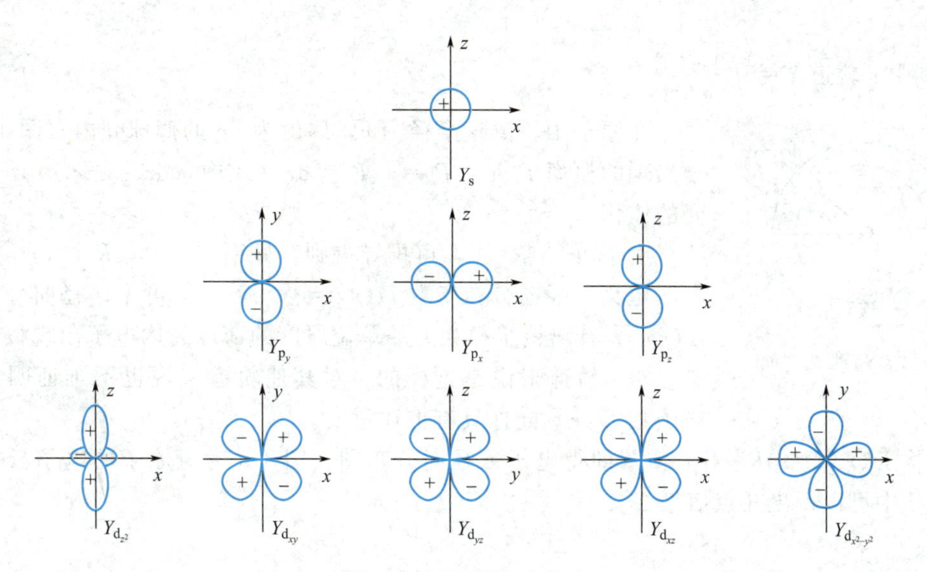

图 4-5　波函数角度分布

些图与波函数角度分布图形状类似，但也有区别：①波函数角度分布图标有正、负之分，而电子云角度分布图都是正值（习惯上不标出），这是因为 Y^2 皆是正值；②电子云角度分布图比波函数角度分布图“瘦”些，这是因为 $|Y|$ 值总小于 1，故 Y^2 值更小。电子云角度分布图反映了同一球面不同方向上概率密度的变化情况。由图可知，s 轨道中的电子在原子核周围同一球面不同方向上出现的概率密度相同；而 p_x 轨道中的电子，在原子核周围同一球面不同方向上出现的概率密度不同，以 x 方向最大。

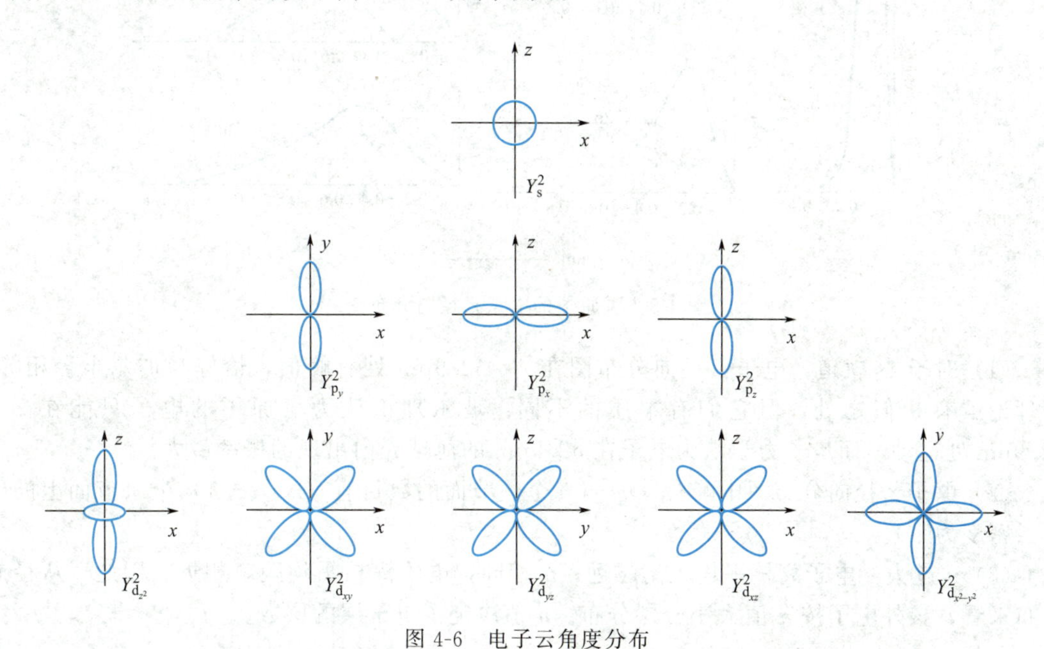

图 4-6　电子云角度分布

3. 电子云径向分布图（the radial distribution of electron cloud）

波函数径向部分 R 本身没有明确的物理意义，但 $D(r)=r^2R^2$ 有明确的物理意义，它表示电子在离核半径为 r 的单位厚度的薄球壳内出现的概率。现以最简单的 s 轨道为例予以说明$\left(其中 s 轨道 Y=\sqrt{\frac{1}{4\pi}}\right)$。

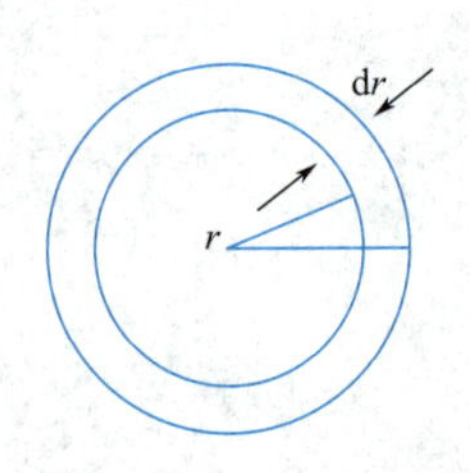

图 4-7 薄球壳剖面

在原子中，离核半径为 r，厚度为 dr 的薄球壳内（图 4-7）电子出现的概率 P 是：$P=|\Psi|^2 \mathrm{d}\tau$（式中，$\mathrm{d}\tau=4\pi r^2 \mathrm{d}r$，为薄球壳的体积）。

由于 $\Psi^2=R^2Y^2$，可推导得到：概率 $P=r^2|R|^2\mathrm{d}r$

定义：径向分布函数 $D(r)=r^2|R|^2$。可见，径向分布函数 $D(r)$ 具有离核半径为 r 的单位厚度的薄球壳内电子出现概率的含义。对 s 轨道来说是这样的，对其他轨道来说也不难证明径向分布函数 $D(r)$ 同样具有上述意义。

若将 $D(r)=r^2R^2$ 对 r 作图即得电子云径向分布图。图 4-8 为氢原子的电子云径向分布图，从中可以得出几点信息。

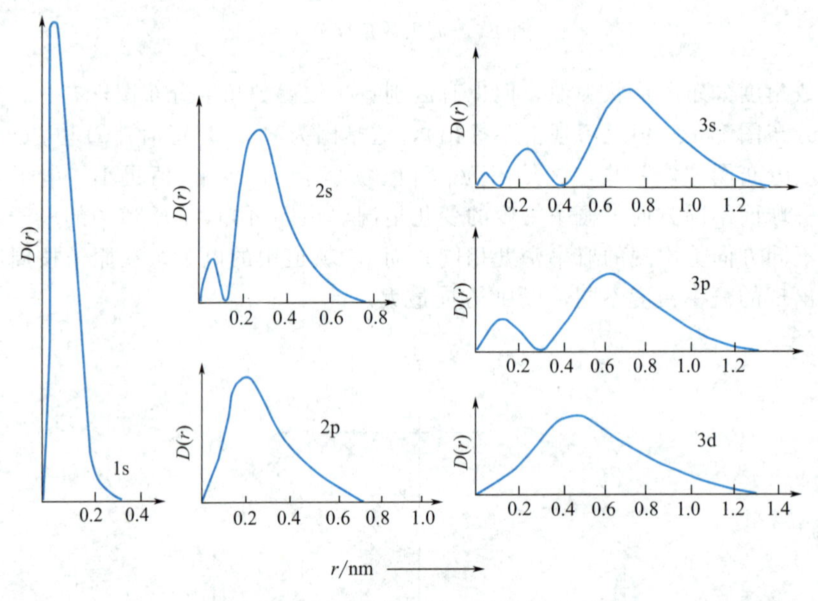

图 4-8 氢原子的电子云径向分布图

(1) 对于 1s 轨道，电子云径向分布图在 $r=52.9$pm 处有峰值，恰好与玻尔半径相等。两理论虽有相似之处，但它们有本质的不同：玻尔理论认为氢原子的电子只能在 $r=52.9$pm 处运动，而量子力学认为电子在 52.9pm 的薄球壳内出现的概率最大。

(2) 电子云径向分布图中峰有 $(n-l)$ 个，节面的数目有 $(n-l-1)$ 个（节面上的电子云密度为零）。

(3) n 越大，电子离核平均距离越远；n 相同，电子离核平均距离相近。因此，从径向分布来看，核外电子按 n 值大小分层分布。n 值决定了电子层的层数。

三、四个量子数（The Four Quantum Numbers）

1. 主量子数 *n*（principle quantum number）

n 决定能量，n 越大，电子的能量越高；n 也代表电子离核的平均距离，n 越大，电子离核越远。n 相同时，称电子处于同一电子层。

主量子数 $n=1$，2，3，4，5，6，7…

电子层符号为 K，L，M，N，O，P，Q…

2. 角量子数 *l*（angular quantum number）

角量子数 l 又称为副量子数，它与主量子数 n 共同决定原子轨道的能量，确定原子轨道或电子云的形状，还对应于每一电子层上的电子亚层。

l 的取值受 n 的影响，l 可以取从 0 到 $n-1$ 的正整数，即 $l=0$，1，2，3，…，$n-1$。在原子光谱学上，分别用 s，p，d，f 等符号来表示。

角量子数 $l=0$，1，2，3…

光谱符号为　s，p，d，f…

3. 磁量子数 *m*（magnetic quantum number）

磁量子数 m 决定原子轨道在磁场中的分裂，对应于原子轨道在空间的伸展方向。

m 的取值受 l 的限制，可以取从 $-l$ 到 $+l$ 之间包含零的 $2l+1$ 个值，即 $m=-l$，$-l+1$，…，0，1，…，$+l$。

每一个 m 值代表一个具有某种空间取向的原子轨道。每一亚层中，m 有几个取值，该亚层就有几个不同伸展方向的同类原子轨道。

如 $l=0$ 时 $m=0$，表示 s 亚层只有一个原子轨道，其伸展方向为球形对称。

$l=1$ 时 $m=-1$，0，$+1$，表示 p 亚层有三个互相垂直的“哑铃形”p 原子轨道，即 p_x、p_y、p_z 原子轨道。

$l=2$ 时 $m=-2$，-1，0，1，2，表示 d 亚层有五个不同伸展方向的“花瓣形”d 原子轨道，即 d_{xy}、d_{xz}、d_{yz}、d_{z^2}、$d_{x^2-y^2}$。

磁量子数 m 与原子轨道的能量无关。n、l 相同，m 不同的原子轨道（即形状相同，空间取向不同），其能量是相同的，这些能量相同的各原子轨道称为简并轨道或等价轨道。如：np_x、np_y、np_z 为简并轨道，nd_{xy}，nd_{xz}，nd_{yz}，nd_{z^2}，$nd_{x^2-y^2}$ 为简并轨道。

4. 自旋量子数 m_s（spin quantum number）

自旋量子数 m_s 只有 $+1/2$ 或 $-1/2$ 两个数值，其中每一个数值表示电子的一种自旋状态（顺时针自旋或逆时针自旋）。

在讨论了单电子原子（或离子）的结构以后，就可以讨论多电子原子的结构了。

第三节　多电子原子核外电子的运动状态

（The Movement Condition of the Electrons Out of the Multiple Electron Atomic Nucleus）

利用精密光谱仪观察到某些原子（如 Na 原子）的谱线是由两条靠得很近的谱线组成的。这种光谱精细结构的双线特征不能仅用前面引入的 n、l、m 三个量子数来解释。

1925 年荷兰物理学家乌伦贝克（G. E. Uhlenbeck）和高德斯密（S. A. Goudsmit）提出了自旋量子数（spin quantum number）m_s 的概念，认为电子除了轨道运动外，还存在自旋运动（顺时针自旋或逆时针自旋）。通常用小圆圈（或短横线）来表示电子排布图中的原子轨道，用箭头↑和↓分别表示自旋不同的电子。

因此，原子中的电子的运动状态需由 n、l、m、m_s 四个量子数来描述。根据量子数的取值规则，每个 n 值对应的 n^2 个原子轨道中最多可容纳电子总数为 $2n^2$。

一、屏蔽效应和穿透效应

1. 屏蔽效应（shielding effects）

除氢以外，其他原子核外至少有两个电子，统称为多电子原子。多电子原子的薛定谔方程无法求得精确解。通常采用中心力场模型的近似处理方法，把多电子原子中其余电子对指定的某电子的作用近似地看作抵消一部分核电荷对该电子的引力。即核电荷由原来的 Z 变成（$Z-\sigma$），σ 称为屏蔽常数，（$Z-\sigma$）称为有效核电荷，用 Z^* 表示。

$$Z^* = Z - \sigma \tag{4-6}$$

这种由核外其余电子抵消部分核电荷对指定电子吸引的作用称为屏蔽效应。在此基础上，解薛定谔方程所得的结果就可应用于多电子原子体系，只要把相应的 Z 改成 Z^* 即可。例如，多电子原子能量公式为：

$$E_n = -13.6\frac{(Z-\sigma)^2}{n^2}\text{eV} = -\frac{(2.179\times10^{-18})(Z-\sigma)^2}{n^2}\text{J} \tag{4-7}$$

σ 由 Slater 规则计算：

（1）分组（1s），（2s,2p），（3s,3p），（3d），（4s,4p），（4d），（4f），（5s,5p）…

（2）右边各组对左边各组无屏蔽作用，$\sigma=0$。

（3）同一组 $\sigma=0.35$（1s 中，$\sigma=0.30$）。

（4）（$n-1$）电子对 ns、np 电子 $\sigma=0.85$，（$n-2$）及更小的各电子对 ns、np 电子 $\sigma=1.00$。

（5）左边各组电子对 nd、nf 电子 $\sigma=1.00$。

σ 值除了与主量子数有关外，也与角量子数有关。为什么 σ 与 l 有关？这可用穿透效应来解释。

2. 穿透效应（penetrating effects）

从电子云径向分布图（图 4-8）可见，n 值较大的电子在离核较远的地方出现的概率大，但在离核较近的地方也有出现的概率。这种外层电子向内层穿透的效应称为穿透效应。

穿透效应主要表现在穿入内层的小峰上，峰的数目（$n-l$）越多，穿透效应越大。如果穿透效应大，电子云深入内层，内层对它的屏蔽效应变小，即 σ 值变小，Z^* 变大，能量降低。对多电子原子而言，穿透效应大小顺序为：$n\text{s}>n\text{p}>n\text{d}>n\text{f}$，所以 n 值相同、l 值不同的电子亚层，其能量高低的次序为：

$$E_{ns}<E_{np}<E_{nd}<E_{nf}\text{(能级分裂)}$$

当 n 值和 l 值都不同时，会出现所谓的“能级交错”现象（如 K 原子中 $E_{4s}<E_{3d}$），利用屏蔽效应和钻穿效应可以来解释。

二、原子核外电子排布

原子核外电子排布是根据光谱实验数据所确定的。人们从中总结出电子排布基本上遵循以下三个原则。

1. 泡利不相容原理（Pauli's exclusion principle）

泡利不相容原理有几种表述方式。

（1）在同一原子中，不可能存在所处状态完全相同的电子。

（2）在同一原子中，不可能存在四个量子数完全相同的电子。

（3）每一轨道只能容纳自旋方向相反的两个电子。

这几种说法都是等效的，从一种说法可推导出其他说法。

泡　利

泡利（Wolfgang Pauli，1900—1958）因发现不相容原理（又称泡利原理），获得了1945年度诺贝尔物理学奖。

1924年，他从反常塞曼效应的研究中发现了现代物理学的基本规律：不相容原理。他假设"在电子的量子论性质"中有一种"经典上无法描述的二值性"。对应当时的玻尔-索末菲理论中的每一个量子态，事实上应有两个不同的量子态，需要用一个新的量子数来表征这种"二值性"，这样就应该总共用四个量子数来表征一个电子的运动状态。在这样的前提下，泡利叙述了他的不相容原理：在每一个原子中，绝不能存在两个或多个等价的电子，即不存在四个量子数都相同的电子。运用这一原理，人们解决了光谱规律中的许多难题，理解了原子中电子壳层的形成，以及当元素按原子序数递增排列时所观察到的化学性质上的周期律。

1925年，乌伦贝克和高德斯密提出了电子"自旋"的假设，给泡利的第四个量子数提供了物理图像。泡利引用有名的二分量波函数和泡利矩阵，把自旋概念纳入非相对论量子力学的表述之中。这一工作后来导致狄拉克提出了他的电子理论并取得一些其他的重要进展。荷兰学者范德瓦尔登曾经指出："从一分量到二分量是跨一大步，从二分量到四分量是进一小步"。

泡利以他的才智和尖锐的批评而闻名。当一种理论被提出来以后，人们总是希望听到泡利对它有什么看法。如果泡利不赞成，人们就会感到对那种理论有点不放心；相反地，如果泡利点了头，人们就会感到很欣慰。他逐渐成了一切新思想的公认的"裁判"，埃伦菲斯特称他为"上帝的鞭子"，玻尔称他为"科学的良知"。

2. 能量最低原理（principle of lowest energy）

在不违背泡利不相容原理的前提下，电子在各轨道上的排布方式应使整个原子处于最低状态，这就是能量最低原理。原子能量的高低除取决于轨道能量外，还与电子之间相互作用能有关。综合考虑这些因素，美国化学家鲍林（L. C. Pauling）提出了多电子原子轨道的近似"能级高低顺序"：1s；2s，2p；3s，3p；4s，3d，4p；5s，4d，5p；6s，4f，5d，6p；7s，5f，6d，7p…我国化学家徐光宪提出用（$n+0.7l$）的数值来判断原子能量的高低。

图4-9(a)，图4-9(b) 分别是鲍林提出的多电子原子轨道的近似能级图（Pauling's diagram of energy levels of atomic orbital）和电子填充顺序图。随原子序数的增加，电子也是按照该图能量从低到高的顺序填充的。

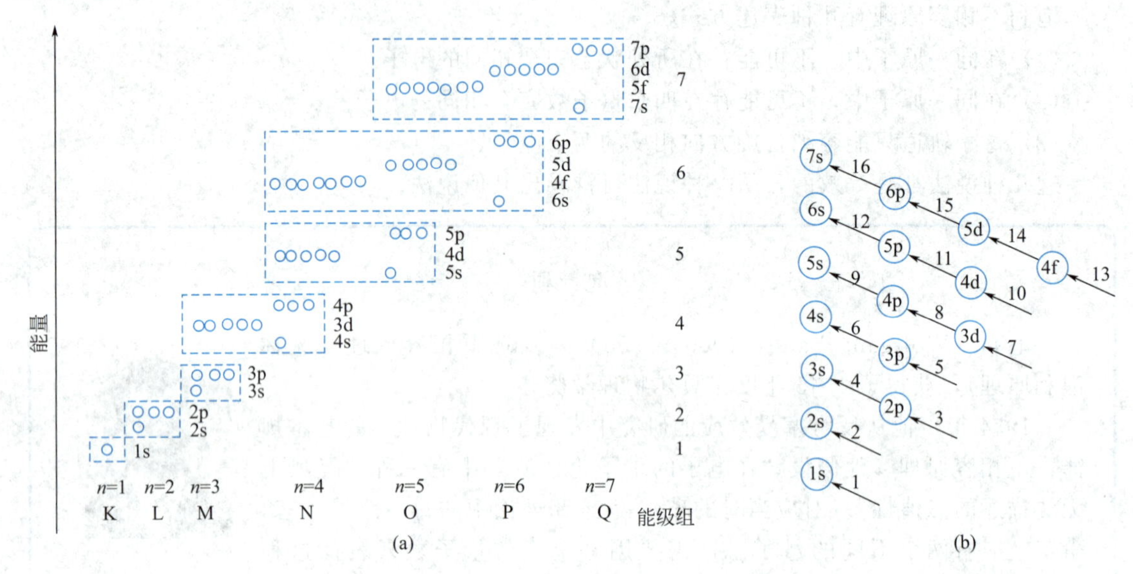

图 4-9 多电子原子轨道的近似能级图和电子填充顺序图

鲍 林

鲍林（Linus Carl Pauling，1901—1994）是著名的量子化学家，他在化学的多个领域都有过重大贡献。他曾两次荣获诺贝尔奖（1954 年化学奖，1962 年和平奖），有很高的国际声誉。1901 年 2 月 18 日，鲍林出生在美国俄勒冈州波特兰市。幼年聪明好学，11 岁认识了心理学教授捷夫列斯。捷夫列斯有一所私人实验室，曾给幼小的鲍林演示过许多有意思的化学实验，这使鲍林从小萌生了对化学的热爱，这种热爱使他走上了研究化学的道路。鲍林在读中学时各科成绩都很好，尤其是化学成绩一直是全班第一名。他经常埋头在实验室里做化学实验，立志当一名化学家。1917 年，鲍林以优异的成绩考入俄勒冈州农学院化学工程系，他希望通过学习大学化学最终实现自己的理想。1954 年，鲍林荣获诺贝尔化学奖以后，美国政府才被迫取消了对他的出国禁令。1955，鲍林和世界知名的大科学家爱因斯坦、罗素、约里奥·居里、玻恩等，签署了一个宣言：呼吁科学家应共同反对发展毁灭性武器，反对战争，保卫和平。1957 年 5 月，鲍林起草了《科学家反对核试验宣言》，该宣言在两周内就有 2000 多名美国科学家签名，在短短几个月内，就有 49 个国家的 11000 余名科学家签名。1958 年，鲍林把反对核试验宣言交给了联合国秘书长哈马舍尔德，向联合国请愿。同年，他写了《不要再有战争》一书，书中以丰富的资料，说明了核武器对人类的重大威胁。1959 年，鲍林和罗素等人在美国创办了《一人少数》月刊，反对战争，宣传和平。同年 8 月，他参加了在日本广岛举行的禁止原子弹氢弹大会。由于鲍林对和平事业的贡献，他在 1962 年荣获了诺贝尔和平奖。

徐光宪

徐光宪（1920—2015），浙江绍兴人。1944 年毕业于上海交通大学化学系，1951 年获美国哥伦比亚大学博士学位，回国后在北京大学任教。曾任北京大学化学系教授、稀土化学研究所中心主任、博士生导师、国家自然科学基金委员会化学科学部主任、中国化学会理事长、中国稀土学会副理事长等职。他与合作者在量子化学领域中，提出了原子价的新概念 nxcπ 结构规则和分子的周期律、同系线性规律的量子化学基础和稀土化合物的电子结构特征，被授予国家自然科学二等奖。其“串级萃取理论”，把我国稀土萃取分离工艺提高到国际先进水平，并取得巨大经济效益和社会效益，其《物质结构》一书在长达四分之一个世纪内是该课程在全国唯一的统编教材，被授予国家优秀教材特等奖。

3. 洪特规则（Hund's rule）

能量相同的轨道，称为简并轨道。洪特规则指出：在简并轨道上排布电子时，总是尽量占据不同轨道，且自旋平行。

例如：N 原子（$1s^2 2s^2 2p^3$）的轨道表示式为：

N：$\underline{\uparrow\downarrow}$ $\underline{\uparrow\downarrow}$ $\underline{\uparrow}\ \underline{\uparrow}\ \underline{\uparrow}$

1s　2s　2p

作为洪特规则的特例，在等价轨道中，电子处于全充满（p^6,d^{10},f^{14}），半充满（p^3,d^5,f^7）和全空（p^0,d^0,f^0）时，原子的能量较低，体系较稳定。40 号元素 Zr 的电子排布为：$1s^2 2s^2 2p^6 3s^2 3p^6 3d^{10} 4s^2 4p^6 4d^2 5s^2$；24 号元素 Cr 的电子分布为：$1s^2 2s^2 2p^6 3s^2 3p^6 3d^5 4s^1$（具有半充满结构）；29 号元素 Cu 的电子分布为 $1s^2 2s^2 2p^6 3s^2 3p^6 3d^{10} 4s^1$（具有全充满结构）等。周期表中属于半充满的元素有 Cr、Mo，但 W 特殊；属于全充满的元素有 Cu、Ag 和 Au。

应用鲍林近似电子填充顺序，再根据泡利不相容原理、能量最低原理和洪特规则，就可以写出元素周期表中绝大多数元素的核外电子排布式。例：

$_{21}$Sc：$1s^2 2s^2 2p^6 3s^2 3p^6 3d^1 4s^2$

$_{29}$Cu：$1s^2 2s^2 2p^6 3s^2 3p^6 3d^{10} 4s^1$

$_{80}$Hg：$1s^2 2s^2 2p^6 3s^2 3p^6 3d^{10} 4s^2 4p^6 4d^{10} 4f^{14} 5s^2 5p^6 5d^{10} 6s^2$

相关说明如下。

（1）有些元素（如 Ru、Nb、Rh、W、Pt）核外电子排布比较特殊。这说明用三个原则来描述核外电子的排布还是不充分的，除此之外，还有其他因素影响电子排布。

（2）为了简便，常常只写出原子的价电子排布。所谓价电子排布（外层电子构型），一般是指可能参与反应的电子。主族是指最外层电子，而一般副族是指最外层电子加次外层的 d 电子，镧系和锕系则还要加上次次外层的 f 电子。

（3）离子的电子排布取决于电子从何轨道中失去。实验和理论都证明，原子轨道失电子时最先失去的是外层电子。以 21 号元素 Sc 为例，其外层电子构型为 $3d^1 4s^2$，如果 Sc 原子失去一个电子时，那么失去的是 3d 电子还是 4s 电子呢？实验结果表明，最先失去的是 4s 电子。因此在书写多电子原子电子排布式时，最后应按主量子数大小排列。

第四节 原子结构和元素周期律
(Atomic Structure and Periodic System of the Elements)

一、核外电子排布和周期表的关系

元素的性质随着核电荷的递增而呈现周期性变化的规律称为元素周期律（periodic system of the elements）。周期律产生的基础是，随核电荷的递增，原子最外层电子排布呈现周期性的变化，即最外层电子构型重复着从 ns^1 开始到 ns^2np^6 结束这一周期性变化。周期表（periodic chart）是周期律的表现形式。下面从几个方面讨论周期表与电子排布的关系。

1. 各周期元素的数目

周期表中有一个特短周期、两个短周期、两个长周期、一个特长周期以及一个未完成周期。各周期元素数目等于 ns^1 开始到 ns^2np^6 结束各轨道所能容纳的电子总数。由于能级交错的存在，产生以上各长短周期的分布。元素基态原子电子构型如表 4-3 所示。

表 4-3 元素基态原子电子构型

原子序数	元素	电子构型	原子序数	元素	电子构型
1	H	$1s^1$	23	V	[Ar] $3d^34s^2$
2	He	$1s^2$	24	Cr	[Ar] $3d^54s^1$
3	Li	[He] $2s^1$	25	Mn	[Ar] $3d^54s^2$
4	Be	[He] $2s^2$	26	Fe	[Ar] $3d^64s^2$
5	B	[He] $2s^22p^1$	27	Co	[Ar] $3d^74s^2$
6	C	[He] $2s^22p^2$	28	Ni	[Ar] $3d^84s^2$
7	N	[He] $2s^22p^3$	29	Cu	[Ar] $3d^{10}4s^1$
8	O	[He] $2s^22p^4$	30	Zn	[Ar] $3d^{10}4s^2$
9	F	[He] $2s^22p^5$	31	Ga	[Ar] $3d^{10}4s^24p^1$
10	Ne	[He] $2s^22p^6$	32	Ge	[Ar] $3d^{10}4s^24p^2$
11	Na	[Ne] $3s^1$	33	As	[Ar] $3d^{10}4s^24p^3$
12	Mg	[Ne] $3s^2$	34	Se	[Ar] $3d^{10}4s^24p^4$
13	Al	[Ne] $3s^23p^1$	35	Br	[Ar] $3d^{10}4s^24p^5$
14	Si	[Ne] $3s^23p^2$	36	Kr	[Ar] $3d^{10}4s^24p^6$
15	P	[Ne] $3s^23p^3$	37	Rb	[Kr] $5s^1$
16	S	[Ne] $3s^23p^4$	38	Sr	[Kr] $5s^2$
17	Cl	[Ne] $3s^23p^5$	39	Y	[Kr] $4d^15s^2$
18	Ar	[Ne] $3s^23p^6$	40	Zr	[Kr] $4d^25s^2$
19	K	[Ar] $4s^1$	41	Nb	[Kr] $4d^45s^1$
20	Ca	[Ar] $4s^2$	42	Mo	[Kr] $4d^55s^1$
21	Sc	[Ar] $3d^14s^2$	43	Tc	[Kr] $4d^55s^2$
22	Ti	[Ar] $3d^24s^2$	44	Ru	[Kr] $4d^75s^1$

续表

原子序数	元素	电子构型	原子序数	元素	电子构型
45	RH	[Kr] $4d^{8}5s^{1}$	82	Pb	[Xe] $4f^{14}5d^{10}6s^{2}6p^{2}$
46	Pd	[Kr] $4d^{10}$	83	Bi	[Xe] $4f^{14}5d^{10}6s^{2}6p^{3}$
47	Ag	[Kr] $4d^{10}5s^{1}$	84	Po	[Xe] $4f^{14}5d^{10}6s^{2}6p^{4}$
48	Cd	[Kr] $4d^{10}5s^{2}$	85	At	[Xe] $4f^{14}5d^{10}6s^{2}6p^{5}$
49	In	[Kr] $4d^{10}5s^{2}5p^{1}$	86	Rn	[Xe] $4f^{14}5d^{10}6s^{2}6p^{6}$
50	Sn	[Kr] $4d^{10}5s^{2}5p^{2}$	87	Fr	[Rn] $7s^{1}$
51	Sb	[Kr] $4d^{10}5s^{2}5p^{3}$	88	Ra	[Rn] $7s^{2}$
52	Te	[Kr] $4d^{10}5s^{2}5p^{4}$	89	Ac	[Rn] $6d^{1}7s^{2}$
53	I	[Kr] $4d^{10}5s^{2}5p^{5}$	90	Th	[Rn] $6d^{2}7s^{2}$
54	Xe	[Kr] $4d^{10}5s^{2}5p^{6}$	91	Pa	[Rn] $5f^{2}6d^{1}7s^{2}$
55	Cs	[Xe] $6s^{1}$	92	U	[Rn] $5f^{3}6d^{1}7s^{2}$
56	Ba	[Xe] $6s^{2}$	93	Np	[Rn] $5f^{4}6d^{1}7s^{2}$
57	La	[Xe] $5d^{1}6s^{2}$	94	Pu	[Rn] $5f^{6}7s^{2}$
58	Ce	[Xe] $4f^{1}5d^{1}6s^{2}$	95	Am	[Rn] $5f^{7}7s^{2}$
59	Pr	[Xe] $4f^{3}6s^{2}$	96	Cm	[Rn] $5f^{7}d^{1}7s^{2}$
60	Nd	[Xe] $4f^{4}6s^{2}$	97	Bk	[Rn] $5f^{9}7s^{2}$
61	Pm	[Xe] $4f^{5}6s^{2}$	98	Cf	[Rn] $5f^{10}7s^{2}$
62	Sm	[Xe] $4f^{6}6s^{2}$	99	Es	[Rn] $5f^{11}7s^{2}$
63	Eu	[Xe] $4f^{7}6s^{2}$	100	Fm	[Rn] $5f^{12}7s^{2}$
64	Gd	[Xe] $4f^{7}5d^{1}6s^{2}$	101	Md	[Rn] $5f^{13}7s^{2}$
65	Tb	[Xe] $4f^{9}6s^{2}$	102	No	[Rn] $5f^{14}7s^{2}$
66	Dy	[Xe] $4f^{10}6s^{2}$	103	Lr	[Rn] $5f^{14}6d^{1}7s^{2}$
67	Ho	[Xe] $4f^{11}6s^{2}$	104	Rf	[Rn] $5f^{14}6d^{2}7s^{2}$
68	Er	[Xe] $4f^{12}6s^{2}$	105	Ha	[Rn] $5f^{14}6d^{3}7s^{2}$
69	Tm	[Xe] $4f^{13}6s^{2}$	106	Sg	[Rn] $5f^{14}6d^{4}7s^{2}$
70	Yb	[Xe] $4f^{14}6s^{2}$	107	Bh	[Rn] $5f^{14}6d^{5}7s^{2}$
71	Lu	[Xe] $4f^{14}5d^{1}6s^{2}$	108	Hs	[Rn] $5f^{14}6d^{6}7s^{2}$
72	Hf	[Xe] $4f^{14}5d^{2}6s^{2}$	109	Mt	[Rn] $5f^{14}6d^{7}7s^{2}$
73	Ta	[Xe] $4f^{14}5d^{3}6s^{2}$	110	Ds	[Rn] $5f^{14}6d^{8}7s^{2}$
74	W	[Xe] $4f^{14}5d^{4}6s^{2}$	111	Rg	[Rn] $5f^{14}6d^{9}7s^{2}$
75	Re	[Xe] $4f^{14}5d^{5}6s^{2}$	112	Cn	[Rn] $5f^{14}6d^{10}7s^{2}$
76	Os	[Xe] $4f^{14}5d^{6}6s^{2}$	113	Nh	[Rn] $5f^{14}6d^{10}7s^{2}7p^{1}$
77	Ir	[Xe] $4f^{14}5d^{7}6s^{2}$	114	Fl	[Rn] $5f^{14}6d^{10}7s^{2}7p^{2}$
78	Pt	[Xe] $4f^{14}5d^{9}6s^{1}$	115	Mc	[Rn] $5f^{14}6d^{10}7s^{2}7p^{3}$
79	Au	[Xe] $4f^{14}5d^{10}6s^{1}$	116	Lv	[Rn] $5f^{14}6d^{10}7s^{2}7p^{4}$
80	Hg	[Xe] $4f^{14}5d^{10}6s^{2}$	117	Ts	[Rn] $5f^{14}6d^{10}7s^{2}7p^{5}$
81	Tl	[Xe] $4f^{14}5d^{10}6s^{2}6p^{1}$	118	Og	[Rn] $5f^{14}6d^{10}7s^{2}7p^{6}$

2. 周期（periods）**和族**（families）

元素在周期表中所处位置与原子结构的关系为：周期数＝电子层数

因为每增加一个电子层，就开始一个新的周期。

主族元素的族数＝最外层电子层的电子数

副族元素的族数＝(最外层电子层的电子数)＋(次外层 d 电子数)(除ⅠB，ⅡB 和 VⅢ外)

在同一族元素中，虽然它们的电子层数不同，但有相同的价电子构型，因此有相似的化学性质。

3. 元素分区（block divisions of the elements）

根据元素原子的价电子构型，可以把周期表中元素分成五个区：s 区、p 区、d 区、ds 区和 f 区。表 4-4 反映了原子价电子构型与周期表分区的关系。五个区中 s 区和 p 区元素只有最外一层未填满电子或完全填满电子，为主族元素，而其他则为副族元素。不仅周期表的结构和原子的电子层结构有关，元素的性质也和原子的电子层结构有关。

表 4-4　原子外层电子构型与周期系分区

	ⅠA					0
1		ⅡA			ⅢA～ⅦA	
2						
3			ⅢB～ⅦB　Ⅷ	ⅠB　ⅡB		
4	s 区				p 区	
5	$ns^1 \sim ns^2$		d 区 $(n-1)d^1ns^2 \sim (n-1)d^8ns^2$ (有例外)	ds 区 $(n-1)d^{10}ns^1 \sim (n-1)d^{10}ns^2$	$ns^2np^1 \sim ns^2np^6$	
6						
镧系元素	f 区					
锕系元素	$(n-2)f^1ns^2 \sim (n-2)f^{14}ns^2$（有例外）					

元素周期表很好地反映了元素性质随原子结构变化的情况。

二、元素性质的周期性

1. 原子半径（atomic radius）

由于电子在原子核外的运动没有固定的轨道，因此原子也没有明确的界面，但是原子的大小可以用物理量原子半径来近似描述。任何原子半径的测定都是基于下面的假设：即原子呈球形，在固体中原子间相互接触，以球面相切。这样只要测出单质在固态下相邻原子间距离的一半就是原子半径（图 4-10）。如果某一元素的两个原子以共价单键结合，它们核间距离的一半，称为该原子的共价半径。由于金属晶体可以看成由等径球状的金属原子堆积而成，所以在金属晶体中，测得的两相邻原子的核间距的一半，即为该金属原子的半径，称为金属半径。对于同一种元素来说，这两种半径一般比较接近。原子半径除了金属半径和共价半径以外，还有范德华半径。在稀有气体形成的单原子分子晶体中，分子间以范德华力相互联系，这样两个同种原子核间距离的一半就称为范德华半径。周期表中各元素的原子半径见附录四。

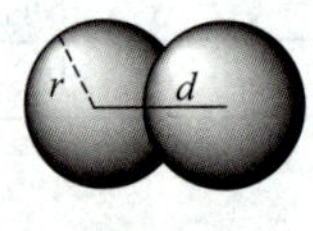

d/2共价半径

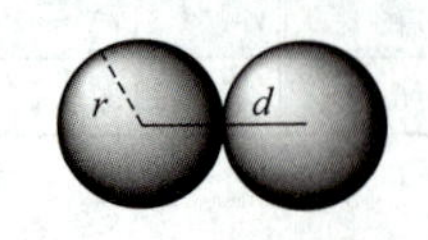

d/2金属半径

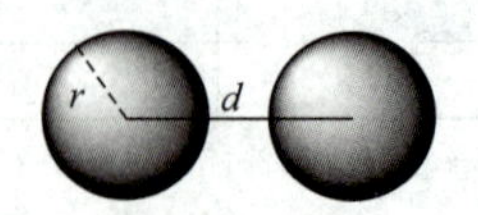

d/2范德华半径

图 4-10　三种原子半径示意图

原子半径的大小主要取决于有效核电荷数和核外电子的层数。其规律如下。

(1) 在周期表的同一短周期中，从左到右原子半径逐渐减小。这是由于有效核电荷逐渐增加，而电子层数保持不变。增加的电子都在同一外层，此时相互屏蔽作用较小，因此随原子序数增加，核电荷对电子的吸引力逐渐增大，原子半径依次减小。

(2) 在长周期中，从左到右原子半径也是逐渐减少的，但略有起伏。从第三个元素（副族元素 Sc）开始，原子半径减小比较缓慢，而在后半部分的元素（如第四周期从 Cu 元素开始），原子半径反而略有增大，但随即又逐渐减少。这是由于电子是逐一填入 $(n-1)$d 层的，d 电子处于次外层，对核的屏蔽作用较大，有效核电荷增加不多，核对外层电子的吸引力也增加较少，因此原子半径减少缓慢。而到了长周期的后半部分，即从ⅠB 族开始，由于次外层已充满 18 个电子，新增加的电子要加在最外层，半径又略有增大。当电子继续填入最外层时，由于有效核电荷的增加，原子半径又逐渐减小。

(3) 镧系、锕系元素中，从左到右，原子半径也是逐渐减小的，只是减小的幅度更小（约为主族元素的 1/10）。这是由于新增加的电子填入倒数第三层 $(n-2)$ f 亚层上，f 电子对外层电子的屏蔽效应更大，外层电子所受到的有效核电荷增加更小，因此原子半径减小缓慢。镧系元素从镧（La）到镥（Lu）原子半径更缓慢缩小的积累现象叫“镧系收缩”。由于镧系收缩，使镧系以后的铪（Hf）、钽（Ta）、钨（W）等的原子半径与上一周期（第五周期）相应元素锆（Zr）、铌（Nb）、钼（Mo）等非常接近。因此，锆和铪、铌和钽、钼和钨的性质非常相似，在自然界共生，并且难以分离。

(4) 同一主族中，从上到下原子半径逐渐增大。外层电子构型相同，有效核电荷相差不大，电子层增加的因素占主导地位，所以原子半径逐渐增大。副族元素的原子半径，从第四周期过渡到第五周期是增大的，但第五周期和第六周期同一族中的过渡元素的原子半径很相近。

2. 电离能（ionization energy）

使元素基态的气态原子失去一个电子所需的最低能量称为第一电离能 I_1。从一价气态正离子再失去一个电子成为二价正离子所需要的最低能量称为第二电离能 I_2。依此类推，还可以有第三电离能 I_3、第四电离能 I_4 等。

第一电离能是重要的原子参数（见附录五）。I_1 小的元素容易给出电子，易被氧化，金属性强，成碱性强。从第一电离能的大小，还可以看出元素通常的化合价。如表 4-5 所示，Na 的 $I_1 \ll I_2$，Mg 的 $I_2 \ll I_3$，Al 的 $I_3 \ll I_4$ 等，因此 Na 通常是+1 价，Mg 为+2 价，Al 为+3 价等。对于任何元素来说，在第三电离能以后的各级电离能的数值都是比较大的，所以在一般情况下，高于+3 价的独立离子是很少存在的。

表 4-5 第三周期元素的电离能（$kJ \cdot mol^{-1}$）

	Na	Mg	Al	Si	P	S	Cl	Ar
I_1	496	738	578	787	1012	1000	1251	1521
I_2	4562	1450	1817	1557	1903	2251	2297	2669
I_3		7733	2745	3232	2912	3361	3822	3931
I_4			11578	4356	4957	4564	5158	5771
I_5				10091	6274	7031	6540	7283
I_6					21296	8496	9392	8781
I_7						27106	11018	11995

元素原子的电离能呈周期变化。在同一周期中，从左到右，金属元素的电离能较小，非金属元素的电离能较大，稀有气体电离能最大。同一主族，自上而下一般电离能减小。但对于副族和第Ⅷ族元素来说，缺少这种规律性。

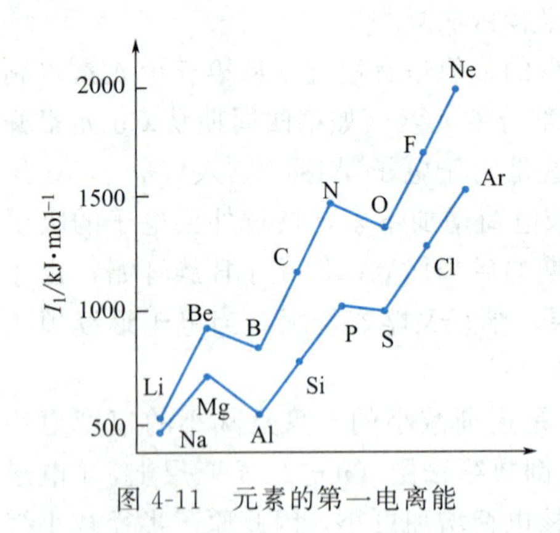

图 4-11　元素的第一电离能

图 4-11 给出了周期表中前两个短周期元素的第一电离能。由图中可以看出，从 Li 到 Ne 和从 Na 到 Ar 电离能变化的总趋势是逐渐增加的。但图中有几个不规则之处：Be 和 Mg 的电离能较高，这是因为全充满的 s 能级有较高的稳定性（Be、Mg 的外层电子的构型分别是 $2s^2$、$3s^2$）；N 和 P 也有较高的第一电离能，这是因为半充满的 p 能级比较稳定（N、P 的外层电子构型是 $2s^22p^3$、$3s^23p^3$）；而 B 和 Al 的电离能数值较低，是因为失去一个电子以后剩下的是一个全充满的稳定的 s 电子层；同样，对于 O 和 S 来说，失去一个电子后剩下的是一个半充满的稳定的 p 电子层。

3. 电子亲和能（electron affinity）

元素的气态原子在基态时得到一个电子生成一价气态负离子所放出或吸收的能量称为电子亲和能。电子亲和能也有第二电子亲和能、第三电子亲和能等，如果不加说明都是指第一电子亲和能。非金属元素的原子容易获得电子放出能量，所以第一电子亲和能总是负值；而金属元素原子的第一电子亲和能一般是较小的负值或正值（附录六）。当负一价离子获得电子时，要克服电荷之间的排斥力，通常需要吸收能量，因此第二电子亲和能往往为正值。

例如：

$$O(g)+e^- \longrightarrow O^-(g) \qquad E_{A_1}=-141.0\text{kJ}\cdot\text{mol}^{-1}$$

$$O^-(g)+e^- \longrightarrow O^{2-}(g) \qquad E_{A_2}=+780\text{kJ}\cdot\text{mol}^{-1}$$

原子得到的电子必然处于能量最低的空轨道上，电子亲和能的大小既与原子核对该电子的吸引有关，又与该电子受到的排斥作用有关。原子半径小，既有利于核对电子的吸引，又因为核外电子分布拥挤，电子间排斥作用也大。所以同一周期、同一族中元素的电子亲和能没有单调变化规律。第二周期 O 与 F 比第三周期 S 与 Cl 电子亲和能小很多，就是因为原子半径小而引起电子间排斥作用大。由于电子亲和能的变化规律性较差，实验测定也比较困难（通常用间接方法计算），数值的准确度也要比电离能差，因此其重要性不如电离能。

4. 电负性 χ（electronegativity）

电离能和电子亲和能都是用来表征孤立气态原子得失电子的能力的，没有考虑原子间的成键作用等情况。而在化学键中，同核键只占极少数，大量的是异核键。由于不同元素的原子在分子中吸引电子的能力不同，从而引起化学键的键型过渡以及一系列物理化学性质的变化。电负性概念的提出，就是为了表示分子中不同元素原子吸引电子能力的倾向，并用它去研究不同元素原子形成化学键的一些特性。

虽然电负性的概念在 19 世纪已经被提出，但是给每一个元素赋予一定的数值，定量地表示元素的电负性，则是从20世纪30年代开始的。1932年，鲍林将元素的电负性χ定义为原子在分子中吸引电子的能力。他指定氟的电负性为4.0，并根据热力学数据比较各元素原子吸引电子的能力，得出其他元素的电负性（见附录七）。

由电负性的数据可以看出。

（1）金属元素的电负性较小，非金属的电负性较大。电负性是判断元素金属性的重要参数。$\chi=2$是近似地衡量元素的金属性和非金属性的分界点。

（2）同一周期的元素从左到右电负性逐渐增大。同一主族的元素从上到下电负性基本上呈减小趋势。同一周期中从左到右，从碱金属到卤素，原子的有效核电荷逐渐增大，原子半径逐渐减小，原子吸引电子的能力基本呈增加趋势，所以元素的电负性相应逐渐增大。同一主族中，从上到下电子层结构相同，有效核电荷数相差不大，原子半径增加的影响占主导地位，因此元素的电负性基本上呈减小趋势。

（3）电负性差别大的元素形成的化合物主要以离子键结合，电负性相同或相近的非金属元素相互以共价键结合，电负性相等或相近的金属元素以金属键结合。离子键、共价键和金属键是三种极限键型。由于键型变异，在化合物中可出现一系列过渡性的化学键，而电负性数据是研究键型变异的重要参数。

习 题

1. 原子核外电子的运动有什么特点？概率和概率密度有什么区别？

2. 定性画出$3p_y$轨道的原子轨道角度分布图，$3d_{xy}$轨道的电子云角度分布图，3d轨道的电子云径向分布图。

3. 简单说明四个量子数的物理意义及量子化条件。

4. 下列各组量子数的组合是否合理？为什么？

（1）$n=2$，$l=1$，$m=0$

（2）$n=2$，$l=2$，$m=-1$

（3）$n=3$，$l=0$，$m=0$

（4）$n=3$，$l=1$，$m=+1$

（5）$n=2$，$l=0$，$m=-1$

（6）$n=2$，$l=3$，$m=+2$

5. 碳原子有6个电子，写出各电子的四个量子数。

6. 用原子轨道符号表示下列各组量子数。

（1）$n=2$，$l=1$，$m=-1$

（2）$n=4$，$l=0$，$m=0$

（3）$n=5$，$l=2$，$m=-2$

（4）$n=6$，$l=3$，$m=0$

7. 写出$_{17}Cl$、$_{19}K$、$_{24}Cr$、$_{29}Cu$、$_{26}Fe$、$_{30}Zn$、$_{31}Ga$、$_{35}Br$、$_{59}Pr$和$_{82}Pb$的电子结构式（电子排布）和价电子层结构。

8. 原子失去电子的顺序正好和填充电子顺序相反，这个说法是否正确？为什么？

9. 写出42号、85号元素的电子结构式，指出各元素在元素周期表哪一周期？哪一族？哪个分区和其最高正化合价是多少？

10. 根据元素在周期表中的位置，写出下表中各元素原子的价电子构型。

周期	族	价电子构型
2	ⅡA	
3	ⅠA	
4	ⅣB	
5	ⅢB	
6	ⅥA	

11. 试比较下列各对原子半径的大小（不查表）。

Sc 和 Ca　　Sr 和 Ba　　K 和 Ag

12. 将下列原子按电负性降低的次序排列（不查表）。

Ga，S，F，As，Sr，Cs。

13. 指出具有下列性质的元素（不查表，且稀有气体除外）：

（1）原子半径最大和最小。

（2）第一电离能最大和最小。

（3）电负性最大和最小。

（4）第一电子亲和能最大。

** 14. What are the values of n and l for the following sublevels?

2s，3d，4p，5s，4f.

** 15. Identify the elements and the part of the periodic table in which the elements represented by the following electron configurations are found.

(a) $1s^2 2s^2 2p^6 3s^2 3p^1$

(b) $[Ar]3d^{10} 4s^2 4p^3$

(c) $[Ar]3d^6 4s^2$

(d) $[Kr]4d^5 5s^1$

(e) $[Kr]4d^{10} 4f^{14} 5s^2 5p^6 6s^2$

第五章
分子结构
（Molecular Structure）

学习要求：

1. 掌握离子键理论的基本要点，了解决定离子化合物性质的因素及离子的性质。
2. 掌握价键理论及共价键的特征。
3. 能用轨道杂化理论来解释一般分子的构型。
4. 掌握分子轨道理论的基本要点，并能用来处理第一、第二周期同核双原子分子。
5. 了解金属键和氢键的形成和特征，了解分子极性和分子间力的概念。
6. 了解各类晶体的内部结构和特征。

物质一般都不以单个原子或离子状态存在，而是以分子或晶体等聚集态存在的。而分子或晶体等聚集态的性质除了与它们的组成有关外，还与其结构密切相关，因此了解分子和晶体等的结构非常重要。通常把分子（或晶体）内相邻原子（或离子）之间的强烈的相互作用，称为化学键。化学键一般可分为离子键、共价键和金属键。本章除介绍化学键外，也讨论分子间力和晶体结构等问题。

第一节 离子键
（Ionic Bond）

一、离子键理论（Hypothesis on the Ionic Bond）

离子键理论认为：当活泼金属原子和活泼非金属原子在一定反应条件下互相接近时，活泼金属原子可失去最外层电子，形成具有稳定电子结构的带正电的离子，而活泼非金属原子可得到电子形成具有稳定电子结构的带负电的离子。正、负离子之间由于静电引力而相互吸引，当它们充分接近时，离子的外电子层又产生排斥力，当吸引力和排斥力平衡时，体系能量最低，正、负离子间形成稳定的结合体。这种靠正、负离子的静电引力而形成的化学键叫作离子键（ionic bond）。具有离子键的化合物叫作离子化合物。

食盐的主要成分氯化钠（NaCl）是最典型的离子化合物。Na 是周期表中第一主族的元素，具有很强的金属性，易失去电子。Cl 是周期表中第七主族的元素，具有很强的非金属性，易获得电子。当 Na 原子和 Cl 原子接近时，Na 原子失去一个电子生成正一价的离子，而 Cl 原子获得一个电子成为负一价的离子：

$$Na(1s^2 2s^2 2p^6 3s^1) \xrightarrow{-e^-} Na^+(1s^2 2s^2 2p^6)$$

$$Cl(1s^2 2s^2 2p^6 3s^2 3p^5) \xrightarrow{+e^-} Cl^-(1s^2 2s^2 2p^6 3s^2 3p^6)$$

Na^+ 和 Cl^- 通过静电作用力相结合，这种强烈的静电作用力称为离子键。

正负离子间的静电作用力通常是很强的，因此室温下离子化合物通常呈固态，具有较高的熔点（NaCl 的熔点是 801℃，CaF_2 的熔点是 1360℃）。熔融状态的离子化合物可以导电。

离子键的特点是没有方向性和饱和性。这是因为，正负离子在空间的各个方向上吸引异号离子的能力相同，只要周围空间许可，正负离子总是尽可能多地吸引各个方向上的异号离子。但是，因为正负离子都有一定的大小，因此限制了异号离子的数目。与每个离子邻接的异号离子数称为该离子的配位数。Cs^+ 的半径比 Na^+ 的大，在 NaCl 晶体中 Na^+ 的配位数是 6，在 CsCl 晶体中 Cs^+ 的配位数是 8，可见配位数主要取决于正负离子的相对大小。另外，NaCl 晶体中每个 Na^+ 不仅受到靠它最近的六个 Cl^- 的吸引，而且受到稍远一些的 Na^+ 的排斥以及更远一些的 Cl^- 的吸引，这也说明离子键是没有饱和性的。

在通常条件下，由正负离子通过离子键交替连接构成离子晶体。在 NaCl 晶体中，我们无法单独划分出一个 NaCl 分子，因此只能把整个晶体看作一个巨大的分子，符号 NaCl 是氯化钠的化学式，只表示 NaCl 晶体中 Na^+ 和 Cl^- 物质的量的简单整数比。

二、离子的性质

离子化合物是由离子构成的，因此离子的性质必定在很大程度上决定离子化合物的性质。

1. 离子半径

与原子半径一样，单个离子半径也不存在明确的界面。离子半径是根据晶体中相邻正、负离子的核间距测出的，并假设 $d=r_+ + r_-$，其中 r_+ 和 r_- 分别代表正、负离子半径。推算各种离子半径是一项比较复杂的工作，必须解决如何划分为正、负两个离子半径的问题。常用鲍林离子半径数据（见附录八）。

从原子结构的观点可以得出离子半径的变化规律。

（1）同族元素离子半径从上而下递增。

（2）同一周期的正离子半径随离子电荷增加而减小，而负离子半径随电荷增加而增大。

（3）同一元素负离子半径大于原子半径，正离子半径小于原子半径，且正电荷越高，半径越小。

离子半径是决定离子化合物中正、负离子间引力的重要因素。一般来讲，离子半径越小，离子间引力越大，相应化合物的熔点也越高。

2. 离子的电荷

离子的电荷是影响离子化合物性质的重要因素。离子电荷越高，对相反电荷的离子的静电引力越强，因而化合物的熔点也越高。如 CaO 的熔点（2590℃）比 KF 的（856℃）高。

3. 离子的电子构型

简单负离子的外电子层都是稳定的稀有气体结构。通常最外层有 8 个电子，因而称为 8 电子构型。

而正离子的情况比较复杂，其电子构型有如下几种：

2 电子构型——如 Li^{+}，Be^{2+} 等；

8 电子构型——如 Na^{+}，Al^{3+} 等；

18 电子构型——如 Ag^{+}，Hg^{2+} 等；

18+2 电子构型——如 Sn^{2+}，Pb^{2+} 等（次外层为 18 个电子，最外层为 2 个电子）；

9～17 电子构型——如 Fe^{2+}，Mn^{2+} 等，又称为不饱和电子构型。

离子的电子构型对化合物性质有一定的影响。例如，Na^{+} 和 Cu^{+} 电荷相同，离子半径也几乎相等（分别为 95pm 和 96pm），但 NaCl 易溶于水，CuCl 不溶于水。显然，这是由 Na^{+} 和 Cu^{+} 具有不同的电子构型所造成的。

第二节　共价键

(Covalent Bond)

离子键理论能很好地说明离子化合物的形成和特性，但不能说明相同原子如何形成单质分子，也不能说明电负性相近的元素原子如何形成化合物分子，为了描述这类分子形成的本质特性，人们提出了另一化学键理论——共价键理论（hypothesis on the covalent bond）。目前广泛采用的共价键理论有两种：价键理论（valence bonding theory）和分子轨道理论（molecular orbital theory）。

一、价键理论

价键理论简称 VB 理论，又称电子配对法，是海特勒（W. H. Heitler）和伦敦（F. W. London）运用量子力学原理研究 H_2 分子结果的推广。

1927 年，德国化学家海特勒和伦敦近似求解 H_2 分子的薛定谔方程，成功得到了 H_2 的波函数 Ψ_S 和 Ψ_A，相应的能量 E_S 和 E_A，以及能量与核间距 R 的关系（见图 5-1）。

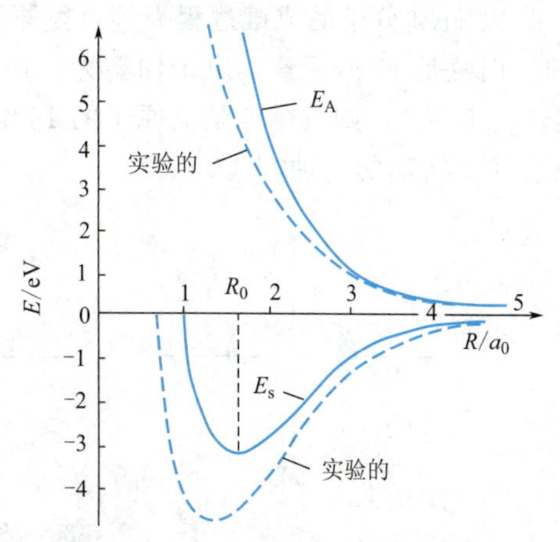

图 5-1　H_2 分子形成过程中能量随核间距 R 变化而变化的示意图

电子自旋相反的氢原子 A 和 B 相互靠近时，由于电子的波动性，两个原子轨道相互重叠，形成分子波函数 Ψ_S，处于 Ψ_S 中的电子配对。这时电子既受 A 核的吸引又受 B 核的吸引，因此形成 H_2 以后体系能量降低，在核间距为 R_0 时体系能量最低。两核继续靠近时，因核间库仑斥力增大会使体系能量上升。如将两个氢原子无穷远处的能量定为零，则 $R=R_0$ 时的能量 E_S 为一负值，说明处于 Ψ_S 状态的氢分子是稳定存在的。这种状态称为基态，也称为吸引态。

电子自旋相同的两个氢原子相互靠近形成 H_2，因能量始终高于原子状态而不稳定，会自动分解成氢原子。这种不稳定的状态 Ψ_A 称为 H_2 分子的排斥态。海特勒和伦敦运用量子力学处理 H_2 分子的结果表明，两个氢原子之所以能形成稳定的氢分子，是因为两个原子轨道互相重叠，使两核间电子的密度增大，犹如形成一个电子桥把两个氢原子核牢牢地结合在一起。量子力学阐明了共价键的本质。

在化学研究中，为了描述共价键的性质，人们引入一些称为键参数的物理量，如键能、键长和键角。在 $p^{\ominus}$ 和 298K 条件下，将 1mol 气态 AB 分子的共价键断开，生成气态 A、B 原子所需要的能量，称为键能（单位为 $kJ \cdot mol^{-1}$）。键能的数据通常由热化学方法得到，只是一种近似值（附录三）。一般来说，键能越大，键越牢固，分子也越稳定。分子内构成共价键的两原子之间的核间距称为键长（单位为 pm）。键长可以通过量子化学理论计算，也可以通过实验测定。一般来说键长越短，键越强，键越牢固。多原子分子中键与键之间的夹角称为键角（单位为°）。键长和键角是反映分子空间结构的重要参数。如果已知一个分子的所有键长和键角，其几何形状也就确定了。

1. 价键理论

把对 H_2 分子的研究结果推广到多原子分子，便形成了价键理论。其基本要点如下。

（1）含有不同自旋未成对电子的原子相互接近时，可形成稳定的化学键。例如，当两个氢原子互相接近时，它们各有一个未成对的电子，自旋方向不同时即可配对成键形成 H_2（H—H）分子。氮原子有三个未成对电子，因此可以同另一个氮原子的三个未成对电子配对形成 N_2（N≡N）分子等。

（2）在形成共价键时，一个电子和另一个电子配对后，就不再和第三个电子配对，这就是共价键的饱和性。

（3）原子在形成分子时，原子轨道重叠得越多，则形成的化学键越稳定。因此，原子轨道重叠时，在核间距一定的情况下，总是沿着重叠最多的方向进行，因此共价键有方向性。

以 HCl 分子的成键过程为例：氢原子只有一个 1s 电子，其原子轨道角度分布图是球形的。而氯是 17 号元素，电子构型为：$1s^2 2s^2 2p^6 3s^2 3p^5$，3p 轨道有一个未成对电子（假设处于 $3p_x$ 轨道），则成键应是氢原子的 1s 电子与氯原子的 $3p_x$ 电子，其原子轨道的重叠方式有如图 5-2 所示的几种方式。

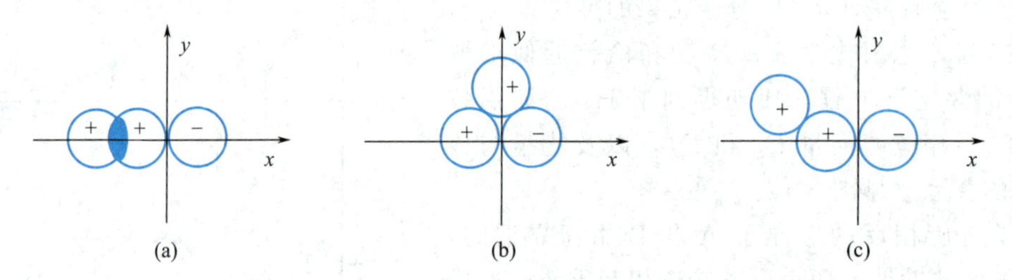

图 5-2 s 和 p 轨道的三种重叠方式

在两核距离一定的情况下，则有：①当 H 沿 x 轴向 Cl 接近时，原子轨道可达最大重叠，生成稳定的分子，见图 5-2(a)；②当 H 沿 y 轴向 Cl 接近时，原子轨道重叠最少，因此不能成键，见图 5-2(b)；③当 H 沿着其他方向向 Cl 接近时，也达不到像沿 x 方向接近重叠那么多，见图 5-2(c)，因此结合不稳定，H 将移向 x 方向。

由上述讨论可知，共价键具有饱和性和方向性。因为共价键的形成是原子轨道相互重叠的结果，所以根据轨道重叠方向、方式及重叠部分的对称性可将共价键划分为不同类型，最常见的是 σ 键和 π 键。

2. 共价键的类型

（1）σ 键　如图 5-3(a) 所示，两个原子轨道沿键轴（成键原子核连线）方向以“头碰

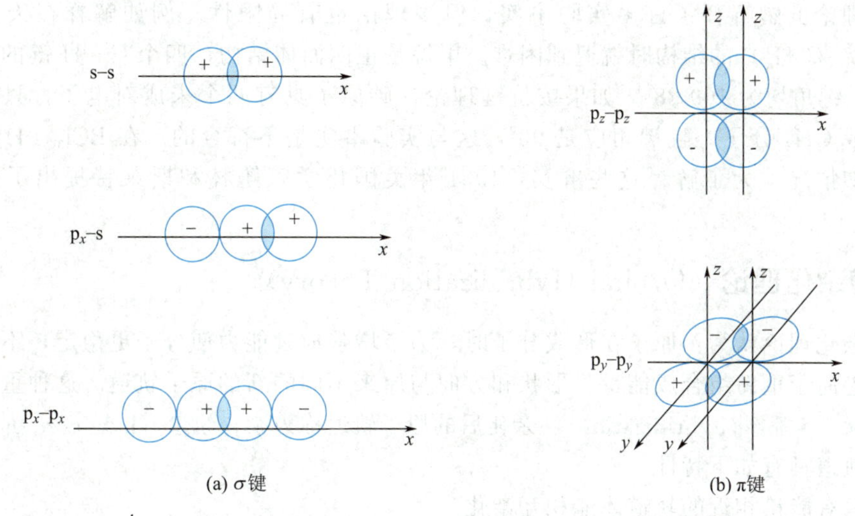

图 5-3　σ 键与 π 键（重叠方式）示意图

头”的方式进行同号重叠，所形成的键叫 σ 键。σ 键原子轨道对于键轴呈圆柱形对称（沿键轴方向旋转任何角度，轨道的形状、大小、符号都不变，这种对称叫圆柱形对称）。

(2) π 键　如图 5-3(b) 所示，两原子轨道沿键轴方向以“肩并肩”的方式在键轴两侧平行同号重叠，所形成的键叫 π 键。π 键原子轨道重叠部分对等地分布在包括键轴在内的对称平面上下两侧，呈镜面反对称（通过镜面原子轨道的形状、大小相同，符号相反，这种对称即镜面反对称）。

由两个 d 轨道重叠，还可以得到 δ 键，这里不再介绍。

共价单键一般是 σ 键。在共价双键和叁键中，除了 σ 键外，还有 π 键。一般单键是一个 σ 键；双键是一个 σ 键、一个 π 键；叁键是一个 σ 键、两个 π 键。

表 5-1 给出了 σ 键和 π 键的一些特性。从表中可以看出，与 σ 键比较，π 键化学反应性活泼。当条件合适时，可发生加成反应打开双键。打开双键实际上只是打开 π 键，保留 σ 键。

表 5-1　σ 键与 π 键的主要特征比较

键的类型	σ 键	π 键
原子轨道重叠方式	沿键轴方向相对重叠	沿键轴方向平行重叠
原子轨道重叠部位	两原子核间，在键轴处	键轴上方和下方，键轴处是零
原子轨道重叠程度	大	小
键的强度	较大	较小
化学活泼性	不活泼	活泼

(3) 配位键　配位键是由一个原子单独提供电子对为两个原子所共用而形成的共价键。因此，配位键又称配位共价键。配位键也具有共价键的特征：饱和性与方向性。配位键用箭头“→”表示，箭头方向由提供电子对的原子指向接受电子对的原子。

形成配位键需要满足的条件是：提供共用电子对的原子有孤对电子，而另一原子有空轨道。如在 CO 分子中，C 原子的两个未成对 2p 电子与 O 原子的两个未成对 2p 电子形成两个共价键，此外还有 O 原子的孤对电子与 C 原子的一个 2p 空轨道形成一个配位键。CO 可表示为 C$\overset{\leftarrow}{=}$O。

价键理论虽然解释了许多实验事实，但该理论也有局限性。例如解释在天然气中占97%的甲烷（CH_4）的结构时就遇到困难。甲烷是正四面体结构，四个C—H键的键长均为109.1pm，键角均为109°28′。如果按价键理论，碳原子具有两个未成对电子，只能与两个氢原子形成CH_2分子，且键角应是90°，这与实验事实是不符合的。在BCl_3、$HgCl_2$分子中也有类似情况。为了解释这些事实，1931年美国化学家鲍林和斯莱特提出了轨道杂化理论。

二、轨道杂化理论（Orbital Hybridization Theory）

轨道杂化理论认为：原子在形成分子时，为了增强成键能力使分子更稳定，不同类型的原子轨道趋向于重新组合成能量、形状和方向与原来不同的新的原子轨道。这种重新组合称为轨道杂化（orbital hybridization），杂化后的原子轨道称为杂化轨道（hybridization orbital）。

杂化轨道具有如下特性。

（1）只有能量相近的轨道才能相互杂化。

（2）杂化轨道成键能力大于未杂化轨道。

（3）参加杂化的原子轨道的数目与形成的杂化轨道的数目相同。

不同类型的杂化，杂化轨道取向不同。以CH_4分子为例，该分子中碳原子的四个杂化轨道的形成过程如图5-4所示。

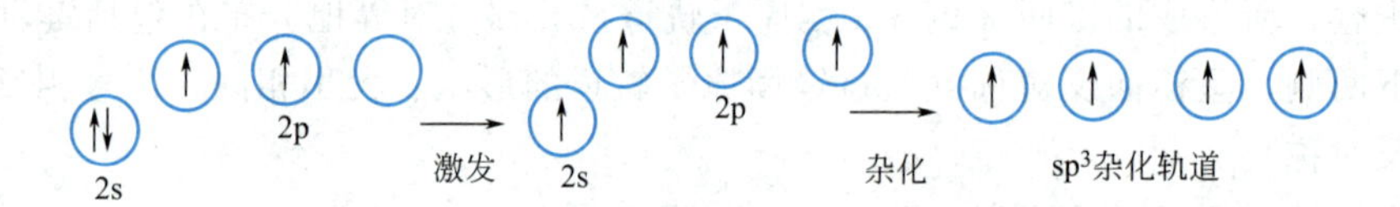

图5-4　CH_4分子中碳原子的sp^3杂化轨道形成示意图

考虑一个2s电子首先被激发到2p轨道上，然后1个s轨道与3个p轨道杂化形成4个能量相同的sp^3杂化轨道（事实上，激发和杂化在成键过程中是同时发生的）。sp^3杂化轨道的形状和4个sp^3杂化轨道的空间取向，如图5-5(a)、图5-5(b)和图5-5(c)所示。由图中可知，杂化轨道不仅形状与原来原子轨道不同，轨道的空间取向也发生了变化，因而也改变了原子成键的方向，这正是分子呈现一定几何构型的原因。不仅如此，杂化还提高了原子轨道的成键能力（成键时是用杂化轨道的“大头”部分进行重叠，重叠越多，键能越大）。可见采用杂化轨道成键时，由于体系能量下降很多，分子变得更加稳定。

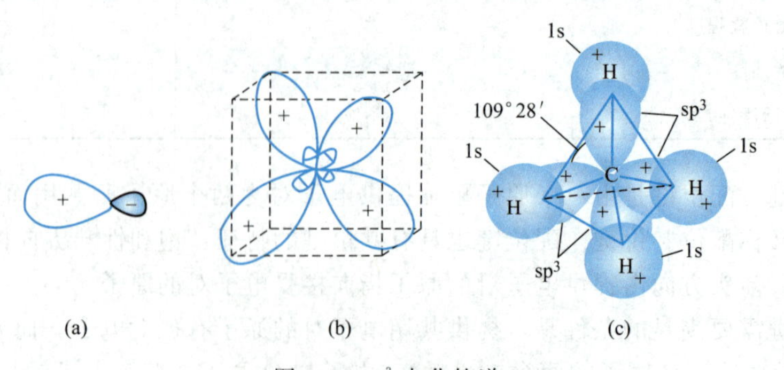

图5-5　sp^3杂化轨道

常见的杂化类型有sp型、dsp型和spd型。sp型又可分为sp、sp^2和sp^3杂化；dsp型

中有 d^2sp^3 杂化，是由（$n-1$）d、ns、np 轨道组成，副族元素常用未充满的（$n-1$）d 轨道参与这种杂化；spd 型中有 sp^3d 和 sp^3d^2 杂化，是由 ns、np 和 nd 原子轨道组成，主族元素常用其空的能量稍高的最外层 d 轨道参与这种杂化。

1. sp 杂化

以 $HgCl_2$ 为例。汞原子的外层电子构型为 $6s^2$，当受到一个微小的扰动时，6s 的一个电子便被激发到 6p 空轨道上，一个 s 轨道和一个 p 轨道进行组合，构成两个等价的互成 180°的 sp 杂化轨道，sp 杂化轨道的形状与 sp^3 杂化轨道类似，也是一头大一头小。汞原子的两个 sp 杂化轨道分别与两个氯原子的 $3p_x$ 轨道重叠（假设三个原子核连线方向是 x 方向），形成两个 σ 键。$HgCl_2$ 分子是直线形，见图 5-6。

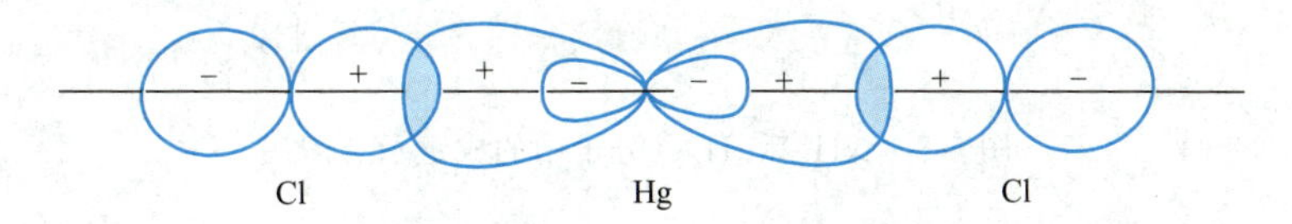

图 5-6　$HgCl_2$ 分子直线形构型示意图

2. sp^2 杂化

以 BF_3 分子为例。中心原子硼的外层电子构型为 $2s^22p^1$，在形成 BF_3 分子的过程中，B 原子的 1 个 2s 电子被激发到 1 个空的 2p 轨道上，而硼原子的 1 个 2s 轨道和 2 个 2p 轨道杂化，形成 3 个 sp^2 杂化轨道。这 3 个杂化轨道互成 120°并分别与氟原子的 2p 轨道重叠，形成 σ 键，构成平面三角形分子，见图 5-7。

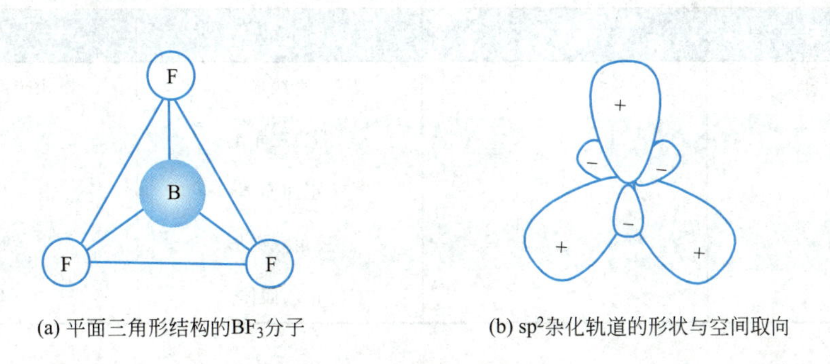

(a) 平面三角形结构的BF_3分子　　(b) sp^2杂化轨道的形状与空间取向

图 5-7　BF_3 分子结构示意图

3. sp^3 杂化

CH_4 分子中的碳原子就是以 sp^3 杂化轨道与氢原子的 1s 轨道重叠成键的。而且，4 个 sp^3 杂化轨道是完全等同的，称为 sp^3 等性杂化。

所谓等性杂化（equivalent hybridization）是指参与杂化的原子轨道在每个杂化轨道中的贡献相等，或者说每个杂化轨道中的成分相同，形状也完全一样，否则就是不等性杂化（non-equivalent hybridization）。例如，NH_3 和 H_2O 分子中的 N、O 原子采用不等性 sp^3 杂化。NH_3 分子中的 N 原子以 3 个 sp^3 杂化轨道与 3 个氢原子形成 σ 键，同时有 1 个 sp^3 杂化轨道被孤对电子所占据；H_2O 分子中的 O 原子以 2 个 sp^3 杂化轨道与 2 个氢原子形成 σ 键，同时有 2 个 sp^3 杂化轨道被孤对电子所占据。

由于孤对电子只受N或O原子核的吸引（即1个原子核的吸引），因此更靠近氮或氧原子核，对成键电子有较大的排斥作用，致使NH_3分子中的N—H键角和H_2O分子中的O—H键角受到了“压缩”，故CH_4、NH_3和H_2O分子中相应的键角∠HCH（109°28′）、∠HNH（107°18′）、∠HOH（104°30′）依次变小，见图5-8。

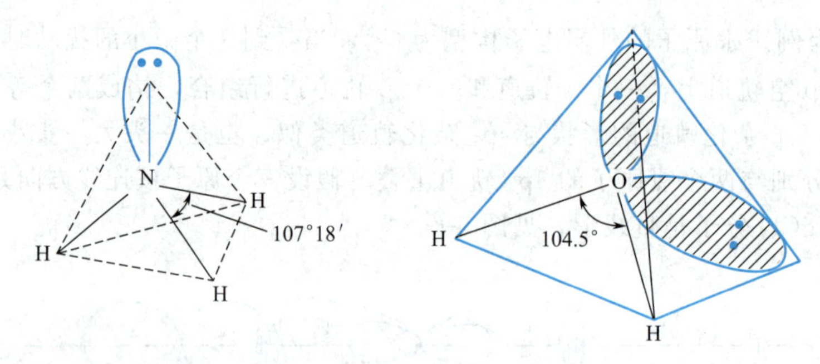

图5-8　NH_3和H_2O分子中的成键示意图

杂化，特别是不等性杂化，在多原子分子中是较为普遍的。与未杂化的情况相比，杂化会对分子的性质产生一定影响。在分子的几何构型方面，由于杂化轨道的成键通常在分子中形成σ键骨架，分子的几何构型基本上是由杂化类型决定的。此外，杂化对键长、键能、电负性以及键的极性等都有影响。

表5-2汇总了五种常见的杂化轨道。此外，过渡元素原子$(n-1)$d轨道与ns、np轨道还能形成其他类型的杂化轨道，这些将在配位化合物章节中介绍。

表5-2　杂化轨道类型和轨道形状

杂化类型	轨道数	轨道形状	实例
sp	2	直线形	$BeCl_2$，$HgCl_2$
sp^2	3	等边三角形	BF_3
sp^3	4	正四面体	CH_4
sp^3d	5	三角双锥形	PCl_5
sp^3d^2	6	正八面体	SF_6

应用轨道杂化理论可以较好地解释一些多原子分子的几何构型和某些性质，通常是在已知分子几何构型的情况下进行的。但是，用轨道杂化理论去预测分子的几何构型却比较困难。而分子的几何构型与物质的物理性质、化学性质乃至生物性质都有密切关系。

价层电子对互斥理论，不需要复杂的计算，只要知道分子中中心原子上的价层电子对数，就可以推测一些分子的空间构型。对于简单的多原子分子或离子来说，用这种理论推测所得的分子空间构型与实验事实相符。

价层电子对互斥理论（valence shell electron pair repulsion，VSEPR）是在1940年由西奇威克（N. V. Sidgwick）和鲍威尔（H. M. Powell）提出来的，主要用于分析主族元素化合物，如I_3^-、BF_3、CH_4、IF_5、SF_6等。其基本要点如下。

(1) 中心原子 A 与 m 个配位原子 X 组成 AX_m 构型单中心共价分子（或离子）时，分子的空间构型取决于中心原子 A 的价层电子对数（valence pair number，VPN）。VPN 包含成键电子对和未成键孤电子对。

(2) 价层电子对相互排斥作用最小的构型为分子（或离子）所采取的几何构型。

VPN=（A 的价电子数+X 提供的价电子数±离子电荷）/2，其中 A 的价电子数等于中心原子 A 所在的族数；整体若为负离子，离子电荷前取+号，若为正离子，离子电荷前取－号。VPN 数与空间几何构型对应关系为：

价层电子对数 VPN=2、3、4、5、6。

价层电子对空间排布方式为：直线形、平面三角形、正四面体、三角双锥、正八面体。一些实例如表 5-3 所示。

(3) 价层电子对间斥力大小由电子对间夹角和价层电子对间斥力类型决定。电子对间夹角越小，斥力越大。电子对间斥力大小顺序为：孤电子对-孤电子对>孤电子对-成键电子对>成键电子对-成键电子对。

表 5-3　利用 VSEPR 理论分析分子几何构型示例

	$BeCl_2$	$AlCl_3$	H_2S	NH_4^+	IF_3	I_3^-
价层电子总数	4	6	8	8	10	10
VPN	2	3	4	4	5	5
电子对构型	直线形	三角形	正四面体	正四面体	三角双锥	三角双锥
分子构型	直线形	三角形	V 字形	正四面体	T 字形	直线形

通常在讨论分子结构时，可以先用 VSEPR 理论判断分子的几何构型，再用杂化轨道理论分析成键情况。

目前，测定分子几何构型的实验技术已有很大发展，同时在理论上通过量子化学计算，也可以得出有关分子构型的一些数据。

三、分子轨道理论（Molecular Orbital Theory）

现代价键理论强调了分子中相邻原子间因共享配对电子而成键。但由于过于强调两原子间的电子配对，而表现出了局限性。分子轨道理论是由美国化学家慕利肯（R. S. Mulliken）等人在 1932 年创立的（荣获 1996 年度诺贝尔化学奖）。分子轨道理论强调分子的整体性，认为分子中的电子是在整个分子空间范围内运动（或者说是属于整个分子所共有）。分子的状态可用分子波函数来描述，分子的单电子波函数又称分子轨道（molecular orbital，MO）。

1. 分子轨道理论的基本要点

(1) 分子中电子的运动状态可用分子波函数（也叫分子轨道）来描述。

(2) 分子轨道可由原子轨道线性组合（the linear combination of atomic orbitals）得到，分子轨道的总数等于组成分子轨道的原子轨道数的总和。

(3) 不同的原子轨道要有效地组成分子轨道，必须满足能量相近（principle of comparable energy）、轨道最大重叠（principle of maximum overlap）和对称性匹配（principle of equivalent symmetry）等条件。

能量相近：只有能量相近的原子轨道才能有效地组成分子轨道。如由两个氧原子组成一个氧分子时，两个1s原子轨道能量相同，可以组成两个分子轨道，两个2s原子轨道（能量相同）可以组成两个分子轨道，而1s和2s原子轨道就不能有效组成分子轨道，因为它们的能量相差较大［见图5-9(a)］。

轨道最大重叠：与价键理论类似，轨道重叠越多越稳定。因此要有效成键，轨道必须最大重叠。如氧原子有3个2p轨道，假设键轴方向为x方向，当两个氧原子组成分子时，两个$2p_x$轨道应是沿键轴方向进行重叠（可达最大重叠），形成一个σ分子轨道［见图5-9(b)］；而另两个2p轨道只能垂直键轴方向平行重叠，形成两个π分子轨道［见图5-9(c)］。

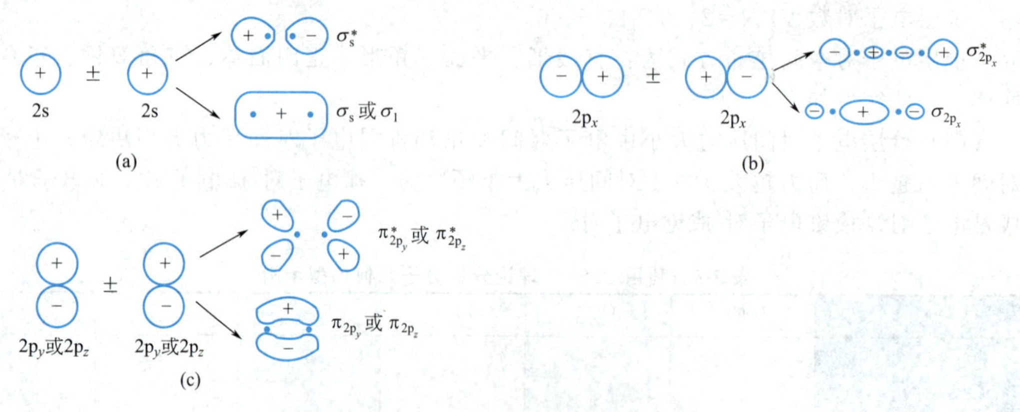

图5-9　原子轨道组成分子轨道示意图

对称性匹配：由图5-10看出。其中，(b)、(d)、(e)都是同号重叠，我们称它们是对称性匹配，可以有效成键；而(a)、(c)有一部分是同号重叠，（使体系能量降低），另一部分是异号重叠（使体系能量升高），因此总体说来，这种重叠并没有带来能量的变化，因而不能有效成键。可从原子轨道的对称性考虑理解对称性匹配条件。

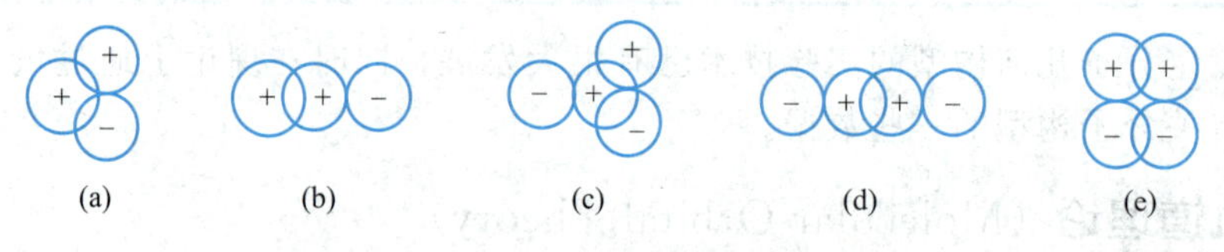

图5-10　轨道对称性匹配条件示例

分子中电子所处的状态（电子分布）也遵循能量最低原理、泡利不相容原理和洪特规则。这样一来，根据上述要点，就可以知道某一分子可能具有的分子轨道以及它们的能级分布情况。将分子中各分子轨道按能级高低顺序用轨道图表示，就得到了分子轨道能级图(molecular orbital energy diagrams)。

图5-11(a)适用于B_2、C_2、N_2等分子，原子中的2s、2p轨道能量相差较小，分子电子的填充顺序为：(σ_{1s})(σ_{1s}^*)(σ_{2s})(σ_{2s}^*)(π_{2p_y})(π_{2p_z})(σ_{2p_x})($\pi_{2p_y}^*$)($\pi_{2p_z}^*$)($\sigma_{2p_x}^*$)；

图5-11(b)适用于O_2，F_2等分子，原子中的2s、2p轨道能量相差较大，分子电子的填充顺序为：(σ_{1s})(σ_{1s}^*)(σ_{2s})(σ_{2s}^*)(σ_{2p_x})(π_{2p_y})(π_{2p_z})($\pi_{2p_y}^*$)($\pi_{2p_z}^*$)($\sigma_{2p_x}^*$)。

2. 同核双原子分子的结构

(1) 氢分子　两个氢原子在形成氢分子过程中，两个氢原子的自旋相反的两个1s电子进入能量最低的分子轨道σ_{1s}，组成分子后系统的能量比组成分子前系统的能量要低，因此

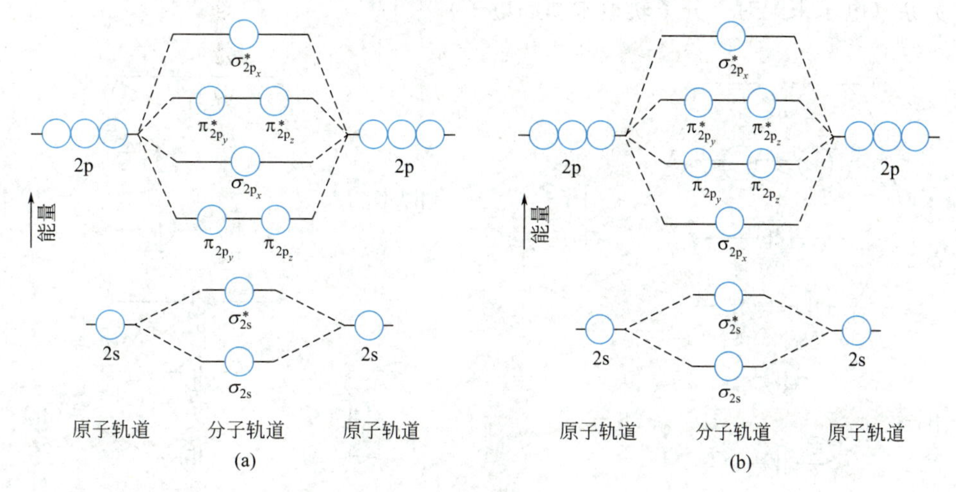

图 5-11　同核双原子分子的原子轨道与分子轨道的能量关系

氢分子能稳定存在（这是氢分子的基态），见图 5-12。

（2）氦分子　假如氦能形成双原子分子，则应有如图 5-13 所示的电子分布，即 σ_{1s} 与 σ^*_{1s} 皆填满电子，则能量净增加为零。所以氦原子没有结合成双原子分子的倾向，事实也是如此，单质的氦是以单原子分子的形式存在的，而不存在双原子分子 He_2。

（3）锂分子　锂分子中共有 6 个电子，它们分别进入 σ_{1s}、σ^*_{1s} 和 σ_{2s} 轨道，见图 5-14。进入 σ_{1s} 和 σ^*_{1s} 中的电子能量互相“抵消”，在成键过程中不起作用；只有进入 σ_{2s} 的两个电子对成键有贡献，因此图 5-14 只画出外层两个 2s 原子轨道组成分子轨道以及其中电子分布的情况（对其他分子也做类似处理）。总的结果相当于两个电子进入成键轨道，体系能量降低，因此 Li_2 分子可以存在，事实上在锂蒸气中确实存在 Li_2 分子。

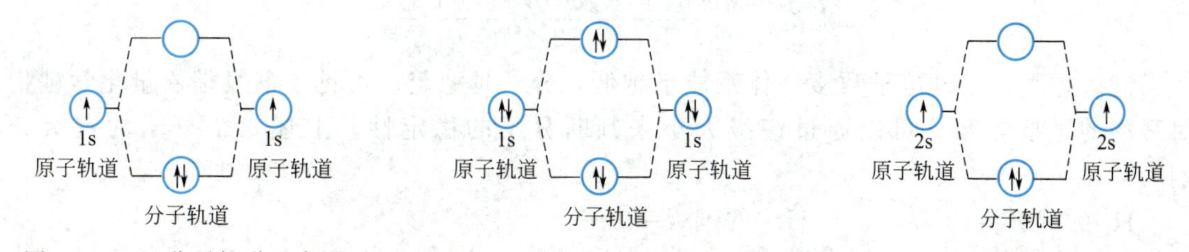

图 5-12　H_2 分子轨道示意图　　图 5-13　He_2 分子轨道（不稳定）示意图　　图 5-14　Li_2 分子轨道示意图

（4）氮分子　氮分子的电子分布情况见图 5-15，其分子轨道表示式为

$$N_2:[KK(\sigma_{2s})^2(\sigma^*_{2s})^2(\pi_{2p_y})^2(\pi_{2p_z})^2(\sigma_{2p_x})^2]$$

其中 KK 代表两个原子的内层 1s 电子基本上维持原子轨道的状态（两个分子轨道能级相差很小），后面圆括号右上角的数值表示各分子轨道中占有的电子数。总的结果相当于形成一个 σ 键，两个 π 键。

（5）氧分子　氧分子中电子分布情况见图 5-16，也可写成如下形式：

$$O_2:[KK\ (\sigma_{2s})^2\ (\sigma^*_{2s})^2\ (\sigma_{2p_x})^2\ (\pi_{2p_y})^2\ (\pi_{2p_z})^2\ (\pi^*_{2p_y})^1\ (\pi^*_{2p_z})^1]$$

在氧分子中，σ_{2p_x} 的两个电子对于成键有贡献，形成一个 σ 键；$(\pi_{2p_y})^2\ (\pi^*_{2p_y})^1$ 和 $(\pi_{2p_z})^2\ (\pi^*_{2p_z})^1$ 各有三个电子，可看成是形成两个三电子 π 键，每个三电子 π 键有两个电子在成键轨道，有一个电子在反键轨道，相当于半个键。氧分子的活泼性和三电子 π 键的存在有一定关系（电子未配对，分子轨道未填满电子）。

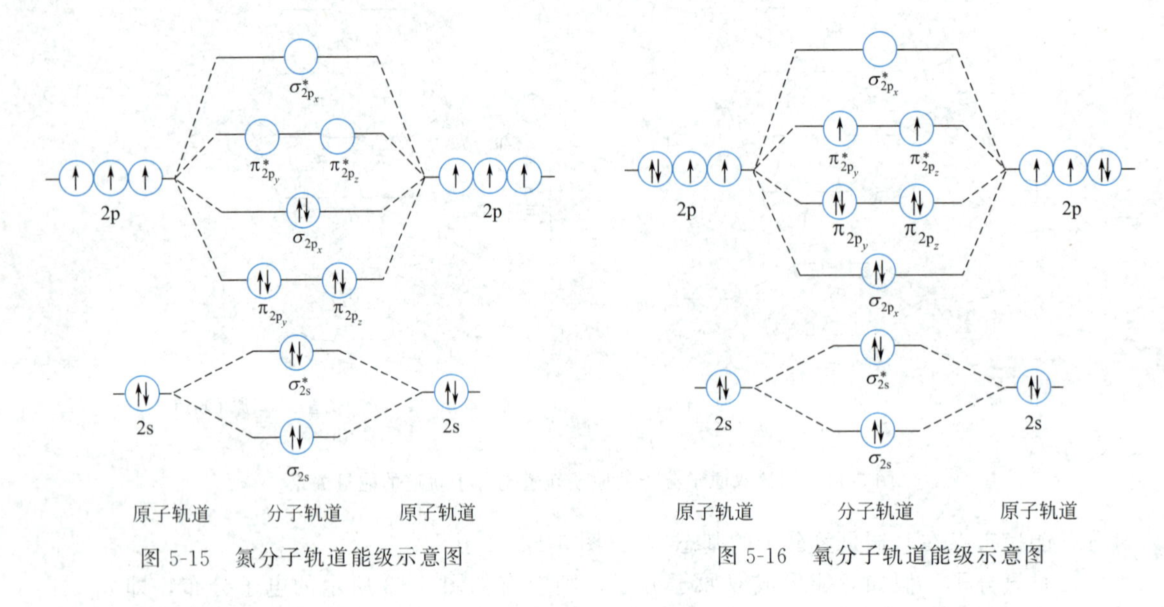

图 5-15　氮分子轨道能级示意图

图 5-16　氧分子轨道能级示意图

（6）氟分子　氟分子中电子的分布情况为

$$F_2:[KK(\sigma_{2s})^2(\sigma^*_{2s})^2(\sigma_{2p_x})^2(\pi_{2p_y})^2(\pi_{2p_z})^2(\pi^*_{2p_y})^2(\pi^*_{2p_z})^2]$$

3. 分子轨道理论应用

（1）分子稳定性判断　把占据在成键轨道上的电子称为成键电子，它使体系能量降低，起着成键作用；占据在反键轨道上的电子称为反键电子，它使体系能量升高。定义双原子分子的键级（bond order）为：

$$键级=\frac{成键电子总数-反键电子总数}{2}$$

键级越大，成键电子数多，体系能量越低，分子越稳定。可见，键级是衡量化学键相对强弱的重要参数，可以通过键级大小来判断分子的稳定性。上述六个分子的键级分别为：

H_2 的键级＝1　　　　He_2 的键级＝0

Li_2 的键级＝1　　　　N_2 的键级＝3

O_2 的键级＝2　　　　F_2 的键级＝1

He_2 的键级为零意味着不存在化学键。N_2 的键级为 3，而且无孤对电子，最外层还是 σ 键，形成的键很稳定，从而造成合成氨的困难。F_2 分子具有净余单键（因反键轨道的能量略高于成键轨道的能量，故 F_2 分子的键级不到 1，所以称净余单键），因此非常活泼。在一般情况下，几乎能和所有元素化合。所以它的发现经历了长期的困难。

（2）磁性判断　物质的磁性是其在外加磁场中表现出来的性质。其中有顺磁性的物质在外加磁场作用下会被外加磁场吸引，并向磁场方向移动。研究表明分子的顺磁性是由未成对电子的存在引起的。

例如，将少量液氧倒在水面上，液氧在水面上剧烈汽化。此时在液氧上方放一块磁铁，原本在水面上游荡的液氧液珠可以被磁铁吸引着运动，还可以被吸起来。这个实验现象说明 O_2 分子具有顺磁性。通过分子轨道理论分析发现 O_2 分子中存在两个未成对电子，在磁场中电子自旋产生的磁效应不能抵消，所以 O_2 是顺磁性的。而 H_2 和 N_2 分子中所有电子都已成对，电子自旋产生的磁效应彼此抵消，在外加磁场下呈现反磁性。

第三节 金属键
（Metal-metal Bond）

在 100 多种化学元素中，金属约占 80%。它们有很多共同的性质，如有金属光泽，不透明，良好的导电、导热性和延展性等。金属的性质是由其内部结构所决定的。

在金属晶格中，每个原子被 8 个或 12 个相邻原子所包围，而金属原子只有少数价电子（一般只有 1 个或 2 个价电子）能用于成键，这样少的价电子不足以使金属原子之间形成常规的共价键或离子键。为了说明金属原子之间的联结方式，下面简单介绍金属键的改性共价键理论和能带理论。

一、改性共价键理论

金属键的改性共价键理论认为：金属原子容易失去价电子，所以在金属晶格中既有金属原子又有金属离子；在这些原子和离子之间，存在着从原子上脱落下来的电子。电子可以自由地在整个金属晶格内运动，可称之为“自由电子”。由于自由电子不停地运动，把金属的原子和离子“黏合”在一起形成了金属键。金属键可看作少电子多中心键——改性共价键。但是金属键不具有方向性和饱和性。

改性共价键理论可较好地定性解释金属的共性：金属中自由电子可以吸收可见光，然后又把各种波长的光大部分发射出去，因而金属一般不透明且呈银白色；金属有良好的导电和导热性也与自由电子的运动有关；金属键不固定于两个质点之间，质点作相对滑动时不破坏金属的密堆积结构，这就是金属有延展性和良好的机械加工性能的原因。

二、能带理论

由于改性共价键理论难以定量，随着量子力学的应用，又发展出金属键的能带理论。

根据分子轨道理论，整个分子晶体可视为一个整体，晶体中的电子是在整个晶体内运动，或者说为整个金属大分子所共有（电子是离域的）。量子力学计算表明，晶体中若有 N 个原子轨道，由于原子间的相互作用，对应组成 N 条能量十分接近的分子轨道，这 N 条分子轨道就称为一个能带。如图 5-17 所示，在金属锂晶体中，n 个锂原子的 n 个 2s 原子轨道建立的 n 个分子轨道之间能量差别很小，可认为在能量上是连续的，就构成了 2s 能带。

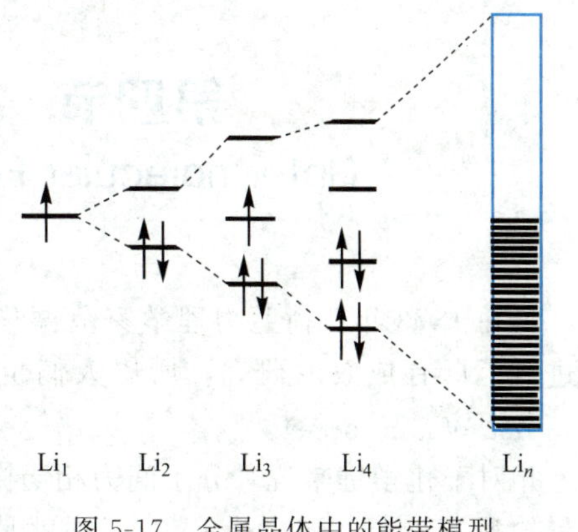

图 5-17 金属晶体中的能带模型

电子按照分子轨道理论中电子排布规则填充在这些能带中。分子轨道中全部充满电子的能带称为满带，分子轨道中全都没有电子的能带称为空带；分子轨道中部分地充满电子的能带称为导带；价电子占据的能带称为价带。价带可以是满带，也可以是导带。两条不同的能带之间的能量间隙称为禁带或能隙。

通过能带理论可以说明金属的导电性。例如，在金属 Na 晶体中，1s、2s 和 2p 能带为满带，3s 能带是导带，而 3p 能带是空带。在外电场作用下，电子会获得能量朝着与电场相反的方向流动。满带中的电子无法跃迁，不能导电；空带中没有电子，也不能导电。导带没有被电子占满，其中的电子获得能量后跃迁到同一能带的空轨道，向正极移动；而导带中失去电子的空轨道形成带正电的空穴，向负极移动，电子和空穴移动的都可引起导电。再如，在金属 Mg 晶体中，1s、2s、2p 和 3s 是满带，3p 能带是空带，由于 3s 和 3p 轨道的能带重叠，从 3s 和 3p 总体来看，也属于导带，因此也可以导电。

根据能带中电子填充情况和禁带宽度，物质可分为导体、绝缘体和半导体（图 5-18)。导体的能带结构特征是具有导带。绝缘体（如金刚石）只有满带和空带，且满带和空带之间的禁带较宽（一般 $\Delta E \geqslant 5\text{eV}$)，因此不能导电。半导体（如硅和锗）虽然也只有满带和空带，但是禁带宽度较窄（一般 $\Delta E \leqslant 3\text{eV}$)，在外电场作用下，满带电子激发到空带，形成导带，向正极移动；而原来的满带失去电子产生空穴，向负极移动，即可导电。

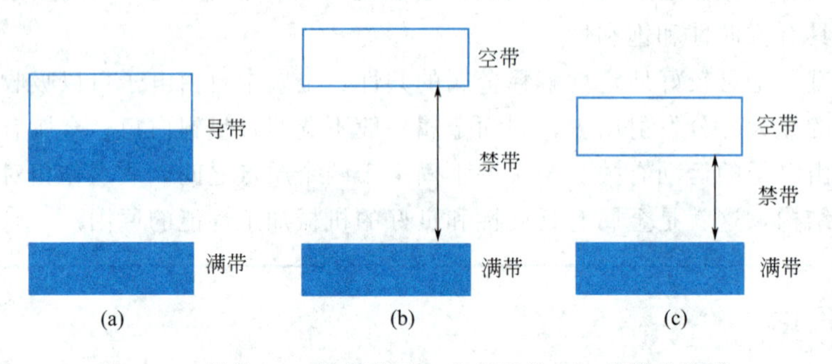

图 5-18 导体(a)、绝缘体(b) 和半导体(c) 的能带模型

第四节 分子间力和氢键
(Intermolecular Force and Hydrogen Bond)

早在 1873 年，荷兰物理学家范德华（J. D. van der Waals）就注意到分子间力的存在，并进行了卓有成效的研究，所以人们也将分子间力（intermolecular force）称为范德华力（van der Waals force)。

相对于化学键来说，分子间力相当微弱，一般在几到几十 $\text{kJ} \cdot \text{mol}^{-1}$，而通常的共价键能量约为 $150 \sim 500\text{kJ} \cdot \text{mol}^{-1}$。然而就是分子间这种微弱的作用力对物质的熔点、沸点、表面张力和稳定性等都有相当大的影响。1930 年，伦敦（London）应用量子力学原理阐明了分子间力的本质是一种电性引力。为了说明这种引力的由来，我们先介绍极性分子和非极性分子的相关概念。

一、分子的极性

任何分子都有带正电荷的原子核和带负电荷的电子，对于每一种电荷都可以设想其集中于一点，这点叫电荷重心。

正、负电荷重心不重合的分子叫极性分子（polar molecule）。如 HF 分子，由于氟的电负性（4.0）大于氢的电负性（2.1），故在分子中电子偏向 F，F 端带负电，分子的正负电荷重心不重合。离子型分子可以看成它的极端情况。正、负电荷重心重合的分子叫非极性分子（nonpolar molecule），如 H_2、F_2 等。

分子极性的大小常用偶极矩来衡量。偶极矩的概念是由德拜（P. J. W. Debye）在 1912 年提出来的。他将偶极矩 μ 定义为分子中电荷重心（正电荷重心 δ^+ 或负电荷重心 δ^-）上的电荷量 q 与正负电荷重心距离 d 的乘积：

$$\mu = qd$$

式中，q 是偶极上的电荷，C（库仑）；d 又称偶极长度，m（米），则偶极矩的单位就是 C·m（库仑·米）。偶极矩是矢量，其方向规定为从正到负。μ 的数值一般在 10^{-30} C·m 数量级。$\mu=0$ 的分子是非极性分子。μ 越大，分子极性越大。测定分子偶极矩是确定分子结构的一种实验方法，德拜因创立此方法而荣获 1936 年诺贝尔化学奖。表 5-4 给出了一些分子的偶极矩和几何构型。

表 5-4　某些分子的偶极矩和分子的几何构型

分子	$\mu/(10^{-30}$ C·m)	几何构型	分子	$\mu/(10^{-30}$ C·m)	几何构型
H_2	0.0	直线形	HF	6.4	直线形
N_2	0.0	直线形	HCl	3.61	直线形
CO_2	0.0	直线形	HBr	2.63	直线形
CS_2	0.0	直线形	HI	1.27	直线形
BF_3	0.0	平面三角形	H_2O	6.23	V 形
CH_4	0.0	正四面体	H_2S	3.67	V 形
CCl_4	0.0	正四面体	SO_2	5.33	V 形
CO	0.33	直线形	NH_3	5.00	三角锥形
NO	0.54	直线形	PH_3	1.83	三角锥形

要注意的是，分子的极性和键的极性并不一定相同。键的极性取决于成键原子的电负性，电负性不同的原子成键，键有极性。而分子的极性除了与键的极性有关外，还取决于分子的空间结构。如果分子具有某些对称性时，由于各键的极性互相抵消，则分子无极性，如 CO_2、CH_4 等。而属于另一些对称性的分子，由于键的极性不能互相抵消，因此分子有极性，如 H_2O、NH_3 等。分子是否有极性，对物质的一些性质有影响。这是因为分子的极性不同，分子间的作用力也不同。

二、分子间力

分子的极性不同，分子间的作用力也就不同，下面分三种情况进行讨论。

1. 非极性分子间的作用力

如图 5-19 所示，当两个非极性分子靠近时［见图 5-19(a)］，由于分子中的电子在不停地运动，原子核也在不断地振动，因此虽然是非极性分子，但也经常发生正、负电荷重心不重合的现象，从而产生偶极矩（瞬时偶极矩）。两个瞬时偶极经常是采取异极相邻的状态［见图 5-19(b)］，它们之间存在的作用力称为色散力。虽然瞬时偶极存在时间很短，但异极相邻的状态不断地重复着［见图 5-19(c)］，因此分子间始终存在着色散力。

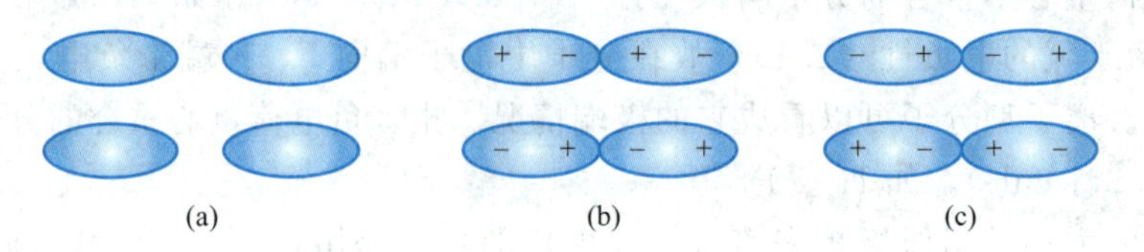

图 5-19　非极性分子的相互作用

2. 极性分子和非极性分子间的作用力

当极性分子和非极性分子靠近时［见图 5-20(a)］，除了色散力的作用外，还存在诱导力。这是由于非极性分子受极性分子的影响，产生诱导偶极［见图 5-20(b)］。非极性分子的诱导偶极与极性分子的固有偶极间存在的作用力叫诱导力。同时诱导偶极又可以作用于极性分子，使其偶极的长度增加，从而进一步加强了它们间的吸引力。因此，极性分子与非极性分子之间同时存在着色散力与诱导力。

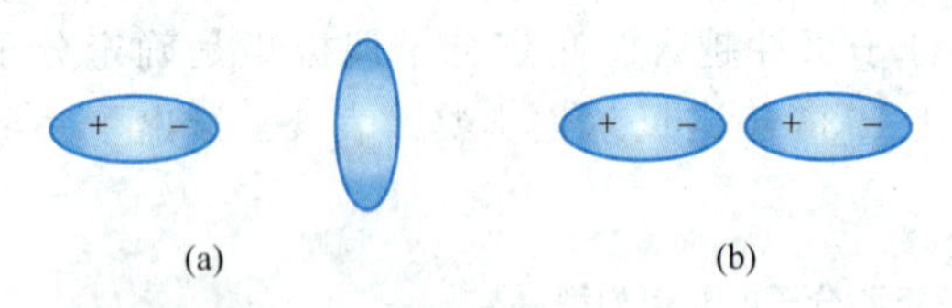

图 5-20　极性分子与非极性分子相互作用

3. 极性分子间的作用力

当两个极性分子靠近时，除了色散力外，由于它们固有偶极间同极相斥，异极相吸，两个分子在空间就按异极相邻的状态取向［见图 5-21(a)、图 5-21(b)］。由于固有偶极取向而引起的分子间力叫取向力。由于取向力的存在，极性分子更加靠近［见图 5-21(c)］，在相邻分子固有偶极的作用下，每个分子的正、负电荷重心进一步分开，产生诱导偶极［见图 5-21(d)］。因此，极性分子间也存在诱导力。

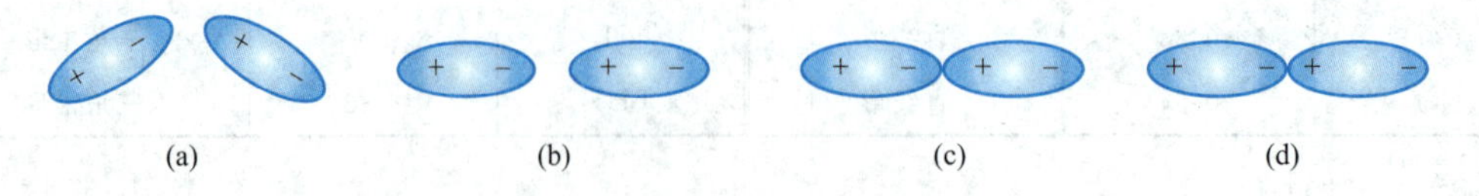

图 5-21　极性分子间相互作用情况

色散力、诱导力和取向力统称分子间力。其中诱导力和取向力只有当有极性分子参与作用时才存在，而色散力则普遍存在于任何相互作用的分子间。实验证明，对于大多数分子来说，色散力是主要的，只有偶极矩很大的分子取向力才显得较为重要，诱导力通常都是很小的。

一般分子间作用能大都在几十 $kJ \cdot mol^{-1}$ 范围内，比化学键能（约为一百到几百 $kJ \cdot mol^{-1}$）小得多。这种分子间作用力的范围约为 0.3～0.5nm，而且一般不具有方向性和饱和性。

4. 分子间力对物质性质的影响

分子间力对物质的物理性质有多方面的影响。液态物质分子间力越大，汽化热就越大，沸点也就越高；固态物质分子间力越大，熔化热就越大，熔点也就越高。除了个别极性很强的分子（如 H_2O）以取向力为主外，一般都是以色散力为主。而色散力又与分子的分子量有关，分子量越大，色散力也就越大（分子量越大，分子的变形性也就越大），所以稀有气体、卤素等的沸点和熔点都随分子量的增大而升高。

三、氢键（Hydrogen Bond）

1. 氢键的形成

氢原子与电负性很大而半径很小的原子（如 F、O、N）形成共价型氢化物时，由于原子间共有电子对的强烈偏移，氢原子几乎呈质子状态。这个氢原子还可以和另一个电负性大且含有孤对电子的原子产生静电吸引作用，这种引力称为氢键（hydrogen bond）。

氢键的组成可用 X—H…Y 通式表示，式中，X、Y 代表 F、O、N 等电负性大而半径小的原子，X 和 Y 可以是同种元素，也可以是不同种元素。H…Y 间的相互作用为氢键，H…Y 间的长度为氢键的键长，拆开 1mol H…Y 键所需的最低能量为氢键的键能。图 5-22 分别表示 HF 分子之间和邻硝基苯酚分子内形成的氢键。前者为分子间氢键，后者为分子内氢键。

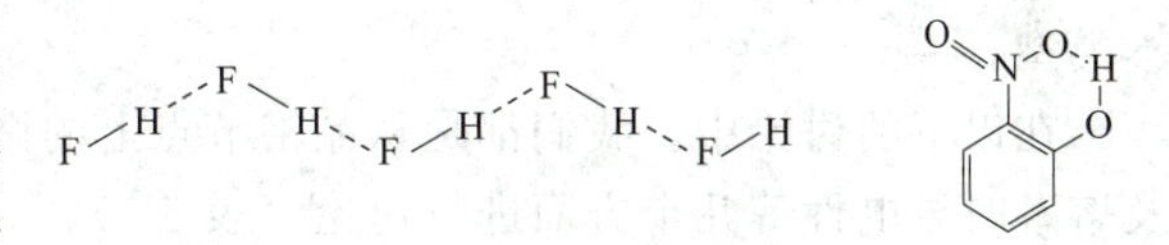

图 5-22　分子间氢键与分子内氢键

氢键不同于分子间力，它有饱和性和方向性。氢键具有饱和性是由于氢原子半径比 X 或 Y 的原子半径小得多，当 X—H 分子中的 H 与 Y 形成氢键后，已被电子云所包围，这时若有另一个 Y 靠近时必被排斥，所以每一个 X—H 只能和一个 Y 相吸引而形成氢键。氢键具有方向性是由于 Y 吸引 X—H 形成氢键时，将沿 X—H 键轴的方向，即 X—H…Y 在一直线上。这样的方位使 X 和 Y 电子云之间的斥力最小，形成较稳定的氢键。

2. 氢键对物质性质的影响

（1）对熔点、沸点的影响　HF 在卤化氢中，分子量最小，因此其熔沸点应该最低，但事实上却最高，这是由于 HF 能形成氢键，而 HCl、HBr、HI 却不能。当液态 HF 汽化时，必须破坏氢键，需要消耗较多能量，所以沸点较高。H_2O 的沸点高也是这一原因。

分子间氢键和分子内氢键对化合物性质影响往往不同。例如，对位和邻位硝基苯酚的沸点分别为 110℃和 45℃，这是由于前者只能生成分子间氢键，而后者可生成分子内氢键，汽化时不需破坏分子内氢键，因而邻硝基苯酚沸点较低。又比如，对硝基苯酚在水中的溶解度大于邻硝基苯酚，而在苯中的溶解度却相反，这是由于分子内氢键形成使分子内电性“中和”，根据相似相溶原理，邻硝基苯酚易溶于非极性的苯中。

（2）对溶解度的影响　如果溶质分子和溶剂分子间能形成氢键，将有利于溶质分子的溶解。例如乙醇和乙醚都是有机化合物，前者能溶于水，而后者则不溶，主要是因为乙醇分子中羟基（—OH）和水分子形成氢键，如 $CH_3—CH_2—OH\cdots\cdots OH_2$；而在乙醚分子中不具有形成分子间氢键的条件。同样，NH_3 分子易溶于 H_2O 也是形成氢键的结果。

（3）对黏度的影响　分子间形成氢键会使黏度增加。如甘油能和其他分子形成多个氢键，所以黏度较大。

（4）对生物体的影响　氢键对生物体的影响极为重要，最典型的是生物体内的 DNA 和蛋白质。氢键对 DNA 和蛋白质维持一定空间构型起到了重要作用。

人们日常所接触的物质，不是单个原子或分子，而是由大量原子、分子组成的聚集态，即通常所熟知的气、液、固等状态。下面着重讨论在固体中占重要地位的晶体结构。

第五节　晶体结构
（Crystal Structure）

晶体是由在空间排列得很有规律的微粒（原子、离子、分子等）所组成。晶体中微粒的排列按一定方式重复出现，这种性质称为晶体结构的周期性。晶体的一些特性与其微粒排列的规律性密切相关。若把晶体内部的微粒看成几何学上的点，这些点按一定规则组成的几何图形叫晶格或点阵。晶体的种类繁多，各种晶体都有它自己的晶格。但如果按晶格中的结构粒子种类和键的性质来划分，晶体可分为离子晶体、分子晶体、原子晶体和金属晶体四种基本类型。

在以下的讨论中，我们都是从晶格节点上的微粒、微粒间的作用力、晶体类型、熔点以及熔融时导电性等几个方面进行讨论（表 5-5）。

表 5-5　离子晶体、原子晶体和分子晶体某些性质比较表

晶体类型	晶格结点上的微粒	微粒间的作用力	熔点	硬度	熔融时导电性	例
离子晶体	正、负离子	离子键	较高	较大	导电	NaCl
原子晶体	原子	共价键	高	大	不导电	金刚石
分子晶体	分子	分子间力、氢键	低	小	不导电	CO_2
金属晶体	原子、离子	金属键	不一定	不一定	导电	Na，Au，W

一、离子晶体（Ionic Crystal）

典型的离子晶体是指由带电的正离子和负离子通过离子键相互作用形成的晶体。晶格结点上的粒子间的作用力为离子键。表征共价键的强度用键能，而表征离子键的强度可用晶格能。晶格能 U 是气态正离子和气态负离子结合成 1mol 离子晶体时所释放的能量。晶格能的大小常用来比较离子键的强度和晶体的牢固程度，离子化合物的晶格能越大，表示正、负离子间结合力越强，晶体越牢固，因此晶体的熔点越高，硬度越大。

在此，主要讨论三种典型的结构类型：NaCl 型、CsCl 型和 ZnS 型。这三种都是只含有一种正离子和一种负离子，且电荷数相同的 AB 型离子晶体，但它们具有不同的结构特征。

如图 5-23 所示，NaCl 晶体中的 Cl^- 位于立方体的八个顶点和面心，形成面心立方晶格，而 Na^+ 填充在晶格中八面体空隙中。每个 Cl^- 周围有 6 个 Na^+ 离子，每个 Na^+ 周围有 6 个 Cl^-，配位数都是 6，配位比为 6∶6。一个晶胞中含有 4 个 Na^+ 和 4 个 Cl^-。

在 CsCl 晶体中，Cl^- 处于简单立方晶格的八个顶点，Cs^+ 占据立方体的空隙（图 5-24）。正、负离子的配位数都是 8，配位比为 8∶8。一个晶胞中含有 1 个 Cs^+ 和 1 个 Cl^-。

闪锌矿 ZnS 晶体与 NaCl 晶体类似，S^{2-} 也形成面心立方晶格，Zn^{2+} 填充在四面体空隙中（图 5-25）。正、负离子的配位数都是 4，配位比为 4∶4。一个晶胞中含有 4 个 Zn^{2+} 和 4

个 S^{2-}。

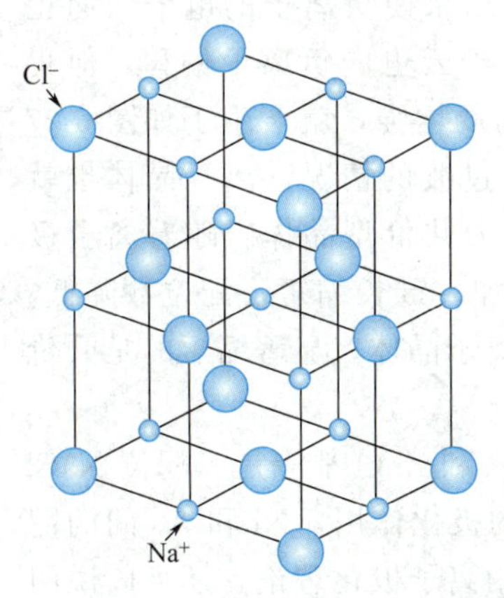

图 5-23　NaCl 的晶体结构

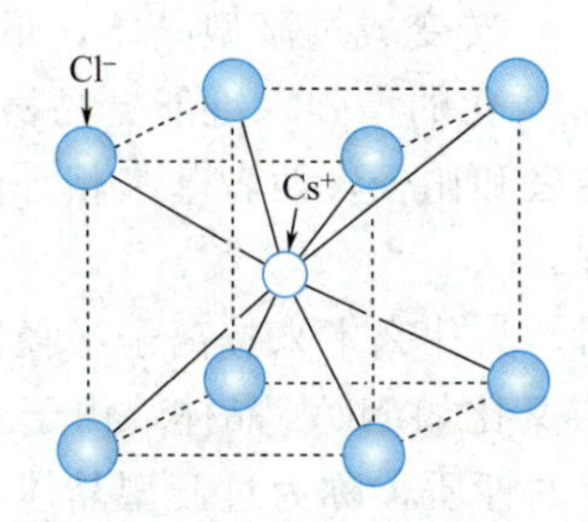

图 5-24　CsCl 的晶体结构

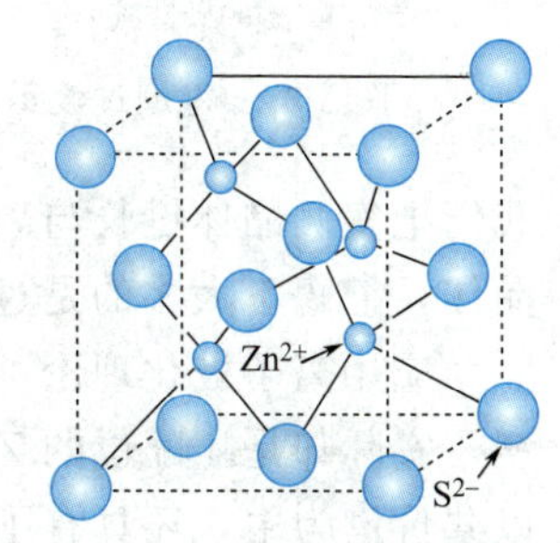

图 5-25　ZnS 的晶体结构

除了上述 AB 型离子晶体外，其他离子晶体的类型还很多，还有 AB_2 型（如萤石 CaF_2）、ABX_3 型（如钙钛矿 $CaTiO_3$）等。

离子晶体性能受以下因素影响。

1. 离子所带电荷与离子半径

在典型的离子晶体中，离子所带电荷越多、离子半径越小，产生的静电场强度越大，与异号电荷离子的静电作用能也越大，离子晶体的熔点也越高，硬度也越大。例如，NaF 和 CaO 这两种典型离子晶体，前者正负离子半径之和为 0.231nm，后者为 0.239nm 很接近。但后者离子所带电荷数比前者多，所以 CaO 的熔点（2570℃）比 NaF（993℃）高，硬度也大（CaO 硬度为 4.5，NaF 的硬度为 2.3）。

而 MgO 与 CaO 两种典型离子晶体，离子所带电荷相同，但镁离子的离子半径（0.065nm）比钙离子半径（0.099nm）小，因此氧化镁有更高的熔点（2852℃）和更大的硬度（6.0）。

2. 离子极化

（1）离子极化的产生　离子极化是离子在外电场影响下发生变形而产生诱导偶极的现象。图 5-26(a) 表明离子在未极化前其正负电荷重心是重合的，离子没有极性。在外电场作用下，原子核被吸（或推）向另一方，正负电荷重心不重合，即产生了诱导偶极矩，如图 5-26(b) 所示。实际上离子本身就带电荷，可以产生电场，使带有异号电荷的相邻离子极化。

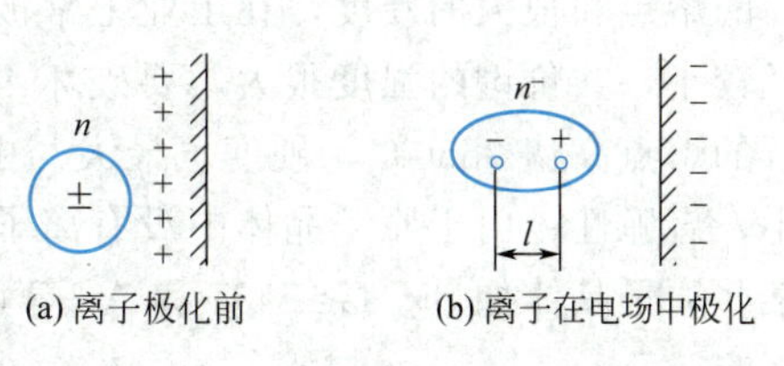

图 5-26　离子在电场中极化示意图

（2）离子极化的影响因素　离子使其他离子（或分子）极化（变形）的能力叫作离子的极化力。一般说来，正离子的电荷数越多，离子半径越小，其极化力越强，变形性就越小；而负离子的电荷数越多，半径越大，其极化力就越小，变形性越大。

离子的电子层结构对离子极化作用的影响也很大。在离子所带电荷数相同，半径相近时，离子的变形性以及极化力和外层电子构型有关。

根据上述规律，当正、负离子间发生相互极化作用时，一般说来主要是正离子的极化力引起负离子的变形。极化的结果使负离子的电子云向正离子偏移（当然正离子的电子云也向负离子偏移，但程度很小）。随着正离子极化力的增强，就产生了如图 5-27 所示的离子键逐渐向共价键过渡的情况，离子晶体也就转变成过渡型晶体，最后成为共价型晶体。随着离子极化的增强，键能、晶格能增加，键长缩短，配位数降低。我们把实测晶体键长与离子半径之和比较，两者基本相等的是离子晶体，显著缩短的是共价晶体，缩短不太多的是过渡晶体。

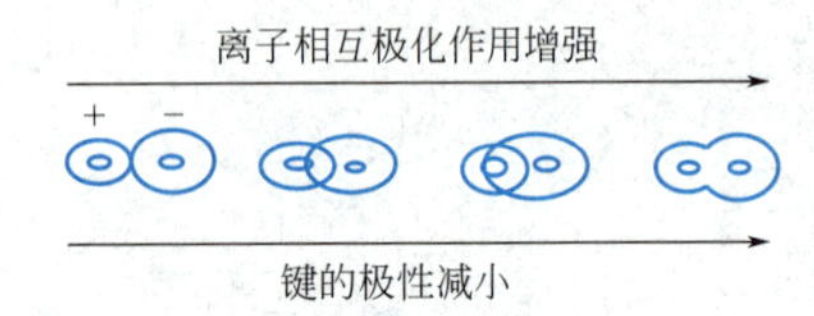

图 5-27　键型过渡示意图

应用离子极化理论可以说明，为什么本来按离子半径比 AgI 和 ZnO 都应是 6 配位 NaCl 型，实际却是 4 配位的 ZnS 型。又比如 NiAs 晶体，由于强烈的极化作用，Ni 和 As 间的键以共价键为主，还具有了金属键的性质，称为过渡型晶体。应用离子极化理论，还可以说明在卤化银中，只有 AgF 可以溶于水，而 AgCl、AgBr 和 AgI 的溶解度显著下降的原因。

二、原子晶体（Atomic Crystal）

原子晶体是原子通过具有饱和性、方向性的共价键结合形成的晶体。原子晶体晶格结点上排列着原子，由于共价键有方向性和饱和性，所以原子晶体配位数一般比较小。

金刚石是最典型的原子晶体，其中每个碳原子通过 sp^3 杂化轨道与其他碳原子形成共价键，组成四面体，配位数是 4（见图 5-28）。属于原子晶体的物质，单质中除金刚石外，还有可作为半导体元件的单晶硅和锗，它们都是第四主族元素；在化合物中，碳化硅（SiC）、砷化镓（GaAs）和二氧化硅（SiO_2，β-方石英）等也属于原子晶体。

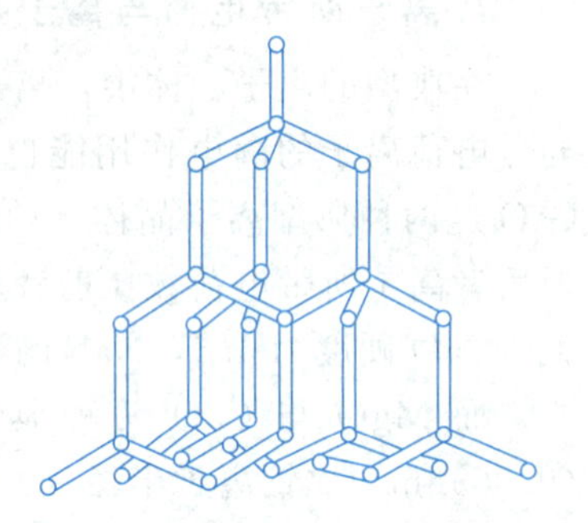
图 5-28　金刚石的晶体结构

在原子晶体中，并没有独立存在的原子或分子。SiC、SiO_2 等化学式并不代表一个分子的组成，只代表晶体中各种元素原子数的比例。

因为共价键的结合力比较强，所以原子晶体一般具有很高的熔点和很大的硬度，在工业上常被选为磨料或耐火材料。尤其是金刚石，由于碳原子半径较小，共价键的强度很大，要破坏 4 个共价键或扭歪键角，都将受到很大阻力，所以金刚石的熔点高达 3550℃，硬度也最大。由此也可看出结构对性能的影响。原子晶体延展性很小，有脆性；由于原子晶体中没有离子，故其熔融态都不易导电，一般是电的绝缘体。但是某些原子晶体如 Si、Ge、Ga 和 As 等可作为优良的半导体材料。原子晶体在一般溶剂中都不溶。

三、分子晶体（Molecular Crystal）

典型的分子晶体是指中性分子通过微弱的分子间力或氢键相互作用形成的晶体。在分子晶体的晶格结点上排列着极性或非极性分子（见图 5-29），由于分子间力没有方向性和饱和性，分子晶体都有形成密堆积的趋势，配位数可高达 12。和离子晶体、原子晶体不同，在分子晶体中有独立分子存在。如在二氧化碳的晶体结构中，晶体中有独立存在的 CO_2 分子，化学式 CO_2 能代表分子的组成，也就是它的分子式。

分子晶体微粒间的结合力弱，故其熔点低、硬度小。由于分子晶体是由电中性的分子组成，所以固态和熔融态都不导电，是电的绝缘体。但某些分子晶体含有极性较强的共价键，能溶于水产生水化离子，因而能导电，如冰醋酸。绝大部分有机物、稀有气体以及 H_2、N_2、Cl_2、Br_2、I_2、SO_2 以及 HCl 等的晶体都是分子晶体。

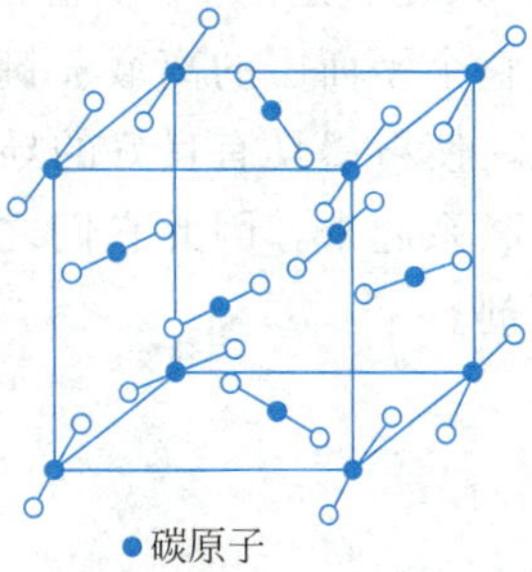

●碳原子
○氧原子

图 5-29 固体 CO_2 的晶体结构

四、金属晶体（Metallic Crystal）

金属晶体是以金属键为基本作用力的晶体。X 射线衍射实验证实，金属在形成晶体时倾向于紧密堆积。所谓紧密堆积，就是如果把金属原子看作一个个等径小圆球，则它们将以空间利用率最高的方式排列。金属中常见的结构形式晶格有三种：体心立方晶格、面心立方晶格和六方晶格，如图 5-30 所示。一些金属所属的晶格类型如下。

体心立方晶格：K，Rb，Cs，U，Na，Cr，Mo，W，Fe。

面心立方密堆积晶格：Sr，Ca，Pb，Ag，Au，Al，Cu，Ni。

六方密堆积晶格：La，Y，Mg，Zr，Hg，Cd，Ti，Co。

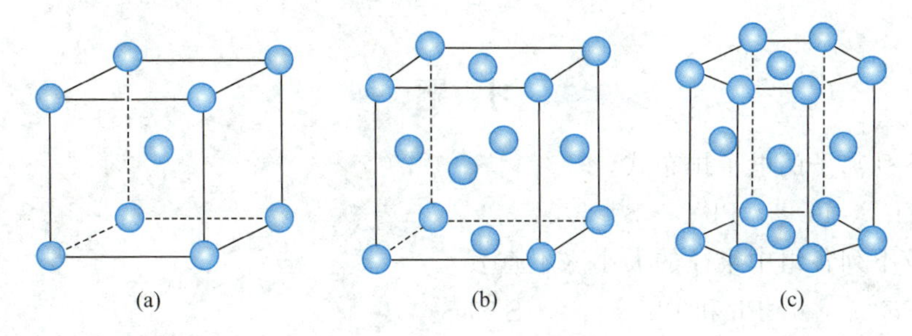

图 5-30 体心立方密堆积晶格(a)、面心立方密堆积晶格(b) 和六方密堆积晶格(c)

五、过渡型的晶体（In-between Crystal）

除了上述的几种晶体以外，还有一些具有链状结构和层状结构的过渡型晶体。在这些晶体中微粒间的作用力不止一种，链内和链间、层内和层间的作用力并不相同，所以又叫混合型晶体。

1. 链状结构的晶体（catenarian crystal）

天然硅酸盐的基本结构单元是由一个硅原子和四个氧原子所组成的四面体。根据这种四面体的连接方式不同，可以得到各种不同天然硅酸盐。图 5-31 是将各个硅氧四面体通过顶点相连排成长链硅酸盐负离子（SiO_3^{2-}）$_n$ 的俯视图(圈表示氧原子，黑点表示硅原子，点线表示四面体，直线表示共价键)。长链是由共价键组成的，金属离子在链间起联络作用。由于长链和金属离子间的静电引力比链内的共价键弱，如果按平行于键的方向用力，晶体易于开裂。石棉就具有这种结构。

2. 层状结构的晶体（sandwich crystal）

石墨是具有层状结构的晶体（见图 5-32）。在石墨晶体中，同一层碳原子在结合成石墨时发生 sp^2 杂化。其中每个 sp^2 杂化轨道彼此间以 σ 键结合，因此每个碳原子与相邻的 3 个碳原子以 σ 键结合，键角为 120°，形成正六角形的平面层。这时每个碳原子还有一个垂直于

sp^2 杂化轨道的 2p 轨道，其中有一个 2p 电子，这种互相平行的 p 轨道可以互相重叠形成遍及整个平面层的离域 π 键（又叫大 π 键）。由于大 π 键的离域性，电子能在每层平面方向移动，使石墨具有良好的导电、导热性能。又由于石墨晶体的层和层之间距离较远，靠分子间力联系起来，因此它们之间的结合是较弱的，所以层与层之间易于滑动，工业上常用作润滑剂。

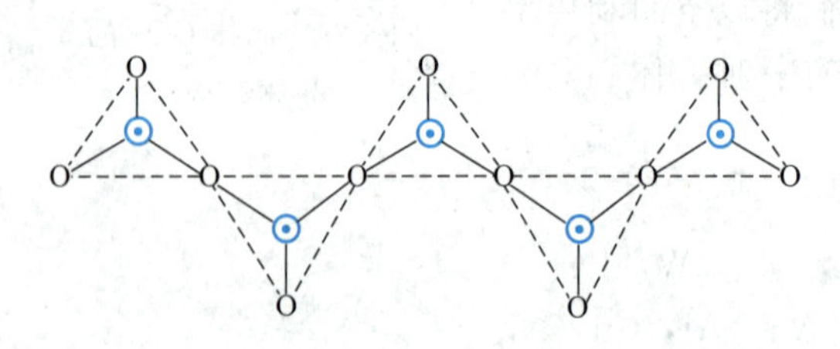

图 5-31　硅酸盐的链状结构

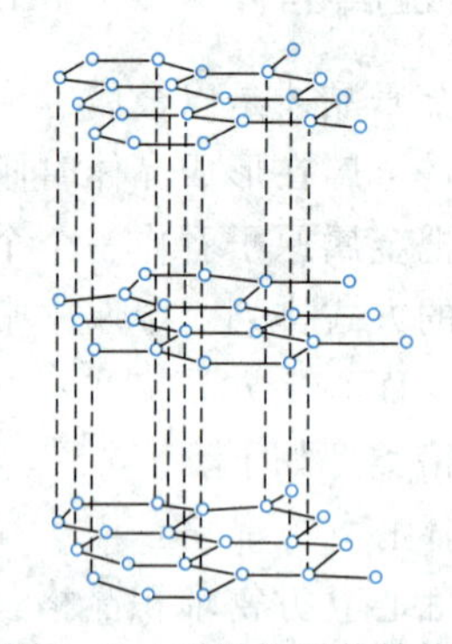

图 5-32　石墨的层状结构

习　题

1. 写出下列离子的电子排布式。

Cu^{2+}，Ti^{3+}，Fe^{3+}，Pb^{2+}，S^{2-}，Cl^{-}。

2. 试比较下列各组中半径的大小（不查表）。

Fe^{2+} 和 Fe^{3+}　　　Pb 和 Pb^{2+}　　　S 和 S^{2-}

3. 指出下列离子分别属于何种电子构型：

Li^{+}，Be^{2+}，Na^{+}，Al^{3+}，Ag^{+}，Hg^{2+}，Sn^{2+}，Pb^{2+}，Fe^{2+}，Mn^{2+}，S^{2-}，Cl^{-}。

4. 指出下列分子中心原子的杂化轨道类型：

BCl_3，PH_3，CS_2，HCN，OF_2，H_2O_2，N_2H_4。

5. 指出下列化合物的中心原子可能采取的杂化类型和可能的分子几何构型：

BeH_2，BBr_3，SiH_4，PH_3，SeF_6。

6. 根据分子轨道理论比较 N_2 和 N_2^+ 键能的大小。

*7. 根据分子轨道理论写出 O_2^+，O_2，O_2^-，O_2^{2-} 的电子分布情况，并判断各自的键级和单电子数。

8. 试问下列分子中哪些是极性的？哪些是非极性的？

CH_4，$CHCl_3$，BCl_3，NCl_3，H_2S，CS_2。

*9. 下列说法是否正确，为什么？

（1）分子中的化学键为极性键，则其分子也为极性分子。

（2）离子极化导致离子键向共价键转化。

（3）色散力仅存在于非极性分子之间。

（4）双原子 3 电子 π 键比双原子 2 电子 π 键的键能大。

10. 指出下列各对分子之间存在的分子间作用力的具体类型（包括氢键）。

（1）苯和四氯化碳　　（2）甲醇和水

(3) 二氧化碳和水　　(4) 溴化氢和碘化氢

11. 比较邻硝基苯酚和对硝基苯酚的熔点、沸点的高低，并说明原因。

12. 填充下表。

物质	晶格结点上的粒子	粒子间的作用力	晶体类型	熔点(高低)	其他特性
MgO					
SiO_2					
I_2					
NH_3					
Ag					
石墨					

** 13. Describe the hybridization and shape of the central atom in each of these covalent species.

(a)NO_3^-　(b)CS_2　(c)BCl_3　(d)SF_6　(e)ClO_4^-　(f)$CHCl_3$　(g)C_2H_2

** 14. Consider the following solutions, and predict whether the solubility of the each solute should be high or low. Justify your answer and give the explanation.

(a) HCl in water.

(b) HF in water.

(c) SiO_2 in water.

(d) I_2 in benzene (C_6H_6).

(e) 1-propanol ($CH_3CH_2CH_2OH$) in water.

第六章

酸碱平衡

（Acid-base Equilibrium）

学习要求：

1.掌握质子理论的基本内容，缓冲溶液的组成和作用原理，一元和多元弱酸弱碱、缓冲溶液等酸碱平衡体系的有关计算。

2.熟悉同离子效应，缓冲容量的概念，缓冲溶液的配制方法。

3.了解强电解质溶液理论以及活度、活度系数、离子强度、盐效应等概念，电子理论，缓冲容量的计算。

在电解质的水溶液中存在着大量的分子和离子，可以发生弱电解质的解离平衡、离子的水解平衡、难溶强电解质的解离平衡等化学平衡，通称为溶液中的离子平衡（ion equilibrium），其中有很多离子和分子的化学平衡涉及溶液中 H_3O^+ 和 OH^- 的浓度以及 pH 值的变化，称为酸碱平衡。

生命体的体液和组织中存在多种离子，如 HCO_3^-、CO_3^{2-}、$H_2PO_4^-$、HPO_4^{2-}、Na^+ K^+、Cl^- 等，这些离子维持着正常的酸碱平衡、渗透平衡及无机盐代谢平衡等生物机制，对神经、肌肉等组织的生理、生化功能起到重要的作用。强电解质溶液理论、酸碱理论的相关知识和有关计算均是生命科学非常重要的基础知识。

缓冲溶液是一类非常重要的电解质溶液，广泛存在于生命体的体液中，并通过离子平衡维持着生命体的正常的酸碱度。在生物学、微生物学、医学、药剂学、轻工乃至电化学等领域的实际工作中，缓冲溶液有着大量的应用。

第一节　强电解质溶液理论

（The Theory of Strong Electrolyte Solution）

通常把在熔融状态或水溶液中能导电的物质称为电解质，广义的电解质还包括非水溶液中的电解质或者固体电解质等离子导体体系。一般只把电解质的水溶液称为电解质溶液（electrolytic solution）。根据水溶液中解离的完全程度把电解质分为强电解质（strong electrolyte）和弱电解质（weak electrolyte）。在水中完全解离的电解质称为强电解质，在水中部分解离的电解质称为弱电解质。解离的程度可以用解离度（dissociation degree，α）来表示，即已经解离的电解质的量占总量的百分比。

根据定义，强电解质在水中是完全解离的，其解离度应该是100%。但是根据物理化学实验所测得的强电解质溶液的电导率（电阻率的倒数），计算得到的解离度都小于100%。表6-1是实验测得的KCl等强电解质的解离度。

表6-1 实验测得的强电解质的解离度 α（298K，0.10mol·L^{-1}）

电解质	KCl	$ZnSO_4$	HCl	HNO_3	H_2SO_4	NaOH	$Ba(OH)_2$
解离度 α/%	86	40	92	92	61	91	81

强电解质在水溶液中完全解离，而实验数据又表现出不完全解离的假象，为此1923年德拜（P. Debye）和休克尔（E. Hükel）提出了离子相互作用理论（ion-ion interaction theory，又称离子互吸理论）加以解释。

一、离子相互作用理论

德拜和休克尔认为强电解质在水溶液中完全解离，因而溶液中离子浓度很大。由于相反电荷离子之间的相互吸引和相同电荷离子之间的相互排斥作用，每个离子周围都有相对较多的异号电荷离子，形成"离子氛"（ion atmosphere）。如图6-1所示。阳离子周围有相对较多的阴离子，阴离子周围有相对较多的阳离子，这样离子就相当于被异号电荷离子所包围，在溶液中的移动将受到牵制，并且这种牵制作用是相互的。如果将电流通过电解质溶液，则阳离子向阴极移动，而它的"离子氛"向阳极移动，离子间的作用力会使离子的迁移速率变慢，溶液的导电性就会比理论值小，产生一种解离不完全的假象。溶液中离子浓度越高，牵制作用越强，这种现象越明显。

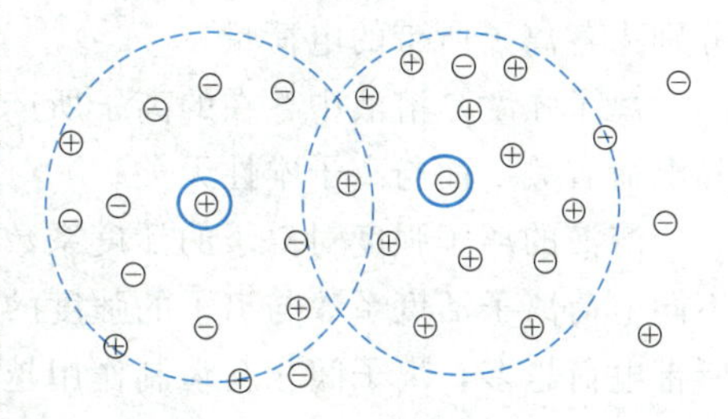

图6-1 "离子氛"示意图

由此可见，强电解质的解离度与弱电解质的解离度意义不同，强电解质的解离度仅反映溶液中离子的相互牵制作用的强弱，通常称为表观解离度（apparent dissociation degree）；而弱电解质的解离度则真实地反映了弱电解质部分解离的程度，其溶液中存在着未解离的弱电解质分子。弱电解质的溶液中也存在离子氛和离子的相互牵制作用，但由于弱电解质的离子浓度非常低，对解离度的影响不大。

二、活度和活度系数

在德拜和休克尔离子氛概念发表以前，路易斯（G. N. Lewis）为解决电解质溶液中离子规律的问题在1907年提出"有效浓度"的概念。

由于在强电解质溶液中离子之间存在相互牵制作用，使得离子的有效浓度（表观浓度）比理论浓度（配制浓度）小。因此，将离子的有效浓度称为活度（activity），用 a 表示，活度等于活度系数乘以实际浓度与标准浓度的比值。

$$a=\gamma\frac{c}{c^{\ominus}} \tag{6-1}$$

式中，c 为浓度（mol·L^{-1}，配制浓度，也可以使用质量摩尔浓度 b/mol·kg^{-1}）；

$c^{\ominus}$为 $1\text{mol}\cdot\text{L}^{-1}$ 的标准浓度（或 $b^{\ominus}=1\text{mol}\cdot\text{kg}^{-1}$）；$\gamma$ 为活度系数（activity coefficient）[1]。活度系数反映了离子相互牵制作用的大小，浓度越高，离子电荷越高，离子之间相互牵制的作用越大，γ 越小（$\gamma<1$），活度与浓度的数值之间的差别越大；反之，当浓度极低时，离子之间平均距离增大，相互牵制的作用极小；如果 γ 趋近于 1，活度则趋近浓度。在近似计算中，通常把中性分子、液态和固态纯物质以及纯水的活度系数视为 1，其他弱电解质的活度系数也往往视为 1。

三、离子强度和活度系数

离子的活度系数，不仅与本身浓度有关，也与离子所带的电荷有关，同时还受到溶液中其他各种离子的浓度和电荷的影响。为了进一步衡量溶液中总的离子作用的强弱，人们引入了离子强度（ionic strength）的概念。

离子强度定义为

$$I=\frac{1}{2}(b_1 z_1{}^2+b_2 z_2{}^2+b_3 z_3{}^2+\cdots+b_i z_i{}^2)=\frac{1}{2}\sum b_i z_i{}^2 \qquad (6\text{-}2)$$

式中，I 为离子强度；b_1、b_2、b_3…分别为溶液中各离子质量摩尔浓度；z_1、z_2、z_3…分别为各离子所带的电荷量。

离子强度是溶液中存在的离子所产生的电场强度的量度，它仅与溶液中各种离子的浓度和电荷有关，而与离子本性无关。

溶液的离子强度对离子的活度系数有明显的影响。表 6-2 列出 298.15K 时，实验测得的不同电荷离子活度系数与离子的强度的关系。从表 6-2 中看出，溶液的离子强度越大，离子所带电荷越多，离子间相互牵制作用越强，活度系数越小。反之，活度系数越大。离子强度相同时，离子所带电荷越多，活度系数越小。当溶液中的离子强度很小（$I<1\times10^{-4}\text{mol}\cdot\text{kg}^{-1}$）时，$\gamma\to1$，活度接近浓度。

表 6-2　不同离子强度时的活度系数

离子强度/$\text{mol}\cdot\text{kg}^{-1}$	活度系数		
	$z=1$	$z=2$	$z=3$
1×10^{-4}	0.99	0.95	0.90
5×10^{-4}	0.97	0.90	0.80
1×10^{-3}	0.96	0.86	0.73
5×10^{-3}	0.92	0.72	0.51
1×10^{-2}	0.89	0.63	0.39
5×10^{-2}	0.81	0.44	0.15
0.1	0.78	0.33	0.08
0.2	0.70	0.24	0.04

例 6-1　含 $0.010\text{mol}\cdot\text{kg}^{-1}$ HNO_3 溶液中，同时含有 $0.090\text{mol}\cdot\text{kg}^{-1}$ KNO_3，求该溶液中的 H^+ 活度。

[1] 有的教材和参考书籍上以 f 作为活度系数的符号。

解： $I=\frac{1}{2}(0.010\times1^2+0.010\times1^2+0.090\times1^2+0.090\times1^2)=0.10\ (mol\cdot kg^{-1})$

从表 6-2 查出 $I=0.10$ 时，一价离子 $\gamma=0.78$

$$a(H^+)=\gamma\frac{b}{b^{\ominus}}=0.78\times0.010=0.0078$$

活度与离子强度等概念对理解生物化学过程有重要意义。比如动物血液中有 Na^+、K^+、Ca^{2+}、Mg^{2+}、Cl^-、HCO_3^-、$H_2PO_4^-$、HPO_4^{2-} 及 SO_4^{2-} 等多种离子，其总离子强度约为 $0.15mol\cdot kg^{-1}$。离子强度对 DNA、蛋白质等生物大分子的性质有重要的影响，相关的实验需要在一定的离子强度下进行。

第二节　酸碱质子理论
(Proton Theory of Acid and Base)

酸碱理论是解释何为酸碱以及阐述酸碱反应机理的理论，从 17 世纪后期开始，化学家对酸碱的组成、结构、性质、反应等方面进行了长期的研究，提出了很多不同的理论。

一、电离理论

19 世纪末，阿伦尼乌斯（Arrhenius S. A.）提出了经典的酸碱理论即酸碱电离理论。他认为，凡是在水中能解离出 H^+ 的物质是酸（acid），能解离出 OH^- 的物质是碱（base），酸碱反应的实质是 H^+ 与 OH^- 结合生成 H_2O 的反应。酸碱电离理论从物质的化学组成上揭示了酸碱的本质，这是人们对酸碱的认识从现象到本质的一次飞跃，对化学的发展起了积极作用，直到现在，这个理论仍在普遍应用。

近几十年来，随着科学的发展，电离理论也出现了不足之处。

首先，电离理论把酸碱反应局限在水溶液中，而在现代科学研究中，越来越多的反应是在非水溶剂（如液氨、无水有机溶剂）中进行。例如，以液态氨为溶剂时，NH_3 发生解离：

$$2NH_3 \rightleftharpoons NH_4^+ + NH_2^-$$

液氨溶液中氨基钠与氯化氨可以发生酸碱中和反应：

$$NaNH_2 + NH_4Cl = NaCl + 2NH_3$$

其次，为了解释许多不含 H^+ 和 OH^- 的物质，如酸式盐、强酸弱碱盐、强碱弱酸盐等表现出来的酸碱性，电离理论引入了水解等概念，使理论复杂化。

此外，电离理论把碱限制为氢氧化物，因而，氨水呈现碱性这一事实也无法解释，使人们长期错误地认为 NH_3 溶于水后，先形成 NH_4OH，再解离出 OH^-，因而显碱性，但科学家至今也未分离出 NH_4OH 这种物质。实际上，在液态氨甚至气相的环境下，氨可以不借助水，直接和酸（如氯化氢）反应。

以上问题说明酸碱电离理论尚不完善，需要进一步补充和发展。为了简明地解释上述问题，在阿伦尼乌斯之后有不少学者提出过各种酸碱理论，其中较重要的包括酸碱质子理论（proton theory of acid and base）和酸碱电子理论（electron theory of acid and base），前者是 1923 年由布朗斯特（丹麦，Bronsted J. N.）和劳瑞（英，Lowry T. M.）分别独立提出来的，后者是美国化学家路易斯（Lewis G. N.）在同一年根据分子的电子结构提出的。这些理论克服了电离理论的局限性，大大扩大了酸碱的范围。此处重点讨论质子理论。

二、酸碱质子理论的酸碱定义

酸碱质子理论认为：凡是能给出质子的物质都是酸，凡是能接受质子的物质都是碱。它们的关系如下：

酸		碱＋质子
HCl	$\rightleftharpoons$	$Cl^- + H^+$
HAc	$\rightleftharpoons$	$Ac^- + H^+$
H_2O	$\rightleftharpoons$	$OH^- + H^+$
H_3O^+	$\rightleftharpoons$	$H_2O + H^+$
NH_4^+	$\rightleftharpoons$	$NH_3 + H^+$
$H_2PO_4^-$	$\rightleftharpoons$	$HPO_4^{2-} + H^+$
HPO_4^{2-}	$\rightleftharpoons$	$PO_4^{3-} + H^+$
$[Al(H_2O)_6]^{3+}$	$\rightleftharpoons$	$[Al(H_2O)_5OH]^{2+} + H^+$

以上酸碱半反应可以看出，左侧物质都能给出质子，所以是酸；右侧物质都能接受质子，所以是碱。酸可以是分子酸，如 HCl、HAc；也可以是正离子酸，如 NH_4^+、H_3O^+；还可以是负离子酸，如 $H_2PO_4^-$、HPO_4^{2-}。碱可以是分子碱，如 NH_3，或者某些有机含氮化合物，如甲胺（CH_3NH_2）；碱也可以是正离子碱，如 $[Al(H_2O)_5OH]^{2+}$；还可以是负离子碱，如 OH^-、Ac^-。而像 H_2O、HPO_4^{2-} 等物质，给出质子表现为酸，接受质子表现为碱，称为酸碱两性物质（amphoteric substance）[1]。应该指出，质子理论中没有盐的概念，如 NH_4Cl 的 NH_4^+ 是酸，Cl^- 是碱。上述关系式中还可以看出，酸和碱并不孤立，酸给出质子即成为碱，碱接受质子即成为酸。这种酸和碱之间仅相差一个质子的关系称为共轭关系。其相应的酸碱对称为共轭酸碱对（conjugate acid-base pairs）。在上述半反应式中左边的酸是右边碱的共轭酸（conjugate acid），而右边的碱则是左边酸的共轭碱（conjugate base）。

三、酸碱反应的实质

事实上质子很难单独存在，酸给出质子的同时，质子就和另一碱结合。根据酸碱质子理论，酸碱反应的实质就是两对共轭酸碱对之间的质子传递的过程。如

$$\underset{\text{酸(1)}}{HCl} + \underset{\text{碱(2)}}{NH_3} \xrightleftharpoons{H^+} \underset{\text{酸(2)}}{NH_4^+} + \underset{\text{碱(1)}}{Cl^-}$$

HCl 与 NH_3 的反应，无论是在水溶液中、液氨中、苯溶剂中或气相中，其实质都是一样的，即酸$_1$（HCl）将质子传递给碱$_2$（NH_3），转变为它的共轭碱——碱$_1$（Cl^-）；碱$_2$（NH_3）接受质子，转变为它的共轭酸——酸$_2$（NH_4^+）。质子理论的意义在于强调质子的转移在酸碱反应中的重要地位，摆脱了溶剂是水的限制，可以用于非水体系和气相中的酸碱反应，扩大酸碱反应的范围。

质子理论把电离理论中的解离反应、中和反应和水解反应等都归纳为酸碱反应（质子转移反应）。一种酸和一种碱反应，总是导致新酸新碱的生成。举例如下。

---

[1] 注意：质子理论中的酸碱两性物质不同于中学化学中的两性物质的概念，注意区别。

$$H_3O^+ + OH^- \rightleftharpoons H_2O + H_2O \quad (中和反应)$$

$$HCl + H_2O \rightleftharpoons H_3O^+ + Cl^- \quad (解离反应)$$

$$HAc + H_2O \rightleftharpoons H_3O^+ + Ac^-$$

$$NH_4^+ + H_2O \rightleftharpoons H_3O^+ + NH_3 \quad (水解反应)$$

$$H_2O + Ac^- \rightleftharpoons HAc + OH^-$$

（各式上方箭头表示 H^+ 的转移。）

习惯上，把质子理论中各种酸和碱与水进行的反应都称为解离反应，即离子的水解反应就是离子酸和离子碱的解离反应。自发的酸碱反应的方向，总是由较强的酸和较强的碱作用，向着生成较弱的酸和较弱的碱的方向进行。

四、酸碱强度

酸的强度是指酸给出质子的能力，这种能力愈强即酸性愈强，其共轭碱的碱性则愈弱；碱的强度是指碱接受质子的能力，这种能力愈强即碱性愈强，其共轭酸的酸性则愈弱。酸碱的强度与酸碱的本性（分子结构）有密切的关系。比如，卤族元素的氢化物 HF、HCl、HBr、HI 的酸强度因为从 HF 到 HI，卤原子的半径增大，键长增长，键能减小，所以酸的强度逐渐增大。此外酸碱的强度还与溶剂的性质有关。根据酸碱质子理论，酸碱的强度应该是在某种溶剂中表现出来的相对强度，我们所能测定的也只是这种相对强度。比如，酸在水溶液中表现出来的相对强度是指酸在以水为溶剂时放出质子的能力，我们可以用酸的解离常数（dissociation constant of acid），K_a 来衡量这种酸强度。

同一酸或碱溶于不同的溶剂中，所表现的相对强度不同。例如，HAc 在水中表现为弱酸，但在液氨中则表现为强酸，这是因为液氨夺取质子的能力比水强得多（液氨的碱性比水强），从而使 HAc 在液氨中更容易给出质子，HAc 的解离几乎是完全的。

$$HAc + NH_3 \rightleftharpoons Ac^- + NH_4^+$$

HNO_3 在 H_2O 中是强酸，而如果以冰醋酸[1]为溶剂，则酸的强度大为减弱，以 H_2SO_4 为溶剂则表现为弱碱。其原因是冰醋酸、H_2SO_4 是酸性溶剂，冰醋酸接受质子的能力小于 H_2O，而 H_2SO_4 给出质子的能力大于 HNO_3。

$$HNO_3 + HAc \rightleftharpoons H_2Ac^+ + NO_3^-$$

$$HNO_3 + H_2SO_4 \rightleftharpoons H_2NO_3^+ + HSO_4^-$$

[1] 冰醋酸即纯乙酸，无色有刺激性气味的液体，因为易凝结成冰状固体，故得名。纯乙酸作溶剂遇强酸时，与质子结合，生成 H_2Ac^+。

在冰醋酸溶剂中，$HClO_4$、HCl、H_2SO_4、HNO_3 的强弱顺序为：$HClO_4 > HCl > H_2SO_4 > HNO_3$，冰醋酸把这四种强酸的强度区分开来，这种能够区分酸碱强度的作用称为区分效应（differentiating effect）。

在水中，这四种强酸的强度都表现为 H_3O^+ 水平，即它们的相对强弱在水溶液中表现不出来。H_3O^+ 是水溶液中最强酸的形式。水对这四种强酸起着拉平的作用，称为拉平效应（leveling effect）。

综上所述，酸碱质子理论扩大了酸碱的含义及酸碱反应的范围，突破了酸碱反应必须在水溶液中进行的局限性，解释了非水溶剂或气体间的酸碱反应。质子理论非常重视溶剂的作用，因为溶剂本身也是碱或酸，要接受质子或释放质子，所以，酸碱的强度与溶剂本性有关。一般来说，在生命科学中，常用的溶剂仍然是水，所以如果不特别指出，我们默认以水作为溶剂。总之，酸碱质子理论使经典的电离理论得到了发展，具有比较大的实用价值。

五、酸碱电子理论

酸碱电子理论（electron theory of acid and base，又称广义的酸碱理论、路易斯酸碱理论）对酸的定义是：任何分子、基团或离子，只要含有电子结构未饱和的原子，可以接受外来的电子对，就称之为酸，又称为电子对接受体；碱的定义则是：凡含有可以给予电子对的分子、基团或离子，皆称之为碱，又称为电子对给予体。酸碱反应的实质是形成配位键，产生酸碱加合物。

电子理论定义的酸碱所包括的物质种类比质子理论更为广泛，比如金属离子和缺电子的分子皆为酸。为了和其他理论相区别，一般把电子理论中的酸和碱称为广义的酸和广义的碱。因为这个理论首先是由路易斯（G. N. Lewis）提出的，所以也称为路易斯酸和路易斯碱。

例如：

	路易斯碱（电子对给予体）	+ 路易斯酸（电子对接受体）	══ 反应产物
(1)	HO^-	H^+	$HO \longrightarrow H$
(2)	R_3N:	HNO_3	$R_3N \longrightarrow HNO_3 (R_3NH^+ + NO_3^-)$
(3)	CaO	SO_3	$CaO \longrightarrow SO_3 (Ca^{2+} + SO_4^{2-})$
(4)	H_3N:	Cu^{2+}	$(H_3N)_4 \longrightarrow Cu^{2+} ([Cu(NH_3)_4]^{2+})$
(5)	H_3N:	BF_3	$H_3N \longrightarrow BF_3$

例（1）是质子理论中典型的例子，在电子理论中同样可以对其进行说明，即 OH^- 中氧原子把电子对提供给 H^+，形成配位键，生成 $HO \longrightarrow H(H_2O)$，式中箭头表示配位键的电子提供方向。实际上，质子论是电子论中的一种特例，电子论中还包括了许多不含质子的体系，如（3）、（4）、（5）三例，按照电子论也同样属于酸碱反应。酸碱电子理论摆脱了体系必须具有某种离子（H^+）的限制，而立足于物质的普遍组成，以电子的授受关系来说明酸碱反应，故相对于电离理论和酸碱质子理论更为全面，应用也更广泛。

广义的酸碱物质种类非常多，其反应类型也非常复杂。例如：配合物[1]是路易斯酸（一般是金属离子）和路易斯碱（配体）通过配位反应形成的反应产物（$Cu^{2+} + 4NH_3 \longrightarrow$

---

[1] 配合物相关知识见后续章节。

$[Cu(NH_3)_4]^{2+}$）。典型的路易斯酸表现出来的酸性与质子酸有很大不同。例如，硼酸［H_3BO_3 或者 $B(OH)_3$］是缺电子的路易斯酸而不是质子酸（自身不能提供质子）。硼酸在水溶液中与水分子微弱解离产生的 OH^- 发生配位反应，使溶液呈现微酸性，表现为一元弱酸（$pK_a=9.25$）：

$$B(OH)_3+2H_2O \rightleftharpoons B(OH)_4^-+H_3O^+$$

硼酸也可以与某些其他路易斯碱提供者（如甘油、HF）等发生反应，生成酸性更强的物质（如氟硼酸 HBF_4）。其他缺电子化合物如 BF_3、$AlCl_3$ 等作为路易斯酸也可以发生类似反应。

为了研究酸碱电子理论中的酸碱反应，化学家总结了一个经验的规则：软硬酸碱（HSAB）规则，即："硬亲硬，软亲软。"该规则把酸和碱分成硬酸、软酸和硬碱、软碱。硬酸是体积小、正电荷高、极化性低的路易斯酸，其对外层电子的吸引力强（容易得电子）。软酸是体积大、正电荷低（或等于0）、极化性高、具有易于激发的 d 电子的路易斯酸，其对外层电子的吸引力弱（难得电子）。硬碱是极化性低、电负性高、难氧化的路易斯碱，其对外层电子的吸引力强（电子难失去）。软碱是极化性高、电负性低、易氧化的路易斯碱，其对外层电子的吸引力弱（电子易失去）。此外还有交界的酸和碱。表 6-3 列出了部分常见的路易斯软硬酸碱。

要形成稳定的反应产物，酸碱对电子的吸引力的强弱是关键。参见表 6-4，硬酸和硬碱，如 Fe^{3+}、H^+ 与 F^-；软酸与软碱，如 Ag^+、Hg^{2+} 与 I^-，皆形成稳定的配合物（$\lg K_f^\ominus$ 较大）。而硬酸和软碱或软酸和硬碱形成的配合物比较不稳定（$\lg K_f^\ominus$ 较小）。交界的酸碱一般无论反应对象是软还是硬皆反应，其产物的稳定性差别不大。该规则虽然比较粗略，但可以解释很多化学问题，并可以预测有关的化学反应。

表 6-3　部分路易斯软硬酸碱

类别	物种
硬酸	H^+, Li^+, Na^+, K^+, Be^{2+}, Mg^{2+}, Ca^{2+}, Sr^{2+}, Mn^{2+}, Al^{3+}, Co^{3+}, Fe^{3+}, As^{3+}, Ce^{3+}, Sn^{4+}, BF_3, $AlCl_3$, $ROSO_2^+$, SO_3, CO_2
交界酸	Fe^{2+}, Co^{2+}, Ni^{2+}, Cu^{2+}, Zn^{2+}, Pb^{2+}, Sn^{2+}, Sb^{3+}, Bi^{3+}, SO_2, NO^+, R_3C^+, $C_6H_5^+$
软酸	Cu^+, Ag^+, Au^+, Tl^+, Hg^+, Pd^{2+}, Cd^{2+}, Pt^{2+}, Hg^{2+}, Tl^{3+}, Pt^{4+}, RO^+, I_2, O, Cl, Br, I, M^0（金属原子）
硬碱	H_2O, OH^-, O^{2-}, F^-, $CH_3CO_2^-$, PO_4^{3-}, SO_4^{2-}, Cl^-, CO_3^{2-}, NO_3^-, ROH, RO^-, NH_3, RNH_2, N_2H_4
交界碱	$C_6H_5NH_2$, C_5H_5N, Br^-, NO_2^-, SO_3^{2-}
软碱	R_2S, RSH, RS^-, I^-, SCN^-, $S_2O_3^{2-}$, S^{2-}, $(RO)_3P$, CN^-, CO, C_2H_4, C_6H_6, H^-, R^-

表 6-4　卤离子配合物的稳定常数 $\lg K_f^\ominus$

中心离子，路易斯酸		配体，路易斯碱			
		硬	交界		碱
		F^-	Cl^-	Br^-	I^-
硬	Fe^{2+}	6.04	1.41	0.49	—
	H^+	3.6	−7	−9	−9.5
交界	Zn^{2+}	0.77	−0.19	−0.6	−1.3
	Pb^{2+}	<0.8	1.75	1.77	1.92
软	Ag^+	−0.2	3.4	4.2	7.0
	Hg^{2+}	1.03	6.72	8.94	12.87

例 6-2 根据软硬酸碱规则预测配合物$[Cd(CN)_4]^{2-}$和$[Cd(NH_3)_4]^{2+}$的稳定性。

解：Cd^{2+}为软酸，CN^-为软碱，NH_3为硬碱，所以，$[Cd(CN)_4]^{2-}$为软亲软，较稳定；$[Cd(NH_3)_4]^{2+}$为软碰硬，不稳定。

我们通过查询它们的稳定常数值可以证实上述预测。$[Cd(CN)_4]^{2-}$的稳定常数为$K_f^\ominus=8.3\times10^{17}$，而$[Cd(NH_3)_4]^{2+}$的稳定常数为$K_f^\ominus=3.63\times10^6$，稳定常数越大，配合物的稳定性越好，所以$[Cd(CN)_4]^{2-}$的确比$[Cd(NH_3)_4]^{2+}$稳定。

在生物体内，硬酸如Na^+、K^+、Mg^{2+}、Ca^{2+}、Mn^{2+}、Mn^{3+}常与硬碱(配位原子为O)结合，Fe^{2+}、Fe^{3+}可以与配位原子为O和N的碱结合，较软的酸如Cu^+、Cu^{2+}和Zn^{2+}则常与较软的碱(配位原子为S或N)结合。

第三节 水溶液中的酸碱平衡
(Acid-base Equilibrium In Aqueous Solution)

一、水的质子自递作用和溶液的pH值

水是两性物质，水分子之间存在着自身的解离反应，其实质仍然是质子的传递和转移，亦称质子自递反应。

$$H_2O+H_2O \xrightleftharpoons{H^+} H_3O^++OH^-$$

其平衡常数表示式为

$$K^\ominus=\frac{a_{H_3O^+}\,a_{OH^-}}{a_{H_2O}^2} \tag{6-3}$$

式中，$K^\ominus$为水的质子自递反应的标准平衡常数（即热力学平衡常数）；a为各物质的活度，对于弱电解质，一般认为活度系数为1，即

$$K^\ominus=\frac{a_{H_3O^+}\,a_{OH^-}}{a_{H_2O}^2}=\frac{\frac{[H_3O^+]}{c^\ominus}\frac{[OH^-]}{c^\ominus}}{\left(\frac{[H_2O]}{c^\ominus}\right)^2}$$

为了简便，本章将公式中的标准浓度（$c^\ominus$）去掉，标准平衡常数以K表示，即

$$K=\frac{[H_3O^+][OH^-]}{[H_2O]^2}$$

因为水是极弱的电解质，质子自递反应十分弱，故把$[H_2O]$看成常数

$$[H_3O^+][OH^-]=K[H_2O]^2=K_w \tag{6-4}$$

为简便，将$[H_3O^+]$写成$[H^+]$，则

$$K_w=[H^+][OH^-] \tag{6-5}$$

K_w称为水的质子自递平衡常数，又称水的离子积常数（ion-product constant of water)，是一个与浓度无关，与温度有关的数值。

习惯上，以[B]表示B物质的平衡浓度，以c_B表示B的初始浓度。

实验测得 295K 纯水中，$[H^+]=[OH^-]=1\times10^{-7}mol\cdot L^{-1}$，代入式(6-5)

$$K_w=[H^+][OH^-]=1\times10^{-14} \quad (6\text{-}6)$$

水的质子自递作用是吸热过程，故 K_w 随温度升高而增大（见表 6-5），但室温下改变不大，均可按 10^{-14} 计算。

水的质子自递常数 K_w 不仅适用于纯水，也适用于以水作为溶剂的稀溶液。只要知道水溶液的 H^+ 浓度，就可计算出 OH^- 浓度，反之亦然。比如 298K 下 $0.1mol\cdot L^{-1}$ HCl 溶液中，$[H^+]=0.1mol\cdot L^{-1}$，$[OH^-]=1\times10^{-13}mol\cdot L^{-1}$。我们可以用 H^+ 浓度或 OH^- 浓度表示溶液的酸碱性。

表 6-5　水的离子积常数与温度的关系

温度/K	K_w	温度/K	K_w
273	1.1×10^{-15}	298	1.0×10^{-14}
293	6.8×10^{-15}	323	5.5×10^{-14}
297	1.0×10^{-14}	373	5.5×10^{-13}

溶液的浓度常用物质的量浓度 c 表示，而酸度则用 $[H^+]$ 表示。如 $0.1mol\cdot L^{-1}$ HCl 和 $0.1mol\cdot L^{-1}$ HAc 溶液的浓度 c 相同，都是 $0.1mol\cdot L^{-1}$，但酸度显然不同。当 H^+、OH^- 浓度较小时，如血清中 $[H^+]=3.98\times10^{-8}mol\cdot L^{-1}$，用浓度表示溶液的酸碱度就很不方便。为此常用 a_{H^+} 的负对数即 pH 来表示：

$$pH=-\lg a_{H^+} \quad (6\text{-}7)$$

在稀溶液中，浓度和活度基本相等，则：

$$pH=-\lg[H^+] \quad (6\text{-}8)$$

同样也可以用 $[OH^-]$ 的负对数 pOH 来表示溶液的酸碱性：

$$pOH=-\lg[OH^-]$$

由于常温下 $[H^+][OH^-]=1\times10^{-14}$，故

$$pH+pOH=14 \quad (6\text{-}9)$$

pH 的概念不仅在化学领域很重要，在医学、生物学中也很重要，人体的各种体液都要求有一定范围（表 6-6）。

表 6-6　人体各种体液的 pH 值

体液	pH	体液	pH
血清	7.35～7.45	大肠液	8.3～8.4
成人胃液	0.9～1.5	乳汁	6.6～6.9
婴儿胃液	5.0	泪水	7.4
唾液	6.35～6.85	尿液	4.8～7.5
胰	7.5～8.0	脑脊液	7.35～7.45
小肠液	～7.6		

二、其他弱酸弱碱在水溶液中的酸碱平衡

和水分子类似，弱酸弱碱在水溶液中均会发生质子传递反应并达到平衡，即酸碱平衡

(acid-base equilibrium)，又称质子转移平衡（proton transfer equilibrium）。

1. 质子转移平衡及平衡常数

一元弱酸（如 HAc、NH_4^+）在水溶液中可以发生质子转移平衡：

$$HB + H_2O \rightleftharpoons H_3O^+ + B^-$$

$$K_a = \frac{[H_3O^+][B^-]}{[HB]} \tag{6-10}$$

式中，HB 和 B^- 分别代表弱酸（可以是分子酸，也可以是离子酸）和它的共轭碱（可以是离子碱，也可以是分子碱）[1]；K_a 为该弱酸在溶液中的酸解离常数（dissociation constant of acid，简称酸常数），它反映了不同的酸在相同溶剂（水）中所表现出来的相对强度。K_a 值愈大，酸性愈强。

同理，一元弱碱（如 NH_3、Ac^-）在水溶液中的质子转移平衡

$$B^- + H_2O \rightleftharpoons OH^- + HB$$

$$K_b = \frac{[HB][OH^-]}{[B^-]} \tag{6-11}$$

K_b 为该弱碱的碱解离常数（dissociation constant of base，简称碱常数），它反映了不同的碱在水溶液中的相对强度。K_b 值愈大，碱性愈强。

酸碱的解离常数一般为负指数，使用起来不大方便，因此常用其负对数来表示，即：$pK_a = -\lg K_a$，$pK_b = -\lg K_b$。

一些常见的一元弱酸、弱碱的解离常数列于表 6-7。更多的弱酸、弱碱的解离常数数据列在附录十中。

表 6-7　某些一元弱酸和弱碱的解离常数（298K）

酸或碱	分子式	K_a 或 K_b	pK_a 或 pK_b
醋酸	CH_3COOH	1.76×10^{-5}	4.75
硼酸	H_3BO_3	7.30×10^{-10}	9.14
甲酸	HCOOH	1.77×10^{-4}	3.75
氢氰酸	HCN	4.93×10^{-10}	9.31
氢氟酸	HF	3.53×10^{-4}	3.45
乙胺	$C_2H_5NH_2$	5.01×10^{-4}	3.30
氨	NH_3	1.77×10^{-5}	4.75

2. 共轭酸碱常数关系

共轭酸碱对的解离常数 K_a 和 K_b 之间有确定的关系。以 HAc 为例，在水溶液中有下列两个质子转移平衡：

$$HAc + H_2O \rightleftharpoons H_3O^+ + Ac^-$$

$$K_a = \frac{[H_3O^+][Ac^-]}{[HAc]}$$

---

[1] 弱酸和其共轭碱也常写成 HA 和 A^- 的形式。

$$H_2O + Ac^- \rightleftharpoons HAc + OH^-$$

$$K_b = \frac{[HAc][OH^-]}{[Ac^-]}$$

$$K_a K_b = \frac{[H_3O^+][Ac^-]}{[HAc]} \frac{[HAc][OH^-]}{[Ac^-]} = [H_3O^+][OH^-]$$

由式(6-4) 可知

$$K_a K_b = K_w \tag{6-12}$$

由上式可以看出，K_a 与 K_b 成反比关系，而 K_a 和 K_b 反映酸和碱的强度。所以，在共轭酸碱对中，酸的强度愈大，其共轭碱的强度愈小；碱的强度愈大，其共轭酸的强度愈小。

式(6-12) 是一个非常重要的关系式。只要知道了酸的解离常数 K_a，就可以计算出其共轭碱的解离常数 K_b，反之亦然。

将式(6-12) 两边取负对数，得

$$pK_a + pK_b = pK_w$$

在 298K 时 $pK_w = 14$，所以

$$pK_a + pK_b = 14 \tag{6-13}$$

根据式(6-13)，可以简单地进行 pK_a 和 pK_b 之间的换算。

例 6-3 已知 298K 时 NH_3 的 $K_b = 1.77 \times 10^{-5}$，求 NH_4^+ 的 K_a。

解：298K 时，$K_w = 10^{-14}$，NH_4^+ 是 NH_3 的共轭酸，所以

$$K_a = \frac{K_w}{K_b} = \frac{10^{-14}}{1.77 \times 10^{-5}} = 5.65 \times 10^{-10}$$

对于某些多元酸，比如 H_3PO_4、H_2S、H_2CO_3，它们的解离是分步进行的。例如 H_3PO_4 及其酸式盐在水中的解离：

$$H_3PO_4 + H_2O \rightleftharpoons H_2PO_4^- + H_3O^+$$

$$K_{a_1} = \frac{[H_2PO_4^-][H_3O^+]}{[H_3PO_4]} = 7.52 \times 10^{-3}$$

$$H_2PO_4^- + H_2O \rightleftharpoons H_3PO_4 + OH^-$$

$$K_{b_3} = \frac{K_w}{K_{a_1}} = 1.33 \times 10^{-12}$$

$$H_2PO_4^- + H_2O \rightleftharpoons HPO_4^{2-} + H_3O^+ \qquad K_{a_2} = \frac{[HPO_4^{2-}][H_3O^+]}{[H_2PO_4^-]} = 6.23 \times 10^{-8}$$

$$HPO_4^{2-} + H_2O \rightleftharpoons H_2PO_4^- + OH^- \qquad K_{b_2} = \frac{K_w}{K_{a_2}} = 1.61 \times 10^{-7}$$

$$HPO_4^{2-} + H_2O \rightleftharpoons PO_4^{3-} + H_3O^+ \qquad K_{a_3} = \frac{[PO_4^{3-}][H_3O^+]}{[HPO_4^{2-}]} = 2.2 \times 10^{-13}$$

$$PO_4^{3-} + H_2O \rightleftharpoons HPO_4^{2-} + OH^- \qquad K_{b_1} = \frac{K_w}{K_{a_3}} = 4.5 \times 10^{-2}$$

一般来说，多元酸（如 H_3PO_4）的 $K_{a_1} > K_{a_2} > K_{a_3}$，即酸的强度随着解离逐渐减弱，而其对应的共轭碱（如 PO_4^{3-}）的 $K_{b_1} > K_{b_2} > K_{b_3}$，即碱的强度随着碱的解离而减弱。

第四节　质子转移平衡的移动及有关计算

(Shift of Proton Transfer Equilibrium and Related Calculation)

强酸或强碱溶液通常完全解离，因此只要其浓度足够高（$>10^{-5}$ mol·L^{-1}），其解离出来的氢离子或者氢氧根离子的浓度就等于强酸或者强碱的浓度。以下重点讨论弱酸、弱碱溶液的有关计算。

一、一元弱酸弱碱溶液

1. 一元弱酸溶液

一元弱酸包括分子酸（如 HAc、HCN 等）和离子酸［如 NH_4^+、$(C_2H_5)_3NH^+$ 等］。它们的水溶液中存在两种质子转移平衡：

$$HA+H_2O \rightleftharpoons H_3O^+ + A^- \qquad H_2O+H_2O \rightleftharpoons H_3O^+ + OH^-$$

HA、H_3O^+、A^-、OH^- 四种物质的浓度都是未知的，要精确计算相当复杂。一般来说，弱酸的浓度或强度都是足够高的（满足条件：$cK_a>20K_w$），通常可以忽略水的质子转移平衡，也就是说溶液中的 H^+ 主要来自弱酸的解离。

以 HAc 为例，设 HAc 的起始浓度为 c，HAc 的酸常数为 K_a，HAc 的解离度为 α，

	HAc	$+H_2O \rightleftharpoons$	H_3O^+	$+$ Ac^-
初始浓度	c		0	0
平衡时	$c-[H^+]$		$[H^+]$	$[H^+]$

$$K_a=\frac{[H^+][Ac^-]}{[HAc]}=\frac{[H^+]^2}{c-[H^+]} \tag{6-14}$$

$$[H^+]^2+K_a[H^+]-K_ac=0$$

解方程得

$$[H^+]=\frac{-K_a+\sqrt{K_a^2+4K_ac}}{2} \tag{6-15}$$

式(6-15) 是计算一元弱酸 $[H^+]$ 的近似公式。

通常，当 $c/K_a\geqslant 500$ 时，即弱酸的强度稍小，或者弱酸原来浓度较大，解离出来的弱酸相对于总的弱酸的量的比例较小（解离度 $\alpha<5\%$），可以认为 $1-\alpha\approx 1$（此时相对误差 $<5\%$），即质子转移平衡中 $[H^+]\ll c$，则

$$[HAc]=c-[H^+]\approx c$$

式(6-14) 简化为

$$K_a=\frac{[H^+]^2}{c} \tag{6-16}$$

可得

$$[H^+]=\sqrt{K_ac} \tag{6-17}$$

式(6-17) 是计算一元弱酸 $[H^+]$ 的最简式。

由解离度定义得

$$\alpha=\frac{[H^+]}{c} \tag{6-18}$$

结合式(6-17) 与式(6-18) 得到

$$\alpha=\sqrt{\frac{K_a}{c}} \tag{6-19}$$

由式(6-19)可以看出，因为弱酸的酸常数 K_a 不随浓度而变化，所以在一定温度下，解离度 α 随弱电解质浓度减小而增大，即：稀释使弱酸的解离度增大。式(6-19)一般称为稀释定律。稀释定律可用化学平衡来解释：在弱酸溶液中加入水后，使质子转移平衡向着弱酸解离的方向移动，在降低弱酸浓度的同时增强了水分子对弱酸的作用，从而使更多的弱酸解离。

例 6-4 计算下列 HAc 溶液的$[H^+]$以及 HAc 的解离度 α[已知 $K_a(HAc)=1.76\times10^{-5}$]，

(1) $0.10mol\cdot L^{-1}$；

(2) $1.0\times10^{-5}mol\cdot L^{-1}$。

解：(1) $c/K_a=\dfrac{0.100}{1.76\times10^{-5}}>500$，故可用最简式(6-17)计算

$$[H^+]=\sqrt{K_a c}=\sqrt{1.76\times10^{-5}\times0.10}=1.32\times10^{-3}(mol\cdot L^{-1})$$

$$\alpha=\frac{[H^+]}{c}=\frac{1.32\times10^{-3}}{0.10}=1.32\%$$

(2) $c/K_a=\dfrac{1.0\times10^{-5}}{1.76\times10^{-5}}<500$ 故可用近似式(6-15)进行计算

$$[H^+]=\frac{-K_a+\sqrt{K_a^2+4K_a c}}{2}$$

$$=\frac{-1.76\times10^{-5}+\sqrt{(1.76\times10^{-5})^2+4\times1.76\times10^{-5}\times1.0\times10^{-5}}}{2}$$

$$=7.12\times10^{-6}(mol\cdot L^{-1})$$

$$\alpha=\frac{[H^+]}{c}=\frac{7.12\times10^{-6}}{1.0\times10^{-5}}=71.2\%$$

第二题如果按最简式(6-17)计算：

$$[H^+]=\sqrt{K_a c}=1.33\times10^{-5}mol\cdot L^{-1}>1.0\times10^{-5}mol\cdot L^{-1}$$

显然不合理。从题中也可以看出，稀释后的 HAc 溶液的解离度明显增大。

例 6-5 求 $0.10mol\cdot L^{-1}NH_4NO_3$ 溶液的 pH 值。已知 $K_b(NH_3)=1.77\times10^{-5}$。

解：NH_4NO_3 溶于水后解离成 NH_4^+ 和 NO_3^-。NO_3^- 是极弱的碱，不和水发生反应，NH_4^+ 是一个弱酸，NH_4^+ 与 H_2O 存在质子转移平衡：

$$NH_4^+ + H_2O \rightleftharpoons H_3O^+ + NH_3$$

$$K_a=\frac{K_w}{K_b}=\frac{1.0\times10^{-14}}{1.77\times10^{-5}}=5.65\times10^{-10}$$

$c/K_a=\dfrac{0.10}{5.65\times10^{-10}}>500$ 可用最简式(6-17)

$$[H^+]=\sqrt{K_a c}=\sqrt{5.65\times10^{-10}\times0.10}=7.52\times10^{-6}\ (mol\cdot L^{-1})$$

$$pH=5.12$$

2. 同离子效应

以上的计算仅适用于溶液中只存在一种弱酸电解质的情况，如果溶液中加入其他强电解

质，则由于浓度的变化，质子转移平衡将发生移动，往往不能使用上述公式，需要根据实际情况考虑。

如下所示，在弱电解质 HAc 溶液中，加入少量强电解质 NaAc，由于 NaAc 在溶液中全部解离为 Na^+ 和 Ac^-，使溶液中 Ac^- 浓度增大，HAc 在水溶液中质子转移平衡向左移动，从而降低了 HAc 解离度。

$$HAc + H_2O \rightleftharpoons H_3O^+ + Ac^-$$

← 平衡移动方向

$$NaAc = Na^+ + Ac^-$$

这种在弱电解质溶液中加入与弱电解质具有相同离子的强电解质，利用浓度的变化使质子转移平衡向逆方向移动，从而使得弱电解质解离度降低的现象，称为同离子效应（common ion effect）。

例 6-6 如果在 1L 0.10mol·L^{-1} HAc 溶液中加入 0.10mol NaAc，则溶液的 $[H^+]$ 和解离度 α 各为多少？将计算结果与例 6-4（1）进行比较。已知 HAc 的 $K_a = 1.76\times10^{-5}$。

解：当溶液加入 Ac^- 后，设此时 $[H^+]$ 为 x mol·L^{-1}，达到新平衡时有：

$$\begin{matrix} HAc & + H_2O \rightleftharpoons & H_3O^+ + & Ac^- \\ 0.10-x & & x & x+0.10 \end{matrix}$$

$$K_a = \frac{[H^+][Ac^-]}{[HAc]} = \frac{x(x+0.10)}{0.10-x}$$

考虑到同离子效应 $x \ll 0.10, x+0.10 \approx 0.10, 0.10-x \approx 0.10$

因此计算可简化为 $K_a = \frac{0.10x}{0.10}$

$$[H^+] = x = K_a = 1.76\times10^{-5}(mol \cdot L^{-1})$$

$$\alpha = \frac{[H^+]}{c} = \frac{1.76\times10^{-5}}{0.10} = 1.76\times10^{-4} = 0.0176\% \ll 1.33\%$$

很显然加入 NaAc 后 HAc 解离度下降，同离子效应明显地抑制了 HAc 的解离。

实际上，不仅加入 NaAc 可以产生同离子效应使 HAc 解离度降低，在 HAc 溶液中加入强酸溶液如 HCl、H_2SO_4 等也可以达到相同的效果，因为强酸与 HAc 具有相同离子——氢离子。这样的同离子效应也存在于其他强酸弱酸的混合溶液，如 HCl 与 H_2CO_3、HCl 与 H_2S，甚至 HCl 与 H_2O 也存在这样的同离子效应。

在工业生产和科学实验中，人们常常利用同离子效应来制备缓冲溶液，用于调节 H^+ 和 OH^- 的浓度，控制溶液的酸度。

3. 盐效应

在弱电解质溶液中加入与弱电解质具有不同离子的强电解质，可使弱电解质的解离度略有增大的现象称为盐效应（salt effect）。例如，在 1L 0.10mol·L^{-1} HAc 溶液中加入 0.10mol NaCl，HAc 的解离度由 1.33%增大到 1.82%。其原因是强电解质的加入增加了溶液的离子强度，使溶液中离子之间牵制作用加强，使得 HAc 解离度略有增大。以弱酸 HA 为例：

$$HA + H_2O \rightleftharpoons H_3O^+ + A^-$$

$$K_a = \frac{a_{H^+}a_{A^-}}{a_{HA}} = \frac{\gamma_{H^+}[H^+]\gamma_{A^-}[A^-]}{[HA]} = \gamma_{H^+}\gamma_{A^-}\frac{[H^+][A^-]}{[HA]}$$

因为离子强度的增加，活度系数明显减小，$\gamma<1$，而 K_a 不变，所以 [H^+]、[A^-] 必然增大。

产生同离子效应时，必然伴随盐效应。但盐效应的影响要比同离子效应小得多，因此对于离子强度不大的溶液，可以不考虑盐效应。

4. 一元弱碱溶液

一元弱碱包括分子碱（如 NH_3、甲胺）和离子碱（如 Ac^-、CN^-）。在一元弱酸溶液的质子转移反应中，水分子表现为碱，它接受来自弱酸的质子。但在一元弱碱溶液中，水分子表现为酸，它把质子释放给弱碱。

一元弱碱 [OH^-] 的计算公式和一元弱酸相似，只是 [H^+] 换成 [OH^-]，K_a 换成 K_b。

近似公式：

$$[OH^-]=\frac{-K_b+\sqrt{K_b{}^2+4K_bc}}{2} \quad 适用条件\ cK_b>20K_w \tag{6-20}$$

最简式：

$$[OH^-]=\sqrt{K_bc} \quad 适用条件\ c/K_b\geqslant 500 \tag{6-21}$$

例 6-7 求 $0.10mol \cdot L^{-1}$ KAc 溶液的 pH 值。已知 $K_a(HAc)=1.76\times10^{-5}$。

解：KAc 在水中完全解离，Ac^- 与 H_2O 之间存在质子转移平衡：

$$Ac^-+H_2O \rightleftharpoons HAc+OH^-$$

$$K_b=\frac{K_w}{K_a}=5.68\times10^{-10}$$

$$c/K_b=\frac{0.10}{5.68\times10^{-10}}>500$$

可用最简式(6-21)

$$[OH^-]=\sqrt{K_bc}=\sqrt{5.68\times10^{-10}\times0.10}=7.54\times10^{-6}(mol \cdot L^{-1})$$

$$pOH=5.12 \qquad pH=14-5.12=8.88$$

二、多元酸（碱）溶液

多元酸与水的质子传递反应是分步进行的，以 H_2CO_3 为例：

$$H_2CO_3+H_2O \rightleftharpoons H_3O^++HCO_3^- \qquad K_{a_1}=\frac{[HCO_3^-][H^+]}{[H_2CO_3]}=4.3\times10^{-7}$$

$$HCO_3^-+H_2O \rightleftharpoons H_3O^++CO_3^{2-} \qquad K_{a_2}=\frac{[CO_3^{2-}][H^+]}{[HCO_3^-]}=5.6\times10^{-11}$$

当 $K_{a_1}/K_{a_2}>10^2$，溶液中的 [H^+] 主要来自第一步质子转移平衡，可以忽略第二步质子转移产生的 H^+，将多元酸当作一元弱酸处理。注意，这里的 [H^+] 和 [HCO_3^-] 是指其在整个溶液中的浓度，它们必须同时满足溶液中的所有平衡。

例 6-8 计算室温下 H_2CO_3 饱和溶液（$0.040mol \cdot L^{-1}$）的 [H^+]、[HCO_3^-]、[H_2CO_3]、[CO_3^{2-}]。

解：$K_{a_1}/K_{a_2}>10^2$，因此可以忽略第二步质子转移产生的 H^+，按一元弱酸处理。

又因为 $c/K_{a_1}=\frac{0.040}{4.3\times10^{-7}}>500$，按最简式(6-17) 计算

$$[H^+]=\sqrt{K_{a_1}c}=\sqrt{4.3\times10^{-7}\times0.040}=1.31\times10^{-4}(mol\cdot L^{-1})$$

$$[HCO_3^-]\approx[H^+]=1.31\times10^{-4}(mol\cdot L^{-1})$$

$$[H_2CO_3]=0.040-1.31\times10^{-4}\approx0.040(mol\cdot L^{-1})$$

CO_3^{2-} 是第二步质子转移的产物，不可忽略，用 K_{a_2} 计算

$$K_{a_2}=\frac{[CO_3^{2-}][H^+]}{[HCO_3^-]}=5.6\times10^{-11}$$

因$[HCO_3^-]\approx[H^+]$，故$[CO_3^{2-}]\approx K_{a_2}=5.6\times10^{-11}(mol\cdot L^{-1})$

通过上例计算，对于多元弱酸溶液，可以得出以下结论。

(1) 多元弱酸 $K_{a_1}\gg K_{a_2}\gg K_{a_3}$，特别是当 $K_{a_1}/K_{a_2}>10^2$ 时，$[H^+]$ 计算可按一元弱酸处理。K_{a_1} 可作为衡量酸度的标志。

(2) 二元弱酸的酸根浓度近似等于 K_{a_2}，与酸的原始浓度关系不大。

(3) 上述两个结论仅适用于纯的多元弱酸溶液，若在其中加入强酸，pH 发生改变，产生同离子效应（H^+ 是同离子），将使质子转移平衡发生移动，此时 $[CO_3^{2-}]$ 不再等于 K_{a_2}，可以使用如下关系式进行相关计算：

$$K=K_{a_1}K_{a_2}=\frac{[CO_3^{2-}][H^+]^2}{[H_2CO_3]} \quad (6\text{-}22)$$

式(6-22) 中的 $[H^+]$ 主要由外加的强酸提供，而 H_2CO_3 通常处于饱和状态，其浓度一般不变。

多元弱碱（如 CO_3^{2-}、S^{2-}、PO_4^{3-} 等离子）质子转移平衡的有关计算与多元弱酸相似。

例 6-9 求 $0.10mol\cdot L^{-1}Na_2CO_3$ 溶液的 pH 值和 $[H_2CO_3]$。如果在此溶液中加入过量盐酸，并使 $[H^+]$ 达到 $0.3mol\cdot L^{-1}$，H_2CO_3 的浓度达到饱和浓度 $0.040mol\cdot L^{-1}$，试计算此时溶液中 CO_3^{2-} 的浓度。已知 H_2CO_3 的 $K_{a_1}=4.3\times10^{-7}$，$K_{a_2}=5.6\times10^{-11}$。

解： $CO_3^{2-}+H_2O \rightleftharpoons HCO_3^-+OH^-$ $\quad K_{b_1}=K_w/K_{a_2}=1.79\times10^{-4}$

$HCO_3^-+H_2O \rightleftharpoons H_2CO_3+OH^-$ $\quad K_{b_2}=K_w/K_{a_1}=2.33\times10^{-8}$

$K_{b_1}/K_{b_2}>10^2$，忽略第二步质子转移产生的 OH^-，按一元弱碱处理：

$c/K_{b_1}=\frac{0.10}{1.79\times10^{-4}}>500$，按最简式(6-21) 计算

$$[OH^-]=\sqrt{K_{b_1}c}=\sqrt{1.79\times10^{-4}\times0.10}=4.23\times10^{-3}(mol\cdot L^{-1})$$

$$pOH=2.37 \qquad pH=11.63$$

因为 $[OH^-]\approx[HCO_3^-]$，故

$$[H_2CO_3]=\frac{[H_2CO_3][OH^-]}{[HCO_3^-]}=K_{b_2}=2.33\times10^{-8}$$

加入过量的盐酸后，生成 CO_2 并逸出，溶液是 H_2CO_3 的饱和溶液，此溶液中存在同离子效应，因此使用式(6-22) 进行计算：

$$[CO_3^{2-}]=\frac{K_{a_1}K_{a_2}[H_2CO_3]}{[H^+]^2}=\frac{4.3\times10^{-7}\times5.6\times10^{-11}\times0.040}{0.3^2}=1.07\times10^{-17}(mol\cdot L^{-1})$$

从本例可以看到，在碳酸盐溶液中加入过量的强酸，可以使碳酸根离子浓度明显下降。

三、两性物质溶液

质子理论认为：既能接受质子又能给出质子的物质为两性物质，如多元酸的酸式盐（$NaHCO_3$）、弱酸弱碱盐（NH_4Ac）、氨基酸（H_2NCH_2COOH）。两性物质在溶液中的质子转移平衡比较复杂，现以 HCO_3^- 为例简要介绍。

设 HCO_3^- 浓度为 c，HCO_3^- 与 H_2O 之间发生两个质子转移反应：

$$HCO_3^- + H_2O \rightleftharpoons H_2CO_3 + OH^- \qquad K_{b_2} = \frac{[H_2CO_3][OH^-]}{[HCO_3^-]}$$

$$HCO_3^- + H_2O \rightleftharpoons H_3O^+ + CO_3^{2-} \qquad K_{a_2} = \frac{[CO_3^{2-}][H^+]}{[HCO_3^-]}$$

将两个反应的平衡常数相除，得到：

$$\frac{K_{a_2}}{K_{b_2}} = \frac{[CO_3^{2-}][H^+]}{[HCO_3^-]} \times \frac{[HCO_3^-]}{[H_2CO_3][OH^-]} \tag{6-23}$$

由于 HCO_3^- 的酸解离反应和碱解离反应（即水解反应）相互制约，使得反应产生的 $[CO_3^{2-}]$ 与 $[H_2CO_3]$ 相近，因此可得

$$\frac{K_{a_2}}{K_{b_2}} = \frac{[H^+]}{[OH^-]} \tag{6-24}$$

进而可得

$$[H^+] = \sqrt{K_{a_1} K_{a_2}} \tag{6-25}$$

式(6-25) 是计算两性物质溶液的 $[H^+]$ 的近似公式。从近似公式可见，两性物质溶液的 $[H^+]$ 与溶液的浓度基本无关。因此，

对于 $H_2PO_4^-$ 溶液　　$[H^+] = \sqrt{K_{a_1} K_{a_2}}$

对于 HPO_4^{2-} 溶液　　$[H^+] = \sqrt{K_{a_2} K_{a_3}}$

对于正负离子组成弱酸弱碱盐（NH_4F、NH_4Ac）

$$[H^+] = \sqrt{K_a K'_a} \tag{6-26}$$

以 NH_4Ac 为例，K_a 表示阳离子酸 NH_4^+ 的酸常数，K_a'表示阴离子碱 Ac^- 的共轭酸——HAc 的酸常数。

例 6-10　求 $0.100mol \cdot L^{-1} NH_4F$ 的 pH 值。已知 $pK_a(NH_4^+) = 9.24$，$pK_a'(HF) = 3.45$。

解：

$$[H^+] = \sqrt{K_a K'_a}$$

$$pH = \frac{1}{2}(pK_a + pK'_a) = \frac{1}{2}(9.24 + 3.45) = 6.34$$

第五节　缓冲溶液

（Buffer Solution）

一般来说，在电解质水溶液中加入强酸或强碱，或者加入大量水对其进行稀释时，往往

会明显改变原有的 pH 值，但也有一类溶液的 pH 值不会因此发生明显改变。比如在 1.0L 纯水，1.0L 0.1mol·L^{-1}NaCl 和 1.0L 0.1mol·L^{-1}HAc-NaAc 混合溶液三种液体中加入强酸或强碱，研究其 pH 值变化情况，得到如表 6-8 所示数据。

表 6-8 强酸、强碱对溶液 pH 值的影响

1.0L 纯水或溶液	原 pH	加入 0.01mol HCl 后的 pH	|ΔpH|	加入 0.01mol NaOH 后的 pH	|ΔpH|
H_2O	7	2	5	12	5
0.1mol·L^{-1}NaCl	7	2	5	12	5
0.1mol·L^{-1}HAc-NaAc	4.75	4.66	0.09	4.84	0.09

表 6-8 表明，在纯水或 NaCl 溶液中加入强酸或强碱，pH 改变了 5 个单位，而在 HAc-NaAc 混合溶液中加入相同量的强酸或强碱，pH 仅改变了 0.09 个单位。

像 HAc-NaAc 这类能够抵抗少量外加的强酸、强碱或者适当的稀释作用，而保持 pH 值几乎不变的溶液称为缓冲溶液（buffer solution）。缓冲溶液对强酸、强碱的抵抗作用称为缓冲作用（buffer action）。

一、缓冲溶液的组成及作用原理

缓冲溶液为什么具有抗酸或抗碱的作用呢？这必须从它的组成来研究。一般缓冲溶液同时存在着抗碱成分和抗酸成分，这两种成分统称为缓冲系统（buffer system）或缓冲对（buffer pair）。常见的缓冲系统列于表 6-9 中。

表 6-9 常见缓冲系统

缓冲系统	抗碱成分（共轭酸）	抗酸成分（共轭碱）	质子转移平衡式	pK_a(25℃)
$HAc-Ac^-$	HAc	Ac^-	$HAc+H_2O \rightleftharpoons Ac^-+H_3O^+$	4.75
$H_2CO_3-HCO_3^-$	H_2CO_3	HCO_3^-	$H_2CO_3+H_2O \rightleftharpoons HCO_3^-+H_3O^+$	6.37
$H_3PO_4-H_2PO_4^-$	H_3PO_4	$H_2PO_4^-$	$H_3PO_4+H_2O \rightleftharpoons H_2PO_4^-+H_3O^+$	2.12
$H_2C_8H_4O_4-HC_8H_4O_4^-$*	$H_2C_8H_4O_4$	$HC_8H_4O_4^-$	$H_2C_8H_4O_4+H_2O \rightleftharpoons HC_8H_4O_4^-+H_3O^+$	2.92
$NH_4^+-NH_3$	NH_4^+	NH_3	$NH_4{}^++H_2O \rightleftharpoons NH_3+H_3O^+$	9.25
$CH_3NH_3^+Cl-CH_3NH_2$**	$CH_3NH_3^+$	CH_3NH_2	$CH_3NH_3^++H_2O \rightleftharpoons CH_3NH_2+H_3O^+$	10.7
$NaH_2PO_4-Na_2HPO_4$	$H_2PO_4^-$	HPO_4^{2-}	$H_2PO_4^-+H_2O \rightleftharpoons HPO_4^{2-}+H_3O^+$	7.21
$Na_2HPO_4^-Na_3PO_4$	HPO_4^{2-}	$PO_4{}^{3-}$	$HPO_4^{2-}+H_2O \rightleftharpoons PO_4{}^{3-}+H_3O^+$	12.67

注：*邻苯二甲酸-邻苯二甲酸氢盐；**盐酸甲胺-甲胺。

从表中可以看到，缓冲系统为一对共轭酸碱对，抗酸成分为共轭碱，抗碱成分为其共轭酸。一般来说，缓冲溶液的 pH 值接近其共轭酸的 pK_a。

我们以醋酸缓冲系（HAc-NaAc）为例，来说明缓冲作用原理。

在 HAc-NaAc 混合溶液中，NaAc 完全解离，而 HAc 的解离由于大量 Ac^- 的存在而被抑制了（同离子效应）。因此，该系统中存在着大量的 HAc 和 Ac^-，这一对物质是共轭酸碱对，在溶液中存在如下质子转移平衡：

$$HAc+H_2O \rightleftharpoons H_3O^++Ac^-$$

当加入少量强酸时，溶液中的 Ac^- 结合外来的质子，Ac^- 浓度降低，使平衡向左移动，生成难解离的 HAc。当达到新的平衡时，溶液中 HAc 浓度增加，Ac^- 浓度减少，而外来的 H^+ 由于被 Ac^- 消耗了绝大多数，所以 H^+ 浓度没有明显增加，pH 值几乎不变。共轭碱 Ac^- 起到了抗酸的作用所以称为抗酸成分。

当加入少量强碱时，溶液中的 H_3O^+ 与外来的 OH^- 结合，H_3O^+ 浓度降低，使平衡向右移动，促使更多的 HAc 解离出 H_3O^+ 来弥补 H_3O^+ 的损失。在达到新的平衡时，Ac^- 浓度增加，HAc 浓度减少，外来的 OH^- 由于被 HAc 消耗了大多数，所以 H_3O^+ 浓度没有明显减少，pH 值几乎不变。共轭酸 HAc 起抗碱作用所以称为抗碱成分。

实际上，还有一些溶液，它们不是这里讨论的缓冲溶液的类型，但也具有一定的缓冲能力。比如一定浓度的强酸（如 HCl），强碱（如 NaOH）溶液，它们分别在 pH<3 及 pH>11 的高酸度区、高碱度区有缓冲能力。其原因是：在强酸、强碱溶液中 H^+、OH^- 浓度很高，外加少量酸、碱后，pH 值改变较小。这类溶液具有缓冲能力，但不存在共轭酸碱对，其缓冲机制与本章所述缓冲溶液有所不同。

二、缓冲溶液 pH 值的计算

弱酸 HA 与其共轭碱 A^- 组成缓冲溶液，在该缓冲系统中存在下列质子转移平衡：

$$HA + H_2O \rightleftharpoons H_3O^+ + A^-$$

从 HA 质子转移平衡可得：

$$K_a = \frac{[H_3O^+][A^-]}{[HA]}$$

$$[H_3O^+] = K_a \frac{[HA]}{[A^-]}$$

等式两边同取负对数：

$$-\lg[H_3O^+] = -\lg K_a + \lg \frac{[A^-]}{[HA]}$$

$$pH = pK_a + \lg \frac{[A^-]}{[HA]}$$

$$pH = pK_a + \lg \frac{[共轭碱]}{[共轭酸]} \qquad (6\text{-}27)$$

此式称为亨德森-哈塞尔巴赫（Henderson-Hasselbalch）方程。

式中，K_a 表示共轭酸的质子转移平衡常数；[共轭酸]、[共轭碱] 分别为 HA、A^- 的平衡浓度，$\frac{[共轭碱]}{[共轭酸]}$称为缓冲比（buffer ratio）。由于缓冲溶液中 HA 为弱酸，同时还存在同离子效应（同离子：A^-），使得 HA 和 A^- 的浓度变化都非常小，其平衡浓度接近于起始浓度 c。所以式(6-27) 又可以简化为：

$$pH = pK_a + \lg \frac{c(A^-)}{c(HA)} \qquad (6\text{-}28)$$

式中，$c(HA)$和 $c(A^-)$分别表示缓冲溶液中共轭酸和共轭碱的起始浓度。

若以 $n(HA)$和 $n(A^-)$分别表示体积为 V 的缓冲溶液中所含共轭酸、共轭碱的物质的量，则式(6-28)变成：

$$\mathrm{pH}=\mathrm{p}K_a+\lg\frac{\frac{n(\mathrm{A}^-)}{V}}{\frac{n(\mathrm{HA})}{V}}=\mathrm{p}K_a+\lg\frac{n(\mathrm{A}^-)}{n(\mathrm{HA})} \tag{6-29}$$

由以上各式可知。

(1) 缓冲溶液的 pH 值，主要取决于共轭酸的质子转移平衡常数 K_a；

(2) 对于同一缓冲对不同浓度的缓冲溶液，K_a 相同，溶液的 pH 值则取决于缓冲比，缓冲比等于 1 时，$\mathrm{pH}=\mathrm{p}K_a$；

(3) 缓冲溶液加适量水稀释后，$[\mathrm{A}^-]$ 和 $[\mathrm{HA}]$ 同时减小，缓冲比变化很小，所以 pH 值几乎不变。但稀释会引起溶液离子强度减小，使溶液活度系数增大，因此 pH 值会发生变化。

例 6-11 按照表 6-8 所示实验，由 $0.20\mathrm{mol\cdot L^{-1}}$ HAc 溶液和 $0.20\mathrm{mol\cdot L^{-1}}$ NaAc 溶液，等体积混合成 1.0L 缓冲溶液，求此溶液的 pH 值。在此溶液中加入 0.010mol HCl 或 0.010molNaOH 后 pH 值改变多少单位？(不考虑体积改变)

解：由于 HAc 和 NaAc 溶液等体积混合，所以缓冲溶液中 HAc 和 NaAc 的起始浓度为它们原来浓度的一半。

(1) 计算原缓冲溶液的 pH 值：

$$c(\mathrm{HAc})=\frac{0.20}{2}=0.10(\mathrm{mol\cdot L^{-1}})$$

$$c(\mathrm{Ac^-})=\frac{0.20}{2}=0.10(\mathrm{mol\cdot L^{-1}})$$

代入式(6-28) 得 $$\mathrm{pH}=\mathrm{p}K_a+\lg\frac{c(\mathrm{A^-})}{c(\mathrm{HA})}=4.75+\lg\frac{0.10}{0.10}=4.75$$

(2) 计算加入 0.010mol HCl 后缓冲溶液 pH 值的变化：

加入 HCl 后，外加质子与 $\mathrm{Ac^-}$ 结合生成 HAc，使 HAc 的量增加，$\mathrm{Ac^-}$ 的量减少。

$$c(\mathrm{Ac^-})=\frac{0.10\times1.0-0.010}{1.0}=0.09(\mathrm{mol\cdot L^{-1}})$$

$$c(\mathrm{HAc})=\frac{0.10\times1.0+0.010}{1.0}=0.11(\mathrm{mol\cdot L^{-1}})$$

代入式(6-28) 得 $$\mathrm{pH}=\mathrm{p}K_a+\lg\frac{c(\mathrm{A^-})}{c(\mathrm{HA})}=4.75+\lg\frac{0.09}{0.11}=4.66$$

加酸后 pH 值由 4.75 减至 4.66，下降了 0.09 个单位。

(3) 计算加入 0.010mol NaOH 后，缓冲溶液 pH 值的变化：

加入的 NaOH 与 HAc 反应生成 $\mathrm{Ac^-}$，使 HAc 的量减少，$\mathrm{Ac^-}$ 的量增加。

$$c(\mathrm{Ac^-})=\frac{0.10\times1.0+0.010}{1.0}=0.11(\mathrm{mol\cdot L^{-1}})$$

$$c(\mathrm{HAc})=\frac{0.10\times1.0-0.010}{1.0}=0.09(\mathrm{mol\cdot L^{-1}})$$

代入式(6-28) 得 $$\mathrm{pH}=\mathrm{p}K_a+\lg\frac{c(\mathrm{A^-})}{c(\mathrm{HA})}=4.75+\lg\frac{0.11}{0.09}=4.84$$

加碱后 pH 值由 4.75 增加到 4.84，上升了 0.09 个单位。

例 6-12 在 15mL 0.10mol·L^{-1} 氨水中，加入 5mL 0.20mol·L^{-1}HCl，求此混合液的 pH 值（已知 NH_3 的 $pK_b=4.75$）。

解：HCl 与 NH_3 反应生成 NH_4^+，NH_4^+ 和剩余的 NH_3 组成缓冲溶液（注意：HCl 不是共轭酸），质子转移平衡为：

$$NH_3+H_3O^+ \rightleftharpoons NH_4^+ +H_2O$$

加入 HCl 的物质的量等于生成 NH_4^+ 的物质的量，所以

$$c(NH_4^+)=\frac{0.20\times 5}{20}=0.05(mol\cdot L^{-1})$$

剩余的 NH_3 的物质的量等于原来的物质的量减去 HCl 的物质的量，所以

$$c(NH_3)=\frac{0.10\times 15-0.20\times 5}{20}=0.025(mol\cdot L^{-1})$$

$$pK_a=pK_w-pK_b=14-4.75=9.25$$

代入式(6-28) 得 $$pH=pK_a+\lg\frac{c(A^-)}{c(HA)}=9.25+\lg\frac{0.025}{0.05}=8.95$$

例 6-13 将 0.20mol·L^{-1}NaH_2PO_4 5.0mL 与 0.10mol·L^{-1}Na_2HPO_4 15.0mL 混合，求混合液的 pH。

解：该溶液是由 $H_2PO_4^-$ 和 HPO_4^{2-} 组成的缓冲溶液，其中 $H_2PO_4^-$ 是共轭酸，存在如下质子转移平衡：

$$H_2PO_4^- +H_2O \rightleftharpoons HPO_4^{2-}+H_3O^+$$

混合后各组分的物质的量分别为

$$n(H_2PO_4^-)=0.20\times 5.0=1.0(mmol)$$

$$n(HPO_4^{2-})=0.10\times 15.0=1.5(mmol)$$

查表（6-9）得到共轭酸 $H_2PO_4^-$ 的 pK_a（即 H_3PO_4 的 pK_{a_2}）=7.21，代入式(6-29) 得

$$pH=pK_a+\lg\frac{n(A^-)}{n(HA)}=7.21+\lg\frac{1.5}{1.0}=7.39$$

由于溶液中离子相互作用的影响，用缓冲溶液计算公式［式(6-27)～式(6-29)］所计算的 pH 只是一个近似值，如果要较精确地计算缓冲溶液的 pH，就要用共轭酸碱的活度来代替它们的平衡浓度，也就是要考虑活度系数和离子强度的影响。

三、缓冲容量（Buffer Capacity）

1. 缓冲容量

任何缓冲溶液的缓冲作用都是有限的，正如前面给出的缓冲溶液的定义所指出的，就每一种缓冲溶液而言，只能抵抗限量的外加的强酸、强碱而维持 pH 值基本不变。当外加的强酸、强碱的量较大时，缓冲溶液对强酸、强碱的抵抗能力就随着外加强酸、强碱的量的增大而逐渐减弱，并最终消失。为了定量地表示缓冲能力的大小，1922 年 Slyke 提出用缓冲容量（buffer capacity）β 作为衡量缓冲能力的大小的尺度。定义为：单位体积缓冲溶液中，pH 改变 1 个单位时（$\Delta pH=1$）所需加入一元强酸或一元强碱的物质的量。

在实际工作中，常在一定体积（V）的缓冲溶液中，加入一定量（n）的一元强酸或一元强碱，然后根据溶液的 pH 值变化来计算缓冲容量（单位 mol·L^{-1}·pH^{-1}）：

$$\beta=\frac{n}{V|\Delta pH|} \tag{6-30}$$

如果加入酸或碱的量 n 和溶液体积 V 不变，则 $|\Delta pH|$ 越小，即缓冲溶液的 pH 变化越小，缓冲能力越强。

例 6-14 用浓度均 $0.20mol \cdot L^{-1}$ 的 HAc 和 NaAc 溶液等体积混合成 10.0mL 缓冲溶液，计算该缓冲溶液的 pH。若在该溶液中加入 $0.10mol \cdot L^{-1}$ 的 NaOH 0.30mL，计算该溶液的缓冲容量 β。

解：(1) 计算原缓冲溶液 pH，根据式(6-28)

$$pH=pK_a+\lg\frac{c(A^-)}{c(HA)}=4.75+\lg\frac{0.20\times5.0}{0.20\times5.0}=4.75$$

(2) 加入 $0.10mol \cdot L^{-1}$ 的 NaOH 0.30mL 后，溶液的 pH

$$pH'=pK_a+\lg\frac{c(A^-)}{c(HA)}=4.75+\lg\frac{0.20\times5.0+0.10\times0.30}{0.20\times5.0-0.10\times0.30}=4.78$$

(3) 计算缓冲容量 β

$$\Delta pH=4.78-4.75=0.03$$

$$\beta=\frac{n}{V|\Delta pH|}=\frac{0.10\times0.30}{10.0\times0.03}=0.10(mol \cdot L^{-1} \cdot pH^{-1})$$

必须指出，某一缓冲溶液的缓冲容量是随着加入的强酸或强碱的量的改变而不断变化的(也随着 pH 值的变化而发生变化)，因此式(6-30) 只是一个近似的公式，所计算的缓冲容量只是在这个 pH 变化范围内缓冲容量的平均值，严格来说应该使用微分定义式，即：

$$\beta=\frac{dn}{V|dpH|}(单位:mol \cdot L^{-1} \cdot pH^{-1}) \tag{6-31}$$

式中，dn 表示加入的微小量的一元强酸或一元强碱的物质的量；V 表示缓冲溶液的体积；$|dpH|$ 表示缓冲溶液 pH 的微小的改变量。

2. 影响缓冲容量的因素

缓冲容量的大小取决于缓冲溶液的总浓度和缓冲比。

(1) 总浓度　总浓度是缓冲溶液中共轭酸与共轭碱浓度之和($c_{总}=[HA]+[A^-]$)，当缓冲比$\frac{[共轭碱]}{[共轭酸]}$一定时，总浓度越大，抗酸抗碱成分越多，缓冲容量越大；反之，总浓度越小，缓冲容量也越小。当缓冲溶液稀释时，总浓度减小，缓冲容量也降低。缓冲容量与总浓度的关系参见表 6-10。

表 6-10　缓冲容量与总浓度的关系

缓冲溶液	$c_{总}/mol \cdot L^{-1}$	$c_{Ac^-}/mol \cdot L^{-1}$	$c_{HAc}/mol \cdot L^{-1}$	缓冲比	$\beta/mol \cdot L^{-1} \cdot pH^{-1}$
Ⅰ	0.20	0.10	0.10	1	0.44
Ⅱ	0.040	0.020	0.020	1	0.023

(2) 缓冲比　将式(6-31) 解微分方程，可以推导出缓冲容量 (β) 与总浓度 ($c_{总}=[HA]+[A^-]$) 及共轭酸碱的平衡浓度 ($[HA]$、$[A^-]$) 的关系

$$\beta=\frac{dn}{V|dpH|}=2.303\frac{[HA][A^-]}{c_{总}} \tag{6-32}$$

当缓冲比$\frac{[A^-]}{[HA]}$=1时，$[HA]=[A^-]=\frac{1}{2}c_{总}$，代入式(6-32)，得

$$\beta_{max}=2.303\frac{[HA][H^-]}{c_{总}}=2.303(\frac{1}{2}c_{总})(\frac{1}{2}c_{总})/c_{总}=0.576c_{总} \quad (6\text{-}33)$$

可见，总浓度一定时，缓冲比等于1，缓冲容量达到极大值。表6-11列出了实验测得的不同缓冲比的$HAc\text{-}Ac^-$缓冲体系的缓冲容量数据。

表6-11　缓冲容量与缓冲比的关系（$c_{总}=0.1mol\cdot L^{-1}$的$HAc\text{-}Ac^-$缓冲溶液）

缓冲溶液	$c_{Ac^-}/mol\cdot L^{-1}$	$c_{HAc}/mol\cdot L^{-1}$	缓冲比	pH	$\beta/mol\cdot L^{-1}\cdot pH^{-1}$
Ⅰ	0.005	0.095	1∶19	3.47	0.011
Ⅱ	0.010	0.090	1∶9	3.80	0.021
Ⅲ	0.050	0.050	1∶1	4.75	0.058
Ⅳ	0.090	0.010	9∶1	5.70	0.021
Ⅴ	0.095	0.005	19∶1	6.03	0.011

表6-11数据表明，当总浓度均为$0.10mol\cdot L^{-1}$时，缓冲比越接近1，pH值越接近pK_a，缓冲容量越大；缓冲比等于1，即$pH=pK_a$时，缓冲容量最大（β_{max}）。反之，缓冲比越偏离1，缓冲容量越小。当缓冲比小于1∶10或大于10∶1时，pH与pK_a之差超过1个pH单位，一般认为缓冲溶液已失去缓冲作用。因此，把$pH=pK_a\pm1$作为缓冲作用的有效区间，称为缓冲溶液的缓冲范围（range of buffer）。不同的缓冲系统因pK_a不同，缓冲范围也不同。

四、缓冲溶液的配制

1. 缓冲溶液的配制原则及方法

在很多实验中，常常需要配制一定pH值的缓冲溶液。为了使配制的缓冲溶液具有较高的缓冲能力，根据上节讨论，应按下列原则及步骤进行。

(1) 选择合适的缓冲系，使配制缓冲溶液的pH值在所选择缓冲系统的缓冲范围内，且pH值尽可能接近共轭酸的pK_a。

(2) 有合适的总浓度，为了使所配制的缓冲溶液具有较大的缓冲容量（缓冲容量$0.015\sim0.1mol\cdot L^{-1}\cdot pH^{-1}$之间），溶液中应含有较高浓度的抗酸、抗碱成分，一般总浓度控制在$0.05\sim0.2mol\cdot L^{-1}$之间。

(3) 选定缓冲系统后，就可利用式(6-28)、式(6-29)计算出所需酸和共轭碱的量。

如果使用相同浓度的酸和共轭碱混合后来配制缓冲溶液，配制缓冲溶液的体积为V，其中酸的体积为$V(HA)$、共轭碱的体积为$V(A^-)$，不考虑混合后体积的变化，则$V=V(HA)+V(A^-)$，再根据式(6-28)，可以推导出

$$pH=pK_a+\lg\frac{cV(A^-)/V}{cV(HA)/V}$$

$$pH=pK_a+\lg\frac{V(A^-)}{V(HA)} \quad (6\text{-}34)$$

或

$$pH=pK_a+\lg\frac{V(A^-)}{V-V(A^-)} \quad (6\text{-}35)$$

由式(6-34) 和式(6-35) 可以计算所需酸和碱的量。

(4) 根据计算结果配制缓冲溶液，用酸度计对其 pH 值进行校正。

例 6-15 如何配制 100mLpH 为 4.50，总浓度为 0.10mol·L^{-1} 的缓冲溶液？

解：由表 6-9 可知 HAc-Ac$^-$ 缓冲系的 $pK_a=4.75$，接近需配制缓冲溶液的 pH。选用浓度相同的 HAc 和 NaAc 溶液，即 $c(HAc)=c(Ac^-)=0.10mol \cdot L^{-1}$ 来配制。设 NaAc 溶液体积为 $V(Ac^-)$，则 HAc 溶液体积为 $100-V(Ac^-)$。代入式(6-34) 得

$$4.50=4.75+\lg \frac{V(Ac^-)}{100-V(Ac^-)}$$

$$-0.25=\lg \frac{V(Ac^-)}{100-V(Ac^-)}$$

$$0.56=\frac{V(Ac^-)}{100-V(Ac^-)}$$

$$V(Ac^-)=36(mL) \qquad V(HAc)=100-36=64(mL)$$

应取 0.10mol·L^{-1}HAc 溶液 64mL 和 0.10mol·L^{-1}NaAc 溶液 36mL，混合均匀，然后用酸度计校正所配缓冲溶液的 pH 值，即得。

2. 常用缓冲溶液

(1) 标准缓冲溶液 用酸度计测量 pH 值时，必须用标准缓冲溶液校正仪器。表 6-12 列出 1970 年国际纯粹与应用化学联合会 (IUPAC) 确定的 5 种主要的标准缓冲溶液。

表 6-12 标准缓冲溶液的 pH 值 (298K)

pH 标准缓冲溶液	pH 标准值
饱和酒石酸氢钾($KHC_4H_4O_6$，0.034mol·L^{-1})	3.557
0.05mol·L^{-1} 邻苯二甲酸氢钾	4.008
0.025mol·L^{-1}KH_2PO_4-0.025mol·L^{-1}Na_2HPO_4	6.865
0.00869mol·L^{-1}KH_2PO_4-0.03043mol·L^{-1}Na_2HPO_4	7.413
0.01mol·L^{-1} 硼砂($Na_2B_4O_7 \cdot 10H_2O$)	9.180

表 6-12 中，酒石酸氢钾、邻苯二甲酸氢钾、硼砂缓冲溶液都是由一种化合物配制而成的。这些化合物具有缓冲作用的原因各不相同。如酒石酸氢钾溶于水后，解离成 $HC_4H_4O_6^-$ 与 K^+，而 $HC_4H_4O_6^-$ 是两性离子，在水溶液中形成 $H_2C_4H_4O_6$-$HC_4H_4O_6^-$ 和 $HC_4H_4O_6^-$-$C_4H_4O_6^{2-}$ 两个缓冲系。由于 $H_2C_4H_4O_6$ 和 $HC_4H_4O_6^-$ 的 pK_a 分别 2.98 和 4.30，比较接近，缓冲范围叠加，缓冲能力增强。邻苯二甲酸氢钾与之类似。而硼砂溶液，则是由于 1mol 硼砂在水中水解生成 2mol 偏硼酸 (HBO_2) 和 2mol 偏硼酸钠 ($NaBO_2$) 组成缓冲对，也具有良好的缓冲作用。

(2) 实用缓冲溶液 为了准确、方便地配制缓冲溶液，对一般常用缓冲系无须计算，可通过查阅化学手册按标准配方配制。比如在生物培养或者临床检测中的实验中，常常根据所需的 pH 值在溶液中加入 KH_2PO_4-Na_2HPO_4 缓冲系统和 Tris 缓冲系统 [即三 (羟甲基) 甲胺及其盐酸盐]。这些缓冲溶液在配制时不仅需要考虑 pH 值，还要考虑离子强度等条件，避免影响溶液中某些酶的活性，因此，这种缓冲系符合生理和生物化学的要求，常用于生物

系统 pH 值的测定和一定酸度的控制，在生命科学中被广泛使用。

五、缓冲溶液在生命科学中的意义

缓冲溶液在生命科学中应用极为广泛，除了上述的生物培养和临床医学检验外，组织切片和染色、血液的冷藏保持、酶的催化研究等，都需要在一定的 pH 值范围内进行，这是因为生命体中的催化剂——酶只能在特定的 pH 下才具有活性，如胃蛋白酶适宜在 pH 1.5～2.0 范围内发挥作用，pH＞4.0 时失去活性。

正常情况下，人体的血液的 pH 值保持在 7.35～7.45 的狭小范围内。人体由于食物消化、吸收或组织中的新陈代谢等作用，会产生大量的酸性物质和碱性物质，这些物质进入血液后，血液的 pH 仍然保持稳定，说明血液中存在着多对缓冲系统，其中，血浆中的主要缓冲体系有：$\frac{NaHCO_3}{H_2CO_3}$、$\frac{\text{Na-血浆蛋白}}{\text{H-血浆蛋白}}$、$\frac{Na_2HPO_4}{NaH_2PO_4}$。红细胞中的主要缓冲体系有：$\frac{KHCO_3}{H_2CO_3}$、$\frac{KHb}{\text{HHb（血红蛋白）}}$、$\frac{K_2HPO_4}{KH_2PO_4}$、$\frac{KHbO_2}{HHbO_2\text{-氧合血红蛋白质}}$。其中$\frac{HCO_3^-}{H_2CO_3}$缓冲对在血液中浓度很高，缓冲能力最强，对维持血液恒定的 pH 值起着重要的作用。在血液或细胞中 H_2CO_3 主要以 CO_2 形式存在，与 HCO_3^- 存在以下平衡：

$$CO_2 + H_2O \rightleftharpoons HCO_3^- + H^+$$

$$pH = pK_a + \lg \frac{[HCO_3^-]}{[CO_2]_{\text{溶解}}}$$

37℃时，如果考虑离子强度的影响，H_2CO_3 的 pK_a 校正为 6.10，而血浆中 $[CO_2]_{\text{溶解}}$ 为 $0.0012\text{mol}\cdot L^{-1}$，$[HCO_3^-]$ 为 $0.024\text{mol}\cdot L^{-1}$，代入上式：

$$pH = 6.10 + \lg \frac{0.024}{0.0012} = 6.10 + \lg 20 = 7.4$$

实际上，人体血液中的缓冲比$\frac{[HCO_3^-]}{[CO_2]_{\text{溶解}}}$已经超过了（1/10）～（10/1）的缓冲范围，但是仍然很好地维持了血液的 pH 值（7.35～7.45）基本不变，这是因为人体的血液是一个敞开系统，抗酸、抗碱成分的消耗与补充，可由肺、肾的生理功能得到及时的调节，其关系式如下：

$$\begin{array}{ccc} H_2CO_3 & \underset{H^+}{\overset{OH^-}{\rightleftharpoons}} & HCO_3^- \\ \Updownarrow & & \Updownarrow \\ \text{肺} & \rightleftharpoons & CO_2 + H_2O \quad \text{肾脏} \end{array}$$

当代谢产生的非挥发的酸如乳酸、磷酸进入血浆时，平衡左移，HCO_3^- 起抗酸作用，生成 CO_2 与 H_2O。生成的 CO_2 经肺部呼吸排出，而消耗的 HCO_3^- 则由肾脏调节得到补充。当代谢产生碱或食物摄取的碱进入血浆时，平衡右移，H_2CO_3 起抗碱作用，生成的过量的 HCO_3^- 通过肾脏经尿液排出，消耗的 H_2CO_3 则由肺通过控制 CO_2 排出量得到补充。这样就使缓冲比$[HCO_3^-]/[CO_2]$保持在(18/1)～(22/1)，pH 保持在 7.35～7.45 的范围内。在某些疾病中，调节机制被破坏，如果血液的 pH 低于 7.35 时，就会出现酸中毒，高于 7.45 时就会出现碱中毒。

习　题

1. 计算 0.10mol·kg^{-1} $K_3[Fe(CN)_6]$ 溶液的离子强度。

2. 根据酸碱质子理论，判断下列物质在水溶液中哪些是酸？哪些是碱？哪些是两性物质？写出它们的共轭酸或共轭碱。

HS^-、HCO_3^-、CO_3^{2-}、ClO^-、OH^-、H_2O、NH_4^+。

3. 计算下列溶液的 pH 值：

(1) 0.10mol·L^{-1} HCN；

(2) 0.10mol·L^{-1} KCN；

(3) 0.020mol·L^{-1} NH_4Cl；

(4) 500mL 含 0.17g NH_3 的溶液。

4. 实验测得某氨水的 pH 值为 11.26，已知 $K_b(NH_3)=1.79\times10^{-5}$，求氨水的浓度。

5. 将 0.10mol·L^{-1} HA 溶液 50mL 与 0.10mol·L^{-1} KOH 溶液 20mL 相混合，并稀释至 100mL，测得 pH 值为 5.25，求此弱酸 HA 的解离常数。

6. 某一元弱酸 HA100mL，其浓度为 0.10mol·L^{-1}，当加入 0.10mol·L^{-1} 的 NaOH 溶液 50mL 后，溶液的 pH 为多少？此时该弱酸的解离度为多少（已知 HA 的 $K_a=1.0\times10^{-5}$）？

*7. 0.10mol·L^{-1} HCl 与 0.10mol·L^{-1} Na_2CO_3 溶液等体积混合，求混合溶液的 pH 值。

8. 在 H_2S 和 HCl 混合液中，H^+ 浓度为 0.30mol·L^{-1}，已知 H_2S 浓度为 0.10mol·L^{-1}，求该溶液的 S^{2-} 浓度。

9. 求下列各缓冲溶液 pH。

(1) 0.20mol·L^{-1} HAc 50mL 和 0.10mol·L^{-1} NaAc 100mL 的混合溶液。

(2) 0.50mol·L^{-1} $NH_3\cdot H_2O$ 100mL 和 0.10mol·L^{-1} HCl 200mL 的混合液。

(3) 0.10mol·L^{-1} $NaHCO_3$ 和 0.010mol·L^{-1} Na_2CO_3 各 50mL 的混合溶液。

(4) 0.10mol·L^{-1} HAc 50mL 和 0.10mol·L^{-1} NaOH 25mL 的混合溶液。

*10. 用 0.10mol·L^{-1} HAc 溶液和 0.20mol·L^{-1} NaAc 溶液等体积混合，配成 0.50L 缓冲溶液。当加入 0.005mol NaOH 后，此缓冲溶液 pH 变化如何？缓冲容量为多少？

11. 配制 pH=5.00 的缓冲溶液 500mL，现有 6mol·L^{-1} 的 HAc 34.0mL，问需要加入 $NaAc\cdot 3H_2O$（M=136.1g·mol^{-1}）多少克？如何配制？

*12. 临床检验得知甲、乙、丙三人血浆中 HCO_3^- 和溶解的 CO_2 浓度分别为：

甲　$[HCO_3^-]$=24.0mmol·L^{-1}　　$[CO_2]_{溶解}$=1.2mmol·L^{-1}

乙　$[HCO_3^-]$=21.6mmol·L^{-1}　　$[CO_2]_{溶解}$=1.35mmol·L^{-1}

丙　$[HCO_3^-]$=56.0mmol·L^{-1}　　$[CO_2]_{溶解}$=1.40mmol·L^{-1}

37℃时 H_2CO_3 的 pK_a 为 6.1，求甲、乙、丙三人血浆的 pH 各为多少？并判断谁为酸中毒？谁为碱中毒？

*13. Give the products in the following acid-base reactions. Identify the conjugate acid-base pairs.

(1) $NH_4^+ + CN^- =\!=\!=$

(2) $HS^- + HSO_4^- \longrightarrow$

(3) $HClO_4 + NH_3 \longrightarrow$

(4) $CH_3COO^- + H_2O \longrightarrow$

* 14. List the conjugate acids of H_2O, OH^-, NH_2^-, HPO_4^{2-} and Cl^-. List the conjugate bases of HS^-, H_2O, CH_3COOH, HPO_4^{2-} and CH_3OH.

* 15. In a solution of a weak acid, $HA + H_2O \rightleftharpoons H_3O^+ + A^-$, the following equilibrium concentrations are found: $[H_3O^+] = 0.0017 mol \cdot L^{-1}$ and $[HA] = 0.0983 mol \cdot L^{-1}$. Calculate the ionization constant for the weak acid, HA.

* 16. Ascorbic acid, $C_5H_7O_4COOH$, known as vitamin C, is an essential vitamin for all mammals. Among mammals, only humans, monkeys and guinea pigs cannot synthesize it in their bodies. K_a for ascorbic acid is 7.9×10^{-5}. Calculate $[H_3O^+]$ and pH in a $0.100 mol \cdot L^{-1}$ solution of ascorbic acid.

* 17. Buffer solutions are especially important in our body fluids and metabolism. Write net ionic equations to illustrate the buffering action of

(a) the $H_2CO_3/NaHCO_3$ buffer system in blood.

(b) the NaH_2PO_4/Na_2HPO_4 buffer system inside cells.

* 18. Calculate pH for each of the following buffer solutions:

(a) $0.10 mol \cdot L^{-1}$ HF and $0.20 mol \cdot L^{-1}$ KF.

(b) $0.050 mol \cdot L^{-1}$ CH_3COOH and $0.025 mol \cdot L^{-1}$ $Ba(CH_3COO)_2$.

第七章

沉淀溶解平衡

（Equilibrium between Deposition and Dissolution）

学习要求：

1. 掌握： 难溶强电解质的沉淀溶解平衡及表达式。

2. 熟悉： 溶度积与溶解度的关系，溶度积规则；应用溶度积规则判断沉淀的生成和溶解及沉淀的次序。

在强电解质中，有一类在水中溶解度较小，但它们在水中溶解的部分是全部解离的，这类电解质称为难溶强电解质。例如 AgCl、$BaSO_4$、PbS 等。难溶通常是指在 298K 时溶解度小于 $0.1g \cdot L^{-1}$ 的电解质。在含有难溶强电解质的饱和溶液中存在着未溶固体与已溶解的离子之间的平衡，称为沉淀溶解平衡。这是一种多相平衡，而酸、碱的解离平衡，均属于单相系统的平衡。

第一节 溶度积

（Solubility Product Constant）

一、沉淀溶解平衡常数——溶度积

难溶强电解质如 $BaSO_4$、AgCl 等在水中的溶解度很小，但它们是离子型晶体，一旦溶解就完全解离。在一定温度下，当溶解速度与沉淀速度相等，溶液达到饱和时，未溶解的固体与已溶解的离子之间将形成一个动态平衡。$BaSO_4$ 的沉淀溶解平衡可表示如下：

$$BaSO_4(s) \underset{沉淀}{\overset{溶解}{\rightleftharpoons}} Ba^{2+}(aq) + SO_4^{2-}(aq)$$

这种平衡也是化学平衡的一种，因此可用平衡常数的形式来表达平衡状态：

$$K = \frac{c(Ba^{2+})c(SO_4^{2-})}{c(BaSO_4)}$$

固体 $BaSO_4$ 的浓度为一常数，与 K 合并得一新的常数，以 K_{sp} 表示，上式便写成：

$$K_{sp} = c(Ba^{2+})c(SO_4^{2-})$$

K_{sp} 称为溶度积常数（solubility product constant），简称溶度积。它表明在一定温度下，难溶强电解质的饱和溶液中，有关离子浓度（按化学计量数次方）的乘积是一个常数。它的大小与难溶强电解质的溶解度有关，故称为溶度积常数。

严格地讲，溶度积应以离子活度（按化学计量数次方）的乘积来表示。由于难溶强电解质的溶解度很小，溶液中离子强度不大，离子的活度与浓度相差甚微，故 $K_{sp} \approx K_{sp}^{\ominus}$。通常在计算中为了方便，可用 K_{sp} 代替 $K_{sp}^{\ominus}$。

在一定温度下每一种难溶电解质都有自己的溶度积，不同类型难溶强电解质溶度积的表达形式不同。

AB型 指由一个阳离子和一个阴离子形成的难溶强电解质，如 AgCl、$BaSO_4$ 等，它们在水溶液中的沉淀与溶解平衡关系式以及溶度积表达式为：

$$AB(s) \rightleftharpoons A^{+} + B^{-} \qquad K_{sp}^{\ominus} = c(A^{+})c(B^{-})$$

AB_2 型 如 PbI_2、$Ca(OH)_2$ 等，则有

$$AB_2(s) \rightleftharpoons A^{2+} + 2B^{-} \qquad K_{sp}^{\ominus} = c(A^{2+})[c(B^{-})]^2$$

A_2B 型 如 Ag_2CrO_4、Ag_2S 等，则有

$$A_2B(s) \rightleftharpoons 2A^{+} + B^{2-} \qquad K_{sp}^{\ominus} = [c(A^{+})]^2 c(B^{2-})$$

若写成一般形式则为：

$$A_mB_n(s) \rightleftharpoons mA^{n+} + nB^{m-}$$
$$K_{sp}^{\ominus} = [c(A^{n+})]^m [c(B^{m-})]^n \qquad (7\text{-}1)$$

在运用上式时，需要注意几点：①上述关系式只有难溶强电解质为饱和溶液时才能成立，否则溶液中就不能建立动态平衡，也就不能导出上述关系式；②式中是有关离子的浓度，而不是难溶强电解质的浓度，$K_{sp}^{\ominus}$ 与沉淀的量无关；③溶液中离子浓度变化只能使平衡移动，而不能改变溶度积。

与其他平衡常数一样，$K_{sp}^{\ominus}$ 只与物质的本性和温度有关，当温度一定时，同一物质的 $K_{sp}^{\ominus}$ 为一常数；温度不同时，溶解度不同，$K_{sp}^{\ominus}$ 也就不同。某些难溶电解质的溶度积列于本书附录十二中。

二、溶度积与溶解度的相互换算

溶度积与溶解度都可以用来表示难溶强电解质的溶解能力。当温度一定时，对于相同类型的难溶强电解质，$K_{sp}^{\ominus}$ 越大，其溶解度越大；反之，则越小。但对不同类型的难溶强电解质，则不能直接由 $K_{sp}^{\ominus}$ 来比较其溶解度的大小，这是因为其中有离子浓度的化学计量数次方关系，必须通过计算作出判断。

根据溶度积所表示的关系，一般可以将溶解度和溶度积进行换算，换算时应注意浓度的单位。另外，由于化合物类型不同，两者之间换算关系不同。

例 7-1 AgCl 在 25℃时，溶解度为 $1.8 \times 10^{-3} g \cdot L^{-1}$，试求 AgCl 在该温度下的溶度积（AgCl 的摩尔质量为 $143.3 g \cdot mol^{-1}$）。

解： AgCl 的溶解度以 $mol \cdot L^{-1}$ 表示时为

$$\frac{1.8 \times 10^{-3}}{143.3} = 1.3 \times 10^{-5} mol \cdot L^{-1}$$

AgCl 为 AB 型难溶强电解质，所以

$$c(Ag^{+}) = c(Cl^{-}) = 1.3 \times 10^{-5} mol \cdot L^{-1}$$
$$K_{sp}^{\ominus} = c(Ag^{+})c(Cl^{-}) = (1.3 \times 10^{-5})^2 = 1.69 \times 10^{-10}$$

例 7-2 298K 时，$Mg(OH)_2$ 的饱和溶液每升含 $Mg(OH)_2$ 1.2×10^{-2}g，求其溶度积。

解：$Mg(OH)_2$ 按下式溶于水形成饱和溶液

$$Mg(OH)_2(s) \rightleftharpoons Mg^{2+} + 2OH^-$$

$Mg(OH)_2$ 的摩尔质量为 $58.32g\cdot mol^{-1}$

$$\frac{1.2\times10^{-2}}{58.32}=2.1\times10^{-4}mol\cdot L^{-1}$$

所以 $[Mg^{2+}]=2.1\times10^{-4}mol\cdot L^{-1}$，$[OH^-]=4.2\times10^{-4}mol\cdot L^{-1}$

$$\begin{aligned}K_{sp}^{\ominus}[Mg(OH)_2]&=c(Mg^{2+})c[(OH^-)]^2\\&=(4.2\times10^{-4})^2\times(2.1\times10^{-4})\\&=3.7\times10^{-11}\end{aligned}$$

例 7-3 298K 时，Ag_2CrO_4 的 $K_{sp}^{\ominus}$ 为 8.8×10^{-12}，求该温度下以 $mol\cdot L^{-1}$ 表示的 Ag_2CrO_4 的溶解度。

解：设 Ag_2CrO_4 的溶解度为 s（$mol\cdot L^{-1}$）

$$\begin{aligned}Ag_2CrO_4(s) &\rightleftharpoons 2Ag^+ + CrO_4^{2-}\\ &\qquad\;\; 2s \qquad\quad s\end{aligned}$$

$$\begin{aligned}K_{sp}^{\ominus}&=[c(Ag^+)]^2c(CrO_4^{2-})\\&=(2s)^2s=4s^3=8.8\times10^{-12}\end{aligned}$$

$$s=\sqrt[3]{8.8\times10^{-12}/4}=1.3\times10^{-4}(mol\cdot L^{-1})$$

通过上面计算可以看出：溶度积常数和溶解度虽然均可以表示难溶电解质的溶解性，但要借溶度积常数比较溶解度的大小，只能适用于同类型的难溶强电解质；对不同类型的难溶强电解质，就不能直接比较。如 AgCl 的 $K_{sp}^{\ominus}$ 比 Ag_2CrO_4 的 $K_{sp}^{\ominus}$ 大，但 AgCl 的溶解度却比 Ag_2CrO_4 的溶解度小，其原因是 AgCl 为 AB 型结构，Ag_2CrO_4 为 A_2B 型结构。

第二节　沉淀溶解平衡的移动

(Shift of Equilibrium between Deposition and Dissolution)

一、溶度积规则

难溶强电解质的平衡是固体难溶电解质与溶液中离子间的多相动态平衡，平衡是有条件的、暂时的。如果条件改变，沉淀平衡发生移动，就可以使溶液中的离子生成沉淀，或使沉淀溶解。影响沉淀溶解平衡的因素很多，与弱酸、弱碱的质子转移平衡类似，易溶强电解质对沉淀溶解平衡也产生同离子效应和盐效应。沉淀溶解平衡的移动具体表现为沉淀的生成与溶解，这可以根据溶度积规则予以判断。

在难溶强电解质的溶液中，任意情况下离子浓度的乘积称为离子积（ionic product），用符号 Q 表示。例如，难溶强电解质 A_mB_n 的离子积 $Q=c^m(A^{n+})\cdot c^n(B^{m-})$。对于某一给定的溶液，$Q$ 与 $K_{sp}^{\ominus}$ 间的大小关系可能有以下三种情况：

$Q=K_{sp}^{\ominus}$，此时溶液为饱和溶液，饱和溶液与未溶解固体处于平衡状态；

$Q>K_{sp}^{\ominus}$，此时溶液为过饱和溶液，沉淀将从溶液中析出，直至建立平衡为止；

$Q<K_{sp}^{\ominus}$，此时溶液为未饱和溶液，无沉淀生成。若向溶液中加入固体，固体会溶解，直至建立平衡为止。

上述 Q 与 $K_{sp}^{\ominus}$ 的关系是难溶强电解质多相离子平衡移动规律的总结，称为溶度积规则（solubility product principle）。根据溶度积规则可以控制溶液中难溶强电解质的离子浓度，使之产生沉淀或使沉淀溶解。

二、沉淀的生成

根据溶度积规则可知，要使沉淀自溶液中析出，必须增大溶液中有关离子的浓度，使难溶强电解质的离子积大于溶度积，即 $Q>K_{sp}^{\ominus}$。一般可采取如下措施。

1. 加入过量沉淀剂

例 7-4 已知 $BaSO_4$ 的溶度积 $K_{sp}^{\ominus}=1.08\times10^{-10}$，当 50mL 0.0020mol·$L^{-1}$ $Ba(NO_3)_2$ 溶液和 200mL 0.020mol·L^{-1} Na_2SO_4 溶液相混合时，是否有沉淀生成？

解：

$$c(Ba^{2+})=\frac{0.050\times0.0020}{0.250}=4\times10^{-4}(mol\cdot L^{-1})$$

$$c(SO_4^{2-})=\frac{0.200\times0.020}{0.250}=1.6\times10^{-2}(mol\cdot L^{-1})$$

$$c(Ba^{2+})c(SO_4^{2-})=4\times10^{-4}\times1.6\times10^{-2}=6.4\times10^{-6}$$

此时 $6.4\times10^{-6}\gg1.08\times10^{-10}$

表明 $Q_i>K_{sp}^{\ominus}$，所以有 $BaSO_4$ 沉淀生成。

2. 控制溶液的 pH 值

通过控制溶液的 pH 值，可以使某些难溶的弱酸盐及氢氧化物沉淀或溶解。

例 7-5 已知 $K_{sp}^{\ominus}[Mn(OH)_2]=4.0\times10^{-14}$，把 0.0010mol $MnCl_2$ 固体加入 0.50L pH=10 的溶液中，试通过计算说明有无 $Mn(OH)_2$ 沉淀生成。

解： 先计算溶液中 $c(Mn^{2+})$，pH 值换算成 $c(OH^-)$，求出其离子积，再比较其离子积和溶度积的大小，判断沉淀是否生成。

在溶液中，$c(Mn^{2+})=2.0\times10^{-3}mol\cdot L^{-1}$

$$c(OH^-)=K_w/c(H^+)=1.0\times10^{-14}/10^{-10}=1.0\times10^{-4}mol\cdot L^{-1}$$

$$Q=2.0\times10^{-3}\times(1.0\times10^{-4})^2=2.0\times10^{-11}>K_{sp}^{\ominus}[Mn(OH)_2]$$

因此溶液中有 $Mn(OH)_2$ 沉淀生成。

例 7-6 在 0.10mol·L^{-1} $NiCl_2$ 溶液中用 H_2S 饱和，试计算为防止 NiS 沉淀所需的 $c(H^+)$。已知 $K_{sp}^{\ominus}(NiS)=2.5\times10^{-22}$。

解： 总反应式为 $Ni^{2+}+H_2S\rightleftharpoons NiS(s)+2H^+$

此反应是下列反应式的总和

(1) $Ni^{2+}+S^{2-}\rightleftharpoons NiS$　　$K_1^{\ominus}=\frac{1}{K_{sp}^{\ominus}(NiS)}=\frac{1}{2.5\times10^{-22}}$

(2) $H_2S\rightleftharpoons H^++HS^-$　　$K_2^{\ominus}=K_{a_1}^{\ominus}=1.1\times10^{-7}$

(3) $HS^- \rightleftharpoons H^+ + S^{2-}$　　　$K_3^\ominus = K_{a_2}^\ominus = 1.0 \times 10^{-14}$

(1)+(2)+(3)：$Ni^{2+} + H_2S \rightleftharpoons NiS + 2H^+$

$$K^\ominus = \frac{[c(H^+)/c^\ominus]^2}{[c(Ni^{2+})/c^\ominus][c(H_2S)/c^\ominus]} = K_1^\ominus K_2^\ominus K_3^\ominus = \frac{K_{a_1}^\ominus K_{a_2}^\ominus}{K_{sp}^\ominus(NiS)} = \frac{1.1 \times 10^{-21}}{2.5 \times 10^{-22}} = 4.4$$

$$c(H^+) = c^\ominus \cdot \sqrt{K^\ominus [c(Ni^{2+})/c^\ominus][c(H_2S)/c^\ominus]}$$

在 101kPa 和室温下，H_2S 饱和水溶液中 $c(H_2S)$ 为 $0.10mol \cdot L^{-1}$

$$c(H^+) = \sqrt{4.4 \times 0.10 \times 0.10} = 0.21mol \cdot L^{-1}$$

故 $c(H^+) > 0.21mol \cdot L^{-1}$ 时，可阻止 NiS 沉淀。

3. 同离子效应与盐效应

根据化学平衡移动规律，在难溶强电解质饱和溶液中加入含有相同离子的强电解质时，难溶强电解质的多相平衡将发生移动。例如：在 AgCl 的饱和溶液中加入 NaCl，则使原来的多相平衡向左移动。

$$AgCl(s) \rightleftharpoons Ag^+(aq) + Cl^-(aq)$$
$$NaCl \longrightarrow Na^+ + Cl^-$$

平衡移动的结果，降低了 AgCl 的溶解度。这种因加入含有相同离子的强电解质而使难溶强电解质的溶解度降低的效应，称为沉淀溶解平衡的同离子效应（common ion effect）。

例 7-7 求在 $0.020mol \cdot L^{-1}$ 的 Na_2SO_4 溶液中，$BaSO_4$ 的溶解度是多少？

解： 设溶解度为 x（$mol \cdot L^{-1}$）

	$BaSO_4(s)$	$\rightleftharpoons$	Ba^{2+} +	SO_4^{2-}
c(起始)			0	0.020
c(平衡)			x	$0.020+x$

$$0.020 + x \approx 0.020$$

$$0.020x = K_{sp}^\ominus = 1.08 \times 10^{-10}$$

$$x = \frac{1.08 \times 10^{-10}}{0.020} = 5.4 \times 10^{-9}(mol \cdot L^{-1})$$

实际工作中，利用同离子效应降低难溶强电解质的溶解度的原理，加入适当过量沉淀剂就可使沉淀反应更趋完全。在定量分析中，如果溶液中残留的离子浓度小于 $1 \times 10^{-6} mol \cdot L^{-1}$，便可认为沉淀已经"完全"了。

若在难溶强电解质溶液中，加入一种不含相同离子的强电解质，将使难溶强电解质的溶解度略有增加，这种现象称为盐效应（salt effect）。例如 $PbSO_4$ 在 KNO_3 溶液中的溶解度就比在纯水中大一些，并且 KNO_3 的浓度愈大，溶解度也愈大。这是因为加入强电解质 KNO_3 后，溶液中离子总数剧增，使得 Pb^{2+} 和 SO_4^{2-} 的周围都吸引了大量异性电荷而形成"离子氛"，束缚了 Pb^{2+} 和 SO_4^{2-} 的自由行动，从而在单位时间里 Pb^{2+} 和 SO_4^{2-} 与沉淀结晶表面的碰撞次数减少，致使溶解的速度暂时超过了离子回到结晶上的速度，所以 $PbSO_4$ 的溶解度就增加了。

需指出的是，在加入具有相同离子的强电解质产生同离子效应的同时，也能产生盐效应。前者使沉淀的溶解度降低，后者使溶解度增大，但一般盐效应比离子效应所起的作用小。故在一般计算中不必考虑盐效应。

三、分步沉淀和沉淀的转化

1. 分步沉淀

如果在溶液中有两种以上的离子可与同一试剂反应产生沉淀，由于各种沉淀的溶度积不同，则沉淀时的先后次序不同，首先析出的是离子积最先达到溶度积的化合物。这种按先后顺序沉淀的现象，叫作分步沉淀。例如在含有同浓度的 I^- 和 Cl^- 的溶液中，逐滴加入 $AgNO_3$ 溶液，最先看到淡黄色 AgI 沉淀，至加到一定量 $AgNO_3$ 溶液后，才生成白色 AgCl 沉淀，通过下面的例子可以说明最先达到溶度积的 I^- 首先沉淀。

例 7-8 在含有 $0.10mol \cdot L^{-1}$ $MnCl_2$ 和 $ZnCl_2$ 的溶液中，逐滴加入 Na_2S，问（1）MnS 和 ZnS 哪个先析出？（2）当第二种离子开始沉淀时，溶液中第一种离子的浓度为多少？

解： 已知 $K^{\ominus}_{sp}(MnS)=1.40\times10^{-15}$　　$K^{\ominus}_{sp}(ZnS)=1.20\times10^{-23}$

（1）MnS 开始沉淀所需 S^{2-} 的最低浓度为

$$c(S^{2-})=\frac{1.40\times10^{-15}}{0.10}=1.40\times10^{-14}mol\cdot L^{-1}$$

ZnS 开始沉淀所需 S^{2-} 的最低浓度为

$$c(S^{2-})=\frac{1.20\times10^{-23}}{0.10}=1.20\times10^{-22}mol\cdot L^{-1}$$

计算结果表明，沉淀 Zn^{2+} 所需的 S^{2-} 浓度比沉淀 Mn^{2+} 所需的 S^{2-} 浓度小得多，所以 ZnS 先析出。

（2）当 MnS 开始沉淀时，溶液对 MnS 来说已达到饱和，此时 $[S^{2-}]\geqslant1.40\times10^{-14}mol\cdot L^{-1}$ 并同时满足这两个沉淀溶解平衡，所以

$$c(Zn^{2+})=\frac{K^{\ominus}_{sp}(ZnS)}{c(S^{2-})}=\frac{1.20\times10^{-23}}{1.40\times10^{-14}}=8.57\times10^{-11}mol\cdot L^{-1}$$

由计算可知，当 MnS 开始沉淀时，$[Zn^{2+}]<10^{-6}mol\cdot L^{-1}$，已沉淀完全了。

可见对于同类型的难溶电解质来说，$K^{\ominus}_{sp}$ 小的先沉淀，而且溶度积差别越大，后沉淀离子（上例中的 Mn^{2+}）的浓度越小，分离的效果越好。但应该注意的是：对于不同类型的难溶电解质，因有不同浓度幂次关系，就不能直接根据其溶度积的大小来判断沉淀的先后次序和分离效果。

例 7-9 在浓度均为 $0.00010mol\cdot L^{-1}$ 的 Cl^- 和 CrO_4^{2-} 的混合溶液中，逐滴加入 $AgNO_3$ 溶液时，AgCl 和 Ag_2CrO_4 哪个先沉淀析出？

解： $K^{\ominus}_{sp}(AgCl)=1.77\times10^{-10}$，$K^{\ominus}_{sp}(Ag_2CrO_4)=1.12\times10^{-12}$

$$AgCl(s)\rightleftharpoons Ag^++Cl^-$$

$$K^{\ominus}_{sp}=c(Ag^+)c(Cl^-)$$

AgCl 开始沉淀时所需 $[Ag^+]$ 为

$$c(Ag^+)=\frac{K_{sp}^{\ominus}(AgCl)}{c(Cl^-)}=\frac{1.77\times10^{-10}}{0.00010}=1.77\times10^{-6}mol\cdot L^{-1}$$

$$Ag_2CrO_4(s)\rightleftharpoons 2Ag^+ +CrO_4^{2-}$$

$$K_{sp}^{\ominus}(Ag_2CrO_4)=[c(Ag^+)]^2[c(CrO_4^{2-})]$$

Ag_2CrO_4 开始沉淀时所需 $[Ag^+]$ 为

$$[Ag^+]=\sqrt{\frac{K_{sp}^{\ominus}(Ag_2CrO_4)}{c(CrO_4^{2-})}}=\sqrt{\frac{1.12\times10^{-12}}{0.00010}}=1.06\times10^{-4}mol\cdot L^{-1}$$

虽然 Ag_2CrO_4 的 $K_{sp}^{\ominus}$ 比 AgCl 的小，但沉淀 Cl^- 所需的 $c(Ag^+)$ 却比沉淀 CrO_4^{2-} 所需 $c(Ag^+)$ 小得多，在这种情况下，反而 $K_{sp}^{\ominus}$ 大的 AgCl 先沉淀。

分步沉淀常应用于离子的分离。当一种试剂能沉淀溶液中几种离子时，生成沉淀所需试剂离子浓度越小的越先沉淀；如果生成各个沉淀所需试剂离子的浓度相差较大，就能分步沉淀，从而达到分离目的。当然，分离效果还与溶液中被沉淀离子的最初浓度有关。

2. 沉淀转化

在实际工作中，常常需要将沉淀从一种形式转化为另一种形式，称为沉淀转化。例如锅炉中锅垢含有 $CaSO_4$ 不易去除，可以用 Na_2CO_3 处理，使其转化为易溶于酸的沉淀，易于清除。反应的离子方程式：

$$CaSO_4(s)+CO_3^{2-}(aq)\rightleftharpoons CaCO_3(s)+SO_4^{2-}(aq)$$

平衡常数

$$K^{\ominus}=\frac{c(SO_4^{2-})/c^{\ominus}}{c(CO_3^{2-})/c^{\ominus}}=\frac{[c(SO_4^{2-})/c^{\ominus}][c(Ca^{2+})/c^{\ominus}]}{[c(CO_3^{2-})/c^{\ominus}][c(Ca^{2+})/c^{\ominus}]}=\frac{K_{sp}^{\ominus}(CaSO_4)}{K_{sp}^{\ominus}(CaCO_3)}$$

$$=\frac{2.45\times10^{-5}}{8.7\times10^{-9}}=2.8\times10^{3}$$

沉淀转化的平衡常数越大，转化越易实现。

应该指出，由一种难溶强电解质转化为另一种更难溶强电解质是比较容易的，反之，则比较困难，甚至不可能转化。

例 7-10 若在 1.0L Na_2CO_3 溶液中要使 0.020mol 的 $BaSO_4$ 转化为 $BaCO_3$，求 Na_2CO_3 的最初浓度为多少？

解：反应离子方程式：

$$BaSO_4(s)+CO_3^{2-}(aq)\rightleftharpoons BaCO_3(s)+SO_4^{2-}(aq)$$

根据上面的推导得到平衡常数

$$K^{\ominus}=\frac{c(SO_4^{2-})/c^{\ominus}}{c(CO_3^{2-})/c^{\ominus}}=\frac{K_{sp}^{\ominus}(BaSO_4)}{K_{sp}^{\ominus}(BaCO_3)}=\frac{1.08\times10^{-10}}{8.20\times10^{-9}}=0.013$$

$$c(CO_3^{2-})=\frac{c(SO_4^{2-})}{K^{\ominus}}=\frac{0.020}{0.013}=1.54mol\cdot L^{-1}$$

Na_2CO_3 的最初浓度为　　$0.020+1.54=1.56mol\cdot L^{-1}$

这是溶解度小的沉淀转化为溶解度大的沉淀的例子，因 $K^{\ominus}<1$，可见要求溶解 0.020mol 的 $BaSO_4$ 所需的 Na_2CO_3 的量比此浓度大数十倍。

四、沉淀的溶解

根据溶度积规则，沉淀溶解的必要条件是$Q<K_{sp}^{\ominus}$，因此只需加入适当试剂，降低溶液中难溶电解质的某种离子浓度，沉淀便可溶解。常用的方法有以下几种。

1. 生成弱电解质

难溶强电解质由于生成了难解离的水、弱酸、弱碱等弱电解质而使难溶强电解质沉淀溶解。

例如，CaC_2O_4 在水中不易溶解，加入 HCl 溶液后，CaC_2O_4 逐渐溶解。

$$
\begin{array}{lcl}
CaC_2O_4(s) \rightleftharpoons & Ca^{2+} + & C_2O_4^{2-} \\
 & & + \\
HCl \longrightarrow & Cl^- + & H^+ \\
 & & \Updownarrow \\
 & & HC_2O_4^- \xrightleftharpoons{+H^+} H_2C_2O_4
\end{array}
$$

这是因为加入 HCl 溶液后，H^+ 与 $C_2O_4^{2-}$ 结合成弱酸根 $HC_2O_4^-$，使溶液中的 $C_2O_4^{2-}$ 浓度降低，平衡向右移动，故使 CaC_2O_4 沉淀溶解。

又如，$Mg(OH)_2$ 沉淀溶解于 HCl 溶液，是由于酸中的 H^+ 与 $Mg(OH)_2$ 解离的 OH^- 相结合，生成难解离的水，致使 Mg^{2+} 和 OH^- 的离子积小于 $Mg(OH)_2$ 的溶度积，因而使沉淀溶解。

$$
\begin{array}{lcl}
Mg(OH)_2 \rightleftharpoons & Mg^{2+} + & 2OH^- \\
 & & + \\
2HCl \longrightarrow & 2Cl^- + & 2H^+ \\
 & & \Updownarrow \\
 & & 2H_2O
\end{array}
$$

2. 生成配合物

有些沉淀由于形成难解离的配离子，而使难溶强电解质的沉淀溶解。例如，AgCl 能溶于氨水，就是由于发生了配位反应，生成微弱解离的$[Ag(NH_3)_2]^+$配离子，从而降低了 Ag^+ 的浓度，使 AgCl 沉淀溶解。

$$
\begin{array}{lc}
AgCl(s) \rightleftharpoons & Ag^+ + Cl^- \\
 & + \\
 & 2NH_3 \\
 & \Updownarrow \\
 & [Ag(NH_3)_2]^+
\end{array}
$$

3. 利用氧化还原反应

通过氧化还原反应可改变离子的价态，从而降低溶液中某种离子浓度，使沉淀溶解。如 As_2S_3 不溶于盐酸，这是由于其 $K_{sp}^{\ominus}$ 数值特别小，在饱和溶液中存在的 S^{2-} 浓度非常小，所以在盐酸中难以形成 H_2S。在稀硝酸作用下，As_2S_3 虽可溶解，但 S^{2-} 被氧化成不溶于水的单质 S。只有用浓硝酸把 S^{2-} 氧化成 SO_4^{2-}，As^{3+} 被氧化为 AsO_4^{3-}，As_2S_3 才完全溶解。

$$As_2O_3 \rightleftharpoons 2As^{3+} + 3S^{2-}$$

$$\downarrow[O] \quad \downarrow[O]$$

$$2AsO_4^{3-} \quad 3SO_4^{2-}$$

$$3As_2S_3 + 28HNO_3 + 4H_2O = 6H_3AsO_4 + 9H_2SO_4 + 28NO\uparrow$$

习 题

1. 写出下列难溶强电解质 $PbCl_2$、$AgBr$、$Ba_3(PO_4)_2$、Ag_2S 的溶度积表示式。

2. 已知 Ag_2S 的 $K_{sp}^{\ominus}=1.6\times10^{-49}$，PbS 的 $K_{sp}^{\ominus}=3.4\times10^{-28}$，问在各自的饱和溶液中，$[Ag^+]$、$[Pb^{2+}]$的浓度各是多少？

3. 已知 298K 时 PbI_2 在纯水中的溶解度为 $1.35\times10^{-3}mol\cdot L^{-1}$，求其溶度积。

4. Ag^+、Pb^{2+} 两种离子的质量浓度均为 $100mg\cdot L^{-1}$，要使之生成碘化物沉淀，问需用最低的$[I^-]$各为多少？AgI 和 PbI_2 沉淀哪个先析出？$[K_{sp}^{\ominus}(AgI)=8.52\times10^{-17}$，$K_{sp}^{\ominus}(PbI_2)=9.8\times10^{-9}]$

5. 一种溶液含有 Fe^{3+} 和 Fe^{2+}，它们的浓度均为 $0.010mol\cdot L^{-1}$，当 $Fe(OH)_2$ 开始沉淀时，Fe^{3+} 离子的浓度是多少？已知 $K_{sp}^{\ominus}[Fe(OH)_3]=2.79\times10^{-39}$，$K_{sp}^{\ominus}(Fe(OH)_2)=4.87\times10^{-17}$。

6. 现有 $0.1mol\cdot L^{-1}$ 的 Fe^{2+} 和 Fe^{3+} 溶液，控制溶液的 pH 值只使一种离子沉淀而另一种离子留在溶液中？

7. 欲使 0.10mol 的 MnS 和 CuS 溶于 1.0L 盐酸中，问所需盐酸的最低浓度各是多少？

*8. 假设溶于水中的 $Mn(OH)_2$ 完全离解，试计算：①$Mn(OH)_2$ 在水中的溶解度；②$Mn(OH)_2$ 在 $0.10mol\cdot L^{-1}$NaOH 溶液中的溶解度[假如 $Mn(OH)_2$ 在 NaOH 溶液中不发生其他变化]。

**9. 某溶液中含有 $FeCl_2$ 和 $CuCl_2$，两者浓度均为 $0.10mol\cdot L^{-1}$，通入 H_2S 是否会生成 FeS 沉淀？已知在 100kPa，室温时，H_2S 饱和溶液浓度为 $0.10mol\cdot L^{-1}$。

**10. From the solubility data given for the following compounds, calculate their solubility product constants.

(a)$SrCrO_4$, strontium chromate, $1.2mg\cdot mL^{-1}$.

(b)$Fe(OH)_3$, iron(Ⅱ)hydroxide, $1.1\times10^{-3}g\cdot L^{-1}$.

**11. Will a precipitate of $PbCl_2$ form when 5.0g of solid $Pb(NO_3)_2$ is added to 1.00L of $0.010mol\cdot L^{-1}$NaCl? Assume that volume change is negligible.

第八章
配位化合物及配位平衡
(Coordination Compounds and Coordinative Equilibrium)

学习要求：

1. 掌握配合物的组成、定义、结构特点和系统命名。
2. 掌握螯合物的特点，了解其应用。
3. 理解配合物价键理论和晶体场理论的主要论点，并能用以解释一些实例。
4. 理解配位离解平衡的意义及掌握其相关计算。

在18世纪初人类就开始使用配位化合物（简称为配合物）。在1704年，德国颜料家狄斯巴赫（Diesbach）以牛血、草木灰等为原料制得黄血盐（$K_4[Fe(CN)_6]$），并由此得到了普鲁士蓝（$Fe_4[Fe(CN)_6]_3 \cdot xH_2O$）。1798年，法国化学家塔赦特（Tassaert）观察到钴盐在氯化铵和氨水中转化为［$CoCl_3 \cdot 6NH_3$］，引起了无机化学家们的兴趣。开始，研究者一直不明白为什么 $CoCl_3$、NH_4Cl 等化合价饱和的无机物还能进一步结合形成新的化合物，这些化合物的结构又是怎样？于是人们把这类不符合经典结构的化合物称为络合物（complex），意为复杂化合物。直到1893年维尔纳（A. Werner）创立配位学说，才逐步弄清楚了这些问题。

配位学说创立至今已有一百多年历史，人类对配位化合物的研究已发展成了一个重要的化学分支——配位化学。目前，配位化学已是国际、国内研究十分活跃的前沿科学。配位化合物几乎涉及化学科学的各个领域：在无机化学中，对于元素尤其是过渡元素及其化合物的研究总是涉及配位化合物；分析化学中，一些定性和定量分析的反应往往都涉及配合物；生物化学也与配合物有紧密联系，如维生素 B_{12} 是钴的配合物；有机化学中的许多重要反应都是通过配合物的催化作用而实现的；大量的配合物的合成也推动了结构化学的发展。总之，配位化合物的研究在整个化学领域中也具有极为重要的理论和实践意义。

第一节　配位化合物的一些基本概念
(Basic Conception of Complexes)

一、配合物的组成和定义 (Composition and Definition of Complexes)

在硫酸铜溶液中，滴加氨水会形成浅蓝色的氢氧化铜沉淀，继续滴加过量氨水，沉淀会溶解而进一步形成深蓝色的硫酸铜氨配合物。转化过程表示如下：

$$CuSO_4 \xrightarrow{NH_3 \cdot H_2O} Cu(OH)_2 \downarrow \xrightarrow{NH_3 \cdot H_2O} [Cu(NH_3)_4]^{2+} \longrightarrow [Cu(NH_3)_4]SO_4$$

在配位化合物的分子中，有一个带正电（或电中性）的中心离子（原子）和在中心离子（原子）的周围结合着的配位体（负离子或中性分子），两者之间以配位键相连接。组成的配离子（配合物）以方括号（[ ]）表示，称为配位主体，又称为配位化合物的内界。不在内界中的其他离子，距中心离子较远，保持电荷平衡而称为配合物的外界，通常写在方括号外。例如：在$[Cu(NH_3)_4]SO_4$配合物中，Cu^{2+}是中心离子，NH_3是配位体，$[Cu(NH_3)_4]^{2+}$是配位主体，即内界，SO_4^{2-}为外界。当配合物溶于水时，外界离子可以解离出来，而配位主体即内界一般很稳定，解离程度很小。

$$[Cu(NH_3)_4]SO_4 \rightleftharpoons [Cu(NH_3)_4]^{2+} + SO_4^{2-}$$

因此，在$[Cu(NH_3)_4]SO_4$中加入$BaCl_2$溶液便产生$BaSO_4$沉淀；而加入少量NaOH，并不产生$Cu(OH)_2$沉淀。

有些配合物的内界不带电荷，本身就是一个中性配位化合物，如：$[Pt(NH_3)_2Cl_2]$、$[Co(NH_3)_3Cl_3]$等。这些配合物只有内界没有外界，在水溶液中几乎不电离出离子。为了更好地认识配位化合物，特别是配位主体的组成，我们将对配合物有关的基本概念进行讨论。

1. 中心离子或原子（central ions or atoms）

在配离子中，中心离子（或原子）位于配离子（或分子）的中心，也称为配合物的形成体。元素周期表中几乎所有的元素都可以是中心离子（或原子）。常见的配合物形成体是带正电的金属离子，最常见的是过渡金属离子。如$[Co(NH_3)_6]Cl_3$中的Co^{3+}，$K_3[Fe(CN)_6]$中的Fe^{3+}等；有时也可以是中性原子，如$[Ni(CO)_4]$和$[Fe(CO)_5]$中的Ni和Fe；另外，还可以是一些具有高氧化态的非金属元素，如$[SiF_6]^{2-}$中的Si(Ⅳ)和$[PF_6]^-$中的P(Ⅴ)等。

2. 配位体和配原子（ligands and ligand atoms）

在配合物中，与中心离子（或原子）以一定数目相结合的离子或分子称为配位体（ligand），即配体。配位体中直接同中心离子相结合的原子叫配位原子。如：NH_3和H_2O分别是$[Ag(NH_3)_2]^+$、$[Co(NH_3)_5 \cdot (H_2O)]^{3+}$配离子中的配位体，配位体中的N原子和O原子因直接与中心离子相结合就称为配位原子。常见的配位原子有14种。除H和C外，还有周期表中ⅤA族的N、P、As和Sb；ⅥA族的O、S、Se、Te；ⅦA族的F、Cl、Br、I。根据配位体中能够与中心离子配位的配位原子的数目，可将配位体分为单齿（单基）配体（unidentate ligand）和多齿（多基）配体（multidentate ligand）。一个配体中只含有一个配位原子的配体称为单齿（单基）配体，配体含有两个或两个以上的能同时与中心离子配位的配原子称为多齿（多基）配体。常见的单齿配位体见表8-1，常见的多齿配位体见表8-2。在配位化合物中，中心离子（或原子）和配位体两者缺一不可。

3. 配位数（coordination number）

在配体中，能直接同中心离子（或原子）配位的配原子数目叫中心离子（或原子）的配位数。中心离子的配位数一般为偶数，最常见的配位数为4和6。当配位体是单基时，配位体的数目就是该中心离子（或原子）的配位数，如$[Cu(H_2O)_4]^{2+}$、$[Co(NH_3)_5Cl]^{2+}$、

$[FeF_6]^{3-}$的配位数分别是 4、6、6；多基配位体的数目与中心离子的配位数不相等。如$[Cu(en)_2]^{2+}$中的乙二胺（en）是双基配位体，即每 1 个 en 有 2 个 N 原子与中心离子 Cu^{2+} 配位。因此，Cu^{2+} 的配位数是 4 而不是 2。表 8-3 列出一些常见金属离子的配位数。

表 8-1　常见的单齿配位体

中心分子配位体及其名称		阴离子配位体及其名称			
H_2O	水(aqua)	F^-	氟(fluoro)	NH_2^-	氨基(amide)
NH_3	氨(amine)	Cl^-	氯(chloro)	NO_2^-	硝基(nitro)
CO	羰基(carbonyl)	Br^-	溴(bromo)	ONO^-	亚硝酸根(nitrite)
NO	亚硝酰基(nitrosyl)	I^-	碘(iodo)	SCN^-	硫氰酸根(thiocyano)
CH_3NH_2	甲胺(methylamine)	OH^-	羟基(hydroxo)	NCS^-	异硫氰酸(isothiocyano)
C_5H_5N	吡啶(Pyridine,缩写 Py)	CN^-	氰(cyano)	$S_2O_3^{2-}$	硫代硫酸根(thiosulfate)
$(NH_2)_2CO$	尿素(urea)	O^{2-}	氧(oxo)	CH_3COO^-	乙酸根(acetate)
		O_2^{2-}	过氧(peroxo)		

表 8-2　常见的多齿配位体

分子式	中文名称和缩写	英文名称
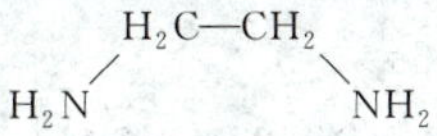	乙二胺(en)	ethylenediamine
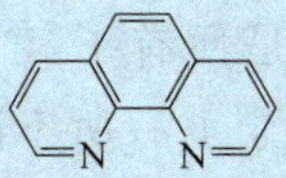	邻菲咯啉(phen)	*o*-phenanthroline
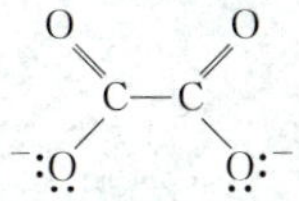	草酸根(ox)	oxalato
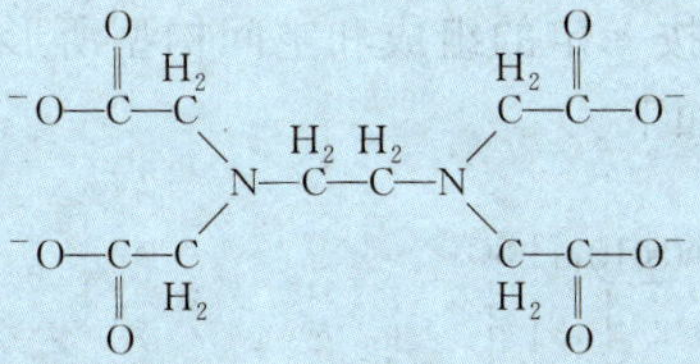	乙二胺四乙酸(EDTA)	ethylene diamine tetraacetic acid

表 8-3　常见金属离子的配位数

1 价金属离子	配位数	2 价金属离子	配位数	3 价金属离子	配位数
Cu^+	2,4	Ca^{2+}	6	Al^{3+}	4,6
		Fe^{2+}	6	Sc^{3+}	6
Ag^+	2	Co^{2+}	4,6	Cr^{3+}	6
		Ni^{2+}	4,6	Fe^{3+}	6
Au^+	2,4	Cu^{2+}	4,6	Co^{3+}	6
		Zn^{2+}	4,6	Au^{3+}	4

配位数的大小取决于中心离子和配位体的性质以及配合物生成时的反应条件（浓度、温

度）。一般说来，中心离子（原子）所处的周期数、中心离子和配体的体积以及中心离子和配体所带的电荷数都能影响配位数。

配位数是容纳在中心离子（原子）周围的电子对的数目，故不受周期表族次的限制，而取决于元素的周期数。中心离子（原子）的最高配位数：第一周期为 2，第二周期为 4，第三、四周期为 6，第五周期为 8。

相同电荷的中心离子半径越大，配位数就越大，如 $[AlF_6]^{3-}$，配位数为 6，而体积较小的 B(Ⅲ) 就只能与 F^- 形成配位数为 4 的 $[BF_4]^-$。但中心原子（离子）的体积越大，与配体间的吸引力就越弱，这样就不一定能达到最高配位数。

对相同中心离子而言，配位体的半径越大，配位数就越小，如 Al^{3+} 与 F^- 可形成配位数为 6 的 $[AlF_6]^{3-}$，而 Al^{3+} 与半径较大的 Cl^-、Br^- 和 I^- 只能形成 $[AlX_4]^-$。

同一中心离子电荷越高，配位数就越大，如 $[PtCl_6]^{2-}$、$[PtCl_4]^{2-}$；配位体负电荷增加时，配位数就越小，如 $[SiF_6]^{2-}$、$[SiO_4]^{4-}$ 等，因此中心离子电荷增加和配位体电荷数减小，有利于增大配位数。

4. 配合物的电荷（charge of complexes）

配离子的电荷，等于组成它的简单粒子电荷的代数和。例如：

$[Cu(NH_3)_4]^{2+}$　　电荷为：$+2+(0)\times 4=+2$

$[Fe(CN)_6]^{3-}$　　$+3+(-1)\times 6=-3$

$[Co(NH_3)_5H_2O]^{3+}$　　$+3+(0)\times 5+(0)\times 1=+3$

配离子带电荷，必然还有相应的反离子存在，如 SO_4^{2-}，于是便有了 $[Cu(NH_3)_4]SO_4$。反离子即外界，与配离子概念无关。因此，配合物与配离子在概念上有所不同。有时中心离子和配体的电荷的代数和为零，则本身就是不带电荷的配合物，例如 $[CuCl_2(NH_3)_2]$；有时配合物是由不带电荷的中性原子和中性分子组成，例 $[Ni(CO)_4]$。

5. 配合物的定义（definition of complexes）

配合物是由具有接受孤对电子（或不定域电子）的空轨道的离子或原子（统称中心离子）和能够给出孤对电子的一定数目的离子或分子（统称配体）按一定的组成和空间构型所形成。我们以 $[Cu(NH_3)_4]SO_4$ 为例，把配位化合物的组成图示如下：

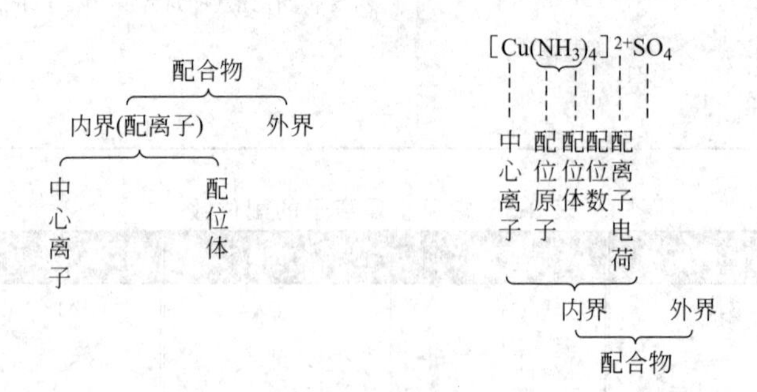

二、配合物的类型和命名（Type and Naming of Complexes）

（一）配合物的类型（type of complexes）

配合物有多种分类法：按中心离子数，可分成单核配合物和多核配合物；按配体种类，可分成水合配合物、卤合配合物、氨合配合物、氰合配合物以及羰基配合物等；按成键类型，可分成经典配合物（σ配键）、簇状配合物（金属-金属键），还有烯烃不饱和配体配合物、夹心配合物以及穴状配合物（均为不定域键）。本教材从配合物的整体出发，将配合物分成简单配合物、螯合物和其他类型的配合物三种。

1. 简单配合物（simple complexes）

由单齿配体(如 NH_3、H_2O、X^- 等)与中心离子直接配位形成的配合物为简单配合物。如 $K_2[PtCl_6]$、$Na_3[AlF_6]$、$[Cu(NH_3)_4]SO_4$ 和$[Ag(NH_3)_2]Cl$ 等。另外，大量的水合物实际上也是以水为配位体的简单配合物，如：$FeCl_3 \cdot 6H_2O$ 即$[Fe(H_2O)_6]Cl_3$，$CoCl_3 \cdot 6H_2O$ 即$[Co(H_2O)_6]Cl_3$，$CuSO_4 \cdot 5H_2O$ 即$[Cu(H_2O)_4]SO_4 \cdot H_2O$，$FeSO_4 \cdot 7H_2O$ 即$[Fe(H_2O)_6]SO_4 \cdot H_2O$。

2. 螯合物（chelates）

将乙二胺($NH_2CH_2CH_2NH_2$，en)与铜离子配合，由于乙二胺中有两个相同的配原子氮，生成二(乙二胺)合铜，反应方程式如下：

$$2NH_2CH_2CH_2NH_2 + Cu^{2+} \rightleftharpoons \left[\begin{matrix} H_2C-\overset{H_2}{N} & & \overset{H_2}{N}-CH_2 \\ | & \searrow Cu \swarrow & | \\ H_2C-\underset{H_2}{N} & \nearrow \quad \nwarrow & \underset{H_2}{N}-CH_2 \end{matrix}\right]^{2+}$$

这种由中心原子和多基配体结合而成的环状配合物称为螯合物。螯合物中的配位剂称为螯合剂。螯合剂与金属离子结合时犹如螃蟹双螯钳住中心离子，使中心离子与螯合剂结合形成环状体结构。环状结构的螯合物相当稳定，有的在水中溶解度很小，有的还具有特殊的颜色，明显表现出各个金属离子的性质。

3. 其他类型的配合物（other types of complexes）

多核配合物　在一个配合物中有两个或两个以上的中心离子。如：$[Re_2Cl_6]^{2-}$。

羰基配合物　金属原子与一氧化碳结合的产物，此外、这种配合物中金属的氧化数通常很低，有的甚至等于零，如$[Fe(CO)_5]$、$[Ni(CO)_4]$，有的呈负氧化数，如 $Na[Co(CO)_4]$，有的呈正氧化数，如$[Mn(CO)_6Br]$。

非饱和烃配合物　如：$[PtCl_3(C_2H_4)]^-$、$[(C_5H_5)_2Fe]$。

原子簇状配合物　如：$[Fe_2(CO)_9]$。

除此以外，还有金属大环冠醚配合物、同多酸、杂多酸型配合物等。

(二) 配合物的命名（naming of complexes）

1. 习惯名称

配合物用习惯名称的很少。如：$[Cu(NH_3)_4]^{2+}$ 称为铜氨配离子，$[Ag(NH_3)_2]^+$ 为银氨配离子，$K_3[Fe(CN)_6]$为赤血盐，$K_4[Fe(CN)_6]$为黄血盐，$H_2[SiF_6]$为氟硅酸，$K_2[PtCl_6]$为氯铂酸钾，$H[AuCl_4]$为氯金酸等。

2. 系统命名

(1) 系统命名服从无机化合物的命名原则　先阴离子再阳离子。

如：			
HNO_3	硝酸	$H_2[PtCl_4]$	四氯合铂（Ⅱ）酸
$AgNO_3$	硝酸银	$Ag_2[PtCl_4]$	四氯合铂（Ⅱ）酸银
$Cu(OH)_2$	氢氧化铜	$[Cu(NH_3)_4](OH)_2$	氢氧化四氨合铜（Ⅱ）
AgCl	氯化银	$[Ag(NH_3)_2]Cl$	氯化二氨合银（Ⅰ）

(2) 配位阴离子的配合物命名　在配阴离子与外界阳离子之间用“酸”字相连——即把配离子看作酸根。

$K_4[Fe(CN)_6]$　六氰合铁（Ⅱ）酸钾（俗称亚铁氰化钾、黄血盐）

$K_3[FeF_6]$　六氟合铁（Ⅲ）酸钾

$H[AuCl_4]$　四氯合金（Ⅲ）酸

$K_3[Ag(S_2O_3)_2]$　二（硫代硫酸根）合银（Ⅰ）酸钾

$K[Co(NO_2)_4(NH_3)_2]$　四硝基·二氨合钴（Ⅲ）酸钾

(3) 配位阳离子的配合物命名　用无机化合物命名的某化某、某酸某或氢氧化某来表示。

$[Zn(NH_3)_4]SO_4$　硫酸四氨合锌（Ⅱ）

$[Co(ONO)_2(NH_3)_4]OH$　氢氧化二亚硝酸根·四氨合钴（Ⅲ）

$[Co(NCS)_2(NH_3)_4]Cl$　氯化二异硫氰酸根·四氨合钴（Ⅲ）

$[Co(NO_2)(SCN)(en)_2]NO_3$　硝酸硝基·硫氰酸根·二（乙二胺）合钴（Ⅲ）

$[Pt(py)_4][PtCl_4]$　四氯合铂（Ⅱ）酸四（吡啶）合铂（Ⅱ）

(4) 中性配合物命名　先配体后金属离子（原子）。

$[Fe(CO)_5]$　五羰合铁

$[Co(NO_2)_2Cl(NH_3)_3]$　二硝基·氯·三氨合钴（Ⅲ）

$[PtCl_4(en)_2]$　四氯·二（乙二胺）合铂（Ⅳ）

(5) 配位主体命名顺序　配体数（中文）-配体名-合-中心离子名-中心离子氧化数（罗马数字）。

$K_3[Fe(CN)_6]$　六氰合铁（Ⅲ）酸钾

$[Cu(NH_3)_4]SO_4$　硫酸四氨合铜（Ⅱ）

(6) 配体命名次序　当一个配离子同时含有几个配体时，配体命名次序如下，配体间用“·”：

① 先无机，后有机。

cis-$[PtCl_2(Ph_3P)_2]$　顺-二氯·二（三苯基膦）合铂（Ⅱ）

② 先阴离子，后阳离子、中性。

$Na[PtCl_3 \cdot NH_3]$　三氯·氨合铂（Ⅱ）酸钠

③ 同类配体：配位原子元素符号的英文字母顺序。

$[Co(NH_3)_5 \cdot H_2O]Cl_2$　二氯化五氨·水合钴（Ⅱ）

④ 同类配体配位原子相同，含较少原子数目的配体排在前面。

$[PtNO_2 \cdot NH_3 \cdot NH_2OH \cdot (py)]NO_3$　硝酸硝基·氨·羟胺·吡啶合铂（Ⅱ）

（配体原子数分别为 3、4、5、11）

⑤ 配位原子相同，配体的含原子数目相同，按结构式中与配位原子相连的原子的元素符号的字母顺序排列。

$[Pt(NH_2)NO_2(NH_3)_2]$　氨基·硝基·二氨合铂（Ⅱ）

在遵循命名规则进行配合物命名时，需要注意区分：$-NO_2$（硝基），—ONO（亚硝酸根），—SCN（硫氰酸根），—NCS（异硫氰酸根）。在配合物中，—OH，称为羟基，而不是氢氧根。

第二节 配位化合物的化学键
(Chemical Bonds of Complexes)

1893 年瑞士科学家维尔纳提出配位理论，成为配位化学的奠基人。配位化合物的化学键理论的发展可分三个阶段。

价键理论（valence bond theory）

英国化学家西奇维克在 1923 年到 1927 年间，引进了配位键的概念，他认为配位体的特点是至少有一对孤对电子，而中心离子（或原子）的特点是含有空的价电子轨道，配位体提供孤对电子与中心离子共享而形成配位键。20 世纪 30 年代初，鲍林用价键理论来解释配合物中金属离子与配体间的结合作用，认为金属原子与配体间的结合力是一种共价键。鲍林的价键理论成功地解释了配合物的各种几何构型和磁性，遗憾的是无法解释某些配合物的构型和稳定性。

晶体场理论（crystal field theory）

1929 年到 1935 年间，美籍德国物理学家贝蒂和荷兰的范弗来克先后提出晶体场理论，彻底推翻配位键的共价性质，认为金属离子与配位体之间的相互作用是纯粹的静电作用。但实验（如顺磁共振和核磁共振）证明，金属离子的轨道与配位体的轨道却有重叠，即具有一定的共价成分，这就必须考虑到配位体和中心离子间的重叠作用是配合物成键的一个重要原因。

配位场理论（coordination field theory）

1951 年到 1952 年间，德国元素化学家哈尔特曼（H. Hartmann，1865—1936）和英国的欧格尔（L. E. Orgel）结合晶体场理论与分子轨道理论，提出配位场理论。配位场理论把配位体与过渡金属之间的作用，看作一种配位体的力场和中心离子的相互作用。配位场理论利用能级分裂图，比较满意地解释了许多过渡元素配合物的结构和性能的关系，是迄今为止较为满意的配合物化学键理论。本章仅对价键理论和晶体场理论作简单介绍。

一、价键理论（Valence Bond Theory）

1. 价键理论的基本要点（basic points of valence bond theory）

L. Pauling（鲍林）将轨道杂化理论应用于配位化合物。其基本要点如下。

（1）配位键是中心离子（或原子）提供与配位数相同数目的空轨道，这些能量相近的空轨道首先进行杂化，形成的杂化轨道与配位体的孤电子对或 π 电子的轨道在满足对称性匹配、最大重叠情况下相互重叠而形成。

（2）配位键是一种极性共价键，因而与一切共价键一样具有方向性和饱和性。

2. 杂化轨道和空间构型（hybrid orbits and spatial configurations）

为了增加成键能力，中心离子（或原子）用能量相近的空轨道进行杂化，因此杂化轨道的类型决定了配离子的空间构型。表 8-4 列出常见配离子在形成配位键时所采用的杂化轨道类型以及配离子的相应的空间构型。

表 8-4　杂化轨道类型和配离子的空间构型

杂化类型	配位数	空间构型	实例
sp	2	直线形	$[Cu(NH_3)_2]^+$，$[Ag(NH_3)_2]^+$，$[Cu(Cl)_2]^+$，$[Ag(CN)_2]^-$
sp^2	3	等边三角形	$[CuCl_3]^{2-}$，$[HgI_3]^-$
sp^3	4	正四面体	$[Ni(NH_3)_4]^{2+}$，$[Zn(NH_3)_4]^{2+}$，$[Ni(CO)_4]$，$[HgI_4]^{2-}$
dsp^2	4	正方形	$[Ni(CN)_4]^{2-}$，$[PtCl_4]^{2-}$
dsp^3	5	三角双锥形	$[Fe(CO)_5]$，$[Ni(CN)_5]^{3-}$，$[CuCl_5]^{3-}$
sp^3d^2	6	正八面体	$[FeF_6]^{3-}$，$[Fe(H_2O)_6]^{3+}$，$^-[Co(NH_3)_6]^{2+}$，$[PtCl_6]^2[AlF_6]^{3-}$，$[SiF_6]^{2-}$
d^2sp^3	6	正八面体	$[Fe(CN)_6]^{4-}$，$[Fe(CN)_6]^{3-}$，$[Co(NH_3)_6]^{3+}$

3. 外轨型和内轨型配合物的形成（formation of outer and inner orbital complexes）

根据配合物形成时中心离子轨道杂化过程中采用的 d 轨道的情况，配合物又可分成内轨型和外轨型两类。内轨型和外轨型配合物在性质上有很大的差别。

（1）外轨型配离子的形成　在配离子的形成过程中，若中心离子的电子排布不变，配位体孤电子对仅进入外层杂化轨道，这样形成的配离子称为外轨型配离子。它们的配合物称为外轨型配合物。以 $[FeF_6]^{3-}$ 为例，来说明外轨型配离子的形成。当 Fe^{3+} 与 F^- 接近时，Fe^{3+} 的电子排布不变，仅仅采用外层一个 4s、三个 4p 和二个 4d 轨道进行杂化，形成六个 sp^3d^2 杂化轨道，六个 F^- 的孤对电子分别填入六个 sp^3d^2 杂化轨道，形成 $[FeF_6]^{3-}$ 配离子。以上过程用以下轨道图表示。(图中"↑"表示中心离子的价电子，"··"表示配体提供的孤对电子)。

$Fe^{3+}(3d^5)$：↑ ↑ ↑ ↑ ↑ (3d)　— (4s)　— — — (4p)　— — — — — (4d)

sp^3d^2杂化

$[FeF_6]^{3-}$：↑ ↑ ↑ ↑ ↑ (3d)　·· (4s)　·· ·· ·· (4p)　·· ·· — — — (4d)

（2）内轨型配离子的形成　在配离子的形成过程中，若中心离子的电子排布发生改变，未成对电子重新配对，从而使次外层腾出空轨道来参与杂化，这样形成的配离子称为内轨型配离子。它们的配合物称为内轨型配合物。以 $[Fe(CN)_6]^{3-}$ 为例，解释内轨型配离子的形成。当 Fe^{3+} 与 CN^- 接近时，由于 CN^-[:C≡N:]$^-$ 电子密度大，对 Fe^{3+} 的次外层的 3d 轨道有强烈的作用，能将 3d 电子"挤成"只占三个 d 轨道，这样次外层两个 d 轨道空出来，与外层一个 4s 和三个 4p 轨道进行杂化，形成六个 d^2sp^3 杂化轨道，六个 CN^- 的六对孤对电子分别填入六个 d^2sp^3 杂化轨道，形成 $[Fe(CN)_6]^{3-}$ 配离子。其轨道图如下：

$Fe^{3+}(3d^5)$：↑ ↑ ↑ ↑ ↑ (3d)　— (4s)　— — — (4p)　— — — — — (4d)

d^2sp^3杂化

$[Fe(CN)_6]^{3-}$：↑↓ ↑↓ ↑ ·· ·· (3d)　·· (4s)　·· ·· ·· (4p)　— — — — — (4d)

（3）影响外轨型或内轨型配离子形成的因素　中心离子的价电子层结构是影响外轨型或内轨型配离子形成的主要因素。

中心离子内层d轨道已经全满（如Zn^{2+}：$3d^{10}$，Ag^{+}：$4d^{10}$），没有可利用的内层空轨道，只能形成外轨型配离子。

中心离子本身具有空的次外层d轨道（Cr^{3+}：$3d^{3}$），一般倾向于形成内轨型配离子。

如果中心离子内层d轨道未完全满（d^{4}～d^{9}），则既可形成外轨型配离子，也可形成内轨型配离子，这时，配体就成了决定配合物类型的主要因素。

① F^{-}、H_2O、OH^{-}等配体中配位原子F、O的电负性较高，吸引电子的能力较强，不容易给出孤电子对，对中心离子内层d电子的排斥作用较小，基本不影响其价电子层构型，因而中心离子只能利用外层空轨道成键，倾向于形成外轨型配离子。

② CN^{-}、CO等配体中配位原子C的电负性较低，给出电子的能力较强，因而其配位原子的孤对电子对中心离子内层d电子的排斥作用较大，内层d电子容易受挤压而发生重排（如Fe^{3+}：$3d^{5}$；Ni^{2+}：$3d^{8}$）或激发（如Cu^{2+}：$3d^{9}$），从而空出内层d轨道，所以倾向于形成内轨型配离子。

③ NH_3、Cl^{-}等配体有时形成内轨型配离子，有时形成外轨型配离子，随中心离子而定。

（4）外轨型和内轨型配离子的性质的差异

① 解离度　配离子虽然一般难解离，但各种配离子在水中还是会发生不同程度的解离。一般说来，内轨型配离子比外轨型配离子稳定，解离度更小。其原因是在形成内轨型配离子时，配体提供的孤电子对进入的是中心离子的次外层轨道，能量较低，结合得更牢固。而外轨型配离子形成时，配体是与中心离子的外层轨道成键，能量相对较高，稳定性相对较低。

② 磁性　物质的磁性大小可用磁矩μ来衡量，它与该物质所包含未成对电子数n有关，他们之间的关系为：

$$\mu=\sqrt{n(n+2)}\mu_{B}$$

式中，μ_{B}称为Bohr（玻尔）磁子，是磁矩的单位。

配离子表现出的磁性与中心离子中所含有未成对电子数密切相关。对于外轨型配离子，中心离子的价电子层结构保持不变，即内层d电子尽可能占每个d轨道且自旋平行，未成对电子数一般较多，因而表现出顺磁性，且磁矩大，称为高自旋体（或高自旋型配合物）。而对于内轨型配离子，中心离子的内层d电子经常发生重排，使未成对电子数减少，因而表现出弱的顺磁性，磁矩较小，称为低自旋体（或低自旋型配合物）。如果中心离子的价电子完全配对或重排后完全配对，则表现为逆磁性，磁矩为零。例如，$[Fe(H_2O)_6]^{2+}$的μ(实验)$=5.0\mu_{B}$，可知$n=4$，因为μ(计算)$=4.9\mu_{B}$，又$[Fe(CN)_6]^{4-}$的μ(实验)$=0\mu_{B}$，可知$n=0$。

③ 氧化还原稳定性　外轨型配离子$[Co(H_2O)_6]^{2+}$很稳定，不易被氧化为$[Co(H_2O)_6]^{3+}$，而内轨型配离子$[Co(CN)_6]^{4-}$却很不稳定，容易被氧化。这是因为，在外轨型配离子$[Co(H_2O)_6]^{2+}$中，Co^{2+}($3d^{7}$)采用sp^3d^2杂化，d电子处于内层轨道，能量较低，很稳定，不易失去而被氧化。而在内轨型配离子$[Co(CN)_6]^{4-}$中，Co^{2+}的3d电子在配体CN^{-}影响下发生重排，并有一个3d电子被激发到外层5s轨道上($3d^{6}4s^{0}4p^{0}5s^{1}$)，Co^{2+}采用d^2sp^3杂化成键，而外层的5s电子由于能量较高而容易失去，因而易被氧化为$[Co(CN)_6]^{3-}$。

价键理论能够成功地解释配合物的配位数、几何构型等。在引入内外轨型的情况下，可以解释配离子稳定性和配合物的磁性。但遗憾的是无法解释第四周期过渡金属八面体构型配离子的稳定性($d^{0}<d^{1}<d^{2}<d^{3}<d^{4}>d^{5}<d^{6}<d^{7}<d^{8}<d^{9}>d^{10}$)与d电子数有关，也不能解释配合物的颜色(第四周期过渡元素离子的颜色)等。

二、晶体场理论（Crystal Field Theory）

晶体场理论把配合物的中心（正）离子与配位体（负离子或偶极分子的负端）之间的化学作用力看作纯粹的静电作用。就同离子晶体中的正、负离子间静电作用相结合一样；带正电的中心离子处于配位体负电荷所形成的晶体场之中，因之得名晶体场理论。

（一）晶体场理论的基本要点

晶体场理论着重考虑中心离子价电子层中的 d 电子受配体的影响，其基本要点如下。

（1）中心离子的价电子层中的 d 轨道，会受到配位体所形成的晶体场的排斥，结果造成中心离子 d 轨道的能量发生改变，有些 d 轨道的能量升高，有些则降低，这就是 d 轨道的能量分裂。

（2）d 轨道的能量分裂取决于配位体的空间构型即配位体的场的类型。不同空间构型配位体形成不同的晶体场，中心离子的电子在不同的晶体场中所受到的排斥不同，结果造成不同情况的 d 轨道分裂。

（二）中心离子 d 轨道的分裂、分裂能

1. d 轨道的分裂（splitting of d orbitals）

量子力学认为，受外电场（球形场）作用，金属离子的 d 轨道的能量会升高，但平均能量不受场的类型而变。在正八面体配合物中，六个配体所产生的晶体场叫正八面体场。设中心离子（原子）在 xyz 轴的原点（见图 8-1）。当六个配体（以蓝圆点 • 表示）分别沿着 $\pm x$、$\pm y$、$\pm z$ 方向向金属离子靠近时，这时的 d_{z^2} 和 $d_{x^2-y^2}$ 轨道与配体处于迎头相碰状态，这些轨道上的电子受配体的静电场排斥作用大，因而能量比正八面体场的平均能量高。而 d_{xy}、d_{xz}、d_{zy} 三个轨道却正好插在配体空隙中间，避开了迎头相碰，因而能量比正八面体场的平均能量要低。这样一来，原来五个简并的 d 轨道分裂成两组：一组是能量较高的 d_{z^2} 和 $d_{x^2-y^2}$ 轨道，称为 dγ 或 e_g 轨道；一组是能量较低的 d_{xy}、d_{xz}、d_{zy} 轨道，称为 dε 或 t_{2g} 轨道。金属离子在正八面体场中 d 轨道的能级分裂见图 8-2。

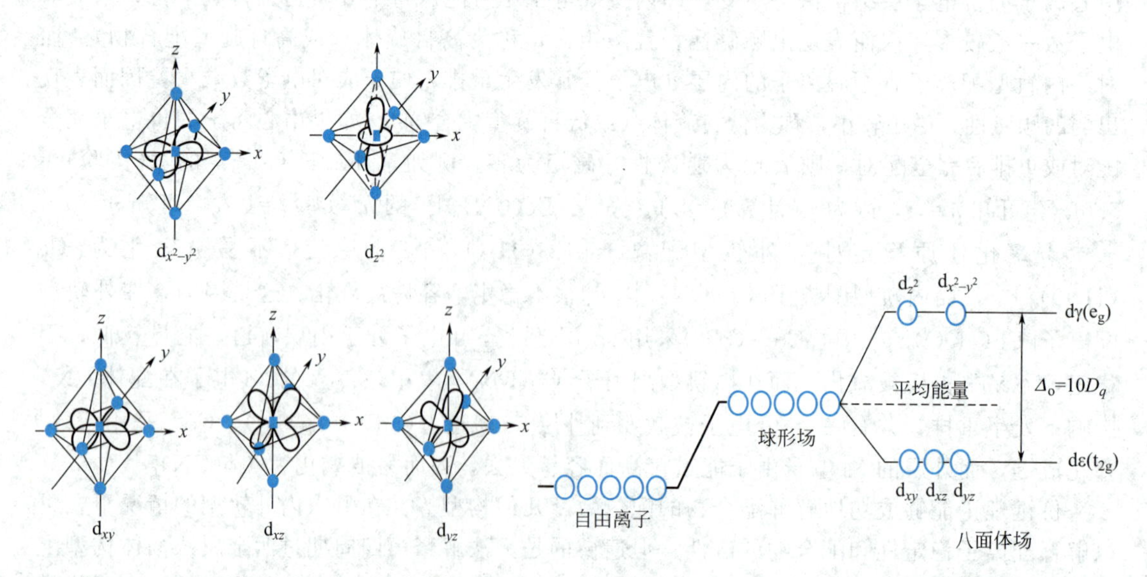

图 8-1　正八面体场对 5 个 d 轨道的作用

图 8-2　正八面体场中 d 轨道的能级分裂（Δ_o 下标 o 表示正八面体）

在正四面体配合物中，四个配体靠近金属离子时，它们和中心离子 d_{xy}、d_{xz}、d_{zy} 轨道靠得较近，而与 d_{z^2} 和 $d_{x^2-y^2}$ 轨道离得较远（见图 8-3），因此中心离子的 d_{xy}、d_{xz}、d_{zy} 轨道能量比正四面体场的平均能量高，而 d_{z^2} 和 $d_{x^2-y^2}$ 轨道的能量比正四面体场的平均能量低（见图 8-4）。这和正八面体场的 d 轨道的分裂情况正好相反。

(a) 四面体配合物中4个配位体的位置　(b) 四面体配合物中 d_{xy} 轨道的位置　(c) 四面体配合物中 $d_{x^2-y^2}$ 轨道的位置

（● 表示中心离子，○ 表示配体，d_{xz}、d_{zy} 轨道与 d_{xy} 类似）

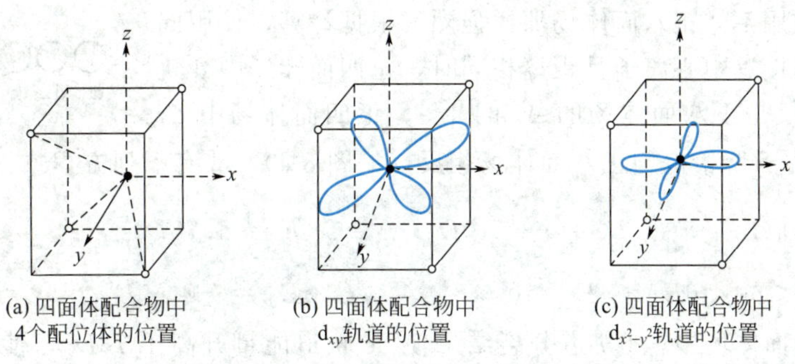

图 8-3　正四面体配体中 d_{xy} 轨道和 $d_{x^2-y^2}$ 的位置

在平面正方形配合物中，四个配体分别沿着 $\pm x$ 和 $\pm y$ 方向向金属离子靠近。$d_{x^2-y^2}$ 轨道迎头相顶，能量最高，d_{xy} 次之，d_{z^2} 又次之，d_{xz}、d_{zy} 能量最低（图 8-5）。

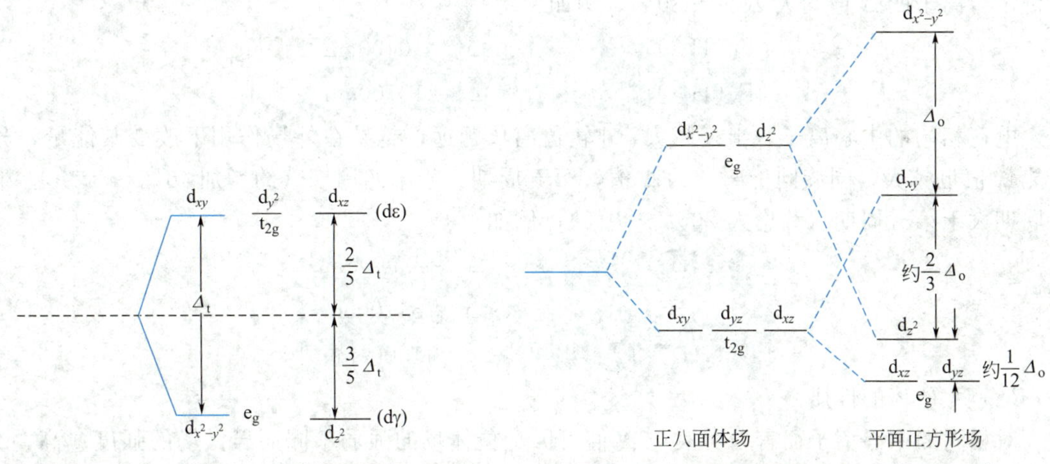

图 8-4　正四面体场中 d 轨道的分裂
（Δ_t 下标 t 表示四面体场）

图 8-5　平面正方形场中 d 轨道的分裂情况

2. 晶体场分裂能（splitting energy of crystal field）

晶体场分裂的程度可用分裂能（splitting energy）Δ 来表示。正八面体场的分裂能用 Δ_o 表示，也可将 Δ_o 分为 10 等份，每等份为 $1D_q$，则 $\Delta_o=10D_q$。由于在外电场（球形场）作用下的 d 轨道的平均能量是不变的，即分裂后 d 轨道的总能量应保持不变。若以分裂前 d 轨道的能量作为计算能量的零点，那么所有 dγ 和 dε 轨道的总能量等于零。因此由：

分裂能　　$\Delta_o=E_{d\gamma}-E_{d\varepsilon}=10D_q$

总能量　　$2E_{d\gamma}+3E_{d\varepsilon}=0$

将上述两式联立求解得：

$$E_{d\gamma}=\frac{3}{5}\Delta_o=6D_q$$

$$E_{d\varepsilon}=-\frac{2}{5}\Delta_o=-4D_q$$

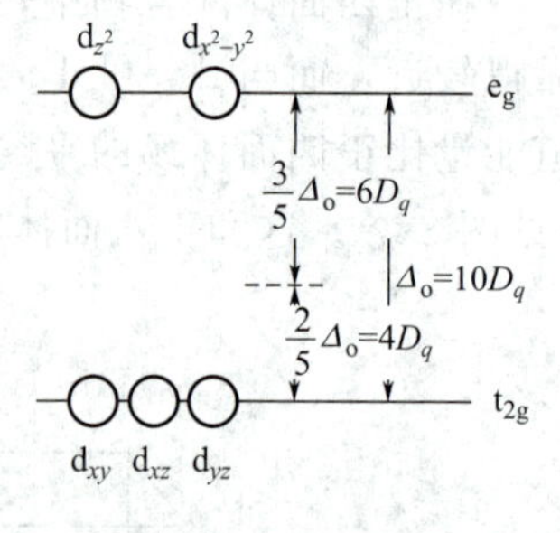

正四面体配体的方向和正八面体场中的位置不同，故 d 轨道受配体的排斥作用不像正八面体场那样强烈。根据计算，使用同种配体，当配体接近中心离子且距离相同时，正四面体场中 d 轨道的分裂能 Δ_t 仅是正八面体场的 Δ_o 的 4/9。正四面体场中 dγ 和 dε 轨道的能量升降恰好与正八面体场相反（见图 8-4），故有下列方程式：

$$E_{d\varepsilon}-E_{d\gamma}=\frac{4}{9}\times 10D_q \qquad E_{d\varepsilon}=1.78D_q$$

$$6E_{d\varepsilon}+4E_{d\gamma}=0 \qquad E_{d\gamma}=-2.67D_q$$

可见在正四面体场中，d 轨道分裂结果使 dε 轨道能量升高 $1.78D_q$，使 dγ 轨道能量降低 $2.67D_q$，图 8-4 为正四面体对称性晶体场中 d 轨道分裂的能级的相对值。

晶体场分裂能可从光谱实验数据中求得。影响分裂能的因素主要有中心离子的电荷和半径、配体的性质，大体有如下规律。

（1）中心离子的电荷和半径

当配位体相同时，同一中心离子的电荷越高，分裂能 Δ 值越大。一般三价水合离子比二价水合离子的 Δ 值约大 40%～80%。例如：

$[Fe(H_2O)_6]^{2+}$	$\Delta_o=10400cm^{-1}$
$[Fe(H_2O)_6]^{3+}$	$\Delta_o=13700cm^{-1}$

电荷相同的中心离子，半径越大，d 轨道离核越远，越易在外场作用下改变其能量，分裂能 Δ 值也越大。同族同价离子的 Δ 值，第五周期大于第四周期（约增加 40%～50%），第六周期大于第五周期（约增大 20%～30%），例如：

$[Co(NH_3)_6]^{3+}$	$\Delta_o=22900cm^{-1}$
$[Rh(NH_3)_6]^{3+}$	$\Delta_o=34100cm^{-1}$
$[Ir(NH_3)_6]^{3+}$	$\Delta_o=41000cm^{-1}$

（2）配位体的性质

对相同的中心离子而言，分裂能 Δ 值可因配位体场的强弱不同而异，场的强度愈高，Δ 值愈大。对正八面体配合物来讲，不同配位体的场强按下列顺序增大。

$I^-<Br^-<Cl^-\sim SCN^-<F^-<OH^-\sim ONO^-\sim HCOO^-$（甲酸根）$<C_2O_4^{2-}$（草酸根）$<H_2O<NCS^-<EDTA<en$（乙二胺）$<S_2O_3^{2-}<NO_2^-<CN^-<CO$。

该顺序是总结了配合物光谱实验数据而得，因而称为光谱化学序列或分光化学序列（spectrochemical series）。由此序列可见，配位体可分成强场配位体（如 CN^-）和弱场配位体（如 I^-、Br^-、Cl^-、F^-）等。必须指出，这一序列只能适用于常见氧化态金属离子，如果不是常见氧化态（特高或特低），便不能按此序列来比较配位体的强弱，即使是常见的配位体，某些邻近的次序有时也有差异，因而在不同的书上看到的光谱化学序列也略有出入。

（3）d 电子的排布和配合物的磁性（relationship of d electrons distribution of and magnetism of complexes）

中心离子的 d 电子在分裂后 d 轨道中的排布遵循原子轨道电子排布三大原则即能量最低

原理、泡利不相容原理和洪特规则。

在八面体场中有如下所示的规律。

① 中心离子具有1～3个d电子时，这些电子必然都排布在能量较低的dε轨道上，而且自旋平行，不受轨道分裂的影响。

② 若中心离子的d电子为4，则可能有两种不同的排布方式：一种是第四个电子进入能级较高的dγ轨道，形成具有未成对电子数较多的高自旋分布，这个电子必须具有克服分裂能Δ_o的能量才能进入；另一种是第四个电子挤进一个dε轨道，与原来的一个电子偶合成对，形成未成对电子较少的低自旋排布，这个电子需要受到原有电子的排斥，因而必须具有克服排斥作用的能量，才能进入轨道与原有电子偶合成对，这个原有电子的排斥能量称为电子成对能（pairing energy），常用P表示。究竟是形成高自旋还是低自旋排布，取决于d轨道分裂能Δ_o与电子成对能P的大小。

若$\Delta_o < P$，按能量最低原理，电子进入dγ轨道，未成对电子数增多，形成的配合物是高自旋，磁矩较大。

若$\Delta_o > P$，按能量最低原理，电子进入dε轨道，未成对电子数减少，形成的配合物是低自旋，磁矩较小。

不同的中心离子，电子成对能P有所不同，但相差不大。然而晶体场分裂能则因中心离子的不同而相差较大，尤其是随配体场的强弱不同而有较大差异。因此，d电子的排布便主要取决于分裂能Δ_o的大小，亦即主要取决于配位体场的强弱。在弱场配体的作用下，Δ_o值较小，电子将尽可能地分占更多的d轨道并保持自旋相同，这样才能减少电子成对能的需要而保持能量最低。因此弱场配位体形成的配合物将具有高自旋的结构，磁矩也较大。在强场配位体作用下，Δ_o值较大，电子进入能量较低的dε轨道配对更能保持能量最低。所以强场配位体形成的配合物将具有低自旋的结构，磁矩也较小。表8-5列出了八面体场作用下中心离子d电子的排布情况。

表8-5　在强弱配位场中d^n电子排布情况

构型	d电子数	弱场排布					强场排布				
		dε			dγ		dε			dγ	
正八面体	1	↑					↑				
	2	↑	↑				↑	↑			
	3	↑	↑	↑			↑	↑	↑		
	4	↑	↑	↑	↑		↑↓	↑	↑		
	5	↑	↑	↑	↑	↑	↑↓	↑↓	↑		
	6	↑↓	↑	↑	↑	↑	↑↓	↑↓	↑↓		
	7	↑↓	↑↓	↑	↑	↑	↑↓	↑↓	↑↓	↑	
	8	↑↓	↑↓	↑↓	↑	↑	↑↓	↑↓	↑↓	↑	↑
	9	↑↓	↑↓	↑↓	↑↓	↑	↑↓	↑↓	↑↓	↑↓	↑
	10	↑↓	↑↓	↑↓	↑↓	↑↓	↑↓	↑↓	↑↓	↑↓	↑↓

③ 中心离子具有8～10个d电子时，最后的电子必然都排布在能量较高的dγ轨道上，电子排布不受轨道分裂能大小的影响。

因此，八面体配合物具有$d^{1\sim3}$、$d^{8\sim10}$电子的离子，不论配位体场的强弱，其d电子排布都一样（不可能有两种排布）。而具有 $d^{4\sim7}$ 电子的离子，则因配位体场的强弱的不同，会有两种不同的 d 电子排布，形成的配合物磁性也不同，这是因为 d 轨道在配位体场作用下发生分裂，分裂能 Δ_o 与成对能 P 的相对大小不同所致。

几乎所有八面体配合物的 F^- 及水合物都是高自旋（$[Co(H_2O)_6]^{3+}$ 除外）的；而所有 CN^- 配合物都是低自旋的。从光谱实验数据可以求得电子成对能 P 和 d 轨道分裂能 Δ_o，从而便可预测配合物中心离子的电子排布及配合物磁矩的大小，这种预测与配合物磁矩的实验结果具有很好的一致性。

（4）晶体场稳定化能（crystal field stabilization energy）

在配位体场的作用下，中心离子 d 轨道发生分裂，d 电子进入分裂后各轨道的总能量通常要比未分裂前的总能量低，这样生成的配合物就有一定的稳定性。而这一总能量降低，就称为晶体场稳定化能（*CFSE*）。晶体场稳定化能可用以下公式计算：

$$CFSE=(-4n_1+6n_2)D_q+(m_1-m_2)P$$

式中，n_1、n_2 分别为 dε、dγ 轨道中的电子数；m_1、m_2 分别为八面体场、自由离子中的电子对数。例如 Fe^{2+} 有 6 个 d 电子，它在弱八面体场（如在 $[Fe(H_2O)_6]^{2+}$ 中，因 $\Delta_o<P$ 而采取高自旋结构 $d\varepsilon^4$、$d\gamma^2$，其总能量即为：

$$\begin{aligned}CFSE&=(-4n_1+6n_2)D_q+(m_1-m_2)P\\&=(-4\times4+2\times6)D_q+(1-1)P\\&=-4D_q\end{aligned}$$

表明分裂后比分裂前（$E=0$）的总能量下降 $4D_q$。如果 Fe^{2+} 在强八面体场如 $[Fe(CN)_6]^{4-}$，因 $\Delta_o>P$ 而采取低自旋结构如 $d\varepsilon^6$、$d\gamma^0$，其总能量为：

$$CFSE=(-4\times6D_q)+(3-1)P=-24Dq+2P$$

由于晶体场分裂能比电子成对能高，即 $10D_q$ 大于 P，故总能量下降更多，表明配合物更稳定。事实上 $[Fe(CN)_6]^{4-}$ 确比 $[Fe(H_2O)_6]^{2+}$ 稳定得多。由配位体的晶体场作用于中心离子而产生的晶体场稳定化能，是所形成的配离子具有相对稳定的能量基础。过渡金属离子在八面体场中的稳定化能见表 8-6。

表 8-6　过渡金属离子在八面体场中的稳定化能（$-D_q$）

d^n	离子	弱场	强场
d^0	Ca^{2+},Sc^{3+}	0	0
d^1	Ti^{3+}	−4	−4
d^2	Ti^{2+},V^{3+}	−8	−8
d^3	V^{2+},Cr^{3+}	−12	−12
d^4	Cr^{2+},Mn^{3+}	−6	$-16+P$
d^5	Mn^{2+},Fe^{3+}	0	$-20+2P$
d^6	Fe^{2+},Co^{3+}	−4	$-24+2P$
d^7	Co^{2+},Ni^{3+}	−8	$-18+P$
d^8	Ni^{2+},Pd^{2+},Pt^{2+}	−12	−12
d^9	Cu^{2+},Ag^{2+}	−6	−6
d^{10}	Cu^+,Ag^+,Au^+,Zn^{2+},Cd^{2+},Hg^{2+}	0	0

（5）晶体场理论应用示例（applicational examples of crystal field theory）

① 配合物的颜色（the color of the complex）　过渡金属配合物一般具有颜色，这可用

晶体场理论来解释。物质的颜色是由于它选择性地吸收可见光（400～760nm）中某些波长的光线而产生的。当白光投射到物体上，如果全部被物体吸收，就呈黑色；如果全部反射出来，物体就呈白色；如果只吸收可见光中某些波长的光线，则剩余的未被吸收的光线的颜色就是该物体的颜色。

过渡金属离子的 d 轨道在配位体场作用下发生了能级分裂，因此电子就有可能从较低能级的轨道向较高能级的轨道跃迁（如八面体场中电子从 dε 轨道向 dγ 轨道跃迁）。这种跃迁称为 d-d 跃迁。发生 d-d 跃迁所需要的能量就是 d 轨道的分裂能 Δ。尽管不同配合物的 Δ 不同，但其数量级一般都在近紫外和可见光的能量范围之内。不同配合物（晶体或溶液）由于分裂能 Δ 不同，发生 d-d 跃迁所吸收光的波长也不同，结果便产生不同的颜色。例如 $[Ti(H_2O)_6]^{2+}$ 的吸收光谱在 490.2nm 处有一最大吸收峰(图 8-6)。相当于吸收了白光的蓝绿成分，结果使$[Ti(H_2O)_6]^{2+}$ 呈互补色紫红色。由于这一最大吸收的能量相当于 $20400cm^{-1}$，就是电子从 dε 轨道跃迁到 dγ 轨道时吸收的能量，所以$[Ti(H_2O)_6]^{2+}$ 的分裂能 $\Delta_o = 20400cm^{-1}$。

② 过渡金属离子的水合热（the hydrated heat of transition metal ion） 过渡金属离子水合热 ΔH_h 是指气态离子溶于水，生成 1mol 水合离子时所放出的热量，用反应式表示为：

$$M^{n+}(g) + 6H_2O(g) \xlongequal{} [M(H_2O)_6]^{n+}(aq)$$
$$\Delta H = \Delta H_h$$

许多＋2 价离子都形成六配位八面体构型的水合离子。对于第四周期的＋2 价金属离子而言，从 Ca^{2+} 到 Zn^{2+}，其中 d 电子数从 0 增大到 10，离子半径逐渐减小，因此，它们的水合离子中，金属离子与水分子将结合得愈牢，其水合热应有规律地增大，见图 8-7 的虚线。但是实验测得的水合热并非如此，而是图 8-7 的实线，出现了两个小“山峰”。这一“反常”现象可以从晶体场稳定化能得到满意的定量解释。

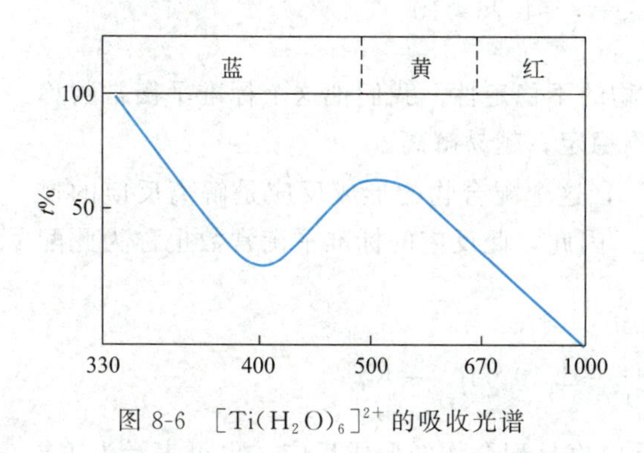

图 8-6 $[Ti(H_2O)_6]^{2+}$ 的吸收光谱

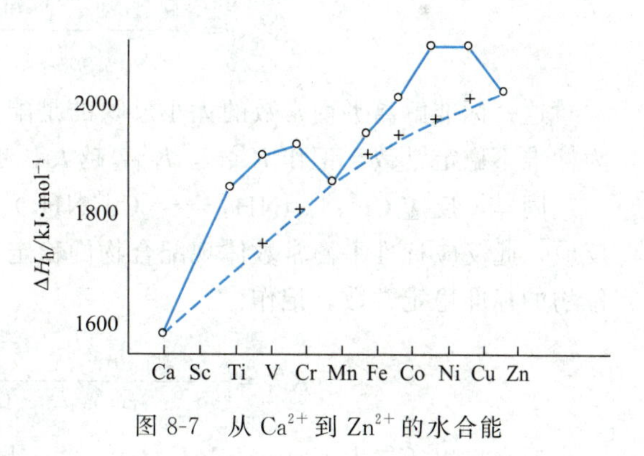

图 8-7 从 Ca^{2+} 到 Zn^{2+} 的水合能

对于弱八面体场的水合离子来说，$d^0(Ca^{2+})$、$d^5(Mn^{2+})$和 $d^{10}(Zn^{2+})$的 $CFSE=0$，这些离子的水合热是“正常”的，其实验值均落在图中的虚线上。其他离子(相应于 $d^{2\sim4}$ 及 $d^{6\sim9}$)的水合热，由于都有相应的稳定化能，而使实验结果成为图中实线那样出现“双峰”现象。如果把各个水合离子的 $CFSE$ 从水合热的实验值中一一扣去，再用 ΔH_h 对 d^n 作图，相应的各点将落在图中虚线上。这就证明实验曲线之所以“反常”，是由晶体场稳定化能所造成的。这也反过来反映了配离子的 $CFSE$ 是随 d 电子数目的变化而变化的规律，同时，也是晶体场理论具有一定定量准确性的又一例证。

晶体场理论能够解释配合物的磁性、颜色及某些热力学性质，并有一定的定量准确性，这无疑要比价键理论大大地前进了一步。然而它也有明显的不足之处。首先，晶体场理论把配位体与中心离子之间的作用看作纯粹静电性的，这显然与许多配合物中明显的共价性质不相符合，尤其不能解释像 $Fe(CO)_5$ 这类中性原子形成的配合物。其次，由晶体场理论导出的光谱化学序列，却不能用该理论来解释这个次序，例如负离子 F^- 是弱场配位体，它的场强比中性分子 H_2O 弱，更比 CO 弱得多，按照晶体场理论的静电模型是很难理解的。这便促使人们必须认真考虑配合物中不可忽视的共价键合。如果把分子轨道理论与晶体场理论相结合，便可较好地解释配合物中化学键的本质以及配合物性质。这就是配位场理论，限于篇幅，本课程中对此不做介绍。

第三节　配位解离平衡

(Coordination Dissociation Equilibrium)

一、稳定常数和不稳定常数（Constants of Stability and Unstability）

虽然配离子在水溶液中具有一定的稳定性而很少解离，但它们在水溶液中还是会发生不同程度的解离。这个解离过程是可逆的，在一定条件下建立平衡，这种平衡叫作配位解离平衡。例如，$[Cu(NH_3)_4]^{2+}$ 配离子在水溶液中，可在一定程度上解离为 Cu^{2+} 和 NH_3，同时，Cu^{2+} 和 NH_3 又会生成 $[Cu(NH_3)_4]^{2+}$ 配离子。在一定温度下，体系会达到动态平衡：

$$[Cu(NH_3)_4]^{2+} \rightleftharpoons Cu^{2+} + 4NH_3$$

298.15K 时，此反应的标准平衡常数为：

$$K^{\ominus}_{不稳} = \frac{(c_{Cu^{2+}}/c^{\ominus})(c_{NH_3}/c^{\ominus})^4}{c_{[Cu(NH_3)_4]^{2+}}/c^{\ominus}} = 4.76 \times 10^{-14}$$

这一标准解离平衡常数的大小反映的是配合物的不稳定性。我们把这个标准平衡常数称为标准不稳定常数，记作 $K^{\ominus}_{不稳}$，$K^{\ominus}_{不稳}$ 越大，越不稳定，越易解离。

同样，反应 $Cu^{2+} + 4NH_3 \rightleftharpoons [Cu(NH_3)_4]^{2+}$，这个配合物的形成反应是解离反应的逆反应，此反应标准平衡常数体现配合物的稳定性。因此，此反应的标准平衡常数也称为此配位物的标准稳定常数，记作：

$$K^{\ominus}_{稳} = \frac{c_{[Cu(NH_3)_4]^{2+}}/c^{\ominus}}{(c_{Cu^{2+}}/c^{\ominus})(c_{NH_4}/c^{\ominus})^4} = 2.10 \times 10^{13} = K^{\ominus}_f$$

通常也以 $K^{\ominus}_s$ 表示（stability，s）。由于此反应也是配合物的形成反应，也可表示为 $K^{\ominus}_f$（formation，f）（本书的稳定常数均以 $K^{\ominus}_f$ 表示）。显然 $K^{\ominus}_f$ 的大小，反映了配位反应的完全程度。$K^{\ominus}_f$ 越大，说明配位反应进行得越完全，配离子越稳定性，配离子的解离程度越小。

不同的配离子具有不同的 $K^{\ominus}_f$ 值，对于同类型的配离子，可用 $K^{\ominus}_f$ 值直接比较它们的稳定性。例如：$[Ag(NH_3)_2]^+$ 和 $[Ag(CN)_2]^-$ 的 $K^{\ominus}_f$ 分别为 1.62×10^7 和 1.30×10^{21}，说明 $[Ag(CN)_2]^-$ 比 $[Ag(NH_3)_2]^+$ 稳定得多。不同类型的配离子则不能仅用 $K^{\ominus}_f$ 值进行比较。

需要说明的是，配离子的形成和解离一般是逐级进行的，因此在溶液中存在一系列的配位平衡，各级均有对应的逐级稳定常数。以 $[Cu(NH_3)_4]^{2+}$ 为例，其逐级配位反应如下：

$$Cu^{2+} + NH_3 \rightleftharpoons [Cu(NH_3)]^{2+} \quad K^{\ominus}_{f_1} = 2.04 \times 10^4$$

$$[Cu(NH_3)]^{2+} + NH_3 \rightleftharpoons [Cu(NH_3)_2]^{2+} \quad K^{\ominus}_{f_2} = 4.67 \times 10^3$$

$$[Cu(NH_3)_2]^{2+} + NH_3 \rightleftharpoons [Cu(NH_3)_3]^{2+} \quad K^{\ominus}_{f_3} = 1.10 \times 10^3$$

$$[Cu(NH_3)_3]^{2+} + NH_3 \rightleftharpoons [Cu(NH_3)_4]^{2+} \quad K^{\ominus}_{f_4} = 2.06 \times 10^2$$

总生成反应：

$$Cu^{2+} + 4NH_3 \rightleftharpoons [Cu(NH_3)_4]^{2+}$$

$$K^{\ominus}_f = K^{\ominus}_{f_1} K^{\ominus}_{f_2} K^{\ominus}_{f_3} K^{\ominus}_{f_4} = 2.10 \times 10^{13}$$

$K^{\ominus}_{f_1}$、$K^{\ominus}_{f_2}$、$K^{\ominus}_{f_3}$ 以及 $K^{\ominus}_{f_4}$ 称为各级的逐级稳定常数。逐级稳定常数的累积也称为累积稳定常数，以 $\beta^{\ominus}_n$ 表示（n 表示累积的级数）。上述平衡的 $\beta^{\ominus}_1 = K^{\ominus}_{f_1}$、$\beta^{\ominus}_2 = K^{\ominus}_{f_1} K^{\ominus}_{f_2}$、$\beta^{\ominus}_3 = K^{\ominus}_{f_1} K^{\ominus}_{f_2} K^{\ominus}_{f_3}$，$\beta^{\ominus}_4 = K^{\ominus}_{f_1} K^{\ominus}_{f_2} K^{\ominus}_{f_3} K^{\ominus}_{f_4}$。当逐级稳定常数相差不大，计算时必须考虑各级配离子的存在。但在实际工作中，体系内往往加入过量的配体，配位平衡向着生成配合物的方向移动，配离子主要以最高配位形式存在，因而可以采用标准稳定常数 $K^{\ominus}_f$ 进行计算。附录十三为一些常见配离子的标准稳定常数。

二、配位平衡的计算（Calculation on Coordination Equilibrium）

例 8-1 已知 $K^{\ominus}_f[CuY]^{2-} = 6.31 \times 10^{18}$；$K^{\ominus}_f[Cu(en)_2]^{2+} = 3.98 \times 10^{19}$，试计算不同类型配合物中 Cu^{2+} 的浓度：$0.1mol \cdot L^{-1}$ $[CuY]^{2-}$（Y 为 EDTA）和 $0.1mol \cdot L^{-1}$ $[Cu(en)_2]^{2+}$ 溶液。

解： $Cu^{2+} + Y^{4-} \rightleftharpoons [CuY]^{2-}$

起始浓度　0　0　0.1

平衡浓度　x　x　$0.1-x$

$$K^{\ominus}_f = \frac{\dfrac{c[CuY]^{2-}}{c^{\ominus}}}{\dfrac{c(Cu^{2+})}{c^{\ominus}}\dfrac{c(Y^{4-})}{c^{\ominus}}}$$

$$(0.1-x)/x^2 = 6.31 \times 10^{18}$$

$$x = 1.26 \times 10^{-10}\ mol \cdot L^{-1}$$

$2en + Cu^{2+} \rightleftharpoons [Cu(en)_2]^{2+}$

起始浓度　0　0　0.1

平衡浓度　$2y$　y　$0.1-y$

$$K^{\ominus}_f = \frac{\dfrac{c[Cu(en)_2]^{2+}}{c^{\ominus}}}{\dfrac{c(Cu^{2+})}{c^{\ominus}}\left(\dfrac{c(en)}{c^{\ominus}}\right)^2}$$

$$(0.1-y)/[y(2y)^2] = 3.98 \times 10^{19}$$

$$y=9.73\times10^{-8}\,\text{mol}\cdot\text{L}^{-1}$$

虽然标准稳定常数相差不大，但由于是不同类型配合物，游离 Cu^{2+} 的浓度不同。$[Cu(en)_2]^{2+}$ 电离出的 Cu^{2+} 的浓度是 $[CuY]^{2-}$ 电离出的 Cu^{2+} 的浓度的约 $8.48\times10^{-8}/1.26\times10^{-10}=772$，即两者相差700多倍。

三、配位平衡的移动（Shift of Coordination Equilibrium）

在溶液中，配离子 $ML_x^{(n-xm)+}$ 与组成它的中心离子 M^{n+} 和配体 L^{m-} 之间，在水溶液中存在配合解离平衡：

$$ML_x^{(n-xm)+}\rightleftharpoons M^{n+}+xL^{m-}$$

若在溶液中加入某种试剂（如酸、碱、沉淀剂、氧化还原剂或其他配位剂等），这些试剂若能与溶液中的金属离子或配体发生反应，就会使上述配位平衡发生移动，溶液中各组分的浓度和配离子的稳定性都发生了变化。这种作用导致了配位平衡的移动。这种平衡移动涉及溶液中的配位平衡和其他化学平衡共同存在时的竞争。

1. 沉淀溶解平衡与配位平衡（relationship between precipitation dissolution equilibrium and coordination equilibrium）

在含有配离子的溶液中，如果加入某一沉淀剂，能与金属离子生成沉淀，则配位平衡遭到了破坏，配离子将发生解离。同样，在一些难溶盐的溶液中加入某种配位剂，也可能由于配离子的形成而使得沉淀溶解。这两种情况的溶液中同时存在着配位平衡和沉淀溶解平衡，反应实质上就是配位剂和沉淀剂争夺金属离子的过程。

例如，将 $AgNO_3$ 和 NaCl 两种溶液相混合，则有白色的 AgCl 沉淀生成。在沉淀中滴加浓氨水后，AgCl 沉淀消失，有 $[Ag(NH_3)_2]^+$ 生成。然后再加入 KBr 溶液，则又有淡黄色 AgBr 沉淀生成。接着在沉淀中加入 $Na_2S_2O_3$ 溶液，则 AgBr 沉淀又消失，生成 $[Ag(S_2O_3)_2]^{3-}$。再加 KI 溶液，则又有黄色的 AgI 沉淀生成。继续在沉淀中加入 KCN 溶液，AgI 沉淀便消失，生成 $[Ag(CN)_2]^-$。最后加入 Na_2S 溶液，则有黑色的 Ag_2S 沉淀产生。这些化学反应可以简单地表示如下：

$$AgNO_3\xrightarrow{NaCl}\underset{K_{sp}^{\ominus}1.56\times10^{-10}}{AgCl\downarrow}\xrightarrow{NH_3}\underset{K_f^{\ominus}1.62\times10^{7}}{[Ag(NH_3)_2]^+}\xrightarrow{KBr}\underset{K_{sp}^{\ominus}\ 7.70\times10^{-13}}{AgBr\downarrow}\xrightarrow{Na_2S_2O_3}$$

$$\underset{K_f^{\ominus}2.38\times10^{13}}{[Ag(S_2O_3)_2]^{3-}}\xrightarrow{KI}\underset{K_{sp}^{\ominus}1.50\times10^{-16}}{AgI\downarrow}\xrightarrow{KCN}\underset{K_f^{\ominus}1.32\times10^{21}}{[Ag(CN)_2]^-}\xrightarrow{Na_2S}\underset{K_{sp}^{\ominus}1.60\times10^{-49}}{Ag_2S\downarrow}$$

这些现象能够发生，可以通过下面例题计算来加以说明。

例 8-2 室温下，如在 100mL 的 $0.01\text{mol}\cdot\text{L}^{-1}$ 的 $AgNO_3$ 溶液中，加入 0.0585g NaCl 固体，即有 AgCl 沉淀析出。问若要阻止沉淀析出或使它溶解，需要加入的氨水的最低浓度为多少？这时溶液中 $c(Ag^+)$ 为多少？

解：可以看作在大量氨水的存在下，AgCl 溶于氨水后几乎完全生成 $[Ag(NH_3)_2]^+$。设平衡时 NH_3 的平衡浓度为 $x\,\text{mol}\cdot\text{L}^{-1}$，则有：

	$AgCl(s)+2NH_3(aq)\rightleftharpoons[Ag(NH_3)_2]^+(aq)+Cl^-(aq)$		
平衡浓度($\text{mol}\cdot\text{L}^{-1}$)	x	0.010	0.010

该反应的平衡常数为：

$$K^{\ominus}=\frac{c[Ag(NH_3)_2]^+/c^{\ominus}[c(Cl^-)/c^{\ominus}]}{[c(NH_3)/c^{\ominus}]^2}=K_f^{\ominus}K_{sp}^{\ominus}$$
$$=1.62\times10^7\times1.56\times10^{-10}=2.53\times10^{-3}$$
$$(0.01\times0.01)/x^2=2.53\times10^{-3}$$
$$x=0.20$$

即 NH_3 的平衡浓度为 0.20mol·L^{-1}，由于结合成 $[Ag(NH_3)_2]^+$ 需要消耗 NH_3，因此加入的 NH_3 浓度为 0.20+2×0.010mol·L^{-1}=0.22mol·L^{-1}。在此平衡体系中的 Ag^+ 浓度可以通过以下计算：

$$K_f^{\ominus}=\frac{c[Ag(NH_3)_2]^+/c^{\ominus}}{[c(Ag^+)/c^{\ominus}][c(NH_3)/c^{\ominus}]^2}=1.62\times10^7$$
$$\frac{0.010}{[c(Ag^+)/c^{\ominus}]0.20^2}=1.62\times10^7$$
$$c(Ag^+)=1.54\times10^{-8}\text{mol}\cdot\text{L}^{-1}$$

如果溶液中加入 KBr，假定其浓度只是 0.001mol·L^{-1}，$c(Ag^+)$ 和 $c(Br^-)$ 的乘积大于 AgBr 溶度积，故必然会有 AgBr 沉淀析出。

总之，究竟发生配位反应还是沉淀反应，取决于配位剂和沉淀剂的能力大小以及它们的浓度。如果配位剂的配位能力大于沉淀剂的沉淀能力，则沉淀消失或不析出沉淀，而生成配离子，例如 AgCl 沉淀被氨水溶解；若沉淀剂的沉淀能力大于配位剂的配位能力，则配离子被破坏，而有新的沉淀产生，例如在 $[Ag(NH_3)_2]^+$ 中加 Br^-，AgBr 沉淀析出。配位剂的配位能力和沉淀剂的沉淀能力主要看稳定常数和溶度积。因此配合物的稳定常数越大，越易于形成相应配合物，沉淀越易溶解；沉淀的 K_{sp} 越小，则配合物越易解离而生成沉淀。

2. 酸碱平衡和配位平衡（relationship between acid-base equilibrium and coordination equilibrium）

当配位剂是弱酸根（如 F^-、CN^-、SCN^- 等）时，能与外加酸生成弱酸。如 $[FeF_3]$ 配合物，当 $[H^+]$ >0.5mol·L^{-1} 时，将按下列平衡箭头所指方向解离。

$$\overleftarrow{\qquad\qquad\qquad\qquad}$$
$$Fe^{3+}+3F^-\rightleftharpoons[FeF_3]$$
$$3F^-+3H_3O^+\rightleftharpoons3HF+3H_2O$$
$$\overrightarrow{\qquad\qquad\qquad\qquad}$$

对于 $M^{n+}+xL^-\rightleftharpoons ML_x^{(n-x)+}$，当 $[H^+]$ 增加，降低 $[L^-]$，配合物稳定性减小，解离程度增大，称为配合剂的酸效应。EDTA（H_4Y）与金属离子 M^{n+} 配合，在酸性溶液中，由于 DETA 的酸效应，配合物稳定性同样也降低。

不同酸度也会影响配合物的颜色。如在不同的酸度下，Fe^{3+} 与水杨酸（salicylic acid）可生成下列各种有色的螯合物：

$$Fe^{3+}(aq)+(sal)^-(aq) \rightleftharpoons [Fe(sal)]^+(aq)+H^+(aq) \quad (pH=2\sim3)$$

（紫红色）

$$Fe(sal)^+(aq)+(sal)^-(aq) \rightleftharpoons [Fe(sal)_2]^-(aq)+H^+(aq) \quad (pH=4\sim8)$$

（红褐色）

$$Fe(sal)^{2-}(aq)+(sal)^-(aq) \rightleftharpoons [Fe(sal)_3]^{3-}(aq)+H^+(aq) \quad (pH\geqslant9)$$

（黄色）

3. 配离子之间的相互转化（transfer in complex ions）

含有配离子的溶液中，加入另一种配位剂，使之生成另一种更稳定的配离子，这时即发生了配离子的转化。例如：在血红色 $[Fe(SCN)_3]$ 溶液中加入 NaF，F^- 和 SCN^- 争夺 Fe^{3+}，溶液中存在两个配位平衡：实际上，

$$[Fe(SCN)_3] \rightleftharpoons Fe^{3+}+3SCN^-$$

$$Fe^{3+}+6F^- \rightleftharpoons [FeF_6]^{3-}$$

总反应式为：
$$[Fe(SCN)_3]+6F^- \rightleftharpoons [FeF_6]^{3-}+3SCN^-$$

平衡常数：

$$K^\ominus=\frac{c[FeF_6]^{3-}c^3(SCN)}{c[Fe(SCN)_3]c^6(F^-)}=\frac{K_f^\ominus[FeF_6]^{3-}}{K_f^\ominus[Fe(SCN)_3]}=\frac{1.0\times10^{16}}{4.0\times10^5}=2.5\times10^{10}$$

$K^\ominus$很大，说明正反应很完全，血红色 $[Fe(SCN)_3]$ 可完全转化成无色的 $[FeF_6]^{3-}$。实际上，在血红色 $[Fe(SCN)_3]$ 溶液中加入足量的 NaF，溶液即从血红色转化成无色。

许多过渡金属离子在水溶液中一般都有明显的水解作用。溶液 pH 增大，金属离子发生水解程度增加，配合物的稳定性降低。如：

$$[CuCl_4]^{2-}+2H_2O \rightleftharpoons Cu(OH)_2\downarrow+2H^++4Cl^-$$

4. 氧化还原平衡和配位平衡（redox equilibrium and coordination equilibrium）

在含有配离子的溶液中，氧化还原反应的发生可改变金属离子的浓度，使配位平衡发生移动。同时，对于溶液中的氧化还原反应，利用配位反应也可改变金属离子的浓度，使其氧化还原能力发生变化。

例如，在 $[Fe(SCN)_3]$ 溶液中加入还原剂 $SnCl_2$，由于 Sn^{2+} 能将 Fe^{3+} 还原成 Fe^{2+}，因而降低了 Fe^{3+} 的浓度，促进 $Fe(SCN)_3$ 的解离：

$$[Fe(SCN)_3] \rightleftharpoons Fe^{3+}+3SCN^-$$

$$2Fe^{3+}+Sn^{2+} \rightleftharpoons 2Fe^{2+}+Sn^{4+}$$

总反应式为：

$$2[Fe(SCN)_3]+Sn^{2+} \rightleftharpoons 2Fe^{2+}+Sn^{4+}+6SCN^-$$

又如，溶液中存在下列氧化还原反应：

$$2Fe^{3+}+2I^- \rightleftharpoons 2Fe^{2+}+I_2$$

若在此溶液中加入 NaF，F^- 与 Fe^{3+} 生成稳定的 $[FeF_6]^{3-}$ 配离子，从而降低了 Fe^{3+} 的浓度，使 Fe^{3+} 的氧化能力减弱，Fe^{2+} 的还原能力增强，氧化还原反应逆向进行。

四、稳定常数的应用（Application of Stability Constant）

利用配合物的稳定常数，可以判断反应进行的程度和方向，计算配合物溶液中某一离子的浓度，判断难溶盐的溶解和生成的可能性等，计算金属与其配离子组成的电极的电

极电势。

1. 计算配离子中有关离子的浓度

例 8-3 1mL 0.04mol·L^{-1} $AgNO_3$ 溶液中，加入 1mL 2mol·L^{-1} $NH_3·H_2O$，计算在平衡后溶液中 Ag^+ 的浓度（配合物电离出的金属离子浓度是很小的）。

解：

	Ag^+	+	$2NH_3$	$\rightleftharpoons$	$[Ag(NH_3)_2]^+$
起始前	0.02		1.00		0
反应后	0		0.96		0.02
平衡	x		$0.96+2x$		$0.02-x$

$$K_f^\ominus=\frac{c[Ag(NH_3)_2]^+/c^\ominus}{[c(Ag^+)/c^\ominus]\cdot[c(NH_3)/c^\ominus]^2}=1.62\times10^7$$

$$\frac{0.02-x}{x(0.96+2x)^2}=1.62\times10^7$$

$$c(Ag^+)=1.34\times10^{-9}\,mol\cdot L^{-1}$$

答：平衡后 $c(Ag^+)$ 为 $1.34\times10^{-9}\,mol\cdot L^{-1}$。

例 8-4 已知：$K_{sp}^\ominus(AgCN)=1.20\times10^{-16}$；$K_a^\ominus(HCN)=4.93\times10^{-10}$；$K_f^\ominus[Ag(CN)_2]^-=1.30\times10^{21}$。

在 1.00L 0.200mol·L^{-1} HCN 溶液中，加入 0.010mol 的 $AgNO_3$(s)。通过计算：

(1) 说明平衡时系统中是否有 AgCN 沉淀；

(2) 确定溶液中 HCN、$[Ag(CN)_2]^-$ 的浓度和 pH 值。

解：溶液中有可能存在的平衡为：

$$Ag^++HCN\rightleftharpoons AgCN\downarrow+H^+$$

$$K^\ominus=\frac{c(H^+)/c^\ominus}{[c(Ag^+)/c^\ominus][c(HCN)/c^\ominus]}$$

$$=\frac{[c(H^+)/c^\ominus][c(CN^-)/c^\ominus]}{[c(Ag^+)/c^\ominus][c(HCN)/c^\ominus][c(CN^-)/c^\ominus]}$$

$$=K_a^\ominus/K_{sp}^\ominus=\frac{4.93\times10^{-10}}{1.20\times10^{-16}}=4.11\times10^6$$

由于标准平衡常数很大，必然会沉淀生成。那么生成的沉淀是否又因为 HCN 过量生成 $[Ag(CN)_2]^-$ 而溶解呢？可根据以下平衡计算：

$$AgCN+HCN\rightleftharpoons[Ag(CN)_2]^-+H^+$$

$$K^\ominus=\frac{[c(H^+)/c^\ominus]\times(c[Ag(CN)_2]^-/c^\ominus)}{[c(HCN)/c^\ominus]}$$

$$=K_a^\ominus K_{sp}^\ominus K_f^\ominus$$

$$=7.69\times10^{-5}$$

设生成 $[Ag(CN)_2]^-$ 的浓度为 x，

	AgCN	+	HCN	$\rightleftharpoons$	$[Ag(CN)_2]^-$	+	H^+
则平衡时：			$0.19-x$		x		$0.01+x$

$$K^{\ominus}=\frac{x\times(0.01+x)}{0.19-x}=7.69\times10^{-5}$$

$$x=1.28\times10^{-3}\text{mol}\cdot\text{L}^{-1}$$

$[Ag(CN)_2]^-$ 配离子的浓度很小，说明 AgCN 沉淀几乎没有溶解。HCN 的浓度为 $0.19\text{mol}\cdot\text{L}^{-1}$，氢离子浓度为 $0.01\text{mol}\cdot\text{L}^{-1}$，pH 为 2.0.

2. 判断配位反应进行的方向

例 8-5 在 1L 原始浓度为 $0.10\text{mol}\cdot\text{L}^{-1}$ 的$[Ag(NO_2)_2]^-$溶液中，加入 0.20mol 晶体 KCN，判断下列反应的方向，并求溶液中$[Ag(NO_2)_2]^-$、$[Ag(CN)_2]^-$、NO_2^- 和 CN^- 等各种离子的平衡浓度。

$$[Ag(NO_2)_2]^- + 2CN^- \rightleftharpoons [Ag(CN)_2]^- + 2NO_2^-$$

已知：$K_f^{\ominus}[Ag(CN)_2]^-=1.30\times10^{21}$，$K_f^{\ominus}[Ag(NO_2)_2]^-=6.7\times10^2$

解： $[Ag(NO_2)_2]^- + 2CN^- \rightleftharpoons [Ag(CN)_2]^- + 2NO_2^-$（忽略逐级电离）

	$[Ag(NO_2)_2]^-$	$2CN^-$	$[Ag(CN)_2]^-$	$2NO_2^-$
起始	0.10	0.20	0	0
平衡	x	$2x$	$0.1-x$	$0.2-2x$

$$K^{\ominus}=\frac{1.3\times10^{21}}{6.7\times10^2}=1.94\times10^{18}=\frac{[0.10-x][0.20-2x]^2}{x\cdot(2x)^2}=\frac{(0.1-x)^3}{x^3}=1.94\times10^{18}$$

$$x=8.02\times10^{-8}(\text{mol}\cdot\text{L}^{-1})=c[Ag(NO_2)]^-,\ c(CN^-)=1.60\times10^{-7}(\text{mol}\cdot\text{L}^{-1})$$

$$c(NO_2^-)=0.20(\text{mol}\cdot\text{L}^{-1}),\ c[Ag(CN)_2]^-=0.10(\text{mol}\cdot\text{L}^{-1})$$

$K^{\ominus}$很大，说明正反应方向进行得很完全。

3. 讨论难溶盐生成或其溶解的可能性

一些难溶盐往往因形成配合物而溶解，利用稳定常数可计算难溶物质配位时的溶解度以及全部转化为配离子时所需配位剂的用量。

例 8-6 若在 $0.01\text{mol}\cdot\text{L}^{-1}$ 的$[Ag(NH_3)_2]^+$溶液中，加入 NaCl 晶体使 NaCl 的浓度达到 $0.001\text{mol}\cdot\text{L}^{-1}$ 时，有无 AgCl 沉淀？同样，在含有 $2\text{mol}\cdot\text{L}^{-1}NH_3$ 的 $0.01\text{mol}\cdot\text{L}^{-1}[Ag(NH_3)_2]^+$ 溶液中，加入 NaCl，也使其浓度达到 $0.001\text{mol}\cdot\text{L}^{-1}$，问有无 AgCl 沉淀？并试从两种情况下，求得不同的解离度数值中得出必要的结论。

解： 第一种情况：　$c(Ag^+)=x$　　无过量配体存在

$$Ag^+ + 2NH_3 \rightleftharpoons [Ag(NH_3)_2]^+$$

平衡时　x　　$2x$　　$0.01-x$

$$(0.01-x)/x(2x)^2=1.62\times10^7\quad x\ll0.01\text{mol}\cdot\text{L}^{-1},\quad 0.01-x\approx0.01\text{mol}\cdot\text{L}^{-1}$$

$$0.01/4x^3=1.62\times10^7,\quad x=5.35\times10^{-4}\text{mol}\cdot\text{L}^{-1}$$

解离度 $\alpha=c(Ag^+)/c(Ag^+_{总})=(3.92\times10^{-4}/0.01)\times100\%=5.35\%$

$c(Ag^+)c(Cl^-)=5.35\times10^{-4}\times0.001=5.35\times10^{-7}>K_{sp}^{\ominus}(AgCl)=1.56\times10^{-10}$，有 AgCl 沉淀生成。

第二种情况，有过量的 NH_3，设 $c(Ag^+)=x'$

	Ag^+	$+ 2NH_3 \rightleftharpoons$	$[Ag(NH_3)_2]^+$
	x'	$2+2x'$	$0.01-x'$
因为 $x'\ll0.01$ 所以相当于	x'	2	0.01

$$0.01/4x' = 1.62 \times 10^{7}$$

$$x' = 1.24 \times 10^{-10}\ \mathrm{mol \cdot L^{-1}}$$

离解度　　$\alpha = (1.24 \times 10^{-10}/0.01) \times 100\% = 1.24 \times 10^{-6}\%$

$c(Ag^{+})c(Cl^{-}) = 1.24 \times 10^{-10} \times 0.001 = 1.24 \times 10^{-13} < K^{\ominus}_{sp}(AgCl) = 1.56 \times 10^{-10}$，无AgCl沉淀生成。

因此，加入过量配体时，同离子效应使平衡向生成配合物方向移动，配离子的解离度降低。

4. 计算金属与其配离子间的标准电极电势值，判断氧化还原的方向

利用配合物的标准稳定常数，还可以计算金属与配离子间的标准电极电势。

第四节　螯合物
(Chelate)

一、螯合物的概述 (An Overview of Chelates)

多齿配体与中心离子（或原子）形成配合物时，中心离子与配体之间至少形成两个配位键。例如：乙二胺与 Cu^{2+} 的配位反应为：

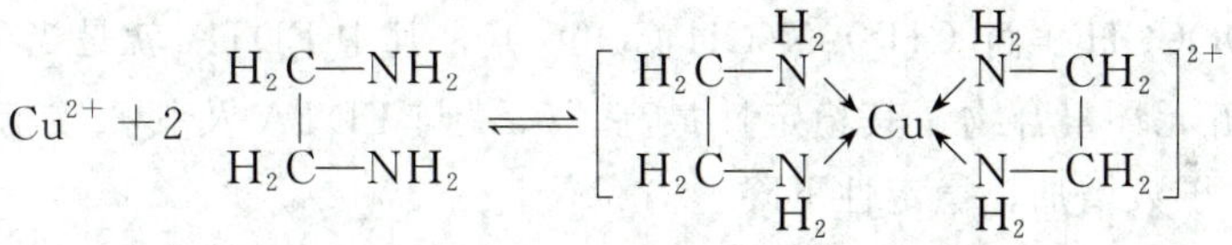

$$Cu^{2+} + 2\begin{matrix} H_2C-NH_2 \\ | \\ H_2C-NH_2 \end{matrix} \rightleftharpoons \left[\begin{matrix} H_2C-NH_2 \\ | \\ H_2C-NH_2 \end{matrix} \rightarrow Cu \leftarrow \begin{matrix} H_2N-CH_2 \\ | \\ H_2N-CH_2 \end{matrix}\right]^{2+}$$

乙二胺的分子中含有两个可提供孤对电子的氮原子，所以中心离子与一个配体形成两个配位键，使配离子具有环状结构。这种由多齿配体和同一中心离子形成具有环状结构的配合物，称为螯合物，也称为内配合物。能与中心离子形成螯合物的配体称为螯合剂（chelating agents）。

在螯合物中，中心离子与螯合剂分子（或离子）数目之比称为螯合比，上述螯合物的螯合比都是1∶2。胺羧类化合物是最常见的螯合剂，其中最重要和应用最广的是乙二胺四乙酸（EDTA）和它的二钠盐[1]，其结构为：

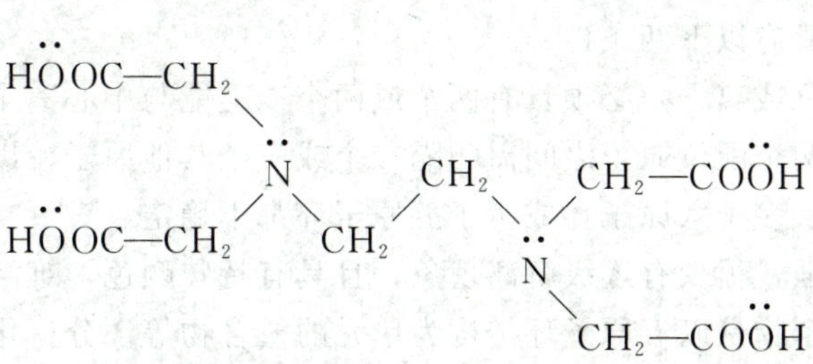

$$(\mathrm{H\ddot{O}OC-CH_2})_2\ddot{N}-CH_2-CH_2-\ddot{N}(\mathrm{CH_2-CO\ddot{O}H})_2$$

[1] 乙二胺四乙酸（EDTA）和它的二钠盐都可写成EDTA，在化学方程式中，常用 H_4Y 表示酸，Na_2H_2Y 表示其二钠盐。

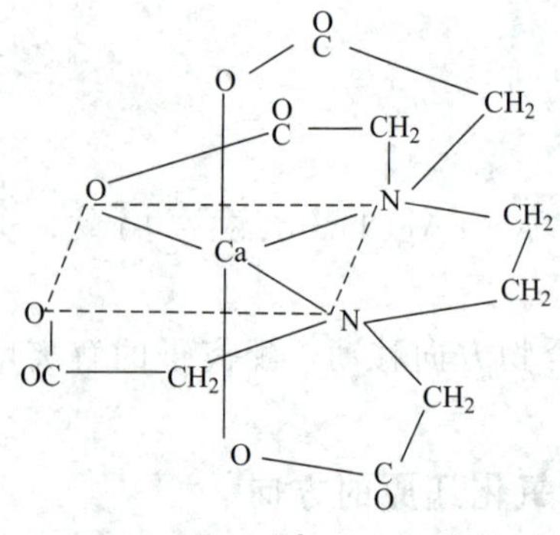

图 8-8 $[CaY]^{2-}$ 的空间结构

EDTA 具有 6 个配位原子，可以和大多数金属离子形成稳定螯合物。如 EDTA（H_4Y）与金属离子钙的作用：

$$Ca^{2+} + H_4Y \rightleftharpoons [CaY]^{2-} + 4H^+$$

所形成的 $[CaY]^{2-}$ 的结构如图 8-8 所示。螯合物具有环状结构，比相同配位原子的简单配位化合物稳定得多。这种因成环而使配合物稳定性增大的现象称为螯合效应。

表 8-7 列出常见金属离子氨合物和乙二胺螯合物的稳定常数。由于螯合效应，螯合物比一般氨合物稳定得多。

表 8-7 常见金属离子氨合物和乙二胺螯合物的稳定常数

配离子	$\lg K_f^\ominus$	配离子	$\lg K_f^\ominus$
$[Cu(NH_3)_4]^{2+}$	12.68	$[Cd(NH_3)_4]^{2+}$	7.0
$[Cu(en)_2]^{2+}$	19.60	$[Cd(en)_2]^{2+}$	10.02
$[Zn(NH_3)_4]^{2+}$	9.46	$[Ni(NH_3)_6]^{2+}$	8.74
$[Zn(en)_2]^{2+}$	10.37	$[Ni(en)_3]^{2+}$	18.59

螯合环的大小对螯合物的稳定性有影响。一般来说，五原子环（五元环）的螯合物最为稳定，六原子环次之。如 Ca^{2+} 与 EDTA 及其他氨羧衍生物均能形成螯合物。氨羧衍生物以通式表示为 $(^-OOCCH_2)_2N(CH_2)_nN(CH_2COO^-)_2$，其中 EDTA 就是当 $n=2$ 时的氨羧螯合剂，生成的是五元环螯合物，其稳定性最高。Ca^{2+} 与 EDTA 及其氨羧衍生物的螯合物见表 8-8。随环上原子数增加，稳定性下降。

表 8-8 Ca^{2+} 与 EDTA 及其氨羧衍生物形成的螯合物的稳定性

n	2	3	4	5
X 原子环	5	6	7	8
$\lg K_f^\ominus$	10.7	7.28	5.66	5.2

值得注意的是，并不是所有具有多个能与中心离子配位的配原子的配体均可形成螯合物。联氨分子 $H_2N—NH_2$ 虽然具有两个具有孤电子对的 N 原子，但它不能形成螯合物。显然，作为螯合剂必须具有以下两条件。

（1）螯合剂分子（或离子）必须具有两个或两个以上能与中心离子配位的配位原子。

（2）螯合剂中每两个配位原子之间需相隔二个或三个其他原子，以便与中心离子形成稳定的五元环或六元环。多于六原子环或少于五原子环都不稳定。

螯合物稳定性很强，很少有逐级解离现象，且具有特殊颜色，难溶于水而易溶于有机溶剂。绝大多数生物螯合物是以五原子环结构为单元的螯合物等。分析化学中重要的螯合剂一般是以氮、氧或硫为配位原子的有机化合物。常见的有下列几种类型。

1．“OO”型螯合剂

以两个氧原子为配位原子的螯合剂。这类螯合剂有氨基酸、多元醇、多元酚等。例如 Cu^{2+} 与乳酸根离子生成可溶性螯合物。

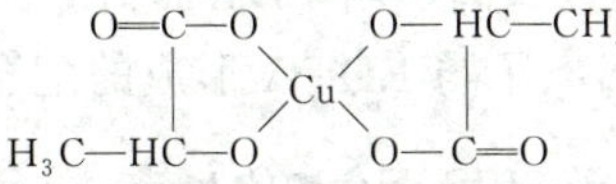

柠檬酸是一个三元羧基羧酸，其酸根与+2价金属离子螯合时，可能采取如下的形式：

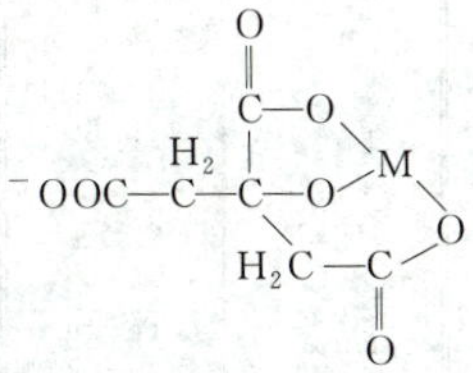

其中有一个五原子环和一个六原子环（在碱性溶液中配体上的氢也可被中和）。

柠檬酸根和酒石酸根都能与许多金属离子形成可溶性的螯合物。在分析化学中广泛地被用作掩蔽剂。

2."NN"型螯合剂

这类螯合剂包括有机胺类和含氮杂环化合物。例如，邻二氮菲与Fe^{2+}形成红色螯合物：

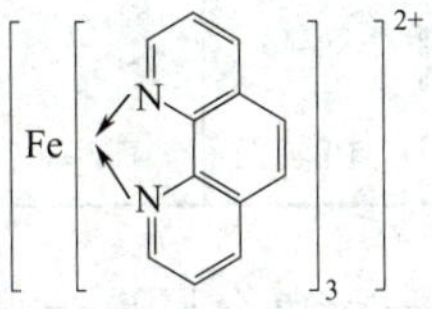

此螯合物可作为定量分析Fe^{2+}的显色剂。红色螯合物还可用作氧化还原指示剂。

3."NO"型螯合剂

这类螯合剂含有N和O两种配位原子。如氨基乙酸NH_2CH_2COOH、氨基丙酸$CH_3CH(NH_2)COOH$、邻氨基苯甲酸等。氨基乙酸根离子与Cu^{2+}形成的螯合物如下式表示：

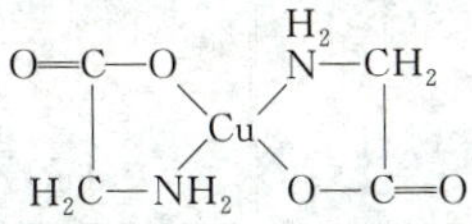

在分析化学上常用的乙二胺四乙酸（EDTA）是"NO"型螯合剂，能与许多金属离子形成稳定的螯合物，EDTA与金属离子形成的配合物具有以下特性。

（1）广谱性　在溶液中它几乎能与所有金属离子形成螯合物。

（2）螯合比恒定　一般而言，EDTA与金属离子形成的螯合物的螯合比为1∶1。如：

$$Ca^{2+} + H_2Y^{2-} \rightleftharpoons [CaY]^{2-} + 2H^+$$

$$Al^{3+} + H_2Y^{2-} \rightleftharpoons [AlY]^{-} + 2H^+$$

$$Sn^{4+} + H_2Y^{2-} \rightleftharpoons [SnY] + 2H^+$$

（3）稳定性高　EDTA与大多数金属离子形成五元环形的螯合物。图8-9为$[ZnY]^{2-}$的结构示意图。在这个配离子中，Zn^{2+}与Y^{4-}的6个配位原子形成5个五原子环，因而稳定性较高。其他金属离子与Y^{4-}所

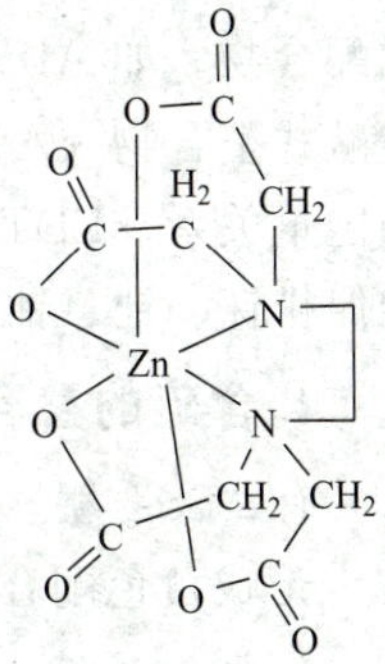

图8-9　$[ZnY]^{2-}$的空间结构

形成的配离子的结构也类似。一些金属离子与 EDTA 形成的配合物 MY 的稳定常数见表 8-9。由表中数据可看到，绝大多数金属离子与 EDTA 形成的配合物都相当稳定。

表 8-9　一些金属离子 EDTA 配合物的 $\lg K^{\ominus}_{MY}$（$I=0.1$，293～298K）

离子	$\lg K_{MY}$	离子	$\lg K_{MY}$	离子	$\lg K_{MY}$	离子	$\lg K_{MY}$	离子	$\lg K_{MY}$
Ag^{+}	7.32	Cu^{2+}	18.80	In^{3+}	25.0	Pd^{2+}	18.5	TiO^{2+}	17.3
Al^{3+}	16.3	Dy^{3+}	18.30	La^{3+}	15.50	Pm^{3+}	16.75	Tl^{3+}	37.8
Ba^{2+}	7.86	Er^{3+}	18.85	Li^{+}	2.79	Pr^{3+}	16.4	Tm^{3+}	19.07
Be^{2+}	9.3	Eu^{3+}	17.35	Lu^{3+}	19.83	Sc^{3+}	23.1	U(Ⅳ)	25.8
Bi^{3+}	27.94	Fe^{2+}	14.32	Mg^{2+}	8.7	Sm^{3+}	17.14	VO^{2+}	18.8
Ca^{2+}	10.69	Fe^{3+}	25.1	Mn^{2+}	13.87	Sn^{2+}	22.11	VO_2^{+}	18.1
Cd^{2+}	16.46	Ga^{3+}	20.3	Mo^{2+}	28	Sr^{2+}	8.73	Y^{3+}	18.09
Ce^{3+}	15.98	Gd^{3+}	17.37	Na^{+}	1.66	Tb^{3+}	17.67	Yb^{3+}	19.57
Co^{2+}	16.31	H_fO^{2+}	19.1	Nd^{3+}	16.6	Th^{4+}	23.2	Zn^{2+}	16.50
Co^{3+}	36	Hg^{2+}	21.7	Ni^{2+}	18.62	Ti^{3+}	21.3	ZrO^{2+}	29.5
Cr^{3+}	23.4	Ho^{3+}	18.74	Pb^{2+}	18.04				

（4）配合物的颜色特征　EDTA 与无色金属离子形成无色配合物，与有色金属离子一般生成颜色更深的螯合物。几种有色的 EDTA 螯合物见表 8-10。

表 8-10　有色 EDTA 螯合物

螯合物	颜色	螯合物	颜色
$[NiY]^{2-}$	绿蓝	$[CrY]^{-}$	深紫
$[CuY]^{2-}$	深蓝	$[Cr(OH)Y]^{2-}$	蓝（pH>10）
$[CoY]^{2-}$	紫红	$[FeY]^{-}$	黄
$[MnY]^{2}$	紫红	$[Fe(OH)Y]^{2-}$	褐（pH≈5）

（5）pH 值影响小　溶液的酸度或碱度较高时，H^{+} 或 OH^{-} 也参与配位，形成酸式或碱式配合物。如 Al^{3+} 与 EDTA 在酸度较高时，生成酸式螯合物［AlHY］或在碱度较高时生成碱式螯合物［AlOHY］$^{2-}$。这些螯合物一般不太稳定，它们的生成不影响与 EDTA 之间的定量关系。EDTA 也是治疗金属中毒的螯合剂，它的二钠钙盐治疗铅中毒效果最好，还能促排钚、钍、铀等放射性元素。

4. 含硫的螯合剂

有“SS”型、“SO”型和“SN”型等。例如，二乙胺基二硫代甲酸钠（铜试剂）与 Cu^{2+} 形成黄色配合物：

$$(Ac)_2C(=S)SNa + \frac{1}{2}Cu^{2+} = (Ac)_2C(S)(S)\rightarrow Cu/2 + Na^{+}$$

此螯合剂可用于测定微量铜，也可用于除去人体内过量的铜。

“SO”型和“SN”型螯合剂能与许多金属离子形成稳定螯合物，在分析化学中可作为掩蔽剂和显色剂。例如，巯基乙酸和8-巯基喹啉与金属离子形成的螯合物：

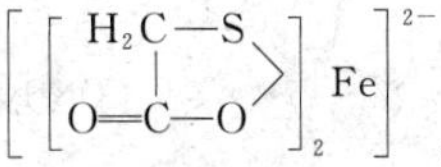

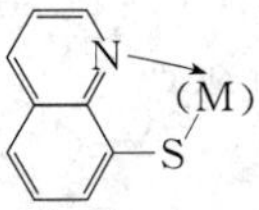

巯基丙醇（BAL）是治疗砷中毒的螯合剂。

二、生物学中的螯合物（Chelates in Biology）

金属螯合物在生物体内起着重要的生理活性作用。在哺乳动物体内约有70%铁是以卟啉配合物的形式存在的，其中包括血红蛋白、肌红蛋白、过氧化氢酶及细胞红血素。图8-10为血红素的结构。

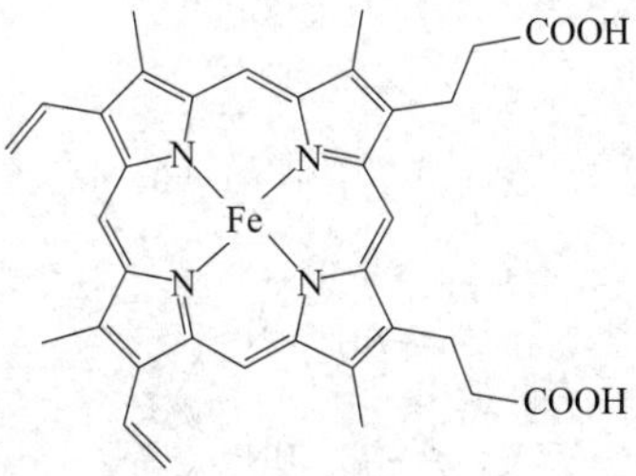

图8-10　血红素的结构

叶绿素是植物体中进行光合作用的一组色素。它有许多种，主要有叶绿素a和叶绿素b两种。叶绿素a呈蓝绿色，叶绿素b呈黄绿色，它们之间的区别不大，叶绿素b比叶绿素a少两个H原子，多一个O原子。叶绿素a和叶绿素b都是镁与卟啉的螯合物，此种螯合物的中心原子是Mg^{2+}（图8-11）。叶绿素不溶于水，只有用中性的有机溶剂才能够把它提取出来而不变质。

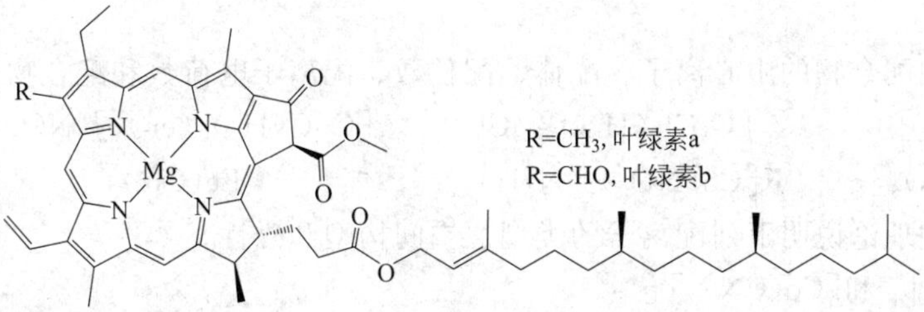

图8-11　叶绿素a和叶绿素b的结构

维生素是构成辅酶（或辅基）的组成部分、故它在调节物质代谢过程中起着重要的作用。维生素 B_{12}（图 8-12）是钴的螯合物，又称钴胺素。它的核心是带有一个中心钴原子的咕啉环（图 8-13）。

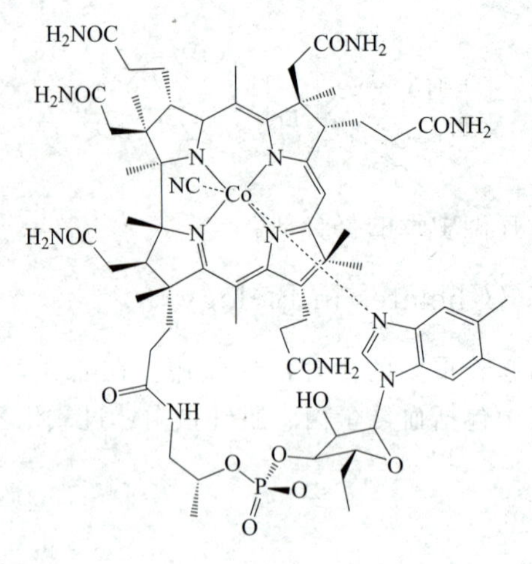

图 8-12　维生素 B_{12} 结构

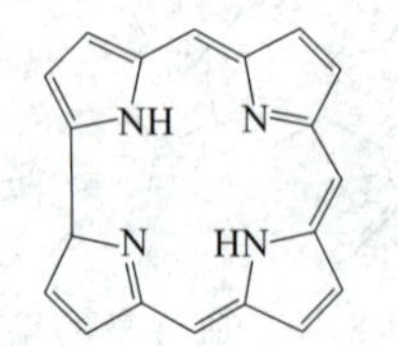

图 8-13　咕啉环结构

习　题

1. 无水 $CrCl_3$ 和氨作用能形成两种配合物 A 和 B，组成分别为 $[CrCl_3 \cdot 6NH_3]$ 和 $[CrCl_3 \cdot 5NH_3]$。加入 $AgNO_3$，A 溶液中几乎全部氯沉淀为 AgCl，而 B 溶液中只有 2/3 的氯沉淀出来，加入 NaOH 并加热，两种溶液均无氨味。试写出这两种配合物的化学式并命名。

2. 指出下列配合物的中心离子、配体、配位数、配离子电荷数和配合物名称。

$K_2[HgI_4]$　　　$[CrCl_2(H_2O)_4]Cl$　　　$[Co(NH_3)_2(en)_2](NO_3)_2$

$Fe_3[Fe(CN)_6]_2$　　　$K[Co(NO_2)_4(NH_3)_2]$　　　$Fe(CO)_5$

3. 试用价键理论说明下列配离子的类型、空间构型和磁性。

(1) $[CoF_6]^{3-}$ 和 $[Co(CN)_6]^{3-}$

(2) $[Ni(NH_3)_4]^{2+}$ 和 $[Ni(CN)_4]^{2-}$

4. 已知 $[Co(NH_3)_6]^{2+}$ 和 $[Co(NH_3)_6]^{3+}$ 分别为外轨型和内轨型配离子。试从晶体场理论说明它们的中心离子 d 电子分布方式、磁矩以及自旋状态。

5. 试根据晶体场理论，简要说明下列问题：

(1) Ni^{2+} 的八面体配合物都是高自旋配合物；

(2) 过渡金属的水合离子多数有颜色，也有少数是无色的。

6. 将 0.1mol·L^{-1} $ZnCl_2$ 溶液与 1.0mol·L^{-1} NH_3 溶液等体积混合，求此溶液中 $[Zn(NH_3)_4]^{2+}$ 和 Zn^{2+} 的浓度。

7. 在 100mL 0.05mol·L^{-1} $[Ag(NH_3)_2]^+$ 溶液中加入 1mL 1mol·L^{-1} NaCl 溶液，溶液中 NH_3 的浓度至少需多大才能阻止 AgCl 沉淀生成？

8. 计算 AgCl 在 0.1mol·L^{-1} NH_3 溶液中的溶解度。

*9. 在 100mL 0.15mol·L^{-1} $[Ag(CN)_2]^-$ 溶液中加入 50mL 0.1mol·L^{-1} KI 溶液，是否有 AgI 沉淀生成？在上述溶液中再加入 50mL 0.2mol·L^{-1} KCN 溶液，又是否产生 AgI 沉淀？

*10. 0.08mol·L^{-1} $AgNO_3$ 溶解在 1L $Na_2S_2O_3$ 溶液中形成 $[Ag(S_2O_3)_2]^{3-}$，过量的 $S_2O_3^{2-}$ 浓度为 0.2mol·L^{-1}。欲得卤化银沉淀，所需 I^- 和 Cl^- 的浓度各为多少？能否得到 AgI 和 AgCl 沉淀？

*11. 50mL 0.1mol·L^{-1} $AgNO_3$ 溶液与等量的 6mol·L^{-1} NH_3 混合后，向此溶液中加入 0.119g KBr 固体，有无 AgBr 沉淀生成？如欲阻止 AgBr 沉淀析出，原混合液中氨的初浓度至少要多少？

** 12. 分别计算 $Zn(OH)_2$ 溶于氨水生成 $[Zn(NH_3)_4]^{2+}$ 和 $[Zn(OH)_4]^{2-}$ 时的平衡常数，若溶液中 NH_3 和 NH_4^+ 的浓度均为 0.1mol·L^{-1}，则 $Zn(OH)_2$ 溶于该溶液中主要生成哪一种配离子？已知($Zn(OH)_2$ 溶于该溶液中主要生成的是 $[Zn(NH_3)_4]^{2+}$。

*13. 将含有 0.2mol·L^{-1} NH_3 和 1mol·L^{-1} NH_4^+ 的缓冲溶液与 0.2mol·L^{-1} $Cu(NH_3)_4^{2+}$ 溶液等体积混合，有无 $Cu(OH)_2$ 沉淀生成？已知 $Cu(OH)_2$ 的 $K_{sp}^{\ominus}=2.2\times10^{-20}$。

14. 写出下列反应的方程式并计算平衡常数：

(1) AgI 溶于 KCN。

(2) AgBr 微溶于氨水中，溶液酸化后又析出沉淀（两个反应）。

15. 下列化合物中哪些可作为有效的螯合剂？

(1) H_2O　　(2) HOOH（过氧化氢）

(3)（联胺）　　(4) $NH_2CH_2CH_2NH_2$

16. How many unpaired electrons are present in each of the following?

(1) $[FeF_6]^{3-}$ (high-spin)　　(2) $[Co(en)_3]^{3+}$ (low-spin)

(3) $[Co(CN)_6]^{3-}$ (low-spin)　　(4) $[Mn(F)_6]^{4-}$ (high-spin)

(5) $[Fe(H_2O)_6]^{4-}$ (high-spin)　　(6) $[Mn(CN)_6]^{4-}$ (low-spin)

*17. Given the following information:

$Ag^+ + 2NH_3 \rightleftharpoons [Ag(NH_3)_2]^+$　　$K_f^{\ominus}=1\times10^{7}$

$Ag^+ + 2CN^- \rightleftharpoons [Ag(CN)_2]^-$　　$K_f^{\ominus}=1\times10^{20}$

$Ag^+ + 2Cl^- \rightleftharpoons AgCl\ (s)$　　$K_{sp}^{\ominus}=1\times10^{-10}$

$Ag^+ + 2I^- \rightleftharpoons AgI\ (s)$　　$K_{sp}^{\ominus}=1\times10^{-17}$

(a) Which complex is the more stable?

(b) Which solid is the less soluble?

(c) Use this information to explain why:

The addition of NH_3 (aq) dissolves AgCl but not AgI.

The addition of the cyanide ion (CN^-) dissolves AgCl and AgI.

18. Calculate the concentration of free copper ion that is present in equilibrium with 1.0×10^{-3} mol·L^{-1} $[Cu(NH_3)_4]^{2+}$ and 1.0×10^{-1} mol·L^{-1} NH_3.

第九章

氧化还原反应及氧化还原平衡

(Oxidation-reduction Reaction and Oxidation-reduction Equilibrium)

学习要求：

1. 掌握氧化还原反应的基本概念，原电池的组成及表示方法，标准电极电势，能斯特方程式及有关计算，电极电势在判断反应方向和限度方面的应用，标准平衡常数、标准吉布斯自由能与标准电极电势的关系。

2. 熟悉氧化数的概念，电极电势的产生和测量，判断氧化还原反应进行的次序，元素电势图及其应用。

3. 了解氧化还原反应的配平，能斯特方程的推导，电解与化学电源。

氧化还原反应（oxidation-reduction reaction）是指在反应前后，元素氧化数有变化的一类反应。

氧化还原反应在生活中非常常见，比如：金属的生锈、气体的燃烧、电池的放电和充电等。在工业生产中也存在着大量的氧化还原反应，比如：金属的冶炼、电化学合成等都属于氧化还原反应。

氧化还原反应对生物体也具有重大意义，生物体内的很多生化反应都涉及氧化还原反应，构成诸如新陈代谢、运动收缩、神经传导、生物合成等各种生命现象的物质基础。例如，在生物体中葡萄糖的代谢过程

$$C_6H_{12}O_6(s)+6O_2(g)=\!=\!=6CO_2(g)+6H_2O(l)$$

就是一个氧化还原反应，这个反应提供了生命活动所需要的能量。该反应的逆反应——光合作用，也是一个氧化还原反应。这些反应非常复杂，是在一系列酶的催化作用下，分成若干步骤进行的。

在研究氧化还原反应时，我们经常要判断反应进行的方向和限度，这可以根据化学热力学原理，计算反应的自由能变来研究。由于自发进行的氧化还原化学反应可以组成原电池，也可以借助于这种联系，利用原电池的电动势或者电极电势来研究反应进行的方向和限度的问题。

电解和化学电源是氧化还原反应的实际应用，前者利用了环境对体系做功，使非自发反应发生，后者则通过将氧化还原反应组成电池，可以将化学能转化为电能。

第一节 氧化还原反应基本概念

(Some Basic Concepts of Oxidation-reduction Reaction)

一、氧化和还原

还原反应是物质获得电子的反应，氧化反应是物质失去电子的反应。比如：

还原反应 $Cu^{2+} + 2e^- \longrightarrow Cu$

氧化反应 $Zn \longrightarrow Zn^{2+} + 2e^-$

以上两个反应称为半反应。有得到电子的反应就必有失去电子的反应，氧化半反应失去的电子必须如数转移给还原半反应，所以还原反应和氧化反应这两种反应必须联系在一起才能进行。如果将以上两式合并，就成为全反应式：

$$Zn + Cu^{2+} \xlongequal{} Zn^{2+} + Cu$$

任何氧化还原反应均可以拆成氧化和还原两个半反应。

在氧化还原反应中，得电子者为氧化剂（oxidant），比如 Cu^{2+}，氧化剂自身被还原，反应后变成还原产物；失电子者为还原剂（reductant），比如 Zn，还原剂自身被氧化，反应后变成氧化产物。氧化剂得到的电子数一定等于还原剂失去的电子数。

在有些反应中，得失电子不是很明显，比如

$$H_2(g) + O_2(g) \xlongequal{} H_2O(l)$$

在形成共价化合物水分子的反应中，氢并没有完全失去电子，氧也没有完全得到电子，但是在水分子中，由于氧的电负性大于氢，所以氧原子和氢原子之间的一对共用电子对偏向了氧的一方。这种导致电子偏移的反应也属于氧化还原反应。

由此可见，氧化还原反应的本质是电子的得失或偏移。

二、氧化数

为了方便研究氧化还原反应，化学家引入了氧化数（oxidation number，又称氧化值或氧化态）的概念。1970 年，国际纯粹与应用化学联合会（IUPAC）把氧化数定义为：元素的氧化数是指该元素一个原子的表观电荷数。表观电荷数（又称形式电荷数）是指当我们把化学键中的成键电子指定给成键原子中电负性较大的那个原子时，这个原子所获得的电荷数。例如，在 HCl 中，由于氯的吸引电子能力较强，成键电子指定给氯，所以氯的氧化数为－1，氢的氧化数为＋1。

为了方便各种物质中氧化数的讨论，人们从经验中总结出一套规则用来确定氧化数。它包括以下四条。

(1) 在单质（如 Cu，O_2 等）中，原子的氧化数为零。

(2) 在中性分子中，所有原子的氧化数代数和等于零。

(3) 在复杂离子中，所有原子的氧化数代数和等于离子的电荷数。而单原子离子的氧化数就等于它所带的电荷数。

(4) 若干关键元素的原子在化合物中的氧化数有固定值。氢原子的氧化数为＋1，氧原子为－2，卤素原子在卤化物中为－1，硫在硫化物中为－2。这里有少数例外，如活泼金属氢化物

(NaH、CaH_2、$LiAlH_4$ 等）中氢原子的氧化数为－1，在过氧化物（H_2O_2、Na_2O_2）中氧原子的氧化数为－1，在超氧化物（KO_2）中氧原子的氧化数为$-\frac{1}{2}$，在 OF_2 中氧原子的氧化数为＋2。

根据这些规定，就可确定化合物中所有元素的原子的氧化数。例如在 $K_2Cr_2O_7$ 中，我们设 Cr 元素的氧化数为 x，根据下式我们可以计算出 x，

$$(+1)\times2+x\times2+(-2)\times7=0$$
$$x=+6$$

又如，在 $S_2O_3^{2-}$ 中，设 S 的氧化数为 y，可以用下式计算出 y，

$$y\times2+(-2)\times3=-2$$
$$y=+2$$

根据氧化数的概念，我们可以发现：氧化数降低的反应是还原反应，氧化数升高的反应是氧化反应；氧化数升高的物质是还原剂，氧化数降低的物质是氧化剂。氧化数升高和降低的总数值相同。例如在下式中

$$2H_2S+SO_2 = 3S+2H_2O$$

H_2S 中 S 的氧化数从－2 升到 0，总的氧化数升高 4，这个过程为氧化反应；SO_2 中 S 的氧化数从＋4 降到 0，总的氧化数降低 4，这个过程为还原反应。所以 SO_2 是氧化剂，H_2S 是还原剂。

由此，我们可以说：如果反应前后某种元素的氧化数发生了变化，那么一定有氧化还原反应发生。

化合价和氧化数是不同的概念。化合价的原意是指各种元素的原子相互化合的数目，而氧化数是指某元素的原子的表观电荷数。化合价是由物质结构得出的具有特定的、确切的含义的概念，而氧化数是人为按一定规则和经验指定的一个数字。

在一些共价化合物中，化合价和氧化数的取值也不相同，比如以下几种物质：CH_4、CH_3Cl、CH_2Cl_2、$CHCl_3$ 和 CCl_4 中，C 的氧化数依次为－4、－2、0、＋2 和＋4，而 C 的化合价则皆为 4。此外，化合价总是整数，但有些物质的氧化数（平均氧化数）可以用分数表示。如连四硫酸钠 $Na_2S_4O_6$ 中 S 的氧化数为$+\frac{5}{2}$，Fe_3O_4 中 Fe 的氧化数为$+\frac{8}{3}$。氧化数与化合价是有一定联系，但又互不相同的两个概念。

第二节　氧化还原方程式的配平

(Balancing Methods for the Oxidation-reduction Equations)

我们书写氧化还原反应时，为了表现反应物和生成物之间的定量关系是符合物质不灭定律的，就需要配平方程式。氧化还原反应往往比较复杂，参加反应的物质也比较多，配平这类反应方程式不像其他反应那样容易。配平氧化还原方程式的方法很多，最常用的方法有两种：氧化数法和离子电子法。氧化数法比较简便，人们乐于选用；离子电子法却能更清楚地反映水溶液中氧化还原反应的本质。

一、氧化数法

以 HClO 把 Br_2 氧化成 $HBrO_3$ 而本身还原成 HCl 为例，说明氧化数法配平的步骤。

（1）在箭号左边写反应物的化学式，右边写生成物的化学式。

$$HClO + Br_2 \longrightarrow HBrO_3 + HCl$$

（2）计算氧化剂中原子氧化数的降低值及还原剂中原子氧化数的升高值，并根据氧化数降低总值和升高总值必须相等的原则，找出氧化剂和还原剂前面的化学计量数。

$$\begin{array}{llll} Cl: & +1 \longrightarrow -1 & \text{氧化数降低 } 2(\downarrow 2) & \times 5 \\ 2Br: & 2(0 \longrightarrow +5) & \text{氧化数升高 } 10(\uparrow 10) & \times 1 \end{array}$$

$$5HClO + Br_2 \longrightarrow HBrO_3 + HCl$$

（3）配平除氢和氧元素以外各种元素的原子数（先配平氧化数有变化的元素的原子数，后配平氧化数没有变化的元素的原子数）。

$$5HClO + Br_2 \longrightarrow 2HBrO_3 + 5HCl$$

（4）配平氢，并找出参加反应（或生成）水的分子数。

$$5HClO + Br_2 + H_2O = 2HBrO_3 + 5HCl$$

（5）最后核对氧，确定该方程式已配平。

等号两边都有 6 个氧原子，证明上面的方程式确已配平。

例 9-1 配平下列反应方程式

$$Cu_2S + HNO_3 \longrightarrow Cu(NO_3)_2 + H_2SO_4 + NO$$

解：

$$\begin{array}{llll} 2Cu: & 2(+1 \longrightarrow +2) & \uparrow 2 \rbrace \uparrow 10 & \times 3 \\ S: & -2 \longrightarrow +6 & \uparrow 8 & \\ N: & +5 \longrightarrow +2 & \downarrow 3 & \times 10 \end{array}$$

$$3Cu_2S + 10HNO_3 \longrightarrow 6Cu(NO_3)_2 + 3H_2SO_4 + 10NO$$

上面方程式中元素 Cu 和 S 的原子数都已配平，对于 N 原子，发现生成 6 个 $Cu(NO_3)_2$，还需消耗 12 个 HNO_3，于是 HNO_3 的系数变为 22：

$$3Cu_2S + 22HNO_3 \longrightarrow 6Cu(NO_3)_2 + 3H_2SO_4 + 10NO$$

配平 H，找出 H_2O 的分子数：

$$3Cu_2S + 22HNO_3 = 6Cu(NO_3)_2 + 3H_2SO_4 + 10NO + 8H_2O$$

最后核对方程式两边氧原子数，可知方程式确已配平。

例 9-2 配平下列反应式：

$$Cl_2 + KOH \longrightarrow KClO_3 + KCl$$

解：从反应式可以看出，Cl_2 中一部分氯原子氧化数升高，一部分氯原子氧化数降低，Cl_2 在同一反应中既作氧化剂又作还原剂，发生了歧化反应。对于这类反应，确定氧化数的变化后，从逆反应着手配平较为方便。

$$\begin{array}{llll} Cl(KClO_3): & +5 \longrightarrow 0 & \downarrow 5 & \times 1 \\ Cl(KCl): & -1 \longrightarrow 0 & \uparrow 1 & \times 5 \end{array}$$

$$Cl_2 + KOH \longrightarrow KClO_3 + 5KCl$$

配平 Cl、K：　$$3Cl_2 + 6KOH \longrightarrow KClO_3 + 5KCl$$

配平 H：　$$3Cl_2 + 6KOH = KClO_3 + 5KCl + 3H_2O$$

核对 O：每边都有 6 个氧原子，证明反应式已配平。

二、离子电子法

现以在稀 H_2SO_4 溶液中，$KMnO_4$ 氧化 $H_2C_2O_4$ 为例，说明离子电子法配平步骤。

（1）把氧化剂中起氧化作用的离子及其还原产物，还原剂中起还原作用的离子及其氧化产物，分别写成两个未配平的离子方程式。

$$MnO_4 \longrightarrow Mn^{2+}$$
$$C_2O_4^{2-} \longrightarrow CO_2$$

（2）将原子数配平。关键在于氧原子数的配平。根据反应式左右两边氧原子数目和溶液酸碱性的不同，应采取不同的配平方法，具体如下。

介质	反应式左边比右边多一个氧原子	反应式左边比右边少一个氧原子
酸性	$2H^+ +$“O^{2-}”$\longrightarrow H_2O$	$H_2O \longrightarrow$“O^{2-}”$+2H^+$
碱性	H_2O+“O^{2-}”$\longrightarrow 2OH^-$	$2OH^- \longrightarrow$“O^{2-}”$+H_2O$
中性	H_2O+“O^{2-}”$\longrightarrow 2OH^-$	$H_2O \longrightarrow$“O^{2-}”$+2H^+$

因此可得：

$$MnO_4^- + 8H^+ \longrightarrow Mn^{2+} + 4H_2O$$
$$C_2O_4^{2-} \longrightarrow 2CO_2$$

（3）将电荷数配平。反应式两边的电荷总数如不相等，可在反应式左边或右边加若干个电子。

$$MnO_4^- + 8H^+ + 5e^- \longrightarrow Mn^{2+} + 4H_2O$$
$$C_2O_4^{2-} \longrightarrow 2CO_2 + 2e^-$$

这种配平了的半反应常称为离子电子式。

（4）两离子电子式各乘以适当系数，使得失电子数相等，将两式相加，消去电子，必要时消去重复项，即得到配平的离子反应式。

$$2\times(MnO_4^- + 8H^+ + 5e^- \longrightarrow Mn^{2+} + 4H_2O)$$
$$+)\quad 5\times(C_2O_4^{2-} \longrightarrow 2CO_2 + 2e^-)$$
$$\overline{2MnO_4^- + 16H^+ + 5C_2O_4^{2-} = 2Mn^{2+} + 8H_2O + 10CO_2}$$

（5）检查所得反应式两边的各种原子数及电荷数是否相等。两边各种原子个数都相等，且电荷数均为+4，故上式已配平。如果需要，再写成分子反应方程式：

$$2KMnO_4 + 5H_2C_2O_4 + 3H_2SO_4 = 2MnSO_4 + K_2SO_4 + 10CO_2 + 8H_2O$$

例 9-3 用离子电子法配平下列反应式（在碱性介质中）

$$ClO^- + CrO_2^- \longrightarrow Cl^- + CrO_4^{2-}$$

解：（1）$ClO^- \longrightarrow Cl^-$

$CrO_2^- \longrightarrow CrO_4^{2-}$

（2）$ClO^- + H_2O \longrightarrow Cl^- + 2OH$

$CrO_2^- + 4OH^- \longrightarrow CrO_4^{2-} + 2H_2O$

（3）$ClO^- + H_2O + 2e^- \longrightarrow Cl^- + 2OH$

$CrO_2^- + 4OH^- \longrightarrow CrO_4^{2-} + 2H_2O + 3e^-$

(4) $$3\times(ClO^- + H_2O + 2e^- \longrightarrow Cl^- + 2OH^-)$$

+) $$2\times(CrO_2^- + 4OH^- \longrightarrow CrO_4^{2-} + 2H_2O + 3e^-)$$

$$3ClO^- + 3H_2O + 2CrO_2^- + 8OH^- \longrightarrow 3Cl^- + 6OH^- + 2CrO_4^{2-} + 4H_2O$$

消去重复项

$$3ClO^- + 2CrO_2^- + 2OH^- = 3Cl^- + 2CrO_4^{2-} + H_2O$$

第三节 原电池

(Primary Cells)

一、原电池的概念

氧化还原反应 $Zn + Cu^{2+} = Zn^{2+} + Cu$ 的标准平衡常数非常大，因此是一个不需要外加能量就可以自发进行的反应。要使这个反应发生，我们只需要把锌片直接插入硫酸铜溶液中，电子在 Zn 与 Cu^{2+} 之间发生转移，在锌片表面就会出现红色的金属铜。但是这样进行的反应中，电子的转移是无序的，不能形成电荷的定向移动，体系中原来具有的化学能转变为热能，能量以热的形式释放出来而浪费了。根据我们在热力学中学习的知识可以知道，一个自发进行的反应可以对外做功，同样，锌和硫酸铜的反应也可以通过对外做功，将化学能转变为我们可以利用的能源。

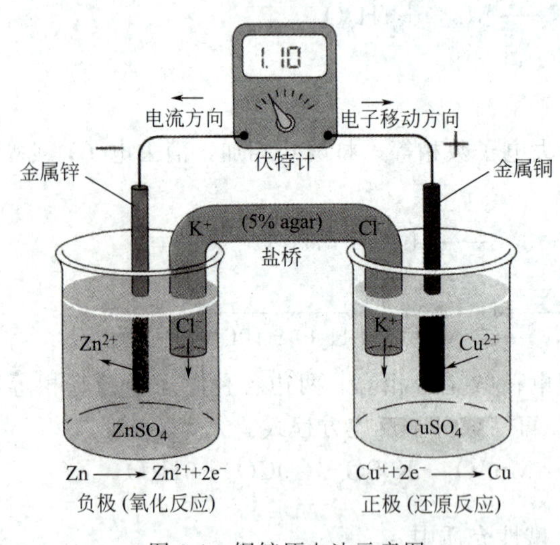

图 9-1 铜锌原电池示意图

通过如图9-1 所示的装置，我们可以使锌和硫酸铜的反应对外做电功（W）。在左边容器中盛入 $ZnSO_4$ 溶液，其中插入锌片；在右边容器中盛入 $CuSO_4$ 溶液，插入铜片，两种溶液之间用一个盐桥［一个装满琼脂凝胶（agar）和饱和 KCl 的 U 形管］连接起来。这时，如果用导线将锌片和铜片相连接，就会立即发生反应，Zn 逐渐溶解，而铜片上有 Cu 析出。如果在导线上接一个伏特计（voltmeter），指针就会偏转，证明导线中有电流通过。从指针偏转的方向，可以断定电流是从铜片流向锌片（电子从 Zn 流向 Cu），Cu 是正极（anode），Zn 是负极（cathode）。这样就构成了一个电池，我们把它称为铜锌原电池（或称丹尼尔电池，Daniell Cell）。反应过程中，体系对外界做了电功，将其本身的化学能转化为电能。我们把这类使化学能直接变为电能的装置叫原电池。任何自发进行的反应理论上均可以组成原电池。

我们可以分析一下铜锌原电池产生电流的原理。在负极锌片上 Zn 失去电子，发生氧化反应，生成 Zn^{2+} 进入溶液：$Zn \longrightarrow Zn^{2+} + 2e^-$

锌片上多余的电子在电场作用下由连接锌片和铜片的导线往外电路转移；在正极铜片

上，溶液中的Cu^{2+}从铜片上得到由外电路转移来的电子，发生还原反应，变成金属Cu在铜片上析出：$Cu^{2+}+2e^- \longrightarrow Cu$

同时，盐桥内的KCl解离出来的K^+和Cl^-在凝胶中分别往$CuSO_4$溶液和$ZnSO_4$溶液迁移，以平衡两溶液中过剩的离子电荷，维持电中性，从而使Zn的氧化和Cu^{2+}的还原可以继续进行下去，电流得以不断产生。

将正极和负极发生的反应合并，得到铜锌原电池的总反应为：

$$Zn+Cu^{2+} \xlongequal{} Zn^{2+}+Cu$$

二、原电池的组成和表示

为了研究方便，我们采用下列符号表示铜锌原电池：

$$(-)Zn|Zn^{2+}(c_1)\|Cu^{2+}(c_2)|Cu(+)$$

式中，“‖”表示盐桥；“|”表示相界面（通常表示固液界面）；（－）和（＋）表示正极和负极，习惯上把负极写在左边，正极写在右边，标明物质的浓度、分压或状态。这个公式称为电池组成式。

原电池是由两个半电池（half-cell）组成，半电池又可以称为电极（electrode）[1]。在铜锌原电池中，铜片与硫酸铜溶液组成铜电极，由于Cu^{2+}发生还原半反应，从外电路得到电子，所以是电池的正极；锌片与硫酸锌溶液组成锌电极，由于Zn发生氧化半反应，向外电路提供电子，所以是电池的负极。在电极中发生的氧化半反应或还原半反应，通常称为电极反应（electrode reaction）。比如铜锌原电池中，正极和负极的电极反应是：

$$\begin{cases}(+)Cu^{2+}+2e^- \longrightarrow Cu \\ (-)Zn \longrightarrow Zn^{2+}+2e^-\end{cases}$$

习惯上，如果不知道电极在电池中作正极还是作负极，电极反应式使用双箭头符号“$\rightleftharpoons$”，并且常按正向还原的方式书写，即把还原型物质放在右边，氧化型放在左边。如果已知电极在电池中实际作负极或正极，则按实际反应的方向，用单向箭头“$\longrightarrow$”或等号来书写。

正极和负极的电极反应相互综合，就得到发生在电池中的完整的反应，称为电池反应（cell reaction）。铜锌原电池的电池反应即：

$$Zn+Cu^{2+} \xlongequal{} Zn^{2+}+Cu$$

为了说明某一个电极的类型和状态，我们用电极组成式来表示不同的电极。比如铜电极的电极组成式是$Cu|Cu^{2+}(c_1)$，锌电极的电极组成式是$Zn|Zn^{2+}(c_2)$，此处的“|”也是表示金属和金属离子的溶液之间的固液两相界面，c_1和c_2是离子浓度（严格说应该用活度）。习惯上应该把参加电极反应的所有物质均写入电极组成式，标明物质的浓度、分压或状态。把某个原电池的两个电极的电极组成式合并就得到电池组成式。

每个电极都是由同一元素的两种不同氧化数的物质组成，我们把氧化数低的称为还原型物质（oxidation form），把氧化数高的称为氧化型物质（reduction form）。氧化型和还原型物质两者相互依存，并且通过电子得失相互转化：

---

[1] 这里所称的电极，是指电子导体（金属、石墨）及其相互接触的电解质溶液共同构成的电极区域，但也有的书籍中只把电子导体（比如锌片、石墨）称为电极，为了避免混淆，可以把电子导体称为极片。

$$a\ 氧化型 + ne^- \rightleftharpoons g\ 还原型$$

a、g 是化学计量数。

氧化型和还原型之间的这种相互依存、相互转化的关系，与共轭酸碱对之间的共轭关系非常相似，差别只是前者通过电子得失，后者通过质子得失来实现相互转化。同一元素的氧化型和还原型，组成一个氧化还原电对（redox couple），简称电对，以"氧化型/还原型"这样的电对符号来表示，如 Zn 和 Zn^{2+} 电对的电对符号是 Zn^{2+}/Zn，Cu 和 Cu^{2+} 电对的电对符号是 Cu^{2+}/Cu。与之类似，同一元素的两种具有不同氧化数的物质，如 Fe^{3+}/Fe^{2+}、MnO_4^-/Mn^{2+}、H^+/H_2、Cl_2/Cl^-、O_2/OH^- 等都能组成电对。

在同一电对中，氧化型的氧化性越强（越容易结合电子），其共轭的还原型的还原性就越弱（越不容易失去电子）；反之亦然。

氧化型和还原型的区分是相对的。某些具有中间氧化数的元素，在不同的电对中既可能是氧化型，也可能是还原型。例如 Fe^{2+} 在电对 Fe^{2+}/Fe 中是氧化型物质，而在电对 Fe^{3+}/Fe^{2+} 中则是还原型物质。类似例子还有很多，读者可以自己举例。

不同的电极根据氧化性或还原性的强弱组成原电池，作正极的电极的电对发生还原半反应：

$$a\ 氧化型_1 + ne^- \longrightarrow g\ 还原型_1$$

作负极的电对发生氧化半反应：

$$b\ 还原型_2 \longrightarrow h\ 氧化型_2 + ne^-$$

下标 1，2 表示不同的电对。

电池反应则可以看成发生在两个电对之间的电子转移过程，即：

$$a\ 氧化型_1 + b\ 还原型_2 \longrightarrow g\ 还原型_1 + h\ 氧化型_2$$

（ne^- 由还原型$_2$ 转移至氧化型$_1$）

三、电极的分类

根据组成电极的电对的不同，电极大致可以分为四类。

1. 金属电极

金属电极由金属及其阳离子溶液组成，铜电极和锌电极是典型的金属电极。

金属电极的电对符号是：M^{n+}/M，电极组成式是：$M|M^{n+}(c)$，电极反应通式是：$M^{n+} + ne^- \rightleftharpoons M$。在金属电极中，金属本身既是电对的还原型物质，也是和外电路相连的电子导体。

2. 气体电极

气体电极由气体单质及其相应的离子组成，例如氢电极、氧电极、氯电极等。它们相应的电对分别为 H^+/H_2、O_2/OH^-、Cl_2/Cl^- 等。由于组成该类电极的电对本身不含有作电子导体的固体物质，因此常常需要借助不参加电极反应的，并可以吸附对应气体的惰性电子导体（如铂或石墨等物质）参与组成电极。以上 3 个气体电极的组成式及相应的电极反应式分别表示如下：

$Pt, H_2(p)\|H^+(c)$	$2H^+ + 2e^- \rightleftharpoons H_2$
$Pt, O_2(p)\|OH^-(c)$	$O_2 + 2H_2O + 4e^- \rightleftharpoons 4OH^-$
$Pt, Cl_2(p)\|Cl^-(c)$	$Cl_2 + 2e^- \rightleftharpoons 2Cl^-$

式中，用逗号（或者用竖线“|”）表示气固两相界面；p 表示气体物质的分压。此外，氧电极的电极反应式中 H_2O 来自溶液介质。

3. 金属-金属难溶盐电极

在某些金属的表面涂覆该金属的难溶盐（或其他沉淀），浸在与难溶盐具有相同的阴离子的电解质溶液中就组成了此类电极。如银-氯化银电极，电对是 AgCl/Ag，电极组成式及电极反应式分别为：

$$Ag, AgCl|Cl^-(c) \qquad AgCl(s) + e^- \rightleftharpoons Ag(s) + Cl^-$$

式中，用逗号（或者用竖线“|”）表示固固两相界面。

4. “氧化还原”电极

将惰性电子导体浸入含有同种元素两种不同氧化数离子的混合溶液中组成。如将铂片浸在含有 Fe^{3+}、Fe^{2+} 两种离子的溶液中，就构成了此类电极。电对符号是 Fe^{3+}/Fe^{2+}，电极组成式和电极反应式分别为：

$$Pt|Fe^{3+}(c_1), Fe^{2+}(c_2) \qquad Fe^{3+} + e^- \rightleftharpoons Fe^{2+}$$

式中，Fe^{3+}、Fe^{2+} 虽然处于同一液相中，但书写时习惯上用一逗号分开。

以上述类型的电极为基础，结合新技术新科技，经过多年的发展，目前使用的电极的结构更趋复杂，在化学电源、电解、电化学分析等领域有非常多的应用。

四、电池组成式与电池反应的互译

1. 由电池组成式写出发生在其中的电池反应

例 9-4 已知原电池组成式为：

$$(-)Pt \mid Sn^{2+}(c_1), Sn^{4+}(c_2) \parallel Fe^{3+}(c_3), Fe^{2+}(c_4) \mid Pt(+)$$

试写出其电池反应的反应式。

解：电池正极有 Fe^{3+} 和 Fe^{2+} 两种离子，发生还原反应：

$$(+)Fe^{3+} + e^- \longrightarrow Fe^{2+}$$

电池负极有 Sn^{4+} 和 Sn^{2+} 两种离子，发生氧化反应：

$$(-)Sn^{2+} \longrightarrow Sn^{4+} + 2e^-$$

调整两个电极反应式的得失电子数，两式相加即得到电池反应：

$$2Fe^{3+} + Sn^{2+} \longrightarrow 2Fe^{2+} + Sn^{4+}$$

2. 由氧化还原反应组成原电池

例 9-5 已知在一定条件下自发进行的氧化还原反应：

$$10Cl^- + 2MnO_4^- + 16H^+ \longrightarrow 5Cl_2 + 2Mn^{2+} + 8H_2O$$

试用该反应组成一原电池，写出电池组成式。

解：把总反应拆成氧化半反应和还原半反应两部分：

氧化反应：$10Cl^- \longrightarrow 5Cl_2 + 10e^-$　　电对：Cl_2/Cl^-

还原反应：$MnO_4^- + 16H^+ + 10e^- \longrightarrow Mn^{2+} + 8H_2O$　　电对：MnO_4^-/Mn^{2+}

氧化反应在负极发生，氯电极组成负极，电极组成式：Pt，$Cl_2(p) \mid Cl^-(c_1)$；

还原反应在正极发生，MnO_4^-/Mn^{2+} 电对构成一个“氧化还原”电极，电极组成式是：$Pt \mid MnO_4^-(c_2), Mn^{2+}(c_3), H^+(c_4)$。

将正极和负极的电极组成式合并，得到电池组成式：

$$(-)Pt,Cl_2(g)|Cl^-(c_1)||MnO_4^-(c_2),Mn^{2+}(c_3),H^+(c_4)|Pt(+)$$

3. 由自发进行的非氧化还原反应组成原电池

不仅自发进行的氧化还原反应可以组成原电池，对于非氧化还原反应，只要是自发进行的，也可以组成原电池对外做电功。

例 9-6 已知一自发进行的沉淀反应：

$$Ag^+ + Cl^- \longrightarrow AgCl\ (s)$$

试用该反应组成一原电池，写出电池组成式。

解： 沉淀反应进行时没有电子的转移，是非氧化还原反应，为了使其能够构成原电池，必须将其变成一个发生了电子转移的反应，方法是在方程式左右各加上一个单质 Ag 和一个电子 e^-，使方程式变成：

$$Ag(s) + Cl^- + Ag^+ + e^- \longrightarrow AgCl(s) + e^- + Ag(s)$$

这样，我们就可以看到在方程式中有 AgCl(s)、Cl^-、Ag(s)，可以构成一个 Ag-AgCl 电极，电极反应为：$Ag(s) + Cl^- \longrightarrow AgCl(s) + e^-$，电极组成式为：Ag，AgCl | Cl^- (c_1)，这个电极在总反应中发生了氧化反应，因此是电池的负极反应，电对为 AgCl/Ag。

而电池的正极的电极反应就是总反应中剩余的部分：$Ag^+ + e^- \longrightarrow Ag(s)$，这是银电极的电极反应，电极组成式为：Ag | Ag^+ (c_2)。合并正极和负极的电极组成式得到电池组成式为：

$$(-)Ag,AgCl|Cl^-(c_1)||Ag^+(c_2)|Ag(+)$$

类似的，一切自发进行的反应，包括氧化还原反应和非氧化还原反应（沉淀反应、配位反应、酸碱反应等）均可以组成原电池。

第四节　电池电动势与电极电势

(Cell Electromotive Force and Electrode Potential)

一、电池电动势

原电池中电流不断地从正极流向负极，说明正极和负极之间存在电势差，正极的电势高于负极的电势。当电流趋于零时，正极与负极之间的电势差达到最大值，这个最大值就是电池的电动势（electromotive force）。

物理学中的电学原理指出，原电池的电动势等于其内部各个相界面电势差的代数和。在原电池内部，主要存在两类相界面电势差：一类是存在于电极的电子导体和电解质溶液两相界面之间的电势差，称为电极电势（electrode potential），无论正极或负极，其电极电势都是指相界面附近电子导体一侧电势减去溶液一侧电势的差值，因此电极电势可能是正值，也可能是负值；另一类是液接电势（liquid-juntion potential），即两种溶液的液接界面形成的电势差。如果原电池两电极的电解质溶液之间通过多孔隔膜连接，则两种溶液的液接界面就会产生液接电势差，这是由各种离子通过液接界面的扩散速率不同而造成的。我们可以在两种溶液之间改用盐桥连接，形成两个液接界面（即盐桥分别与两种溶液之间的界面），以两个液接界面代替一个液接界面，则盐桥中高浓度的 K^+、Cl^- 的扩散就成为两个液接界面上离子扩散的主体，并且 K^+ 和 Cl^- 两者的扩散速率又十分相近，因此在两个液接界面上由离子扩散形成的电势差就很小，并且两个液接界面上的电势差符号相反，几乎可以相互抵消。由此可见，盐桥的作用除了沟通内电路，还可以使两个电极的电解质溶液之间的液接电势减少到可以忽略的程度。

基于以上分析，使用盐桥的原电池（或者不存在液接电势的单液电池），电池电动势完全取决于两电极的电极电势。如果用 ε[1] 表示电池电动势，用 E_+ 和 E_- 分别表示正极和负极的电极电势，则得出如下的关系式：

$$\varepsilon = E_+ - E_-$$

需要指出，电池电动势无论计算值还是测量值都应该是正值，表示电池可以自发产生电流，对外做电功；若出现负值，说明此电池的电池反应是非自发的反应，无法对外做功，原来认定的正极和负极搞反了，需要对调过来。因此，电极电势值较大者总是作正极，电极电势较小者总是作负极，即 $E_+ > E_-$。

二、电极电势的产生

电极电势是如何产生的呢？以金属电极为例，我们知道，金属晶体是由金属原子、金属离子和一定数量的自由电子组成，当金属浸入其盐溶液中时，一方面金属表面上的金属离子在极性水分子作用下，有进入溶液中形成水合离子而把过剩的自由电子留在金属上的倾向，金属越活泼，盐溶液浓度越稀，这种倾向越大；另一方面，溶液中的水合离子有从金属表面获得电子，沉积在金属表面的倾向，金属越不活泼或其盐溶液越浓，这种倾向越大。这两种对立的倾向在某种条件下可以达到平衡：

$$M \rightleftharpoons M^{n+}(aq) + ne^-$$

在给定浓度的溶液中，如果失去电子的倾向大于获得电子的倾向，达到平衡时，金属离子进入溶液的倾向占优势，使得金属带负电而溶液带正电。如图 9-2(a) 所示，溶液中金属离子将聚集在溶液与金属接触的界面附近，而电子则聚集在与溶液接触的金属表面。这样，在金属与溶液的相界面处，形成类似平板电容器的双电层（electric double layer）结构，从而在金属与溶液两相之间产生电势差，产生金属电极的电极电势。相反，如图 9-2(b) 所示，如果金属离子获得电子的倾向大于失去电子的倾向，则金属带正电而溶液带负电，这时也在两相界面处形成双电层，并产生相应的相间电势差，即电极电势。金属电极的电极电势其正负和大小主要取决于金属的种类，即金属电极的本性，它反映了金属电极中金属的失电子（还原性）以及金属离子得电子（氧化性）的能力的高低。此外，电极电势也与溶液中金属离子的浓度以及温度等外部因素有关。

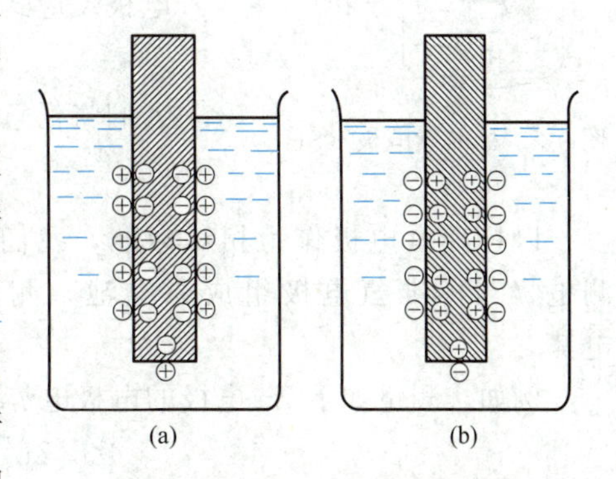

图 9-2　金属电极的电极电势

其他类型的电极的电极电势的产生原因与金属电极类似。以 Fe^{3+} 和 Fe^{2+} 作为电对构成

---

[1] 在很多参考书中，使用希腊字母 φ 作为电极电势的符号，使用 E 作为电池电动势的符号，在阅读时注意区别。

的电极为例，当金属 Pt 插入含有 Fe^{3+}、Fe^{2+} 的溶液中，Fe^{3+} 有从 Pt 上取得 1 个自由电子变成 Fe^{2+} 的倾向，使得金属 Pt 带上正电荷，与溶液中过剩的阴离子形成双电层。另一方面，溶液中 Fe^{2+} 也有给出 1 个电子到 Pt 上而变成 Fe^{3+} 的倾向，这时金属 Pt 上带负电荷，与溶液中过剩的 Fe^{3+} 也形成电性相反的双电层。两种倾向同时存在，金属 Pt 上究竟带何种电荷，主要取决于哪一种倾向更大。一般而言，组成电极的电对中氧化型结合电子的能力越强（即氧化性越强），平衡时金属 Pt 上越容易带正电荷，两相界面的电势差就越正。反之，还原型失去电子的能力越强（即还原性越强），平衡时金属 Pt 上越容易带负电荷，两相界面的电势差就越负。因此和金属电极一样，其他类型的电极的电极电势也主要取决于电对的本性，即电对中的物质的氧化性和还原性。

三、电极电势的测量

目前人们尚无法测定出电极电势的绝对值，但我们可以人为地用一个相对的标准与待测电极相比较，测量电极电势的相对值。这就像我们把海平面的高度人为地定为零，从而测定地球上各种地形的相对高度一样。根据 IUPAC 的规定，这个相对标准就是标准氢电极（standard hydrogen electrode，简记为 SHE）。

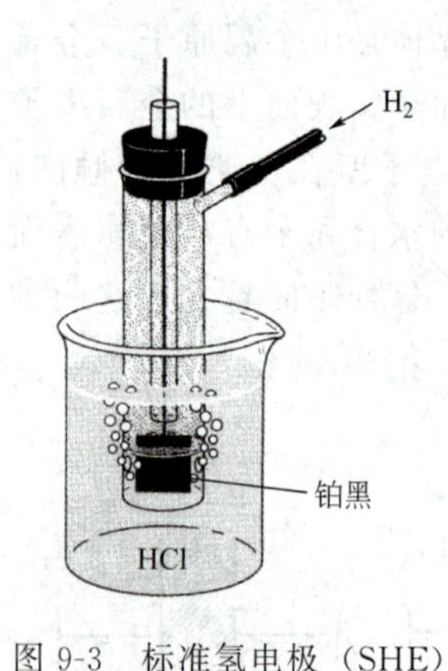

图 9-3 标准氢电极（SHE）

标准氢电极的构造如图 9-3 所示，在铂片上镀上一层疏松的铂（称为铂黑，它具有很强的吸附 H_2 的能力），浸在 H^+ 浓度为 $1mol \cdot L^{-1}$（严格说，H^+ 的离子活度 a 为 1）的 HCl 溶液中，在指定温度下不断地通入压力为 100kPa 的纯氢气流冲击铂片，使它吸附氢气达饱和。这样就使氢电极处于标准状态，构成标准氢电极。标准氢电极的电极组成式是：

$$Pt,H_2(p=100kPa)|H^+(1mol \cdot L^{-1})$$

电极反应式：

$$2H^+(aq)+2e^- \rightleftharpoons H_2(g)$$

人们将任意温度下的标准氢电极的电极电势规定为零，即

$$E^{\ominus}_{(H^+/H_2)}=E_{SHE}=0V$$

以标准氢电极作为相对标准，我们就可测量其他任意电极的电极电势。方法是把待测电极与标准氢电极组成原电池，测定该电池的电动势，即可得到待测电极的电极电势。

例如，测量如下 Zn 电极的电极电势。

$$Zn|Zn^{2+}(0.01mol \cdot L^{-1})$$

如图 9-4 所示，把它与标准氢电极用盐桥联结起来组成原电池，根据电流方向可以知道 Zn 电极是电池的负极，标准氢电极是正极。该电池的组成式为：

$$(-)Zn|Zn^{2+}(0.01mol \cdot L^{-1})||H^+(1mol \cdot L^{-1})|H_2(p=100kPa),Pt(+)$$

在温度为 298K 时，用伏特计测量该电池的电动势为 $\varepsilon=+0.822V$。

因为

$$\begin{aligned}\varepsilon &= E_+ - E_- = E_{SHE} - E_{Zn^{2+}/Zn} \\ &= 0 - E_{Zn^{2+}/Zn}\end{aligned}$$

所以

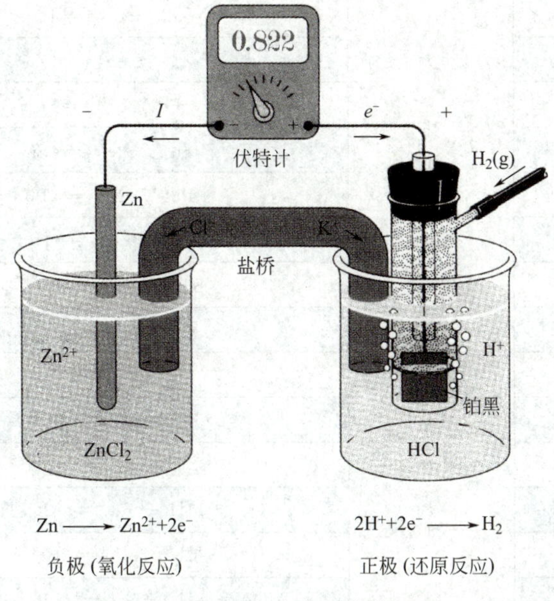

图 9-4　电极电势测定装置

$$E_{Zn^{2+}/Zn} = -0.822V$$

如果要测定某一铜电极（设铜离子浓度为 1mol·L^{-1}）的电极电势，同样可用盐桥把铜电极和标准氢电极连接起来，组成铜氢原电池。测量结果发现铜为正极，氢为负极。电池组成式为：

$$(-)Pt, H_2(p=100kPa)|H^+(1mol·L^{-1})||Cu^{2+}(1mol·L^{-1})|Cu(+)$$

测得电动势为 0.337V。则

$$\varepsilon = E_+ - E_- = E_{Cu^{2+}/Cu} - E_{SHE}$$
$$= E_{Cu^{2+}/Cu} - 0$$

所以

$$E_{Cu^{2+}/Cu} = 0.337V$$

实际上，这里测定了一个处于标准状态下的铜电极的电极电势，即铜电极的标准电极电势。

四、标准电极电势

和标准氢电极一样，在指定温度下，对于组成电极的各物质，溶液中的溶质浓度为 1mol·L^{-1}（严格来说活度 a 为 1），气体的分压为 100kPa，液体或固体为各自的纯净状态，电极就处于标准状态。这时测定的电极电势就是该电极的标准电极电势，用符号 $E^{\ominus}$ 表示。可以按照上述测定任意电极电势的方法步骤来测定标准电极电势。

一定温度下，把各个不同电对的标准电极电势值连同相应的电极反应式一并列出，再按照标准电极电势代数值递增的顺序排列，便得到标准电极电势表。表 9-1 列出了部分电对的标准电极电势。较详细的标准电极电势表见附录十四。

表 9-1 标准电极电势表（部分）

	电对		电极反应	$E^{\ominus}$ /V
弱氧化剂 ↓氧化能力依次增强 强氧化剂	Li^+/Li	强还原剂 ↑还原能力依次增强 弱还原剂	$Li^+ + e^- \rightleftharpoons Li$	−3.045
	Zn^{2+}/Zn		$Zn^{2+} + 2e^- \rightleftharpoons Zn$	−0.763
	Fe^{2+}/Fe		$Fe^{2+} 2e^- \rightleftharpoons Fe$	−0.440
	Sn^{2+}/Sn		$Sn^{2+} + 2e^- \rightleftharpoons Sn$	−0.136
	Pb^{2+}/Pb		$Pb^{2+} + 2e^- \rightleftharpoons Pb$	−0.126
	H^+/H_2		$2H^+ + 2e^- \rightleftharpoons H_2$	0.000
	Sn^{4+}/Sn^{2+}		$Sn^{4+} + 2e^- \rightleftharpoons Sn^{2+}$	0.154
	Cu^{2+}/Cu		$Cu^{2+} + 2e^- \rightleftharpoons Cu$	0.337
	I_2/I^-		$I_2 + 2e^- \rightleftharpoons 2I^-$	0.5345
	Fe^{3+}/Fe^{2+}		$Fe^{3+} + e^- \rightleftharpoons Fe^{2+}$	0.771
	Br_2/Br^-		$Br_2(l) + 2e^- \rightleftharpoons 2Br^-$	1.065
	$Cr_2O_7^{2-}/Cr^{3+}$		$Cr_2O_7^{2-} + 14H^+ + 6e^- \rightleftharpoons 2Cr^{3+} + 7H_2O$	1.33
	Cl_2/Cl^-		$Cl_2 + 2e^- \rightleftharpoons 2Cl^-$	1.36
	MnO_4^-/Mn^{2+}		$MnO_4^- + 8H^+ + 5e^- \rightleftharpoons Mn^{2+} + 4H_2O$	1.51
	F_2/F^-		$F_2 + 2e^- \rightleftharpoons 2F^-$	2.87

关于此表，作几点说明。

（1）该表是按照 $E^{\ominus}$ 代数值从小到大顺序编排的。$E^{\ominus}$ 越小，表明电对的还原型越易给出电子，即该还原型就是越强的还原剂；$E^{\ominus}$ 值越大，表明电对的氧化型越易得到电子，即氧化型是越强的氧化剂。因此，电对的氧化型物质的氧化能力从上到下逐渐增强；还原型物质的还原能力从下到上逐渐增强。

（2）$E^{\ominus}$ 值反映了电对中物质得失电子的倾向的大小，体现了电对中氧化性物质和还原性物质的本性，其大小和正负与参加反应的物质的数量无关，是属于热力学的强度性质的常数，其值既不会随电极反应的计量系数而变化，也不会随着反应进行的方向而变化，即不管电极在电池中作正极还是负极都是一样的。例如

$$Zn^{2+} + 2e^- \rightleftharpoons Zn \qquad E^{\ominus} = -0.763V$$
$$2Zn^{2+} + 4e^- \rightleftharpoons 2Zn \qquad E^{\ominus} = -0.763V$$
$$Zn \rightleftharpoons Zn^{2+} + 2e^- \qquad E^{\ominus} = -0.763V$$

（3）由于某些电极的标准电极电势在酸性和碱性条件下的数值是不同的，在附录中我们把电极电势分别排列成两个表——酸表和碱表，前者的 $c(H^+) = 1mol \cdot L^{-1}$，后者的 $c(OH^-) = 1mol \cdot L^{-1}$。如果电极反应在酸性溶液中进行，则在酸表中查阅；如电极反应在碱性溶液中进行，则在碱表中查阅。有些电极反应与溶液的酸度无关，如 $Cl_2 + 2e^- \rightleftharpoons 2Cl^-$，其电极电势也列在酸表中。

例 9-7 根据标准电极电势值 $E^{\ominus}$，

（1）按照由弱到强的顺序排列以下氧化剂：Fe^{3+}、I_2、Sn^{4+}、Cl_2；

（2）按照由弱到强的顺序排列以下还原剂：Pb、Sn、Fe^{2+}、Br^-。

解：（1）查标准电极电势表得：

Fe^{3+}/Fe^{2+}	$Fe^{3+}+e^- \rightleftharpoons Fe^{2+}$	$E^\ominus=+0.771V$
I_2/I^-	$I_2+2e^- \rightleftharpoons 2I^-$	$E^\ominus=+0.5345V$
Sn^{4+}/Sn^{2+}	$Sn^{4+}+2e^- \rightleftharpoons Sn^{2+}$	$E^\ominus=+0.154V$
Cl_2/Cl^-	$Cl_2+2e^- \rightleftharpoons 2Cl^-$	$E^\ominus=+1.36V$

按照$E^\ominus$代数值递增的顺序排列，得到氧化剂由弱到强的顺序：$Sn^{4+}<I_2<Fe^{3+}<Cl_2$。

(2) 查标准电极电势表得：

Pb^{2+}/Pb	$Pb^{2+}+2e^- \rightleftharpoons Pb$	$E^\ominus=-0.126V$
Sn^{2+}/Sn	$Sn^{2+}+e^- \rightleftharpoons Sn$	$E^\ominus=-0.136V$
Fe^{3+}/Fe^{2+}	$Fe^{3+}+e^- \rightleftharpoons Fe^{2+}$	$E^\ominus=+0.771V$
Br_2/Br^-	$Br_2+2e^- \rightleftharpoons 2Br^-$	$E^\ominus=+1.065V$

按照$E^\ominus$代数值递减的顺序排列，得到还原剂由弱到强的顺序：$Br^-<Fe^{2+}<Pb<Sn$。

由上面的例题可以看到，标准电极电势可以近似地比较氧化剂与还原剂的强弱。根据标准电极电势的大小，也可以判断反应在标准状态下的反应方向。

例 9-8 制作印刷电路板，常用$FeCl_3$溶液刻蚀铜箔，问该反应可否自发进行？

解：反应方程式为：

$$2FeCl_3+Cu \rightleftharpoons 2FeCl_2+CuCl_2$$

$$或\ 2Fe^{3+}+Cu \rightleftharpoons 2Fe^{2+}+Cu^{2+}$$

查标准电极电势表得

Fe^{3+}/Fe^{2+}	$Fe^{3+}+e^- \rightleftharpoons Fe^{2+}$	$E^\ominus=+0.771V$
Cu^{2+}/Cu	$Cu^{2+}+2e^- \rightleftharpoons Cu$	$E^\ominus=+0.337V$

氧化还原反应自发进行的方向，应为较强的氧化型和较强的还原型，生成较弱的还原型和较弱的氧化型。在标准电极电势表中，$E^\ominus$值较大的电对的氧化型是较强的氧化剂，而$E^\ominus$值较小的电对的还原剂是较强的还原剂，他们可以发生自发的反应，生成电对中对应的较弱的还原型和氧化型物质。

在本题的反应中，因为Fe^3/Fe^{2+}电对的$E^\ominus$比Cu^{2+}/Cu电对的$E^\ominus$大，所以Fe^{3+}和Cu分别是较强的氧化型和较强的还原型，Fe^{2+}和Cu^{2+}分别是较弱的还原型和较弱的氧化型，故该反应正向自发进行。

上述例题可以推广到所有在标准状态下进行的氧化还原反应。在标准电极电势表中，位于表的左下方的氧化型（作氧化剂）和右上方的还原型（作还原剂）两者之间，可以发生自发的氧化还原反应。这可以称之为判断标准状态下氧化还原反应方向的“对角线法则”，其实质是标准电动势$\varepsilon^\ominus>0$的反应才能正向自发进行；而$\varepsilon^\ominus<0$的反应正向非自发，其逆向反应是自发的。

K^+/K、Zn^{2+}/Zn、Fe^{2+}/Fe、Sn^{2+}/Sn、Pb^{2+}/Pb等金属电对的$E^\ominus$均<0，与H^+/H_2反应时均发生氧化反应，如：$Zn+2H^+ = Zn^{2+}+H_2$，将H^+从酸性溶液中置换出来生成氢气；而Cu^{2+}/Cu、Ag^+/Ag等金属电对的$E^\ominus>0$，不能发生这样的反应；$E^\ominus$低的金属单质可以把$E^\ominus$高的金属离子从后者的溶液中置换出来，如：$Fe+Cu^{2+} = Fe^{2+}+Cu$。这就是金属活动性顺序（electromotive series or activity series of the elements）的原理，金属活动性顺序是按照$E^\ominus$由小到大的顺序排列的。

需要注意的是，有些中间氧化数的物质如Fe^{2+}，在其作氧化剂时必须用电对Fe^{2+}/Fe的

$E^{\ominus}$值（-0.440V）；作还原剂时必须用电对 Fe^{3+}/Fe^{2+} 的 $E^{\ominus}$值（$+0.771$V）。另外，判断氧化剂或还原剂的强弱，还需要根据要求的还原产物或氧化产物，再选择合适的电对。

第五节　影响电极电势的因素和能斯特方程式

(Influencing Factors to Electrode Potentialand Nernst Equation)

如前所述，电极电势的正负和大小主要取决于电极的本性。标准电极电势可以反映电极的本性，但是电极还与电对中各物质的浓度（或气体物质的分压）以及温度等外在因素有关，如果浓度和温度改变了，电极电势也就跟着改变。电极电势与浓度、温度间的定量关系可由能斯特方程式给出。

一、能斯特（Nernst）方程式

对于电极反应

$$a\ \text{氧化型} + ne^- \rightleftharpoons g\ \text{还原型}$$

$$E = E^{\ominus} + \frac{RT}{nF}\ln\frac{a^a(\text{氧化型})}{a^g(\text{还原型})} \tag{9-1}$$

式中，E 为任意状态下的电极电势；$E^{\ominus}$为标准电极电势；R 为摩尔气体常数，其值为 $8.314\text{J}\cdot\text{K}^{-1}\cdot\text{mol}^{-1}$；$F$ 为法拉第常数，表示 1mol 电子所带的电荷电量，其值为 $9.648\times10^4\text{C}\cdot\text{mol}^{-1}$；$T$ 为热力学温度；n 为电极反应中电子转移数；对数符号后面的活度商中，a(氧化型)、a(还原型) 分别为电对中氧化型和还原型物质的活度；上角 a、g 分别为电极反应式中氧化型和还原型的化学计量数。

当温度为 298.15K 时，将各常数值代入式（9-1）中，并用浓度代替活度（$a=\gamma\frac{c}{c^{\ominus}}\approx\frac{c}{c^{\ominus}}=\frac{c}{1\text{mol}\cdot\text{L}^{-1}}$），自然对数换成常用对数，则得到在 298.15K 下适用的能斯特方程式：

$$E = E^{\ominus} + \frac{0.0592}{n}\lg\frac{c^a(\text{氧化型})}{c^g(\text{还原型})} \tag{9-2}$$

应用 Nernst 方程式必须注意以下几点。

（1）方程式浓度商中的氧化型物质必须包括参加电极反应的电对氧化型一侧的所有物质，还原型物质必须包括电极反应的电对还原型一侧的所有物质。同时必须在浓度上加上计量系数作为幂方次。比如 H^+、OH^- 等物质的浓度项必须加上各自化学计量数相同的幂方次，然后根据其在电极反应中的位置代入浓度商。

（2）Nernst 方程式中浓度商的表示方法与化学平衡常数式的类似。组成电极的物质中若有溶剂（如水）、纯固体（例如金属、金属难溶盐）或纯液体（例如金属汞、液溴等），可以认为其浓度为常数（确切地说是活度为 1），用数值 1 代入方程式；若有气体物质参加反应，因为气体物质的活度 $a=\gamma\frac{p}{p^{\ominus}}\approx\frac{p}{p^{\ominus}}=\frac{p}{100\text{kPa}}$，所以代入相对分压 $\frac{p}{100\text{kPa}}$。

例 9-9　列出下列电极反应的能斯特方程式：

（1）$Br_2(s) + 2e^- \rightleftharpoons 2Br^-$

（2）$Cr_2O_7^{2-} + 14H^+ + 6e^- \rightleftharpoons 2Cr^{3+} + 7H_2O$

(3) PbO_2 (s) $+4H^+ +2e^- \rightleftharpoons Pb^{2+} +2H_2O$

(4) O_2 (g) $+2H_2O+4e^- \rightleftharpoons 4OH^-$

解：(1) $E_{Br_2/Br^-}=E^{\ominus}_{Br_2/Br^-}+\dfrac{0.0592}{2}\lg\dfrac{1}{c^2(Br^-)}$

(2) $E_{Cr_2O_7^{2-}/Cr^{3+}}=E^{\ominus}_{Cr_2O_7^{2-}/Cr^{3+}}+\dfrac{0.0592}{6}\lg\dfrac{c(Cr_2O_7^{2-})c^{14}(H^+)}{c^2(Cr^{3+})}$

(3) $E_{PbO_2/Pb^{2+}}=E^{\ominus}_{PbO_2/Pb^{2+}}+\dfrac{0.0592}{2}\lg\dfrac{c^4(H^+)}{c(Pb^{2+})}$

(4) $E_{O_2/OH^-}=E^{\ominus}_{O_2/OH^-}+\dfrac{0.0592}{4}\lg\dfrac{\dfrac{p_{O_2}}{100kPa}}{c^4(OH^-)}$

例 9-10 将锌片浸入含有 $0.0100mol \cdot L^{-1}$ 或 $4.00mol \cdot L^{-1} Zn^{2+}$ 溶液中，分别计算 298.15K 时锌电极的电极电势。

解：电极反应为 $Zn^{2+}+2e^- \rightleftharpoons Zn$，从附录中查得 $E^{\ominus}=-0.763V$

当 $c(Zn^{2+})=0.0100mol \cdot L^{-1}$，应用能斯特方程式得：

$$\begin{aligned}E&=E^{\ominus}+\frac{0.0592}{2}\lg c(Zn^{2+})\\&=-0.763+\frac{0.0592}{2}\lg(0.0100)\\&=-0.822(V)\end{aligned}$$

当 $c(Zn^{2+})=4.00mol \cdot L^{-1}$，应用能斯特方程式得：

$$\begin{aligned}E&=E^{\ominus}+\frac{0.0592}{2}\lg c(Zn^{2+})\\&=-0.763+\frac{0.0592}{2}\lg 4.00\\&=-0.745(V)\end{aligned}$$

本例题的结果表明，随着电对氧化型物质浓度的增大（或还原型物质浓度的减小），电极电势代数值增大；反之，随着电对氧化型物质浓度的减小（或还原型物质浓度的增大），电极电势代数值减小。但是，电对物质的浓度变化对电极电势的影响，是在能斯特方程式中通过其对数项并乘以一个 $0.0592/n$ 这样数值甚小的系数而起作用的。因此，一般来说，浓度商改变了几百倍，电极电势或电池电动势只不过产生几十至 100mV 的变化。

例 9-11 已知电极反应 $MnO_4^- +8H^+ +5e^- \rightleftharpoons Mn^{2+} +4H_2O$，$E^{\ominus}=+1.51V$。若 MnO_4^- 和 Mn^{2+} 均处于标准态，即它们两者的浓度均为 $1mol \cdot L^1$，求 298.15K，pH=7 时该电极的电极电势。

解：按 Nernst 方程式

$$E=E^{\ominus}+\frac{0.0592}{5}\lg\frac{c(MnO_4^-)c^8(H^+)}{c(Mn^{2+})}$$

由
$$c(MnO_4^-)=c(Mn^{2+})=1mol \cdot L^{-1}$$

$$
\begin{aligned}
E &= E^{\ominus} + \frac{0.0592}{5}\lg c^{8}(\mathrm{H^+}) \\
&= E^{\ominus} + \frac{0.0592\times 8}{5}\lg c(\mathrm{H^+}) = E^{\ominus} - \frac{0.0592\times 8}{5}\mathrm{pH}
\end{aligned}
$$

代入数据 $E^{\ominus}$、pH 得：

$$E = 1.51 - \frac{0.0592\times 8}{5}\times 7 = +0.85(\mathrm{V})$$

本例题的结果表明，当电极的 pH 值发生明显变化时，电极的电极电势亦发生较大的改变，特别是当 H^+ 或 OH^- 的指数较大时，这种改变更加明显。

例 9-12 已知电极反应 $Ag^+ + e^- \rightleftharpoons Ag$ 的 $E^{\ominus} = +0.799\mathrm{V}$；AgCl(s) 的 $K_{sp}^{\ominus} = 1.77\times 10^{-10}$，求电极反应 $AgCl + e^- \rightleftharpoons Ag + Cl^-$ 相应的 $E^{\ominus}$。

解：待求的 $E^{\ominus}$是 Ag-AgCl 电极的标准电极电势，这个电极的电对 AgCl/Ag 与银电极的电对 Ag^+/Ag 具有相同的元素，并且氧化数也相同，因此可以由银电极转变而来。在银电极的溶液中加入过量的 Cl^-，与 Ag^+ 形成 AgCl(s) 沉淀，若维持该溶液中 Cl^- 的浓度为 $1\mathrm{mol\cdot L^{-1}}$，则构成了标准态下的 Ag-AgCl 电极。因此我们可以把问题从求 Ag-AgCl 电极的标准电极电势，转变成求加入过量 Cl^- 的非标准状态下的银电极的电极电势。

根据 Nernst 方程式：

$$E_{Ag^+/Ag} = E^{\ominus}_{Ag^+/Ag} + \frac{0.0592}{1}\lg c(\mathrm{Ag^+})$$

式中 $c(Ag^+)$ 通过沉淀溶解平衡 $AgCl\ (s) \rightleftharpoons Ag^+ + Cl^-$ 求得：

$$
\begin{aligned}
K_{sp}^{\ominus} &= c(\mathrm{Ag^+})c(\mathrm{Cl^-}) \\
c(\mathrm{Ag^+}) &= \frac{K_{sp}^{\ominus}}{c(\mathrm{Cl^-})}
\end{aligned}
$$

将数据代入式中，得到：

$$
\begin{aligned}
E_{Ag^+/Ag} &= E^{\ominus}_{Ag^+/Ag} + \frac{0.0592}{1}\lg\frac{K_{sp}^{\ominus}}{c(\mathrm{Cl^-})} \\
&= 0.799 + 0.0592\lg(1.77\times 10^{-10}) \\
&= 0.223(\mathrm{V})
\end{aligned}
$$

所以，Ag-AgCl 电极的标准电极电势 $E^{\ominus}_{AgCl/Ag} = 0.223\mathrm{V}$

本例题说明，如果在金属电极的氧化型金属阳离子中加入沉淀剂，形成难溶盐后，溶液中游离的金属离子浓度会明显降低，从而导致电极电势显著下降，并实际上转化为金属-金属难溶盐电极。类似的，如果使金属电极的氧化型离子形成配合物，也会降低电极电势。

例 9-13 计算 298K 时，电极反应 $[Hg(CN)_4]^{2-} + 2e^- \rightleftharpoons Hg + 4CN^-$ 中 $[Hg(CN)_4]^{2-}$ 浓度为 $1\mathrm{mol\cdot L^{-1}}$，$CN^-$ 浓度为 $5\mathrm{mol\cdot L^{-1}}$ 时电极的电极电势。已知 $E^{\ominus}(Hg^{2+}/Hg) = 0.851\mathrm{V}$，$K_f^{\ominus}[Hg(CN)_4{}^{2-}] = 2.51\times 10^{41}$。

解：本题相当于在标准汞电极（Hg^{2+}/Hg）中加入过量的配位剂 CN^-，

$$Hg^{2+} + 4CN^- \rightleftharpoons [Hg(CN)_4]^{2-}$$

并使 CN^- 的浓度达到 $5\mathrm{mol\cdot L^{-1}}$，所以可以转化为以能斯特方程式求算非标准状态下的汞电极的电极电势。

$[Hg(CN)_4]^{2-}$ 在达到配位平衡时，解离出来的微量 Hg^{2+} 可以由稳定常数 $K_f^{\ominus}$ 求得：

$$K_f^{\ominus}=\frac{[Hg(CN)_4^{2-}]}{[Hg^{2+}][CN^-]^4}=2.51\times10^{41}$$

代入 $[Hg(CN)_4]^{2-}$ 和 CN^- 的浓度：

$$K_f^{\ominus}=\frac{1}{[Hg^{2+}]\times5^4}=2.51\times10^{41}$$

$$[Hg^{2+}]=6.37\times10^{-45}\ mol\cdot L^{-1}$$

此时 $[Hg(CN)_4]^{2-}+2e^-\rightleftharpoons Hg+4CN^-$ 的电极电势为

$$E_{[Hg(CN)_4]^{2-}/Hg}=E_{Hg^{2+}/Hg}=E^{\ominus}_{Hg^{2+}/Hg}+\frac{0.0592}{2}\lg[Hg^{2+}]$$

$$=0.851+\frac{0.0592}{2}\lg(6.37\times10^{-45})=-0.457(V)$$

本例题说明，在金属电极中的金属离子被配位以后，其电极电势将降低。

二、 能斯特方程式的推导

能斯特方程式可以根据热力学原理推导。等温等压下，化学反应吉布斯自由能的降低等于体系对环境所做的最大有用功，对电池反应来说，就是指最大电功，即：

$$\Delta_r G_m=W'_{max} \tag{9-3}$$

根据电学原理，电功可以从电量与电动势的乘积来计算：

$$W'_{max}=-q\varepsilon=-nF\varepsilon \tag{9-4}$$

所以

$$-\Delta_r G_m=nF\varepsilon \tag{9-5}$$

式（9-5）适用于任意状态下的电池反应。若电池反应处于标准状态下，电池电动势改为标准电池电动势 $\varepsilon^{\ominus}$，吉布斯自由能的降低改为标准状态下的自由能降低值 $-\Delta_r G_m^{\ominus}$，则

$$-\Delta_r G_m^{\ominus}=nF\varepsilon^{\ominus} \tag{9-6}$$

设某原电池，由电对1（氧化型$_1$/还原型$_1$）组成正极，电对2（氧化型$_2$/还原型$_2$）组成负极，则电极反应式和电池反应式可写成：

正极：a 氧化型$_1$ $+ne^-\longrightarrow g$ 还原型$_1$

负极：b 还原型$_2$ $\longrightarrow h$ 氧化型$_2$ $+ne^-$

电池：a 氧化型$_1$ $+b$ 还原型$_2$ $\rightleftharpoons g$ 还原型$_1$ $+h$ 氧化型$_2$

式中，a，b，g，h 分别表示各物质的化学计量数。对于该电池反应，利用化学反应等温方程描述在任意状态下 $\Delta_r G_m$ 和在标准状态下 $\Delta_r G_m^{\ominus}$ 两者之间的关系，得到：

$$\Delta_r G_m=\Delta_r G_m^{\ominus}+RT\ln\frac{a^g(\text{还原型}_1)a^h(\text{氧化型}_2)}{a^a(\text{氧化型}_1)a^b\ \text{还原型}_2)} \tag{9-7}$$

将式（9-5）、式（9-6）代入式（9-7），经过变换可得到：

$$\varepsilon=\varepsilon^{\ominus}-\frac{RT}{nF}\ln\frac{a^g(\text{还原型}_1)a^h(\text{氧化型}_2)}{a^a(\text{氧化型}_1)a^b(\text{还原型}_2)} \tag{9-8}$$

当温度 T 为 298.15K 时，将 R、F 等常数值代入上式，用浓度代替活度，并利用 $\ln x=2.303\lg x$ 的关系简化，得到：

$$\varepsilon=\varepsilon^{\ominus}-\frac{0.0592}{n}\lg\frac{c^g(\text{还原型}_1)c^h(\text{氧化型}_2)}{c^a(\text{氧化型}_1)c^b(\text{还原型}_2)} \tag{9-9}$$

式（9-9）就是关于电池电动势的能斯特方程，它适用于在任意状态下根据各物质的浓度对电池电动势的计算。

如果把标准氢电极作为以上电池的负极，则关于电池电动势的能斯特方程可以十分方便地演变为关于电极电势的能斯特方程。在这种情况下，电池反应方程式为：

$$a\ \text{氧化型}_1 + \frac{n}{2}\,H_2 \rightleftharpoons g\ \text{还原型}_1 + n\,H^+$$

应用式（9-9）就得到：

$$\varepsilon = \varepsilon^{\ominus} - \frac{0.0592}{n}\lg\frac{c^g(\text{还原型}_1)c^n(H^+)}{c^a(\text{氧化型}_1)\left(\frac{p_{H_2}}{p^{\ominus}}\right)^{\frac{n}{2}}} \tag{9-10}$$

因为 $\varepsilon = E - E_{SHE}$，$\varepsilon^{\ominus} = E^{\ominus} - E_{SHE}$，代入式（9-10）得到：

$$(E - E_{SHE}) = (E^{\ominus} - E_{SHE}) - \frac{0.0592}{n}\lg\frac{c^g(\text{还原型}_1)c^n(H^+)}{c^a(\text{氧化型}_1)\left(\frac{p_{H_2}}{p^{\ominus}}\right)^{\frac{n}{2}}}$$

$$(E - 0) = (E^{\ominus} - 0) - \frac{0.0592}{n}\lg\frac{c^g(\text{还原型}_1)\times 1}{c^a(\text{氧化型}_1)\times 1}$$

即得到 Nernst 方程式：

$$E = E^{\ominus} + \frac{0.0592}{n}\lg\frac{c^a(\text{氧化型}_1)}{c^g(\text{还原型}_1)}$$

第六节　电极电势及电池电动势的应用

(The Applications of Electrode Potential and Cell Electromotive Force)

一、计算原电池的电动势

应用标准电极电势表和能斯特方程式，可算出原电池的电动势。

例 9-14　计算下面的原电池在 298K 时的电动势，并标明正负极，写出电池反应式。

$$Cd|Cd^{2+}(0.20mol\cdot L^{-1})||Sn^{4+}(0.10mol\cdot L^{-1}),Sn^{2+}(0.0010mol\cdot L^{-1})|Pt$$

解：与该原电池有关的电极反应及其标准电极电势为

$$Cd^{2+} + 2e^- \rightleftharpoons Cd \qquad E^{\ominus}(Cd^{2+}/Cd) = -0.403V$$

$$Sn^{4+} + 2e^- \rightleftharpoons Sn^{2+} \qquad E^{\ominus}(Sn^{4+}/Sn^{2+}) = 0.154V$$

将各物质相应的浓度代入 Nernst 方程式

$$E(Cd^{2+}/Cd) = E^{\ominus}(Cd^{2+}/Cd) + \frac{0.0592}{2}\lg c(Cd^{2+})$$

$$= -0.403 + \frac{0.0592}{2}\lg 0.20$$

$$= -0.424(V)$$

$$E(Sn^{4+}/Sn^{2+}) = E^{\ominus}(Sn^{4+}/Sn^{2+}) + \frac{0.0592}{2}\lg\frac{c(Sn^{4+})}{c(Sn^{2+})}$$
$$= 0.154 + \frac{0.0592}{2}\lg\frac{0.0010}{0.10}$$
$$= 0.213(V)$$

由于 $E(Sn^{4+}/Sn^{2+}) > E(Cd^{2+}/Cd)$，所以电对 Sn^{4+}/Sn^{2+} 作正极，电对 Cd^{2+}/Cd 作负极。电动势 ε 为

$$\varepsilon = E_{+} - E_{-} = 0.213 - (-0.424) = 0.637(V)$$

正极发生还原反应

$$Sn^{4+} + 2e^{-} \longrightarrow Sn^{2+}$$

负极发生氧化反应

$$Cd \longrightarrow Cd^{2+} + 2e^{-}$$

电池反应为

$$Sn^{4+} + Cd \longrightarrow Sn^{2+} + Cd^{2+}$$

二、判断氧化还原反应进行的方向

如前所述，对于处于标准状态下的反应，可以直接使用标准电极电势和标准电动势来判断反应的方向。但是实际上，符合标准状态的反应是极少的，大部分的反应条件是非标准态。因此对于非标准状态下的反应，往往需要考虑浓度等因素，通过能斯特方程计算出电极电势和电动势，再判断反应的方向。

例 9-15 判断反应

$$Pb^{2+} + Sn \rightleftharpoons Pb + Sn^{2+}$$

能否在下列条件下进行？

(1) $c(Pb^{2+}) = c(Sn^{2+}) = 1.0mol \cdot L^{-1}$

(2) $c(Pb^{2+}) = 0.10mol \cdot L^{-1}$, $c(Sn^{2+}) = 2.0mol \cdot L^{-1}$

解：(1) 查表得：

$$(-)Sn \longrightarrow Sn^{2+} + 2e^{-} \qquad E^{\ominus} = -0.136V$$
$$(+)Pb^{2+} + 2e^{-} \longrightarrow Pb \qquad E^{\ominus} = -0.126V$$

因为 $E^{\ominus}_{+} > E^{\ominus}_{-}$，而反应处于标准态，所以电池反应可以自发从左向右进行。

(2) 根据能斯特方程式计算：

$$E_{+} = E(Pb^{2+}/Pb) = -0.126 + \frac{0.0592}{2}\lg 0.10$$
$$= -0.156(V)$$
$$E_{-} = E(Sn^{2+}/Sn) = -0.136 + \frac{0.0592}{2}\lg 2.0$$
$$= -0.127(V)$$

因为 $E_{+} < E_{-}$，所以电池反应是不能自发从左向右进行的，电池的实际正负极应该调换。

本例题说明，对于正负极标准电极电势值相差不大的电极反应，浓度往往会影响电极反应的方向。一般来说，当 $|E^{\ominus}_{+} - E^{\ominus}_{-}| > 0.2V$ 时，就可以直接根据标准电极电势来判断；当 $|E^{\ominus}_{+} - E^{\ominus}_{-}| < 0.2V$ 时，需要考虑浓度的影响，用能斯特方程式来计算电极电势，判断反应

的方向。如果电极反应中有 H^+ 或 OH^- 时，介质的酸碱度对电极电势影响较大，这时需要 $|E^\ominus_+ - E^\ominus_-| > 0.5V$，才能直接判断。

如果在电极中加入沉淀剂或配位剂，则往往不能根据标准电极电势来判断反应方向。

例 9-16 已知 $E^\ominus_{Fe^{3+}/Fe^{2+}} = 0.771V$，$E^\ominus_{I^-/I_2} = 0.5345V$，$[Fe(CN)_6]^{3-}$ 的稳定常数为 $K_f^\ominus = 10^{42}$，$[Fe(CN)_6]^{4-}$ 的稳定常数为 $K_f^\ominus = 10^{35}$，判断氧化还原反应

$$[Fe(CN)_6]^{3-} + I^- \rightleftharpoons [Fe(CN)_6]^{4-} + \frac{1}{2}I_2$$

在标准状态下的反应方向。

解：由 $E^\ominus_{Fe^{3+}/Fe^{2+}} > E^\ominus_{I^-/I_2}$ 可知，反应

$$2Fe^{3+} + 2I^- = 2Fe^{2+} + I_2$$

在标准态下自发进行，即：Fe^{3+} 可以将 I^- 氧化成 I_2，而自身被还原成 Fe^{2+}。但是，在反应 $[Fe(CN)_6]^{3-} + I^- \rightleftharpoons [Fe(CN)_6]^{4-} + \frac{1}{2}I_2$ 中，Fe^{3+} 和 Fe^{2+} 均被 CN^- 配位，由于配位程度不一样，Fe^{3+}/Fe^{2+} 电对的电极电势发生较大改变。

在标准状态下，配位产生的 $[Fe(CN)_6]^{3-}$ 和 $[Fe(CN)_6]^{4-}$ 的浓度都接近 $1mol \cdot L^{-1}$，因此：

$$E^\ominus_{[Fe(CN)_6]^{3-}/[Fe(CN)_6]^{4-}} = E_{Fe^{3+}/Fe^{2+}} = 0.771 + \frac{0.0592}{1}\lg\frac{[Fe^{3+}]}{[Fe^{2+}]}$$

$$= 0.771 + 0.0592\lg\frac{10^{35}}{10^{42}} = 0.771 - 0.41 = 0.36(V) < E^\ominus_{I^-/I_2}$$

所以在标准状态下反应 $[Fe(CN)_6]^{3-} + I^- \rightleftharpoons [Fe(CN)_6]^{4-} + \frac{1}{2}I_2$ 正向不能自发进行，而逆反应可以自发进行。

由热力学可知，吉布斯自由能变 $\Delta_r G_m$ 的正负，可以作为等温等压下化学反应能否自发进行的普遍性判据，即：

$\Delta_r G_m < 0$	化学反应正向自发进行；
$\Delta_r G_m = 0$	化学反应处于平衡状态；
$\Delta_r G_m > 0$	化学反应正向非自发,逆向自发进行。

根据式（9-5）：$-\Delta_r G_m = nF\varepsilon$，我们也可以根据电池电动势是否大于零来判断反应的自发方向：

$\Delta_r G_m < 0$	$\varepsilon > 0$	化学反应正向自发进行；
$\Delta_r G_m = 0$	$\varepsilon = 0$	化学反应处于平衡状态；
$\Delta_r G_m > 0$	$\varepsilon < 0$	化学反应正向非自发,逆向自发进行。

以上即非标准状态下，判断氧化还原反应自发方向的电动势判据。

三、选择氧化剂和还原剂

在实验室中我们常会遇到这种情况：在一混合体系中，需对其中某一组分进行选择性氧化（或还原），而要求不氧化（或还原）其他组分，这时只有选择适当的氧化剂（或还原剂）才能达到目的。

例如，什么氧化剂可以氧化 I^-，而不氧化 Br^- 和 Cl^-？我们从电极电势表中查得有关电

对的电极电势：

$$E^{\ominus}(I_2/I^-)=0.54V$$
$$E^{\ominus}(Br_2/Br^-)=1.07V$$
$$E^{\ominus}(Cl_2/Cl^-)=1.36V$$

如果要使某一氧化剂，仅能氧化 I^- 而不能氧化 Cl^- 和 Br^-，则该氧化剂的电极电势必须在 0.54V 到 1.07V 之间。如果小于 0.54V，则不仅不能氧化 Br^- 和 Cl^-，也不能氧化 I^-；如果大于 1.07V，则 Br^- 也会被氧化；如果大于 1.36V，则 Cl^- 和 Br^- 都会被氧化。电极电势在 0.54V 到 1.07V 之间的氧化剂有 Fe^{3+} ［$E^{\ominus}(Fe^{3+}/Fe^{2+})=0.77V$］，$HNO_2$ ［$E^{\ominus}(HNO_2/NO)=1.00V$］等。实际上在实验室，$I^-$、$Br^-$ 和 Cl^- 同时存在时，氧化 I^- 就是用 $Fe_2(SO_4)_3$ 或 $NaNO_2$ 加酸作为氧化剂。对于 $KMnO_4$ ［$E^{\ominus}(MnO_4^-/Mn^{2+})=1.51V$］来说，就不适用了。

四、判断氧化还原反应进行的次序

从实验中我们知道 I^- 和 Br^- 都能被 Cl_2 氧化。假如加氯水于含有 I^- 和 Br^- 的混合液中，哪一种先被氧化？实验事实告诉我们：Cl_2 先氧化 I^-，后氧化 Br^-。查电极电势表可得

$$\left.\begin{array}{l}E^{\ominus}(I_2/I^-)=0.54V\\ \left.\begin{array}{l}E^{\ominus}(Br_2/Br^-)=1.07V\\E^{\ominus}(Cl_2/Cl^-)=1.36V\end{array}\right\}0.29V\end{array}\right\}0.82V$$

对照它们的电极电势差可知，差值越大，其离子越先被氧化。所以，一种氧化剂可以氧化几种还原剂时，首先氧化最强的还原剂。同理，还原剂首先还原最强的氧化剂。必须指出，上述判断只有在有关的氧化还原反应速率足够快的情况下才正确。这也就是说，当氧化还原反应的产物是由化学平衡而不是由反应速率控制的情况下，才能作出这样的判断。

五、判断反应进行的限度——求平衡常数

化学反应进行的限度可以由其标准平衡常数 $K^{\ominus}$ 值的大小来衡量。热力学指出，标准吉布斯自由能变与标准平衡常数之间存在着如下关系：

$$\Delta_r G_m^{\ominus}=-RT\ln K^{\ominus}$$

结合式（9-6）

$$-\Delta_r G_m^{\ominus}=nF\varepsilon^{\ominus}$$

推导出：

$$RT\ln K^{\ominus}=nF\varepsilon^{\ominus} \tag{9-11}$$

在 $T=298.15K$ 时，代入各常数值，并把自然对数转化成常用对数，得：

$$\lg K^{\ominus}=\frac{n\varepsilon^{\ominus}}{0.0592}=\frac{n(E_+^{\ominus}-E_-^{\ominus})}{0.0592} \tag{9-12}$$

式（9-12）是以标准电极电势计算标准平衡常数的方法。由公式可见，化学反应进行的限度取决于该反应所组成的原电池的标准电动势 $\varepsilon^{\ominus}$ 值。$\varepsilon^{\ominus}$ 越大，反应的标准平衡常数 $K^{\ominus}$ 值也越大，反应也就进行得越完全，反之亦然。$\varepsilon^{\ominus}>0$，则 $K^{\ominus}>1$，反应在标准状态下正向自发；$\varepsilon^{\ominus}<0$，$K^{\ominus}<1$，则反应在标准状态下正向非自发。一般来说，当 $\varepsilon^{\ominus}>0.2V$，若 $n=2$，则 $K^{\ominus}>10^6$，反应可以进行得比较完全。

例 9-17 试比较下列反应进行的完全程度：

（1）$Cu^{2+}+Zn \rightleftharpoons Cu+Zn^{2+}$

(2) $Sn+Pb^{2+} \rightleftharpoons Sn^{2+}+Pb$

解：(1) 设反应 $Cu^{2+}+Zn \rightleftharpoons Cu+Zn^{2+}$ 可以变成原电池，查电极电势表：

$$(-)Zn \longrightarrow Zn^{2+}+2e^- \qquad E^\ominus=-0.763V$$
$$(+)Cu^{2+}+2e^- \longrightarrow Cu \qquad E^\ominus=+0.337V$$

在 298.15K 下，

$$\lg K^\ominus=\frac{n\varepsilon^\ominus}{0.0592}=\frac{n(E_+^\ominus-E_-^\ominus)}{0.0592}=\frac{2\times(0.337+0.763)}{0.0592}=37.162$$

因此，$K^\ominus=1.45\times10^{37}$

(2) 设反应 $Sn+Pb^{2+} \rightleftharpoons Sn^{2+}+Pb$ 可以组成原电池，查电极电势表：

$$(-)Sn \longrightarrow Sn^{2+}+2e^- \qquad E^\ominus=-0.136V$$
$$(+)Pb^{2+}+2e^- \longrightarrow Pb \qquad E^\ominus=-0.126V$$

在 298.15K 下，

$$\lg K^\ominus=\frac{n\varepsilon^\ominus}{0.0592}=\frac{n(E_+^\ominus-E_-^\ominus)}{0.0592}=\frac{2\times(-0.126+0.136)}{0.0592}=0.338$$

因此，$K^\ominus=2.17$

由以上结果可见，在 (1) 中，由于 $\varepsilon^\ominus$ 值较大（达到 1.1V），因此反应的标准平衡常数也较大，反应完全程度很高；而在 (2) 中，$\varepsilon^\ominus$ 值仅 0.01V，故反应进行的完全程度较低。

例 9-18 求 AgCl 的溶度积常数 $K_{sp}^\ominus$ 值。已知

$$AgCl(s)+e^- \rightleftharpoons Ag+Cl^- \qquad E^\ominus=0.2223V$$
$$Ag^++e^- \rightleftharpoons Ag \qquad E^\ominus=0.799V$$

解：AgCl 的溶度积常数 $K_{sp}^\ominus$ 是反应

$$AgCl(s) \rightleftharpoons Ag^++Cl^-$$

的平衡常数，因为此反应在标准态下正向非自发，所以将此反应的逆反应

$$Ag^++Cl^- \rightleftharpoons AgCl(s)$$

组成原电池。电极反应为

$$(+)Ag^++e^- \longrightarrow Ag \qquad E^\ominus=0.799V$$
$$(-)Ag+Cl^- \longrightarrow AgCl(s)+e^- \qquad E^\ominus=0.2223V$$

根据公式计算：

$$\lg K^\ominus=\frac{n\varepsilon^\ominus}{0.0592}=\frac{1\times(0.799-0.2223)}{0.0592}=9.742$$

因此 $K^\ominus=5.52\times10^9$

而 AgCl 的溶度积常数 $K_{sp}^\ominus=\frac{1}{K^\ominus}=\frac{1}{5.52\times10^9}=1.81\times10^{-10}$

本例题中利用电池电动势计算难溶盐溶度积的方法，可以推广至计算弱电解质的离解常数以及配合物的稳定常数等。

六、计算吉布斯自由能

例 9-19 若把下列反应排成电池，求电池的 $\varepsilon^\ominus$ 及反应的 $\Delta_r G_m^\ominus$

$$Cr_2O_7^{2-}+6Cl^-+14H^+ \longrightarrow 2Cr^{3+}+3Cl_2+7H_2O$$

解：电极反应为：

$$(+)Cr_2O_7^{2-} + 14H^+ + 6e^- \longrightarrow 2Cr^{3+} + 7H_2O \qquad E^{\ominus} = 1.33V$$

$$(-)6Cl^- \longrightarrow 3Cl_2 + 6e^- \qquad E^{\ominus} = 1.36V$$

$$\varepsilon^{\ominus} = E_+^{\ominus} - E_-^{\ominus} = 1.33 - 1.36 = -0.03(V)$$

$$\Delta_r G_m^{\ominus} = -nF\varepsilon^{\ominus} = -6 \times 96480 \times (-0.03) = 1.7 \times 10^4 (J \cdot mol^{-1})$$

由于 $\varepsilon^{\ominus} < 0$，所以 $\Delta_r G_m^{\ominus} > 0$，说明此反应在标准状态下正向非自发。

第七节 元素电势图及其应用

(Electrode Potential Charts and Its Applications)

如果某种元素具有多种氧化态，就可形成多对氧化还原电对。例如，铁有 0、+2 和+3 等氧化态，因此有下列一些电对及相应的电极电势：

$$Fe^{2+} + 2e^- \rightleftharpoons Fe \qquad E^{\ominus} = -0.440V$$

$$Fe^{3+} + e^- \rightleftharpoons Fe^{2+} \qquad E^{\ominus} = 0.771V$$

$$Fe^{3+} + 3e^- \rightleftharpoons Fe \qquad E^{\ominus} = -0.0363V$$

为了便于比较各种氧化态的氧化还原性质，可以把它们的 $E^{\ominus}$ 从高氧化态到低氧化态以图解的方式表示出来：

Fe^{3+} —0.771— Fe^{2+} —(−0.440)— Fe

（Fe^{3+} 到 Fe：−0.0363）

线上的数字是电对的 $E^{\ominus}$ 值，横线左端是电对的氧化态，右端是电对的还原态。这种表明元素氧化态之间标准电极电势关系的图叫作元素电势图。

元素电势图可用来解决无机化学中许多氧化还原反应的问题。以锰在酸性（pH=0）和碱性（pH=14）介质中的电势图为例加以说明。

酸性介质（$E_A^{\ominus}$/V，下角标 A 代表酸性介质）：

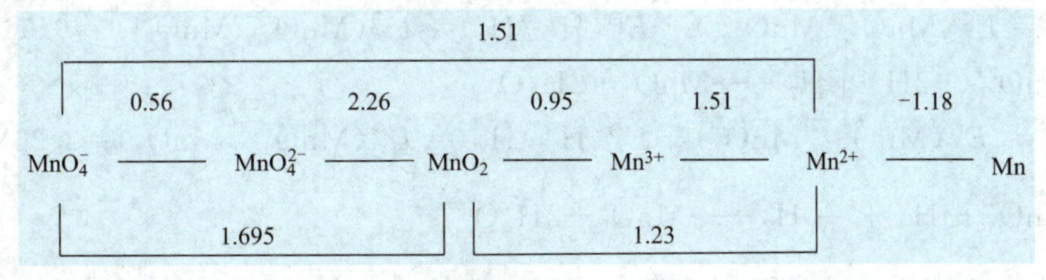

碱性介质（$E_B^{\ominus}$/V，下角标 B 代表碱性介质）

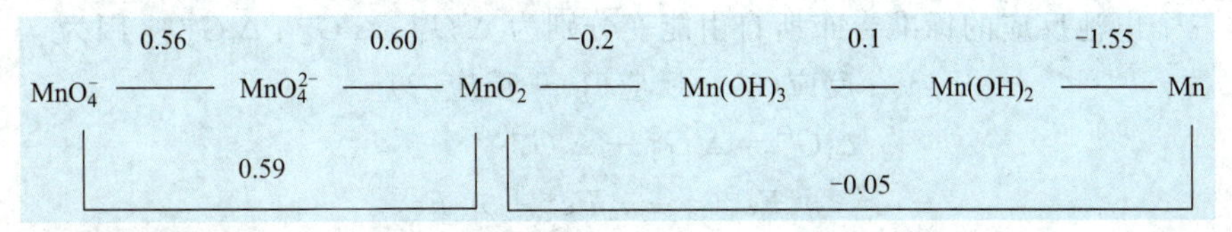

(1) 由以上两电势图可以看出：在酸性介质中，MnO_4^-、MnO_4^{2-}、MnO_2 和 Mn^{3+} 都是强氧化剂。因为它们作为电对的氧化型时，$E^{\ominus}$ 值都较大；在碱性介质中，它们的 $E^{\ominus}$ 值都较小，表明它们在碱性溶液中氧化能力很弱。在酸性介质中，电对氧化型以 MnO_4^{2-} 的 $E^{\ominus}$ 值

最大（2.26V），是最强的氧化剂；电对的还原型以 Mn 的 $E^{\ominus}$ 值最小（-1.18V），是最强的还原剂。

（2）元素电势图可用来判断元素处于某一氧化态时，是否会发生歧化反应。如果电势图上某物质右边的电极电势［$E^{\ominus}$(右)］大于左边的电极电势［$E^{\ominus}$(左)］，则该物质在水溶液中会发生歧化反应。例如在酸性介质中，MnO_4^{2-} 的［$E^{\ominus}$(右)］和［$E^{\ominus}$(左)］分别为 2.26V 和 0.56V，$E^{\ominus}$(右)$>$$E^{\ominus}$(左)，所以它会发生如下的歧化反应

$$3MnO_4^{2-} + 4H^+ = 2MnO_4^- + MnO_2 + 2H_2O$$

为什么 $E^{\ominus}$(右)$>$$E^{\ominus}$(左) 就会发生歧化反应？这可从下面有关电极反应的对角线关系中看出：

$$MnO_4^- + e^- \rightleftharpoons MnO_4^{2-} \qquad E^{\ominus}=0.56\text{V}$$

$$MnO_4^{2-} + 4H^+ + 2e^- \rightleftharpoons MnO_2 + 2H_2O \qquad E^{\ominus}=2.26\text{V}$$

即：在酸性介质中，MnO_4^{2-} 既是较强的氧化剂，也是较强的还原剂，所以可以发生歧化反应。

根据 $E^{\ominus}$（右）$>$ $E^{\ominus}$（左）这条规则，还可断定酸性介质中的 Mn^{3+}、碱性介质中的 MnO_4^{2-} 和 $Mn(OH)_3$ 都可发生歧化反应。

（3）电势图还可用来从几个相邻电对已知的 $E^{\ominus}$，求算电对之间未知的 $E^{\ominus}$。例如从电势图

$$MnO_4^- \xrightarrow{\ 0.56\ } MnO_4^{2-} \xrightarrow{\ 2.26\ } MnO_2$$

求电对 MnO_4^-/MnO_2 的 $E^{\ominus}$.

这三对有关电对的电极反应及其标准电极电势分别为：

$$MnO_4^- + e^- \rightleftharpoons MnO_4^{2-} \qquad E^{\ominus}=0.56\text{V}$$

$$MnO_4^{2-} + 4H^+ + 2e^- \rightleftharpoons MnO_2 + 2H_2O \qquad E^{\ominus}=2.26\text{V}$$

$$MnO_4^- + 4H^+ + 3e^- \rightleftharpoons MnO_2 + 2H_2O \qquad E^{\ominus}=?$$

将该三个电对分别与标准氢电极组成原电池，这三个电池反应式及相应的电动势分别为：

（1）$MnO_4^- + \frac{1}{2}H_2 \longrightarrow MnO_4^{2-} + H^+$

$$\varepsilon_1^{\ominus} = E^{\ominus}(MnO_4^-/MnO_4^{2-}) - E^{\ominus}(H^+/H_2) = E^{\ominus}(MnO_4^-/MnO_4^{2-}) = 0.56\text{V}$$

（2）$MnO_4^{2-} + 2H^+ + H_2 \longrightarrow MnO_2 + 2H_2O$

$$\varepsilon_2^{\ominus} = E^{\ominus}(MnO_4^{2-}/MnO_2) - E^{\ominus}(H^+/H_2) = E^{\ominus}(MnO_4^{2-}/MnO_2) = 2.26\text{V}$$

（3）$MnO_4^- + H^+ + \frac{3}{2}H_2 \longrightarrow MnO_2 + 2H_2O$

$$\varepsilon_3^{\ominus} = E^{\ominus}(MnO_4^-/MnO_2) - E^{\ominus}(H^+/H_2) = E^{\ominus}(MnO_4^-/MnO_2)$$

设这三个电池反应的标准吉布斯自由能变分别为 $\Delta_rG_1^{\ominus}$、$\Delta_rG_2^{\ominus}$、$\Delta_rG_3^{\ominus}$，因为

$$反应(3) = 反应(1) + 反应(2)$$

$$\Delta_rG_3^{\ominus} = \Delta_rG_2^{\ominus} + \Delta_rG_1^{\ominus}$$

$$-n_3F\varepsilon_3^{\ominus} = -n_1F\varepsilon_1^{\ominus} - n_2F\varepsilon_2^{\ominus}$$

所以

$$\varepsilon_3^{\ominus} = \frac{n_1\varepsilon_1^{\ominus} + n_2\varepsilon_2^{\ominus}}{n_3}$$

将 $\varepsilon_1^{\ominus}=0.56$V，$\varepsilon_2^{\ominus}=2.26$V，$\varepsilon_3^{\ominus}=E^{\ominus}(MnO_4^-/MnO_2)$，$n_3=n_1+n_2=1+2$ 代入上式，得

$$E^{\ominus}(MnO_4^-/MnO_2)=\frac{1\times0.56+2\times2.26}{1+2}=1.69V$$

由此可得到如下的电势图

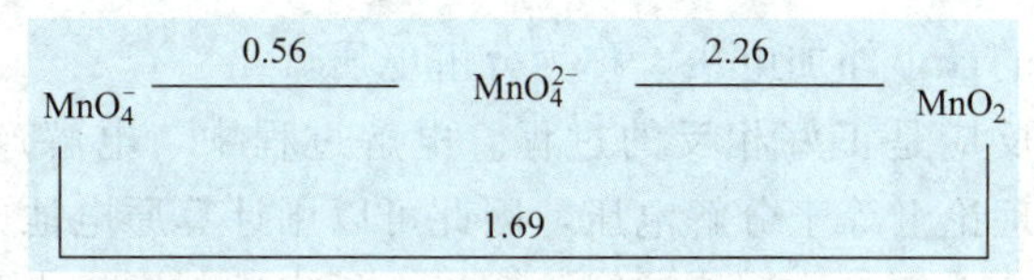

若将以上的算式推广至一般，可得如下通式

$$E^{\ominus}=\frac{n_1E_1^{\ominus}+n_2E_2^{\ominus}+n_3E_3^{\ominus}+\cdots}{n_1+n_2+n_3+\cdots}$$

式中，$E_1^{\ominus}$、$E_2^{\ominus}$、$E_3^{\ominus}$…依次代表相邻电对的标准电极电势；n_1、n_2、n_3…依次代表相邻电对转移的电子数；$E^{\ominus}$代表两端电对的标准电极电势。

例 9-20 已知 $E_A^{\ominus}/V$

$$MnO_4^- \xrightarrow{0.56} MnO_4^{2-} \xrightarrow{2.26} MnO_2 \xrightarrow{0.95} Mn^{3+} \xrightarrow{1.51} Mn^{2+}$$

求电对 MnO_4^-/Mn^{2+} 的 $E^{\ominus}$值。

解：

$$E^{\ominus}=\frac{1\times0.56+2\times2.26+1\times0.95+1\times1.51}{1+2+1+1}=1.51(V)$$

第八节 电解与化学电源

(Electrolysis and Chemical Power Source)

一、电解的概念

一般来说，原电池中发生的反应只能是自发的化学反应，而其逆反应（非自发）不可进行。但实际上，如果在某些电池的正负极之间并联一个可调压直流电源，逐渐增加直流电源的电压到一定程度，原电池中的化学反应就可能发生逆转，即发生电解作用。电解过程中，电池中发生的化学反应为非自发反应，外界（直流电源）对体系（电池）做功，电能转化为化学能。此时，原电池变为电解池（electrolytic cell）。电解池是用来电解的装置，由电极、电解质溶液和直流电源组成。电解池中，与电源负极相连的电极称为阴极，与电源正极相连的电极称为阳极。图 9-5 为电解池示意图。

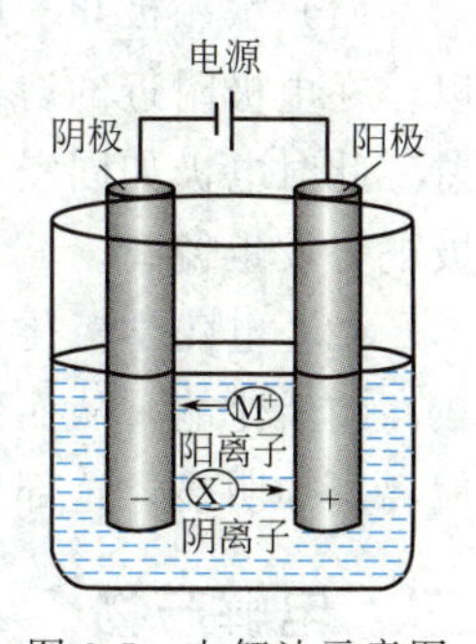

图 9-5 电解池示意图

现以电解 $CuCl_2$ 溶液为例来说明电解时发生的反应。当接通电源后，电子从电源负极向电解池阴极移动，在阴极上溶液中的阳离子接受电子，发生还原反应；在电解池阳极上，溶液中的阴离子发生氧化反应，失去的电子进入阳极，向电源正极移动。即 Cu^{2+} 向阴极移动，在阴极上获得电子生成金属铜沉积在阴极上；Cl^- 向阳极移动，并把电子传给阳极生成氯气在阳极上放出。电极反应为：

阴极：$Cu^{2+}+2e^- = Cu$

阳极：$2Cl^- - 2e^- = Cl_2$

总反应：$Cu^{2+}+2Cl^{-}$ ══ $Cu+Cl_2$

二、分解电压

能使电解顺利进行的最小外加电压，称为分解电压。

电解反应与原电池反应是正好相反的过程。电解过程中，电解产物在电极上形成原电池，产生反向电动势，理论上等于分解电压，因此可以用计算原电池电动势的方法来计算分解电压的大小。例如，在电解 $CuCl_2$ 溶液时，阴极上析出铜，阳极上析出氯气，而部分的铜和氯分别吸附在两个铂极表面组成了下列原电池：

$$(-)Pt,Cu|Cu^{2+}||Cl^{-}|Cl_2,Pt(+)$$

正极：$2Cl^{-}-2e^{-}$ ══ Cl_2

负极：$Cu^{2+}+2e^{-}$ ══ Cu

理论分解电压：$\varepsilon=E_{Cl_2/Cl^-}-E_{Cu^{2+}/Cu}$

实际上，实验条件下的分解电压往往远大于理论分解电压。去除电阻引起的因素，这主要是由电极极化所引起的。电极极化是指当电流通过电极时发生一系列变化，使放电受到阻力（遇到能垒），要克服这些阻力，实际需要的电极电势就出现偏离。为了表示电极极化的状况，常把某电极在一定电流密度下的电极电势 $E_{(实际)}$ 与电极的理论电势 $E_{(理论)}$ 的差值的绝对值称为超电势 η。由于超电势的存在，在实际电解时，要使阳离子在阴极上析出，外加于阴极的电势必须比理论电势更负；要使阴离子在阳极析出，外加于阳极的电势必须比理论电势更正，即：

$$E_{-(理论)}>E_{-(实际)},E_{+(理论)}<E_{+(实际)}$$

由于理论分解电压 $\varepsilon=E_{+(理论)}-E_{-(理论)}$，因此，$\varepsilon_{(理论)}<\varepsilon_{(实际)}$。

影响超电势的因素有电解产物的本质、电极的材料和表面状态、溶液的搅拌情况、电流密度等。

根据产生原因的不同，电极极化可分成两类。

（1）浓差极化　电解过程中，由于电极上离子放电速率大于溶液中离子扩散速率，所以，在电极附近的溶液的离子浓度比本体溶液浓度（即未电解时的浓度）要低，形成浓度差。此时电极如同浸入到一个浓度较低的溶液中，导致阳极和阴极的实际电极电势与理论电极电势发生偏离。

（2）电化学极化　电化学极化是电解产物析出过程中某一步骤反应速率迟缓，需要克服较高的活化能，从而引起实际电势偏离理论电势的现象。特别是当电极上析出气体时，这种偏离更加明显。这部分额外施加的电压称为电化学超电势。

三、电解产物

电解反应中产生的物质称为电解产物，有的是气体，有的是固体。1833 年法拉第通过实验归纳总结出以下几点。

（1）电解时在电极上析出或溶解掉的物质的物质的量与通过电极的电量成正比。

（2）如将几个电解池串联，则通过各电解池的电量相同，在各电解池的电极上析出或溶解掉的不同物质的物质的量相同，析出的质量与该物质的摩尔质量成正比。这个规律就是法拉第定律。通过研究电极反应，现在我们知道，法拉第定律实际上是指电解产物的物质的量与电极上得失电子的物质的量是成正比的，因此也就与通入的电量成正比。

电解常常在水溶液中进行，电解液中除了电解质的正、负离子外，还有由水解离产生的 H^+ 和 OH^-，某些电解液可能还有其他离子。因而在电解时，能在电极上放电的离子可能有很多种，也就是说，可能有多种电解产物。那么，如何确定什么离子会在电极上放电呢？一般可以考虑以下几个因素。

1. 标准电极电势值

标准电极电势值是决定电解产物的主要因素。电解时，在阴极由于进行的是还原反应，所以放电的是容易获得电子的物质，即 $E^{\ominus}$ 代数值较大的氧化型物质，其电解产物是相应的还原型物质；在阳极由于进行的是氧化反应，故放电的是 $E^{\ominus}$ 代数值小的还原型物质，电解产物是相应的氧化型物质。

2. 溶液中的离子浓度

溶液中浓度越大的离子越有利于放电。根据 Nernst 方程式，金属正离子（以及 H^+）的浓度越大，其电极电势的代数值越大，故越易在阴极放电。酸根离子（以及 OH^-）一般为还原态，其浓度越大，E 的代数值越小，越易在阳极放电。

3. 电极材料

当采用铂、石墨等惰性材料作电极时，它们本身不参加电极反应。如用铜、锌、铁等金属材料作阳极，则它们会参加电极反应，发生阳极溶解。

4. 电解产物的性质

当电解产物为气体时，会产生较为明显的超电势，极大地阻碍了气体离子放电变成气体，特别是对 H_2、O_2 等的阻碍作用更为显著。超电势会随着电流密度增大而增大。此外，不同的电极材料的氢超电势大小不同，其中铂黑电极相对较小。

因此，必须将影响因素作综合考虑后，才能确定最终的电解产物。

四、电解的应用

1. 冶金工业和化工产品制备

电解是一种非常强有力的促进氧化还原反应的手段，许多很难进行的氧化还原反应，都可以通过电解来实现。电解可以从矿石中提取金属（电解冶金），也可以提纯金属（电解提纯），用于许多有色金属（如钠、钾、镁、铝、锂等）和稀有金属（如锆、铪等）的冶炼及金属（如铜、锌、铅等）的精炼。

电解在化工领域也有大量的应用。比如：电解熔融氯化钠合成金属钠和氯气；氯碱工业中电解氯化钠水溶液合成氢氧化钠以及氯气和氢气；电解水产生氢气和氧气；甚至可以将熔融的氟化物在阳极上氧化成单质氟。其他化工产品如氯酸钾、过氧化氢以及乙二腈等部分有机化合物都可以通过电解工业生产。

2. 电镀

电镀时，金属制件通常需要经过除锈、去油等处理，然后将其作为阴极放入电镀槽中。阳极一般是镀层金属的板或棒。电解液是镀层金属的盐溶液。

例如，镀锌时是将金属制件（被镀件）作阴极，锌板作阳极。为了使镀层结晶细致，厚薄均匀，与基体结合牢固，电镀液通常用配合物碱性锌酸盐镀锌或氰化物镀锌等。碱性锌酸盐可解离出少量的 Zn^{2+}：

$$Na_2[Zn(OH)_4] = 2Na^+ + [Zn(OH)_4]^{2-}$$
$$[Zn(OH)_4]^{2-} = Zn^{2+} + 4OH^-$$

由于E（Zn^{2+}/Zn）比较低，故使金属晶体在镀件上析出时晶核生长速率较小，有利于新晶核的生长，从而得到致密、均匀的光滑镀层。随着电镀的进行，Zn^{2+}不断在阴极放电，将使上述平衡不断向右移动，保证溶液中Zn^{2+}浓度基本稳定。

3. 阳极氧化

阳极氧化是将金属置于电解液中作为阳极，使金属表面形成厚度为几十至几百微米的氧化膜的过程，这层氧化膜的形成使金属具有防蚀、耐磨的性能。现以典型而常见的铝及铝合金的阳极氧化为例来说明其原理。

铝及铝合金工件在经过表面除油等预处理工艺后，作为阳极，别的铝板作为阴极，用稀硫酸（或铬酸）溶液作电解液。通电后，阳极反应是OH^-放电析出氧，它很快与阳极上的铝作用生成氧化物，并放出大量热，即

阳极反应：$4OH^- - 4e^- \longrightarrow 2H_2O + O_2(g), 2Al + \frac{3}{2}O_2 \longrightarrow Al_2O_3$

$$\Delta_r H_m^{\ominus} = -1675.7\ kJ \cdot mol^{-1}$$

阴极反应：$2H^+ + 2e^- \longrightarrow H_2(g)$

阳极氧化过程中的氧化膜，在靠近电解液的一边由Al_2O_3和$Al_2O_3 \cdot H_2O$所组成，硬度比较低。由于膜不均匀以及酸性电解液对膜的溶解作用，形成了松孔，即生成多孔层。电解液通过松孔到达铝表面，使铝基体上的氧化膜连续不断地生长。阳极氧化所得的氧化膜与金属晶体结合牢固，因而大大提高了金属及其合金的耐腐蚀能力，并可提高表面的电阻而增强绝缘性能。经过氧化的铝导线可制电机和变压器的绕组线圈。此外，由于金属铝氧化膜具有多孔性，吸附性能强，因而可染上各种鲜艳的色彩，对铝制品进行装饰。

五、化学电源

化学电源是能将化学能直接转变成电能的装置，它通过自发进行的化学反应，消耗某种化学物质，从而输出电能。化学电源在工业和日常生活中有着重要的应用。化学电源可以分为一次电池（即原电池，primary cell）和二次电池（secondary cell），一次电池在进行一次电化学反应放电之后一般不能再次使用，二次电池在放电后可以外接电源逆转电池反应，发生电解作用进行充电，因此又称蓄电池或可充电电池。化学电源的种类繁多，下面介绍几种常见类型的化学电源。

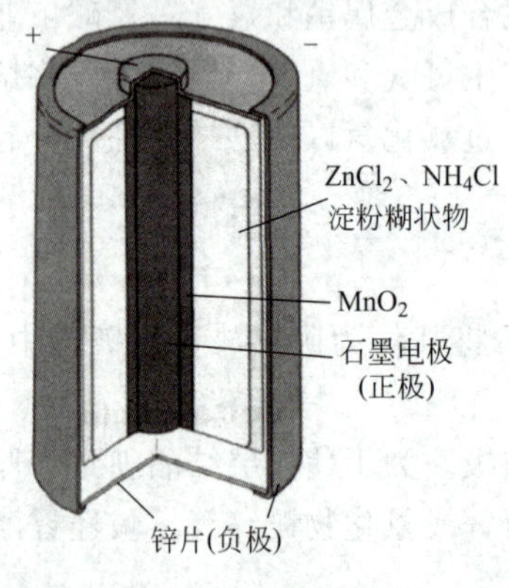

图 9-6　干电池示意图

1. 干电池

干电池为一次电池，包括锌锰干电池、锌汞电池、镁锰干电池等。

锌锰干电池是日常生活中常用的干电池，其结构如图9-6所示。

正极材料：MnO_2、石墨棒。

负极材料：锌片。

电解质：NH_4Cl、$ZnCl_2$及淀粉糊状物。

电池符号可表示为：

(−)Zn|$ZnCl_2$, NH_4Cl(糊状)||MnO_2|C(石墨)(+)

负极：$Zn \longequal Zn^{2+} + 2e^-$

正极：$2MnO_2 + 2NH_4Cl + 2e^- \longequal Mn_2O_3 + 2NH_3 + H_2O$

总反应：

$$Zn + 2MnO_2 + 2NH_4^+ \longequal 2Zn^{2+} + Mn_2O_3 + 2NH_3 + H_2O$$

锌锰干电池的电动势为1.5V。因产生的NH_3气被石墨吸附，引起电动势下降较快。如果用高导电的糊状KOH代替NH_4Cl，正极材料改用钢筒，MnO_2层紧靠钢筒，就构成碱性锌锰干电池，电池反应没有气体产生，内电阻较低，比较稳定。

2. 铅蓄电池

铅蓄电池又称铅酸电池，是由一组充满海绵状金属铅的铅锑合金极板作为负极，由另一组充满二氧化铅的铅锑合金极板作为正极，两组极板相间浸泡在电解质稀硫酸中。

放电时，电极反应为：

负极：$Pb + SO_4^{2-} \longequal PbSO_4 + 2e^-$

正极：$PbO_2 + SO_4^{2-} + 4H^+ + 2e^- \longequal PbSO_4 + 2H_2O$

总反应：$Pb + PbO_2 + 2H_2SO_4 \longequal 2PbSO_4 + 2H_2O$

放电后，正负极板上都沉积有一层$PbSO_4$，放电到一定程度之后必须进行充电，充电时用一个电压略高于蓄电池电压的直流电源与蓄电池相接，将负极上的$PbSO_4$还原成Pb，而将正极上的$PbSO_4$氧化成PbO_2，充电时发生放电时的逆反应：

阴极：$PbSO_4 + 2e^- \longequal Pb + SO_4^{2-}$

阳极：$PbSO_4 + 2H_2O \longequal PbO_2 + SO_4^{2-} + 4H^+ + 2e^-$

总反应：$2PbSO_4 + 2H_2O \longequal Pb + PbO_2 + 2H_2SO_4$

正常情况下，铅蓄电池的电动势是2.1V，随着电池放电生成水，H_2SO_4的浓度和密度降低，故可以通过测量H_2SO_4的密度来检查蓄电池的放电情况。铅蓄电池具有充放电可逆性好、放电电流大、稳定可靠、价格便宜等优点，缺点是笨重，且硫酸有腐蚀性，因此存放时要注意不能倒下。常用作汽车和柴油机车的启动电源，电动自行车电源，坑道、矿山和潜艇的动力电源，以及通信站的备用电源。

3. 镍-镉（Ni-Cd）电池

镍-镉电池属于碱性蓄电池，其体积、电压都与干电池类似，携带方便，使用寿命长。缺点是电池有记忆效应，并且电池中的重金属镉会对环境带来污染。电池反应是：

$$Cd + 2NiO(OH) + 2H_2O \longequal 2Ni(OH)_2 + Cd(OH)_2$$

4. 镍-铁（Ni-Fe）电池

镍-铁电池在1901年由爱迪生发明，也属于碱性蓄电池。其阳极是氢氧化镍，阴极是铁，电解液是氢氧化钾。电压通常是1.2V。优点是耐用，能够经受一定程度的使用事故（包括过度充电、过度放电、短路、过热），而且经受上述损害后仍能保持很长的寿命，能够储存电能长达20年，在铁路信号发送及铁路车辆备用电源方面得到应用。电池反应是：

$$Fe + 2NiO(OH) + 2H_2O \longequal 2Ni(OH)_2 + Fe(OH)_2$$

5. 镍-氢（Ni-MH）电池

镍-氢电池由镍镉电池改良而来，以能吸收氢的金属（通常是合金）代替镉。电解液为KOH+LiOH。相比镍-镉电池，其电容量更高，记忆效应较弱，对环境的污染较低，因此应用更广泛，特别是在电子产品上应用较多，而大功率的镍氢电池目前在混合动力汽车和纯电动汽车上也有较多应用。电池充电时，氢氧化钾电解液中的氢原子会释放出来，由储氢材料吸收，避免形成氢气。电池放电时，这些氢原子便会经由相反过程回到原来地方。电池反应为：

充电时

阳极反应：$Ni(OH)_2 + OH^- \longrightarrow NiOOH + H_2O + e^-$

阴极反应：$M + H_2O + e^- \longrightarrow MH + OH^-$

总反应：$M + Ni(OH)_2 \longrightarrow MH + NiOOH$

放电时

正极：$NiOOH + H_2O + e^- \longrightarrow Ni(OH)_2 + OH^-$

负极：$MH + OH^- \longrightarrow M + H_2O + e^-$

总反应：$MH + NiOOH \longrightarrow M + Ni(OH)_2$

以上式中 M 为储氢合金，MH 为吸附了氢原子的储氢合金。最常用的储氢合金为 $LaNi_5$。

6. 锂电池

锂电池大致可分为两大类：锂金属电池和锂离子电池。前者以锂-二氧化锰非水电解质电池（简称锂锰电池）为代表，这种电池以片状金属锂为负极，活性 MnO_2 为正极，高氯酸及溶于碳酸丙烯酯和二甲氧基乙烷的混合有机溶剂作为电解质溶液，以聚丙烯为隔膜，电池符号和电池反应可表示为：（－）Li ｜$LiClO_4$｜MnO_2｜C（石墨）（＋）

负极反应：$Li \xlongequal{} Li^+ + e^-$

正极反应：$MnO_2 + Li^+ + e^- \xlongequal{} LiMnO_2$

总反应：$Li + MnO_2 \xlongequal{} LiMnO_2$

锂锰电池的电动势为 2.69V，是一次电池，质量轻、体积小（可做成纽扣电池）、电压高、比能量大、贮存性能好，已广泛用于电脑主板、手表、无线电设备等多种电子产品。

锂离子电池不含有金属态的锂，并且是可以充电的二次电池。其负极是嵌入了锂离子的石墨类材料（LiC_6），正极材料使用磷酸铁锂、锰酸锂、钴酸锂等，电解液通常使用含有六氟磷酸锂的碳酸酯类溶剂或凝胶类材料。锂离子电池的充放电过程，就是锂离子在正、负极材料之间往返嵌入（进入材料的晶格）和脱嵌（离开材料的晶格）的过程，在锂离子的嵌入和脱嵌过程中，同时伴随着与锂离子等量电子的嵌入和脱嵌，从而产生电流，因此又被形象地称为“摇椅电池”。

锂离子电池有以下优点：工作电压达到 3.6V 以上、电容量大、体积小、质量轻、循环寿命长、自放电率低、无记忆效应、无污染等。在便携式电器如笔记本电脑、手机、摄像机、移动通信中得到普遍应用。大容量锂离子电池主要应用在电动汽车、储能设备上。锂离子电池也存在着价格相对昂贵、不耐受过充过放，使用不当还甚至可能导致燃烧爆炸等问题，因此必须设置一定的保护电路，防止过充、过放、过载、过热。

7. 燃料电池

燃料电池与其他电池的主要差别在于：它不是把还原剂、氧化剂物质全部贮藏在电池内，而是在工作时不断从外界输入氧化剂和还原剂，同时将电极反应产物不断排出电池。燃料电池是直接将燃烧反应的化学能转化为电能的装置，能量转化率高（根据 ΔG 计算），最高可达 80%以上，而一般火电站热机效率仅在 30%～40%之间。燃料电池具有节约燃料、污染小的特点。常见的燃料电池以还原剂（氢气、煤气、天然气、甲醇等）为负极反应物，以氧化剂（氧气、空气等）为正极反应物，由燃料极、空气极和电解质溶液构成电池。电极材料常采用多孔碳、多孔镍、铂、钯等贵重金属以及聚四氟乙烯，电解质则有碱性或酸性溶液、熔融盐、高分子材料（如塑料）和固体电解质（如特种陶瓷）等数种。

以碱性氢氧燃料电池为例，它的燃料极常用多孔性金属镍，用它来吸附氢气。空气极常用多孔性金属银，用它吸附空气。电解质则由浸有 KOH 溶液的多孔性塑料制成，其电池符号表示为：$Ni|H_2|KOH(30\%)|O_2|Ag$。

负极反应：$2H_2+4OH^- = 4H_2O+4e^-$

正极反应：$O_2+2H_2O+4e^- = 4OH^-$

总反应：$2H_2+O_2 = 2H_2O$

电池的工作原理是：当向燃料极供给氢气时，氢气被吸附并与催化剂作用，放出电子而生成 H^+，而电子经过外电路流向空气极，电子在空气极使氧还原为 OH^-，H^+ 和 OH^- 在电解质溶液中结合成 H_2O。氢氧燃料电池的标准电动势为 1.229V。

氢氧燃料电池目前已应用于航天、军事通讯、电视中继站等领域，随着成本的下降和技术的提高，在新能源汽车等领域可望得到进一步的商业化运用。

六、金属的腐蚀及其防止

1. 金属腐蚀的定义

当金属与周围介质接触时，由于发生化学或电化学作用使金属被氧化而引起的破坏叫作金属的腐蚀。金属的腐蚀可以显著降低金属材料的强度、塑性、韧性等物理性能，破坏金属构件的几何形状，增加机件的磨损，缩短设备的使用寿命。金属腐蚀已经成为国民经济中的一个不可忽视的损失。

2. 化学腐蚀

单纯由化学作用而引起的腐蚀叫作化学腐蚀。化学腐蚀多发生在非电解质溶液中或干燥气体中，腐蚀过程中无电流产生，腐蚀产物直接生成在腐蚀性介质接触的金属表面。例如，电气、机械设备的金属与绝缘油、润滑油、液压油以及干燥空气中的 O_2、H_2S、SO_2、Cl_2 等物质接触时，在金属表面生成相应的氧化物、硫化物、氯化物等。

影响化学腐蚀的因素有：金属的本性、腐蚀介质的浓度和温度。例如，钢材在常温空气中不腐蚀，而在高温下就容易被氧化，生成一层氧化皮（由 FeO、Fe_2O_3 和 Fe_3O_4 组成），同时还会发生脱碳现象。这是钢铁中的渗碳体（Fe_3C）被气体介质氧化的结果。有关的反应方程如下：

$$Fe_3C+O_2 = 3Fe+CO_2,\ Fe_3C+CO_2 = 3Fe+2CO,\ Fe_3C+H_2O = 3Fe+CO+H_2$$

反应生成的气体离开金属表面，而碳便从邻近的尚未反应的金属内部逐渐扩散到这一反应区，于是金属层中含碳量逐渐减小，形成了脱碳层。钢铁表面由于脱碳致使硬度减小和疲劳极限降低。

再如，原油中多种形式的有机硫化物，如二硫化碳、噻吩、硫醇等也会与金属材料作用而引起输油管、容器和其他设备的化学腐蚀。

3. 电化学腐蚀

当金属与电解质溶液接触时，由电化学作用而引起的腐蚀称为电化学腐蚀。电化学腐蚀形成了原电池反应。在研究金属的电化学腐蚀中，把发生氧化的部分叫作阳极（相当于原电池的负极），发生还原的部分叫作阴极（相当于原电池的正极）。

（1）析氢腐蚀（腐蚀过程中有氢气放出）　即腐蚀过程中的阴极上有氢气析出的腐蚀。它常发生在酸洗或用酸侵蚀某种较活泼金属的加工过程中。例如，Fe 作为腐蚀电池的阳极，钢铁中较 Fe 不活泼的其他杂质作阴极，H^+ 在阴极上获得电子发生还原反应：

阳极(Fe)：$Fe-2e^- \longrightarrow Fe^{2+}$

阴极(杂质)：$2H^+ + 2e^- \longrightarrow H_2(g)$

总反应：$Fe+2H^+ = Fe^{2+} + H_2(g)$

（2）吸氧腐蚀（腐蚀过程中消耗掉氧）　在腐蚀过程中溶解于水膜中的氧气在阴极上得到电子被还原生成 OH^- 的腐蚀称为吸氧腐蚀。它常常是在中性、碱性或弱酸性的介质中发生的。由于 $E^\ominus(O_2/OH^-)$ 的代数值远远大于 $E^\ominus(H^+/H_2)$ 的代数值，且空气中的 O_2 不断溶入水膜中，所以大气中钢铁等金属腐蚀的主要形式是吸氧腐蚀。

反应方程式如下：

阳极(Fe)：$Fe-2e^- \longrightarrow Fe^{2+}$

阴极(杂质)：$O_2+2H_2O+4e^- \longrightarrow 4OH^-$

总反应：$2Fe+O_2+2H_2O \longrightarrow 2Fe(OH)_2$

$Fe(OH)_2$ 将进一步被 O_2 所氧化，生成 $Fe(OH)_3$，并部分脱水为疏松的铁锈。锅炉、铁制水管等系统常含有大量的溶解氧，故常发生严重的吸氧腐蚀。

$$4Fe(OH)_2+O_2+2H_2O = 4Fe(OH)_3 \longrightarrow Fe_2O_3 \cdot xH_2O(\text{铁锈})$$

（3）差异充气腐蚀　差异充气腐蚀是金属吸氧腐蚀的一种形式，它是由在金属表面氧气分布不均匀而引起的。例如，半浸在海水中的金属，在金属浸入面处（图 9-7 中 a 段），氧的扩散途径短，故氧的浓度高。而在水的内部（图 9-7 中 b 段），氧的扩散途径长，故氧的浓度低。

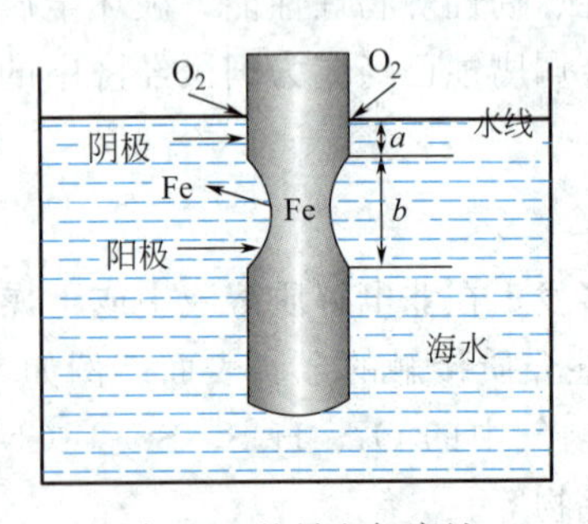

图 9-7　差异空气腐蚀

由 Nernst 方程可知：

$$O_2+2H_2O+4e^- = 4OH^-$$

$$E_{O_2/OH^-}=E^\ominus_{O_2/OH^-}+\frac{0.0592}{4}\lg\frac{\dfrac{p_{O_2}}{100\text{kPa}}}{c^4(OH^-)}$$

由此看出，在 O_2 浓度［或 $p(O_2)$］较大的部位，其相应的电极电势的代数值较大，氧较易得电子；而在 O_2 浓度［或 $p(O_2)$］较小的部位，$E(O_2/OH^-)$ 的代数值较小，O_2 较难得到电子。这样，由于氧气浓度不同而形成了一个浓差电池。其中，氧气浓度大的部位（a 处）为阴极，氧气浓度小的部位（b 处）为阳极而遭到腐蚀。b 处的金属被腐蚀以后，O_2 的浓度会更小，且由于腐蚀而使杂质逐渐增多，致使金属腐蚀继续下去，腐蚀的深度加大。腐蚀过程的电极反应如下：

阴极(O_2 浓度较大的部位)：$\frac{1}{2}O_2+H_2O+2e^- = 2OH^-$

阳极(O_2 浓度较小的部位)：$Fe = Fe^{2+}+2e^-$

差异充气腐蚀在生产中常常遇到，如金属裂缝深处的腐蚀、浸入水中的支架、埋入地里的铁柱和水封式储气柜的腐蚀等。

4. 金属腐蚀的防止

(1) 缓蚀剂法　在腐蚀介质中添加能降低腐蚀速率的物质（称缓蚀剂）的防蚀方法叫作缓蚀剂法。根据化学组成，习惯上将缓蚀剂分为无机缓蚀剂和有机缓蚀剂两大类。

无机缓蚀剂：通常在中性介质中使用的无机缓蚀剂有 $NaNO_2$、$K_2Cr_2O_7$、Na_3PO_4 等。在碱性介质中使用的有 $NaNO_2$、$NaOH$、Na_2CO_3、$Ca(HCO_3)_2$ 等。例如，$Ca(HCO_3)_2$ 在碱性介质中发生如下反应：

$$Ca^{2+}+2HCO_3^-+2OH^- = CaCO_3(s)+CO_3^{2-}+2H_2O$$

生成的难溶碳酸盐覆盖于阳极表面，成为具有保护性的薄膜，阻滞了阳极反应，降低了金属的腐蚀速率。

有机缓蚀剂：在酸性介质中，通常使用有机缓蚀剂，如琼脂、糊精、动物胶、六次甲基四胺以及含氮、硫的有机物等。有机缓蚀剂对金属的缓蚀作用，一般认为是由于吸附膜的生成，即金属将缓蚀剂的离子或分子吸附在表面上，形成一层难溶而腐蚀性介质又很难透过的保护膜，阻碍了 H^+ 得电子的阴极反应，因而减慢了腐蚀。

缓蚀剂具有缓蚀作用的原因如下。

① 能使金属表面氧化而形成钝化膜。例如：

$$2Fe+2Na_2CrO_4+2H_2O \rightleftharpoons Fe_2O_3+Cr_2O_3+4NaOH$$

② 能与阳极溶解出来的金属离子或与阴极附近的某离子形成难溶性化合物覆盖于阳极或阴极的表面。例如：

$$3Fe^{2+}+2PO_4^{3-} = Fe_3(PO_4)_2(s)$$

$$Cu^{2+}+HCO_3^-+OH^- = CuCO_3(s)+H_2O$$

③ 有机缓蚀剂被吸附在带负电荷的金属表面上阻碍了 H^+ 放电。例如：

$$R_3N+H^+ = [R_3NH]^+$$

(2) 阴极保护法　阴极保护法就是将被保护的金属作为腐蚀电池的阴极或作为电解池的阴极而不受腐蚀。

牺牲阳极保护法：一般采取将电极电势更低的金属（通常为 Mg、Al、Zn 合金）与被保护的金属相连，构成原电池。例如，在海上航行的轮船，常将锌块镶嵌于船底四周，这样船身可减轻腐蚀：

阳极：$Zn(s) \rightleftharpoons Zn^{2+}+2e^-$

阴极：$O_2(g)+H_2O+4e^- \rightleftharpoons 4OH^-(aq)$

外加电流保护法：取废钢、石墨、高硅铸铁、磁性氧化铁等作为阳极，先将被保护金属与外电源的负极相连，再将外电源正极与上述用作保护的阳极相连构成电解池。例如，某些地下管道的防腐采用外加直流电源与阳极构成电解池的方法。

(3) 非金属涂层　用非金属物质如油漆、塑料、搪瓷、矿物性油脂等涂覆在金属表面上形成保护层，即非金属涂层，可达到防蚀的目的。例如，船身、车厢、水桶等常涂油漆，汽车外壳常喷漆，枪炮、机器常涂矿物性油脂等。用塑料（如聚乙烯、聚氯乙烯、聚氨酯等）喷涂金属表面，比喷漆效果更佳。塑料这种覆盖层致密光洁，色泽鲜艳，兼具防蚀与装饰的双重功能。

搪瓷是含 SiO_2 量较高的玻璃瓷釉，有极好的耐蚀性能，因此作为耐蚀非金属涂层，广泛用于石油化工、医药、仪器等工业部门和日常生活中。

习 题

1. 指出下列物质中划线元素的氧化数：

(1) $\underline{Cr}_2O_7^{2-}$　(2) $\underline{N}_2O$　(3) $\underline{N}H_3$　(4) $H\underline{N}_3$　(5) $\underline{S}_8$　(6) $\underline{S}_2O_3^{2-}$

2. 用氧化数法或离子电子法配平下列各方程式：

(1) $As_2O_3+HNO_3+H_2O \longrightarrow H_3AsO_4+NO$

(2) $K_2Cr_2O_7+H_2S+H_2SO_4 \longrightarrow K_2SO_4+Cr_2(SO_4)_3+S+H_2O$

(3) $KOH+Br_2 \longrightarrow KBrO_3+KBr+H_2O$

(4) $K_2MnO_4+H_2O \longrightarrow KMnO_4+MnO_2+KOH$

(5) $Zn+HNO_3 \longrightarrow Zn(NO_3)_2+NH_4NO_3+H_2O$

(6) $I_2+Cl_2+H_2O \longrightarrow HCl+HIO_3$

(7) $MnO_4^-+H_2O_2+H^+ \longrightarrow Mn^{2+}+O_2+H_2O$

(8) $MnO_4^-+SO_3^{2-}+OH^- \longrightarrow MnO_4^{2-}+SO_4^{2-}+H_2O$

3. 写出下列电极反应的离子电子式：

(1) $Cr_2O_7^{2-} \longrightarrow Cr^{3+}$　(酸性介质)

(2) $I_2 \longrightarrow IO_3^-$　(酸性介质)

(3) $MnO_2 \longrightarrow Mn(OH)_2$　(碱性介质)

(4) $Cl_2 \longrightarrow ClO_3^-$　(碱性介质)

4. 写出下列电池中电极反应和电池反应：

(1) $(-)Zn|Zn^{2+}||Br^-,Br_2(aq)|Pt(+)$

(2) $(-)Cu,Cu(OH)_2(s)|OH^-||Cu^{2+}|Cu(+)$

5. 配平下列各反应方程式，并将它们设计组成原电池，写出电池组成式：

(1) $MnO_4^- + Cl^- + H^+ \longrightarrow Mn^{2+} + Cl_2 + H_2O$

(2) $Ag^+ + I^- \longrightarrow AgI(s)$

6. 现有下列物质：$KMnO_4$、$K_2Cr_2O_7$、$CuCl_2$、$FeCl_3$、I_2、Cl_2，在酸性介质中它们都能作为氧化剂。试把这些物质按氧化能力的大小排列，并注明它们的还原产物。

7. 现有下列物质：$FeCl_2$、$SnCl_2$、H_2、KI、Li、Al，在酸性介质中它们都能作为还原剂。试把这些物质按还原能力的大小排列，并注明它们的氧化能力。

8. 当溶液中，$c(H^+)$ 增加时，下列氧化剂的氧化能力是增强、减弱还是不变?

(1) Cl_2　(2) $Cr_2O_7^{2-}$　(3) Fe^{3+}　(4) MnO_4^-

9. 计算下列电极反应在 298K 时的电极电势值：

(1) $Fe^{3+}(0.100mol \cdot L^{-1}) + e^- \rightleftharpoons Fe^{2+}(0.010mol \cdot L^{-1})$

(2) $Hg_2Cl_2(s) + 2e^- \rightleftharpoons 2Hg(l) + 2Cl^-(0.010mol \cdot L^{-1})$

(3) $Cr_2O_7^{2-}(0.100mol \cdot L^{-1}) + 14H^+(0.010mol \cdot L^{-1}) + 6e^- \rightleftharpoons 2Cr^{3+}(0.010mol \cdot L^{-1}) + 7H_2O$

10. 电池$(-)A|A^{2+}||B^{2+}|B(+)$，当 $c(A^{2+})=c(B^{2+})$时测得其电动势为 0.360V，若 $c(A^{2+})=1.00\times10^{-4}mol \cdot L^{-1}$，$c(B^{2+})=1.00mol \cdot L^{-1}$，求此时电池的电动势。

11. 已知电池$(-)Cu|Cu^{2+}(0.010mol \cdot L^{-1})||Ag^+(x mol \cdot L^{-1})|Ag(+)$电动势为 0.436V。写出电池总反应，并计算 Ag^+ 的浓度。

12. 根据电极电势表，计算下列反应在 298K 时的 $\Delta_r G_m^{\ominus}$。

(1) $Cl_2 + 2Br^- \longrightarrow 2Cl^- + Br_2$

(2) $I_2 + Sn^{2+} \longrightarrow 2I^- + Sn^{4+}$

(3) $MnO_2 + 4H^+ + 2Cl^- \longrightarrow Mn^{2+} + Cl_2 + 2H_2O$

13. 根据电极电势表，计算下列反应在 298K 时的标准平衡常数。

(1) $Zn + Fe^{2+} \longrightarrow Zn^{2+} + Fe$

(2) $2Fe^{3+} + 2Br^- \longrightarrow 2Fe^{2+} + Br_2$

14. 如果原电池

$$Pt, H_2(100kPa)|H^+(?\ mol \cdot L^{-1})||Cu^{2+}(1.0mol \cdot L^{-1})|Cu$$

的电动势为 0.500V（298K）则溶液的 H^+ 浓度应是多少？

15. 已知电极反应：

$$PbSO_4 + 2e^- \rightleftharpoons Pb + SO_4^{2-} \qquad E^\ominus = -0.359V$$

$$Pb^{2+} + 2e^- \rightleftharpoons Pb \qquad E^\ominus = -0.126V$$

将两个电极组成原电池。写出原电池组成式，并计算 $PbSO_4$ 的溶度积。

16. 已知

$$Ag^+ + e^- \rightleftharpoons Ag \qquad E^\ominus = 0.799V$$

$K_{sp}^\ominus(AgBr) = 7.7 \times 10^{-13}$，求电极反应：$AgBr + e^- \rightleftharpoons Ag + Br^-$ 的 $E^\ominus$。

17. 已知下列电极反应：

$$H_3AsO_4 + 2H^+ + 2e^- \rightleftharpoons H_3AsO_3 + H_2O \qquad E^\ominus = 0.559V$$

$$I_3^- + 2e^- \rightleftharpoons 3I^- \qquad E^\ominus = 0.535V$$

试计算反应 $H_3AsO_4 + 3I^- + 2H^+ \rightleftharpoons H_3AsO_3 + I_3^- + H_2O$，在 25℃时的平衡常数。上述反应若在 pH=7 的溶液进行，自发方向如何？若溶液的 H^+ 浓度为 $6mol \cdot L^{-1}$，反应进行的自发方向又如何？

18. 25℃时，以 Pt，$H_2(p = 100kPa)|H^+(x mol \cdot L^{-1})$为负极，和另一正极组成原电池，负极溶液是由某弱酸 $HA(0.150mol \cdot L^{-1})$ 及其共轭碱 $A^-(0.250mol \cdot L^{-1})$ 组成的缓冲溶液。若测得负极的电极电势等于－0.3100V，试求出该缓冲溶液的 pH，并计算弱酸 HA 的离解常数 $K_a^\ominus$。

19. 已知 298K 时，配合物 $[Cd(CN)_4]^{2-}$ 的稳定常数为 $K_f^\ominus = 6.0 \times 10^{18}$，镉电极的标准电极电势 $E^\ominus_{Cd^{2+}/Cd} = -0.403V$，试计算电对 $[Cd(CN)_4]^{2-}/Cd$ 的标准电极电势。

20. 已知 298K 时，

$$Au^+ + e^- \rightleftharpoons Au \qquad E^\ominus = 1.692V$$

$$[Au(CN)_2]^- + e^- \rightleftharpoons Au + 2CN^- \qquad E^\ominus = -0.574V$$

将两个电极组成原电池，写出原电池组成式，并计算 $[Au(CN)_2]^-$ 的稳定常数。

21. 根据电极电势解释下列现象。

(1) 金属铁能置换 Cu^{2+}，而 $FeCl_3$ 溶液又能溶解铜。

(2) H_2S 溶液久置会变混浊。

(3) H_2O_2 溶液不稳定，易分解。

(4) Ag 不能置换 $1mol \cdot L^{-1}$ HCl 中的氢，但可微量置换出 $1mol \cdot L^{-1}$ HI 中的氢。

22. In、Tl 在酸性介质中的电势图为

$$In^{3+} \xrightarrow{-0.43} In^+ \xrightarrow{-0.15} In$$

$$Tl^{3+} \xrightarrow{+1.25} Tl^{+} \xrightarrow{-0.34} Tl$$

试回答：

（1）In^{+}、Tl^{+}能否发生歧化反应？

（2）In、Tl与1mol·L^{-1}HCl反应各得到什么产物？

（3）In、Tl与1mol·$L^{-1}Ce^{4+}$反应各得到什么产物？

23. 已知溴在酸性介质中的电势图为：

$$BrO_4^- \xrightarrow{1.76} BrO_3^- \xrightarrow{1.49} HBrO \xrightarrow{1.59} Br_2 \xrightarrow{1.07} Br^-$$

试回答：

（1）溴的哪些氧化态不稳定易发生歧化反应？

（2）电对BrO_3^-/Br^-的$E^{\ominus}$值。

24. For each of the following unbalanced equation, (1) write the half-reactions for oxidation and for reduction, and (2) balance the overall equation using the half-reaction method.

(a) $Cl_2 + H_2S \longrightarrow Cl^- + S + H^+$

(b) $Cl_2 + S^{2-} + OH^- \longrightarrow SO_4^{2-} + Cl^- + H_2O$

(c) $MnO_4^- + IO_3^- + H_2O \longrightarrow MnO_2 + IO_4^- + OH^-$

25. Arrange the following metals in an activity series from the most active to the least active: nobelium [No^{3+}/No (s), $E^{\ominus} = -2.5V$], cobalt [Co^{2+}/Co (s), $E^{\ominus} = -0.28V$], gallium [Ga^{3+}/Ga (s), $E^{\ominus} = -0.34V$], polonium [Po^{2+}/Po (s), $E^{\ominus} = -0.65V$].

26. We construct a cell in which identical copper electrodes are placed in two solutions. Solution A contains 0.80 mol·$L^{-1}Cu^{2+}$. Solution B contains Cu^{2+} at some concentration known to be lower than in solution A. The potential of the cell is observed to be 0.045V. What is [Cu^{2+}] in solution B?

27. Using the following half-reactions and $E^{\ominus}$ data at 25℃:

$$PbSO_4(s) + 2e^- \longrightarrow Pb(s) + SO_4^{2-} \qquad E^{\ominus} = -0.356V$$

$$PbI_2(s) + 2e^- \longrightarrow Pb(s) + 2I^- \qquad E^{\ominus} = -0.365V$$

Calculate the equilibrium constant for the reaction:

$$PbSO_4(s) + 2I^- \rightleftharpoons PbI_2(s) + SO_4^{2-}$$

第十章
重要元素及化合物概述
(Summary to Important Elements and Compounds)

学习要求:

1. 了解常见单质的物理性质、化学性质的一般规律，并能利用物质结构基础知识进行简单分析。

2. 了解典型氧化物、氯化物和氢氧化物等常见无机化合物的基本性质的一般特性及其变化规律。

3. 了解重要单质、化合物的典型应用及其与性质的关系。

第一节　非金属元素
(Nonmetal Element)

一、概述

到2018年为止，已知元素有118种，其中非金属元素有22种，其种类不多，但涉及的面却很广。

目前在生物体中已发现70多种元素，其中60余种含量很少。在含量较多的元素中半数以上是非金属，如O、H、C、N、S、P、Si、Cl等。因此，对非金属元素及其化合物的研究与生物科学等密切相关。

非金属元素与金属元素的根本区别是原子的价电子层结构不同。多数金属元素的最外电子层上只有1～2个s电子，而非金属元素的情况比较复杂。H、He分别有1、2个电子，He以外的稀有气体的价电子层结构为ns^2np^6，共有8个电子，ⅢA族到ⅦA族元素的价电子层结构为$ns^2np^{1\sim5}$，即有3～7个价电子。金属元素的价电子较少，它们倾向于失去这些电子；而非金属元素的价电子较多，它们倾向于得到电子。

非金属元素和金属元素的区别还反映在其化合物的性质上。例如金属元素一般都易形成阳离子，而非金属元素容易形成单原子或多原子阴离子。在常见的非金属元素中，F、Cl、Br、O、P、S较活泼，而N、B、C、Si在常温下不活泼。活泼的非金属容易与金属元素形成卤化物、氧化物、硫化物、氢化物或含氧酸盐等。非金属元素彼此之间也可以形成卤化物、氧化物、氮化物、无氧酸和含氧酸等。绝大部分非金属氧化物显酸性，能与强碱作用。

二、卤素

卤素是周期表第ⅦA族元素氟、氯、溴、碘、砹以及117号元素——Ts的通称。卤素原子的价电子层构型是ns^2np^5，与稳定的8电子构型ns^2np^6比较，仅缺少一个电子，因此它们极易取得一个电子形成氧化数为−1的稳定离子。故卤素单质都是氧化剂。

常见的卤素的一些主要性质列于表10-1中。

从表10-1中可见卤原子的第一电离能都很大，这就决定了卤原子在化学变化中要失去电子成为阳离子是困难的。事实上卤素中仅电负性最小、半径最大的碘，略有这种趋势。

卤素与电负性比它更大的元素化合时，只能通过共用电子对成键。在这类化合物中，除氟外卤原子都表现出正的氧化数。例如：卤素的含氧酸及其盐或卤素化合物（IF_7），它们表现的特征氧化数为+1、+3、+5、+7，以上后几个氧化数之间的差数是2，是由于卤素原子的价电子（ns^2np^5）中，有6个电子已成对，一个电子未成对，当参加反应时，先是未成对电子参与成键，继而每拆开一对电子就形成两个共价键。

（一）卤素单质

卤素单质皆为双原子分子，分子间存在着微弱的分子间作用力，随着分子量的增大，分子间的色散力也逐渐增强，因此卤素单质的熔点和沸点随着原子序数增大而升高，如表10-1所示。常温下，氟和氯是气体，溴是液体，碘是固体。

表10-1　卤族元素的性质

元素	氟(F)	氯(Cl)	溴(Br)	碘(I)
价电子层结构	$2s^2p^5$	$3s^23p^5$	$4s^24p^5$	$5s^25p^5$
氧化数	−1、0	−1、0、+1、+3、+5、+7	−1、0、+1、+3、+5、+7	−1、0、+1、+3、+5、+7
熔点/K	53.2	172.2	266	386.7
沸点/K	85.2	238.6	331.9	457.2
第一电离能/$kJ \cdot mol^{-1}$	1681	1251	1139.9	1008
电子亲和能/$kJ \cdot mol^{-1}$	322	348.7	324.5	295
电负性	4.0	3.0	2.8	2.5

除氟外，其余卤素单质都能一定程度地溶于水，如氯水、溴水。碘微溶于水，但易溶解在KI、HI和其他碘化物的溶液中，形成多碘化物，如I_3^-（$I^- + I_2 = I_3^-$）。利用这个性质可以配较浓的碘的水溶液。这类多碘化物溶液的性质和碘溶液相同。

卤素单质的氧化能力和卤素离子（X^-）的还原能力的大小，可根据其标准电极电位数值排列如下：

	氟	氯	溴	碘
$E^\ominus(X_2/X^-)$	2.87	1.36	1.07	0.54

X_2氧化能力　　$F_2 > Cl_2 > Br_2 > I_2$

X^-还原能力　　$F^- < Cl^- < Br^- < I^-$

氟是最强的氧化剂，能将水氧化而放出氧气。

$$F_2 + H_2O = 2HF + \frac{1}{2}O_2$$

该反应可以自发向右进行。从标准电极电位的数值判断，氯氧化水的反应也是可能的，但因反应的活化能很高，氯与水实际上并不发生氟与水的类似反应，而是发生歧化反应。

$$Cl_2 + H_2O \longrightarrow H^+ + Cl^- + HClO$$

碘与水不能发生反应，因为碘是弱氧化剂，反之，空气中的氧能把溶液中的 I^- 氧化成 I_2。

（二）卤化氢和氢卤酸

卤素都能与氢直接化合生成卤化氢。卤化氢都具有刺激性气味，皆为无色气体，易液化，易溶于水。卤化氢的一些重要性质列于表 10-2 中。

卤化氢的水溶液称为氢卤酸，氢卤酸都是挥发性酸。氢氯酸、氢溴酸和氢碘酸皆为强酸，只有氢氟酸是弱酸。这是因为 HF 分子之间相互以氢键缔合。

酸的强度顺序是 HI>HBr>HCl。

从表 10-2 的数据可见，卤化氢性质的递变具有一定规律，而卤素离子的半径是决定卤化氢性质的重要原因。而 HF 的性质（熔点、沸点）异常是因为氟元素的原子半径特别小，电负性很大，HF 分子的极性强。易形成氢键变为多分子缔合状态 $(HF)_n$ 而造成的。

表 10-2　卤化氢的性质

性质	HF	HCl	HBr	HI
气体分子偶极矩/10^{-30}C·m	1.91	1.04	0.79	0.38
气体分子的核间距/pm	92	128	141	162
熔点/K	190.1	158.4	186.3	222.5
沸点/K	292.7	188.3	206.4	273.8
291K，0.1mol·L^{-1} 水溶液的表观电离度/%	10	92.6	93.5	95.0

（三）卤化物

卤素和电负性较小的元素生成的二元化合物叫卤化物，可分为金属卤化物和非金属卤化物两大类。非金属如硼、碳、硅、磷等的卤化物是共价键结合的，熔点、沸点低，有发挥发性，熔融时不导电，易溶于有机溶剂。金属卤化物可以看成氢卤酸的盐，它们多为离子型卤化物，它们的性质随金属电负性、离子半径、电荷以及卤素本身的电负性而有很大差异。一般说，随着金属离子半径减小、氧化数增大，同一周期元素卤化物的离子性依次降低，共价性依次增强。同一金属卤化物如 NaF、NaCl、NaBr、NaI 的离子性依次降低，共价性依次增强。

（四）卤素的含氧酸及其盐

氟一般难以形成含氧酸，其他卤素都能生成含氧酸，见表 10-3。

表 10-3　卤素含氧酸

氧化数	Cl	Br	I
+1	HClO	HBrO	HIO
+3	$HClO_2$	$HBrO_2$	HIO_2
+5	$HClO_3$	$HBrO_3$	HIO_3
+7	$HClO_4$	$HBrO_4$	HIO_4，H_5IO_6，$H_4I_2O_9$

需要指出的是表10-3所列各酸中，HIO_2是否存在尚待进一步证实，$HBrO_2$尚未获得纯态，$HClO_4$、HIO_3、HIO_4和H_5IO_6可得到它们的固态，其他含氧酸只能存在于溶液中。

次卤酸都是极弱的酸，酸性强弱随卤素原子量递增而减弱。

	HClO	HBrO	HIO
$K_a^\ominus$	2.95×10^{-8}	2.06×10^{-9}	2.3×10^{-11}

次卤酸的氧化性都较强。次氯酸很不稳定，常用它的盐作氧化剂。如一般棉布漂白是经过次氯酸钠（或漂白粉溶液），再用稀酸处理。

$$ClO^- + H^+ \rightleftharpoons HClO$$

$$HClO + H^+ + 2e^- \rightleftharpoons Cl^- + H_2O \qquad E^\ominus = 1.49V$$

由于产生HClO而具有漂白作用。漂白粉也常作消毒剂。

卤酸都是强酸，也是强氧化剂。如氯酸能将单质碘氧化。

$$2HClO_3 + I_2 = 2HIO_3 + Cl_2$$

而氯酸盐溶液只有在酸性介质中才有氧化性。因为H^+可以有效地提高氯酸盐的电极电位值。

$$ClO_3^- + 6H^+ + 6e^- \rightleftharpoons Cl^- + 3H_2O \qquad E^\ominus = 1.45V$$

$$ClO_3^- + 3H_2O + 6e^- \rightleftharpoons Cl^- + 6OH^- \qquad E^\ominus = 0.62V$$

氯酸钾常用来制作烟火和火柴，溴酸钾和碘酸钾作为氧化剂常在分析化学上应用。

三、氧和硫

1. 氧和臭氧

氧单质有两种同素异形体，即氧气（O_2）和臭氧（O_3）。

室温下氧在酸性或碱性介质中显示出一定的氧化性，它的标准电极电位如下：

酸溶液中　$O_2 + 4H^+ + 4e^- \rightleftharpoons 2H_2O \qquad E^\ominus = 1.229V$

碱溶液中　$O_2 + 2H_2O + 4e^- \rightleftharpoons 4OH^- \qquad E^\ominus = 0.401V$

臭氧（O_3）存在于大气层的最上层，它是由太阳对大气中氧气的强辐射作用而形成的。臭氧能吸收太阳的紫外辐射，从而提供了一个保护地面生物免受过强辐射的防御屏障——臭氧保护层。

在酸、碱溶液中臭氧的氧化能力较氧强。

酸性溶液中　$O_3 + 2H^+ + 2e^- \rightleftharpoons O_2 + H_2O \qquad E^\ominus = 2.07V$

碱性溶液中　$O_3 + H_2O + 2e^- \rightleftharpoons O_2 + 2OH^- \qquad E^\ominus = 1.24V$

在正常条件下，O_3能氧化许多不活泼单质如Hg、Ag等，而氧则不能。

由于臭氧的强氧化性，在环境保护方面可用于废气和废水的净化，并用于饮用水的消毒，取代氯处理饮用水。

2. 过氧化氢

纯的过氧化氢是一种无色的液体，与水相似，其水溶液俗称“双氧水”。过氧化氢是一种弱酸，电离常数很小。

$$H_2O_2 \rightleftharpoons H^+ + HO_2^-$$

$$K_{a_1} = \frac{c(H^+)c(HO_2^-)}{c(H_2O_2)} = 2.4\times10^{-12}$$

过氧化氢的重要性质是它的氧化还原反应，其标准电极电位如下：

酸性介质（$E^{\ominus}$/V）　　$O_2 \xrightarrow{+0.682} H_2O_2 \xrightarrow{+1.776} H_2O$

碱性介质（$E^{\ominus}$/V）　　$O_2 \xrightarrow{-0.08} HO_2^- \xrightarrow{+0.87} OH^-$

H_2O_2 在酸性或碱性溶液中都是一种氧化剂，但在酸性溶液中其氧化性表现更为突出。如：

$$H_2O_2 + 2I^- + 2H^+ = I_2 + 2H_2O$$

析出的碘可用硫代硫酸钠滴定，测定 H_2O_2 的含量。

过氧化氢遇到更强的氧化剂时，在酸性或碱性溶液中，也可以作为还原剂，如：

$$2MnO_4^- + 5H_2O_2 + 6H^+ = 2Mn^{2+} + 5O_2\uparrow + 8H_2O$$

$$2MnO_4^- + 3HO_2^- + H_2O = 2MnO_2\downarrow + 3O_2\uparrow + 5OH^-$$

3. 硫的化合物

(1) 硫化氢和氢硫酸　硫化氢是一种无色有恶臭的有毒气体，若空气中含有0.1%就会使人丧失嗅觉，进而头痛、呕吐，吸入量较多时可以致死。空气中含量不得超过 $0.01mg \cdot L^{-1}$。

硫化氢较易溶于水，硫化氢的水溶液称氢硫酸。氢硫酸是二元弱酸，按下式电离：

$$H_2S \rightleftharpoons H^+ + HS^- \qquad K_{a_1}^{\ominus} = 1.1 \times 10^{-7}$$

$$HS^- \rightleftharpoons H^+ + S^{2-} \qquad K_{a_2}^{\ominus} = 1.0 \times 10^{-14}$$

碱金属、碱土金属的硫化物可溶于水，而其余的金属硫化物绝大多数难溶于水，而且有特征颜色，分析化学上常用此进行离子的分离和鉴定。例如 SnS(棕色)、HgS(黑色)、FeS(黑色)、MnS(肉色)、ZnS(白色)、As_2S_3(黄色)、CdS(黄色)、Sb_2S_3(橙色)、Bi_2S_3(棕黑色)、PbS(黑色)。

硫化氢和硫化物具有还原性，它们的标准电极电位如下：

$$S + 2H^+ + 2e^- \rightleftharpoons H_2S \qquad E^{\ominus} = 0.141V$$

$$S + 2e^- \rightleftharpoons S^{2-} \qquad E^{\ominus} = -0.48V$$

硫化氢水溶液放置在空气中逐渐变浊，就是 H_2S 被空气中 O_2 氧化析出单质 S 的缘故。

$$2H_2S + O_2 = 2H_2O + 2S\downarrow$$

硫化氢水溶液和 $KMnO_4$、$K_2Cr_2O_7$ 反应也有此现象。

$$2KMnO_4 + 3H_2SO_4 + 5H_2S = K_2SO_4 + 2MnSO_4 + 5S\downarrow + 8H_2O$$

$$K_2Cr_2O_7 + 4H_2SO_4 + 3H_2S = K_2SO_4 + Cr_2(SO_4)_3 + 3S\downarrow + 7H_2O$$

遇更强的氧化剂可把 H_2S 氧化成亚硫酸或硫酸，如：

$$H_2S + 4Cl_2 + 4H_2O = H_2SO_4 + 8HCl$$

(2) 硫的含氧化合物　硫的氧化物中以 SO_2 和 SO_3 最为重要，其相应的酸为 H_2SO_3 和 H_2SO_4。

二氧化硫是强极性分子，在溶液中有一部分与水结合生成亚硫酸，而大量存在的是 SO_2 的水合物 $SO_2 \cdot xH_2O$。它在溶液中存在下列平衡：

$$SO_2 \cdot xH_2O \rightleftharpoons HSO_3^- + H^+ + (x-1)H_2O \qquad K_{a_1}^{\ominus} = 1.5 \times 10^{-2}$$

$$HSO_3^- \rightleftharpoons H^+ + SO_3^{2-} \qquad K_{a_2}^{\ominus} = 1.0 \times 10^{-7}$$

亚硫酸为中强二元酸，可形成正盐和酸式盐，所有酸式盐均易溶于水。而其正盐，除碱金属及铵的亚硫酸盐易溶于水外，其他金属的亚硫酸均微溶于水。

在二氧化硫、亚硫酸及其盐中，硫的氧化数为+4。它既可作为氧化剂，也可作为还原剂。从下列标准电极电位看出，它的还原性较显著，尤其在碱性溶液中还原性更强。

酸性介质（$E^{\ominus}$/V）： $SO_4^{2-} \xrightarrow{+0.17} H_2SO_3 \xrightarrow{+0.45} S$

碱性介质（$E^{\ominus}$/V）： $SO_4^{2-} \xrightarrow{-0.93} SO_3^{2-} \xrightarrow{-0.66} S$

如在酸性溶液中可与碘定量反应：

$$SO_3^{2-} + H_2O + I_2 = SO_4^{2-} + 2H^+ + 2I^-$$

而作为氧化剂只有与较强的还原剂作用时才显著。如：

$$H_2SO_3 + 2H_2S = 3S + 3H_2O$$

三氧化硫是一种强氧化剂，能将碘化物氧化为单质碘。SO_3 又是强吸水剂，与水化合形成硫酸：

$$SO_3 + H_2O = H_2SO_4$$

浓硫酸是强氧化剂，加热时氧化能力更强，能和许多金属和许多非金属作用，本身被还原成 SO_2、S 和 H_2S。

$$C + 2H_2SO_4(浓) = CO_2 + 2SO_2 + 2H_2O$$
$$3Zn + 4H_2SO_4(浓) = 3ZnSO_4 + S + 4H_2O$$
$$4Zn + 5H_2SO_4(浓) = 4ZnSO_4 + H_2S\uparrow + 4H_2O$$

硫酸是二元酸中酸性最强的，它的第一步电离是完全的，但第二步电离并不完全。

$$H_2SO_4 = H^+ + HSO_4^-$$
$$HSO_4^- \rightleftharpoons H^+ + SO_4^{2-} \qquad K_{a_2}^{\ominus} = 1.2\times10^{-2}$$

所以硫酸也能生成酸式盐和正盐。除 $BaSO_4$、$CaSO_4$、$PbSO_4$、Ag_2SO_4 几乎不溶于水外，其余硫酸盐均易溶于水。

很多硫酸盐在工农业生产上有重要用途：如明矾 $Al_2(SO_3)\cdot K_2SO_4\cdot 24H_2O$ 可用作净水剂、造纸填充剂和媒染剂。胆矾 $CuSO_4\cdot 5H_2O$ 可用作消毒杀菌剂。绿矾 $FeSO_4\cdot 2H_2O$ 也可用作农药。

(3) 硫代硫酸钠　$Na_2S_2O_3\cdot 5H_2O$ 俗称大苏打，由于硫原子可以直接相连，硫代硫酸根可看成 SO_4^{2-} 中的一个氧原子被硫原子所取代，其结构与 SO_4^{2-} 相似。

硫代硫酸钠是无色透明的晶体，易溶于水，在碱性溶液中比较稳定，遇到酸即分解而析出硫：

$$S_2O_3^{2-} + 2H^+ = SO_2\uparrow + S\downarrow + H_2O$$

硫代硫酸钠是一种常用的中等强度的还原剂，与弱氧化剂碘作用时被氧化成连四硫酸钠，

$$2S_2O_3^{2-} + I_2 = S_4O_6^{2-} + 2I^-$$

此反应是分析化学中碘量法的基础。

硫代硫酸根有很强的配位能力，例如：

$$2S_2O_3^{2-} + AgX = [Ag(S_2O_3)_2]^{3-} + X^-$$

在照相技术上，就利用这种配位作用除去底片上未感光的 AgBr。

四、氮、磷、砷

周期系ⅤA族包括氮、磷、砷、锑、铋五种元素，称为氮族元素。其中半径较小的 N

和 P 是非金属元素，而随着原于半径的增大，Sb、Bi 过渡为金属元素，处于中间的 As 为准金属元素。因此本族元素在性质的递变上也表现出从典型的非金属到金属的一个完整过渡。

本族元素原子的价电子层结构为 ns^2np^3，与ⅦA、ⅥA 两族元素比较，本族元素要获得 3 个电子形成氧化数为 −3 的离子是较困难的。与电负性较小的元素化合时，可以形成氧化数为 −3 的共价化合物，最常见的是氢化物，除 N 外其他元素的氢化物都不稳定。

本族元素的金属性比相应的ⅦA、ⅥA 族元素来得显著，电负性较大的元素化合时主要形成氧化数为 +3、+5 的化合物。形成共价化合物是本族元素的特征。铋有较明显的金属性，它的氧化数为 +3 的化合物比 +5 的稳定。

（一）氮和氮的化合物

氮主要以单质状态存在于空气中，约占空气组成的 78%（以体积计）或 75.5%（以质量计）。除了土壤中含有一些铵盐、硝酸盐外，氮以无机化合物形式存在于自然界是很少的。而氮存在于有机体中，它是组成动植物体的蛋白质的重要元素。

把空气中的氮气转化为可利用的含氮化合物的过程叫作固氮。如合成氨，人工固氮等。化学模拟生物固氮是现代科学技术的一个重大边缘领域，这项研究成果与农业、能源和环境保护密切相关，意义十分重大。化学模拟生物固氮研究工作的进展将促进生物化学、结构化学、合成化学、催化理论、量子化学、分析化学、仿生学以及许多技术科学的相互渗透和发展。

1. 氨

氨是氮的最重要化合物之一。在氨分子中，氮原子以不等性 sp^3 杂化。在四个杂化轨道中有三个轨道和三个氢原子结合形成三个 σ 键。另一个轨道为不成键的孤电子对所占，N—H 键之间的夹角为 107°。故氨分子结构是三角锥形。

氨有微弱的电离作用：

$$2NH_3(液) \xlongequal{} NH_2^- + NH_4^+ \qquad K = 1.9\times10^{-30}(223K)$$

液氨作为溶剂的一个特点是它能溶解碱金属，金属在液氨中的活泼性比在水中低，很浓的碱金属溶液是强还原剂，可与溶于液氨的物质发生均相的氧化还原反应。

氨分子中氮原子上的孤电子对能与其他离子或分子形成共价配键，因此也是路易斯碱。例如形成$[Ag(NH_3)_2]^+$和 $BF\cdot NH_3$ 等氨的加合物。

氨与水作用实质上就是氨分子和水提供的质子以配位键相结合的过程。

$$NH_3 + H_2O \xlongequal{} NH_4^+ + OH^-$$

不过氨溶解于水中主要形成水合分子，只有一小部分水合分子发生如上式的电离作用。

氨与酸作用可得到相应的铵盐。铵盐一般是无色的晶体，易溶于水。铵离子半径等于 143pm，近似于钾离子（133pm）和铷离子（147pm）的半径。事实上铵盐的性质也类似于碱金属的盐，而且与钾盐或钠盐常是同晶，并有相似的溶解度，因此，在化合物的分类中，往往把铵盐和碱金属列在一起。

由于氨的弱碱性，铵盐都有一定程度的水解，由强酸形成的铵盐其水溶液显酸性。因此，在任何铵盐中加入碱，并加热，就会释放出氨（检验铵盐的反应）。

固态铵盐加热时极易分解，一般分解为氨和相应的酸。

如果酸是不挥发性的，则只有氨挥发出来，而酸或酸式盐则残留在容器中。

$$(NH_4)_2SO_4 \xlongequal{} NH_3\uparrow + NH_4HSO_4$$

$$(NH_4)_3PO_4 \xlongequal{} 3NH_3\uparrow + H_3PO_4$$

如果相应的酸有氧化性，则分解出来的 NH_3 会立即被氧化，例如 NH_4NO_3，由于硝酸的氧化性，因此受热分解的，氨被氧化为一氧化二氮。

$$NH_4NO_3 = N_2O\uparrow + 2H_2O$$

如果加热温度高于 573K，则一氧化二氮又分解为 N_2 和 O_2。

由于这个反应生成大量的气体和热量，大量气体受热体积大大膨胀，所以如果是在密闭容器进行，就会发生爆炸。基于这种性质，NH_4NO_3 可用于制造炸药。

2. 氮的氧化物

氮和氧有多种不同的化合形式，在氧化物中氮的氧化数可以从 +1 到 +5。其中以一氧化氮和二氧化氮较为重要。

NO 共有 11 个价电子，由一个 σ 键，一个双电子 π 键和一个 3 电子 π 键组成。

在化学上这种具有奇数价电子的分子称为奇分子。通常奇分子都有颜色，而 NO 仅在液态和固态时呈蓝色。虽然它是奇分子，但缔合的趋势不明显，只在固态时有微弱的很松弛的双聚体存在。

NO_2 是强氧化剂，碳、硫、磷等在 NO_2 中易起火，它和许多有机物的蒸气混合成为爆炸性的混合物。

3. 亚硝酸及其盐

亚硝酸很不稳定，仅存在于冷的稀溶液中，微热甚至冷时便分解为 NO、NO_2、H_2O。

亚硝酸是一种弱酸，但比醋酸略强。

$$HNO_2 = H^+ + NO_2^-$$

亚硝酸和亚硝酸盐中，氮原子的氧化数处于中间氧化态，因此它既具有还原性，又有氧化性。例如，它在水溶液中能将 KI 氧化成单质碘。这个反应可以定量地进行，能用于测定亚硝酸盐。用不同的还原剂，HNO_2 可被还原成 NO、N_2O、NH_2OH、N_2 或 NH_3。当遇到强氧化剂如 $KMnO_4$、Cl_2 等时，亚硝酸盐则是还原剂，被氧化为硝酸盐。

NO_2^- 是一种很好的配体。如钴的亚硝酸根配离子。

4. 硝酸及其盐

硝酸是工业上重要的无机酸之一。在国防工业和国民经济中有着极其重要的用途。

纯硝酸是无色液体，沸点 356K，在 231K 下成无色晶体。与水可以任何比例混合。恒沸点溶液含硝酸为 69.2%，沸点为 394.8K，密度为 $1.42g \cdot mL^{-1}$，约 $16mol \cdot L^{-1}$，即一般市售的浓硝酸。浓硝酸受热或见光就会逐渐分解，使溶液显黄色。硝酸具有挥发性，86% 以上的浓硝酸由于逸出的 NO_2 与水蒸气结合而形成烟雾称为发烟硝酸。

硝酸是一种强氧化剂，这是硝酸分子不稳定易分解放出氧和二氧化氮所致。

非金属元素如碳、硅、磷、碘等都能被硝酸氧化成氧化物或含氧酸。

除金、铂、铱、铑、钌、钛、铌、钽等金属外，硝酸几乎可氧化所有金属。某些金属如 Fe、Al、Cr 等能溶于稀硝酸，而不溶于冷浓硝酸，这是因为这类金属表面被浓硝酸氧化形成一层致密的氧化膜，阻止了内部金属与硝酸进一步作用，我们称这种现象为“钝态”。经浓硝酸处理后的“钝态”金属，就不易再与稀酸作用。

硝酸作为氧化剂，可能被还原为较低氧化态的氮的化合物。一般地说，浓硝酸总是被还原为 NO_2，稀硝酸通常被还原为 NO。

浓硝酸与浓盐酸的混合液（体积比为 1∶3）称为王水，可溶解硝酸所不能作用的金属，如：

$$Au+HNO_3+4HCl \longrightarrow HAuCl_4+NO+2H_2O$$
$$3Pt+4HNO_3+18HCl \longrightarrow 3H_2[PtCl_6]+4NO+8H_2O$$

硝酸盐大多是无色易溶于水的晶体，硝酸盐水溶液没有氧化性。硝酸盐在常温下较稳定，但在高温时固体硝酸盐都会分解而显氧化性。硝酸盐热分解的产物取决于阳离子。碱金属和碱土金属的硝酸盐在加热后放出氧而转化为相应的亚硝酸盐。

（二）磷及其化合物

磷在自然界中总是以磷酸盐的形式出现的，例如磷酸钙 $Ca_3(PO_4)_2$、磷灰石 $Ca_5F(PO_4)_3$。磷是生物体中不可缺少的元素之一。在植物体中磷主要存在于种子的蛋白质中，在动物体中则存在于脑、血液及神经组织的蛋白质中、大量的磷还以羟基磷灰石 $Ca_5(OH)(PO_4)_3$ 的形式存在于脊椎动物的骨骼和牙齿中。

磷有多种同素异性体，如白磷、红磷和黑磷三种，常见的是白磷和红磷。

磷的燃烧产物是五氧化二磷，如果在氧气不足时，则生成三氧化二磷。五氧化二磷是磷酸的酸酐，三氧化二磷是亚磷酸的酸酐。根据蒸气密度的测定，三氧化二磷的分子式是 P_4O_6，五氧化二磷的分子式是 P_4O_{10}。P_4O_6 分子中每个 P 原子上还有一对孤电子对会与氧结合，因此 P_4O_6 不稳定可以继续被氧化为 P_4O_{10}。P_4O_6 分子中每个磷原子与四个氧原子组成一个四面体，并通过其三个氧原子与另外三个四面体联结。P_4O_6 的熔点为 297K，沸点为 447K。在空气中加热即转化为 P_4O_{10}。与冷水反应较慢，形成亚磷酸。

$$P_4O_6+6H_2O(冷) \longrightarrow 4H_3PO_3$$
$$P_4O_6+6H_2O(热) \longrightarrow 3H_3PO_4+PH_3\uparrow$$

亚磷酸酐（P_4O_6），白色晶体、剧毒，与冷水作用生成亚磷酸。

$$P_4O_6+6H_2O \longrightarrow 4H_3PO_3$$

磷酸酐（P_4O_{10}），白色粉末，与足量的热水作用，可生成正磷酸（通常称为磷酸）。

$$P_4O_{10}+6H_2O \longrightarrow 4H_3PO_4$$

P_4O_{10} 的吸湿性很强，常用作干燥剂。

纯的磷酸是无色晶体，熔点 315.5K，极易溶于水，市售磷酸含 H_3PO_4 约 85%，为黏稠状溶液，密度为 $1.69g \cdot cm^{-3}$。磷酸是一种无氧化性、非挥发的三元中强酸（$K^{\ominus}_{a_1}=7.52\times10^{-3}$，$K^{\ominus}_{a_2}=6.23\times10^{-8}$，$K^{\ominus}_{a_3}=2.2\times10^{-13}$）。

磷酸受强热时发生脱水作用，可生成焦磷酸、三磷酸或四聚偏磷酸等。例如：

$$2H_3PO_4 \longrightarrow H_4P_2O_7+H_2O$$
（焦磷酸）
$$3H_3PO_4 \longrightarrow H_5P_3O_{10}+2H_2O$$
（三磷酸）
$$4H_3PO_4 \longrightarrow (HPO_3)_4+4H_2O$$
（四聚偏磷酸）

磷酸分三步电离：

$$H_3PO_4 \rightleftharpoons H^++H_2PO_4^- \rightleftharpoons 2H^++HPO_4^{2-} \rightleftharpoons 3H^++PO_4^{3-}$$

可生成三种相应的盐，即磷酸二氢盐、磷酸一氢盐和磷酸盐。所有的磷酸二氢盐均易溶于水，而磷酸一氢盐除钾、钠和铵盐外，一般难溶于水。

（三）砷的重要化合物

三氧化二砷是重要的化合物，俗称砒霜，是剧毒的白色粉状固体，致死量为0.1g。可用于制造杀虫剂、除草剂以及含砷药物。As_2O_3 中毒时，可服用新制的 $Fe(OH)_2$（把 MgO 加入 $FeSO_4$ 溶液中强烈摇动制得）悬浮液来解毒。As_2O_3 微溶于水，在热水中溶解度稍大，生成亚砷酸，亚砷酸仅存在于溶液中。As_2O_3 是两性偏酸性氧化物，因此它易溶于碱生成亚砷酸盐。

$$As_2O_3 + 6NaOH \xlongequal{} 2Na_3AsO_3 + 3H_2O$$

$$As_2O_3 + 6HCl \xlongequal{} 2AsCl_3 + 3H_2O$$

砷的氧化态为+Ⅲ的亚砷酸盐是还原剂，能还原象碘这样弱的氧化剂。

$$AsO_3^{3-} + I_2 + 2OH^- \xlongequal{} AsO_4^{3-} + 2I^- + H_2O$$

上述这个反应与溶液的酸度有关。反应必须在弱酸性介质中才能进行。若在较强酸性溶液中反应的方向会发生改变，I_2 就不可能氧化 AsO_3^{3-}，因为电对 AsO_4^{3-}/AsO_3^{3-} 的电极电位随着溶液 pH 值的增大而变小。

$$AsO_4^{3-} + 2H^+ + 2e^- \xlongequal{} AsO_3^{3-} + H_2O \qquad E^\ominus = +0.58V$$

$$I_2 + 2e^- \xlongequal{} 2I^- \qquad E^\ominus = +0.535V$$

五、碳、硅、硼

碳与硅的价电子构型为 ns^2np^2，价电子数目与价电子轨道数相等，它们被称为等电子原子。硼的价电子层结构为 $2s^22p^1$，价电子数少于价电子轨道数，所以它是缺电子原子。这些元素的电负性大，要失去价电子层上的1～2个 p 电子成为正离子是困难，它们倾向于将 s 电子激发到 p 轨道而形成较多的共价键，所以碳和硅的常见氧化态为+Ⅳ，硼为+Ⅲ。

（一）碳的化合物

碳有许多氧化物，已见报道的有：CO、CO_2、C_3O_2、C_4O_3、C_5O_2 及 $C_{12}O_9$，其中常见的是 CO 和 CO_2。

1. 一氧化碳

CO 的偶极矩几乎为零。因为从原子的电负性看，电子云偏向氧原子，可是形成配键的电子对是氧原子提供的，碳原子略带负电荷，而氧原子略带正电荷，这与电负性的效果正好相反，相互抵消，所以 CO 的偶极矩近于零。这样 CO 分子是碳原子上的孤电子对易进入其他有空轨道原子而形成配键。CO 作为一种配体，能与一些有空轨道的金属原子或离子形成配合物。

CO 之所以对人体有害也是因为它能与血液中携带 O_2 的血红蛋白（Hb）形成稳定的配合物 COHb。CO 与 Hb 的亲和力约为 O_2 与 Hb 的230～270倍。COHb 配合物一旦形成后，就使血红蛋白丧失了输送氧气的能力。所以 CO 中毒将导致组织低氧症。

2. 二氧化碳

CO_2 不活泼，但在高温下，能与碳或活泼金属镁、钠等作用。

$$CO_2 + 2Mg \xlongequal{} 2MgO + C$$

$$2Na + 2CO_2 \xlongequal{} Na_2CO_3 + CO$$

由于 CO_2 的化学性质不活泼，密度又大，它还用作灭火剂。

CO_2 溶于水生成碳酸 H_2CO_3（约 0.033mol·L^{-1}）。它是一个二元弱酸，在水中分步电离。

$$CO_2 + H_2O \rightleftharpoons H_2CO_3$$

$$H_2CO_3 \rightleftharpoons H^+ + HCO_3^- \qquad K_{a_1}^{\ominus} = 4.3 \times 10^{-7}$$

$$HCO_3^- \rightleftharpoons H^+ + CO_3^{2-} \qquad K_{a_2}^{\ominus} = 5.6 \times 10^{-11}$$

上述电离常数是假定溶于水中的 CO_2 全部转化为 H_2CO_3 的计算结果。但实际上，在水中只有一小部分形成 H_2CO_3，经测定，在饱和 CO_2 的水溶液中，298K 时 $\frac{c(CO_2)}{c(H_2CO_3)} \approx 600$。若根据实际 H_2CO_3 浓度计算，K_{a_1} 应大些（约为 $10^{-3.5}$）。

从 H_2CO_3 的 $K_{a_1}^{\ominus}$ 和 $K_{a_2}^{\ominus}$ 值看出，H_2CO_3 是一个很弱的二元酸，它在水溶液中主要电离为 H^+ 和 HCO_3^-，仅有极少量的 CO_3^{2-}。由于 H_2CO_3 是二元酸，它能形成两种类型的盐，碳酸盐和酸式碳酸盐。钾、钠、铵的碳酸盐都易溶于水，其他金属的碳酸盐都难溶于水。而大部分酸式盐能溶于水。碳酸盐溶于水后，由于 CO_3^{2-} 水解而使溶液显碱性，HCO_3^- 水溶液显弱碱性。所以碱金属碳酸盐溶液和水解性的金属离子作用时，往往促使金属离子水解，最后得到的是碱式碳酸盐或氢氧化物沉淀，如：

$$2Cu^{2+} + 2CO_3^{2-} + H_2O = Cu_2(OH)_2CO_3 \downarrow + CO_2$$

$$2Al^{3+} + 3CO_3^{2-} + 3H_2O = 2Al(OH)_3 \downarrow + 3CO_2$$

大多数碳酸盐高温煅烧时，能分解为金属氧化物和二氧化碳，如：

$$CaCO_3 \xlongequal{\triangle} CaO + CO_2 \uparrow$$

（二）硅的重要化合物

二氧化硅是硅的重要化合物之一，有晶体和无定形的两种状态。在二氧化硅的结构中，基本结构单位是四面体形的 SiO_2 原子团，叫作硅氧四面体。结晶态的称为石英，六角柱形无色透明的叫水晶，混有杂质的细小石英颗粒就是砂子。在石英中，硅原子是 sp^3 杂化，以四个单键分别连接着四个氧原子，每个氧原子皆与两个 Si 原子相连，为两个硅氧四面体所共有，每个硅原子皆为四个氧原子所包围。这种 Si—O 键在空间不断重复，形成具有空间网络结构的巨型分子。在这种结构中，Si 和 O 原子数之比是 1∶2，所以二氧化硅的化学式是 SiO_2。无定形二氧化硅也由硅氧四面体连接，但不像晶体那样有规律，而是杂乱排列的。

SiO_2 除可溶于氢氟酸外，不溶于其他酸。

$$SiO_2 + 4HF = SiF_4 \uparrow + 2H_2O$$

二氧化硅相应的酸为硅酸，常以通式 $xSiO_2 \cdot yH_2O$ 表示。硅酸是很弱的二元酸，$K_{a_1}^{\ominus} = 2.2 \times 10^{-10}$，$K_{a_2}^{\ominus} = 2 \times 10^{-12}$。硅酸脱水后，经加电解质及烘干等处理，便得到硅胶。硅胶是白色、半透明、多孔隙、具有高度吸附能力的固体，可广泛用作吸附剂、干燥剂和某些催化剂的载体。如果在硅胶中加入氯化亚钴（$CoCl_2$），则可得到变色硅胶。

（三）硼的重要化合物

1. 硼酸

硼酸是一个一元弱酸。它之所以有酸性并不是因为它本身给出质子，而是由于硼是缺电子原子，它加合了来自水分子的 OH^-（其中氧原子有孤电子对）而释出 H^+。

利用硼酸的这种缺电子性质，加入多羟基化合物（如甘油或甘露醇）生成的稳定配合物，可使硼酸的酸性增强。

硼酸被大量地用于玻璃和陶瓷工业。因为它是弱酸，对人体的受伤组织有缓和的防腐消毒作用，为医药上常用的消毒剂之一。硼酸也是减少排汗的收敛剂，为痱子粉的成分之一。此外，它还用于食物防腐。

2. 硼砂

最常用的硼酸盐即硼砂。硼砂是无色半透明的晶体或白色结晶粉末。在它的晶体中，$[B_4O_5(OH)_4]^{2-}$ 通过氢键连接成链状结构，链与链之间通过 Na^+ 以离子键结合，水分子存在链之间。所以硼砂的分子式按结构应写为 $Na_2B_4O_5(OH)_4 \cdot 8H_2O$。

硼砂在干燥空气中容易风化。加热到 623～673K 时，成为无水盐，继续升温至 1151K，则熔为玻璃状物。它风化时首先失去链之间的结晶水。温度升高，则链与链之间的氢键因失水而被破坏，形成牢固的偏硼酸骨架。

硼砂同 B_2O_3 一样，在熔融状态能溶解一些金属氧化物，并依金属的不同而显出特征的颜色（硼酸也有此性质）。例如：

$$Na_2B_4O_7 + CoO = 2NaBO_2 \cdot Co(BO_2)_2 \text{（蓝宝石色）}$$

因此，在分析化学中可以用硼砂来做“硼砂珠试验”，以鉴定金属离子。此性质也被应用于搪瓷和玻璃工业（上釉、着色并耐高温）和焊接金属（去金属表面的氧化物）。硼砂还用于制特种光学玻璃和人造宝石。硼砂的水溶液，由于水解而显强碱性，所以硼砂除了前面提过的用途以外，它还是肥皂和洗衣粉的填料。

第二节　金属元素
(Metal Element)

一、概述

金属通常可分为黑色金属与有色金属两大类，黑色金属包括铁、锰和铬及它们的合金，主要是铁碳合金（钢铁），有色金属是指除去铁、铬、锰之外的所有金属。

各种金属的化学活泼性相差很大，因此，它们在自然界中存在的形式也各不相同。少数化学性质不活泼的元素，在自然界中以单质游离存在，活泼的元素总是以其稳定的化合物存在。可溶性化合物大都溶解在海水、湖水中，少数埋藏于不受流水冲刷的岩石下面。难溶的化合物则形成五光十色的岩石，构成坚硬的地壳。例如，自然界里的金、铂只有游离状态的，游离状态的银和铜比较少，游离的汞、锡等金属就更少。性质较活泼的一些轻金属仅呈化合状态而存在，一般轻金属常以氯化物、碳酸盐、磷酸盐、硅酸盐等盐类的形式存在，个别轻金属也有形成氧化物的。如常见的食盐（主要成分 NaCl）、光卤石、菱镁矿、重晶石、石膏等。重金属则主要形成氧化物和硫化物，也有形成碳酸盐的。重要的氧化物矿有：磁铁矿、褐铁矿、赤铁矿、软锰矿、锡石、赤铜矿等，重要的硫化物矿有：方铅矿、闪锌矿、辉铜矿、黄铜矿、黄铁矿等。此外还有大量各种硅酸盐矿物。

我国金属矿藏储量极为丰富，如铀、钨、钼、锡、锑、汞、铅、铁、金、银、菱镁矿和稀土等矿的储量居世界前列；铜、铝、锰矿的储量也在世界占有重要的地位。

二、 s区金属（碱金属与碱土金属）

碱金属元素原子的价电子层结构为ns^1。因此，碱金属元素只有+1氧化态。碱金属原子最外层只有一个电子，次外层为8电子（Li为2电子），对核电荷的屏蔽效应较强，所以这一个价电子离核较远，特别容易失去，因此，各周期元素的第一电离能以碱金属为最低。与同周期的元素比较，碱金属原子体积最大，只有一个成键电子，在固体中原子间的引力较小，所以它们的熔点、沸点、硬度、升华热都很低，并随着Li→Na→K→Rb→Cs的顺序而下降。随着原子量的增加（即原子半径增加），电离能和电负性也依次降低。

碱金属元素在化合时，多以形成离子键为特征，但在某些情况下也显共价性。气态双原子分子，如Na_2、Cs_2等就是以共价键结合的。碱金属元素形成化合物时，锂的共价倾向最大，铯最小。

与碱金属元素比较，碱土金属最外层有2个s电子。次外层电子数目和排列与相邻的碱金属元素是相同的。由于核电荷相应增加了一个单位，对电子的引力要强一些，所以碱土金属的原子半径比相邻的碱金属要小些，电离能要大些，较难失去第一个价电子。失去第二个价电子的电离能约为第一电离能的一倍。从表面上看碱土金属要失去两个电子而形成二价正离子似乎很困难，实际上生成化合物时所释放的晶格能足以使它们失去第二个电子。它们的第三电离能约为第二电离能的4～8倍，要失去第三个电子很困难，因此，它们的主要氧化数是+2而不是+1和+3。由于上述原因，所以碱土金属的金属活泼性不如碱金属。比较它们的标准电极电势数值，也可以得到同样的结论。在这两族元素中，它们的原子半径和核电荷都由上而下逐渐增大，在这里，原子半径的影响是主要的，核对外层电子的引力逐渐减弱，失去电子的倾向逐渐增大，所以它们的金属活泼性由上而下逐渐增强。

（一）氧化物

碱金属与氧化物可以形成多种氧化物，普通氧化物M_2O，过氧化物M_2O_2，超氧化物MO_2和臭氧化物MO_3。碱金属在过量的空气中燃烧时，生成不同类型的氧化物：如锂生成氧化锂Li_2O，钠生成过氧化钠，而钾、铷、铯则生成超氧化物。碱土金属一般生成普通氧化物MO，钙、锶、钡还可以形成过氧化物和超氧化物。

1. 普通氧化物

在空气中燃烧时，只有锂生成氧化锂（白色固体）。尽管在缺氧的空气中可以制得除锂以外的其他碱金属普通氧化物，但这种条件不易控制，所以其他碱金属的氧化物M_2O必须采用间接方法来制备。例如用金属钠还原过氧化钠，用金属钾还原硝酸钾，分别可以制得氧化钠（白色固体）和氧化钾（淡黄色固体）：

$$Na_2O_2+2Na \xlongequal{} 2Na_2O$$

$$2KNO_3+10K \xlongequal{} 6K_2O+N_2$$

碱土金属在室温或加热下，能和氧气直接化合而生成氧化物MO，也可以从它们的碳酸盐或硝酸盐加热分解制得MO，例如：

$$CaCO_3 \xlongequal{} CaO+CO_2\uparrow$$

$$2Sr(NO_3)_2 \xlongequal{} 2SrO+4NO_2\uparrow+O_2\uparrow$$

2. 过氧化物

过氧化物M_2O_2中含有过氧离子O_2^{2-}或$[—O—O—]^{2-}$。其分子轨道式如下：

$$[KK(\sigma_{2s})^2(\sigma_{2s}^*)^2(\sigma_{2p})^2(\pi_{2p})^4(\pi_{2p}^*)^4]$$

成键和反键 π 轨道大致抵消，由填充 σ_{2p_x} 轨道的电子形成一个 σ 键，键级为 1。

碱金属最常见的过氧化物是过氧化钠，Na_2O_2 与水或稀酸反应而产生 H_2O_2，H_2O_2 立即分解放出氧气：

$$Na_2O_2 + 2H_2O = H_2O_2 + 2NaOH$$
$$Na_2O_2 + H_2SO_4 = H_2O_2 + Na_2SO_4$$
$$2H_2O_2 = 2H_2O + O_2\uparrow$$

碱土金属的过氧化物以 BaO_2 较为重要。

3. 超氧化物

钾、铷、铯在过量的氧气中燃烧即得超氧化物 MO_2。超氧化物中含有超氧离子 O_2^-，其结构为：

$$[O\cdot\cdot\cdot O]^-$$

其分子轨道式为：O_2^- $[KK(\sigma_{2s})^2(\sigma_{2s}^*)^2(\sigma_{2p})^2(\pi_{2p})^4(\pi_{2p}^*)^3]$

在 O_2^- 中，有 13 个价电子，其中成键和反键轨道大致抵消，成键的 $(\sigma_{2p})^2$ 构成一个 σ 键，成键的 $(\pi_{2p})^2$ 和反键的 $(\pi_{2p}^*)^1$ 构成一个三电子 π 键，键级为：$(2+2-1)/2=1.5$。

因超氧离子 O_2^- 有一个未成对的电子，故它具有顺磁性，并呈现出颜色。由于 O_2^- 的键级比 O_2 小，所以稳定性比 O_2 差。实际上超氧化物是强氧化剂，与水剧烈地反应：

$$2MO_2 + 2H_2O = O_2 + H_2O_2 + 2MOH$$

（二）氢氧化物

碱金属氢氧化物的突出化学性质是强碱性。它们的水溶液和熔融物，既能溶解某些金属及其氧化物，也能溶解某些非金属及其氧化物。

$$2Al + 2NaOH + 6H_2O = 2Na[Al(OH)_4] + 3H_2\uparrow$$
$$Al_2O_3 + 2NaOH \xrightarrow{\text{熔融}} 2NaAlO_3 + H_2O$$
$$Si + 2NaOH + H_2O = Na_2SiO_3 + 2H_2\uparrow$$
$$SiO_2 + 2NaOH = Na_2SiO_3 + H_2O$$

氢氧化钠能腐蚀玻璃，实验室盛氢氧化钠溶液的试剂瓶，应用橡皮塞，而不能用玻璃塞，否则存放时间较长，NaOH 就和瓶口玻璃中的主要成分 SiO_2 反应而生成黏性的 Na_2SiO_3 而把玻璃塞和瓶口黏结在一起。

碱金属和碱土金属氢氧化物碱性呈现有规律性的变化。同族元素的氢氧化物，由于金属离子的电子层构型和电荷数均相同，其碱性强弱的变化，主要取决于离子半径的大小。所以碱金属、碱土金属氢氧化物的碱性，均随离子半径的增大而增强，若把这两族同周期的相邻两个元素的氢氧化物加以比较，碱性的变化规律可以概括如下为：从上到下碱性增强；从左到右碱性减弱。

（三）盐类

碱金属和碱土金属的常见盐类有卤化物、碳酸盐、硝酸盐、硫酸盐和硫化物等，简单介绍几种重要的盐。

卤化物中用途最广的是氯化钠。氯化钠除供食用外，还是制取金属钠、氢氧化钠、碳酸钠、氯气和盐酸等多种化工产品的基本原料。冰盐混合物可作为制冷剂。

氯化钡为无色单斜晶体，一般为水合物二水氯化钡。加热至400K变为无水盐。氯化钡用于医药、灭鼠剂和鉴定硫酸根。氯化钡可溶于水。可溶性钡盐对人、畜都有害，对人致死量为0.8g，切忌入口。

碱金属碳酸盐有两类：正盐和酸式盐。碳酸钠俗称苏打或纯碱，其水溶液因水解而呈碱性。它是一种重要的化工原料。碳酸氢钠俗称小苏打，其水溶液呈弱碱性，主要用于医药和食品工业，煅烧碳酸氢钠可得到碳酸钠。

硝酸钾在空气中不吸潮，在加热时有强氧化性，用来制黑火药。硝酸钾还是含氮、钾的优质化肥。

$Na_2SO_4 \cdot 10H_2O$俗称芒硝，由于它有很大的熔化热，是一种较好的相变贮热材料的主要组分，可用于低温贮存太阳能。白天它吸收太阳能而熔融，夜间冷却结晶就释放出热能。无水硫酸钠俗称元明粉，大量用于玻璃、造纸、水玻璃、陶瓷等工业中，也用于制硫化钠和硫代硫酸钠等。

$CaSO_4 \cdot 2H_2O$俗称生石膏，加热至393K左右它部分脱水而成熟石膏$CaSO_4 \cdot 1/2H_2O$，这个反应是可逆的：

$$2CaSO_4 \cdot 2H_2O \xrightarrow{393K} 2CaSO_4 \cdot 1/2H_2O + 3H_2O$$

熟石膏与水混合成糊状后放置一段时间会变成二水合盐，这时逐渐硬化并膨胀，故用以制模型、塑像、粉笔和石膏绷带等。石膏还是生产水泥的原料之一和轻质建筑材料。把石膏加热到773K以上，得到无水石膏，它不能与水化合。

重晶石可作白色涂料（钡白），在橡胶、造纸工业中作白色填料。硫酸钡是唯一无毒钡盐，用于肠胃系统X射线造影剂。

七水硫酸镁为无色斜方晶体。加热至350K失去六分子水，在520K变为无水盐。硫酸镁微溶于醇，不溶于乙酸和丙酮，用作媒染剂、泻盐，也用于造纸、纺织、肥皂、陶瓷、油漆工业。

三、p区金属

周期系p区主要包括10种常见的金属元素：Al、Ga、In、Tl、Ge、Sn、Pb、Sb、Bi、Po，价电子构型为$ns^2np^{1\sim4}$，与s区元素一样，从上到下，原子半径逐渐增大，失电子趋势逐渐增大，元素的金属性逐渐增强。

（一）氧化物和氢氧化物

1. 氧化物

（1）锡的氧化物　在锡的氧化物中重要的为二氧化锡SnO_2，可以用金属锡在空气中燃烧而得到。它不溶于水，也难溶于酸或碱，但是与NaOH或Na_2CO_3和S共熔，可转变为可溶性盐：

$$SnO_2 + NaOH \longrightarrow Na_2SnO_3 + H_2O$$

$$SnO_2 + 2Na_2CO_3 + 4S \longrightarrow \underset{\text{硫代锡酸钠}}{Na_2SnS_3} + Na_2SO_4 + 2CO_2$$

（2）铅的氧化物　铅除了有PbO和PbO_2以外，还有常见的混合氧化物Pb_3O_4。PbO_2是两性的，不过其酸性大于碱性。

$$PbO_2 + 2NaOH + 2H_2O = Na_2Pb(OH)_6$$

Pb（Ⅳ）为强氧化剂，例如：

$$2PbO_2+2H_2SO_4 \xlongequal{} 2PbSO_4+O_2+2H_2O$$

2. 氢氧化物

氢氧化物中，常见的是 $Sn(OH)_2$ 和 $Pb(OH)_2$。$Sn(OH)_2$ 既溶于酸又溶于强碱：

$$Sn(OH)_2+2HCl \xlongequal{} SnCl_2+2H_2O$$

$$Sn(OH)_2+2NaOH \xlongequal{} Na_2[Sn(OH)_4]$$

Pb $(OH)_2$ 也具有两性：

$$Pb(OH)_2+2HCl \xlongequal{} PbCl_2+2H_2O$$

$$Pb(OH)_2+NaOH \xlongequal{} Na[Pb(OH)_3]$$

（二）卤化物

1. 四卤化物

常用的 MX_4 为 $GeCl_4$ 和 $SnCl_4$。这两种物质在常温下均为液态，它们在空气中因水解而发烟。$GeCl_4$ 是制取 Ge 或其他锗化合物的中间化合物，也是制光导纤维所需要的一种重要原料。$SnCl_4$ 用作媒染剂，是有机合成上的氯化催化剂以及镀锡的试剂。通常用 Cl_2 与 $SnCl_2$ 反应而制得。从水溶液只能得到 $SnCl_4 \cdot 5H_2O$ 晶体。

2. 二卤化物

重要的 MX_2 有氯化亚锡 $SnCl_2$。将 Sn 与盐酸反应可以得到的 $SnCl_2 \cdot 2H_2O$ 无色晶体。它是生产上和化学实验中常用的还原剂。例如，它能将汞盐还原为亚汞盐：

$$2HgCl_2+SnCl_2 \xlongequal{} SnCl_4+Hg_2Cl_2\text{(白色)}$$

当 $SnCl_2$ 过量时，亚汞将被进一步还原为金属汞：

$$Hg_2Cl_2+SnCl_2 \xlongequal{} SnCl_4+2Hg\text{(黑色)}$$

这个反应很灵敏，常用来检验 Hg^{2+} 或 Sn^{2+} 的存在。

因为 $SnCl_2$ 易水解，所以配制 $SnCl_2$ 溶液时，先将 $SnCl_2$ 固体溶解在少量浓盐酸中，再加水稀释。为防止 Sn^{2+} 氧化，常在新配制的 $SnCl_2$ 溶液中加少量金属 Sn。$SnCl_2$ 的水解反应方程式如下：

$$SnCl_2+H_2O \xlongequal{} Sn(OH)Cl\text{(白色)}+HCl$$

四、 ds 区金属

周期系第一副族元素（也称为铜族元素）包括铜、银、金三个元素。它们的价电子层结构为 $(n-1)d^{10}ns^1$。从最外电子层来看它们和碱金属一样，都只有一个 s 电子。但是次外层的电子数不相同，铜族元素次外层为 18 个电子，碱金属次外层为 8 个电子（锂只有 2 个电子）。由于 18 电子层结构对核的屏蔽效应比 8 电子结构小得多，即铜族元素各原子的有效核电荷较多，所以本族金属原子最外层的一个 s 电子受核电荷的吸引比碱金属要强得多，因而相应的电离能高得多，原子半径小得多，密度大得多。

铜族元素的氧化数有+1、+2、+3 三种，而碱金属的氧化数只有+1 一种。这是由于铜族元素最外层的 ns 电子和次外层的 $(n-1)d$ 电子的能量相差不大，如铜的第一电离能为 $750kJ \cdot mol^{-1}$，第二电离能为 $1970kJ \cdot mol^{-1}$，它与其他元素反应时，不仅 s 电子能参加反应，$(n-1)d$ 电子在一定条件下还可以失去一个到二个，所以呈现变价。碱金属如钠的第一电离能为 $499kJ \cdot mol^{-1}$，第二电离能为 $4591kJ \cdot mol^{-1}$，ns 与次外层 $(n-1)d$ 能量差很大，在一般条件下很难失去第二个电子，氧化数只能为+1。

铜族元素的电离势比碱金属高得多，铜族元素的标准电极电势比碱金属大。

本族元素性质变化的规律和所有副族元素一样，从上到下按Cu、Ag、Au的顺序金属活泼性递减，与碱金属从Na到Cs的顺序恰好相反。这是因为：从Cu ⟶ Au，原子半径增加不大，而核电荷确明显增加，次外层18电子的屏蔽效应又较小，亦即有效核电荷对价电子的吸引力增大，因而金属活泼性依次减弱。由于18电子层结构的离子，具有很强的极化力和明显的变形性，所以本族元素一方面容易形成共价性化合物。另一方面本族元素离子的d、s、p轨道能量相差不大，能级较低的空轨道较多，所以形成配合物的倾向也很显著。

（一）铜族元素的主要化合物

1. 硫酸铜

五水硫酸铜俗名胆矾或蓝矾，是蓝色斜方晶体。硫酸铜在不同温度下，可以发生下列变化：

$$CuSO_4 \cdot 5H_2O \xrightarrow{375K} CuSO_4 \cdot 3H_2O \xrightarrow{386K} CuSO_4 \cdot H_2O \xrightarrow{531K} CuSO_4 \xrightarrow{923K} CuO$$

在蓝色的五水硫酸铜中，四个水分子以平面四边形配位在Cu^{2+}的周围，第五个水分子以氢键与硫酸根结合，SO_4^{2-}在平面四边形的上面和下面，形成一个不规则的八面体。

无水硫酸铜为白色粉末，不溶于乙醇和乙醚，其吸水性很强，吸水后显出特征的蓝色。可利用这一性质来检验乙醇、乙醚等有机溶剂中的微量水分。也可以用无水硫酸铜从这些有机物中除去少量水分（作为干燥剂）。

硫酸铜是制备其他含铜化合物的重要原料，在工业上用于镀铜和制颜料。在农业上同石灰乳混合得到波尔多液，通常的配方是：

$$CuSO_4 \cdot 5H_2O : CaO : H_2O = 1 : 1 : 100$$

波尔多液在农业上，尤其在果园中是最常用的杀菌剂。

2. 硝酸银

硝酸银是最重要的可溶性银盐。

硝酸银熔点为481.5K，加热到713K时分解。如有微量的有机物存在或日光直接照射即逐渐分解。因此硝酸银晶体或它的溶液应当装在棕色玻璃瓶中。

硝酸银遇到蛋白质即生成黑色蛋白银，因此它对有机组织有破坏作用，使用时不要使皮肤接触它。10%的$AgNO_3$溶液在医药上作消毒剂和腐蚀剂。大量的硝酸银用于制造照相底片上的卤化银，它也是重要的化学试剂。

（二）锌族元素的主要化合物

1. 硫化锌

硫化锌能溶于$0.1mol \cdot L^{-1}$盐酸，所以往中性锌盐溶液中通入硫化氢气体，ZnS沉淀不完全，因在沉淀过程中，$[H^+]$浓度增加，阻碍了ZnS进一步沉淀。但它不溶于醋酸。

硫化锌可用作白色颜料，它同硫酸钡共沉淀所形成的混合晶体$ZnS \cdot BaSO_4$。叫作锌钡白（立德粉）是一种优良的白色颜料。

ZnS在H_2S气氛中灼烧，即转变为晶体。若在晶体ZnS中加入微量的Cu、Mn、Ag作活化剂，经光照后能发出不同颜色的荧光，这种材料叫荧光粉，可制作荧光屏、夜光表、发光油漆等。

2. 氯化锌

无水氯化锌是白色容易潮解的固体，它的溶解度很大，吸水性很强，有机化学中常用它作去水剂和催化剂。

氯化锌的浓溶液中，由于生成配合物——二氯一氢氧根合锌（Ⅱ）酸而具有显著的酸性，它能溶解金属氧化物：

$$ZnCl_2 + H_2O \xlongequal{} H[ZnCl_2(OH)]$$

$$FeO + 2H[ZnCl_2(OH)] \xlongequal{} Fe[ZnCl_2(OH)]_2 + H_2O$$

3. 氯化汞和氯化亚汞

汞有两种氯化物，即升汞 $HgCl_2$ 和甘汞 Hg_2Cl_2。

$HgCl_2$ 为白色针状晶体，微溶于水。有剧毒，内服 0.2～0.4g 可致死，医院里用 $HgCl_2$ 的稀溶液作为手术刀剪等的消毒剂。

氯化亚汞无毒，因味略甜，俗称甘汞，医药上作轻泻剂，化学上用以制造甘汞电极，它是一种不溶于水的白色粉末。在光的照射下，容易分解成汞和氯化汞。

$$Hg_2Cl_2 \xlongequal{} HgCl_2 + Hg$$

所以应把氯化亚汞贮存在棕色瓶中。

五、 d 区金属

周期系中的 d 区元素称为过渡元素，又称过渡金属，其中第四周期又称第一过渡系，第五周期又称第二过渡系，第六周期又称第三过渡系，由锕到 112 号元素称为第四过渡系。

过渡元素的原子电子构型的特点是它们都具有未充满的 d 轨道（Pd 例外），最外层也仅有 1～2 个电子，因而它们原子的最外两个电子层都是未充满的，所以过渡元素通常是指价电子层结构为 $(n-1)d^{1\sim8}ns^{1\sim2}$ 的元素。即位于周期表 d 区的元素。

镧系和锕系各元素的最后一个电子依次填入外数第三层的 f 轨道上，它们的最外三个电子层都是不满的。由于电子构型上的特点，镧系和锕系元素又被称为内过渡元素。

在原子核外电子排布和元素周期系中已经指出，多电子原子的原子轨道能量变化是比较复杂的，由于在 4s 和 3d、5s 和 4d、6s 和 5d 轨道之间出现了能级交错现象，能级之间的能量差值较小，所以在许多反应中，过渡元素的 d 电子也可以部分或全部参加成键。

过渡元素氧化物（氢氧化物或水合氧化物）的碱性，同一周期中从左到右逐渐减弱；在高氧化态时表现为从碱到酸。例如 Sc_2O_3 为碱性氧化物，TiO_2 为具有两性的氧化物，CrO_3 是较强的酸酐（铬酸酐），而 Mn_2O_7 在水溶液中是强酸。Fe、Co 和 Ni 不能生成稳定的高氧化态的氧化物。此外，同一元素在高氧化态时酸性较强，随着氧化态的降低而酸性减弱（或碱性增强）。

（一）钒的主要化合物

五氧化二钒是钒的重要化合物之一，为两性偏酸的氧化物，因此易溶于碱溶液而生成钒酸盐。

$$V_2O_5 + 6NaOH \xlongequal{} 2Na_2VO_4 + 3H_2O$$

当五氧化二钒溶解在盐酸中时，钒（Ⅴ）能被还原成钒（Ⅳ）状态，并放出氯。

$$V_2O_5 + 6HCl \xlongequal{} 2VOCl_2 + Cl_2 + 3H_2O$$

五氧化二钒是一种重要的催化剂，用于接触法合成三氧化硫，芳香碳氢化合物的磺化反应和用氢还原芳香碳氢化合物等许多工艺中。

（二）铬的主要化合物

1. 三氧化二铬

Cr_2O_3 微溶于水，呈现两性，不但溶于酸而且溶于强碱形成亚铬酸盐。

$$Cr_2O_3+3H_2SO_4 = Cr_2(SO_4)_3+3H_2O$$

$$Cr_2O_3+2NaOH = 2NaCrO_2+H_2O$$

CrO_3 的熔点为 440K，遇热不稳定，超过熔点便分解而放出氧，最后产物是 Cr_2O_3，因此 CrO_3 是一种强氧化剂。

$$4CrO_3 = 2Cr_2O_3+3O_2$$

2. 铬（Ⅲ）盐和亚铬酸盐

最重要的铬（Ⅲ）盐是硫酸铬和铬矾。

亚铬酸盐在碱性溶液中有较强的还原性。因此，在碱性溶液中，亚铬酸盐可被过氧化氢或过氧化钠氧化，生成铬（Ⅵ）酸盐。

$$2CrO_2^-+3H_2O_2+2OH^- = 2CrO_4^{2-}+4H_2O$$

3. 铬（Ⅵ）的化合物

工业上和实验室中常见的铬（Ⅵ）化合物是它的含氧酸盐，如铬酸钾 K_2CrO_4、铬酸钠 Na_2CrO_4、重铬酸钠 $Na_2Cr_2O_7$（俗称红矾钠）和重铬酸钾 $K_2Cr_2O_7$（俗称红矾钾）。其中以重铬酸钾和重铬酸钠最为重要。

重铬酸盐在酸性溶液中是强氧化剂。例如，在冷溶液中 $K_2Cr_2O_7$ 可以氧化 H_2S、H_2SO_3 和 HI；在加热时，可以氧化 HBr 和 HCl。这些反应中，$Cr_2O_7^{2-}$ 的还原产物都是 Cr^{3+} 的盐。

$$Cr_2O_7^{2-}+6I^-+14H^+ = 2Cr^{3+}+3I_2+7H_2O$$

$$Cr_2O_7^{2-}+3SO_3^{2-}+8H^+ = 2Cr^{3+}+3SO_4^{2-}+4H_2O$$

在分析化学中常用 $K_2Cr_2O_7$ 来测定铁：

$$K_2Cr_2O_7+6FeSO_4+7H_2SO_4 = 3Fe_2(SO_4)_3+Cr_2(SO_4)_3+K_2SO_4+7H_2O$$

实验室中所用的洗液是重铬酸钾饱和溶液和浓硫酸的混合物（往 5g $K_2Cr_2O_7$ 的热饱和溶液中加入 100mL 浓 H_2SO_4）叫铬酸溶液，有强氧化性，来洗涤化学玻璃器皿，以除去器壁上沾附的油脂层。洗液经使用后，棕红色逐渐转变成暗绿色。若全部变成暗绿色，说明 Cr(Ⅵ) 已转化成为 Cr(Ⅲ)，洗液已失效。

$$3CH_3CH_2OH+2K_2Cr_2O_7+8H_2SO_4 = 3CH_3COOH+2Cr_2(SO_4)_3+2K_2SO_4+11H_2O$$

利用该反应可检测司机是否酒后开车。

（三）锰的主要化合物

1. 二氧化锰

唯一重要的锰（Ⅳ）化合物是二氧化锰 MnO_2，它是一种很稳定的黑色粉末状物质，不溶于水。许多锰的化合物都是用二氧化锰作原料而制得。

二氧化锰在酸性介质中是一种强氧化剂，而本身转化成 Mn^{2+}。例如，MnO_2 与盐酸反应可得到氯气。

$$MnO_2 + 4HCl(浓) \xlongequal{\triangle} MnCl_2 + Cl_2 + 2H_2O$$

实验室中常用此反应制备氯气。

2. 高锰酸钾

锰（Ⅶ）的化合物中最重要的是高锰酸钾。

将固体的 $KMnO_4$ 加热到 473K 以上，就分解放出氧气，是实验室制备氧气的一个简便方法。

$$2KMnO_4 \xlongequal{\triangle} K_2MnO_4 + MnO_2 + O_2$$

$KMnO_4$ 是最重要和常用的氧化剂之一。它被还原的产物因介质的酸碱性不同而有所不同。

在酸性溶液中，MnO_4^- 是很强的氧化剂。例如，它可以氧化 Fe^{2+}、I^-、Cl^- 等离子，还原产物为 Mn^{2+}。

$$MnO_4^- + 5Fe^{2+} + 8H^+ \xlongequal{} Mn^{2+} + 5Fe^{3+} + 4H_2O$$

在微酸性、中性、微碱性溶液中与还原剂反应生成 MnO_2。例如在中性或弱碱性介质中，$KMnO_4$ 与 K_2SO_3 的反应。

$$2KMnO_4 + 3K_2SO_3 + H_2O \xlongequal{} 2MnO_2 + 3K_2SO_4 + 2KOH$$

在强碱性溶液中则被还原为锰酸盐。

$$2KMnO_4 + K_2SO_3 + 2KOH \xlongequal{} 2K_2MnO_4 + K_2SO_4 + H_2O$$

高锰酸钾广泛用于滴定分析中测定一些过渡金属离子如 Ti^{3+}、VO^{2+}、Fe^{2+} 以及过氧化氢、草酸盐、甲酸盐和亚硝酸盐等。它的稀溶液（0.1%）可以用于浸洗水果、碗、杯等用具，起消毒杀菌作用。5%$KMnO_4$ 溶液可治疗烫伤。

（四）铁的主要化合物

1. 硫酸亚铁

七水硫酸亚铁晶体，俗称绿矾。

七水硫酸亚铁加热失水可得无水的硫酸亚铁（白色），强热则分解成三氧化二铁和硫的氧化物。

绿矾在空气中可逐渐风化而失去一部分水，并且表面容易风化为黄褐色碱式硫酸铁。因此，亚铁盐在空气中不稳定，易被氧化成铁（Ⅲ）盐。在溶液中，亚铁盐的氧化还原稳定性随介质不同而异，在酸性介质中，Fe^{2+} 较稳定，而在碱性介质中立即被氧化。因此在保存 Fe^{2+} 溶溶时，应加入足够浓度的酸，必要时应加入几颗铁钉来阻止氧化。但是，即使在酸性溶液中，有强氧化剂如高锰酸钾、重铬酸钾、氯气等存在时，Fe^{2+} 也会被氧化成 Fe^{3+}。

亚铁盐在分析化学中是常用的还原剂，但通常使用的是它的复盐硫酸亚铁铵（摩尔盐），它比绿矾稳定得多。

2. 三氯化铁

三氯化铁主要用于有机染料的生产。在印刷制版中，它可用作铜版的腐蚀剂。即把铜版上需要去掉的部分和三氯化铁作用，使 Cu 变成 $CuCl_2$ 而溶解。

$$Cu + 2FeCl_3 \xlongequal{} CuCl_2 + 2FeCl_2$$

此外，三氯化铁能引起蛋白质的迅速凝聚，所以在医疗上用作伤口的止血剂。

习 题

1. 氯化亚铜、氯化亚汞都是反磁性物质。问该用 CuCl、HgCl 还是 Cu_2Cl_2、Hg_2Cl_2 表示其组成？为什么？

2. 试用实验事实说明 $KMnO_4$ 的氧化能力比 $K_2Cr_2O_7$ 强，写出有关反应方程式。

3. 说明 I_2 易溶于 CCl_4、KI 溶液的原因。

4. 已知 Pb（Ⅳ）是强氧化剂，则 Pb（Ⅱ）的还原能力如何？

5. 当把 $BiCl_3$ 溶于盐酸中形成的溶液用纯水稀释时，有白色沉淀生成，写出反应的化学方程式并解释这一现象。

6. Suggest three tests which can be used to distinguish between a metal and a nonmetal.

7. Select the strongest and the weakest acid in each of the following sets:

(a) HBr, HF, H_2Te, H_2Se, H_3P, H_2O; (b) HClO, HIO, H_3PO_3, H_2SO_3, H_3AsO_3.

8. What factors are responsible for the difference in the properties of CO_2 and SiO_2?

第十一章 分析化学基础

(Fundamentals of Analytical Chemistry)

学习要求:

1. 了解分析化学的任务和作用。
2. 了解分析化学的方法分类。
3. 了解分析过程及分析结果的表示。
4. 理解有效数字的意义，掌握它的运算规则。
5. 了解定量分析误差的产生和它的各种表示方法。
6. 掌握分析结果有限实验数据的处理方法。

第一节　分析化学的任务及其作用

分析化学（analytical chemistry）是研究物质的组成、含量、结构和形态等化学信息的分析方法及有关理论的一门科学，是化学的一个重要分支。欧洲化学联合会的分析化学部将分析化学定义为“建立和应用各种方法、仪器和策略获取关于物质在空间和时间方面的组成和性质等信息的科学”。

分析化学的任务主要有三方面：确定物质的化学组成（或成分）、测定各组分的相对含量及鉴定体系中物质的化学结构和形态。它们分属于定性分析（qualitative analysis）、定量分析（quantitative analysis）及结构分析（structure analysis）的内容。

分析化学不仅对化学本身的发展起着重大作用，而且对科学技术、国民经济建设、医药卫生、学校教育和社会发展等各方面都起着重要的作用。

在科学技术方面，化学学科中许多定理、理论都是用分析化学的方法确证的。在化学领域之外，如生命科学、材料科学、环境科学和能源科学等众多领域的研究中，都需要知道物质的组成、含量、结构和形态等各种信息，分析化学起着重要的作用。各有关科学和技术的发展，又给解决分析化学的问题提供了有利条件，促进了分析化学的发展。

在国民经济建设方面，分析化学的应用非常广泛。在农业生产中的土壤的成分和性质研究，肥料和农药的分析以及农作物生长过程的研究；在资源勘探，油田、煤矿、钢铁基地的选定和矿石分析；在工业生产中的原料选择、中间体的控制、成品的检验分析以及三废处理和综合利用；在原子能材料、半导体材料、超纯物质中微量杂质的分析等，都要应用到分析化学。分析化学是工业生产的“眼睛”。有关生产过程的控制和管理、生产技术的改进与革新，常常都要依靠分析结果进行工作。

在医药卫生事业方面，如药品鉴定、新药研制、体内药物分析、临床检验、疾病诊断、病因调查、药品质量的全面控制、中草药有效成分的分离和测定、药物代谢和药物动力学研究等，无不需要应用分析化学的理论、知识与技术。

在学校教育方面，在高等学校中学习分析化学的目的，不仅是掌握各种不同物质的分析鉴定方法的理论与技术，而且是学到科学研究的方法。因为分析化学能够培养学生观察判断问题的能力和精密地进行科学实验的技能。例如，药学化学中的原料、中间体及成品分析，理化性质与化学结构关系的探索；药物分析中的方法选择及药品质量标准的制定；药剂学中制剂的稳定性及生物利用度的测定；天然药物化学中天然药物有效成分的分离、定性鉴别及化学结构测定；药理学中药物分子的理化性质与药理作用、药效的关系及药物代谢动力学研究等，无不与分析化学有着密切的关系。

综上所述，分析化学与很多学科息息相关，其应用范围涉及经济和社会发展的各个方面，对国民经济各个部门、各有关学科，都有着重要的作用。对科学研究、医药卫生和高等学校教育，也同样有着重要的作用。

第二节 分析化学的方法分类

分析化学的方法一般可以根据分析任务、分析对象、测定原理、操作方法和试样用量的不同等进行分类。

一、按分析任务分类

按照分析任务（目的），分析化学的方法可以分为定性分析、定量分析、结构分析和形态分析。定性分析的任务是确定物质的组成，即鉴定试样是由哪些元素、离子、基团或化合物组成；定量分析的任务是确定分析对象中有关组分的含量是多少；结构分析的任务是研究物质的分子结构或晶体结构；形态分析的任务是研究物质的价态、晶态和结合态等存在状态及其含量。

分析测试时通常先进行定性分析，确定试样里含有哪些物质，然后进行定量分析。在试样的成分已知时，可以直接进行定量分析。对于结构未知的化合物，需要先进行结构分析，确定化合物的分子结构，再进行其他的分析测试。随着现代分析技术尤其是多种技术的联用技术和计算机、信息学的发展，常可同时进行定性、定量和结构分析。

二、按分析对象分类

按照分析对象可分为无机分析和有机分析。无机分析（inorganic analysis）的对象是无机物，由于无机物的元素多种多样，因此在无机分析中经常用到鉴定样品是由哪些元素、离子、基团或化合物组成的定性分析方法，以及测定各组分相对含量的定量分析方法。

有机分析（organic analysis）的对象是有机物，虽然组成有机物的元素种类并不多，主要是碳、氢、氧、氮、硫、磷和卤素等，但有机物的化学结构却很复杂，化合物的种类有2000多万种之多。因此，有机分析不仅需要元素分析，更重要的是进行基团分析和结构分析。

另外按分析对象分类还可以进一步分类，如分析对象是食品的称为食品分析，依此类推还有水分析、岩石分析、钢铁分析等。根据研究的领域还可以将分析方法分类为药物分析、环境分析和临床分析等。

三、按分析化学的测定原理分类

按照分析化学的测定原理可分为化学分析和仪器分析。

利用物质的化学反应及其计量关系确定被测物质的组成及其含量的分析方法称为化学分析。化学分析法历史悠久，是分析化学的基础，又称经典分析法。被分析的物质称为试样（或样品），与试样发生反应的物质称为试剂。试剂与试样所发生的化学变化称为分析化学反应。根据分析化学反应的现象和特征鉴定物质的化学成分，称为化学定性分析；根据分析化学反应中试样和试剂的用量，测定物质中各组分的相对含量，称为化学定量分析。化学定量分析又分为重量分析和滴定分析或容量分析。

（1）重量分析法（gravimetric analysis）　这是通过称量反应产物（沉淀）的质量以确定被测组分在试样中含量的方法。如测定试样中 Ba 的含量时，先称取一定量试样，将其转化为溶液，加入 Na_2SO_4 沉淀剂，使生成 $BaSO_4$ 沉淀，经过滤、洗涤、烘干、称量，最后通过化学计量关系求得试样中 Ba 的含量。该法准确度高，适用于被测物含量 1%以上的常量分析，但操作费时，手续麻烦。

（2）滴定分析法（titrametric analysis）　这是将被测试样转化成溶液后，用一种已知准确浓度的试剂溶液（标准溶液），用滴定管滴加到被测溶液中，利用合适的化学反应（酸碱、配位、沉淀和氧化还原等），通过指示剂或其他指示终点到达的方法（如电位法）测出化学计量点时所消耗已知浓度的试剂溶液的体积。然后通过化学计量关系求得被测组分的含量。该法准确度高，适用于常量分析，较重量法简便、快速。因此被广泛应用。

综上所述，化学定量分析所用仪器简单，结果准确，应用范围广泛。但只适用于常量组分的分析，且灵敏度较低，分析速度较慢。

仪器分析是使用较特殊仪器进行分析的方法，是以物质的物理或物理化学性质为基础的分析方法。最常用的有以下几种。

① 光学分析法（optical analysis）　利用物质的光学性质来测定物质组分的含量。如吸光光度法（包括比色法、紫外-可见和红外吸光光度法等）、发射光谱法（包括原子发射光谱法、火焰分光光度法等）、原子吸收分光光度法和荧光分析法等。

② 电化学分析法（electrochemistry analysis）　利用物质的电学和电化学性质来测定物质组分的含量。如电势分析法、伏安法和极谱法、电导分析法、电流滴定法、库仑分析法等。

③ 色谱分析法（chromatogram analysis）　分离和分析多组分混合物的物理和物理化学分析法。主要有气相色谱法、液相色谱法。

随着科学技术的发展，许多新的仪器分析方法也得到发展，如质谱法、电子探针法、离子探针微区分析法、中子活化分析法、核磁共振波谱法、电感耦合高频等离子体光谱法、流动注射分析法等。

仪器分析法具有操作简单、快速、灵敏度高、准确度较高等优点。适用于微量（0.01%～1%）和痕量（<0.01%）组分的测定。

以上各种分析方法各有特点，也各有一定的局限性，通常要根据被测物质的性质、组成、含量、相对分析结果准确度的要求等，选择最适当的分析方法进行测定。

此外，绝大多数仪器分析测定的结果必须与已知标准相比较，所用标准往往需用化学分析法进行测定。因此两类方法是互为补充的。

四、按试样用量的多少分类

根据试样用量的多少，分析方法可分为常量分析、半微量分析、微量分析与超微量分析。各种分析方法的试样用量见表 11-1。

表 11-1 各种分析方法的试样用量

方法	试样质量	试液体积
常量分析	>0.1g	>10mL
半微量分析	0.1～0.01g	10～1mL
微量分析	10～0.1mg	1～0.01mL
超微量分析	<0.1mg	<0.01mL

在无机定性分析中，多采用半微量分析方法；在化学定量分析中，一般采用常量分析方法。进行微量分析及超微量分析时，多需采用仪器分析方法。也有按其他分析要求分为常规分析、快速分析、仲裁分析等。

第三节 分析过程及分析结果的表示

一、分析过程

分析过程实际上就是获取物质化学信息的过程。因此，分析过程一般包括明确任务和指定计划、取样、试样制备、干扰的消除、测定、结果计算和表达、方法认证、形成报告等步骤。

1. 分析任务和计划

首先要明确所需解决的问题，即任务。根据任务制定一个初步的研究计划，包括采用的方法、准确度、精密度要求等，还包括所需实验条件如仪器设备和试剂等。为此要先了解试样的来源、测定的对象、测定的样品数、可能存在的影响因素等。

2. 取样

根据分析对象是气体、液体或固体，采用不同的取样方法。在取样过程中，最重要的一点是要使分析试样具有代表性，否则进行分析工作是毫无意义的，甚至可能导致得出错误的结论。

3. 试样的储存、分解和制备

在处理和保存试样的过程中，应防止试样被污染、吸附损失、分解、变质等。例如，蛋白质和酶容易变性失活，应放置在稳定的条件下储存或取样后立刻进行分析。对生物体液有时可直接进行分析。若蛋白质的存在对某些组分的测定有干扰，必须事先除去。试样为固体时，需先处理成溶液。为此，必须先选择合适的方法将欲测组分转化成溶液之后，再进行测定。

4. 测定和干扰的消除

根据被测组分的性质、含量和对分析结果准确度，再根据实验室的具体情况，选择最合适的化学分析方法或仪器分析方法进行测定。各种方法在灵敏度、选择性和使用范围等方面有较大的差别。所以应该熟悉各种方法的特点，做到胸中有数，以便在需要时能正确选择分析方法。

由于试样中其他组分可能对测定有干扰，故应设法消除其干扰。消除干扰的方法主要有两种，一种是分离方法，一种是掩蔽方法。常用的分离方法有沉淀分离法、萃取分离法和色谱分离法等。常用的掩蔽方法有沉淀掩蔽法、配位掩蔽法，氧化还原掩蔽法等。

5. 结果的处理和表达

根据试样质量、测量所得数据和分析过程中有关反应的计量关系，计算试样中被测组分的含量，并运用统计学的方法对分析测定所提供的信息进行有效的处理。现在可以借助计算机技术和各种专用数据处理软件，对大量数据进行处理，并可直接获得结果。在此基础上按要求将分析结果形成书面报告。

二、分析结果的表示方法

1. 固体试样

最常用的表示固体试样常量分析结果的方式是求出被测物 B 的质量 $m(\mathrm{B})$ 与试样质量 $m(\mathrm{s})$ 之比——$w(\mathrm{B})$，即物质 B 的质量分数。

例 11-1 现有某铁矿石试样 1.526g，其中含铁量为 0.1603g，则该铁矿石中含铁的质量分数是多少？

解： 已知 $m(\mathrm{Fe})=0.1603\mathrm{g}$　　$m(\mathrm{s})=1.526\mathrm{g}$

$$w(\mathrm{Fe})=m(\mathrm{Fe})/m(\mathrm{s})=0.1603/1.526=0.1050$$

2. 液体试样

可用质量分数、体积分数和质量浓度来报告分析结果。

例 11-2 测定水样中 Al^{3+} 的含量，取样 25.0mL，测得 Al^{3+} 含量为 31.6mg。问该水样中 Al^{3+} 质量浓度为多少？

解： 已知 Al^{3+} 含量为 31.6mg，取样为 25.0mL

$$\rho(\mathrm{Al^{3+}})=31.6\times10^{-3}/25.0\times10^{-3}=1.26\mathrm{g}\cdot\mathrm{L}^{-1}$$

第四节　定量分析的误差和分析结果的数据处理

定量分析的目的是通过实验确定试样中被测组分准确可靠的测定结果。但在分析过程中，由于分析方法、测量仪器、试剂和分析人员主客观因素等多方面的限制，使得测定结果和真实值之间不可能完全一致；同时，一个定量分析过程往往要经过一系列步骤，每步测量的误差都会影响分析结果的准确性。因此，在分析过程中，必须根据误差的来源和规律采取相应的质量保证措施，正确处理分析数据，才能获得准确可靠的测定结果。

一、有效数字及运算规则

在分析测试中，数据的记录究竟应恰当地保留几位，才符合客观测量准确程度的实际？在处理数据时，对于多种测量准确度不同的数据，遵循何种计算规则，才能既反映客观测量准确度的实际，又能节约计算时间？

1. 有效数字

有效数字（significant figure）是指在分析工作中实际上能测量到的数字。记录测量数据的位数（有效数据的位数），必须与所使用的方法及仪器的准确程度相适应。有效数字不仅能表示数值的大学，还可以反映测量的精确程度。

保留有效数字位数的原则是：在记录测量数据时，只允许保留一位可疑数。即数据的末位数欠准，其误差是末位数的±1 个单位。

例如，用 50mL 量筒量取 25mL 溶液，由于该量筒只能准确到 1mL，因此只能记为两位有效数字 2.5×10mL。换言之，两位有效数字 2.5×10mL，说明末位的 5 有可能存在±1mL 的误差，记录必须与实际相符。若用 25mL 移液管量取 25mL 溶液，则应记成 25.00mL，因为移液管可准确到 0.01mL。

从 0 到 9 这十个数字中，只有 0 既可以是有效数字，也可以是做定位用的无效数字。例如：在数据 0.05030g 中，5 后面的两个 0 都是有效数字，而 5 前面的两个 0 则是用于定位的无效数字，它的存在表明有效数字的首位 5 是百分之五克。末位 0 说明质量可准确到十万分之一克。因此，该数据为四位有效数据。很小的数，用 0 定位不方便，可用 10 的幂次表示。例如，0.05030g 也可写成 5.030×10^{-2}g，仍然是四位有效数字。很大的数字也可采用这种表示方法。例如，3600L，若为三位有效数字，则可写成 3.60×10^{3}L。

变换单位时，有效数字的位数必须保持不变。例如，10.00mL 应写成 0.01000L；12.5L 应写成 1.25×10^{4}mL。首位为 8 或 9 的数字，有效数字可多计一位。例如，88g，可认为是三位有效数字。pH 及 pK_a 等对数值，其有效数字仅取决于小数部分数值的位数。因为，其整数部分的数字只代表原值的幂次。例如，pH7.04 的有效数字是两位。

常量分析一般要求四位有效数字，以表明分析结果的准确度是1‰。用计算器时，在计算过程中可能保留了过多的位数，但最后计算结果必须保留与准确度相适应的有效数字位数。

2. 数字的修约规则

在数据的处理过程中，各测量值的有效数字的位数可能不同，在运算时按一定的规则舍去多余的尾数，不但可以节省计算时间，而且可以避免误差累计。按运算法则确定有效数字的位数后，舍去多余的尾数，称为数字修约。其基本原则如下：

（1）采用“四舍六入五成双（或五留双）”的规则进行修约　该规则规定：测量值中被修约数等于或小于 4 时，舍弃；等于或大于六，进位。等于 5 时，若进位后测量值的末位数变为偶数，则进位；若进位后，成奇数，则舍弃。若 5 后还有数，说明被修约数大于 5，宜进位。

例如，将测量值 5.175、4.145、6.105、3.2251 及 3.2349 修约为三位数。

5.175 修约为 5.18；4.145 修约为 4.14；6.105 修约为 6.10（0 视为偶数）；3.2251 为 3.23；3.2349 为 3.23。

（2）禁止分次修约　只允许对原测量值一次修约至所需位数，不能分次修约。例，

3.1549 修约为三位数。不能先修约成 3.155，再修约为 3.16，只能修约成 3.15。

（3）可多保留一位有效数字进行运算　在大量数据运算时，为防止误差迅速累积，对参加运算的所有数据可先多保留一位有效数字（称为安全数，用小一号字表示），运算后，再将结果修约成与最大误差数据相当的位数。

例如，计算 6.3527、2.3、0.055 及 3.35 的和。按加减法的运算法则，计算结果只应保留一位小数。但在计算过程中可以多保留一位，于是上述数据计算，可写成 6.35＋2.3＋0.06＋3.35＝12.06。计算结果应修约成 12.1。

（4）标准偏差的修约　修约的结果应使准确度变得更差些。例如，某计算结果的标准偏差为 0.213，取二位有效数字，宜修约成 0.21，取一位为 0.2。在做统计检验时，标准偏差可多保留 1～2 位数参加运算，计算结果的统计量可多保留一位数字与临界值比较，以避免造成第一类错误（以真为假）或第二类错误（以假为真）。

表示标准偏差和相对标准偏差时，在大多数情况下，取一位有效数字即可，最多取两位。

3. 有效数字的运算法则

在计算分析结果时，每个测量值的误差都要传递到分析结果中去。必须根据误差传递规律，按照有效数字的运算法则合理取舍，才能不影响分析结果准确度的正确表达。在做数学运算时，加减法与乘除法的误差传递方式不同，分述如下。

（1）加减法　加减法的和或差的误差是各个数值绝对误差的传递结果，所以，计算结果的绝对误差必须与各数据中绝对误差最大的那个数据相当。即几个数据相加或相减的和或差的有效数字的保留，应以小数点后位数最少（绝对误差最大）的数据为依据。例如，以下三式：

$$\begin{array}{r} 0.5362 \\ 0.001 \\ +0.25 \\ \hline 0.79 \end{array} \qquad \begin{array}{r} 9.0053 \\ 1.9724 \\ +0.0003 \\ \hline 10.9780 \end{array} \qquad \begin{array}{r} 4.2598 \\ -4.2595 \\ \hline 0.0003 \end{array}$$

在第一式中，三个数据的绝对误差不同，计算的有效数字的位数由绝对误差最大的第三个数据决定，即两位。第二、三式各数据的绝对误差都一样，则和或差的有效数字的位数，由加减结果决定，勿须修约。因此，第二、三式的计算结果分别为六位与一位有效数字。通常为了便于计算，可先按绝对误差最大的数据修约其他各数据，而后计算，如第一式，可先把三个数据修约成 0.54、0.00 及 0.25 再相加。

（2）乘除法　乘除法的积或商的误差是各个数据相对误差的传递结果。几个数据相乘除时，积或商有效数字应保留的位数，应以参加运算的数据中相对误差最大（有效数字位数最少）的那个数据为依据。例如，0.121×2.564×1.0578，其中有效数字最少的是 0.121 相对误差最大，故可先修约成 0.121×2.56×1.06，最终结果保留有效数字三位，是 0.328。

二、定量分析误差的产生及表示方法

（一）定量分析误差的产生

误差（error）是指分析结果与其实值之间的差值。定量分析的目的是要获得被测物的准确含量，即不仅要测出数据，且它与实际含量应接近，准确是最主要的目的。但是，在实际的分析过程中，即使是技术十分熟练的人，用最可靠的方法和最先进的仪器测得的结果，也不可能绝对准确。对同一试样，同一组分，同一方法，同一个人在相同条件下进行多次测定也难得到完全相同的结果，即误差是客观存在的。产生误差的原因很多，按其性质一般可分为两类。

1. 系统误差

系统误差（systematic error）也称可定误差（determinate error），是由测定过程中某些经常性的、比较确定的因素所造成的比较恒定的误差。它常使测定结果偏高或偏低，在同一测定条件下重复测定中，误差的大小及正负可重复显示并可以测量，它主要影响分析结果的准确度，对精密度影响不大。系统误差可通过适当的校正方法来减小或消除它，以达到提高分析结果的准确度。它产生的原因有以下几个方面。

（1）方法误差　方法误差是由于分析方法本身缺陷或不够完善所引起的误差，即使操作再仔细也无法克服。例如，在滴定分析方法中由于滴定反应不完全、滴定终点与化学计量点的差异、干扰离子的影响等；重量分析中沉淀的溶解损失，共沉淀现象，都系统地影响测定结果，使之偏高或偏低。

（2）仪器误差　仪器误差主要是由于仪器本身不够准确或未经校正所引起的误差，例如天平臂长不等，砝码未经校正，滴定管、吸量管、容量瓶等刻度不准等。

（3）试剂误差　它来源于试剂和蒸馏水不纯，含有被测组分或有干扰的杂质等。

（4）操作误差　由于操作人员的主观原因在实验过程中所做的不正确判断而引起的误差。如个人的习惯和偏向所引起的，如滴定速度太快，读数偏高或偏低，终点颜色辨别偏深或偏浅。平行实验时，主观希望前后测定结果吻合等所引起的操作误差。

如果是由于分析人员工作粗心、马虎所引入的误差，只能称为工作的过失，不能算是操作误差。如已发现为错误的结果，不得作为分析结果报出或参与计算。

2. 偶然误差

偶然误差（accidental error）或随机误差（random error）也称不可定误差（indeterminate error）是由分析过程中的不确定因素所引起的误差，往往大小不等、正负不定。分析人员在正常的操作中多次分析同一试样，测得的结果并不一致，有时相差甚大，这些都是属于偶然误差。

例如，测定时外界条件（温度、湿度、气压等）的微小变化而引起的误差。这类误差在操作中无法完全避免，也难找到确定的原因，它不仅影响测定结果的准确度，而且明显地影响分析结果的精密度。这类误差不能用校正的方法减小或消除。

偶然误差的出现服从统计规律。即大误差出现的概率小，小误差出现的概率大，绝对值相同的正负误差出现的概论大体相等，它们之间常能部分或完全抵消。所以，在消除系统误差的前提下，通过增加平行测定的次数，采用数理统计方法可以减小偶然误差。

（二）误差的表示方法——准确度、精密度、误差和偏差

准确度（accuracy）表示测定结果与真实值接近的程度，它可用误差来衡量。误差是指测定结果与真实值之间的差值。误差越小，表示测定结果与真实值越接近，准确度越高；反之，误差越大，准确度越低。当测定结果大于真实值时，误差为正，表示测定结果偏高；反之，误差为负，表示测定结果偏低。误差可分为绝对误差和相对误差。

$$绝对误差=测定值-真实值 \qquad (11\text{-}1)$$

例如，称取某试样的质量为1.7564g，其真实质量为1.7563g，测定结果的绝对误差为：1.7564g－1.7563g＝＋0.0001g。如果另取某试样的质量为0.1756g，真实质量为0.1755g，

测定结果的绝对误差为：0.1756g－0.1755g＝＋0.0001g。上述两试样的质量相差10倍，它们测定结果的绝对误差相同，但误差在测定结果中所占的比例未能反映出来。

$$相对误差＝［(测定值－真实值)/真实值］×100\% \tag{11-2}$$

相对误差是表示绝对误差在真实值中所占的百分率。在上例中，它们的相对误差分别为：

$$\frac{+0.0001}{1.7563}\times100\%=+0.005\%$$

$$\frac{+0.0001}{0.1755}\times100\%=+0.05\%$$

由此可知，两试样由于称量的质量不同，它们测定结果的绝对误差虽然相同，而在真实值中所占的百分率即相对误差是不相同的。称量较大时，相对误差则较小，显然，测定的准确度就比较高。

但在实际工作中，真实值不可能绝对准确地知道，人们往往是在同一条件下对试样进行多次平行的测定后，取其平均值。如果多次测定的数值都比较接近，说明分析结果的精密度高。精密度(precision）是指测定的重复性的好坏程度，它用偏差(deviation；d）来表示。偏差是指个别测定值与多次分析结果的算术平均值之间的差值。偏差大，表示精密度低；反之，偏差小，则精密度高。偏差也有绝对偏差和相对偏差

$$绝对偏差(d)=个别测定值(x)-算术平均值(\overline{x}) \tag{11-3}$$

$$相对偏差=[绝对偏差(d)/算术平均值(\overline{x})]\times100\% \tag{11-4}$$

在实际分析工作（如分析化学实验）中，对于分析结果的精密度经常用平均偏差(average deviation）和相对平均偏差(relative average deviation）来表示。

$$平均偏差(\overline{d})=\sum_{i=1}^{n}|d_i|/n \tag{11-5}$$

$$相对平均偏差=(\overline{d}/\overline{x})\times100\% \tag{11-6}$$

例 11-3 在进行比较滴定时，测定某 HAc 与 NaOH 溶液的体积比。4 次测定结果如下所列。求算术平均偏差和相对平均偏差。

V(HAc)/V(NaOH)：　1.001　1.000　1.005　1.003　平均值 1.002

解： $d_i=x_i-\overline{x}$　−0.001　−0.002　+0.003　0.001

$\overline{d}=(|0.001|+|0.003|+|-0.002|+|-0.001|)/4=0.002$

$(\overline{d}/\overline{x})\times100\%=(0.002/1.002)\times100\%=0.2\%$

用数理统计方法处理数据时，常用标准偏差(standard deviation；s）（又称均方根偏差）来衡量测定结果的精密度。当测量次数 $n<20$ 时，单次测定的标准偏差可按下式计算：

$$标准偏差(s)=\sqrt{\frac{d_1^2+d_2^2+d_3^2+\cdots+d_n^2}{n-1}}=\sqrt{\frac{\sum_{i=1}^{n}d_i^2}{n-1}} \tag{11-7}$$

当测定次数 $n>50$ 时，则分母用 $n-1$ 或 n 都无关紧要。上式中 $n-1$ 称作自由度，用 f 表示。有时也用相对标准偏差（relative standard deviation；RSD）［又常称为变异系数(coefficient of variation；CV）］来衡量精密度的大小。

$$RSD=\frac{s}{\overline{x}}\times100\% \tag{11-8}$$

利用标准偏差衡量精密度，可以反映出较大偏差的存在和测定次数的影响。而用平均偏差衡量时则反映不出这种差异。例如，在测定铁矿石中 Fe 含量时，有 3 组测定 Fe 含量所消耗 $K_2Cr_2O_7$ 标准溶液的体积（cm^3）如下：

第 1 组　25.98，26.02，26.02，25.98，25.98，25.98，26.02，26.02。

$\overline{x}_1=26.00$　　$\overline{d}_1=0.02$　　$s_1=0.021$

第 2 组　25.98，26.02，25.98，26.02。

$\overline{x}_2=26.00$　　$\overline{d}_2=0.02$　　$s_2=0.023$

第 3 组　26.02，26.01，25.96，26.01。

$\overline{x}_3=26.00$　　$\overline{d}_3=0.02$　　$s_3=0.027$

这 3 组数据的平均值与平均偏差都相同，反映不出精密度的好坏，但从标准偏差可看出第 1 组数据精密度最好，第 2 组次之，第 3 组最差。因为第 3 组比第 2 组出现了偏差较大的数据 25.96，而且第 1 组测量次数恰好是第 2、3 组的 2 倍。

准确度与精密度的关系　从前面的讨论中已知用误差衡量准确度，偏差衡量精密度。但实际上真实值是不知道的，它常常是通过多次反复的测量，得出一个平均值来代表真实值以计算误差的大小。通常在测量中精密度高的不一定准确度好，而准确度高必须以精密度好为前提。

例如，甲、乙、丙、丁 4 个人同时测定双氧水中 H_2O_2 含量的质量分数.理论值为 0.2120。而 4 个人的测定结果如下图 11-1 所示。

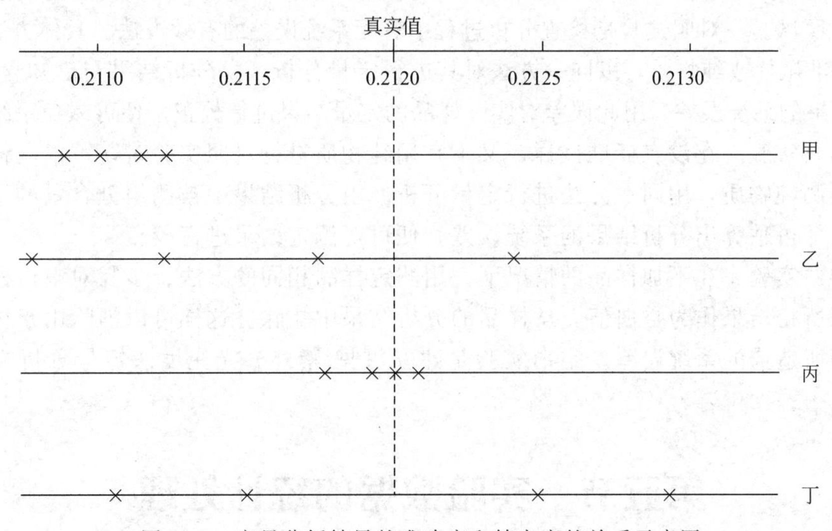

图 11-1　定量分析结果的准确度和精密度的关系示意图

图中甲分析结果精密度高，但平均值与真实值相差很大，准确度很差；乙分析结果精密度和准确度都很差；丙分析结果精密度和准确度都很高；丁分析结果精密度很差，但平均值恰与真实值相符，仅是偶然的巧合。所以，精密度是保证准确度的先决条件，精密度差。说明分析结果不可靠，也就失去衡量准确度的前提。

三、提高分析结果准确度的方法

要想得到准确的分析结果，必须设法减免在分析过程中带来的各种误差。下面介绍减免分析误差的几种主要方法。

选择恰当的分析方法　首先需了解不同方法的灵敏度和准确度。重量分析法和滴定分析法的灵敏度虽然都不高，但对常量组分的测定，能获得比较准确的分析结果，相对误差一般不超过千分之几。但它对微量或痕量组分的测定，却常常测不出来。而仪器分析法灵敏度高、绝对误差小，可用于微量或痕量组分的测定，虽然其相对误差较大，但可以符合要求；而该方法对常量组分的测定，却常常无法测准。因此，仪器分析法主要用于微量或痕量组分的分析；而化学分析法，则主要用于常量组分的分析。选择分析方法不但要考虑被测组分的含量，还要考虑与被测组分共存的其他物质的干扰问题，以便排除干扰。总之，必须根据分析对象、样品情况及对分析结果的要求，选择适宜的分析方法。

减小测量误差　为了保证分析结果的准确度，必须尽量减小各步的测量误差。在称量步骤中要设法减小称量误差。一般分析天平的称量误差为0.0001g，用减重法称量两次的最大误差是±0.0002g。为了使称量的相对误差小于0.1%，取样量就得大于0.2g。在含有滴定步骤的方法中，要设法减小滴定管读数误差，一般滴定管的读数误差是±0.01mL，一次需两次读数，因此可能产生的最大误差是±0.02mL。为了使滴定的相对误差小于0.1%，应消耗的滴定剂的体积就必须大于20mL。

增加平行测定次数　根据偶然误差的分布规律，增加平行测定次数，可以减少偶然误差对分析结果的影响。

消除测量中系统误差的方法：

(1) 校准仪器　如对砝码、移液管、滴定管及分析仪器等进行校准，可以减免系统误差。由于计量及测量仪器的状态会随时间、环境条件等发生变化，因此需要定期进行校准。

(2) 对照试验　对照试验是检查分析过程中有无系统误差的有效方法。具体方法是：用含量已知的标准试样或纯物质，以同一方法对其进行定量分析，由分析结果与已知含量的差值，求出分析结果的系统误差。用此误差对实际样品的定量结果进行校正，便可减免系统误差。

(3) 回收实验　在没有标准试样，又不宜用纯物质进行对照实验时，可以向样品中加入一定量的被测纯物质，用同一方法进行定量分析。由分析结果中被测组分含量的增加值与加入量之差，即可估算出分析结果的系统误差，便可对测定结果进行校正。

(4) 空白实验　在不加样品的情况下，用测定样品相同的方法、步骤对空白样品进行定量分析，把所得结果作为空白值，从样品的分析结果中扣除。这样可以消除由于试剂不纯或溶剂干扰等所造成的系统误差。空白实验是建立可见-紫外分光光度法定量分析方法中最常用的步骤之一。

第五节　实验数据的统计处理

在科学实验中，分析结果的数据处理是非常重要的。分析工作者若仅测得1～2次的分析结果是不能提供可靠的信息的，也不会被人们所接受：因此，在一般的实验和科学研究中，必须对同一个试样进行多次的重复试验，获得足够的数据，然后进行统计处理。

一、偶然误差的正态分布

1. 误差分布图

偶然误差是无法避免的，也难以找到确定的原因，从每次分析的结果看，似乎没有什么规律性，也无法预测它们的大小和正负号。但是，如果进行许多次测量，对数据按统计规律处理，就可以发现偶然误差的出现符合下列规律。

(1) 正误差和负误差出现的概率相等。

(2) 小误差出现的概率大，大误差出现的概率少，个别特别大的误差出现的概率极少。常用作图法表达误差的大小与出现概率的关系。见图 11-2 所示。

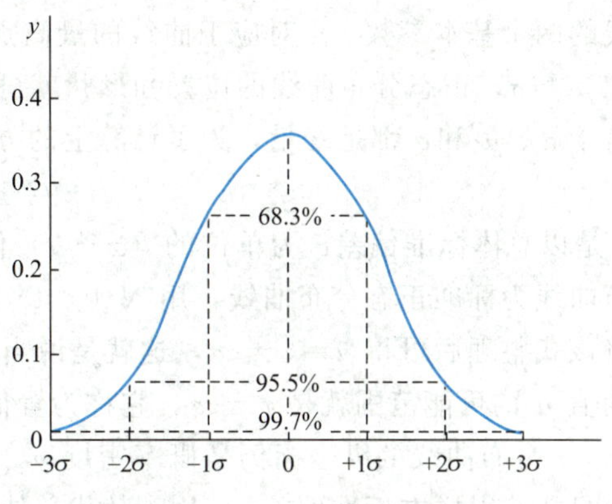

图 11-2　误差正态分布曲线

2. 误差的正态分布

偶然误差的分布符合高斯（Gaussian）正态分布曲线。

正态分布曲线（normal school curve）的数学方程式为：

$$y=f(x)=\frac{1}{\sigma\sqrt{2\pi}}e^{\frac{-(x-\mu)^2}{2\sigma^2}} \qquad 设\ z=\frac{\pm(x-\mu)}{\sigma}$$

则

$$y=\frac{1}{\sigma\sqrt{2\pi}}e^{-\frac{z^2}{2}} \tag{11-9}$$

式中，y 为误差出现的概率；x 为单次测定值；μ 为无限次测量的算术平均值（作为真值）；σ 为无限次测量的标准偏差；z 是以标准偏差为单位的偏差。

从图中可知，测定结果（x）落在 $\pm1\sigma$ 范围内的概率是 68.3%；落在 $\pm2\sigma$ 范围内的概率是 95.5%；落在 $\pm3\sigma$ 范围内的概率是 99.7%。此概率 P 称置信度或置信水平(confidence level)。而落在此范围之外的概率（$1-P$），叫显著性水平(level of significance)，可用希腊字母 α 表示。

二、 平均值的置信区间

在实际工作中，通常都是进行有限次测量。有限次测量的偶然误差分布服从 t 分布。在 t 分布中，样本标准偏差 s 代替总体标准偏差 σ 来估计测量数据的分散程度。用 s 代替 σ 时，测量值或其偏差不符合正态分布，这时需用 t 分布来表示。t 分布曲线图与正态分布曲线相似，只是由于测定次数少，数据的集中程度较小，分散程度较大，分布曲线的形状将变得较矮、较钝，见图 11-3。

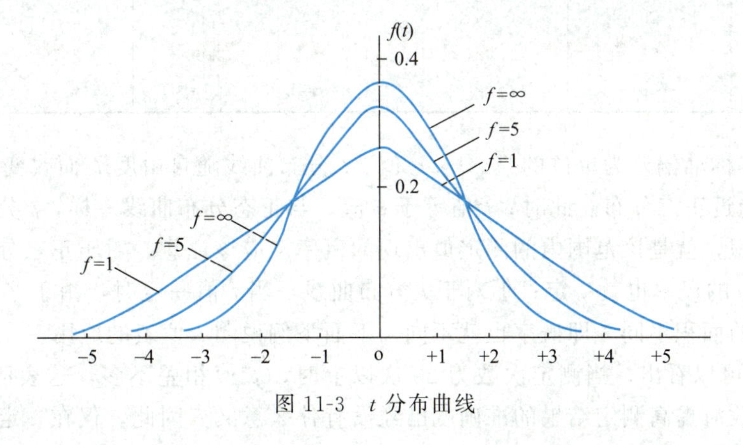

图 11-3　t 分布曲线

真实值 μ（总体平均值，无限次测量数据 x 的平均值）和总体标准偏差 σ 是正态分布曲线的两个基本参数。μ 对应于曲线的最高点，曲线的"高、矮"和"胖、瘦"取决于 σ。已知 μ 与 σ，正态分布曲线的位置和形状就可确定下来，这种正态分布曲线用 $N(\mu、\sigma)$ 表示。由于 x、μ 和 σ 都是变量，为了计算上的方便，作变量变换，令：

$$z=\pm(x-\mu)/\sigma \tag{11-10}$$

z 是以总体标准偏差 σ 为单位的（$x-\mu$）值。以 z 为横坐标，以概率 y 为纵坐标的正态分布曲线为标准正态分布曲线，用 $N(0，1)$ 表述。从误差的正态分布中知，$z=\pm(x-\mu)/\sigma$，将该式整理后可得 $\mu=x\pm z\sigma$，这就是说当知道了任何单次测定值，则无限次测量的算术平均值 μ 的可能范围就是 $x\pm z\sigma$，它称为置信区间。

t 分布曲线的纵坐标仍是概率密度 y，横坐标则是统计量 t。因为，在有限量数据测定中只能获得样本标准偏差 s，用 s 替代总体标准偏差 σ，用 t 替代 z，于是统计量 t 定义为：

$$\pm t=(\overline{x}-\mu)\frac{\sqrt{n}}{s} \tag{11-11}$$

公式整理后，即得置信区间的计算公式：

$$\mu=\overline{x}\pm ts/\sqrt{n} \tag{11-12}$$

表 11-2 是 t 分布值表：

表 11-2　t 分布值表

实验次数 n	自由度(f) $n-1$	置信水平				
		50%	90%	95%	99%	99.5%
2	1	1.00	6.31	12.71	63.66	127.3
3	2	0.82	2.92	4.30	9.93	14.09
4	3	0.76	2.35	3.18	5.84	7.45
5	4	0.74	2.13	2.78	4.60	5.50
6	5	0.73	2.02	2.57	4.03	4.77
7	6	0.72	1.94	2.45	3.71	4.32
8	7	0.71	1.90	2.37	3.50	4.03
9	8	0.71	1.86	2.31	3.36	3.83
10	9	0.70	1.81	2.23	3.17	3.58
11	10	0.70	1.81	2.23	3.17	3.58
16	15	0.69	1.73	2.09	2.85	3.15
21	20	0.69	1.73	2.09	2.85	3.15
26	25	0.68	1.71	2.06	2.79	3.08
∞	∞	0.65	1.65	1.96	2.58	2.81

t 是以样本标准偏差为单位的（$x-\mu$）值。t 分布曲线随自由度 f 而改变，当 f 趋近∞时，t 分布就趋近正态分布。此时，t 值等于 z 值。与正态分布曲线一样，t 分布曲线下面一定范围内的面积，就是该范围内的测定值出现的概率。应该注意，对于正态分布曲线，只要 z 值一定，相应的概率也就一定；但对于 t 分布曲线，当 t 值一定时，由于 f 值的不同，相应曲线所包括的面积不同，即概率也就不同。下面举例说明 t 值表的应用。

从表 11-2 可以看出，当测定次数为 20 次以上时，f 值相差不多，这表明当 $n>20$ 时，再增加测定次数对提高测定结果的准确度已经没有什么意义。因此，仅在一定的测定次数范围内，分析数据的可靠性才随 n 的增多而增加。另外，表中置信水平下一栏的百分比代表置信度（P），它表示在某一 t 值时，测定值落在（$\mu \pm ts$）范围内的概率。

例 11-4 钢中铬的百分含量 5 次测定结果是：1.12、1.15、1.11、1.16 和 1.12。求置信度为 95%时平均结果的置信区间。

解： $\bar{x}=1.13\%$，$s=0.022\%$，$f=n-1=5-1=4$

查表，当 $P=0.95$，$f=4$ 时，$t=2.78$

平均值的置信区间为：

$$\mu=\bar{x}\pm\frac{ts}{\sqrt{n}}=1.13\pm\frac{2.78\times 0.022}{\sqrt{5}}$$
$$=1.13\%\pm 0.027\%$$

三、 可疑数据的取舍

在测量中有时会出现过高过低的测量值，这种数据可称为可疑数据或离群值。如何判断某个数据是离群值及如何取舍，是以下介绍的内容。

例如，测得四个数据：25.30、22.25、22.30 和 22.28，显然第一个测量值可疑。我们怀疑该数据，可能是在测量中发生了什么差错而造成，希望在计算中舍弃它。但舍弃一个测量值要有根据，不能采取“合我意者取之，不合我意者弃之”的不科学态度。

在准备舍弃某测量值之前，首先检查该数据是否记错，实验过程中是否有不正常现象发生等。如果找到了原因，就有了舍弃这个数据的根据。否则，就要用统计检验的方法，确定该可疑值与其他数据是否来源于同一总体，以决定取舍。由于一般实验测量次数比较少（如 3～5 次），不能对总体标准偏差正确估计，因此多用 Q 检验法。

（1）先将数据按大小顺序排列，计算最大值与最小值之差（极差），作为分母；

（2）计算离群值与最邻近数值的差值，作为分子，其值之商即为 Q 值

$$Q=\frac{x_{可疑}-x_{紧邻}}{x_{最大}-x_{最小}} \tag{11-13}$$

表 11-3 列出了 90%、95%、99%置信水平时 Q 的数值。如果 Q（计算值）>Q（表值）离群值应该舍弃；反之，则应保留。

表 11-3 在不同置信水平下，舍弃离群值的 Q 值表

测量次数 n	3	4	5	6	7	8	9	10	∞
$Q(0.90)$	0.94	0.76	0.64	0.56	0.51	0.47	0.44	0.41	0.00
$Q(0.95)$	0.98	0.85	0.73	0.64	0.59	0.54	0.51	0.48	0.00
$Q(0.99)$	0.99	0.93	0.82	0.74	0.68	0.63	0.60	0.57	0.00

例 11-5 标定一个标准溶液，测得 4 个数据：$0.1014\text{mol}\cdot\text{L}^{-1}$、$0.1012\text{mol}\cdot\text{L}^{-1}$、$0.1019\text{mol}\cdot\text{L}^{-1}$ 和 $0.1016\text{mol}\cdot\text{L}^{-1}$。试用 Q 检验法确定数据 0.1019，是否应舍弃？

解： 计算 Q 值：$Q=\frac{(0.1019-0.1016)}{(0.1019-0.1012)}=0.43$

查表：$n=4$ 时，$Q_{90\%}=0.76$。因为，$Q<Q_{90\%}$，所以数据 0.1019 不能舍弃。

置信水平的选择必须恰当，太低，会使舍弃的标准过宽，即该舍弃的值被保留；太高，则使舍弃标准过严，即该保留的值被舍弃。当测定次数太少时，应用 Q 检验法易将错误结

果保留下来。因此，测定次数太少时，不要盲目使用 Q 检验法，最好增加测定次数，可减少离群值在平均值中的影响。

四、分析结果的数据处理与报告

在实际工作中，分析结果的数据处理是非常重要的。分析人员仅作 1～2 次测定不能提供可靠的信息，也不会被人们所接受。因此，在实验和科学研究工作中，必须对试样进行多次平行测定，直至获得足够的数据，然后进行统计处理并写出分析报告。

例 11-6 用邻苯二甲酸氢钾标准溶液标定 NaOH 溶液的浓度，获得如下结果，根据数据统计处理过程做如下处理。

（1）根据实验记录，将 6 次实验测定所得浓度（$mol \cdot L^{-1}$），按大小排列如下：

测定次数（n）	1	2	3	4	5	6
分析结果（$x/mol \cdot L^{-1}$）	0.1020	0.1022	0.1023	0.1025	0.1026	0.1029

（2）用 Q 检验法检验有无离群值，并将离群值舍弃，从上列数据看 0.1020 及 0.1029 有可能是离群值，作 Q 检验：

$$Q_1=\frac{0.1022-0.1020}{0.1029-0.1020}=\frac{0.0002}{0.0009}=0.2$$

$$Q_2=\frac{0.1029-0.1026}{0.1029-0.1020}=\frac{0.0003}{0.0009}=0.3$$

由表查得 6 次的 Q（0.9）＝0.56，所以 Q（计算值）＜Q（表值），则 0.1020 及 0.1029 都应保留。

（3）根据所有保留值，求出平均值 $\overline{x}$：

$$\overline{x}=\frac{0.1020+0.1022+0.1023+0.1025+0.1026+0.1029}{6}=0.1024$$

（4）求出平均偏差 $\overline{d}$：

$$\overline{d}=\frac{|0.0004|+|0.0002|+|0.0001|+|0.0001|+|0.0002|+|0.0005|}{6}=0.0002$$

（5）求出标准偏差 s：

$$s=\sqrt{\frac{(0.0004)^2+(0.0002)^2+(0.0001)^2+(0.0001)^2+(0.0002)^2+(0.0005)^2}{6-1}}=0.0003$$

（6）求出相对标准偏差 RSD：

$$RSD=\frac{s}{\overline{x}}\times100\%=\frac{0.0003}{0.1024}\times100\%=0.3\%$$

（7）求出置信水平为 95%时的置信区间

$$\mu=0.1024\pm\frac{2.57\times0.0003}{\sqrt{6}}=0.1024\pm0.0003$$

习 题

1. 在以下数值中，各数值包含多少位有效数字？

(1) 0.004050； (2) 5.6×10^{-11}； (3) 1000； (4) 96500； (5) 6.20×10^{10}；(6) 23.4082。

2.进行下述运算，并给出适当位数的有效数字。

(1) $\dfrac{2.52\times4.10\times15.14}{6.16\times10^{4}}$　　(2) $\dfrac{3.10\times21.14\times5.10}{0.0001120}$

(3) $\dfrac{51.0\times4.03\times10^{-4}}{2.512\times0.002034}$　　(4) $\dfrac{0.0324\times8.1\times2.12\times10^{2}}{1.050}$

(5) $\dfrac{2.2856\times2.51+5.42-1.8940\times7.50\times10^{-3}}{3.5462}$

(6) pH=2.10，求 $[H^+]$ =?

3.一位气相色谱工作新手，要确定自己注射样品的精密度。他注射了 10 次，每次 0.5μL，量得色谱峰高分别为：142.1mm、147.0mm、146.2mm、145.2mm、143.8mm、146.2mm、147.3mm、150.3mm、145.9mm 及 151.8mm。求标准偏差与相对标准偏差，并做出结论（有经验的色谱工作者，很容易达到 $RSD=1\%$，或更小）。

4.某一操作人员在滴定时，溶液过量了 0.10mL，假如滴定的总体积为 2.10mL，其相对误差为多少？如果滴定的总体积为 25.80mL，其相对误差又是多少？它说明了什么问题？

**5.如果要使分析结果的准确度为 0.2%。应在灵敏度为 0.0001 和 0.001 的分析天平上分别称取试样多少克？如果要求称取试样为 0.5g 以下，应取哪种灵敏度的天平较为合适？

*6.测定碳的原子量所得数据：12.0080、12.0095、12.0099、12.0101、12.0102、12.0106、12.0111、12.0113、12.0118 及 12.0120。

求算：(1) 平均值；(2) 标准偏差；(3) 平均值在 99%置信水平的置信限。

*7.标定 NaOH 溶液的浓度时获得以下分析结果：$0.1021mol\cdot L^{-1}$、$0.1022mol\cdot L^{-1}$、$0.1023mol\cdot L^{-1}$ 和 $0.1030mol\cdot L^{-1}$。问：

(1) 对于最后一个分析结果 0.1030，按照 Q 检验法是否可以舍弃？

(2) 溶液准确浓度应该怎样表示？

(3) 计算平均值在置信水平为 95%时的置信区间。

*8.某学生测定 HCl 溶液的浓度，获得以下分析结果（$mol\cdot L^{-1}$）：0.1031、0.1030、0.1038 和 0.1032，请问按 Q 检验法 0.1038 的分析结果可否舍弃？如果第 5 次的分析结果是 0.1032。这时 0.1038 的分析结果可以弃去吗？

**9. In each of the following numbers，underline all of the significant digits，and give the total number of significant digits.

(a) $0.2018mol\cdot L^{-1}$

(b) 0.0157g

(c) 3.44×10^{-5}

(d) pH=4.11

(e) $1.0300g\cdot L^{-1}$

10. Perform each of the following operations and round to the appropriate number of significant figures.

a. $(5.21-4.71)\times0.250=$

b. $45.117\div1.002+101.4604=$

c. $0.12\times(1.76\times10^{-5})=$

11. Define precision. How is it related to accuracy? How does one measure precision?

** 12. Weigh a nickel coin on the balance, remove the coin, and re-zero the balance. Repeat this process five times. Assuming the following weight results were obtained: 5.0003g, 5.0007g, 4.9988g, 4.9994g, and 5.0002g. Please determine the average mass ($\overline{x}$), the average deviation ($\overline{d}$), the relative average deviation($(\overline{d}/\overline{x})\times 100\%$), the standard deviation (SD) and the relative standard deviation (RSD).

第十二章

滴定分析法

（Titration Analysis）

学习要求：

1. 掌握滴定反应必须具备的条件；选择指示剂的一般原则；标准溶液及其浓度表示方法；滴定分析法中的有关计算。

2. 熟悉滴定分析中的常用术语；常用的滴定方式。

3. 了解滴定分析的一般过程和滴定曲线；一般指示剂的变色原理和指示终点的原理。

4. 掌握各种酸碱滴定反应中溶液 pH 的计算，滴定曲线的绘制及指示剂的选择。

5. 掌握 EDTA 配位滴定法，高锰酸钾滴定法。

6. 熟悉银量法，重铬酸钾滴定法，碘量法。

7. 掌握各种滴定法中实际工作中的应用及计算。

第一节　滴定分析法概论

（Conspectus of Titration Analysis）

一、 滴定分析法及其特点

滴定分析法是化学定量分析法中的重要分析方法。这种方法是将一种已知其准确浓度的试剂溶液（标准溶液）滴加到被测物质的溶液中，直到所加试剂与被测物质按化学计量关系定量反应为止，然后根据所加试剂溶液的浓度和体积可以求得被测组分的含量，这种方法称为滴定分析法（或称容量分析法）。所谓滴定（titration）就是指将标准溶液通过滴定管滴加到待测溶液中的操作过程。当滴入的滴定剂的物质的量与被滴定物的物质的量正好符合滴定反应式中的化学计量关系时，称反应到达化学计量点或称理论终点。化学计量点的到达一般是通过加入的指示剂的颜色来指示，但指示剂指示出的变色点不一定恰好符合化学计量点，因此在滴定分析中，根据指示剂颜色突变而停止滴定的那一点称为滴定终点。滴定终点与化学计量点之间的差别称为滴定误差或称终点误差，以 TE 表示。终点误差是滴定分析的主要误差来源之一。它的大小取决于滴定反应的完全程度和指示剂的选择是否恰当。

滴定分析法的特点如下所述。

（1）加入标准溶液物质的量与被测物物质的量恰好是化学计量关系；

（2）此法适用于组分含量在1%以上的常量物质的测定；

（3）该法快速、准确，仪器设备简单，操作简便；

（4）该法适用范围广泛，是一种常用的定量分析方法。

二、滴定分析法的分类

滴定分析法根据标准溶液和待测组分间的反应类型不同，可以分为四大类。

（1）酸碱滴定法（acid-base titration）——以质子传递反应为基础的一种滴定分析方法。

反应实质：$H_3O^+ + OH^- \rightleftharpoons 2H_2O$

（质子传递）$H_3O^+ + A^- \rightleftharpoons HA + H_2O$

（2）沉淀滴定法（precipitation titration）——以沉淀反应为基础的一种滴定分析方法。

$$Ag^+ + Cl^- \rightleftharpoons AgCl\downarrow \quad （白色）$$

（3）配位滴定法（complexometric titration）——以配位反应为基础的一种滴定分析方法。

$$Mg^{2+} + Y^{4-} \rightleftharpoons MgY^{2-}$$

$$Ag^+ + 2CN^- \rightleftharpoons [Ag(CN)_2]^-$$

（4）氧化还原滴定法（redox titration）——以氧化还原反应为基础的一种滴定分析方法。

$$Cr_2O_7^{2-} + 6Fe^{2+} + 14H^+ \rightleftharpoons 2Cr^{3+} + 6Fe^{3+} + 7H_2O$$

$$I_2 + 2S_2O_3^{2-} \rightleftharpoons 2I^- + S_4O_6^{2-}$$

三、对滴定反应的要求

（1）被测物与标准溶液之间的反应要按一定的化学计量关系（由确定的化学方程式表示）定量进行。

（2）反应必须定量进行。通常要求在计量点时反应接近完全（>99.9%），这是定量计算的基础。

（3）反应速率要快。最好在滴定剂加入后反应即可完成，或是能够采取某些措施，如通过加热或加入催化剂的方法来加快反应速度。

（4）必须有适当的方法确定滴定终点。常用的简便可靠的方法选择合适的指示剂。

四、滴定方式

1. 直接滴定法

直接滴定法是用标准溶液直接滴定被测物质的一种方法。凡是能同时满足上述4个条件的化学反应，都可以采用直接滴定法。直接滴定法是滴定分析法中最常用、最基本的滴定方法。例如用NaOH滴定HCl，用$KMnO_4$滴定H_2O_2等。

有些化学反应不能同时满足滴定分析的要求，这时可选用下列几种滴定方法进行滴定。

2. 返滴定法

返滴定法又称回滴定法或剩余量滴定法，其主要操作方法就是先准确地加入一定量且过量的标准溶液，待其与试液中的被测物质或固体试样进行充分反应后，再用另一种标准溶液滴定剩余的标准溶液。最后，根据滴定所消耗的两种标准溶液的体积和浓度，计算出被测物质的含量。返滴定法常用于下列情况的滴定分析。

(1) 试液中被测物质与滴定剂反应慢，如 Al^{3+} 与 EDTA 的反应很慢，且被测物质有水解作用。

(2) 用滴定剂直接滴定固体试样时，反应不能立即完成。如 HCl 滴定固体 $CaCO_3$。

(3) 某些反应没有合适的指示剂或被测物质对指示剂有封闭作用，如在酸性溶液中用 $AgNO_3$ 滴定 Cl^- 缺乏合适的指示剂。

例如，对于上述 Al^{3+} 的滴定，先加入已知过量的 EDTA 标准溶液，待 Al^{3+} 与 EDTA 反应完成后，剩余的 EDTA 则利用 Zn^{2+}、Pb^{2+} 或 Cu^{2+} 标准溶液返滴定；对于固体 $CaCO_3$ 的滴定，先加入已知过量的 HCl 标准溶液，待反应完成后，可用标准 NaOH 溶液返滴定剩余的 HCl；对于酸性溶液中 Cl^- 的滴定，可先加入已知过量的 $AgNO_3$ 标准溶液使 Cl^- 沉淀完全后，再以三价铁盐作指示剂，用 NH_4SCN 标准溶液返滴定过量的 Ag^+，出现 $[Fe(SCN)]^{2+}$ 淡红色即为终点。

3. 置换滴定法

当被测物质与滴定剂之间不能按照确定的反应方程式进行反应或伴有副反应时，可以将其先与另一种物质定量反应，置换出一定量能被滴定的物质来，然后再用适当的滴定剂进行滴定。这种滴定方法称为置换滴定法。例如硫代硫酸钠不能用来直接滴定重铬酸钾等强氧化剂，这是因为在酸性溶液中氧化剂可将 $S_2O_3^{2-}$ 氧化为 $S_4O_6^{2-}$ 或 SO_4^{2-} 等混合物，没有一定的计量关系。但是，硫代硫酸钠却是一种很好的滴定碘的滴定剂。这样一来，如果在酸性重铬酸钾溶液中加入过量的碘化钾，用重铬酸钾置换出一定量的碘，然后用硫代硫酸钠标准溶液直接滴定碘。实际工作中，就是用这种方法以重铬酸钾标定硫代硫酸钠标准溶液浓度的。

4. 间接滴定法

当被测物质不能直接与滴定剂进行化学反应时，可以将试样通过另外的化学反应转化成能与滴定剂定量反应的物质，然后进行滴定分析。这种滴定方式称为间接滴定法。例如高锰酸钾法测定钙就属于间接滴定法。由于 Ca^{2+} 在溶液中没有可变价态，所以不能直接用氧化还原法滴定。但若先将 Ca^{2+} 沉淀为 CaC_2O_4，过滤洗涤后用 H_2SO_4 溶解，再用 $KMnO_4$ 标准溶液滴定与 Ca^{2+} 结合的 $C_2O_4^{2-}$，便可间接测定钙的含量。

在滴定分析中，返滴定法、置换滴定法、间接滴定法的应用，大大扩展了滴定分析的应用范围。

五、 基准物质和标准溶液

(一) 基准物质

能够直接用于配制标准溶液的物质，称为基准物质或基准试剂，简称基准物。常用基准物质的干燥条件和应用见表 12-1。作为基准物质必须具备下列条件。

(1) 组成恒定　物质的实际组成应与化学式完全符合，若有结晶水，其结晶水的含量也应与化学式完全相符，如 $H_2C_2O_4 \cdot 2H_2O$、$Na_2B_4O_7 \cdot 10H_2O$ 等；

(2) 纯度高　一般要求纯度≥99.9%，而杂质含量应少到不至于影响分析结果的准确度；

(3) 稳定性好　在加热、干燥、保存或称量过程中不分解、不吸湿、不风化、不易被氧化、不与空气中的 CO_2 等气体反应等；

(4) 具有较大的摩尔质量　称取的物质的量较大，以减小称量误差；

(5) 使用条件下易溶于水（或稀酸、稀碱）。

表 12-1　常用基准物质的干燥条件和应用

基准物质		干燥后的组成	干燥条件/℃	标定对象
名称	分子式			
碳酸氢钠	$NaHCO_3$	Na_2CO_3	270～300	酸
碳酸钠	$Na_2CO_3 \cdot 10H_2O$	Na_2CO_3	270～300	酸
硼砂	$Na_2B_4O_7 \cdot 10H_2O$	$Na_2B_4O_7 \cdot 10H_2O$	放在含 NaCl 和蔗糖饱和液的干燥器中	酸
碳酸氢钾	$KHCO_3$	K_2CO_3	270～300	酸
草酸	$H_2C_2O_4 \cdot 2H_2O$	$H_2C_2O_4 \cdot 2H_2O$	室温空气干燥	碱或 $KMnO_4$
邻苯二甲酸氢钾	$KHC_8H_4O_4$	$KHC_8H_4O_4$	110～120	碱
重铬酸钾	$K_2Cr_2O_7$	$K_2Cr_2O_7$	140～150	还原剂
溴酸钾	$KBrO_3$	$KBrO_3$	130	还原剂
碘酸钾	KIO_3	KIO_3	130	还原剂
铜	Cu	Cu	室温干燥器中保存	还原剂
三氧化二砷	As_2O_3	As_2O_3	同上	氧化剂
草酸钠	$Na_2C_2O_4$	$Na_2C_2O_4$	130	氧化剂
碳酸钙	$CaCO_3$	$CaCO_3$	110	EDTA
硝酸铅	$Pb(NO_3)_2$	$Pb(NO_3)_2$	室温干燥器中保存	EDTA
氧化锌	ZnO	ZnO	900～1000	EDTA
锌	Zn	Zn	室温干燥器中保存	EDTA
氯化钠	NaCl	NaCl	500～600	$AgNO_3$
氯化钾	KCl	KCl	500～600	$AgNO_3$
硝酸银	$AgNO_3$	$AgNO_3$	220～250	氯化物

（二）标准溶液的配制和浓度的表示方法

标准溶液是指已知其准确浓度的溶液（常用四位有效数字表示），它是滴定分析中进行定量计算的依据之一，无论采用何种滴定方式都不可缺少。配制标准溶液的方法一般有直接配制法和间接配制法（标定法）两种。

1. 配制标准溶液的方法

(1) 直接配制法　在分析天平上准确称量一定量的基准物质，溶解于适量溶剂后定量转入容量瓶中，定容并摇匀，然后根据称取基准物质的质量和容量瓶的体积即可算出该标准溶液的准确浓度。

(2) 间接配制法　又称为标定法。许多化学试剂不能完全符合上述基准物质必备的条件，不能直接配制，可以先配制成近似浓度，然后再用基准物质或标准溶液通过滴定的方法确定已配溶液的准确浓度，这种测定标准溶液浓度的过程称为标定。

为了提高标定的准确度，一般应注意以下几点。

① 标定一般要求至少进行 3～4 次平行测定，相对偏差不大于 0.2%。

② 为了减小测量误差，称取基准物质的量不应太少；滴定时消耗标准溶液的体积（用毫升计）也不应太少。

③ 配制和标定溶液时使用的量器，如滴定管、容量瓶和移液管等，在必要时应校正其体积，并考虑温度的影响。

④ 标定后的标准溶液应妥善保存。

2. 标准溶液浓度的表示方法

（1）物质的量浓度 c_B。

（2）物质的质量浓度 ρ_B。

六、 滴定分析中的计算

在滴定分析中涉及一系列的计算问题，如标准溶液的配制与标定、滴定剂与被测物质间量的换算及分析结果的计算等，下面将对这些问题进行讨论。

（一）滴定分析中的基本公式

设 A 为待测组分，B 为标准溶液，滴定反应为：

$$aA + bB \xlongequal{} cC + dD$$

当 A 与 B 按化学计量关系完全反应时，则：

$$\frac{n_A}{n_B} = \frac{a}{b} \tag{12-1}$$

（1）求标准溶液的浓度 c_A

若已知待测溶液的体积 V_A、标准溶液的浓度 c_B 和体积 V_B，则

$$c_A V_A = \frac{a}{b} c_B V_B$$

$$c_A = \frac{a}{b} \frac{c_B}{V_A} V_B \tag{12-2}$$

（2）求待测组分的质量 m_A

$$n_A = \frac{a}{b} n_B \quad \frac{m_A}{M_A} = \frac{a}{b} n_B = \frac{a}{b} c_B V_B \frac{1}{1000} \tag{12-3}$$

$$m_A = \frac{a}{b} c_B V_B M_A \times 10^{-3}$$ （体积 V 以 mL 为单位时）

（3）求试样中待测组分的质量分数 w_A

$$w_A = \frac{m_A}{m_S} = \frac{\frac{a}{b} c_B V_B M_A}{m_S} \times 10^{-3} \tag{12-4}$$

（二）滴定分析计算实例

1. 溶液的稀释或浓缩的计算

例 12-1 现有 $0.0976\text{mol} \cdot L^{-1}$ 的 NaOH 溶液 4.800L，欲使其浓度为 $0.1000\text{mol} \cdot L^{-1}$，问应加入 $0.5000\text{mol} \cdot L^{-1}$ 的 NaOH 溶液多少 mL？

解： 设应加入 NaOH 溶液 VmL，根据溶液浓缩前后溶质的物质的量应相当，则

$$0.5000V + 0.0976 \times 4.800 \times 10^3 = 0.1000 \times (4.800 \times 10^3 + V)$$

$$V=28.80\text{mL}$$

2. 标准溶液的配制和标定

例 12-2 用 Na_2CO_3 标定 $0.20\text{mol}\cdot L^{-1}$ HCl 标准溶液时，若使用 50mL 滴定管，问应称取基准 Na_2CO_3 多少克?

解：

$$2HCl+Na_2CO_3 \rightleftharpoons 2NaCl+CO_2+H_2O$$

$$n(Na_2CO_3)=\frac{1}{2}n(HCl)$$

$$m(Na_2CO_3)=\frac{1}{2}c(HCl)V(HCl)\times\frac{M(Na_2CO_3)}{1000}=\frac{1}{2}\times 0.20\times 25\times\frac{106.0}{1000}=0.26$$

用分析天平称量时一般按±10%为允许的称量范围，称量范围为 0.26±0.26×10%=0.26±0.03g，即 0.23～0.29g。

例 12-3 标定 NaOH 溶液时，称取邻苯二甲酸氢钾（KHP）基准物质 0.4925g，用 NaOH 溶液滴定，终点时用去 NaOH 溶液 23.50mL，求 NaOH 溶液的浓度。

解：

$$NaOH+KHP \rightleftharpoons NaKP+H_2O$$

$$n(NaOH)=n(KHP)$$

$$c(NaOH)V(NaOH)=\frac{m(KHP)}{M(KHP)}$$

$$c(NaOH)\times 23.50=\frac{0.4925}{204.2/1000}$$

$$c(NaOH)=0.1026\text{mol}\cdot L^{-1}$$

例 12-4 欲测定大理石中 $CaCO_3$ 含量，称取大理石试样 0.1557g，溶解后向试液中加入过量的 $(NH_4)_2C_2O_4$，使 Ca^{2+} 成 CaC_2O_4 沉淀析出，过滤、洗涤，将沉淀溶于稀 H_2SO_4，此溶液中的 $C_2O_4^{2-}$ 需用 15.00mL 0.04000 $\text{mol}\cdot L^{-1}$ $KMnO_4$ 标准溶液滴定，求大理石中 $CaCO_3$ 的含量。

解：

$$Ca^{2+}+C_2O_4^{2-} \rightleftharpoons CaC_2O_4$$

$$CaC_2O_4+H_2SO_4 \rightleftharpoons CaSO_4+H_2C_2O_4$$

$$5H_2C_2O_4+2KMnO_4+3H_2SO_4 \rightleftharpoons 10CO_2+2MnSO_4+K_2SO_4+8H_2O$$

$$n(CaCO_3)=\frac{5}{2}c(KMnO)_4V(KMnO_4)$$

$$m(CaCO_3)=\frac{5}{2}c(KMnO_4)V(KMnO_4)M(CaCO_3)=\frac{5}{2}\times 0.04000\times\frac{15.00}{1000}\times 100.09=0.1501\text{g}$$

$$CaCO_3\%=\frac{0.1501}{0.1557}\times 100\%=96.43\%$$

第二节　酸碱滴定法

(Acid-Alkali Titration)

酸碱滴定法是以酸碱反应为基础，利用酸或碱标准溶液进行滴定的定量分析方法。酸与碱之间反应的速率都相当快，而且可提供指示化学计量点的酸碱指示剂也很多。一般酸（碱）以及能与碱（酸）直接或间接反应的物质，几乎都可用酸碱滴定法进行测定。因为能与酸、碱发生质子传递的物质很多，所以，该法是应用相当广泛的、主要的滴定分析法之一。

为正确掌握酸碱滴定法，需要了解滴定过程中溶液酸碱度的分布或变化情况，还需了解酸碱指示剂的性质、作用原理及变色范围，以便根据具体化学反应了解化学计量点前后 pH 值的变化，正确选择适合的指示剂，得到准确的结果。

一、水溶液中各种酸碱组分的分布情况

从酸碱离解平衡（也称解离平衡）可知，当酸碱处于平衡状态时，溶液中常常存在着不同的酸碱组分，它们各自的浓度称为平衡浓度。平衡浓度之和称为总浓度 c（又称分析浓度）。某一组分的平衡浓度在总浓度中的分数称为该组分的分布系数（或称摩尔分数），以 δ 表示。当溶液的酸度发生变化时，平衡发生移动，各种酸碱组分的平衡浓度发生变化，分布系数跟着发生变化。分布系数 δ 与溶液酸度（pH 值）之间可作 δ-pH 图，称为分布曲线。根据分布系数 δ 和总浓度 c，可求得各种酸碱组分的平衡浓度。

在弱酸（碱）平衡体系中，溶质往往以多种型体存在。当酸度增大或减小时，各型体浓度的分布将随溶液的酸度而变化。现对一元弱酸（碱）、多元弱酸（碱）的分布情况分别加以讨论。

（一）一元弱酸(碱)溶液各种酸碱组分的分布情况

一元弱酸 HA，设其总浓度为 c。由于离解反应，溶液中有 HA 和 A^- 两种组分。HA 和 A^- 的平衡浓度分别以 $c(HA)$、$c(A^-)$ 表示。则 $c=c(HA)+c(A^-)$。设 HA、A^- 的分布系数为 $\delta(HA)$、$\delta(A^-)$。则

$$\delta(HA)=\frac{c(HA)}{c}=\frac{c(HA)}{c(HA)+c(A^-)}=\frac{1}{1+\dfrac{c(A^-)}{c(HA)}}$$

对于一元弱酸的电离 $HA \rightleftharpoons H^+ + A^-$，有 $K_a=\dfrac{c(H^+)c(A^-)}{c(HA)}$。$K_a$ 为电离平衡常数。

所以

$$\delta(HA)=\frac{1}{1+\dfrac{K_a}{c(H^+)}}=\frac{c(H^+)}{c(H^+)+K_a} \tag{12-5}$$

同理

$$\delta(A^-)=\frac{c(A^-)}{c}=\frac{c(A^-)}{c(HA)+c(A^-)}=\frac{K_a}{c(H^+)+K_a} \tag{12-6}$$

显然，各种组分的分布系数之和为 1。即 $\delta(HA)+\delta(A^-)=1$

例 12-5 计算（1）pH=0；（2）$pH=pK_a=4.75$ 时，HAc 溶液中各酸碱组分的分布系数。

解：（1）

$$\delta(HAc)=\frac{c(H^+)}{c(H^+)+K_a}=\frac{1.0\times10^0}{1.0\times10^0+10^{-4.75}}\approx1$$

$$\delta(A^-)=\frac{10^{-4.75}}{1.0\times10^0+10^{-4.75}}\approx0$$

（2）

$$\delta(HAc)=\frac{10^{-4.75}}{10^{-4.75}+10^{-4.75}}=0.5$$

$$\delta(A^-)=\frac{10^{-4.75}}{1.0\times10^0+10^{-4.75}}=0.5$$

如上可计算出不同 pH 值时的 $\delta(HAc)$ 和 $\delta(Ac^-)$ 值。以 δ 值为纵坐标，pH 值为横坐标，可得 δ-pH 图，即分布曲线。见图 12-1。

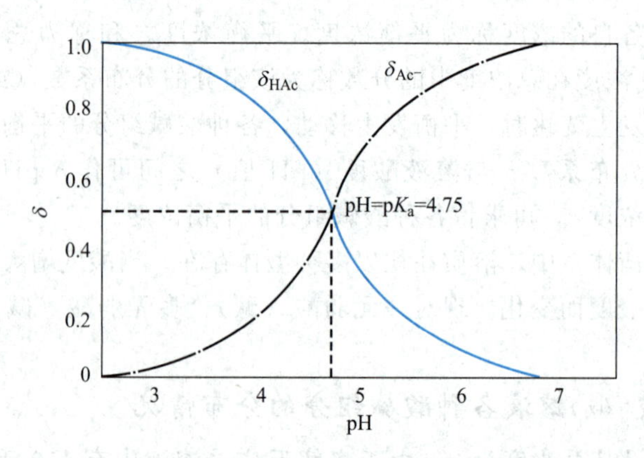

图 12-1 HAc、Ac^- 分布系数与溶液 pH 值的关系曲线

由图可见，当 $pH=pK_a$ 时，$\delta(HA)=\delta(A^-)=0.5$，即溶液中 HAc 和 Ac^- 两种组分各占 50%；当 $pH<pK_a$ 时，溶液中主要组分是 HAc；当 $pH>pK_a$ 时，溶液中主要组分是 Ac^-。

*（二）多元弱酸（碱）溶液中各种酸碱组分的分布情况

二元弱酸 H_2A 的总浓度为 c，溶液中有 H_2A、HA^- 和 A^{2-} 三种组分。它们的平衡浓度分别以 $c(H_2A)$、$c(HA^-)$ 和 $c(A^{2-})$ 表示。则有 $c=c(H_2A)+c(HA^-)+c(A^{2-})$。设 H_2A、HA^- 和 A^{2-} 的分布系数为 $\delta(H_2A)$、$\delta(HA^-)$、$\delta(A^{2-})$，则

$$\delta(H_2A)=\frac{c(H_2A)}{c}=\frac{c(H_2A)}{c(H_2A)+c(HA^-)+c(A^{2-})}=\frac{1}{1+\frac{c(HA^-)}{c(H_2A)}+\frac{c(A^{2-})}{c(H_2A)}}$$

$$=\frac{1}{1+\frac{K_{a_1}}{c(H^+)}+\frac{K_{a_1}K_{a_2}}{c^2(H^+)}}=\frac{c^2(H^+)}{c^2(H^+)+c(H^+)K_{a_1}+K_{a_1}K_{a_2}} \tag{12-7}$$

同理可得

$$\delta(HA^-)=\frac{c(H^+)K_{a_1}}{c^2(H^+)+c(H^+)K_{a_1}+K_{a_1}K_{a_2}} \tag{12-8}$$

$$\delta(A^{2-})=\frac{K_{a_1}K_{a_2}}{c^2(H^+)+c(H^+)K_{a_1}+K_{a_1}K_{a_2}} \tag{12-9}$$

已知酒石酸的 pK_{a_1}、pK_{a_2} 为 3.04 和 4.37。酒石酸溶液的 δ-pH 分布曲线见图 12-2。

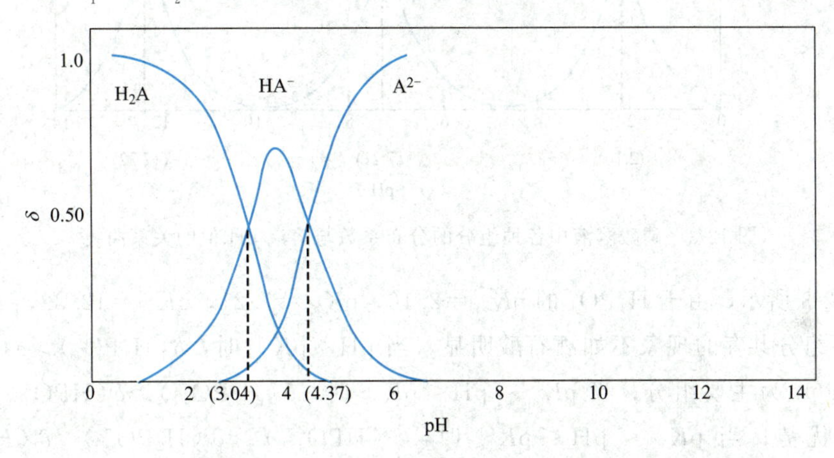

图 12-2　酒石酸溶液中各种组分的分布系数与溶液 pH 值的关系曲线

由图可知：当 $pH<pK_{a_1}$ 时，$\delta(H_2A)>\delta(HA^-)$，溶液中主要组分是 H_2A；当 $pK_{a_1}<pH<pK_{a_2}$ 时，$\delta(HA^-)>\delta(H_2A)$、$\delta(HA^-)>\delta(A^{2-})$，溶液中主要组分是 HA^-；当 $pH>pK_{a_2}$ 时，$\delta(A^{2-})>\delta(HA^-)$，溶液中主要组分是 A^{2-}。

已知琥珀酸的 $pK_{a_1}=4.19$、$pK_{a_2}=5.50$、$pH=4.88$。计算溶液中三种组分的分布系数。

解：

$$\delta(HA^-)=\frac{10^{-4.88-4.19}}{(10^{-4.88})^2+10^{-4.88-4.19}+10^{-4.19-5.50}}=0.69$$

$$\delta(A^{2-})=\frac{10^{-4.19-5.57}}{(10^{-4.88})^2+10^{-4.88-4.19}+10^{-4.19-5.50}}=0.17$$

可见，如果 pK_{a_1}、pK_{a_2} 比较接近，HA^- 占优势的区域较窄，在此区域内各种组分的存在情况比较复杂。若三元弱酸，例如 H_3PO_4，情况更复杂些，按上面同样的推算，可得：

$$\delta(H_3A)=\frac{c(H_3A)}{c}=\frac{c^3(H^+)}{c^3(H^+)+c^2(H^+)K_{a_1}+c(H^+)K_{a_1}K_{a_2}+K_{a_1}K_{a_2}K_{a_3}}$$

$$\delta(H_2A^-)=\frac{c(H_2A^-)}{c}=\frac{c^2(H^+)K_{a_1}}{c^3(H^+)+c^2(H^+)K_{a_1}+c(H^+)K_{a_1}K_{a_2}+K_{a_1}K_{a_2}K_{a_3}}$$

$$\delta(HA^{2-})=\frac{c(HA^{2-})}{c}=\frac{c(H^+)K_{a_1}K_{a_2}}{c^3(H^+)+c^2(H^+)K_{a_1}+c(H^+)K_{a_1}K_{a_2}+K_{a_1}K_{a_2}K_{a_3}}$$

$$\delta(A^{3-})=\frac{c(A^{3-})}{c}=\frac{K_{a_1}K_{a_2}K_{a_3}}{c^3(H^+)+c^2(H^+)K_{a_1}+c(H^+)K_{a_1}K_{a_2}+K_{a_1}K_{a_2}K_{a_3}}$$

$$\delta(H_3A)+\delta(H_2A^-)+\delta(HA^{2-})+\delta(A^{3-})=1$$

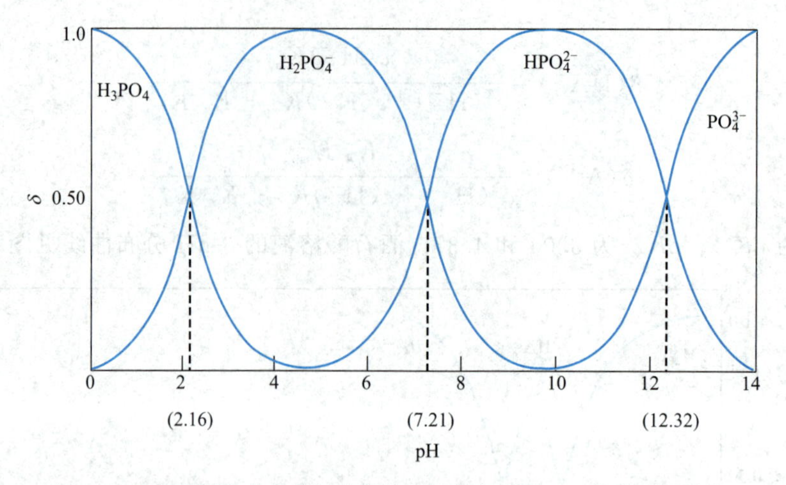

图 12-3　磷酸溶液中各种组分的分布系数与溶液 pH 值的关系曲线

如图 12-3 所示，由于 H_3PO_4 的 $pK_{a_1}=2.16$，$pK_{a_2}=7.21$，$pK_{a_3}=12.32$，三者相差均比较大，各组分共存的现象不如酒石酸明显。当 $pH<pK_{a_1}$ 时，$\delta(H_3PO_4)>\delta(H_2PO_4^-)$，溶液中 H_3PO_4 为主要组分；当 $pK_{a_1}<pH<pK_{a_2}$ 时，$\delta(H_2PO_4^-)>\delta(HPO_4^{2-})$，溶液中 $H_2PO_4^-$ 占优势；当 $pK_{a_2}<pH<pK_{a_3}$ 时，$\delta(HPO_4^{2-})>\delta(H_2PO_4^-)$、$\delta(HPO_4^{2-})>\delta(PO_4{}^{3-})$、溶液中 HPO_4^{2-} 占优势；当 $pH>pK_{a_3}$ 时，$\delta(PO_4^{3-})>\delta(HPO_4^{2-})$，溶液中主要组分是 PO_4^{3-}。

二、酸碱指示剂

（一）酸碱指示剂的作用原理

在酸碱滴定的过程中，被滴定的溶液在外观上通常不发生任何变化，需要借助酸碱指示剂颜色的改变来指示滴定终点。酸碱指示剂一般是某些有机弱酸或有机弱碱，或是有机酸碱两性物质，他们在酸碱滴定过程中也能参与质子转移反应，因分子结构的改变而引起自身颜色发生变化，并且这种颜色伴随结构的转变是可逆的。溶液中酸度改变的时候，会使指示剂结构改变而引起颜色的变化，从而指示滴定终点。现举例说明。

1. 酚酞类

酚酞是一种有机弱酸，称为酸型指示剂，它在水溶液中有如下结构变化：

$\xrightleftharpoons[2H^+]{2OH^-}$　　$\xrightleftharpoons[H^+]{OH^-}$

无色（内酯式，“酸”色）　　红色（醌式，“碱”色）　　无色（羧酸盐式）

在碱性溶液中酚酞呈醌式结构，显红色，称“碱”色。在酸性溶液中呈内酯式结构，显无色，称“酸”色。当溶液酸度增大时，酚酞为“酸”色结构，无色；当 pH 值升高到一定数值时，酚酞为“碱”色结构，为红色；而在强碱溶液中由于它会转变成羧酸盐式而显无色。类似酚酞，在酸式或碱式型体中仅有一种型体具有颜色的指示剂，称为单色指示剂。

百里酚酞（又名麝香草酚酞）、α-萘酚酞等属于此类指示剂。

2. 偶氮类化合物

甲基橙同时含有酸性基团—SO_3H 和碱性基团—N（CH_3）$_2$，所以它是两性物质。它在水溶液中以橙黄色（“碱”色）偶氮式阴离子存在。在 H^+ 作用下转变为红色（“酸”色）醌式阳离子。因其酸式或碱式型体均有颜色而称为双色指示剂。它在水溶液中的解离作用和颜色变化为：

H_3C、H_3C—N^+═(苯环)═N—NH—(苯环)—SO_3^- $\underset{H^+}{\overset{OH^-}{\rightleftharpoons}}$ H_3C、H_3C—N—(苯环)—N═N—(苯环)—SO_3^-

红色,“酸”色　　　　黄色,“碱”色

从上面的平衡关系可知，在酸性溶液中因为有大量的氢离子存在，所以平衡向左移动，指示剂是“酸”色结构，即酚酞变为无色分子，故溶液为无色；而甲基橙变为红色离子，溶液呈现红色。若在碱性溶液中，平衡则向右移动，即酚酞几乎全是以红色离子（“碱”色）存在而呈现红色（在强碱性溶液中又呈无色）；而甲基橙以黄色离子（“碱”色）形式存在而呈现黄色。

现以 HIn 来表示弱酸，则弱酸的离解平衡为　$HIn \rightleftharpoons H^+ + In^-$

达平衡时

$$\frac{c(H^+)c(In^-)}{c(HIn)}=K(HIn) \tag{12-10}$$

$K(HIn)$ 称为指示剂常数，它的意义是：$\frac{c(In^-)}{c(HIn)}=\frac{\text{“碱”色}}{\text{“酸”色}}=\frac{K(HIn)}{c(H^+)}$

显然，指示剂颜色的转变依赖于 In^- 和 HIn 的浓度比，根据上面可知，In^- 和 HIn 的浓度之比取决于以下几点：①指示剂常数 $K(HIn)$，其数值与指示剂解离的强弱有关，在一定条件下，对特定的指示剂而言，是一个固定的值；②溶液的酸度 $c(H^+)$。因此，指示剂的颜色完全由溶液中 $c(H^+)$ 决定。

（二）指示剂的变色范围及其影响因素

对于酸碱滴定，重要的是滴定终点的确定。因此，讨论指示剂在什么 pH 条件下颜色发生改变，与滴定过程中溶液 pH 的关系尤为重要。

1. 指示剂的变色范围

对于指示剂而言，当溶液的酸度随滴定逐渐改变时，溶液中 $c(In^-)$ 与 $c(HIn)$ 的浓度之比值将随之改变。因而指示剂的颜色也逐渐地在改变。若酸度以 pH 值代表，则颜色在逐渐变化的过渡中的 pH 值范围称为指示剂的变色范围。通常来讲，当“酸”“碱”色浓度之比大于 10 倍或小于 1/10 时，人们的眼睛才能辨认出浓度大的物质的颜色。这实际就是指示剂变色范围的两个边缘。在范围的一边为：

$$\frac{K(HIn)}{c(H^+)}=\frac{c(In^-)}{c(HIn)}=\frac{1}{10}\quad c(H^+)_1=10K(HIn)\quad pH_1=pK(HIn)-1\quad \text{呈“酸”色。}$$

在范围的另一边：

$$\frac{K(HIn)}{c(H^+)}=\frac{c(In^-)}{c(HIn)}=10\quad c(H^+)_2=K(HIn)/10\quad pH_2=pK(HIn)+1\quad \text{呈“碱”色。}$$

$\frac{c(In^-)}{c(HIn)}$	$<\frac{1}{10}$	$=\frac{1}{10}$	$=\frac{1}{1}$	$=\frac{10}{1}$	$>\frac{10}{1}$
	纯“酸”色	略带“碱”色	中间色	略带“酸”色	纯“碱”色
	纯“酸”色	变　色　范　围			纯“碱”色
	$pH_1=pK(HIn)-1$	变　色　范　围			$pH_2=pK(HIn)+1$

当溶液中的pH值与pK(HIn)相等时，$c(In^-)=c(HIn)$，这称为指示剂的理论变色点。而在pH＝pK(HIn)±1的区间内看到的是指示剂颜色的过渡色，故被称为指示剂变色范围。

表12-2　几种常用酸碱指示剂及其变色范围

指示剂	变色范围pH	颜色		pK(HIn)	浓度
		酸色	碱色		
百里酚蓝(第一次变色)	1.2～2.8	红	黄	1.7	0.1%的20%乙醇溶液
甲基黄	2.9～4.0	红	黄	3.3	0.1%的90%乙醇溶液
甲基橙	3.1～4.4	红	黄	3.4	0.05%的水溶液
溴酚蓝	3.0～4.6	黄	蓝紫	4.1	0.1%的20%乙醇溶液
溴甲酚绿	3.8～5.4	黄	蓝	4.9	0.1%的水溶液，每100mg指示剂加0.05mol·L^{-1}NaOH2.9mL
甲基红	4.4～6.2	红	黄	5.0	0.1%的60%乙醇溶液
溴甲酚紫	5.2～6.8	黄	紫	6.2	0.1%的水溶液
溴百里酚蓝	6.0～7.6	黄	蓝	7.3	0.1%的20%乙醇溶液或其钠盐的水溶液
中性红	6.8～8.0	红	黄橙	7.4	0.1%的60%乙醇溶液
酚红	6.4～8.2	黄	红	8.0	0.1%的60%乙醇溶液或其钠盐的水溶液
百里酚蓝(第二次变色)	8.0～9.6	黄	蓝	8.9	0.1%的20%乙醇溶液
酚酞	8.0～9.8	无	红	9.1	0.1%的90%乙醇溶液
百里酚酞	9.4～10.6	无	蓝	10.0	0.1%的90%乙醇溶液

根据理论计算，指示剂的变色范围约为两个pH值，但实际上如表12-2所示，各种指示剂的变色范围并不局限在这个数值上。这主要是因为人眼对各种颜色的敏感度不同，且两种不同颜色之间还会有调和。例如，黄色在红色中不像红色在黄色中明显，因此甲基橙的变色范围在pH小的一边要短小一些，所以甲基橙的变色范围从理论上的pH2.4～4.4改变为3.1～4.4。同理，红色在无色中非常显眼，因此酚酞的变色范围在pH大的一边会短小，而在pH小的一边反而有所增大，所以酚酞的实际变色范围从理论的8.1～10.1变为8.0～9.8。

综上所述可得如下结论：①指示剂的变色范围不是恰好在pH为7的地方，而是随各指示剂的K(HIn)不同而不同；②各种指示剂在变色范围内显现出来的是逐渐变化的过渡色；③各种指示剂的变色范围幅度各不相同，通常在pK(HIn)±1左右。

2. 影响指示剂变色范围的因素

为了在化学计量点时，pH稍有改变，指示剂即由一种颜色变到另一颜色，希望指示剂的变色范围尽量窄。但影响指示剂变色范围的因素是多方面的。

(1) 温度的影响　温度改变时，指示剂的解离常数 $K(HIn)$ 和水的自递常数 K_w 都有改变，因而指示剂的变色范围也随之改变。如甲基橙在室温下的变色范围是 3.2～4.4，在 100℃时为 2.5～3.7。因此，滴定适合在室温下进行。如反应必须加热，应将溶液冷却至室温后再进行滴定。

(2) 指示剂的用量　对单色指示剂（如酚酞、百里酚酞等），指示剂的用量有较大的影响。例如，酚酞的酸式色（HIn）为无色，颜色深浅仅取决于碱式色（In^-）的红色。在 50～100mL 溶液中加入 0.1%酚酞指示剂 2～3 滴，pH≈9 时显微红色；而在同样条件下加入 10～15 滴酚酞，则在 pH≈8 时出现微红色。因此，用单色指示剂滴定至一定 pH 时，需要严格控制指示剂的用量。但对于双色指示剂，例如甲基橙溶液颜色取决于 $[In^-]/[HIn]$ 的比值，指示剂的浓度不会影响指示剂的变色范围。但如果指示剂用量过多，色调变化不明显，同时指示剂本身也要消耗一定的滴定剂，带来误差。

(3) 电解质　电解质的存在对指示剂的影响有两个方面：一是改变了溶液的离子强度，使指示剂的表观解离常数改变，从而影响指示剂的变色范围；二是某些电解质具有吸收不同波长光的性质，也会改变指示剂的颜色和色调及变色的灵敏度。所以在滴定溶液中不宜有大量的盐类存在。

（三）混合指示剂

在酸碱滴定中，指示剂的变色范围越窄越好，使滴定分析达化学计量点时，pH 值稍有变化，就可观察出溶液的颜色改变，有利于提高滴定的准确度。为缩小指示剂的变色范围，常常使用混合指示剂。见表 12-3。

混合指示剂是利用颜色之间的互补作用，使变色范围狭窄，使颜色变化敏锐。混合指示剂有两种配制方法。一种配制方法是由两种或两种以上的指示剂混合而成。例如，溴甲酚绿 [$pK(HIn)=4.9$] pH<3.8 时呈黄色（“酸”色），pH>5.4 时呈蓝色（“碱”色）；而甲基红 [$pK(HIn)=5.0$] pH<4.4 时呈红色（“酸”色），pH>6.2 时呈浅黄色（“碱”色），它们按一定比例混合后，两种颜色叠加到一起，“酸”色为紫红色；“碱”色为蓝绿色。pH 值为 5.1 时，溴甲酚绿为绿色，甲基红为橙色，混合后为浅灰色。酸碱滴定时，pH 值稍有变化，混合指示剂立刻变色，非常敏锐。另一种配制方法是在指示剂中加入一种惰性染料。例如，把中性红与染料次甲基蓝按比例混合，在 pH 为 7.0 左右变化 0.2 个 pH 单位即可变色。

表 12-3　常用酸碱混合指示剂

指示剂组成	变色点 pH	颜色		变色情况
		酸色	碱色	
1 份 0.1%甲基黄乙醇溶液 1 份 0.1%亚甲基蓝乙醇溶液	3.25	蓝紫	绿	pH=3.2 蓝紫色 pH=3.4 绿色
1 份 0.1%甲基橙水溶液 1 份 0.25%靛蓝二磺酸钠水溶液	4.1	紫	黄绿	pH=4.1 灰色
3 份 0.1%溴甲酚绿乙醇溶液 1 份 0.2%甲基红乙醇溶液	5.1	紫红	蓝绿	pH=5.1 灰色
1 份 0.1%溴甲酚绿钠盐水溶液 1 份 0.2%氯酚红钠盐水溶液	6.1	黄绿	蓝紫	pH=5.4 蓝绿色 pH=5.8 蓝色 pH=6.0 蓝略带紫 pH=6.2 蓝紫色

续表

指示剂组成	变色点 pH	颜色		变色情况
		酸色	碱色	
1 份 0.1%甲基黄乙醇溶液 1 份 0.1%亚甲基蓝乙醇溶液	7.0	蓝紫	绿	pH=7.0 蓝紫色
1 份 0.1%溴甲酚红钠盐水溶液 1 份 0.2%百里酚蓝钠盐水溶液	8.3	黄	紫	pH=8.2 玫瑰色 pH=8.4 紫色
1 份 0.1%酚酞乙醇溶液 2 份 0.1%甲基绿乙醇溶液	8.9	绿	紫	pH=8.8 浅蓝色 pH=9.0 紫色
1 份 0.1%酚酞乙醇溶液 1 份 0.1%百里酚酞乙醇溶液	9.9	无	紫	pH=9.6 玫瑰色 pH=10.0 紫色
1 份 0.1%百里酚酞乙醇溶液 1 份 0.1%茜素黄乙醇溶液	10.2	无	紫	

三、滴定曲线及指示剂的选择

在酸碱溶液的滴定过程中，加入碱或酸溶液都会引起溶液 pH 值的变化，特别是在化学计量点附近，一滴酸或碱溶液的滴入，引起 pH 值突然的大幅变化。根据这个变化，可选择合适的指示剂。在滴定过程中，溶液 pH 值随标准溶液用量的增加而改变，所绘制的曲线称为滴定曲线。

下面分别讨论不同类型的滴定反应及指示剂的选择。

（一） 强酸(碱)滴定强碱(酸)

基本反应：$OH^- + H_3O^+ \longrightarrow 2H_2O$

现以 $0.1000mol \cdot L^{-1}$ NaOH 溶液滴定 20.00mL $0.1000mol \cdot L^{-1}$ HCl 溶液为例。滴定过程中的 pH 值分四个阶段计算。

(1) 滴定前［加入 $V(NaOH)=0.00mL$］ 溶液 pH 值由 HCl 溶液的浓度计算：

已知 $c(HCl)=0.1000mol \cdot L^{-1}$ 所以 $c(H^+)=0.1000mol \cdot L^{-1}$ pH=1.00

(2) 滴定开始至化学计量点前由于 NaOH 的加入，部分 HCl 已被中和，此时溶液 pH 值应根据剩余 HCl 的量计算：

例如加入 $V(NaOH)=18.00mL$

$$c(H^+)=\frac{c(HCl)V(HCl)-c(NaOH)V(NaOH)}{V(HCl)+V(NaOH)}$$
$$=\frac{0.1000\times 20.00-0.1000\times 18.00}{20.00+18.00}$$
$$=5.26\times 10^{-3}(mol \cdot L^{-1})$$

pH=2.28

加入 $V(NaOH)=19.98mL$，

$$c(H^+)=\frac{0.1000\times 20.00-0.1000\times 19.98}{20.00+19.98}$$
$$=5.00\times 10^{-5}(mol \cdot L^{-1})$$

pH =4.30

(3) 化学计量点时，加入 $V(NaOH)=20.00mL$ 所加 NaOH 与溶液中 HCl 完全中和

$c(H^+)=c(OH^-)=1.00\times 10^{-7}(mol \cdot L^{-1})$ pH =7.00

(4) 化学计量点后　溶液 pH 值由过量 NaOH 的量计算：

例如加入 $V(\text{NaOH})=20.02\text{mL}$

$$c(\text{OH}^-)=\frac{c(\text{NaOH})V(\text{NaOH})-c(\text{HCl})V(\text{HCl})}{V(\text{NaOH})+V(\text{HCl})}$$

$$=\frac{0.1000\times20.02-0.1000\times20.00}{20.02+20.00}$$

$$=5.00\times10^{-5}(\text{mol}\cdot\text{L}^{-1})$$

pOH=4.30　　pH=9.70

加入 $V(\text{NaOH})=22.00\text{mL}$

$$c(\text{OH}^-)=\frac{0.1000\times22.00-0.1000\times20.00}{22.00+20.00}$$

$$=5.00\times10^{-3}(\text{mol}\cdot\text{L}^{-1})$$

pOH =2.30　　pH =11.70

用上述方法可计算出其他各点的 pH 值，将计算结果列于表 12-4。以溶液的 pH 值为纵坐标，以所加 NaOH 溶液的体积（mL 数）为横坐标，可绘制出滴定曲线。见图 12-4。

表 12-4　0.1000mol·L^{-1} NaOH 溶液滴定 20.00mL 0.1000mol·L^{-1} HCl 的 pH 值

加入 NaOH 溶液 V/mL	被滴定 HCl 溶液的滴定分数 T	剩余 HCl 溶液的体积 V/mL	过量 NaOH 溶液的体积 V/mL	溶液的 $c(\text{H}^+)$/mol·L^{-1}	溶液的 pH 值
0.00	0.00	20.00		1.00×10^{-1}	1.00
10.00	0.500	10.00		3.33×10^{-2}	1.48
18.00	0.900	2.00		5.26×10^{-3}	2.28
19.80	0.990	0.20		5.02×10^{-4}	3.30
19.98	0.999	0.02		5.00×10^{-5}	4.30
20.00	1.000	0.00		1.00×10^{-7}	7.00 突跃范围
20.02	1.001		0.02	2.00×10^{-10}	9.70
20.20	1.010		0.20	2.00×10^{-11}	10.70
22.00	1.100		2.00	2.10×10^{-12}	11.70
40.00	2.000		20.00	5.00×10^{-13}	12.50

从图 12-4 和表 12-4 可知，在滴定开始时，溶液中尚有大量 HCl，因此，NaOH 的加入只引起 pH 值缓慢地增大，NaOH 的体积从 0.00 到 19.80mL，pH 值随 NaOH 加入的曲线几乎是平坦的，溶液的 pH 值只增大了 2.3 个单位；随滴定的进行，溶液中 HCl 含量减少，pH 值的升高逐渐加快，再加入 0.18mL（共 19.98mL）NaOH 溶液，pH 值就增大了 1 个单位；再滴入 0.02mL（共 20.00mL）NaOH 溶液，pH 值跃至 7.00。此时，若再滴入 0.02mL NaOH 溶液，pH 值突增至 9.70。此后，如再滴入 NaOH，溶液中 pH-V(NaOH) 曲线又趋于平坦。

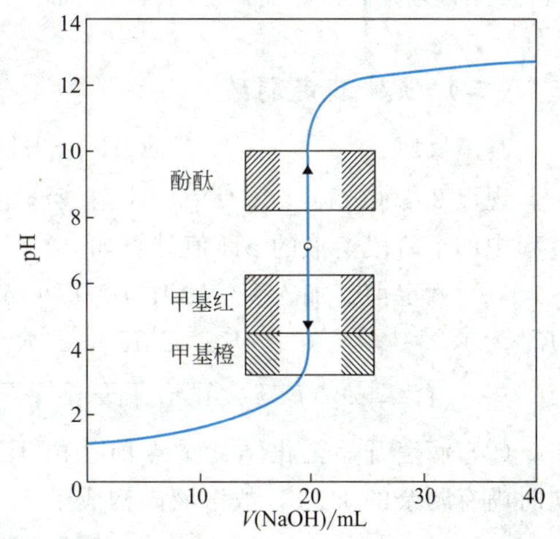

图 12-4　0.1000mol·L^{-1} NaOH 溶液滴定 20.00mL 0.1000mol·L^{-1} HCl 的滴定曲线

由此可知，在化学计量点前后，加入 NaOH 的体积仅 0.04mL，溶液的 pH 值从 4.30 增加到 9.70，跃迁了 5.4 个单位，形成了曲线中的“突跃”部分。我们将化学计量点前后 ±0.1% 范围内 pH 值急剧的变化称为滴定突跃。指示剂的选择以此为依据。

显然，最理想的指示剂应该恰好在滴定反应的化学计量点变色。但实际上，凡是在突跃范围 pH 值 4.30～9.70 内变色的指示剂均可选用。因此，甲基橙、甲基红、酚酞等都可以作这一类型滴定的指示剂，从而得出选择指示剂的原则：凡是变色范围全部或部分在滴定突跃范围的指示剂，都可认为是合适的。这时所产生的终点误差在允许范围之内。

必须指出，滴定突跃范围的宽窄与溶液浓度有关。溶液越浓，突跃范围越宽；溶液越稀，突跃范围越窄，见图 12-5。当溶液浓度增大 10 倍，为 $1.000\text{mol} \cdot \text{L}^{-1}$ 时，突跃范围为 3.30～10.70，扩大了 2 个 pH 单位；当溶液浓度降低 10 倍，为 $0.01000\text{mol} \cdot \text{L}^{-1}$ 时，突跃范围为 5.30～8.70，减小了 2 个 pH 单位。显然，甲基橙已不再适用了。

强酸滴定强碱的曲线与强碱滴定强酸的相反。各关键点 pH 值的计算与强碱滴定强酸相似。图 12-6 是 $0.1000\text{mol} \cdot \text{L}^{-1}$ HCl 滴定 $0.1000\text{mol} \cdot \text{L}^{-1}$ NaOH 的滴定曲线。可以看到，突跃范围为 pH 9.70～4.30。甲基橙、甲基红、酚酞等仍是这一类型滴定的指示剂。

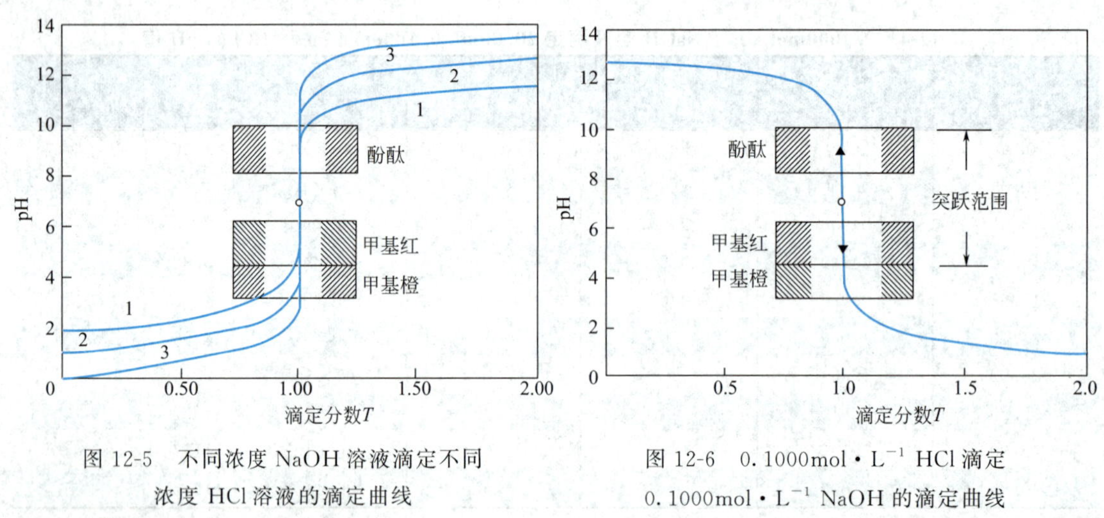

图 12-5　不同浓度 NaOH 溶液滴定不同浓度 HCl 溶液的滴定曲线

$1-0.01\text{mol} \cdot \text{L}^{-1}$；$2-0.1\text{mol} \cdot \text{L}^{-1}$；$3-1.0\text{mol} \cdot \text{L}^{-1}$

图 12-6　$0.1000\text{mol} \cdot \text{L}^{-1}$ HCl 滴定 $0.1000\text{mol} \cdot \text{L}^{-1}$ NaOH 的滴定曲线

（二）强碱滴定弱酸

基本反应：　$OH^- + HA \longrightarrow A^- + H_2O$

现以 $0.1000\text{mol} \cdot \text{L}^{-1}$ NaOH 溶液滴定 20.00mL $0.1000\text{mol} \cdot \text{L}^{-1}$ HAc 溶液为例，滴定过程中四个阶段溶液的 pH 值计算如下。

（1）滴定前［加入 $V(\text{NaOH})=0.00\text{mL}$］　溶液 pH 值由 HAc 溶液的浓度计算，已知 pK_a 为 $10^{-4.74}$，又由于 $cK_a>20K_w$，$c/K_a>500$，可用最简式计算：

$$c(H^+)=\sqrt{cK_a}=\sqrt{0.1000\times 10^{-4.75}}=1.33\times 10^{-3}(\text{mol} \cdot \text{L}^{-1}) \qquad pH=2.88$$

（2）滴定开始至化学计量点前　由于滴入 NaOH，与原溶液的 HAc 反应生成 NaAc，同时尚有剩余的 HAc，故溶液内构成了 $HAc\text{-}Ac^-$ 缓冲体系。溶液的 pH 值计算公式为：

$$pH=pK_a+\lg\frac{c_b}{c_a}$$

例如加入 $V(\text{NaOH}) = 19.98\text{mL}$

$$c_a = \frac{0.1000\times20.00 - 0.1000\times19.98}{20.00+19.98} = 5.00\times10^{-5}(\text{mol}\cdot\text{L}^{-1})$$

$$c_b = \frac{0.1000\times19.98}{20.00+19.98} = 5.00\times10^{-2}(\text{mol}\cdot\text{L}^{-1})$$

计算结果为：pH=7.76

（3）化学计量点时　加入 $V(\text{NaOH}) = 20.00\text{mL}$，HAc 和 NaOH 全部生成了 NaAc，$c(\text{盐}) = 0.05000\text{mol}\cdot\text{L}^{-1}$。$\text{Ac}^-$ 为 HAc 的共轭碱，其 $\text{p}K_b = 14 - \text{p}K_a = 9.25$。现 $c(\text{盐})K_b > 20K_w$，$c(\text{盐})/K_b > 500$，可用最简式计算：

$$c(\text{OH}^-) = \sqrt{c(\text{盐})K_b} = \sqrt{0.05000\times10^{-9.25}} = 5.30\times10^{-6}(\text{mol}\cdot\text{L}^{-1})$$

$$\text{pOH} = 5.28 \qquad \text{pH} = 8.72$$

（4）化学计量点后　溶液中有过量的 NaOH，抑制了 NaAc 的水解，溶液的 pH 值取决于过量的 NaOH 的量，计算方法与强碱滴定强酸相同。加入 $V(\text{NaOH}) = 20.02\text{mL}$ 时 pH=9.70。现将滴定过程中 pH 变化数据列于表 12-5，并绘制滴定曲线见图 12-7。

表 12-5　$0.1000\text{mol}\cdot\text{L}^{-1}$ NaOH 溶液滴定 20.00mL $0.1000\text{mol}\cdot\text{L}^{-1}$ HAc 的 pH 值

加入 NaOH 溶液 V/mL	被滴定 HAc 溶液的滴定分数 T	剩余 HAc 溶液体的积 V/mL	过量 NaOH 溶液的体积 V/mL	溶液的 c_a/mol·L^{-1}	溶液的 pH 值	
0.00	0.00	20.00		1.00×10^{-1}	2.88	
10.00	0.500	10.00		3.33×10^{-2}	4.75	
18.00	0.900	2.00		5.26×10^{-3}	5.70	
19.80	0.990	0.20		5.02×10^{-4}	6.75	
19.98	0.999	0.02		5.00×10^{-5}	7.76	突跃范围
20.00	1.000	0.00		1.00×10^{-7}	8.72	突跃范围
20.02	1.001		0.02		9.70	突跃范围
20.20	1.010		0.20		10.70	
22.00	1.100		2.00		11.70	
40.00	2.000		20.00		12.50	

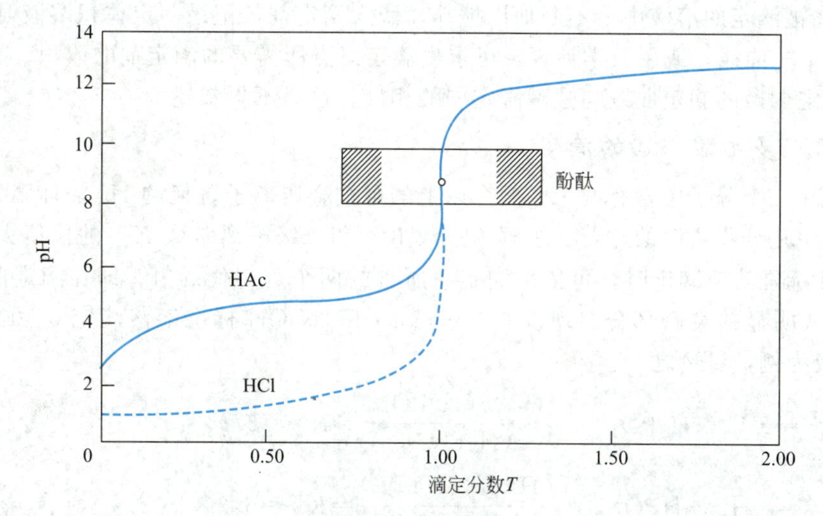

图 12-7　$0.1000\text{mol}\cdot\text{L}^{-1}$ NaOH 溶液滴定 20.00mL $0.1000\text{mol}\cdot\text{L}^{-1}$ HAc 的滴定曲线

由表12-5和图12-7可知，NaOH-HAc滴定曲线起点的pH值为2.88，比NaOH-HCl滴定曲线的起点高约2个pH单位。这是因为HAc是弱酸，解离度小于HCl，pH值高于同浓度的HCl。滴定开始后，pH值升高较快，这是因为反应生成了Ac^-，产生了同离子效应，从而抑制了HAc的解离，使$c(H^+)$降低较快。继续滴加NaOH溶液，NaAc不断生成，与溶液中剩余的HAc构成了缓冲体系，使pH值的增大减缓。

用NaOH溶液滴定不同的弱酸，滴定突跃范围的大小与弱酸的强度（用K_a表征）和浓度有关。弱酸的浓度一定时，K_a值越小，滴定突跃范围越窄。当$K_a=10^{-9}$时，已无明显的突跃，一般酸碱指示剂均不适用了。对同一种弱酸，浓度越大，滴定突跃范围越大，反之亦然。若要求滴定误差在0.2%以下，滴定终点与化学计量点应有0.3pH单位的差值（滴定突跃为0.6pH单位），人眼才能借助指示剂判断终点。要做到这点，$cK_a \geqslant 10^{-8}$是必须的条件，因此，$cK_a \geqslant 10^{-8}$就可作为判断能否滴定弱酸的依据。

某些极弱的酸（$cK_a<10^{-8}$），不能借助指示剂直接滴定，但可采用其他方法进行滴定。

（1）利用化学反应使弱酸强化　例如H_3BO_3的K_a为5.7×10^{-10}，即使滴定剂的浓度高达1.0mol·L^{-1}，也无法满足$cK_a>10^{-8}$的要求，显然，不能用碱溶液直接滴定。但是H_3BO_3可与甘油（或甘露醇）等多元醇生成配合物甘油硼酸（K_a为3.0×10^{-7}），其酸性显然强于H_3BO_3，且能满足滴定的要求，所以可用酚酞或百里酚酞作指示剂，以NaOH标准溶液直接滴定。

又例如H_3PO_4，它的pK_{a_3}很小，通常只能按二元弱酸滴定。可在HPO_4^{2-}的溶液中，加入过量钙盐，生成$Ca_3(PO_4)$沉淀的同时会释放出H^+，再用NaOH标准溶液滴定。为不使$Ca_3(PO_4)$沉淀溶解，溶液的酸性不能强，故选用酚酞而不用甲基橙作指示剂。

（2）使弱酸转变成其共轭碱后，再用强酸溶液滴定　例如苯酚的K_a为1.1×10^{-10}，显然不能用NaOH溶液滴定，但其共轭碱苯酚钠的K_b为9×10^{-5}，可用HCl标准溶液滴定，可选甲基橙、甲基红作指示剂。

另外还可用非水滴定或采用仪器分析。非水滴定是由于同一种酸在不同的溶剂中，将表现出不同的强度。例如苯甲酸、苯酚在水中是极弱的酸，但它们在碱性溶剂（如乙二胺）中，酸性大大增强，可用NaOH标准溶液滴定；仪器分析中用电位滴定来测定弱酸（碱），实验时取两个电极，一个作参比电极（如甘汞电极），另一个作指示电极（如pH玻璃电极），均浸在被滴定的溶液中，不断加以搅拌，滴入滴定剂，记录一定体积溶液时的pH值，就可绘制V-pH曲线，或用数学计算，可求出滴定终点所需要的滴定剂的体积。

强酸滴定弱碱的滴定曲线与强碱滴定弱酸相反，这里不再叙述。

*（三）多元酸(碱)的滴定

任何酸在一个分子中含有两个或两个以上的可被金属离子置换的H^+，称多元酸。多元酸在水溶液中是分步离解的，若一级解离常数K_{a_1}和二级解离常数K_{a_2}的比值大于10^4时，则用NaOH标准溶液滴定时，可依次测定它所含的两个可替代的氢，即在滴定曲线上可显现出两个比较明显的突跃部分。现以0.1000mol·L^{-1}NaOH标准溶液滴定0.1000mol·L^{-1} H_3PO_4溶液为例，讨论之。

$$H_3PO_4 \rightleftharpoons H^+ + H_2PO_4^- \qquad \frac{c(H^+)c(H_2PO_4^-)}{c(H_3PO_4)}=K_{a_1}=6.9\times10^{-3}$$

$$H_2PO_4^- \rightleftharpoons H^+ + HPO_4^{2-} \qquad \frac{c(H^+)c(HPO_4^{2-})}{c(H_2PO_4^{2-})}=K_{a_2}=6.2\times10^{-8}$$

$$HPO_4^{2-} \rightleftharpoons H^+ + PO_4^{3-} \quad \frac{c(H^+)c(PO_4^{3-})}{c(HPO_4^{2-})} = K_{a_3} = 4.8 \times 10^{-13}$$

显然，$cK_{a_1} > 10^{-8}$，$cK_{a_2} = 0.32 \times 10^{-8}$（第一级解离的 H^+ 被滴定后溶液的浓度为 0.05000 $mol \cdot L^{-1}$），$cK_{a_3} < 10^{-8}$，又 $K_{a_1}/K_{a_2} = 10^{5.1}$，因此第一级解离和第二级解离的 H^+ 均可被滴定，且能分步滴定。第三级解离的 H^+ 不能直接滴定。H_3PO_4 的滴定曲线见图 12-8。

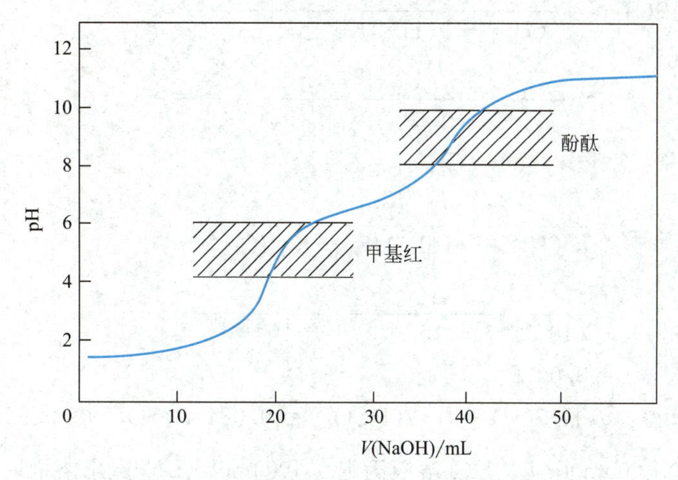

图 12-8　NaOH 滴定 H_3PO_4 的滴定曲线

其各点 pH 值的计算比较繁杂，通常计算化学计量点的 pH 值（用最简式计算，误差很小，均能符合滴定要求）。据此选择指示剂。

第一化学计量点时：

$$c(H^+) = \sqrt{K_{a_1} K_{a_2}} = \sqrt{6.9 \times 10^{-3} \times 6.2 \times 10^{-8}} = 2.07 \times 10^{-5} (mol \cdot L^{-1}) \quad pH = 4.68$$

选用甲基橙作指示剂，误差在 0.5%以下；用溴酚蓝作指示剂时误差为 0.35%。

第二化学计量点时：

$$c(H^+) = \sqrt{K_{a_2} K_{a_3}} = \sqrt{6.2 \times 10^{-8} \times 4.4 \times 10^{-13}} = 1.65 \times 10^{-10} (mol \cdot L^{-1}) \quad pH = 9.78$$

由于 $K_{a_3} < 10^{-8}$，第三个 H^+ 不被直接滴定，可用上面提到的方法，加过量 $CaCl_2$，生成 $Ca_3(PO_4)_2$ 沉淀。

$$3Ca^{2+} + 2HPO_4^{2-} \rightleftharpoons Ca_3(PO_4)_2 + 2H^+$$

释放出的 H^+，可用 NaOH 标准溶液滴定。

混合酸（碱）的滴定与多元酸（碱）类似，若两种酸解离常数分别为 K_a 和 K'_a，浓度分别为 c 和 c' 时，若 $cK_a \geq 10^{-8}$，$cK_a/c'K'_a \geq 10^4$，可准确滴定第一种酸；若 $c'K'_a \geq 10^{-8}$，则可继续滴定第二种酸。否则就必须采取其他方法。

多元碱（包括混合碱）的滴定与上述步骤相似，滴定曲线与上相反，这里不再讨论。

四、 酸碱滴定法计算示例

例 12-6　已知 H_2SO_3 的 $pK_{a_1} = 1.81$；$pK_{a_2} = 6.91$。计算 pH 为 4.41 和 8.00 时溶液中三种组分的分布系数 $\delta(H_2SO_3)$、$\delta(HSO_3^-)$、$\delta(SO_3^-)$。

解：(1)

$$\delta(H_2SO_3)=\frac{c^2(H^+)}{c^2(H^+)+c(H^+)K_{a_1}+K_{a_1}K_{a_2}}$$

$$=\frac{(10^{-4.41})^2}{(10^{-4.41})^2+10^{-4.41-1.81}+10^{-1.81-6.91}}$$

$$=0.0062$$

$$\delta(HSO_3^-)=\frac{c(H^+)K_{a_1}}{c^2(H^+)+c(H^+)K_{a_1}+K_{a_1}K_{a_2}}$$

$$=\frac{10^{-4.41-1.81}}{(10^{-4.41})^2+10^{-4.41-1.81}+10^{-1.81-6.91}}$$

$$=0.9859$$

$$\delta(SO_3^{2-})=\frac{K_{a_1}K_{a_2}}{c^2(H^+)+c(H^+)K_{a_1}+K_{a_1}K_{a_2}}$$

$$=\frac{10^{-1.81-6.91}}{(10^{-4.41})^2+10^{-4.41-1.81}+10^{-1.81-6.91}}$$

$$=0.0079$$

(2) 同上计算得：$\delta(H_2SO_3)\approx 0$；$\delta(HSO_3^-)\approx 0.08$；$\delta(SO_3^{2-})\approx 0.92$。

例 12-7 用 0.1000mol·L^{-1} HCl 溶液滴定 0.1000mol·L^{-1} 氨水溶液时，求：(1) 化学计量点时的 pH 值；(2) 滴定突跃范围；(3) 选择何种指示剂，能否使用酚酞，为什么？

解：(1) 查表可知，$NH_3 \cdot H_2O$ 的 K_b 为 $10^{-4.75}$，化学计量点时，生成一元弱酸 NH_4^+，其浓度为：$c_a=\frac{0.1000}{2}=0.05000$ (mol·L^{-1})，

$$pK_a=14-pK_b=14-4.75=9.25$$

用最简式计算得：

$$c(H^+)=\sqrt{cK_a}=\sqrt{10^{-9.25}\times 0.05000}=5.3\times 10^{-6}(mol\cdot L^{-1})$$

(2) 假定氨水溶液的体积为 20.00mL，现用去 $V_{HCl}=19.98$mL 时，未反应的 $NH_3 \cdot H_2O$ 与产物 NH_4^+ 组成了缓冲溶液

$$c_b=\frac{0.1000\times 20.00-0.1000\times 19.98}{20.00+19.98}=5.0\times 10^{-5}(mol\cdot L^{-1})$$

$$c_a=\frac{0.1000\times 19.98}{20.00+19.98}=5.0\times 10^{-2}(mol\cdot L^{-1})$$

所以

$$c(OH^-)=K_b\frac{c_b}{c_a}=10^{-4.75}\times\frac{5.0\times 10^{-5}}{5.0\times 10^{-2}}=1.8\times 10^{-8}(mol\cdot L^{-1})$$

$$pOH=7.75 \qquad pH=6.25$$

用去 $V_{HCl}=20.02$mL 时，以过量 HCl 计算：

$$c(H^+)=\frac{0.1000\times 0.020}{20.02+20.00}=5.0\times 10^{-5}(mol\cdot L^{-1})$$

$$pH=4.30$$

突跃范围为 6.25～4.30。

(3) 可选用甲基红、溴甲酚橙、甲基橙等。酚酞的变色范围是 8.0～9.8，不在突跃范围内，不能使用。

例 12-8 称取无水 Na_2CO_3 0.5000g，溶于 50.00mL HCl 溶液中，尚有过量的 HCl。多余的 HCl 用 NaOH 溶液回滴，消耗 6.50mL。NaOH 溶液 1.00mL 相当于 HCl 溶液 1.02mL。求 NaOH、HCl 溶液的浓度。

解： 反应为：$Na_2CO_3 + 2HCl = 2NaCl + H_2O + CO_2\uparrow$

所以 $Na_2CO_3 \propto 2HCl$

$$\frac{m(Na_2CO_3)}{\frac{1}{2}M(Na_2CO_3)} = c(HCl)V(HCl)$$

$$\frac{0.5000}{\frac{1}{2}\times 106.0} = c(HCl)\times\left(\frac{50.00-6.50\times 1.02}{1000}\right)$$

$$c(HCl) = 0.2175(mol\cdot L^{-1})$$

又因为：$c(HCl)V(HCl) = c(NaOH)V(NaOH)$

得：

$$c(NaOH) = \frac{c(HCl)V(HCl)}{V(NaOH)} = \frac{0.2175\times 1.02}{1.00} = 0.222(mol\cdot L^{-1})$$

例 12-9 为标定 NaOH 溶液，准确称取邻苯二甲酸氢钾基准物 0.5015g，溶解后，以酚酞作为指示剂，用去 NaOH 溶液 21.50mL 至溶液呈淡红色。求 NaOH 溶液的浓度。

解：

$$KHC_8H_4O_4 + OH^- = KC_8H_4O_4^- + H_2O$$

所以 $c(NaOH)V(NaOH) = \frac{m(KHC_8H_4O_4)}{M(KHC_8H_4O_4)}$

$$c(NaOH) = \frac{0.5015}{204.2\times 21.50\times 10^{-3}} = 0.1142(mol\cdot L^{-1})$$

$$= 0.1142(mol\cdot L^{-1})$$

* **例 12-10** 称取硅酸盐试样 0.1000g，用碱熔融分解后使之成为可溶性硅酸。用 KCl、KF 等处理后，生成 K_2SiF_6 沉淀。然后将沉淀溶于热水中，水解产生 HF。现用 0.1500mol·L^{-1} 标准溶液滴定，用去 NaOH 22.18mL。计算试样中 SiO_2 的质量分数 w。

解： 反应为：$K_2SiF_6 + 3H_2O = H_2SiO_3 + 2KF + 4HF$

$$HF + NaOH = NaF + H_2O$$

所以 $SiO_2 \propto K_2SiF_6 \propto 4HF \propto 4NaOH$

$$w(SiO_2) = \frac{c(NaOH)V(NaOH)\times 10^{-3}\times\frac{1}{4}M(SiO_2)}{m}$$

$$= \frac{0.1500\times 22.18\times 10^{-3}\times\frac{1}{4}\times 60.08}{0.1000}$$

$$= 0.4997$$

五、终点误差

滴定分析，是利用指示剂颜色的变化来确定滴定终点。滴定终点与反应的化学计量点往往不一致，即滴定不在化学计量点时结束，这就造成了误差。这种误差称为滴定误差或终点误差，用 $TE\%$表示。

$$TE\%=\frac{\text{滴定终点与化学计量点间滴定剂物质的量的差值}}{\text{化学计量点时消耗的滴定剂的物质的量}}\times 100\% \quad (12\text{-}11)$$

根据指示剂的变色情况，可以计算出酸碱滴定中的终点误差。下面以强碱滴定强酸为例说明。强碱滴定强酸，化学计量点时的 pH 值应为 7.00，如果滴定到终点，由于强碱过量或不足而引起的终点误差计算如下［设：在化学计量点时消耗的滴定剂的物质的量以 $c(NaOH)\ V(NaOH)$ 表示，以 $c(H^+)_{ep}$、$c(H^+)_{eq}$、$c(OH^-)_{ep}$、$c(OH^-)_{eq}$ 分别表示滴定终点、化学计量点时 H^+、OH^- 的浓度］：

滴定在化学计量点前结束，碱量不足，酸略有过量，结果偏低，$TE\%$为负值。

$$TE\%=-\frac{[c(H^+)_{ep}-c(H^+)_{eq}]\times V_{总}}{c(NaOH)V(NaOH)}\times 100\%$$

滴定在化学计量点后结束，碱量为剩余量，结果偏高，$TE\%$为正值。

$$TE\%=+\frac{[c(OH^-)_{ep}-c(OH^-)_{eq}]\times V_{总}}{c(NaOH)V(NaOH)}\times 100\%$$

例 12-11 用 $0.1000mol\cdot L^{-1}$ NaOH 溶液滴定 20.00mL $0.1000mol\cdot L^{-1}$ HCl 溶液。①用甲基橙作为指示剂，滴定至橙黄色（pH ＝4.0）为终点；②用酚酞作为指示剂，滴定到淡红色（pH＝9.0）结束。分别计算终点误差。

解：① 强碱滴定强酸，化学计量点时 pH＝7.0。现滴定终点为 pH ＝4.0，说明 NaOH 溶液用量不足，滴定在化学计量点前结束，终点误差为负值。根据题意，$c(H^+)_{ep}=1\times10^{-4}mol\cdot L^{-1}$、$c(H^+)_{eq}=1\times10^{-7}mol\cdot L^{-1}$。

$$TE\%=-\frac{(1\times10^{-4}-1\times10^{-7})\times 40.00}{0.1000\times 20.00}\times 100\%=-0.2\%$$

② 滴定终点为 pH＝9.0，说明 NaOH 溶液过量，滴定在化学计量点后结束，终点误差为正值。根据题意，$c(OH^-)_{ep}=1\times10^{-5}mol\cdot L^{-1}$、$c(OH^-)_{eq}=10^{-7}\ mol\cdot L^{-1}$

$$TE\%=+\frac{(1\times10^{-5}-1\times10^{-7})\times 40.00}{0.1000\times 20.00}\times 100\%=+0.02\%$$

上例说明强碱滴定强酸时，选用酚酞作为指示剂终点误差很小；用甲基橙作为指示剂，终点误差大于酚酞，但还是在允许范围之内的。

下面再讨论强碱滴定弱酸的情况。例如以 $0.1000mol\cdot L^{-1}$ NaOH 溶液滴定 20.00mL $0.1000mol\cdot L^{-1}$ HAc 溶液。以酚酞作指示剂，滴定至淡红色（pH＝9.0）为终点。计算终点误差。

解：已知 NaOH 滴定 HAc 时化学计量点的 pH＝8.72。现滴定终点为 pH＝9.0，在化学计量点后，NaOH 过量，$c(OH^-)_{ep}=1\times10^{-5}mol\cdot L^{-1}$。这些 OH^- 来自①过量的 NaOH 的解离；②Ac^- 水解：

$Ac^- + H_2O \rightleftharpoons HAc + OH^-$。显然，后部分的 $c(OH^-)=c(HAc)$。所以：

$$c(OH^-)_{ep}=c(OH^-)_{过量}+c(HAc)$$

由于溶液已稀释一半，$c=0.05000\text{mol}\cdot\text{L}^{-1}$

$$c(\text{HAc})=\delta(\text{HAc})c=\frac{c(\text{H}^+)}{c(\text{H}^+)+K_a}c=\frac{1\times10^{-9}}{1\times10^{-9}+1\times10^{-4.74}}\times0.0500=2.8\times10^{-6}(\text{mol}\cdot\text{L}^{-1})$$

$$c(\text{OH}^-)_{过量}=c(\text{OH}^-)_{ep}-c(\text{HAc})=1\times10^{-5}-2.8\times10^{-6}=7.2\times10^{-6}(\text{mol}\cdot\text{L}^{-1})$$

终点误差为：$TE\%=+\frac{7.2\times10^{-6}\times40.00}{0.1000\times20.00}\times100\%\approx+0.02\%$

六、应用示例

酸碱滴定法应用广泛，许多酸（碱）类物质都可用本法直接滴定。有些有机酸（碱）也可测定。某些弱酸（碱）可间接地应用本法。例如，强酸的铵盐、尿素及有机化合物中的醇、醛、酮、羧酸、脂肪类等均可使用。我国的国标（GB）中，化学试剂、化学肥料、化工产品、食品添加剂、水质、石油产品、硅酸盐等的分析，凡涉及直接或间接的酸碱分析项目，多数采用本法。混合碱的测定采用双指示剂法。

混合碱是指 NaOH 与 Na_2CO_3 或 Na_2CO_3 与 $NaHCO_3$ 的混合物。双指示剂法是指用两种指示剂进行连续滴定，根据两个滴定终点所消耗的酸标准溶液的体积，计算各组分含量。

1. NaOH 与 Na_2CO_3 混合碱的测定

称取混合碱试样 mg，配制成溶液。先以酚酞为指示剂，用 HCl 标准溶液滴定至终点（刚好无色），记录消耗 HCl 的体积为 V_1mL。

这时：

$$NaOH + HCl = NaCl + H_2O$$

$$Na_2CO_3 + HCl = NaHCO_3 + NaCl$$

再用甲基橙作指示剂，继续用 HCl 标准溶液滴定至溶液呈橙色，消耗酸 V_2mL：

$$NaHCO_3 + HCl = NaCl + H_2O + CO_2$$

可得计算式：

$$w(\text{NaOH})=\frac{c(\text{HCl})(V_1-V_2)\times10^{-3}\times M(\text{NaOH})}{m}$$

$$w(\text{Na}_2\text{CO}_3)=\frac{c(\text{HCl})\times V_2\times10^{-3}\times M(\text{Na}_2\text{CO}_3)}{m}$$

2. Na_2CO_3 与 $NaHCO_3$ 混合碱的测定

按上分析，使用酚酞作指示剂时记录消耗 HCl 体积为 V_1mL：

$$Na_2CO_3 + HCl = NaHCO_3 + NaCl$$

再用甲基橙作指示剂时记录消耗酸体积为 V_2mL，这时，由上反应生成的

$$NaHCO_3 + HCl = NaCl + H_2O + CO_2$$

原有的 $NaHCO_3 + HCl = NaCl + H_2O + CO_2$

所以计算式为：

$$w(\text{Na}_2\text{CO}_3)=\frac{c(\text{HCl})\times V_1\times10^{-3}\times M(\text{Na}_2\text{CO}_3)}{m}$$

$$w(\text{NaHCO}_3)=\frac{c(\text{HCl})(V_2-V_1)\times10^{-3}\times M(\text{NaHCO}_3)}{m}$$

由上可知，在测定混合碱试样使用双指示剂法时，若 HCl 的 $V_1>V_2$，混合碱为

$NaOH$、Na_2CO_3；若 $V_2 > V_1$，则为 Na_2CO_3、$NaHCO_3$。

3. 铵盐的测定

$(NH_4)_2SO_4$、NH_4Cl、NH_4NO_3 等均是常见的铵盐。由于 NH_4^+ 为弱酸（$pK_a=9.26$），只能用间接法测定。

（1）蒸馏法

置铵盐试样 mg 于蒸馏瓶中，加入过量 NaOH 溶液，加热，蒸馏出 NH_3，用过量的 H_2SO_4（或 HCl）标准溶液吸收，再以甲基橙或甲基红为指示剂，用 NaOH 标准溶液返滴定剩余的酸。反应为：

$$NH_4^+ + OH^- \xlongequal{} NH_3 + H_2O$$
$$NH_3 + HCl \xlongequal{} NH_4Cl + H_2O$$
$$NaOH + HCl(\text{剩余}) \xlongequal{} NaCl + H_2O$$

计算式为：

$$w(NH_3)=\frac{[c(HCl)V(HCl)-c(NaOH)V(NaOH)]\times 10^{-3}\times M(NH_3)}{m}$$

也可用 H_3BO_3 溶液吸收蒸馏出的 NH_3，然后以甲基红-溴甲酚绿混合指示剂指示终点，用酸标准溶液滴定 H_3BO_3 吸收液。反应为：

$$NH_3 + H_3BO_3 \xlongequal{} H_2BO_3^- + NH_4^+$$
$$H_2BO_3^- + H^+ \xlongequal{} H_3BO_3$$

本法准确率高但费时。较为简便的是甲醛法。

（2）甲醛法

甲醛与铵盐反应，生成六次甲基四胺盐（$pK_a=5.15$）的同时，释放出相应的 H^+，以酚酞作为指示剂，用标准碱溶液滴定。反应为：

$$4NH_4^+ + 6HCHO \xlongequal{} (CH_2)_6N_4H^+ + 3H^+ + 6H_2O$$
$$(CH_2)_6N_4H^+ + 3H^+ + 4OH^- \xlongequal{} (CH_2)_6N_4 + 4H_2O$$

计算式如下：

$$w(NH_3)=\frac{c(NaOH)V(NaOH)\times 10^{-3}\times M(NH_3)}{m}$$

4. 化学肥料中有效磷的测定

有效磷是指能被植物吸收利用而产生肥效的磷。通常以 P_2O_5 计。

称取 mg 磷肥试样，用水、柠檬酸铵的氨性溶液抽取肥料中的有效磷。抽取液中的正磷酸根离子在酸性介质中与喹钼柠酮（喹啉、钼酸钠、柠檬酸、丙酮按比例混合配制）试剂，生成黄色磷钼酸喹啉沉淀。过滤，洗净所吸附的酸液，将沉淀溶于过量的定量的 NaOH 溶液中，再以酚酞作指示剂，用酸标准溶液返滴定。主要反应为：

$$(C_9H_7N)_3H_3(PO_4\cdot 12MoO_4)\cdot H_2O + 26NaOH \xlongequal{} Na_2HPO_4 + 12Na_2MoO_4 + 3C_9H_7N + 15H_2O$$

计算式为：

$$w(P_2O_5)=\frac{[c(NaOH)V(NaOH)-c(HCl)N(HCl)]\times 10^{-3}\times \frac{1}{52}M(P_2O_5)}{m}$$

* 七、非水溶液中的酸碱滴定

许多弱酸或弱碱，在水溶液中的解离常数很小。当小于 10^{-8} 时，不能直接滴定。使用非水溶剂作介质时，可以使这些酸（碱）性增强，就可用碱（酸）的标准溶液直接滴定了。

（一）溶剂的种类、性质

非水滴定中常用的溶剂种类很多，根据溶剂的酸碱性可分为两类。

1. 两性溶剂

这类溶剂既能给出质子，又能接受质子。

（1）酸性溶剂　给出质子的能力大于水，即其酸性强于水，是疏质子溶剂。如甲酸、乙酸、醋酐等。

（2）碱性溶剂　接受质子的能力大于水，即其碱性强于水，是亲质子溶剂。如乙二胺、丁胺、二甲基甲酰胺等。

（3）中性溶剂　给出、接受质子的能力与水相近。如甲醇、乙醇、异丙醇等。

2. 惰性溶剂

不具有或具有极弱的给出或接受质子的能力，即不具有或具有极弱的酸（碱）性。这种溶剂不参与质子的传递过程。如四氯化碳、丙酮、苯及氯仿等。

（二）非水滴定中溶剂与标准溶液的选择

1. 溶剂的选择

以强酸（HX）滴定弱碱吡啶（PY）为例，在水溶剂中，有下列质子反应：

$$HX + H_2O = H_3O^+ + X^-$$

$$H_3O^+ + PY = H_2O + PYH^+$$

由于水的碱性强于吡啶，H_2O 将与 PY 抢夺质子，使后面的反应向左移动，致使滴定不能进行完全。所以应选择碱性弱于水的溶剂，且碱性越弱，反应就越完全。最常用的溶剂是乙酸。同样，滴定弱酸溶液，应选择酸性更弱的溶剂，酸性越弱，对反应就越有利。常见的溶剂有乙二胺、正丁胺等。

所以，我们可以在乙酸溶剂中用强酸直接滴定弱碱；在乙二胺溶剂中以强碱直接滴定弱酸。

2. 标准溶液的选择

在非水溶剂中，滴定弱碱需以强酸为标准溶液。例如在乙酸溶剂中，$HClO_4$ 是强酸，故 $HClO_4$ 广泛地应用于非水滴定。由于市售高氯酸中仅含 70%左右的 $HClO_4$，需加一定量的醋酸酐除去其中的水分。标定高氯酸的乙酸溶液，可用邻苯二甲酸氢钾为基准物。反应为：

$$KHC_8H_4O_4 + HClO_4 = H_2C_8H_4O_4 + KClO_4$$

可选甲基紫、结晶紫来指示终点。

滴定弱酸需以强碱为标准溶液。常见的有甲醇钠、乙醇钠的苯-甲醇溶液。标定甲醇钠的苯-甲醇溶液，常用苯甲酸作基准物。反应为：

$$C_6H_5COOH + CH_3ONa = C_6H_5COO^- + Na^+ + CH_3OH$$

选用百里酚蓝作为指示剂。

第三节　沉淀滴定法
(Deposition Titration)

一、沉淀滴定法概述

沉淀滴定法是以沉淀反应为基础的一种滴定分析方法。虽然能形成沉淀的反应很多，但能用于沉淀滴定的反应并不多。因为沉淀滴定的反应必须满足下列要求。

(1) 要求沉淀的溶解度小，即反应需定量、完全；沉淀的组成要固定，即被测离子与沉淀剂之间要有准确的化学计量关系；

(2) 沉淀反应必须迅速完成，即速率要快；

(3) 沉淀吸附的杂质少，不影响终点的确定；

(4) 要有适当的方法指示滴定终点。

目前比较常用的是利用生成难溶的银盐的反应：

$$Ag^+ + X^- \longrightarrow AgX\downarrow$$

因此又称银量法，它可以测定 Cl^-、Br^-、I^-、SCN^- 和 Ag^+。

二、沉淀滴定的滴定曲线

用 $AgNO_3$ 标准溶液滴定卤素离子的过程，就是随 $AgNO_3$ 溶液的滴入，卤素离子浓度不断变化。以滴入的 $AgNO_3$ 溶液体积为横坐标，pX（卤素离子浓度的负对数）为纵坐标（也可以用 pAg^+ 为纵坐标），就可绘得滴定曲线。从滴定开始到化学计量点前，由溶液中剩余 X^- 浓度和 $K_{sp}^{\ominus}$ 计算；计量点后，由过量的 Ag^+ 浓度和 $K_{sp}^{\ominus}$ 计算；化学计量点时 $c(X^-)=\sqrt{K_{sp}^{\ominus}}$。

图 12-9 为 $0.1000mol \cdot L^{-1}$ $AgNO_3$ 溶液滴定 20.00mL $0.1000mol \cdot L^{-1}$ Cl^-、Br^-、I^- 溶液的滴定曲线。AgCl、AgBr、AgI 的 $K_{sp}^{\ominus}$ 值分别为 1.56×10^{-10}、7.70×10^{-13}、8.25×10^{-17}。

滴定突跃的大小既与溶液的浓度有关，更取决于生成的沉淀的溶解度。当被测离子浓度相同时，滴定突跃大小仅与沉淀溶解度有关。显然溶解度越小，突跃越大。

三、沉淀滴定法的终点检测

在银量法中有两类指示剂。一类是稍过量的滴定剂与指示剂会形成带色的化合物而显示终点；另一类是利用指示剂被沉淀吸附的性质，在化学计量点时的变化带来颜色的改变以指示滴定终点。

(一) 与滴定剂反应的指示剂

1. 莫尔（Mohr）法——铬酸钾指示剂

(1) 方法原理　在含有 Cl^- 的中性或弱碱性溶液中，以 K_2CrO_4 作为指示剂，用 $AgNO_3$ 溶液直接滴定 Cl^-。由于 AgCl 溶解度小于 Ag_2CrO_4 溶解度，根据分步沉淀原理，先析出的是 AgCl 白色沉淀，当 Ag^+ 与 Cl^- 定量沉淀完全后，稍过量的 Ag^+ 与 CrO_4^{2-} 生成 Ag_2CrO_4 砖红色沉淀，以指示滴定终点。

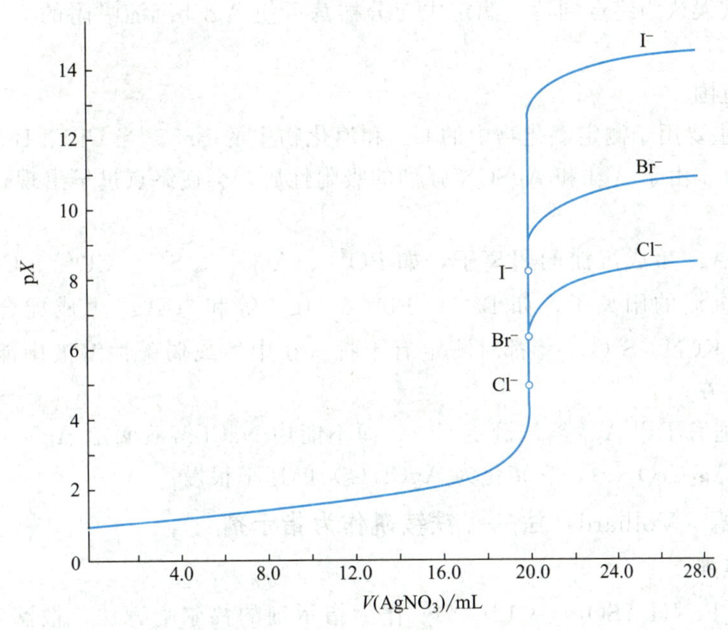

图 12-9　0.1000mol·L^{-1} $AgNO_3$ 溶液滴定 20.00mL 0.1000mol·L^{-1} Cl^-、Br^-、I^- 溶液的滴定曲线图

$$Ag^+ + Cl^- \rightleftharpoons AgCl(s) \qquad K_{sp}^{\ominus} = 1.56 \times 10^{-10}$$

$$2Ag^+ + CrO_4^{2-} \rightleftharpoons Ag_2CrO_4(s) \qquad K_{sp}^{\ominus} = 9.00 \times 10^{-12}$$

（2）滴定条件　莫尔法的滴定条件主要是控制溶液中 K_2CrO_4 的浓度和溶液的酸度。

K_2CrO_4 浓度的大小，会使 Ag_2CrO_4 沉淀过早或过迟地出现，影响终点的判断。应该是滴定到化学计量点时出现 Ag_2CrO_4 沉淀最为适宜。根据溶度积原理，化学计量点时，溶液中

$$c(Ag^+) = c(Cl^-) = \sqrt{K_{sp}^{\ominus}},$$

则

$$c(CrO_4^{2-}) = \frac{K_{sp}^{\ominus}(Ag_2CrO_4)}{c^2(Ag^+)} = \frac{9.00 \times 10^{-12}}{1.56 \times 10^{-10}} = 5.77 \times 10^{-2}\,mol \cdot L^{-1}$$

$c(CrO_4^{2-})$ 约为 0.06mol·L^{-1}。实验证明，滴定终点时，K_2CrO_4 的浓度约 0.05mol·L^{-1} 较为适宜。

以 K_2CrO_4 作指示剂，用 $AgNO_3$ 溶液滴定 Cl^- 的反应需在中性或弱碱性介质（pH6.5～8.5）中进行。因为在酸性溶液中不生成 Ag_2CrO_4 沉淀（H_2CrO_4 的解离常数 $K_{a_2} = 3.2 \times 10^{-7}$）：

$$Ag_2CrO_4(s) + H^+ \rightleftharpoons 2Ag^+ + HCrO_4^-$$

若在强碱性或氨性溶液中，$AgNO_3$ 会被分解或与氨形成配合物：

$$2Ag^+ + 2OH^- \rightleftharpoons Ag_2O + H_2O$$

$$Ag^+ + 2NH_3 \rightleftharpoons [Ag(NH_3)_2]^+$$

$$AgCl + 2NH_3 \rightleftharpoons [Ag(NH_3)_2]^+ + Cl^-$$

因此，若试液显酸性，应先用 $Na_2B_4O_7 \cdot 10H_2O$ 或 $NaHCO_3$ 中和；若试液呈碱性，应先用 HNO_3 中和，然后进行滴定。

另外，滴定时要充分振荡。因为在化学计量点前，AgCl 沉淀会吸附 Cl^-，使 Ag_2CrO_4

沉淀过早出现被误认为终点到达。滴定中充分摇荡可使 AgCl 沉淀吸附的 Cl^- 释放出来，与 Ag^+ 反应完全。

（3）应用范围

① 莫尔法主要用于测定氯化物中的 Cl^- 和溴化物中的 Br^-。当 Cl^-、Br^- 共存时，测得的是它们的总量。由于 AgI 和 AgSCN 强烈的吸附性质，会使终点过早出现，故不适宜测定 I^- 和 SCN^-。

② 凡能与 Ag^+ 生成沉淀的阴离子，如 PO_4^{3-}、AsO_4^{3-}、S^{2-}、CO_3^{2-}、$C_2O_4^{2-}$ 等以及能与 CrO_4^{2-} 生成沉淀的阳离子，如 Ba^{2+}、Pb^{2+}、Hg^{2+} 等和与 Ag^+ 生成配合物的物质，如 NH_3、EDTA、KCN、$S_2O_3^{2-}$ 等都对测定有干扰。在中性或弱碱性溶液中能发生水解的金属离子也不应存在。

③ 莫尔法适宜于用 Ag^+ 溶液滴定 Cl^-，而不能用 NaCl 溶液滴定 Ag^+。因滴定前 Ag^+ 与 CrO_4^{2-} 生成 $Ag_2CrO_4(s)$，它转化为 AgCl (s) 的速率很慢。

2. 福尔哈德（Volhard）**法——铁铵矾作为指示剂**

（1）方法原理

用铁铵矾 $[FeNH_4(SO_4)_2 \cdot 12H_2O]$ 作为指示剂的福尔哈德法，按滴定方式的不同，可分为直接滴定法和返滴定法。

① 直接滴定法测定 Ag^+　在含有 Ag^+ 的硝酸溶液中，以铁铵矾作指示剂，用 NH_4SCN 作为滴定剂，产生 AgSCN 沉淀。在化学计量点后，稍过量的 SCN^- 与 Fe^{3+} 生成红色的 $[Fe(SCN)]^{2+}$ 配合物，以指示终点。

$$Ag^+ + SCN^- \rightleftharpoons AgSCN(s)\ (白色) \qquad K_{sp}^{\ominus} = 1.06\times10^{-13}$$

$$Fe^{3+} + SCN^- \rightleftharpoons [Fe(SCN)]^{2+}\ (红色) \qquad K^{\ominus} = 200$$

② 返滴定法测定 Cl^-、Br^-、I^-、SCN^- 先于试液中加入过量的 $AgNO_3$ 标准溶液，以铁铵矾作指示剂，再用 NH_4SCN 标准溶液滴定剩余的 Ag^+。

（2）滴定条件　需注意控制指示剂浓度和溶液的酸度。实验表明，$[Fe(SCN)]^{2+}$ 的最低浓度为 $6\times10^{-5}mol \cdot L^{-1}$ 时，能观察到明显的红色，而滴定反应要在 HNO_3 介质中进行。在中性或碱性介质中，Fe^{3+} 会水解；Ag^+ 在碱性介质中会生成 Ag_2O 沉淀，在氨性溶液中会生成 $[Ag(NH_3)_2]^+$。在酸性溶液中还可避免许多阴离子的干扰。因此溶液酸度一般大于 $0.3mol \cdot L^{-1}$。另外，用 NH_4SCN 标准溶液直接滴定 Ag^+ 时要充分摇荡，避免 AgSCN 沉淀对 Ag^+ 的吸附，防止终点过早出现。

当用返滴定法测定 Cl^- 时，溶液中有 AgCl 和 AgSCN 两种沉淀。化学计量点后，稍过量的 SCN^- 会与 Fe^{3+} 形成红色的 $[Fe(SCN)]^{2+}$，也会使 AgCl 转化为溶解度更小的 AgSCN 沉淀。此时剧烈的摇荡会促使沉淀转化，而使溶液红色消失。要使红色不消失，需继续加 NH_4SCN 溶液，使测定带来误差。为避免这种误差，可在加入过量 $AgNO_3$ 后，将溶液煮沸使 AgCl 沉淀凝聚，以减少 AgCl 沉淀对 Ag^+ 的吸附。然后过滤，再用 NH_4SCN 标准溶液滴定滤液中剩余的 Ag^+。也可以加入有机溶剂如硝基苯（有毒!），用力摇荡使 AgCl 沉淀进入有机层，避免了 AgCl 与 SCN^- 的接触，从而消除了沉淀转化的影响。

（3）应用范围　由于福尔哈德法在酸性介质中进行，许多弱酸根离子的存在不影响测定，因此选择性高于莫尔法，可用于测定 Cl^-、Br^-、I^-、SCN^-、Ag^+ 等。但强氧化剂、氮的氧化物、铜盐、汞盐等能与 SCN^- 作用，对测定有干扰，需预先除去。

当用返滴定法测定 Br^- 和 I^- 时，由于 AgBr 和 AgI 的溶解度小于 AgSCN 的溶解度，故不会发生沉淀的转化反应。不必采取上述措施。但在测定 I^- 时，应先加入过量的 $AgNO_3$ 溶液，后加指示剂。否则 Fe^{3+} 将与 I^- 反应析出 I_2，影响测定结果的准确度。

（二）吸附指示剂法——法扬司（Fajan's）法

吸附指示剂是一类有色的染料，也是一些有机化合物。它的阴离子在溶液中容易被带正电荷的胶状沉淀吸附，使分子结构发生变化而引起颜色的变化，以指示滴定终点。

如荧光黄（HFI），它是一种有机弱酸，在溶液中它的阴离子 FI^- 呈黄绿色。当用 $AgNO_3$ 溶液滴定 Cl^- 时，在化学计量点前，AgCl 沉淀吸附过剩的 Cl^- 而带负电荷，FI^- 不被吸附，溶液呈黄绿色。化学计量点后，AgCl 沉淀吸附稍过量的 Ag^+ 而带正电荷，就会再去吸附 FI^-，使溶液由黄绿色转变为粉红色：

$$(AgCl)Ag^+ + \underset{(黄绿色)}{FI^-} = \underset{(粉红色)}{(AgCl)Ag \cdot FI}$$

为使终点颜色变化明显，使用吸附指示剂时，应该注意的是：(1) 尽量使沉淀的比表面大一些，有利于加强吸附，使发生在沉淀表面的颜色变化明显，还要阻止卤化银凝聚，保持其胶体状态，通常加入糊精作保护胶体；(2) 溶液浓度不宜太稀，否则沉淀很少，难以观察终点；(3) 溶液酸度要适当，常用的吸附指示剂多为有机弱酸，其 K_a 值各不相同，为使指示剂呈阴离子状态，必须控制适当的酸度，如荧光黄（$pK_a=7$），只能在中性或弱碱性（pH7～10）溶液中使用，若 $pH<7$，指示剂主要以 HFI 形式存在，就不被沉淀吸附，无法指示终点；(4) 避强光滴定，因为卤化银对光敏感，见光会分解转化为灰黑色，影响终点观察。

各种吸附指示剂的特性相差很大。滴定条件、酸度要求、适用范围等都不相同。另外，指示剂的吸附性能也不同，指示剂的吸附性能应适当，不能过大或过小，否则变色不敏锐。例如，卤化银对卤化物和几种吸附指示剂的吸附能力的次序为 $I^- > SCN^- > Br^- >$ 曙红 $> Cl^- >$ 荧光黄。因此滴定 Cl^-，应选择荧光黄，不能选曙红。

表 12-6 列出几种常用的吸附指示剂。

表 12-6　常用吸附指示剂

指示剂	被测离子	滴定剂	滴定条件
荧光黄	Cl^-，Br^-，I^-	$AgNO_3$	pH7～10
二氯荧光黄	Cl^-，Br^-，I^-	$AgNO_3$	pH4～10
曙红	Br^-，SCN^-，I^-	$AgNO_3$	pH2～10
甲基紫	Ag^+	NaCl	pH1.5～3.5

四、应用示例

（一）标准溶液的配制与标定

银量法中常用的标准溶液是 $AgNO_3$ 和 NH_4SCN 溶液。

$AgNO_3$ 标准溶液可以直接用干燥的 $AgNO_3$ 来配制。一般采用标定法。配制 $AgNO_3$ 溶液的蒸馏水中应不含 Cl^-。$AgNO_3$ 溶液见光易分解，应保存于棕色瓶中。常用基准物 NaCl

标定 $AgNO_3$ 溶液。NaCl 易吸潮，使用前将它置于瓷坩埚中，加热至 500～600℃ 干燥，然后放入干燥器中冷却备用。标定的方法应采取与测定相同的方法，可消除方法的系统误差。一般用莫尔法。

市售 NH_4SCN 不符合基准物质要求，不能直接称量配制。常用已标定好的 $AgNO_3$ 溶液按福尔哈德法的直接滴定法进行标定。

（二）应用示例

1. 天然水中 Cl^- 含量的测定

天然水中几乎都含 Cl^-，其含量变化大，河水湖泊中 Cl^- 含量一般较低，海水、盐湖及地下水中 Cl^- 含量较高。一般用莫尔法测定 Cl^-，若水中含 PO_4^{3-}、S^{2-}、SO_3^{2-} 等，则采用福尔哈德法测定。

2. 固体溴化钾的测定

准确称取试样用蒸馏水溶解后，加稀醋酸及曙红指示剂，用 $AgNO_3$ 标准溶液滴定至出现桃红色凝乳状沉淀为终点。

第四节　配位滴定
(Complexometry)

一、配位滴定概述（Overview of Complexometry）

配位滴定法是以配位反应为基础的滴定分析法。它是应用最广泛的滴定分析方法之一，主要用于金属离子的测定。

如用 $AgNO_3$ 溶液滴定 CN^-（又称氰量法）时，Ag^+ 与 CN^- 发生配位反应，生成配离子 $[Ag(CN)_2]^-$，其反应式如下：

$$Ag^+ + CN^- \rightleftharpoons [Ag(CN)_2]^-$$

当滴定到达化学计量点后，稍过量的 Ag^+ 与 $[Ag(CN)_2]^-$ 结合生成 $Ag[Ag(CN)_2]$ 白色沉淀，使溶液变浑浊，指示终点的到达。

配位反应具有极大的普遍性，多数金属离子在溶液中以配位离子形式存在。用于配位滴定的配位反应必须具备一定的条件。

（1）配位反应必须完全，即生成配合物的稳定常数要足够大；

（2）反应必须按一定的计量式定量进行，即金属离子与配位剂的配位比恒定；

（3）反应速率要快；

（4）有适当的方法能检出终点。

虽然配位反应具有普遍性，实际应用于滴定的简单配位反应不多。

1. 无机配位剂与简单配合物

能与金属离子配位的无机配位剂很多，但多数的无机配体为单基配体，如 F^-、Cl^-、CN^-、NH_3 等），与金属离子配位时逐级配位而形成 ML_n 型的简单配合物。例如：在 Zn^{2+} 与 NH_3 的配位反应中，分级生成了 $[Zn(NH_3)]^{2+}$、$[Zn(NH_3)_2]^{2+}$、$[Zn(NH_3)_3]^{2+}$、$[Zn(NH_3)_4]^{2+}$ 四种配合物，它们的稳定常数分别为：2.0×10^2、2.0×10^2、2.5×10^2、

1.3×10^2。可见，各级配合物的稳定常数都不大，彼此差不多。因此，除个别反应（例如 Ag^+ 与 CN^-、Hg^{2+} 与 Cl^- 等反应）外，无机配位剂大多数都不能用于配位滴定。分析化学中，一般无机配位剂多用作掩蔽剂、辅助配位剂和显色剂。

2. 螯合物

有机配位剂往往含有多个配原子，可与金属离子形成很稳定而且组成固定的螯合物，克服了无机配位剂的缺点，因而在分析化学中得到迅速的发展。目前在配位滴定中应用最多的是氨羧配位剂，最常见的氨羧配位剂是乙二胺四乙酸（EDTA）和它的二钠盐。

二、乙二胺四乙酸（EDTA）的螯合物

乙二胺四乙酸是"NO"型螯合剂，能与许多金属离子形成稳定的螯合物，在分析化学、生物学和药物学中都有着广泛的用途。在水溶液中，两个羧基上的氢常常转移到氮原子上而形成双偶极离子。

$$\begin{matrix} HCOOCH_2 & & & & CH_2COO^- \\ & \diagdown & & \diagup & \\ & N^+—CH_2—CH_2—^+N & & & \\ & \diagup & & \diagdown & \\ ^-OOCH_2C & & & & CH_2COOH \end{matrix}$$

EDTA 微溶于水（22℃时，每 100mL 溶解 0.028g），难溶于酸和一般有机溶剂，但易溶于氨性溶液或苛性碱溶液中，生成相应的水溶液。由于 EDTA 在水中的溶解度小，通常将它制成二钠盐，即乙二胺四乙酸二钠（含二分子结晶水），用 $Na_2H_2Y\cdot2H_2O$ 表示。它的溶解度较大，在 22℃时每 100mL 可溶解 11.1g，此溶液的浓度约 $0.3mol\cdot L^{-1}$，pH 值约为 4.4。在酸度较高的水溶液中，H_4Y 的两个羧基可再接受 H^+，形成 H_6Y^{2+}。这时，EDTA 就相当于六元酸，有六级离解平衡，其离解常数如下：

$$H_6Y^{2+} \rightleftharpoons H^+ + H_5Y^+ \qquad K^{\ominus}_{a_1}=10^{-0.9}$$
$$H_5Y^+ \rightleftharpoons H^+ + H_4Y \qquad K^{\ominus}_{a_2}=10^{-1.6}$$
$$H_4Y \rightleftharpoons H^+ + H_3Y^- \qquad K^{\ominus}_{a_3}=10^{-2.07}$$
$$H_3Y^- \rightleftharpoons H^+ + H_2Y^{2-} \qquad K^{\ominus}_{a_4}=10^{-2.75}$$
$$H_2Y^{2-} \rightleftharpoons H^+ + HY^{3-} \qquad K^{\ominus}_{a_5}=10^{-6.24}$$
$$HY^{3-} \rightleftharpoons H^+ + Y^{4-} \qquad K^{\ominus}_{a_6}=10^{-10.34}$$

在水溶液中，EDTA 可以 H_6Y^{2+}、H_5Y^+、H_4Y、H_3Y^-、H_2Y^{2-}、HY^{3-} 和 Y^{4-} 七种形式存在。图 12-10 表示各种形式的分布系数与 pH 的关系。从图 12-10 可看出，在 pH<1 的强酸性溶液中，EDTA 主要以 H_6Y^{2+} 形式存在；在 pH2.75～6.24 时，主要以 H_2Y^{2-} 形式存在；在 pH>10.3 时，主要以 Y^{4-} 形式存在。需要注意的是，在七种形式中只有 Y^{4-}（为了方便，以下均用符号 Y 来表示 Y^{4-}）能与金属离子直接配位。Y 分布系数越大，即 EDTA 的配位能力越强。而 Y 分布系数的大

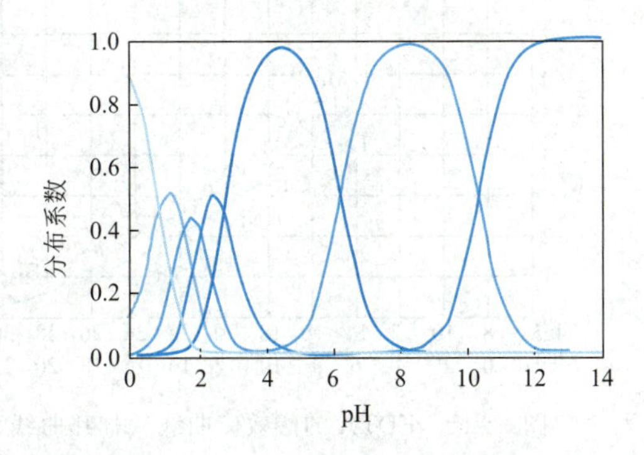

图 12-10　EDTA 在不同 pH 溶液中的分布曲线

小与溶液的 pH 密切相关，所以溶液的酸度便成为影响 EDTA 配合物稳定性及滴定终点敏锐性的一个很重要的因素。

三、配位反应的条件稳定常数

（一）主反应和副反应

在配位滴定中，由于溶液中存在其他离子，往往涉及多个化学平衡。除 EDTA 与被测金属离子 M 之间的配位反应外，溶液中还存在着 EDTA 与 H^+ 和其他金属离子 N 的反应，被测金属离子 M 也会与溶液中其他共存配位剂 L 或 OH^- 的反应，反应产物 MY 与 H^+ 或 OH^- 的作用等。一般将 EDTA 与被测金属离子 M 的反应称为主反应，而溶液中存在的其他反应都称为副反应，它们之间的平衡关系如下所示：

$$
\begin{array}{ccccccccc}
 & M & & + & Y & \rightleftharpoons & MY & & \text{主反应} \\
OH^- \swarrow\!\!\nearrow & & \searrow\!\!\nwarrow L & H^+ \swarrow\!\!\nearrow & & \searrow\!\!\nwarrow N & H^+ \swarrow\!\!\nearrow & \searrow\!\!\nwarrow OH^- & \\
M(OH) & & ML & HY & & NY & MHY & M(OH)Y & \text{副反应} \\
\vdots & & \vdots & \vdots & & & & & \\
M(OH)_n & & ML_n & H_6Y & & & & &
\end{array}
$$

由于副反应的存在，使主反应的化学平衡发生移动，主反应产物 MY 的稳定性发生变化，因而对配位滴定的准确度可能有较大的影响，其中以介质酸度的影响最为重要。

（二）酸效应和酸效应系数

在 EDTA 的溶液中，H^+ 与 EDTA 之间可发生反应，使参与主反应的 EDTA 浓度减小，主反应化学平衡向左移动，配位反应的完全程度降低，这种现象称为 EDTA 的酸效应。酸效应的大小可用酸效应系数来表示，它是指未参与配位反应的各种存在形式 EDTA 的总浓度 c（Y′）与能直接参与主反应的 c（Y）的平衡浓度之比，用符号 $\alpha_{Y(H)}$ 表示：

$$
\begin{aligned}
\alpha_{Y(H)} &= \frac{c(Y')}{c(Y)} = \frac{c(Y)+c(HY)+c(H_2Y)+\cdots+c(H_6Y)}{c(Y)} \\
&= 1+c(H)\beta_1+c^2(H)\beta_2+\cdots+c^6(H)\beta_n
\end{aligned}
\qquad (12\text{-}12)
$$

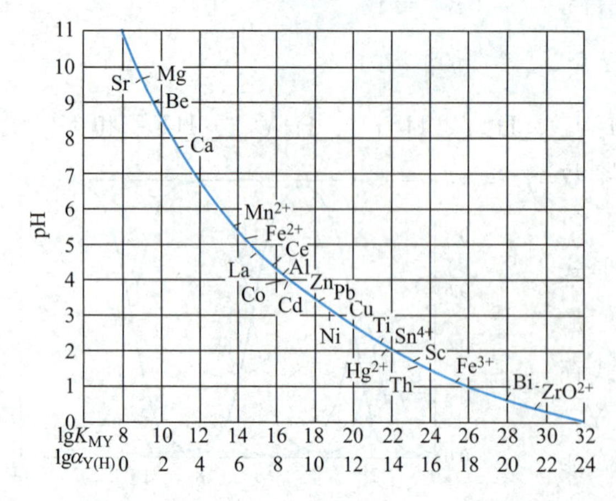

图 12-11　EDTA 的酸效应曲线（林邦曲线）

其中，$\beta_1 \sim \beta_n$ 是 EDTA 的累积稳定常数（酸解离平衡常数的倒数）。因此，酸效应系数仅是 H^+ 浓度的函数。表 12-7 给出了不同 pH 值下的 $\lg\alpha_{Y(H)}$。随着介质的酸度增大，$\lg\alpha_{Y(H)}$ 增大，即酸效应显著，EDTA 参与配位反应的能力显著降低，而在 pH＝12 时，$\lg\alpha_{Y(H)}$ 接近于零，所以 pH≥12 时，可忽略 EDTA 酸效应的影响。以 pH 值对 $\lg\alpha_{Y(H)}$ 作图，即得 EDTA 的酸效应曲线（图 12-11），从曲线上也可查得不同 pH 下的 $\lg\alpha_{Y(H)}$ 值。

表 12-7　不同 pH 值下的 $\lg\alpha_{Y(H)}$

pH	$\lg\alpha_{Y(H)}$	pH	$\lg\alpha_{Y(H)}$	pH	$\lg\alpha_{Y(H)}$	pH	$\lg\alpha_{Y(H)}$	pH	$\lg\alpha_{Y(H)}$
0	23.64	2.2	12.82	4.4	7.64	6.6	3.79	8.8	1.48
0.2	22.47	2.4	12.19	4.6	7.24	6.8	3.55	9.0	1.28
0.4	21.32	2.6	11.62	4.8	6.84	7.0	3.32	9.2	1.10
0.6	20.18	2.8	11.09	5.0	6.45	7.2	3.10	9.6	0.75
0.8	19.08	3.0	10.60	5.2	6.07	7.4	2.88	10.0	0.45
1.0	18.01	3.2	10.14	5.4	5.69	7.6	2.68	10.5	0.20
1.2	16.98	3.4	9.70	5.6	5.33	7.8	2.47	11.0	0.07
1.4	16.02	3.6	9.27	5.8	4.98	8.0	2.22	11.5	0.02
1.6	15.11	3.8	8.85	6.0	4.65	8.2	2.07	12.0	0.01
1.8	14.27	4.0	8.44	6.2	4.32	8.4	1.87	13.0	0.00
2.0	13.51	4.2	8.04	6.4	4.06	8.6	1.67		

例 12-12　计算 pH＝5.0 时，氰化物的酸效应系数及其对数值（β 为氢氰酸的稳定常数，即 HCN 标准解离平衡常数的倒数）。

解： $\alpha_{CN(H)}=1+c(H)\beta=1+10^{-5}\times2.0\times10^{9}$，$\lg\alpha_{CN(H)}=4.30$

例 12-13　计算 pH＝4.0 时 EDTA 的酸效应系数及其对数值。EDTA 的各级酸的 $\lg\beta_1\sim\lg\beta_n$ 分别为 10.34、16.58、19.33、21.40、23.0、23.9。

解：

$$\begin{aligned}\alpha_{Y(H)}&=1+c(H)\beta_1+c^2(H)\beta_2+\cdots+c^6(H)\beta_n\\&=1+10^{-4+10.34}+10^{-8+16.58}+10^{-12+19.33}+10^{-16+21.4}+10^{-20+23.0}+10^{-24+23.9}\\&=1+10^{6.34}+10^{8.58}+10^{7.33}+10^{5.4}+10^{3.0}+10^{-0.1}\\&=10^{8.44}\end{aligned}$$

$$\lg\alpha_{Y(H)}=8.44$$

（三）配位效应和配位效应系数

滴定体系中如果存在其他配位剂，而且这种配位剂也能与被测金属离子形成配合物，则参与主反应的被测金属离子浓度减小，主反应平衡向左移动，EDTA 与金属离子形成的配合物的稳定性下降。这种由于共存配位剂的作用而使被测金属离子参与主反应的能力下降的现象称为配位效应。溶液中的 OH^- 能与金属离子形成氢氧化物或羟基配合物，从而降低了参与主反应的能力，这种金属离子的水解作用也是配位效应的一种，而且是在没有其他配位剂存在时，必须考虑的主要因素。

配位效应的大小可用配位效应系数来表示，它是指未与 EDTA 配位的金属离子的各种存在形式的总浓度 $c(M')$ 与游离金属离子的浓度 $c(M)$ 之比，用 $\alpha_{M(L)}$ 表示，即：

$$\alpha_{M(L)}=c(M')/c(M) \tag{12-13}$$

配位效应系数 $\alpha_{M(L)}$ 的大小与共存配位剂 L 的种类和浓度有关。共存配位剂的浓度越大，与被测金属离子形成的配合物越稳定，则配位效应越显著，对主反应的影响越大。

$$\begin{aligned}\alpha_{M(L)}&=\frac{c(M')}{c(M)}=\frac{c(M)+c(ML)+c(ML_2)+\cdots+c(ML_n)}{c(M)}\\&=1+\beta_1c(L)+\beta_2c(L)^2+\cdots+\beta_nc(L)^n\end{aligned} \tag{12-14}$$

其中，$\beta_1 \sim \beta_n$ 是金属离子与 L 配体生成配合物的累积稳定常数。因此，当共存配位剂一定时，共存配位效应系数仅是 $c(\text{L})$ 的函数。

例 12-14 计算 $c(\text{NH}_3)=0.1\text{mol}\cdot\text{L}^{-1}$ 时，$\lg\alpha_{\text{Zn(NH}_3)}$ 值。

解： 锌氨配合物的 $\lg\beta_1 \sim \lg\beta_4$，分别是 2.27、4.61、7.01、9.06。

$$\alpha_{\text{Zn(NH}_3)} = 1 + c(\text{NH}_3)\beta_1 + c^2(\text{NH}_3)\beta_2 + \cdots + c^4(\text{NH}_3)\beta_4$$
$$= 1 + 10^{-1+2.27} + 10^{-2+4.61} + 10^{-3+7.01} + 10^{-4+9.06}$$
$$\lg\alpha_{\text{Zn(NH}_3)} = 5.10$$

例 12-15 已知 Pb^{2+}-OH^- 配合物的 $\lg\beta_1 \sim \lg\beta_3$ 分别是 6.2、10.3、13.3，计算 pH=10.0 时 $\lg\alpha_{\text{Pb(OH)}}$。

解：

$$\alpha_{\text{Pb(OH)}} = 1 + c(\text{OH})\beta_1 + c^2(\text{OH})\beta_2 + \cdots + c^3(\text{OH})\beta_3$$
$$= 1 + 10^{-4+6.2} + 10^{-8+10.3} + 10^{-12+13.3}$$
$$\lg\alpha_{\text{Pb(OH)}} = 2.6$$

当不存在其他配位剂时，pH 增加虽然降低了酸效应，但是羟基的共存配位效应就不能被忽略。

（四）EDTA 配合物的条件稳定常数

EDTA 与金属离子所形成的配合物的稳定常数 K_{MY} 越大，表示配位反应进行越完全，生成的配合物越稳定。由于 K_{MY} 是在一定温度和离子强度理想条件下的平衡常数，不受溶液中其他条件的影响，因此也称为 EDTA 配合物的绝对稳定常数。但是，在实际操作时，如果有副反应存在，则溶液中未与 EDTA 配位的金属离子的总浓度和未与金属离子配位的 EDTA 的总浓度都会发生变化，主反应的平衡会发生移动，配合物的实际稳定性下降。这时，再用 K_{MY} 来表示配合物的实际稳定性就不合适了，而应该采用配合物的条件稳定常数 K'_{MY}，它可表示为：

$$K'_{\text{MY}} = \frac{c(\text{MY})}{c(\text{M}')c(\text{Y}')} = \frac{c(\text{MY})}{\alpha_{\text{M(L)}}c(\text{M})\alpha_{\text{Y(H)}}c(\text{Y})} = \frac{K^{\ominus}_{\text{MY}}}{\alpha_{\text{M(L)}}\alpha_{\text{Y(H)}}} \tag{12-15}$$

$$\lg K'_{\text{MY}} = \lg K^{\ominus}_{\text{MY}} - \lg\alpha_{\text{M(L)}} - \lg\alpha_{\text{Y(H)}} \tag{12-16}$$

显然，副反应系数越大，条件稳定常数 K'_{MY} 越小。也就是说，酸效应和配位效应越严重，配合物的实际稳定性越低。由于在 EDTA 滴定过程中存在酸效应和配位效应，应使用条件稳定常数来衡量 EDTA 配合物的实际稳定性。

例 12-16 计算 pH=2.0 和 pH=5.0 时，ZnY 的条件稳定常数的对数值。

解： 已知

$$\text{pH}=2.0\text{ 时}，\lg\alpha_{\text{Y(H)}} = 13.5，\text{则}$$
$$\lg K'_{\text{ZnY}} = \lg K^{\ominus}_{\text{ZnY}} - \lg\alpha_{\text{Y(H)}} = 16.5 - 13.5 = 2.0$$
$$\text{pH}=5.0，\lg\alpha_{\text{Y(H)}} = 6.4$$
$$\lg K'_{\text{ZnY}} = \lg K^{\ominus}_{\text{ZnY}} - \lg\alpha_{\text{Y(H)}} = 16.5 - 6.4 = 10.1$$

计算结果表明，在 pH=2.0 时，由于酸效应系数很大，使 Zn^{2+} 与 EDTA 配合的稳定性大为降低。在 pH=5.0 时，配位反应才能完全。所以在配位滴定中应注意控制溶液的酸度及其他辅助配位剂的使用，以保证 EDTA 与金属离子所形成的配合物具有足够的稳定性。

四、配位滴定曲线

在配位滴定中，随着滴定剂 EDTA 的加入，溶液中被滴定的金属离子浓度不断减小，在化学计量点附近，pM 值［即 $-\lg c(M)$］将急剧变化。以 EDTA 加入的体积为横坐标，pM 值为纵坐标，可得到 pM-EDTA 滴定曲线。通常以计算化学计量点时的 pM 值，以此作为选择指示剂的依据。

（一）滴定曲线

以 pH＝12.00 时，用 $0.01000mol \cdot L^{-1}$ EDTA 标准溶液滴定 20.00mL $0.01000mol \cdot L^{-1}$ Ca^{2+} 为例，说明不同滴定阶段金属离子浓度的计算。（假定滴定体系中不存在其他辅助配位剂，而只考虑 EDTA 的酸效应）

由于 $K_{CaY^{2-}}=10^{10.69}$，pH＝12.0 时，$\alpha_{Y(H)}=10^{0.01}\approx 1$

$$K'_{CaY^{2-}}=K_{CaY^{2-}}/\alpha_{Y(H)}=K_{CaY^{2-}}=10^{10.69}$$

1. 滴定前

$$c(Ca^{2+})=0.01000mol \cdot L^{-1}$$
$$pCa=2.0$$

2. 化学计量点前

由于 $K'_{CaY^{2-}}=10^{10.69}$，即 CaY^{2-} 很稳定，计量点前其离解作用可忽略。

所以，$c(Ca^{2+})=\dfrac{c(Ca^{2+})[V(Ca^{2+})-V(EDTA)]}{V(Ca^{2+})+V(EDTA)}$

假设加入 EDTA 溶液 19.98mL，此时还剩 0.1%的 Ca^{2+} 没被配位

$$c(Ca^{2+})=(20.00-19.98)/(20.00+19.98)=5.0\times10^{-6}mol \cdot L^{-1}$$
$$pCa=5.3$$

3. 化学计量点时

Ca^{2+} 与 EDTA 几乎全部配位产生 CaY^{2-}，所以，$c(CaY^{2-})=0.005mol \cdot L^{-1}$，而

$$c(Ca^{2+})=c(Y^{4-})$$

所以，$pM=\dfrac{1}{2}\left[\lg K'_{CaY^{2-}}+p\left(\dfrac{c(Ca^{2+})}{2}\right)\right]$　　pCa＝6.5

4. 化学计量点后

假设加入 EDTA 溶液 20.02mL，此时 EDTA 过量 0.1%，所以

$$c(Y^{4-})=(20.02-20.00)\times0.01/(20.00+20.02)=5.0\times10^{-6}mol \cdot L^{-1}$$

而 $c(CaY^{2-})=[20.00/(20.00+20.02)]\times0.01=0.005mol \cdot L^{-1}$

所以，$c(Ca^{2+})=\dfrac{c(CaY^{2-})}{K^{\ominus-1}_{CaY^{2-}}c(Y^{4-})}=5.0\times10^{-3}/(10^{10.69}\times5.0\times10^{-6})=10^{-7.69}mol \cdot L^{-1}$

$$pCa=7.7$$

按照上述计算方法，所得结果列于表 12-8 中，以 EDTA 加入的体积为横坐标，pCa 值为纵坐标，可得到 pCa-EDTA 滴定曲线，如图 12-12 所示。由于条件稳定常数随 pH 而改变，图 12-12 也列出了不同 pH 下滴定曲线，显然，pH 越大，突跃越大。

若滴定过程中使用了辅助配位剂，与被测金属离子发生其他配位反应，这时要考虑配位

效应对滴定过程的影响，滴定曲线中应该用 pM′来代替 pM。

表 12-8　pH＝12.00 时，0.01000mol·L^{-1} EDTA 标准溶液滴定 20.00mL 0.01000mol·L^{-1} Ca^{2+} 过程中 pCa 值的变化

加入 EDTA 溶液		Ca^{2+} 被配位百分比	过量 EDTA 的百分比	pCa 值
毫升数	百分比			
0.00	0.0	0.0		2.0
18.00	90.0	90.0		3.3
19.80	99.0	99.0		4.3
19.98	99.09	99.9		5.3
20.00	100.0	100.0	0.0	6.5
20.02	100.1		0.1	7.7
20.20	101.0		1.0	8.7

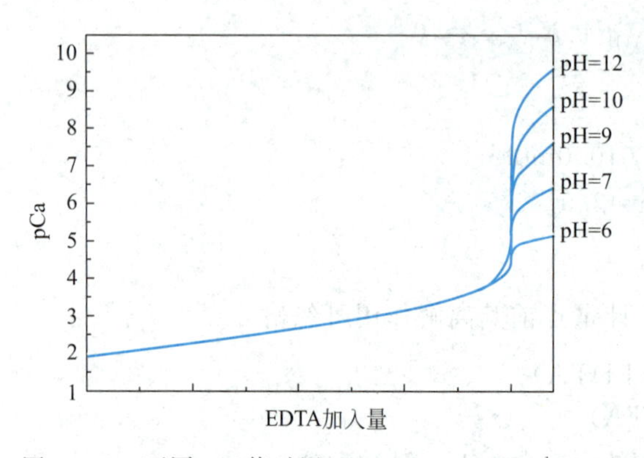

图 12-12　不同 pH 值时用，0.01000mol·L^{-1} EDTA 标准溶液滴定 20.00mL 0.01000mol·L^{-1} Ca^{2+} 滴定曲线

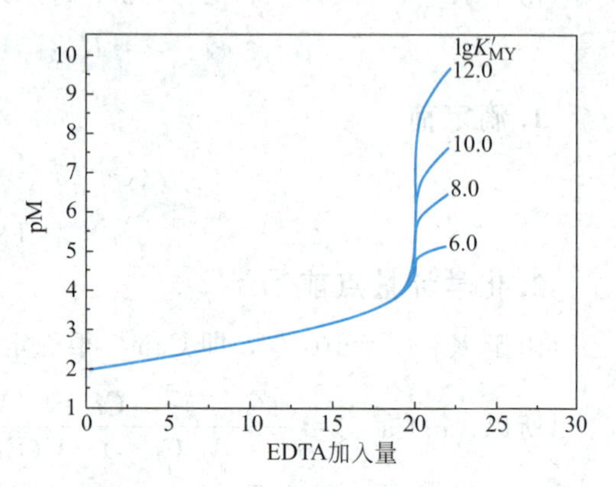

图 12-13　不同 K'_{MY}时用 0.01000mol·L^{-1} EDTA 标准溶液滴定 20.00mL 0.01000mol·L^{-1} M^{n+} 滴定曲线

当用 0.01000mol·L^{-1} EDTA 标准溶液滴定 20.00mL 0.01000mol·L^{-1} 其他金属离子 M^{n+} 时，若配合物的 $\lg K'_{MY}$ 分别为 6.0、8.0、10.0、12.0 时，同样可绘制出相应的滴定曲线，如图 12-13 所示。显然，条件稳定常数越大，突跃越大。

此外，若 $\lg K'_{MY}=10$，用相同浓度的 EDTA 溶液滴定不同浓度的金属离子，如 c(M) 分别为 10^{-1}～10^{-4} mol·L^{-1}，滴定过程中的 pM′ 也可计算出来，其滴定曲线如图 12-14 所示。突跃范围随金属离子浓度减小而减小。

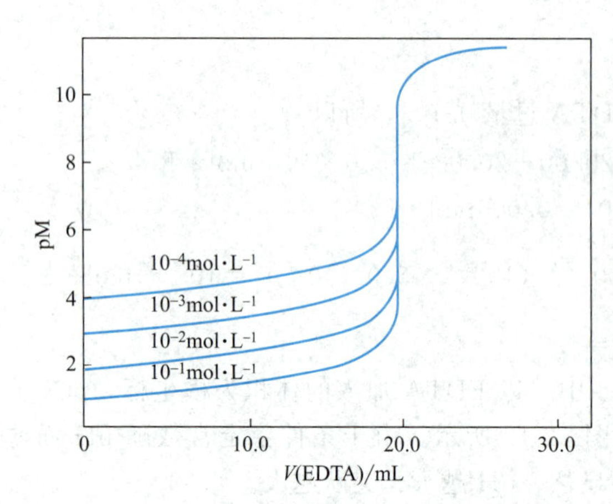

图 12-14　EDTA 滴定不同浓度 M^{n+} 的滴定曲线

从图 12-12 到图 12-14 可看出，在配位滴定中，化学计量点前后存在着滴定突跃，而突跃的大小与配合物的条件稳定常数和被滴定的金属离子的浓度直接相关。

（二）金属离子准确滴定的界限

在配位滴定中，通常采用指示剂来指示滴定的终点。在理想的情况下，指示剂的变色点应该就是化学计量点，但由于肉眼判断颜色的局限性，仍可能造成滴定终点和化学计量点有差别。滴定分析一般要求相对误差不超过0.1%（$\Delta pM'=0.2pM$单位），根据终点误差理论，此时要求被滴定的初始金属离子浓度和其配合物的条件稳定常数K'_{MY}的乘积大于等于10^6，即

$$\lg[c(M)K'_{MY}]\geqslant 6$$

此条件为配位滴定中准确滴定唯一金属离子的条件。

例 12-17 pH＝6.0时，能否用0.01000mol·L^{-1} EDTA标准溶液直接准确滴定0.01000mol·L^{-1}的Mg^{2+}？pH＝10.0的氨性溶液中呢？

解：pH＝6.0时，查表知，$\lg\alpha_{Y(H)}=4.65$，则

$$\lg K'_{MgY^{2-}}=\lg K_{MgY^{2-}}-\lg\alpha_{Y(H)}=8.7-6.45=4.05$$

$$\lg c(Mg^{2+})K'_{MgY^{2+}}=-2+2.25=2.05<6$$

故pH＝5.0时，不能直接准确滴定Mg^{2+}。

pH＝10.0的氨性溶液中，查表知，$\lg\alpha_{Y(H)}=0.45$，则

$$\lg K'_{MgY^{2-}}=\lg K_{MgY^{2-}}-\lg\alpha_{Y(H)}=8.7-0.45=8.25$$

$$\lg c(Mg^{2+})\ K'_{MgY^{2-}}=-2+8.25=6.25>6$$

故在pH＝10.0时，能直接准确滴定Mg^{2+}。

在配位滴定中，通常使用0.01mol·L^{-1}的金属离子，故实际金属离子使用EDTA准确滴定的界限为$\lg K'_{MY}\geqslant 8$。

五、金属离子指示剂

（一）金属离子指示剂工作原理

在配位滴定中，通常利用一种能与金属离子生成有色配合物的显色剂来指示滴定的终点。这种显色剂称为金属离子指示剂，简称金属指示剂。

在滴定开始时，金属指示剂（In）与少量被滴定金属离子反应，形成一种与指示剂本身颜色不同的配合物（MIn）。随着EDTA的加入，游离金属离子逐渐被配位，形成MY。当达到反应的化学计量点时，EDTA从MIn中夺取M，使指示剂游离出来，这样溶液的颜色由（B色）变为（A色），指示终点到达。

$$\underset{(B色)}{MIn}+Y\rightleftharpoons MY+\underset{(A色)}{In}$$

作为金属指示剂需要满足的主要条件如下。

（1）金属离子与指示剂形成的配合物与指示剂本身有明显的颜色区别。

（2）金属离子与指示剂形成的配合物稳定性要适当，也就是既要足够稳定，又要比该金属离子与EDTA形成的配合物的稳定性小。即MIn的稳定性要略低于M-EDTA的稳定性。如果MIn的稳定性太低，终点就会提前出现，且变色不敏锐；如果MIn的稳定性太高，终点就会拖后，甚至使EDTA不能夺取其中的金属离子，得不到滴定终点。

（3）金属离子与指示剂的反应要快、灵敏且有良好的变色可逆性。

（4）指示剂应比较稳定，有利于存储和使用。

（5）金属离子与指示剂形成的配合物要易溶于水。如果生成胶体或沉淀，会使变色不明显。

如果滴定体系中存在干扰离子，并能与金属指示剂形成稳定的配合物，虽然加入过量的

EDTA，在化学计量点附近仍没有颜色的变化，这种现象就是指示剂所谓的封闭现象。可加入适当的掩蔽剂来消除。

有些指示剂或指示剂与金属离子形成的配合物在水中溶解度较小，以致在化学计量点时EDTA与指示剂置换缓慢，使终点拖长，这种现象就是指示剂所谓的僵化现象。可以通过放慢滴定速度，加入适当的有机溶剂或加热，以增加有关物质的溶解度来消除这一影响。

（二）常用金属离子指示剂简介

铬黑T（EBT），化学名称是1-(1-羟基-2-萘偶氮基)-6-硝基-2-萘酚-4-磺酸钠，属于偶氮染料，结构式为：

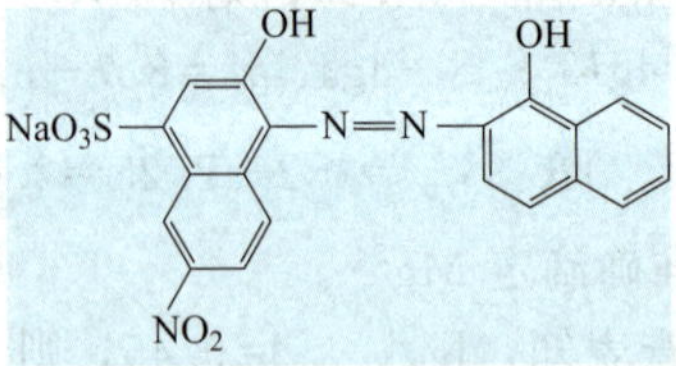

铬黑T可用符号 NaH_2In 表示。溶于水后，结合在磺酸根上的 Na^+ 全部电离，以 H_2In^- 阴离子形式存在于溶液中。H_2In^- 是一种二元酸，它分两步电离，在溶液中存在下列平衡关系，而呈现三种不同的颜色：

$$H_2In^- \xrightleftharpoons{-H^+} HIn^{2-} \xrightleftharpoons{-H^+} In^{3-}$$

（紫红色） （蓝色） （橙色）

pH＜6 pH＝7～11 pH＞12

即溶液的pH在6以下时，铬黑T显紫红色；pH在7～11时显蓝色，pH在12以上则显橙色。铬黑T与许多二价金属离子如 Ca^{2+}、Mg^{2+}、Mn^{2+}、Zn^{2+}、Cd^{2+}、Pb^{2+} 等形成稳定的配合物，在pH＝7～11的溶液中，铬黑T显蓝色，而与金属离子生成的配合物显酒红色，颜色变化明显，所以用铬黑T作为指示剂应控制pH值在7～11范围内。

铬黑T可作 Zn^{2+}、Ca^{2+}、Mg^{2+}、Hg^{2+} 等离子的指示剂，它与金属离子以1∶1配位。例如，铬黑T为指示剂用EDTA滴定 Mg^{2+}（pH＝10）。

滴定前：$Mg^{2+} + HIn^{2-} \rightleftharpoons MgIn^- + H^+$

（酒红）

滴定阶段：$Mg^{2+} + HY^{3-} \rightleftharpoons MgY^{2-} + H^+$

滴定终点时：由 $MgIn^-$ 的酒红色转变为 HIn^{2-} 的蓝色：

$$MgIn^- + HY^{3-} \rightleftharpoons MgY^{2-} + HIn^{2-}$$

（酒红色） （蓝色）

在滴定过程中，颜色变化为：酒红→紫→蓝色。

因铬黑T水溶液不稳定，很易聚合，通常把它与NaCl以1∶100比例相混，配成固体混合物使用，也可配成三乙醇胺溶液使用。

钙指示剂 化学名称是2-羟基-1-(2-羟基-4-磺酸基-1-萘偶氮基)-3-萘甲酸（-钠盐），简称NN或称钙红，其结构式为：

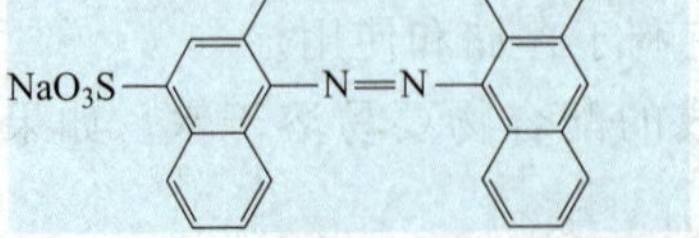

该指示剂可用符号 Na_2H_2In 表示，溶于水后存在如下平衡：

$$H_2In^{2-} \underset{+H^+}{\overset{-H^+}{\rightleftharpoons}} HIn^{3-} \underset{+H^+}{\overset{-H^+}{\rightleftharpoons}} In^{4-}$$

(红色)　　(蓝色)　　(橙色)

pH<7　　pH=8～13　　pH>13.5

指示剂在 pH=12～13 时呈蓝色，它与 Ca^{2+} 形成相当稳定的红色配合物，与 Mg^{2+} 形成更稳定的红色配合物。但当溶液 pH 达到 12 时，Mg^{2+} 已被沉淀为 $Mg(OH)_2$，故在此酸度时，用钙指示剂可以在 Ca^{2+}、Mg^{2+} 的混合液中直接滴定 Ca^{2+}。

纯的钙指示剂为紫色粉末，其水溶液或乙醇溶液均不稳定，通常与干燥的 NaCl 粉末以 1∶100 相混合后应用。一些常见金属离子指示剂列于表 12-9 中。

表 12-9　常见金属离子指示剂

指示剂	使用 pH	颜色变化		直接滴定离子	指示剂配制	备注
		In	MIn			
铬黑 T(EBT)	7～10	蓝	红	pH 10 Ca^{2+}，Mg^{2+}，Zn^{2+}，Cd^{2+}，Pb^{2+}，Mn^{2+}，稀土	1∶100NaCl（固体）	Fe^{3+}，Al^{3+}，Cu^{2+}等有封闭
二甲酚橙(XO)	<6	黄	红	pH<1 ZrO^{2+} pH 1～3 Bi^{3+}，Th^{4+} pH 5～6 Zn^{2+}，Pb^{2+}，Cd^{2+}，Hg^{2+}，稀土	质量分数为 0.5% 的水溶液	Fe^{3+}、Al^{3+} 等有封闭
PAN［1-(2-吡啶偶氮)-2-萘酚］	2～12	黄	红	pH 2～3 Bi^{3+}，Th^{4+} pH 5～6 Cu^{2+}，Ni^{2+}	质量分数为 0.1% 的乙醇溶液	
酸性铬蓝 K	8～13	蓝	红	pH 10 Mg^{2+}，Zn^{2+} pH 13 Ca^{2+}	1∶100NaCl（固体）	
钙指示剂(NN)	10～13	蓝	红	pH 12～13，Ca^{2+}	1∶100NaCl(固体)	Fe^{2+}，Al^{3+}，Cu^{2+}、Mn^{2+}等有封闭
磺基水杨酸(ssal)	>1.5	无	紫红	pH 1.5～2.5 Fe^{3+}（加热）	质量分数为 2%的水溶液	ssal 无色，终点红→黄

六、配位滴定中酸度的控制

(一) 配位滴定中最高酸度和最低酸度

1. 最高酸度

假定滴定体系中不存在其他辅助配位剂，只需考虑 EDTA 的酸效应，则 $\lg K'_{MY}$ 主要受溶液的酸度影响。在 c(M) 一定时，随着酸度的增强，$\lg\alpha_{Y(H)}$ 增大，$\lg K'_{MY}$ 减小，最后可能导致 $\lg c(M) K'_{MY}<6$，这时就不能准确滴定。因此，溶液的酸度应有一上限，超过它，便不能保证 $\lg c(M) K'_{MY}$ 有一定的值，会引起较大的误差（>0.1%），这一最高允许的酸度为最高酸度，与之相应的 pH 为最低 pH 值。

由于配位滴定中，被测金属离子的浓度通常为 $0.01 mol \cdot L^{-1}$，根据 $\lg[c(M)K'_{MY}]\geqslant 6$，即 $\lg K'_{MY}\geqslant 8$，若只考虑酸效应，则：

$$\lg K'_{MY}=\lg K_{MY}-\lg\alpha_{Y(H)}\geqslant 8 \qquad (12\text{-}17)$$

$$\lg\alpha_{Y(H)} \leqslant \lg K_{MY} - 8 \quad (12\text{-}18)$$

由上式求出配位滴定的最大 $\lg\alpha_{Y(H)}$，然后从酸效应曲线上便可求得相应的 pH 值，即最低 pH。

例 12-18 求算 0.01mol·L^{-1}EDTA 滴定 0.01mol·L^{-1} 的 Zn^{2+} 的最高酸度（最低 pH）。

解：

$$\lg K'_{MY} = \lg K_{MY} - \lg\alpha_{Y(H)} \geqslant 8$$

$$\lg K_{MY} = 16.5 \qquad \lg\alpha_{Y(H)} = 8.5$$

查表得，pH≥4.0，所以滴定 0.01mol·L^{-1} 的 Zn^{2+} 的最高酸度（最低 pH）约为 pH=4.0 左右。

在 $c(M)=0.01mol \cdot L^{-1}$，相对误差为 0.1%时，可以计算出 EDTA 滴定各种金属离子的最低 pH，并将其标注在酸效应曲线上（图 12-11），可供实际工作使用，这种曲线通常又称为 Ringbom（林邦）曲线。

2. 最低酸度

pH 值增大，酸效应减弱，配合物越稳定，被测金属离子与 EDTA 的反应也越完全，滴定突跃增大。不能忽视的是，随着 pH 值增大，大多数过渡金属离子会发生水解，生成多羟基配合物，甚至会因生成氢氧化物沉淀，降低 EDTA 配合物的稳定性，从而影响 EDTA 配合物的形成，故对滴定不利。因此，对不同的金属离子，因其性质不同而在滴定时有不同的最低酸度即最高 pH 值。在没有其他辅助配位剂存在时，准确滴定某一金属离子的最低允许酸度通常可粗略地由一定浓度的金属离子形成氢氧化物沉淀时的 pH 值估算。

例 12-19 试计算用 0.01mol·L^{-1}EDTA 滴定 0.01mol·$L^{-1}$$Pb^{2+}$溶液时的最高酸度和最低酸度。

解：

$$\lg K'_{MY} = \lg K_{MY} - \lg\alpha_{Y(H)} \geqslant 8$$

$\lg K_{MY}=18.0$，$\lg\alpha_{Y(H)}=10.0$，查表得，pH≥3.3，故滴定 0.01mol·L^{-1} 的 Pb^{2+} 的最低 pH 为 3.3。

由 $Pb(OH)_2$ 的 K_{sp} 求得：

$$c(OH^-) = \sqrt{\frac{K_{sp}}{c(Pb^{2+})}} = \sqrt[2]{\frac{1.6\times10^{-19}}{0.01}} = 4.0\times10^{-9}\,mol \cdot L^{-1}$$

pOH=8.4，故最高 pH=5.6

配位滴定应控制在最高酸度和最低酸度之间进行，将此酸度范围称为配位滴定的适宜酸度范围。

显然，此处计算的最高 pH，是刚开始析出沉淀时的 pH。这样按 K_{sp} 求得的最低酸度，可能与实际情况略有出入，因为在计算过程中忽略了羟基配合物、离子强度及沉淀是否易于再溶解等因素，对于个别氢氧化物沉淀溶解度较大的金属离子，如 Mg^{2+}，就明显存在这种情况，尽管如此，按这种计算方法而得到的最低酸度仍可供实际滴定时参考。

（二）配位滴定中的缓冲作用

在配位滴定过程中，随着配合物的不断生成，不断有 H^+ 释放出来：

$$M^{n+} + H_2Y^{2-} \rightleftharpoons MY^{(n-4)} + 2H^+$$

因此，溶液酸度随着配位反应的进行不断增加，降低了配合物的实际稳定性（K'_{MY}减

小)，使滴定突跃减小。在配位滴定中，通常要考虑缓冲溶液来控制 pH 值。

（三）金属指示剂的影响

金属离子指示剂多为有机弱酸，具有酸碱指示剂的性质，即指示剂自身颜色随 pH 变化而不同，因而在使用此类金属指示剂时，也必须控制酸度。

七、提高配位滴定选择性的方法

实际工作中分析对象中往往有多种金属离子共存，而 EDTA 又能与很多金属离子形成稳定的配合物，所以在滴定某一金属离子时常常受到共存金属离子的干扰，如何在多种离子中进行选择滴定就成为配位滴定的一个重要问题。

（一）控制酸度

假如溶液中含有 M 和 N 两种金属离子，而它们均可与 EDTA 形成配合物，且 $K'_{MY}>K'_{NY}$。当用 EDTA 滴定时，若 $c(M)=c(N)$，M 首先被滴定。若 K'_{MY} 和 K'_{NY} 相差足够大，则 M 被滴定后，EDTA 才与 N 作用，这样，N 的存在并不干扰 M 离子的准确滴定。对于有干扰离子存在的配位滴定，一般也允许相对误差不超过 0.5%，另外，肉眼判断颜色变化时，滴定突跃应大于 0.2pM 单位，根据理论推导，若要在 M、N 两种离子共存时通过控制酸度来准确滴定 M，除了满足 $\lg[c(M)K'_{MY}]\geqslant 6$ 条件外，还必须满足：

$$c(M)K'_{MY}/[c(N)K'_{NY}]\geqslant 10^5$$

即同时满足上述两条件。

例 12-20 若一溶液中 Fe^{3+}、Al^{3+} 浓度均为 0.01mol·L^{-1}，能否控制酸度，用 EDTA 选择滴定 Fe^{3+}，如何控制酸度？

解：已知 $K_{Fe^{3+}}=10^{25.1}$，$K_{Al^{3+}}=10^{16.3}$，同一溶液中 EDTA 的酸效应一样，在无其他副反应时：

$c(Fe^{3+})K'_{FeY}/[c(Al^{3+})K'_{AlY}]=K'_{FeY}/K'_{AlY}=10^{8.8}\geqslant 10^5$，所以可通过控制酸度，用 EDTA 选择先滴定 Fe^{3+}，而 Al^{3+} 不干扰。

根据 $\lg[c(Fe^{3+})K'_{FeY}]\geqslant 6$，可计算滴定 Fe^{3+} 的最低 pH 约为 1.2，而在 pH≈1.8 时 Fe^{3+} 发生水解而生成 $Fe(OH)_3$ 沉淀，所以，可控制 pH 在 1.2～1.8 滴定 Fe^{3+}。从酸效应曲线可以看出，这时 Al^{3+} 不被滴定。

如果溶液中存在两种以上的金属离子，要判断能否用控制酸度法分别滴定，应该首先考虑配合物稳定常数最大和与之最接近的两种离子，然后依次两两考虑。

应当指出，在考虑滴定的适宜 pH 范围时还应注意所选用的指示剂的适宜 pH 范围。如上例中滴定 Fe^{3+} 时，用磺基水杨酸作指示剂，在 pH=1.5～1.8 时，它与 Fe^{3+} 形成红色配合物。若在此 pH 范围内用 EDTA 直接滴定 Fe^{3+}，终点颜色变化明显，Al^{3+} 不干扰。滴定 Fe^{3+} 后，调节溶液 pH=3，加入过量 EDTA，煮沸，使 Al^{3+} 与 EDTA 完全反应，再调节 pH=5～6，用 PAN 作指示剂，用 Cu^{2+} 标准溶液滴定过量的 EDTA，即可求得 Al^{3+} 的含量。

（二）掩蔽

当被测金属离子和干扰离子的配合物的稳定性相差不大，即不能满足：

$$c(M)K'_{MY}/[c(N)K'_{NY}]\geqslant 10^5$$

就不能用控制酸度的方法进行选择滴定。可以加入某种试剂，使之仅与干扰离子 N 反应，这样溶液中游离 N 的浓度大大降低，N 对被测离子 M 的干扰也会减弱以致消除，这种方法称为掩蔽法。常用的掩蔽法有配位掩蔽法、沉淀掩蔽法、氧化还原掩蔽法等，其中以配位掩蔽法最常用。

（三）预先分离

如果用控制酸度和使用掩蔽剂等方法都不能消除共存离子的干扰而选择滴定被测离子，就只有预先将干扰离子分离出来，再滴定被测离子。分离的方法很多，可根据干扰离子和被测离子的性质进行选择。例如，磷矿石中一般含 Fe^{3+}、Al^{3+}、Ca^{2+}、Mg^{2+}、PO_4^{3-}、F^- 等离子，如果要用 EDTA 测定其中的离子，F^- 有严重的干扰，它能与 Fe^{3+}、Al^{3+} 生成很稳定的配合物，酸度小时，又能和 Ca^{2+} 生成 CaF_2 沉淀，因此在滴定前必须先加酸、加热，使 F^- 生成 HF 而挥发除去。

（四）其他配合剂

除 EDTA 外，其他许多配位剂也能与金属离子形成稳定性不同的配合物，因而选用不同的配位剂进行滴定，有可能提高滴定某些离子的选择性。例如，多数金属离子与 EDTP 形成的配合物的稳定性比它们的 EDTA 配合物差很多，而 $[Cu(EDTP)]^{2-}$ 与 $[Cu(EDTA)]^{2-}$ 稳定性相差不大，因而可用 EDTP 直接滴定 Cu^{2+}，而 Zn^{2+}、Cd^{2+}、Mg^{2+}、Mn^{2+} 等都不干扰。又如 Ca^{2+}、Mg^{2+} 的 EDTA 配合物的稳定性相差不大，若用 EGTA 作为配位剂，由于 $[Ca(EGTA)]^{2-}$ 仍有较高稳定性，而 $[Mg(EGTA)]^{2-}$ 不太稳定，故可用 EGTA 直接滴定 Ca^{2+} 而 Mg^{2+} 不干扰。

八、配位滴定的方法和应用实例

配位滴定可以选用多种滴定方法，包括直接滴定、间接滴定、反滴定和置换滴定等。采用不同的方法，可以扩大配位滴定的应用范围，也可以提高选择性。

（一）EDTA 标准溶液的配制和标定

EDTA 标准溶液通常称取 EDTA 二钠盐（$Na_2H_2Y \cdot 2H_2O$）配制。此溶液长期保存时，应储于聚乙烯塑料瓶中。

标定 EDTA 溶液的基准物，一般用金属锌，也可以用 $CaCO_3$ 或 $MgSO_4 \cdot 7H_2O$ 等。标定时可吸取一定体积的锌标准溶液，加 pH＝10 的 $NH_3 \cdot H_2O$-NH_4Cl 缓冲溶液，以铬黑 T 为指示剂。用待标定的 EDTA 溶液滴定至溶液由酒红色变纯蓝色为终点。记下 EDTA 溶液消耗的体积 $V(EDTA)$（mL），按下式计算 EDTA 的浓度：

$$c(\mathrm{EDTA})=\frac{c(\mathrm{Zn^{2+}})V(\mathrm{Zn^{2+}})}{V(\mathrm{EDTA})}$$

式中，$c(Zn^{2+})$ 为锌标准溶液浓度；$V(Zn^{2+})$ 为吸取的锌标准溶液的体积，mL。

（二）直接滴定法测定水的硬度

钙、镁测定在动植物体分析中都有广泛的应用。工业上将含钙、镁盐等杂质较多的水称为“硬水”。它易在锅炉中形成水垢并使肥皂泡沫减少。用 EDTA 配位滴定法测定钙、镁时，首先测定的是钙、镁总量，然后测定钙量，二者之差即为镁量。水的硬度通常用质量浓度 ρ 表示，单位为 $mg \cdot L^{-1}$。

钙、镁总量的测定：将水样调节 pH＝10，以铬黑 T 为指示剂用 EDTA 直接滴定。铬黑T和EDTA均能与Ca^{2+}、Mg^{2+}生成配合物，但其稳定性有如下差别：

$$CaY^{2-}>MgY^{2-}>MgIn^{-}>CaIn^{-}$$

所以，滴定前铬黑T首先与Mg^{2+}结合，生成酒红色配合物。当滴加EDTA则先与游离的Ca^{2+}结合，然后再结合游离溶液中的Mg^{2+}，最后夺取铬黑T结合的Mg^{2+}，并使铬黑T游离出来，溶液由酒红色变为蓝色，即为终点。记下EDTA消耗的体积V_1(mL)。

钙的测定：以NaOH调节pH>12，此时Mg^{2+}转化为$Mg(OH)_2$沉淀，不干扰Ca^{2+}滴定。加入钙试剂后，即与Ca^{2+}生成红色配合物。用EDTA滴定时，EDTA首先结合游离的Ca^{2+}，继续滴定，将夺取指示剂结合的Ca^{2+}，并游离出指示剂，溶液由红色变为纯蓝色即为终点。记下EDTA消耗的体积V_2(mL)。

按下式计算水中Ca^{2+}、Mg^{2+}含量：

$$\rho(Ca^{2+})(mg \cdot L^{-1})=\frac{V_2 c(EDTA) M(Ca^{2+})}{V(水)} \times 1000mg \cdot L^{-1}$$

$$\rho(Mg^{2+})(mg \cdot L^{-1})=\frac{(V_1-V_2) c(EDTA) M(Mg^{2+})}{V(水)} \times 1000mg \cdot L^{-1}$$

水中Fe^{3+}、Al^{3+}、Mn^{2+}、Pb^{2+}含量较高时，应加三乙醇胺和酒石酸钾钠掩蔽。

（三）间接滴定法测定SO_4^{2-}

对于不能与EDTA形成稳定配合物的物质，可以采用间接滴定法测定。例如，SO_4^{2-}不与EDTA发生配位反应，故用间接法测定。在酸性试液中加$BaCl_2+MgCl_2$标准混合液[1]，Ba^{2+}与SO_4^{2-}生成$BaSO_4$沉淀。调节溶液pH=10，以铬黑T为指示剂，用EDTA标准溶液滴定剩余的Ba^{2+}和Mg^{2+}，至溶液从红色变为蓝色为终点。由$BaCl_2+MgCl_2$的总量减去剩余量，即为与SO_4^{2-}作用的量。

$$w(SO_4^{2-})\frac{[c(BaCl_2+MgCl_2)V(BaCl_2+MgCl_2)-c(EDTA)V(EDTA)]M(SO_4^{2-})}{m} \times 100\%$$

（四）返滴定法测定Al^{3+}

若被测离子与EDTA反应缓慢，被测离子在选定滴定条件下发生水解等副反应，无适宜指示剂或被测离子对指示剂有封闭作用，不能直接进行EDTA滴定，上述情况可采用返滴定法。即加入一定量的EDTA标准溶液到被测离子溶液中，待反应完全后，再用另一金属离子的标准溶液返滴定过量的EDTA，根据两种标准溶液的浓度和用量，即可求得被测离子的含量。例如测定Al^{3+}时，由于Al^{3+}易水解形成多羟基配合物，且与EDTA反应较慢，同时Al^{3+}对二甲酚橙有封闭作用，因此不能用EDTA直接测定，可在含Al^{3+}溶液中先加入一定量过量的EDTA标准溶液，加热至沸以使Al^{3+}与EDTA反应完全后，再加入二甲酚橙，用Zn^{2+}或Cu^{2+}标准溶液返滴定过量的EDTA。

（五）置换滴定法测Sn^{4+}

置换滴定法在配位滴定中也经常使用。利用置换反应，用一种配位剂将被测离子与EDTA配合物中的EDTA置换出来，然后用另一金属离子的标准溶液滴定；或者用被测离子将另一金属离子配合物中的金属离子置换出来，然后用EDTA标准溶液滴定。例如，测定某合金中的Sn^{4+}时，可在试液中先加过量的EDTA，使共存的Pb^{2+}、Zn^{2+}、Cd^{2+}、Bi^{3+}

---

[1] 由于Ba^{2+}与铬黑T指示剂生成的配合物不稳定，所以不单用$BaCl_2$标准溶液，而用$BaCl_2+MgCl_2$标准溶液。

等与 Sn^{4+} 一起都与 EDTA 配位，然后用 Zn^{2+} 的标准溶液滴定过量的 EDTA，除去溶液中游离的 EDTA。再加入 NH_4F，F^- 与 Sn^{4+} 形成稳定性更高的 $[SnF_6]^{2-}$，选择性地将 SnY 中的 EDTA 置换出来，然后再用 Zn^{2+} 的标准溶液滴定，即可求得 Sn^{4+} 的含量。又如测定 Ag^+，由于 Ag^+ 的 EDTA 配合物不够稳定，因而不能用 EDTA 直接滴定。如在 Ag^+ 试液中加入过量的 $[Ni(CN)_4]^{2-}$，则发生反应：$2Ag^+ + Ni(CN)_4^{2-} \rightleftharpoons 2[Ag(CN)_2]^- + Ni^{2+}$，置换出来的 Ni^{2+} 可在 pH=10.0 的氨性缓冲溶液中用 EDTA 滴定，可计算出 Ag^+ 的含量。

第五节　氧化还原滴定法

(Oxidation-Reduction Titration Methods)

一、氧化还原滴定法概述

氧化还原滴定法（oxidation-reduction titration）是以氧化还原反应为基础的一类滴定分析方法。它的应用范围非常广泛，不仅能直接测定具有氧化性或还原性的物质，也能间接地测定一些能与氧化剂或还原剂发生定量反应的物质。

氧化还原反应的实质是电子转移，其反应机理往往比较复杂，并且经常是分步进行的。有的反应速率很慢，使滴定很难进行，有的反应有副反应使反应物之间没有确定的计量关系，还有一些反应在不同的条件下会生成不同的产物。因此在氧化还原滴定中要注意控制反应条件，如加热或加入催化剂来加快反应速率，同时还要防止副反应的发生以满足滴定分析对计量关系的基本要求。

氧化还原滴定分析的条件如下。

(1) 被测定物质要处于所滴定的氧化态或还原态。

(2) 氧化还原滴定反应要定量进行，其反应的平衡常数 $K>10^6$，一般要求 $E^{\ominus}>0.4V$ ($n=1$ 时)。

(3) 氧化还原反应速率要快。

(4) 要有指示滴定终点的指示剂或方法。

二、氧化还原滴定法基本原理

(一) 条件电极电势

在 Nernst 方程式的推导过程中，我们直接用浓度代替了活度，即假设 $a=\gamma \frac{c}{c^{\ominus}} \approx \frac{c}{c^{\ominus}} = \frac{c}{1mol \cdot L^{-1}}$，当溶液的离子强度不大时，这种处理方法是可行的。但在实际工作中，往往在溶液中加入一些强电解质的溶液作为介质，这使得溶液的离子强度变大，如果用浓度代替活度会产生较大的误差，进而影响电极电势。此外，外加的电解质还会使氧化型或还原型物质发生副反应，比如，酸度的影响、沉淀与配合物的形成等都会使电极电势发生变化。因此，需要对 Nernst 方程进行校正。

在浓度代替活度的式中，保留活度系数 γ，并引入表征副反应对活度的影响的副反应系数 α，即

$$a(\text{ox})=\frac{\gamma(\text{ox})}{\alpha(\text{ox})}\times\frac{c(\text{ox})}{c^{\ominus}},a(\text{red})=\frac{\gamma(\text{red})}{\alpha(\text{red})}\times\frac{c(\text{red})}{c^{\ominus}} \tag{12-19}$$

式中，ox 表示氧化型；red 表示还原型；c 为浓度。

将式(12-19) 代入式(9-2)，得

$$E=E^{\ominus}+\frac{0.0592}{n}\lg\frac{\gamma(\text{ox})\alpha(\text{red})}{\gamma(\text{red})\alpha(\text{ox})}+\frac{0.0592}{n}\lg\frac{c(\text{ox})}{c(\text{red})}$$

当 $c(\text{ox})=c(\text{red})=1\text{mol}\cdot\text{L}^{-1}$ 时，得到

$$E=E^{\ominus}+\frac{0.0592}{n}\lg\frac{\gamma(\text{ox})\alpha(\text{red})}{\gamma(\text{red})\alpha(\text{ox})}$$

令此时的 $E=E^{\ominus\prime}$，即

$$E^{\ominus\prime}=E^{\ominus}+\frac{0.0592}{n}\lg\frac{\gamma(\text{ox})\alpha(\text{red})}{\gamma(\text{red})\alpha(\text{ox})} \tag{12-20}$$

$E^{\ominus\prime}$表示在一定介质中，氧化型和还原型的分析浓度都是 $1\text{mol}\cdot\text{L}^{-1}$ 时的实际电极电势。和标准电极电势不同的是，它在一定条件下才是常数，所以称为条件电极电势，如果溶剂、介质不同，其数值也不同。它反映了离子强度与各种副反应对电极的影响的总结果，在处理实际问题时比标准电极电势更准确。条件电极电势可能大于标准电极电势，也可能小于标准电极电势，这取决于$\frac{\gamma(\text{ox})\alpha(\text{red})}{\gamma(\text{red})\alpha(\text{ox})}$的大小。各种 $E^{\ominus\prime}$都是由实验测定的。若没有相同条件下的 $E^{\ominus\prime}$，可采用条件相近的 $E^{\ominus\prime}$，对于没有条件电极电势的电对，则只能使用标准电极电势。

引入条件电极电势后，Nernst 方程表示成

$$E=E^{\ominus\prime}+\frac{0.0592}{n}\lg\frac{c(\text{ox})}{c(\text{red})} \tag{12-21}$$

（二）氧化还原反应条件平衡常数

某氧化还原反应

$$a\,\text{ox}_1+b\,\text{red}_2 = c\,\text{red}_1+d\,\text{ox}_2$$

的平衡常数

$$K^{\ominus}=\frac{[a(\text{red}_1)]^c[a(\text{ox}_2)]^d}{[a(\text{ox}_1)]^a[a(\text{red}_2)]^b}$$

将式(12-20) 代入

$$K^{\ominus}=\frac{\left[\frac{\gamma(\text{red}_1)}{\alpha(\text{red}_1)}\right]^c\left[\frac{\gamma(\text{ox}_2)}{\alpha(\text{ox}_2)}\right]^d}{\left[\frac{\gamma(\text{ox}_1)}{\alpha(\text{ox}_1)}\right]^a\left[\frac{\gamma(\text{red}_2)}{\alpha(\text{red}_2)}\right]^b}\times\frac{\left[\frac{c(\text{red}_1)}{c^{\ominus}}\right]^c\left[\frac{c(\text{ox}_2)}{c^{\ominus}}\right]^d}{\left[\frac{c(\text{ox}_1)}{c^{\ominus}}\right]^a\left[\frac{c(\text{red}_2)}{c^{\ominus}}\right]^b} \tag{12-22}$$

令

$$K'=K^{\ominus}\times\frac{\left[\frac{\gamma(\text{red}_1)}{\alpha(\text{red}_1)}\right]^c\left[\frac{\gamma(\text{ox}_2)}{\alpha(\text{ox}_2)}\right]^d}{\left[\frac{\gamma(\text{ox}_1)}{\alpha(\text{ox}_1)}\right]^a\left[\frac{\gamma(\text{red}_2)}{\alpha(\text{red}_2)}\right]^b}=\frac{\left[\frac{c(\text{red}_1)}{c^{\ominus}}\right]^c\left[\frac{c(\text{ox}_2)}{c^{\ominus}}\right]^d}{\left[\frac{c(\text{ox}_1)}{c^{\ominus}}\right]^a\left[\frac{c(\text{red}_2)}{c^{\ominus}}\right]^b} \tag{12-23}$$

K'称为条件平衡常数，是综合考虑在特定条件下，某氧化还原反应进行的程度，它与在该条件下的离子强度、副反应是否发生等因素有关。

条件平衡常数可由电极电势计算得到。

$$\lg K^{\ominus}=\frac{n\varepsilon^{\ominus}}{0.0592}=\frac{n(E_{+}^{\ominus}-E_{-}^{\ominus})}{0.0592} \tag{12-24}$$

整理得到

$$\lg K'=\frac{n(E_{+}^{\ominus'}-E_{-}^{\ominus'})}{0.0592} \tag{12-25}$$

一般来说，$E^{\ominus\prime}_{+}$与$E^{\ominus\prime}_{-}$相差越大，反应越完全，越适合滴定。实际在氧化还原滴定中，可以根据该差值是否大于0.4V来判断能否进行滴定，所以常常采用强氧化剂来作为滴定剂，有时还需要控制反应条件（酸度、沉淀剂、配位剂等）改变电极电势来满足该要求。

（三）氧化还原滴定曲线

1. 氧化还原滴定曲线的绘制

在氧化还原滴定过程中，溶液中的各电对的电极电势随着滴定剂的体积（或者滴定百分数）而不断发生变化。因此，和其他类型的滴定一样，也可以用滴定曲线来描述滴定的过程。现以在 $1mol\cdot L^{-1}$ H_2SO_4 介质中，用 $0.1000mol\cdot L^{-1}Ce(SO_4)_2$ 滴定 20.00mL $0.1000mol\cdot L^{-1}FeSO_4$ 为例，来简要介绍氧化还原滴定曲线。

滴定反应为 $$Ce^{4+}+Fe^{2+}=\!=\!=Ce^{3+}+Fe^{3+}$$

各电对的半反应和条件电极电势为

$$Fe^{2+}\longrightarrow Fe^{3+}+e^{-}\qquad E^{\ominus'}_{Fe^{3+}/Fe^{2+}}=0.68V$$

$$Ce^{4+}+e^{-}\longrightarrow Ce^{3+}\qquad E^{\ominus'}_{Ce^{4+}/Ce^{3+}}=1.44V$$

（1）滴定前　溶液中无 Ce^{4+}/Ce^{3+} 电对，而 Fe^{3+}/Fe^{2+} 电对中，基本上只有 Fe^{2+}，所以电极电势无从求得。

（2）滴定开始到化学计量点前　在滴定过程中，如果很好地控制滴定速率，则滴定过程是一个平衡过程，即滴定反应始终处于平衡状态，因此反应的电动势 $\varepsilon=E_{+}-E_{-}=0$，$E_{Ce^{4+}/Ce^{3+}}=E_{Fe^{3+}/Fe^{2+}}$，以 Fe^{3+}/Fe^{2+} 电对来计算各平衡点的电极电势，即

$$E=E^{\ominus\prime}_{Fe^{3+}/Fe^{2+}}+0.0592\lg\frac{[Fe^{3+}]}{[Fe^{2+}]}$$

当加入 $2.00mLCe^{4+}$ 溶液时，有10%的 Fe^{2+} 被滴定，未被滴定的 Fe^{2+} 为90%，则电极电势为

$$E=E^{\ominus\prime}_{Fe^{3+}/Fe^{2+}}+0.0592\lg\frac{[Fe^{3+}]}{[Fe^{2+}]}=0.68+0.0592\lg\frac{10}{90}=0.62V$$

当加入19.98mL Ce^{4+} 溶液时，即滴定到计量点前半滴时，有99.9%Fe^{2+} 被滴定，未滴定的 Fe^{2+} 为0.1%，此时电极电势为

$$E=E^{\ominus\prime}_{Fe^{3+}/Fe^{2+}}+0.0592\lg\frac{[Fe^{3+}]}{[Fe^{2+}]}=0.68+0.0592\lg\frac{99.9}{0.1}=0.86V$$

（3）化学计量点时　化学计量点时的电极电势计算通式为：

$$E_{计}=\frac{n_1E_1^{\ominus}+n_2E_2^{\ominus}}{n_1+n_2}=\frac{1.44+0.68}{2}=1.06V$$

滴定曲线的突跃范围为 $E_2^{\ominus\prime}+\frac{3\times0.0592}{n_2}$ 到 $E_1^{\ominus\prime}-\frac{3\times0.0592}{n_1}$，即0.86～1.26V。

（4）化学计量点后　化学计量点后，滴定剂过量，而 Fe^{2+} 量极少，以 Ce^{4+}/Ce^{3+} 来计算溶液的电极电势。当 Ce^{4+} 过量了 0.1%（加入了 20.02mL），则电极电势为

$$E=E^{\ominus\prime}_{Ce^{4+}/Ce^{3+}}+0.0592\lg\frac{[Ce^{4+}]}{[Ce^{3+}]}=1.44+0.0592\lg\frac{0.1}{100}=1.26V$$

当 Ce^{4+} 过量了 1%（加入了 20.20mL）时，电极电势为

$$E=E^{\ominus\prime}_{Ce^{4+}/Ce^{3+}}+0.0592\lg\frac{[Ce^{4+}]}{[Ce^{3+}]}=1.44+0.0592\lg\frac{1}{100}=1.32V$$

按照上述方法，可以计算出其他平衡点的电极电势。表 12-10 列出了相关数据。

表 12-10　在 1mol・L^{-1} H_2SO_4 介质中用 0.1000mol・$L^{-1}$$Ce(SO_4)_2$ 滴定 20.00mL 0.1000mol・$L^{-1}$$FeSO_4$

滴定剂体积/mL	滴定百分数/%	电极电势/V
2.00	10.0	0.62
10.00	50.0	0.68
18.00	90.0	0.74
19.80	99.0	0.80
19.98	99.9	0.86
20.00	100.0	1.06 突跃范围
20.02	100.1	1.26
20.20	101.0	1.32
22.00	110.0	1.38
30.00	150.0	1.42
40.00	200.0	1.44

根据表 12-10 中数据可以绘制出滴定曲线图，见图 12-15。

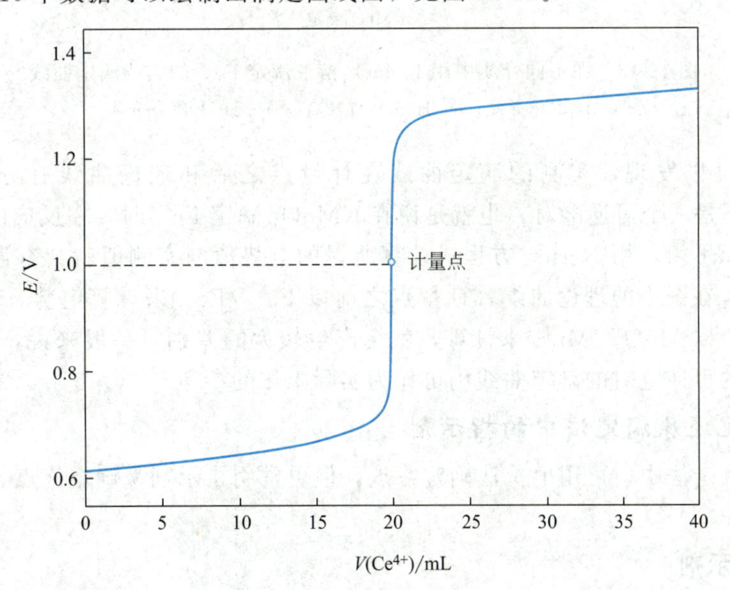

图 12-15　1mol・L^{-1} H_2SO_4 介质中用 0.1000mol・$L^{-1}$$Ce(SO_4)_2$ 滴定 20.00mL 0.1000mol・$L^{-1}$$FeSO_4$

如图 12-15 所示，从化学计量点前 Fe^{2+} 剩余 0.1%到计量点后 Ce^{4+} 过量 0.1%，溶液的电极电势从 0.86V 突跃到 1.26V，改变了 0.40V，这个变化称为氧化还原滴定的电势突跃。电势突跃范围是选择氧化还原指示剂的依据。

2. 氧化还原滴定曲线的影响因素

电势突跃范围与参与反应的两个电对的条件电极电势有关。条件电极电势差值越大，突跃越长；差值越小，突跃越短。突跃越大，滴定的准确度越高。通常要求有 0.2V 以上的突跃。

图 12-16 是用 $KMnO_4$ 溶液滴定不同介质中的 Fe^{2+} 的滴定曲线。由于不同介质中的条件电极电势不同，所以曲线的突跃不同。其中，以 HCl 和 H_3PO_4 混合酸作介质时，由于 H_3PO_4 对 Fe^{3+} 的配位作用，使得 Fe^{3+}/Fe^{2+} 的条件电极电势降低，从而使滴定突跃起点降低，突跃增大，指示剂的颜色变化较为敏锐。

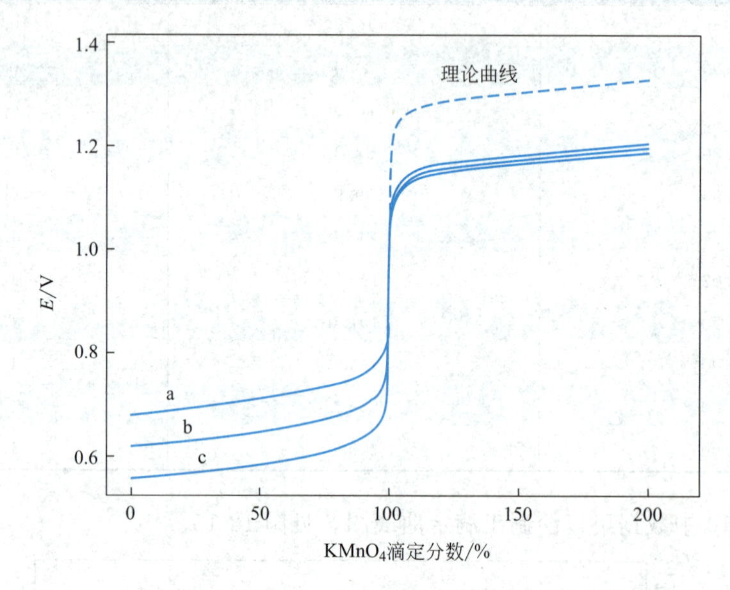

图 12-16　在不同介质中用 $KMnO_4$ 溶液滴定 Fe^{2+} 的实测滴定曲线

a—$HClO_4$ 介质；b—H_2SO_4 介质；c—HCl+H_3PO_4 介质

在图中还可以发现，实测的滴定曲线在计量点之后和理论曲线有分别，这是因为 MnO_4^-/Mn^{2+} 不是一个可逆电对，也就是说在 $KMnO_4$ 滴定 Fe^{2+} 时，在反应的一瞬间，不能建立起氧化还原平衡，用 Nernst 方程式计算所得的电势值与实测值就会有误差，一般可达到 0.1～0.2V。在图中的理论曲线，计量点之前以 Fe^{3+}/Fe^{2+} 来计算电势，所以差别不大，而计量点之后，以 MnO_4^-/Mn^{2+} 来计算，就会产生较大的差别。一般来说，使用 Nernst 方程式计算得到的可逆电对的滴定曲线仍可作为实际工作的参考。

（四）氧化还原滴定法中的指示剂

氧化还原滴定法中，可用电位法确定终点，但更常用指示剂来确定终点。常用的指示剂有以下几类。

1. 自身指示剂

利用滴定剂或被滴定物质本身的颜色变化来指示滴定终点，无须另加指示剂。例如用 $KMnO_4$ 溶液滴定 $H_2C_2O_4$ 溶液，滴定至化学计量点只要有很少的过量的 $KMnO_4$（约 2×

10^{-6} mol·L^{-1}）就能使溶液呈现浅紫红色，指示终点的到达。

2. 特殊指示剂

有些物质本身并不具有氧化还原性，但它能与滴定剂或被滴定物质产生特殊的颜色以指示终点，这些指示剂称为特殊指示剂或显色指示剂。例如碘量法中，利用可溶性淀粉与 I_3^- 生成深蓝色的吸附化合物，反应特效且灵敏，以蓝色的出现或消失指示终点。

3. 氧化还原指示剂

这类指示剂具有氧化还原性质，和酸碱指示剂类似的是其氧化型和还原型具有不同的颜色。在滴定过程中，因被氧化或还原而发生颜色变化以指示终点。这类指示剂必须根据滴定曲线的突跃来选择，选择方法类似于酸碱指示剂。

氧化还原指示剂的半反应和 Nernst 方程式为

$$\mathrm{In(ox)} + ne^- \rightleftharpoons \mathrm{In(red)}$$

$$E_{\mathrm{In}} = E_{\mathrm{In}}^{\ominus\prime} + \frac{0.0592}{n}\lg\frac{[\mathrm{In(ox)}]}{[\mathrm{In(red)}]}$$

在滴定过程中，随着溶液的电极电势的变化，$\frac{[\mathrm{In(ox)}]}{[\mathrm{In(red)}]}$随之变化，溶液的颜色也发生变化。当$\frac{[\mathrm{In(ox)}]}{[\mathrm{In(red)}]}$从 10～1/10，指示剂由氧化型颜色变成还原型颜色，变色范围为 $E_{\mathrm{In}}^{\ominus\prime} \pm \frac{0.0592}{n}$（V）。

表 12-11 列出的是常用的氧化还原指示剂。在氧化还原滴定中选择这类指示剂的原则是：指示剂变色点的电极电势应处于滴定体系的电极电势的突跃范围内。

表 12-11　常用的氧化还原指示剂

指示剂	颜色变化		$E_{\mathrm{In}}^{\ominus\prime}$/V $c(H^+)=1$mol·L^{-1}	配制方法
	还原型	氧化型		
次甲基蓝	无色	蓝色	+0.53	质量分数为 0.05%的水溶液
二苯胺	无色	紫色	+0.76	0.25g 指示剂与 3mL 水混合溶于 100mL 浓 H_2SO_4 或浓 H_3PO_4 中
二苯胺磺酸钠	无色	紫红色	+0.85	0.8g 指示剂加 2gNa_2CO_3，用水溶解并稀释至 100mL
邻苯氨基苯甲酸	无色	紫红色	+0.89	0.1g 指示剂溶于 30mL 质量分数为 0.6%的 Na_2CO_3 溶液中，用水稀释至 100mL 过滤，保存在暗处
邻二氮菲-亚铁	红色	淡蓝色	+1.06	1.49g 邻二氮菲加 0.7g$FeSO_4$·H_2O 溶于水，稀释至 100mL

比如，在 H_2SO_4 介质中，用 Ce^{4+} 溶液滴定 Fe^{2+} 溶液宜选用邻二氮菲-亚铁作指示剂。二苯胺磺酸钠常用于在 HCl-H_3PO_4 介质中，用 $K_2Cr_2O_7$ 溶液滴定 Fe^{2+} 溶液的情况。

（五）氧化还原预处理

氧化还原滴定中，有一些被测物的价态往往不适于滴定，往往需要将试样中待测组分预先处理成适用于测定的一定价态（氧化为高价态或还原为低价态），此操作步骤称为试样预处理。例如，测定 Cr^{3+} 或 Mn^{2+} 时，因无合适的氧化剂直接滴定，可以先用 $(NH_4)_2S_2O_8$ 进行预先处理，将他们氧化为 $Cr_2O_7^{2-}$ 或 MnO_4^-，然后用 Fe^{2+} 标准溶液滴定；又如用 $K_2Cr_2O_7$ 法测定铁矿中的含铁量，Fe^{2+} 在空气中不稳定，易被氧化成 Fe^{3+}，而 $K_2Cr_2O_7$ 溶液不能与 Fe^{3+} 反应，必须预先将溶液中的 Fe^{3+} 还原至 Fe^{2+}，才能用 $K_2Cr_2O_7$ 溶液进行直接滴定。

预处理时所用的氧化剂或还原剂应满足下列条件。

（1）能将待测组分定量、完全地氧化或还原为指定的价态。

（2）反应应具有较好的选择性，只能定量地氧化或还原待测组分，而与试样中其他组分不发生反应。

（3）预氧化或预还原反应速率要足够快，能满足滴定分析要求。

（4）过量的预氧化剂或预还原剂应易于除去。

表 12-12 列出了常用的预处理氧化剂和还原剂。

表 12-12　常用的预处理氧化剂和还原剂

氧化剂	反应条件	主要应用	过量试剂除去方法
$(NH_4)_2S_2O_8$	酸性	$Mn^{2+} \longrightarrow MnO_4^-$ $Cr^{3+} \longrightarrow Cr_2O_7^{2-}$ $VO^{2+} \longrightarrow VO_3^-$	煮沸分解
$NaBiO_3$	HNO_3 介质	同上	过滤
H_2O_2	碱性	$Cr^{3+} \longrightarrow CrO_4^{2-}$	煮沸分解
Cl_2、Br_2 液	酸性或中性	$I^- \longrightarrow IO_3^-$	煮沸或通空气
还原剂	**反应条件**	**主要应用**	**过量试剂除去方法**
$SnCl_2$	酸性加热	$Fe^{3+} \longrightarrow Fe^{2+}$ As(Ⅴ)⟶As(Ⅲ)	加 Hg_2Cl_2 氧化
$TiCl_3$	酸性	$Fe^{3+} \longrightarrow Fe^{2+}$	稀释，Cu^{2+} 催化空气氧化
联胺		As(Ⅴ)⟶As(Ⅲ)	加浓 H_2SO_4 煮沸
锌汞齐还原器	酸性	$Fe^{3+} \longrightarrow Fe^{2+}$ Sn(Ⅳ)⟶Sn(Ⅱ) Ti(Ⅳ)⟶Ti(Ⅲ)	

三、氧化还原滴定法的分类和应用举例

根据所用的滴定剂的种类不同，氧化还原滴定法可分为高锰酸钾法、重铬酸钾法、碘量法、铈量法和溴酸盐法等。各种方法都有其特点和应用范围，应根据实际测定情况选用。本节主要介绍高锰酸钾法、重铬酸钾法和碘量法。

（一）高锰酸钾法

1. 基本原理

$KMnO_4$ 是一种强氧化剂，在不同酸度条件下，其氧化能力不同，反应产物也不同。

强酸性：　　　　　　　　$MnO_4^- + 8H^+ + 5e^- = Mn^{2+} + 4H_2O \quad E^{\ominus} = 1.5V$

中性、弱酸（碱）性：$MnO_4^- + 2H_2O + 3e^- = MnO_2 + 4OH^- \quad E^{\ominus} = 0.59V$

强碱性：　　　　　　　　$MnO_4^- + e^- = MnO_4^{2-} \quad E^{\ominus} = 0.56V$

由于在弱酸性、弱碱性和中性条件下 MnO_4^- 被还原成褐色的 MnO_2 沉淀，使得溶液变混浊，影响滴定终点的判断，因而高锰酸钾法宜在强酸性条件下进行，一般使用 H_2SO_4 来调节酸度，使 $[H^+]$ 保持在 0.5～1.0mol·L^{-1} 范围内。酸度过高会引起 $KMnO_4$ 分解。

$$4MnO_4^- + 12H^+ = 4Mn^{2+} + 5O_2\uparrow + 6H_2O$$

硝酸具有氧化性，盐酸可被 $KMnO_4$ 氧化，所以这两种酸均不宜用来调节溶液的酸度。

因为 $KMnO_4$ 具有明显的紫红色而其还原产物 Mn^{2+} 则基本无色，所以高锰酸钾法的指示剂就是 $KMnO_4$ 本身。如果被滴定物质溶液及其氧化产物没有明显的颜色，那么在滴定到计量点以前滴入的 $KMnO_4$ 所显示的颜色会迅速褪去，而到达计量点时，再滴入的稍过量的 $KMnO_4$ 就会使溶液出现浅红色，从而指示处滴定终点。

高锰酸钾滴定法的滴定反应速率较慢，因此，在滴定前常常将被滴定溶液加热（但对于亚铁盐、过氧化氢等易氧化或易分解的物质不能加热），或者使用催化剂（比如 Mn^{2+}）加快反应。实际上，在高锰酸钾法中，滴定初期反应速率很慢，随着反应的进行，反应生成的 Mn^{2+} 的量逐渐增加，对反应本身产生了催化作用，使反应速率大大加快。这种由反应产物本身起到的催化作用，称为自催化作用。

2. $KMnO_4$ 标准溶液的配制和标定

市售的 $KMnO_4$ 试剂常含有少量 MnO_2 和其他杂质，而且配制 $KMnO_4$ 标准溶液的蒸馏水中也常含有微量的还原性物质，此外，$KMnO_4$ 容易发生分解反应：

$$4KMnO_4 + 2H_2O = 4KOH + 4MnO_2 + 3O_2$$

光照、$MnO(OH)_2$、Mn^{2+} 等都能促进 $KMnO_4$ 的分解，因此不能用直接法配制准确浓度的 $KMnO_4$ 溶液。一般采取间接法，其配制方法为：称取略多于理论计算量的固体 $KMnO_4$，溶解于一定体积的蒸馏水中，加热煮沸，保持微沸约 1h，或在暗处放置 7～10 天。使还原性物质完全氧化。冷却后用微孔玻璃漏斗过滤除去 $MnO(OH)_2$ 沉淀。过滤后的 $KMnO_4$ 溶液贮存于棕色瓶中，置于暗处，避光保存。

标定 $KMnO_4$ 溶液的基准物质有 $H_2C_2O_4 \cdot 2H_2O$、$(NH_4)_2Fe(SO_4)_2 \cdot 6H_2O$、$Na_2C_2O_4$、$As_2O_3$ 等。常用的是 $Na_2C_2O_4$，它易提纯、稳定、不含结晶水。在酸性溶液中，$KMnO_4$ 与 $Na_2C_2O_4$ 的反应为：

$$2MnO_4^- + 5C_2O_4^{2-} + 16H^+ = 2Mn^{2+} + 10CO_2 + 8H_2O$$

为使反应定量进行，需注意以下滴定条件。

（1）温度　此反应在室温下速率缓慢，需加热至 75～85℃，于 90℃时，$H_2C_2O_4$ 会发生分解：

$$H_2C_2O_4 \longrightarrow CO_2\uparrow + CO\uparrow + H_2O$$

（2）酸度　酸度过低，MnO_4^- 会部分被还原成 MnO_2；酸度过高，会促使 $H_2C_2O_4$ 分解。一般滴定开始的最适宜酸度为 1mol·L^{-1}。

（3）滴定速度　若开始滴定速度太快，会使滴定的 $KMnO_4$ 来不及和 $C_2O_4^{2-}$ 反应，而发生分解反应；

$$4MnO_4^- + 12H^+ = 4Mn^{2+} + 5O_2 + 8H_2O$$

有时也可以加入少量 Mn^{2+} 作为催化剂以加速反应。

3. 高锰酸钾法应用示例

高锰酸钾法可以直接或间接测定很多物质，如双氧水、亚铁盐、草酸盐、亚砷酸盐和亚硝酸盐等。

（1）直接滴定法测定市售双氧水中 H_2O_2 的含量　市售双氧水的质量分数是 0.3 左右，由于浓度较高，需要稀释才能滴定。H_2O_2 受热易分解，滴定应在室温下进行。

在酸性溶液中 H_2O_2 被 $KMnO_4$ 定量氧化，其反应为

$$2MnO_4^- + 5H_2O_2 + 6H^+ = 2Mn^{2+} + 5O_2\uparrow + 8H_2O$$

可加入少量 Mn^{2+} 加速反应。

当滴入 $KMnO_4$ 溶液呈现淡红色并在半分钟内不褪色时，即为滴定终点。

（2）直接滴定法测定硫酸亚铁的含量　硫酸亚铁（$FeSO_4 \cdot 7H_2O$）呈浅绿色。在酸性溶液中，$KMnO_4$ 与 $FeSO_4$ 发生如下反应：

$$2MnO_4^- + 10Fe^{2+} + 16H^+ = 2Mn^{2+} + 10Fe^{3+} + 8H_2O$$

由于 Fe^{2+} 在空气中容易被氧化，因此滴定时不宜加热，应在室温下进行。当滴定进行到滴入 $KMnO_4$ 标液呈现淡红色并保持半分钟内不褪色时，即为滴定终点。

（3）间接滴定法测定 Ca^{2+}　先用 $C_2O_4^{2-}$ 将 Ca^{2+} 全部沉淀为 CaC_2O_4，

$$Ca^{2+} + C_2O_4^{2-} = CaC_2O_4(s)$$

沉淀经过滤、洗涤后溶于稀 H_2SO_4，然后用 $KMnO_4$ 标准溶液滴定，间接测得 Ca^{2+} 的含量。

（4）返滴定法测定 MnO_2 和有机物　在含 MnO_2 的试液中加入过量、计量的 $C_2O_4^{2-}$，在酸性介质中发生反应：

$$MnO_2 + C_2O_4^{2-} + 4H^+ = Mn^{2+} + 2CO_2\uparrow + 2H_2O$$

待反应完全后，用 $KMnO_4$ 标准溶液返滴定剩余的 $C_2O_4^{2-}$，可求得 MnO_2 含量。此法也可用于测定 PbO_2 的含量。

在碱性溶液中高锰酸钾法可以测定某些具有还原性的有机物（如甘油、甲酸、甲醇、甲醛等）。以测定甘油为例。将一定量过量的碱性（$2mol \cdot L^{-1}$ NaOH）$KMnO_4$ 标准溶液溶于含有甘油的试液中，发生如下反应

$$\underset{\text{OH}}{\underset{|}{H_2C}}-\underset{\text{OH}}{\underset{|}{HC}}-\underset{\text{OH}}{\underset{|}{CH_2}} + 14MnO_4^- + 20OH^- = 3CO_3^{2-} + 14MnO_4^{2-} + 14H_2O$$

待反应完全后，将溶液酸化，MnO_4^{2-} 歧化成 MnO_4^- 和 MnO_2，加入一定量过量的还原剂标准溶液，使所有高价锰还原为 Mn^{2+}，再用 $KMnO_4$ 标准溶液滴定剩余的还原剂。最后通过一系列计量关系的计算，求得甘油的含量。

（二）重铬酸钾法

1. 基本原理

$K_2Cr_2O_7$ 是一种常用的氧化剂，在酸性介质中的半反应为

$$Cr_2O_7^{2-} + 14H^+ + 6e^- = 2Cr^{3+} + 7H_2O \quad E^{\ominus} = 1.33V$$

重铬酸钾法与 $KMnO_4$ 法相比有如下特点：（1）$K_2Cr_2O_7$ 易提纯、较稳定，在 140～150℃干燥后，可作为基准物质直接配制标准溶液；（2）$K_2Cr_2O_7$ 标准溶液非常稳定，可以

长期保存在密闭容器内，溶液浓度不变；（3）在室温下，$K_2Cr_2O_7$ 不与 Cl^- 反应，故可以在 HCl 介质中作滴定剂；（4）$K_2Cr_2O_7$ 法需用指示剂。

2. $K_2Cr_2O_7$ 法应用示例（铁的测定）

将含铁试样用 HCl 溶解后，先用 $SnCl_2$ 将大部分 Fe^{3+} 还原至 Fe^{2+}，然后在 Na_2WO_3 存在下，以 $TiCl_3$ 还原剩余的 Fe^{3+} 至 Fe^{2+}，而稍过量的 $TiCl_3$ 使 Na_2WO_3 被还原为钨蓝，使溶液呈现蓝色，以指示 Fe^{3+} 被还原完毕。然后以 Cu^{2+} 作催化剂，利用空气氧化或滴加稀 $K_2Cr_2O_7$ 溶液使钨蓝恰好褪色。再于 H_3PO_4 介质中（也可以用 H_2SO_4-H_3PO_4 介质），以二苯胺磺酸钠为指示剂，用 $K_2Cr_2O_7$ 标准溶液滴定 Fe^{2+}。加 H_3PO_4 的作用：（1）提供必要的酸度；（2）H_3PO_4 与 Fe^{3+} 形成稳定且无色的 $Fe(HPO_4)_2^-$，使 Fe^{3+}/Fe^{2+} 电对的电极电势降低，使二苯胺磺酸钠变色点的电极电势落在滴定的电极电势突跃范围内，又掩蔽了 Fe^{3+} 的黄色，有利于终点的观察。

拓展：

土壤腐殖质含量的测定

腐殖质是土壤中复杂的有机物质，其含量反映土壤的肥力。测定方法是将土壤试样在浓硫酸存在下与已知过量的 $K_2Cr_2O_7$ 溶液共热，使其中的碳被氧化，然后以邻二氮菲-亚铁作指示剂，用 Fe^{2+} 标准溶液滴定剩余的 $K_2Cr_2O_7$。最后通过计算有机碳的含量再换算成腐殖质的含量。反应为：

$$2Cr_2O_7^{2-}+3C+16H^+ \xlongequal{} 4Cr^{3+}+3CO_2+8H_2O$$

$$Cr_2O_7^{2-}+6Fe^{2+}+24H^+ \xlongequal{} 2Cr^{3+}+6Fe^{3+}+7H_2O$$

空白测定可用纯砂或灼烧过的土壤代替土样。

$$w(\text{腐殖质})=\frac{\frac{1}{4}(V_0-V)c(Fe^{2+})}{m(\text{土样})}\times 0.021\times 1.1$$

式中，V_0 为空白试验所消耗的 Fe^{2+} 标准溶液的体积；V 为土壤试样所消耗的 Fe^{2+} 标准溶液的体积。

由于土壤中腐殖质氧化率仅为 90%，故需乘以校正系数 100/90=1.1，且因反应中 1mmol 碳质量为 0.012g，土壤腐殖质中碳平均含量为 58%，则 1mmol 碳相当于 0.012×(100/58)=0.021g 的腐殖质。

化学需氧量测定法

自然界生态循环中，水体富营养化导致的有机污染物在生物降解过程中会不断消耗水中的溶解氧，而造成水体中大量溶解氧的损失，从而破坏水环境和生物群落的生态平衡，并带来不良影响，因此必须有一个能测定水体有机污染物含量的方法，以氧化还原滴定法为基础的化学需氧量测定法就是其中一种测定方法。

化学需氧量（chemical oxygen demand，简称 COD）是指水体中易被强氧化剂氧化的还原性物质所消耗的氧化剂的量，结果一般折算成氧的量，以 $mg\cdot L^{-1}$ 计，是表征水体中还原性物质的综合性指标。因为自然界水样中还原性物质主要是有机物，所以COD可用来判断水体中有机物的相对含量。COD值是水环境监测中最重要的污染指标之一，对于河流和工业废水的研究及污水处理厂的效果评价来说，是一个重要且易得的参数。

COD的测定方法以氧化剂类型来分类一般可分为重铬酸钾法（dichromate method）和高锰酸钾法（permanganate method）两种，前者在欧美国家广为采用，后者在日本广为采用。重铬酸钾法是水环境监测的主要指标，又称为铬法CODCr；高锰酸钾法又称为高锰酸盐指数（Im），细分下来有酸性（氯离子含量少时使用）和碱性（氯离子含量多时使用，如海水）两种。本书重点介绍重铬酸钾法。

在酸性介质下以重铬酸钾为氧化剂测定化学需氧量的方法记作CODCr，这是目前应用最为广泛的方法，我国参照国际标准已将此方法列入国家标准GB 11914—1989。

其基本原理是：

重铬酸钾在强酸性介质中的氧化反应式为：

$$Cr_2O_7^{2-}+14H^++6e^-=\!=\!=2Cr^{3+}+7H_2O$$

以硫酸银作为催化剂，在146℃的沸腾的重铬酸钾和硫酸混合液环境下，样品中的大多数的有机化合物可以被氧化，样品在回流2h后被消化，用硫酸亚铁铵滴定未还原的剩余的重铬酸钾，得出消耗的重铬酸钾的量，便可计算出被氧化的有机物的含量。

（三）碘量法

1. 基本原理

碘量法是基于I_2的氧化性及I^-的还原性进行测定的方法。固体碘在水中溶解度很小且易于挥发，通常将I_2溶解于KI以配成碘液。此时I_2以I_3^-形式存在，为简化一般仍简写为I_2。

其电极半反应为

$$I_3^-+2e^-=\!=\!=3I^- \quad E^\ominus=0.54V$$

由I_3^-/I^-电对的标准电极电势值可见，I_3^-是较弱的氧化剂，I^-则是中等强度的还原剂。用碘标准溶液直接滴定SO_3^{2-}、As（Ⅲ）、$S_2O_3^{2-}$、维生素C等强还原剂，这种方法称为直接碘量法或碘滴定法。而利用I^-的还原性，使它与许多氧化性物质如$Cr_2O_7^{2-}$、MnO_4^-、BrO_3^-、H_2O_2等反应，定量地析出I_2，然后用$Na_2S_2O_3$标准溶液滴定I_2，以间接地测定这些氧化性物质，这种方法称间接碘量法或滴定碘法。

碘量法采用淀粉作指示剂，灵敏度高。当溶液呈现蓝色（直接碘量法）或蓝色消失（间接碘量法）即为终点。

碘量法中两个主要误差来源是I_2的挥发及在酸性溶液中I^-易被空气氧化。为防止I_2挥发，应加入过量KI使形成I_3^-；析出I_2的反应应在碘量瓶中进行，且置于暗处；滴定时勿剧烈摇动等。为防止I^-被氧化，一般反应后应立即滴定，且滴定是在中性或弱酸性溶液中进行。

I_3^-/I^-电对的可逆性好，其电极电势在很宽的pH范围内（pH<9）不受溶液酸度及其他配位剂的影响，且副反应少，因此碘量法应用非常广泛。

2. 标准溶液的配制与标定

碘量法中使用的标准溶液是硫代硫酸钠和碘液。

由于$Na_2S_2O_3 \cdot 5H_2O$纯度不够高，易风化和潮解，因此$Na_2S_2O_3$不能用直接法配制，配好的$Na_2S_2O_3$溶液也不稳定，易分解，其原因如下。

（1）遇酸分解，水中的CO_2使水呈弱酸性，$S_2O_3^{2-}+CO_2+H_2O \rightleftharpoons HCO_3^-+S(s)$；

（2）受水中微生物的作用，$S_2O_3^{2-} \longrightarrow SO_3^{2-}+S(s)$；

（3）空气中氧的作用，$S_2O_3^{2-} \xrightarrow{O_2} SO_4^{2-}+S(s)$；

（4）见光分解。

另外，蒸馏水可能含有的Fe^{3+}、Cu^{2+}等会催化$Na_2S_2O_3$溶液的氧化分解。因此配制$Na_2S_2O_3$溶液的方法是：称取比计算用量稍多的$Na_2S_2O_3 \cdot 5H_2O$试剂，溶于新煮沸（除去水中的CO_2并灭菌）并已冷却的蒸馏水中，加入少量Na_2CO_3使溶液呈碱性，以抑制微生物的生长。溶液贮存于棕色瓶中放置数天后进行标定。若发现溶液变浑，需过滤后再标定，严重时应弃去重新配制。

标定$Na_2S_2O_3$溶液的基准物质有$K_2Cr_2O_7$、$KBrO_3$、KIO_3、纯铜等。$K_2Cr_2O_7$最常用，标定实验的主要步骤是在酸性溶液中，$K_2Cr_2O_7$与过量的KI反应，生成与$K_2Cr_2O_7$计量相当的I_2，在暗处放置3～5min使反应完全，然后加蒸馏水稀释以降低酸度，在弱酸性条件下用待标定的$Na_2S_2O_3$溶液滴定析出的I_2，近终点时溶液呈现稻草黄色（I_3^-黄色与Cr^{3+}绿色）时，加入淀粉指示剂（若滴定前加入，由于碘-淀粉吸附化合物，不易与$Na_2S_2O_3$反应，给滴定带来误差），继续滴定至蓝色消失即为终点。最后准确计算$Na_2S_2O_3$溶液的浓度。

碘标准溶液虽然可以用纯碘直接配制，但由于I_2的挥发性强，很难准确称量。一般先称取一定量的碘溶于少量KI溶液中，待溶解后稀释至一定体积。溶液保存于棕色磨口瓶中。碘液可以用基准物As_2O_3标定，也可以用已标定的$Na_2S_2O_3$溶液标定。

3. 应用举例

（1）维生素C含量的测定　用I_2标液直接滴定维生素C，维生素C分子中的二烯醇基可被I_2氧化成二酮基。维生素C在碱性溶液中易被空气氧化，因此滴定在HAc介质中进行。

```
┌───O────┐                                 ┌───O────┐
C─C═C─CH─CH─CH₂─OH  +I₂ ══ C─C─C─CH─CH─CH₂─OH  +2HI
‖  |  |     |                              ‖  ‖  ‖     |
O  OH OH    OH                             O  O  O     OH
```

（2）Cu^{2+}的测定　在弱酸性溶液中，Cu^{2+}与KI反应：$2Cu^{2+}+4I^- = 2CuI(s)+I_2$，然后用$Na_2S_2O_3$标准溶液滴定析出的$I_2$，用间接法求出$Cu^{2+}$的含量。为减少CuI对$I_2$的吸附，可在近终点时加入KSCN溶液，使CuI转化为溶解度更小且对I_2吸附力弱的CuSCN。

（3）葡萄糖含量的测定　葡萄糖分子中的醛基在碱性条件下用过量I_2氧化成羧基：

$$I_2+2OH^- = IO^-+I^-+H_2O$$

$$CH_2OH(CHOH)_4CHO+IO^- = CH_2OH(CHOH)_4COOH+I^-$$

剩余的 IO^- 在碱性溶液中歧化：

$$3IO^- = IO_3^- + 2I^-$$

溶液经酸化后又析出 I_2：

$$IO_3^- + 5I^- + 6H^+ = 3I_2 + 3H_2O$$

最后用 $Na_2S_2O_3$ 标准溶液滴定析出的 I_2。

（4）卡尔-费休（Kerl-Fischer）法测定水　基本原理是 I_2 氧化 SO_2 时需要一定量的 H_2O：

$$I_2 + SO_2 + 2H_2O = H_2SO_4 + 2HI$$

加入吡啶（C_5H_5N）以中和生成的 H_2SO_4，使反应能定量向右进行。其总反应为：

$$C_5H_5N \cdot I_2 + C_5N_5 \cdot SO_2 + C_5H_5N + H_2O \longrightarrow C_5H_5N \cdot SO_3 + 2C_5N_5N \cdot HI$$

而生成的 $C_5H_5N \cdot SO_3$ 也能与 H_2O 反应，为此需加入甲醇以防止副反应的发生，即 $C_5H_5N \cdot SO_3 + CH_3OH = C_5H_5NHSO_2OCH_3$，因此该方法测定水时，所用的标准溶液是含有 I_2、SO_2、C_5H_5N 和 CH_3OH 的混合液，称为费休试剂。试剂呈深棕色，与水作用后呈黄色。滴定时溶液由浅黄色变为红棕色即为终点。测定时所用器皿必须干燥。费休试剂常用标准的纯水-甲醇溶液进行标定。卡尔-费休法不仅可测定水分含量，还可根据反应中生成或消耗的水的量，间接测定某些有机官能团。

习　题

1. 下列物质能否用酸碱滴定法滴定？直接还是间接？选用什么标准溶液和指示剂？

（1）HCOOH　（2）H_3BO_3　（3）KF　（4）NH_4NO_3

（5）$H_2C_2O_4$　（6）硼砂　（7）水杨酸　（8）乙胺

2. 某弱酸的 pK_a 为 9.21，现有其共轭碱 A^- 溶液 $0.1000mol \cdot L^{-1}$ 20.00mL，用 $0.1000mol \cdot L^{-1}$ HCl 溶液滴定时，化学计量点的 pH 值为多少？滴定突跃是多少？选用何种指示剂？

3. 称取一含有丙氨酸［$CH_3CH(NH_2)COOH$］和惰性物质的试样 2.2200g，处理后，蒸馏出 NH_3 被 50.00mL $0.1472mol \cdot L^{-1}$ 的 H_2SO_4 溶液吸收，再以 $0.1002mol \cdot L^{-1}$ NaOH 溶液 11.12mL 返滴定。求丙氨酸的质量分数。

*4. 以 $0.2000mol \cdot L^{-1}$ NaOH 标准溶液滴定 $0.2000mol \cdot L^{-1}$ 邻苯二甲酸氢钾溶液。化学计量点的 pH 值为多少？滴定突跃是多少？选用何种指示剂？

5. 称取混合碱试样 1.1200g，溶解后，用 $0.5000mol \cdot L^{-1}$ HCl 溶液滴定至酚酞褪色，消耗去 30.00mL，加入甲基橙，继续滴加上述 HCl 溶液至橙色，又消耗 10.00mL，问：试样中含有哪些物质？其质量分数各为多少？

6. 称取混合碱试样 0.6500g，以酚酞为指示剂，用 $0.1800mol \cdot L^{-1}$ HCl 溶液滴定至终点，用去 20.00mL，再加入甲基橙，继续滴定至终点，又用去 23.00mL，问：试样中含有哪些物质？其质量分数各为多少？

*7. 现有一时间比较久的双氧水。为检测其 H_2O_2 的含量，吸取 5.00mL 试液于一吸收瓶，加入过量 Br_2，发生下列反应：$H_2O_2 + Br_2 = 2H^+ + 2Br^- + O_2$，反应 10min 左右，去除过量 Br_2，以 $0.3180mol \cdot L^{-1}$ NaOH 溶液滴定，用去 17.66mL 到达终点。计算双氧水中 H_2O_2 的质量体积分数。

**8. 以 0.01000mol·L^{-1}HCl 溶液滴定 20.00mL 0.01000mol·L^{-1}NaOH 溶液，若①用甲基橙作指示剂，终点为 pH=4.0；②用酚酞作指示剂，终点为 pH=8.0。分别计算终点误差，并请选用合适的指示剂。

*9. 在 pH=4.0 时，能否用 EDTA 准确滴定 0.01mol·$L^{-1}Fe^{2+}$？pH=6.0 和 pH=8.0 时呢？

*10. 若配制 EDTA 溶液的水中含有 Ca^{2+}、Mg^{2+}，在 pH=5～6 时，以二甲酚橙作指示剂，用 Zn^{2+} 标定该 EDTA 溶液，结果偏高还是偏低？若以此 EDTA 溶液测定 Ca^{2+}、Mg^{2+}，所得结果又如何？

*11. 含 0.01mol·$L^{-1}Pb^{2+}$、0.01mol·$L^{-1}Ca^{2+}$ 的硝酸溶液中，能否用 0.1mol·L^{-1} 的 EDTA 准确滴定 Pb^{2+}？若可以，应在什么 pH 下滴定而 Ca^{2+} 不干扰？

*12. 用返滴定法测定 Al^{3+} 的含量时，首先在 pH=3.0 左右加入过量的 EDTA 并加热，使 Al^{3+} 完全配位。试问为何选择此 pH 值？

*13. 量取 Bi^{3+}、Pb^{2+}、Cd^{2+} 的试液 25.00mL，以二甲酚橙为指示剂，在 pH=1 时用 0.02015mol·L^{-1}EDTA 溶液滴定，用去 20.28mL，调节 pH 至 5.5，用此 EDTA 滴定时又消耗 28.86mL，加入邻二氮菲，破坏 CdY^{2-}，释放出的 EDTA 用 0.01202mol·L^{-1} 的 Pb^{2+} 溶液滴定，用去 18.05mL，计算溶液中 Bi^{3+}、Pb^{2+}、Cd^{2+} 的浓度。

*14. 在 25.00mL 含 Ni^{2+}、Zn^{2+} 的溶液中加入 50.00mL 0.01500mol·L^{-1} 的 EDTA 溶液，用 0.01000mol·L^{-1} 的 Mg^{2+} 返滴定过量的 EDTA，用去 17.52mL，然后加入二巯丙醇解蔽 Zn^{2+}，释放出 EDTA，再用去 22.00mL Mg^{2+} 溶液滴定。计算原试液中 Ni^{2+}、Zn^{2+} 的浓度。

15. 称取 0.5216g 基准 $Na_2C_2O_4$ 配成 100.00mL 溶液，吸取该溶液 25.00mL 用 $KMnO_4$ 溶液滴定至终点，用去 $KMnO_4$ 溶液 24.84mL，计算 $KMnO_4$ 溶液的浓度。

16. 准确量取过氧化氢试样溶液 25.00mL，置于 250mL 容量瓶中，加水稀释至刻度并摇匀。吸取 25.00mL，加硫酸酸化，用 0.02618mol·$L^{-1}KMnO_4$ 溶液滴定至终点，用去 $KMnO_4$ 溶液 25.86mL，试计算溶液中过氧化氢的质量浓度（g·L^{-1}）。

**17. 250.00mL of a standard solution of hydrochloric acid, about 0.1500mol·L^{-1}, is to be prepared by diluting the concentrated acid (11mol·L^{-1}). The solution is to be standardised against a standard solution of sodium carbonate.

(a) Calculate the volume of concentrated hydrochloric acid required to make the solution.

The standard solution of sodium carbonate is prepared as follows: The primary standard, arhydrous sodium carbonate, is dried in an oven at 300℃ for 1 hour and then cooled in a desiccator. Exactly 1.3423g of sodium carbonate is weighed into a 250 mL standard (volumetric) flask, dissolved, and diluted to the mark.

(b) Why is it nessary to heat the arhydrous sodium carbonate, and why must it be cooled in a desiccator?

(c) Calculate the concentration of the sodium carbonate solution.

(d) In the titration, 25 mL of the standard sodium carbonate solution required 30.70 of the hydrochloric acid solution. Calculate the concentration of the hydrochloric acid solution.

** 18. A solution of an acid，HX，was prepared by dissolving exactly 5. 2702g of the acid in water and diluting it in to 500mL in a standard flask. In a titration，25. 00mL of this solution required 27. 32mL of 0. 1224mol・L^{-1} NaOH，calculate themolar mass of HX.

第十三章

现代仪器分析基础

(Overview of Modern Instrumental Analysis)

学习要求:

1. 了解仪器分析方法的分类和各种分析方法相对应的仪器。
2. 理解电化学分析方法的基本原理。
3. 掌握电化学分析方法的定性和定量分析方法及其应用。
4. 理解紫外-可见吸收光谱法的基本原理。
5. 掌握紫外-可见吸收光谱法的定性分析和定量分析方法及其应用。

第一节　仪器分析方法概述

一、仪器分析方法的分类

仪器分析(instrumental analysis)是测量物质的某些物理或物理化学性质的参数来确定其化学组成、含量或结构的分析方法。在最终测量过程中，利用物质的这些性质获得定性、定量、结构以及解决实际问题的信息。由于进行物理和物理化学分析时，大都需要精密仪器，故这一类分析方法被称为仪器分析。仪器分析是灵敏、快速、微量、准确的分析方法，发展很快，应用很广。仪器分析法主要包括电化学分析法、色谱法、光学分析法、质谱分析法等。常见的仪器分析方法如下。

(1) 电化学分析法(electroanalytical methods)是建立在溶液电化学性质基础上的一类分析方法，包括电位分析法、电重量分析、库仑分析法、伏安法、极谱分析法以及电导分析法等。

(2) 色谱法(chromatography)利用混合物中各组分的不同的物理或化学性质来达到分离的目的。分离后的组分可以进行定性或定量分析，有时分离和测定同时进行，有时先分离后测定。色谱法包括气相色谱法和液相色谱法等。

(3) 光学分析法(optical analysis)是建立在物质与电磁辐射互相作用的基础上的一类分析方法，包括原子发射光谱法、原子吸收光谱法、紫外-可见吸收光谱法、红外吸收光谱法、核磁共振波谱法和荧光光谱法等。

(4) 质谱分析法(mass spectrometry)是利用物质的质谱图进行成分与结构分析的方

法。质谱可以给出大量的结构信息，已经成为有机物结构分析不可或缺的手段。色谱-质谱联用已经成为成分复杂样品分析的最重要的手段。

表 13-1 列出了仪器分析的类型、测量的重要参数（或有关性质）以及相应的仪器分析方法。

表 13-1　仪器分析分类

方法类型	测量参数或有关性质	相应的分析方法
电化学分析法	电　导	电导分析法
	电　位	电位分析法，计时电位法
	电　流	电流滴定法
	电流-电压	伏安法，极谱分析法
	电　量	库仑分析法
色　谱　法	两相间分配	气相色谱法，液相色谱法
光学分析法	辐射的发射	原子发射光谱法，火焰光度法等
	辐射的吸收	原子吸收光谱法，分光光度法（紫外-可见、红外），核磁共振波谱法，荧光光谱法
	辐射的散射	比浊法，拉曼光谱法，散射浊度法
	辐射的折射	折射法，干涉法
	辐射的衍射	X 射线衍射法，电子衍射法
	辐射的转动	偏振法，旋光色散法，圆二向色性法
热分析法	热性质	热重法，差热分析法
质谱分析法	质荷比	质谱法
中子活化分析	核性质	中子活化分析

二、分析仪器的组成

仪器分析测定时使用各种类型的分析仪器。分析仪器自动化程度越高，仪器越复杂。然而不管分析仪器如何复杂，一般它们均由信号发生器、检测器、信号处理器和读出装置四个基本部分组成，如图 13-1 所示。实例见表 13-2。

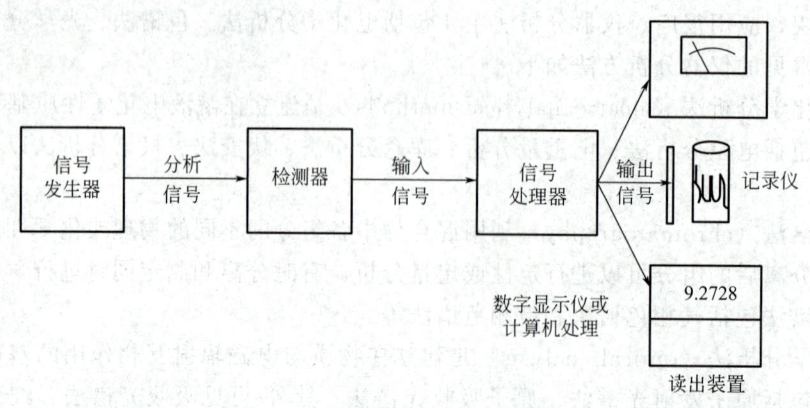

图 13-1　分析仪器的组成方框图

表 13-2 分析仪器的基本组成

仪器	信号发生器	分析信号	检测器	输入信号	信号处理器	读出装置
pH 计	样品	氢离子活度	pH 玻璃电极	电位	放大器	表头或数字显示
库仑计	直流电源，样品	电流	电极	电流	放大器	数字显示
气相色谱仪	样品	电阻或电流（热导或氢焰）	检测器（热导或氢焰）	电阻	放大器	记录仪或打印机
比色计	钨灯，样品	衰减光束	光电池	电流		表头
紫外-可见吸收分光光度计	钨灯或氢灯，样品	衰减光束	光电倍增管	电流	放大器	表头、记录仪或打印机

信号发生器使样品产生信号，它可以是样品本身，对于 pH 计信号就是溶液中的氢离子活度，而对于紫外-可见分光光度计，信号发生器除样品外，还有钨灯或氢灯等。

检测器（传感器）是将某种类型的信号变换成可测定的电信号的器件，是实现非电量测量不可缺少的部分。检测器分为电流源、电压源和可变阻抗检测器三种。紫外-可见分光光度计中的光电倍增管是将光信号变换成电流的器件。电位分析法中的离子选择性电极是将物质的浓度变换成电极电位的器件等。

信号处理器将微弱的电信号用电子元件组成的电路加以放大，便于读出装置指示或记录信号。

读出装置将信号处理器放大的信号显示出来，其形式有表头、数字显示器、记录仪、打印机、荧光屏或用计算机处理等。

第二节 电化学分析法简介
（Introduction of Electrochemistry）

电化学是将电学与化学有机结合并研究它们之间相互关系的一门学科。电化学分析或电分析化学是依据电化学原理和物质的电化学性质建立的一类分析方法，即以试样溶液和适当电极构成化学电池，根据构成电池的电化学性质（如电极电位、电流、电量和电导等）和化学性质（溶液的化学组成、浓度等）的强度或变化情况对被测组分进行分析的方法。

一般电化学分析法按照测量的电学参数的类型分类如下。

（1）以溶液电导作为被测量参数的方法，称为电导分析法。

（2）通过测量电池电动势或电极电位来确定被测物质浓度的方法，称为电位分析法。

（3）电解时，以电子为“沉淀剂”，使溶液中被测金属离子电积（析）在已称重的电极上，通过再称量，求出析出物质含量的方法，称为电重量分析法或电解分析法。

（4）通过测量电解过程中消耗的电量求出被测物质含量的方法，称为库仑分析法。

（5）利用电解过程中所得的电流-电位（电压）曲线进行测定的方法，称为伏安法或极谱分析法。

按照国际纯粹与应用化学协会（IUPAC）的推荐，电化学分析法分为以下三类：

第一类，既不涉及双电层，也不涉及电极反应，如电导分析法。

第二类，涉及双电层现象但不考虑电极反应，如表面张力和非法拉第阻抗。

第三类，涉及电极反应。这一类又可以分为以下两类。

(1) 涉及电极反应，施加恒定的激发信号：激发信号电流 $i=0$ 的有电位法和电位滴定法；激发信号电流 $i\neq 0$ 的有库仑滴定、电流滴定、计时电位法和电重量分析法等。

(2) 涉及电极反应，施加可变的大振幅或小振幅激发信号，如交流示波极谱、单扫描极谱、循环伏安法或方波极谱、脉冲极谱法等。

一、电极及电极的分类

(一) 金属电极、膜电极、微电极和化学修饰电极

在电化学分析中，电极（electrode）是将溶液浓度变换成电信号（如电位或电流）的一种传感器。电极的类型很多，一类是电极反应中有电子交换反应即发生氧化还原反应的金属电极，另一类是膜电极，还有微电极和化学修饰电极等。

1. 金属电极

金属电极又可以分为四类。

(1) 第一类电极　它由金属与该金属离子溶液组成，$M|M^{n+}$。如 Ag 丝插在 $AgNO_3$ 溶液中，其电极反应为：

$$Ag^{+}+e^{-}\rightleftharpoons Ag$$

$Ag|Ag^{+}$ 电极的电极电位为：

$$E=E^{\ominus}_{Ag^{+}/Ag}+0.0592\lg c_{Ag^{+}} \tag{13-1}$$

(2) 第二类电极　它由金属与该金属的难溶盐和该难溶盐的阴离子溶液组成。例如银-氯化银电极、甘汞电极等。银-氯化银电极（$Ag|AgCl, Cl^{-}$）的电极反应为：

$$AgCl+e^{-}\rightleftharpoons Ag+Cl^{-}$$

$Ag|Ag^{+}$ 电极的电极电位为：

$$E=E^{\ominus}_{Ag^{+}/Ag}+0.0592\lg c_{Ag^{+}}$$

而

$$c_{Ag^{+}}=\frac{K_{sp}}{c_{Cl^{-}}}$$

因此，$Ag|AgCl, Cl^{-}$ 的电极电位可表示为：

$$\begin{aligned}E&=E^{\ominus}_{Ag^{+}/Ag}+0.0592\lg\frac{K_{sp}}{c_{Cl^{-}}}\\&=E^{\ominus}_{Ag^{+}/Ag}+0.0592\lg K_{sp}-0.0592\lg c_{Cl^{-}}\\&=E^{\ominus}_{AgCl/Ag}-0.0592\lg c_{Cl^{-}}\end{aligned} \tag{13-2}$$

对于甘汞电极 $Hg|Hg_2Cl_2, Cl^{-}$，电极反应为：

$$Hg_2Cl_2+2e^{-}\rightleftharpoons 2Hg+2Cl^{-}$$

电极电位为：

$$E=E^{\ominus}_{Hg_2Cl_2/Hg}-0.0592\lg c_{Cl^{-}} \tag{13-3}$$

(3) 第三类电极　它由金属与两种具有相同阴离子的难溶盐（或稳定的配离子）以及含有第二种难溶盐（或稳定的配离子）的阳离子达平衡状态时的体系所组成。例如：

$Hg|HgY^{2-}, CaY^{2-}, Ca^{2+}$ 电极，其电极反应为：

$$HgY^{2-}+Ca^{2+}+2e^- \rightleftharpoons Hg+CaY^{2-}$$

电极电位为：

$$E=E^{\ominus}_{Hg^{2+}/Hg}+\frac{0.0592}{2}\lg\frac{K_{CaY^{2-}}}{K_{HgY^{2-}}}+\frac{0.0592}{2}\lg\frac{c_{HgY^{2-}}}{c_{CaY^{2-}}}+\frac{0.0592}{2}\lg c_{Ca^{2+}} \quad (13\text{-}4)$$

这种电极可以作为 EDTA（Y^{4-}）滴定时的 pM 指示电极。

(4) 零类电极　它由一种惰性金属如 Pt 与含有可溶性的氧化态和还原态物质的溶液组成。例如 Pt｜Fe^{3+}，Fe^{2+} 电极，其电极反应为：

$$Fe^{3+}+e^- \rightleftharpoons Fe^{2+}$$

电极电位为：

$$E=E^{\ominus}_{Fe^{3+}/Fe^{2+}}+0.0592\lg\frac{c_{Fe^{3+}}}{c_{Fe^{2+}}} \quad (13\text{-}5)$$

这种电极材料本身并不参与电化学反应，仅起传导电子的作用。

2. 膜电极

这类电极具有敏感膜并能产生膜电位，故称为膜电极。膜电极又可分为若干类，这方面的内容将在电位分析法中讨论。

用于构成电极的材料除上面提及的 Pt 等金属之外，还有碳、石墨、汞等材料。由碳、石墨、玻璃碳或贵金属 Pt、Au 等材料制成的电极称为固体电极。由汞制成的电极称为汞电极，如滴汞电极、悬汞电极以及汞膜电极等。

3. 微电极或超微电极

它们用铂丝或碳纤维制成，其直径只有几纳米或几微米。微电极具有电极区域小、扩散传质速率快、电流密度大、信噪比大、IR 降小等特性，可用于有机介质或高阻抗溶液中的测定。由于电极微小，测定能在微体系中进行，有利于开展生命科学的研究。

4. 化学修饰电极

若在由铂、玻璃碳等制成的电极表面通过共价键键合、强吸附或高聚物涂层等方法，把具有某种功能的化学基团修饰在电极表面，使电极具有某种特定的性质，这类电极称为化学修饰电极（CME)。如将苯胺用电化学聚合的方法修饰在铂或玻璃碳电极上，制成了聚苯胺化学修饰电极。CME 有单分子层修饰电极、无机物薄膜修饰电极、聚合物薄膜（多分子层）修饰电极等。CME 自 1975 年问世以来，在理论上和应用上都有很大的进展。它在光电转换、催化反应、不对称有机合成、电化学传感器、分析等方面显示出突出的优点。将微电极制成化学修饰微电极，必将产生更为显著的作用。

（二）指示电极和参比电极

电化学分析中测量一个电池的电学参数，需要使用两支或三支电极。分析方法不同，电极的性质和用途也不同，所以电极的名称也各有差异。除前面已提及的正极、负极、阳极、阴极外，还有指示电极、参比电极、对比电极等。

1. 指示电极(indicator electrode)

指示电极是能对溶液中待测离子的活度产生灵敏的能斯特响应的电极，而且响应速度快，并且很快地达到平衡，干扰物质少，且较易消除。前面所介绍的四类电极都可以作为指示电极使用。玻璃电极是分析化学实验中经常会使用到的电极，以下详细介绍。

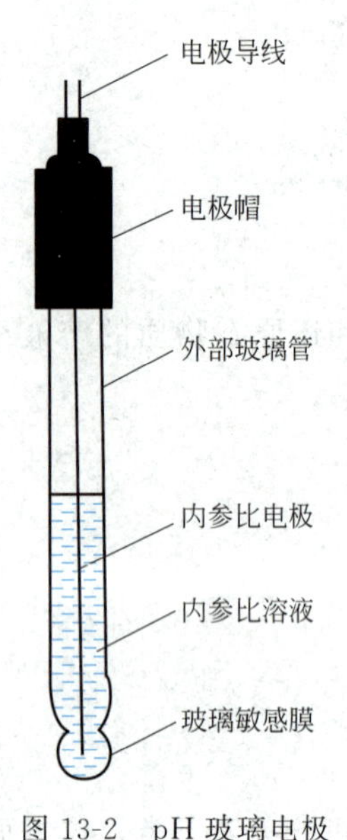

图 13-2　pH 玻璃电极

玻璃电极包括对 H^+ 响应的 pH 玻璃电极和对 Na^+、K^+ 响应的 pNa、pK 玻璃电极等。

pH 玻璃电极（glass electrode）是最早出现的离子选择电极。pH 玻璃电极的关键部分是敏感玻璃膜，内充 0.1mol·L^{-1} HCl 溶液作为内参比溶液，内参比电极是 Ag | AgCl，结构如图 13-2 所示。

敏感玻璃膜的化学组成对 pH 玻璃电极的性质有很大的影响，其玻璃由 SiO_2、Na_2O 和 CaO 等组成。它没有可供离子交换的电荷点（又称定域体），所以没有响应离子的功能。当加入碱金属的氧化物后使部分硅氧键断裂，生成固定的带负电荷的硅氧骨架（称载体），在骨架的网络中是活动能力强的抗衡离子 M^+。玻璃结构是一个无限的三维网络骨架，当玻璃电极与水溶液接触时，M^+ 与 H^+ 发生交换反应，在玻璃膜表面形成一层≡SiO^-H^+（G^-H^+）：

$$G^-Na^+ + H^+ \rightleftharpoons G^-H^+ + Na^+$$

它称为水化凝胶层，该反应的平衡常数大，有利于水化凝胶层的形成。

玻璃膜中，在干玻璃层中的电荷传导主要由 Na^+ 承担；在干玻璃层和水化凝胶层间为过渡层，G^-Na^+ 只部分转化为 G^-H^+，由于 H^+ 在未水化的玻璃中的扩散系数小，其电阻率比干玻璃层高 1000 倍左右；在水化凝胶层中，表面≡SiO^-H^+ 的解离平衡是决定界面电位的主要因素：

$$\underset{\text{表面}}{\equiv SiO^-H^+} + \underset{\text{溶液}}{H_2O} \rightleftharpoons \underset{\text{表面}}{SiO^-} + \underset{\text{溶液}}{H_3O^+}$$

H_3O^+ 在溶液与水化凝胶层表面界面上进行扩散，从而在内、外两相界面上形成双电层结构，产生两个相间电位差。在内、外两水化凝胶层与干玻璃之间形成两个扩散电位，若玻璃膜两侧的水化凝胶层性质完全相同，则其内部形成的两个扩散电位大小相等但符号相反，结果相互抵消。因此，玻璃膜的膜电位取决于内、外两个水化凝胶层与溶液界面上的相间电位。如表 13-3。

表 13-3　水化敏感玻璃膜的分层模式

外部试液	水化层	干玻璃层	水化层	内部溶液
$a(H^+)=x$	10^{-4}mm $a(Na^+)$上升→ ←$a(H^+)$上升	抗衡离子 Na^+	10^{-4}mm ←$a(Na^+)$上升 $a(H^+)$上升→	$a(H^+)$=定值

膜电位与溶液 pH 的关系：

$$E_M = \text{常数} + 0.0592\lg a_{\text{外},H^+} = \text{常数} - 0.0592\text{pH}$$

pH 玻璃电极的电位由内参比电极电位以及不对称电位等组成。pH 玻璃电极电位可表示为：

$$E_g = k - 0.0592\text{pH} \tag{13-6}$$

2. 参比电极（reference electrode）

凡是提供标准电位的辅助电极称为参比电极。它是测量电池电动势和计算指示电极电势的必不可少的基准。电化学分析中常用的参比电极是甘汞电极（尤其是饱和甘汞电极）以及银-氯化银电极。

由式(13-2) 和式(13-3) 知，它们的电极电位随阴离子浓度增加而下降。它们的电极电位随阴离子浓度增加而下降（表 13-4）。饱和甘汞电极（saturated calomel electrode，SCE）和银-氯化银电极的结构如图 13-3 所示。

表 13-4　参比电极的电位与浓度的关系（298K）

电　极	电极电位/V(vs. SHE)
甘汞 $Hg\|Hg_2Cl_2, Cl^-(c)$	
$0.10mol \cdot L^{-1}$ KCl	0.334
$1.0mol \cdot L^{-1}$ KCl	0.282
饱和 KCl	0.242
银-氯化银 $Ag\|Ag_2Cl, Cl^-(c)$	
$0.10mol \cdot L^{-1}$ KCl	0.288
$1.0mol \cdot L^{-1}$ KCl	0.228
饱和 NaCl	0.194

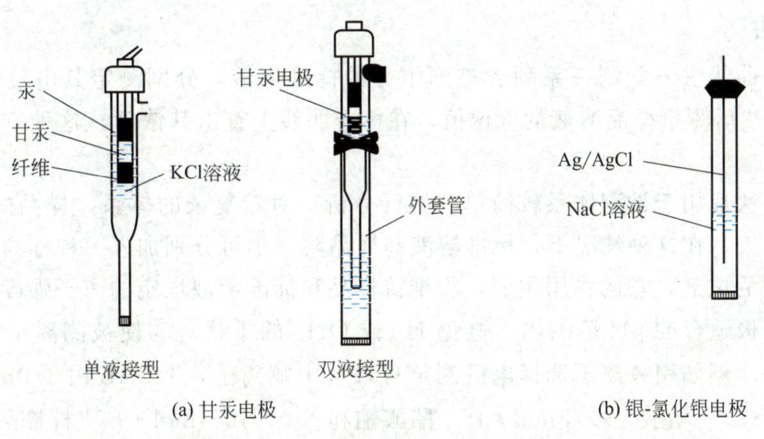

图 13-3　参比电极

在非水介质中测定时，参比电极也可用饱和甘汞电极，而外套管中用饱和 KCl (NaCl)-甲醇溶液或饱和 LiCl-乙二胺溶液等。

二、电位分析法

电位分析法（potentiometric methods）是在通过电池的电流为零的条件下测定电池的电动势或电极电位，从而利用电极电位与浓度的关系来测定物质浓度的一种电化学分析方法。

电位分析法分为电位法和电位滴定法两类。

电位法用专用的指示电极如离子选择电极，把被测离子 A 的活度转变为电极电位，电极电位与离子活度间的关系可用能斯特方程表示：

$$E = 常数 + \frac{0.0592}{z_A}\lg a_A \tag{13-7}$$

式(13-7) 是电位分析法的基本公式。式中，E 代表电极电位；a_A 代表被测离子的活

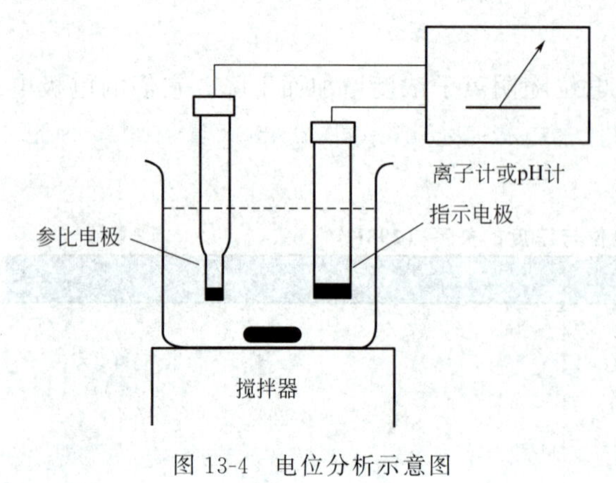

图 13-4　电位分析示意图

度，在离子活度比较低时，可直接用离子浓度代替；z_A 是被测离子所带电荷数。

电位滴定法是利用电极电位的突变代替化学指示剂颜色的变化来确定终点的滴定分析法。必须指出，电位法是在溶液平衡体系不发生变化的条件下进行测定的，测得的是物质游离离子的量。电位滴定法测得的是物质的总量。

电位分析法利用一支指示电极与另一支合适的参比电极构成一个测量电池，如图 13-4 所示。通过测量该电池的电动势或电极电位来求得被测物质的含量、酸碱离解常数或配合物的稳定常数等。

（一）分析方法

电位分析法包括电位法和电位滴定法。电位法包括：标准曲线法、标准加入法和直读法。电位滴定法采用作图和微商计算法求滴定终点。

1. 电位法

（1）标准曲线法　配制一系列含被测组分的标准溶液，分别测定其电位值 E，绘制 E 对 $\lg c$ 曲线。然后测量样品溶液的电位值，在标准曲线上查出其浓度，这种方法称为标准曲线法。

标准曲线法适用于被测体系较简单的例行分析。对较复杂的体系，样品的本体较复杂，离子强度变化大。在这种情况下，标准溶液和样品溶液中可分别加入一种称为离子强度调节剂（TISAB）的试剂，它的作用主要：①维持样品和标准溶液恒定的离子强度；②保持试液在离子选择电极适合的 pH 范围内，避免 H^+ 或 OH^- 的干扰；③使被测离子释放成为可检测的游离离子。例如用氟离子选择电极测定自来水中氟离子，TISAB 由 $1.0\text{mol}\cdot\text{L}^{-1}$ 氯化钠、$0.25\text{mol}\cdot\text{L}^{-1}$ 醋酸、$0.75\text{mol}\cdot\text{L}^{-1}$ 醋酸钠和 $1.0\times10^{-3}\text{mol}\cdot\text{L}^{-1}$ 柠檬酸钠组成。

（2）标准加入法　分析复杂的样品应采用标准加入法，即将样品的标准溶液加入样品溶液中进行测定。也可以采用样品加入法，即将样品溶液加入标准溶液中进行测定。

采用标准加入法时，先测定体积为 V_x、浓度为 c_x 的样品溶液的电位值 E_x；然后在样品中加入体积为 V_s、浓度为 c_s 的样品的标准溶液，测得电位值 E_1。对于一价阳离子，若离子强度一定，由 E_1 和 E_x 的能斯特方程得：

$$\Delta E=E_1-E_x=S\lg\frac{V_xc_x+V_sc_s}{c_x(V_x+V_s)}$$

取反对数：

$$10^{\Delta E/S}=\frac{V_xc_x+V_sc_s}{c_x(V_x+V_s)}$$

则

$$c_x=\frac{V_sc_s}{(V_x+V_s)10^{\Delta E/S}-V_x} \tag{13-8}$$

若 $V_x\gg V_s$

$$c_x=\frac{V_s c_s}{V_x(10^{\Delta E/S}-1)}=\frac{\Delta c}{10^{\Delta E/S}-1} \tag{13-9}$$

式中，$\Delta c=\frac{V_s c_s}{V_x}$

样品加入法的公式可用同样的方式求得：

$$c_x=c_s\frac{V_s+V_x}{V_x}(10^{\Delta E/S}-\frac{V_s}{V_x+V_s}) \tag{13-10}$$

式(13-8) 和式(13-9) 中 ΔE 为二次测定的电极电位值差，S 为电极实际斜率，可从标准曲线的斜率求得。也可以将测得电位值 E_1 后的试液用空白溶液稀释一倍，再测量 E_2，则

$$S=\frac{|E_2-E_1|}{\lg 2}=\frac{|E_2-E_1|}{0.30} \tag{13-11}$$

通常用标准加入法分析时，要求加入的标准溶液体积 V_s 比试液体积 V_x 约小 100 倍，而浓度大 100 倍，这时，标准溶液加入后的电位值变化约 20mV 左右。

(3) 直读法　在 pH 计或离子计上直接读出试液的 pH (pM) 值的方法称为直读法。测定溶液的 pH 值时，组成如下测量电池：

pH 玻璃电极|试液($a_{H+}=x$)‖饱和甘汞电极

电池电动势：

$$E=E_{SCE}-E_g$$

E_{SCE} 是定值，得：

$$E=b+0.0592pH \tag{13-12}$$

在实际测定未知溶液的 pH 值时，需先用 pH 标准缓冲溶液定位校准，其电动势：

$$E_s=b+0.0592pH_s$$

再测定未知溶液的 pH，其电动势：

$$E_x=b+0.0592pH_x$$

合并以上两式得：

$$pH_x=pH_s+\frac{E_x-E_s}{0.0592} \tag{13-13}$$

式(13-13) 称为 pH 的操作定义。

常用的几种标准缓冲溶液的 pH 见表 13-5。

表 13-5　标准缓冲溶液的 pH 值

温度/℃	草酸氢钾 0.05 $mol\cdot L^{-1}$	酒石酸氢钾，25℃饱和	邻苯二甲酸氢钾，0.05$mol\cdot L^{-1}$	KH_2PO_4，0.025$mol\cdot L^{-1}$ Na_2HPO_4，0.025$mol\cdot L^{-1}$	硼砂 0.01 $mol\cdot L^{-1}$	氢氧化钙，25℃饱和
0	1.666	—	4.003	6.984	9.464	13.423
10	1.670	—	3.998	6.923	9.332	13.003
20	1.675	—	4.002	6.881	9.225	12.627
25	1.679	3.557	4.008	6.865	9.180	12.454
30	1.683	3.552	4.015	6.853	9.139	12.289
35	1.688	3.549	4.024	6.844	9.102	12.133
40	1.694	3.547	4.035	6.838	9.068	11.984

2. 电位滴定法

电位滴定法是利用电极电位的突跃来指示终点到达的滴定方法。将滴定过程中测得的电位值，对消耗的滴定剂体积作图，绘制成滴定曲线，由曲线上的电位突跃部分来确定滴定的终点。电位滴定的装置如图 13-5 所示。

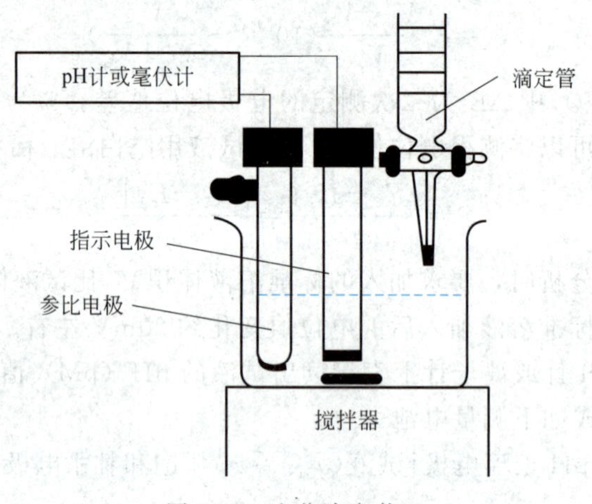

图 13-5　电位滴定装置

电位滴定终点的确定并不需要知道终点电位的绝对值，仅需注意电位值的变化。确定电位滴定终点的方法有作图法和微商计算法。

（二）离子计和自动电位滴定计

1. 离子计

使用离子计（或 pH 计）进行测定时，选用的离子计的输入阻抗应$\geqslant 10^{11}\Omega$，最小分度为 0.1mV，量程±1000mV，以及稳定性要好。

（1）输入阻抗　测量电极电位是在零电流条件下进行的，如果要求测量误差小于 0.1%，需要离子计的输入阻抗$\geqslant 10^{11}\Omega$。玻璃电极的内阻最高，达 $10^{8}\Omega$，因此由离子选择电极和参比电极组成的电池的内阻，主要取决于离子选择电极的内阻。用离子选择电极进行电位测量时的等效电路如图 13-6 所示。电池电动势 ε 因电极内阻的存在而不可能全部落在外电路上，根据欧姆定律，离子计的输入阻抗 $R_{入}$ 上的电压降（即仪器的读数）为：

$$V=iR_{入}$$

电池电动势 ε：

$$\varepsilon=i(R_{内}+R_{入})$$

结合以上两式得：

$$\frac{V}{\varepsilon}=\frac{R_{入}}{R_{入}+R_{内}} \tag{13-14}$$

若 $R_{入}=1000R_{内}$，则

$$V\approx\varepsilon \tag{13-15}$$

也就是说，若仪器的输入阻抗比电极的内阻大 1000 倍以上，所产生的测量误差小于千分之一。

（2）最小分度　若电位测量有 1mV 的误差，则引起的浓度相对误差对一价离子

4%，二价离子 8%。若要求浓度的相对误差小于 0.5%，仪器读数的最小分度应为 0.1mV。

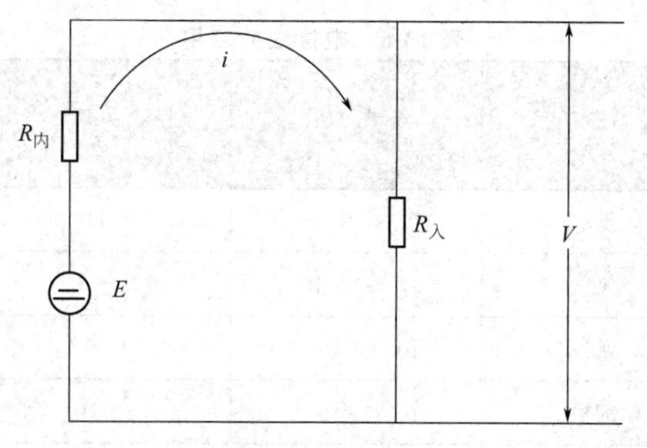

图 13-6 电位测量的等效电路

（3）量程 在实际应用中，离子选择电极的电位在±0～700mV 范围内，因此要求仪器的量程达±1000mV。

2. 自动电位滴定计

自动电位滴定计可用于自动滴定、pH 和电位的测定。

自动电位滴定的装置如图 13-7 所示。滴定管下端连接一段通过电磁阀的细乳胶管，此管下端接毛细管。首先，对具体滴定体系求出终点时的电位值或 pH 值，并在自动电位滴定计上设置该终点数值。当按下滴定开关，电磁阀断续开、关，滴定自动进行。滴定到达终点时，电磁阀自动关闭，“卡”住乳胶管，滴定终止。

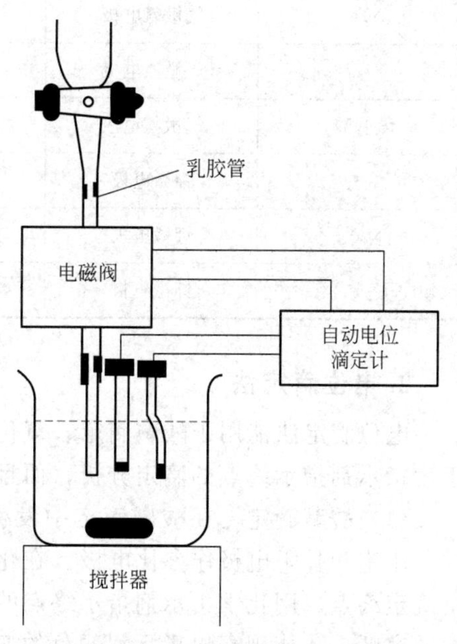

图 13-7 自动电位滴定装置

（三）应用

电位分析的应用较广，它可用于环保、生物化学、临床化工和工农业生产领域中的成分分析，也可用于平衡常数的测定和动力学的研究等。

用离子选择电极测定有许多优点。测量的线性范围较宽，一般有 4～6 个数量级，而且在有色或混浊的试液中也能测定。响应快，平衡时间较短（约 1min），适用于流动分析和在线分析，且仪器设备简便。采用电位法时，对样品是非破坏性的，而且能用于小体积试液的测定。它还可用作色谱分析的检测器。离子选择电极的检测下限与膜材料有关，通常为 $10^{-6}\ mol \cdot L^{-1}$。

通常，在分析化学中测定的是浓度而不是活度。离子选择电极在一定 pH 范围内响应自由离子的活度，所以必须在试液中加入 TISAB。测定电位时应注意控制搅拌速度和选择合适的参比电极。溶液搅拌速度的快慢会影响电极的平衡时间，测定低浓度试液时搅拌速度应快一些，但不能使溶液中的气泡吸着在电极膜上。选择参比电极时应注意参比电极的内参比溶液是否干扰测定，若有，应采用双液接型参比电极。

1. 电位法

电位法的应用较广泛。常用的离子选择电极的应用见表 13-6。

表 13-6 电位法的应用

被测物质	离子选择电极	线性范围/$mol \cdot L^{-1}$	适用的 pH 范围	应用举例
F^-	氟	$10^0 \sim 5\times10^{-7}$	5～8	水，牙膏，生物体液，矿物
Cl^-	氯	$10^{-2} \sim 5\times10^{-5}$	2～11	水，碱液，催化剂
CN^-	氰	$10^{-2} \sim 10^{-6}$	11～13	废水，废渣
NO_3^-	硝酸根	$10^{-1} \sim 10^{-5}$	3～10	天然水
H^+	pH 玻璃电极	$10^{-1} \times 10^{-14}$	1～14	溶液酸度
Na^+	pNa 玻璃电极	$10^{-1} \times 10^{-7}$	9～10	锅炉水，天然水
NH_3	气敏氨电极	$10^0 \sim 10^{-6}$	11～13	废气，土壤，废水
脲	气敏氨电极			生物化学
氨基酸	气敏氨电极			生物化学
K^+	钾微电极	$10^{-1} \sim 10^{-4}$	3～10	血清
Na^+	钾微电极	$10^{-1} \sim 10^{-3}$	4～9	血清
Ca^{2+}	钾微电极	$10^{-1} \sim 10^{-7}$	4～10	血清

2. 电位滴定法

电位滴定法能用于酸碱滴定、氧化还原滴定、配位滴定和沉淀滴定分析。它的灵敏度高于用指示剂指示终点的滴定分析，而且能在有色和混浊的试液中滴定。

(1) 酸碱滴定　在酸碱滴定中发生溶液的 pH 变化，所以常用 pH 玻璃电极作指示电极，用饱和甘汞电极作参比电极。在化学计量点附近，突跃使指示电极电位发生突跃而指示出滴定终点。用化学指示剂指示终点的弱酸滴定中，往往要求在化学计量点的附近有 2 个单位的突跃，才能观察出指示剂颜色的变化。而使用电位法确定终点，因为较灵敏，化学计量点附近即使只有零点几个单位的变化，也能观察出，所以很多弱酸、弱碱以及多元酸碱和混合酸碱可用电位滴定法测定。

用电位滴定法来确定非水滴定的终点较合适。滴定时使用 pH 计的毫伏标度比 pH 标度更好些。

(2) 氧化还原滴定　指示电极用零类电极，如惰性的 Pt 电极等，参比电极用饱和甘汞电极。氧化还原滴定都能应用电位法确定终点。滴定过程中的电极电位可以用能斯特方程求得，化学计量点时的电位可由下式表示：

$$E_{ep} = \frac{z_1 E_1^{\ominus} + z_2 E_2^{\ominus}}{z_1 + z_2} \tag{13-16}$$

(3) 配位滴定　在配位滴定中（以 EDTA 为滴定剂），若共存杂质离子对所用金属指示剂有封闭、僵化作用而使滴定难以进行，或需要进行自动滴定时，电位滴定是一种好的方

法。常用的指示电极有第三类电极中的 pM 电极。测量时将 Hg 电极插入含有微量（$1\times10^{-6}mol\cdot L^{-1}$）$Hg^{2+}$-$Y^{4-}$（EDTA）和被测金属离子 M^{z+} 溶液中，此电极（Hg | HgY^{2-}，MY^{z-4}，M^{z+}）的电极电位与 M^{z+} 浓度有关，见式（13-4）。指示电极也可以用离子选择电极。

对于利用待测离子的变价的氧化还原体系进行电位滴定，即利用某些氧化还原体系，如 Fe^{3+}/Fe^{2+}、Cu^{2+}/Cu^{+} 等，在滴定过程中的电位变化来确定终点，指示电极可以使用铂电极，参比电极用饱和甘汞电极。

（4）沉淀滴定　在进行沉淀反应的电位滴定中，应根据不同的沉淀反应采用不同的指示电极，指示电极用 Ag 电极、Hg 电极或氯、碘等离子选择电极。例如，用硝酸银标准溶液滴定卤素离子时，可以用银电极作为指示电极。滴定过程中的电极电位可用能斯特方程表示。终点时的电极电位，如以 $AgNO_3$ 溶液滴定 Cl^- 溶液为例，终点时的银电极的电位可按下式计算：

$$E=E'+0.0592\lg\sqrt{K_{sp}(AgCl)} \tag{13-17}$$

在这类滴定中，直接插入甘汞电极作为参比电极是不适当的，因为甘汞电极漏出的氯离子显然对测定有干扰，因此需要用硝酸钾盐桥将试液与甘汞电极隔开。比较方便的做法是在试液中加入少量酸（HNO_3），然后用 pH 玻璃电极作为参比电极。因为在滴定过程中，pH 不会变化，所以玻璃电极的电位就能保持平衡。

第三节　紫外-可见吸光光度法简介
(Introduction of UV-VIS)

紫外-可见吸光光度法（ultraviolet-visible molecular absorption spectrometry，UV-VIS）是研究物质在紫外-可见光区（200～800nm）分子吸收光谱的分析方法。紫外-可见吸收光谱属于电子光谱。由于电子光谱的强度较大，紫外-可见分光光度法灵敏度较高。它广泛地用于无机和有机物质的定性和定量测定，灵敏度和选择性较好。紫外-可见吸收光谱法使用的仪器设备简便，易于操作。

一、紫外-可见吸光光度法概论（Conspectus of UV-VIS）

利用被测物质的分子对紫外-可见光具有选择性吸收的特性而建立的分析方法称为紫外-可见吸光光度法。在生物试样的分析工作中，紫外-可见吸光光度法是常用的分析方法之一。

1. 紫外-可见吸光光度法的特点

紫外-可见分光光度法应用广泛，具有以下特点。

（1）具有较高的灵敏度　一般物质可测到 $10^{-3}\sim10^{-6}mol\cdot L^{-1}$。

（2）具有一定的准确度　该方法的相对误差为 2%～5%，可满足对微量组分测定的要求。如一铝矿石试样含铝量为 0.02mg，相对误差 5%，其含量在 0.019～0.021mg 之间，该结果是能满足需求的。

（3）操作简便，快速，选择性好，使用的仪器设备简单　近年来由于新显色剂和掩蔽剂的不断出现，提高了选择性，一般不分离干扰物质就能测定。

（4）应用广泛　可测定大多数无机物质和具有共轭双键的有机化合物。在化工、医学、生物等领域中常用来剖析天然产物的组成和结构，化合物的含量的测定及生化过程的研究等。

2. 物质对光的选择性吸收

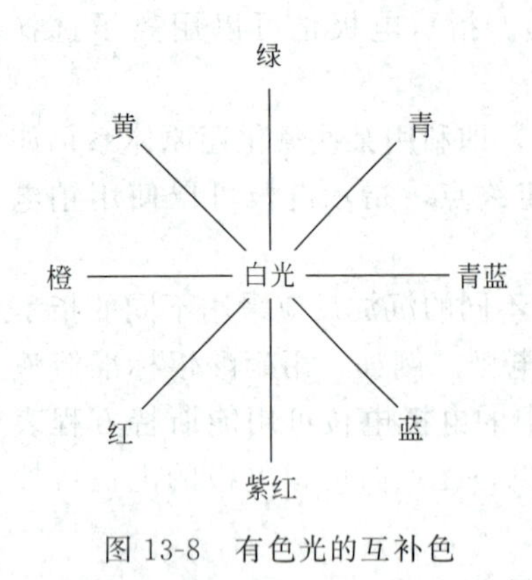

图 13-8 有色光的互补色

溶液之所以呈现不同的颜色，与它对光的选择性吸收有关。当一束白光通过一有色溶液时，某些波长的光被溶液吸收，另一些波长的光不被吸收而透过溶液。人眼所感觉到的波长在400～760nm，为可见光。溶液的颜色由透过光的波长所决定。例如，$KMnO_4$ 溶液强烈吸收黄绿色的光，对其他颜色光的吸收很少或者不吸收，所以溶液呈现紫红色。如果溶液对白光中各种颜色的光都不吸收，则溶液为透明色，反之，则呈黑色。如果两种颜色的光按适当的强度比例混合后组成白光，则这两种颜色互为互补色，如图 13-8 所示。成直线关系的两种光可混合成白光。各种物质的颜色与吸收光颜色的互补关系列于表 13-7 中。

表 13-7 可见光的吸收与颜色

波长/nm	颜色	
	吸收的	观察到(透过)的
380～435	紫	黄绿
435～480	蓝	黄
480～490	绿蓝	橙
490～560	蓝绿	红
500～560	绿	红紫
560～580	黄绿	紫
580～595	黄	蓝
595～650	橙	绿蓝
650～780	红	蓝绿

以上仅简单地用有色溶液对各种波长光的选择吸收来说明溶液的颜色。可以通过实验来确定究竟某种溶液最易吸收什么波长的光，即用不同波长的单色光透过有色溶液，测量溶液对每一波长的吸收程度（称为吸光度）。然后以波长为横坐标，吸光度为纵坐标作图可得一曲线，如图 13-9 所示，称为光吸收曲线。每种有色物质的溶液的吸收曲线都有一个最大吸收值，所对应的波长为最大吸收波长 λ_{max}。一般定量分析就选用该波长进行测定，这时灵敏度最高。如有干扰物质存在时，光吸收曲线重叠，应根据干扰较小，而吸光度尽可能大的原则选择测定波长。对不同物质的溶液，其最大吸收波长不同，此特性可以作为物质定性的依据。对同一物质，溶液浓度不同，最大吸收波长相同，而吸光度值不同。因此，吸收曲线是吸光光度法中选择测定波长的重要依据。

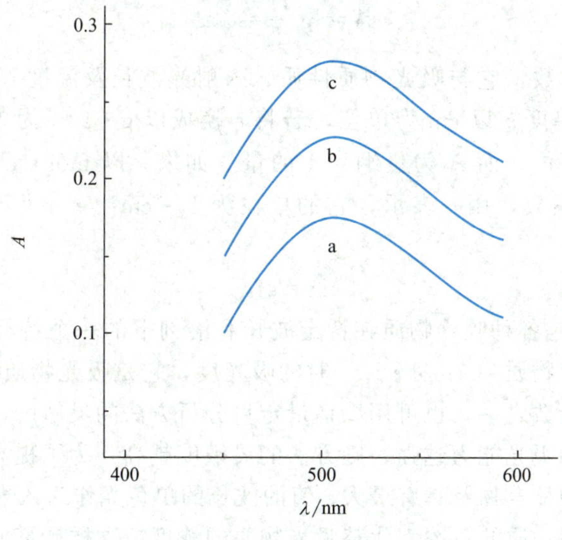

图 13-9　光吸收曲线

二、光的吸收定律（Law of Absorption）

1. 朗伯-比耳定律（Lambert-Beer law）

当一束平行的单色光通过一均匀的吸光物质溶液时，吸光物质吸收了光能，光的强度将减弱，其减弱的程度同入射光的强度、溶液液层的厚度、溶液的浓度成正比。如图 13-10 所示。表示它们之间的定量关系的定律称为朗伯-比尔定律，这是各类吸光光度法定量测定的依据。

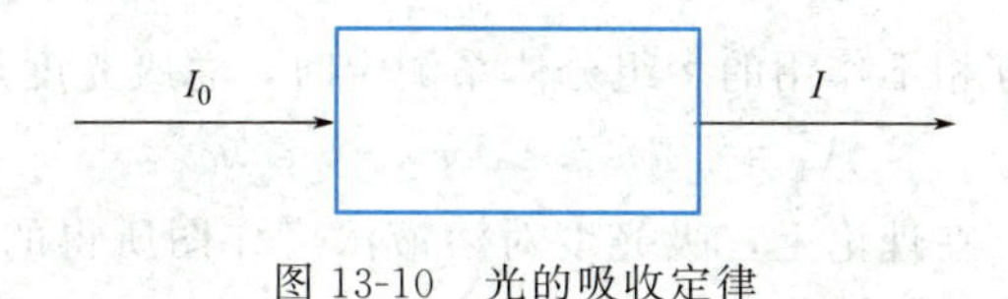

图 13-10　光的吸收定律

1729 年波格（Bouguer）发现了物质对光的吸收与吸光物质的厚度有关。1760 年朗伯提出了一束单色光通过吸光物质后，光的吸收程度与溶液液层厚度成正比的关系，该关系称为朗伯定律。即

$$A=\lg\frac{I_0}{I}=k'b \tag{13-18}$$

式中，A 为吸光度；I_0 为入射光强度；I 为透射光强度；k'为比例常数；b 为液层厚度（光程长度）。

1852 年比耳又提出了一束单色光通过吸光物质后，光的吸收程度与吸光物质微粒的数目（溶液的浓度）成正比的关系，该关系称比耳定律。即

$$A=\lg\frac{I_0}{I}=k''c \tag{13-19}$$

式中，k''为比例常数；c 为溶液的浓度。

将两个定律合并起来就成为朗伯-比耳定律，其数学表达式为：

$$A=\lg \frac{I_0}{I}=abc \tag{13-20}$$

式中，a 为比例常数，它与吸光物质性质、入射光波长及温度等因素有关。该常数称吸光系数。通常液层厚度 b 以 cm 为单位，若将 c 换成以 $g \cdot L^{-1}$ 为单位的质量浓度，则 a 以 $L \cdot cm^{-1} \cdot g^{-1}$ 为单位，而 A 为量纲为 1 的量。如果 c 以 $mol \cdot L^{-1}$ 为单位，此时的吸光系数称为摩尔吸光系数，用 ε 表示，它的单位为 $L \cdot cm^{-1} \cdot mol^{-1}$。则式(13-20) 可改写为：

$$A=\varepsilon bc \tag{13-21}$$

式(13-21) 中，ε 是各种吸光物质在特定波长和溶剂下的一个特征常数，数值上等于在 1cm 的溶液厚度中吸光物质为 $1mol \cdot L^{-1}$ 时的吸光度，它是吸光物质的吸光能力的量度。ε 值是定性鉴定的重要参数之一，也可用以估量定量分析方法的灵敏度，即 ε 值越大，表示该吸光物质对某一波长的吸光能力越强，则方法的灵敏度越高。为了提高定量分析的灵敏度就必须选择生成 ε 值大的配合物及具有最大 ε 值的波长的单色光作为入射光。通常由实验结果计算 ε 值时，是以被测物质的总浓度代替吸光物质的浓度，这样计算的 ε 值实际上是表观摩尔吸光系数。ε 和 a 的关系为 $\varepsilon=Ma$，M 为物质的摩尔质量。

由式(13-21) 可见，如果光通过溶液时完全不被吸收，则 $I=I_0$，而 $I/I_0=1$。透过光 I 值越小，则 I/I_0 的比值越小，因此，将 I/I_0 的称为透光度 T。

$$A=\lg \frac{1}{T}=abc \text{ 或 } A=\lg \frac{1}{T}=\varepsilon bc$$

式(13-20) 是各类光吸收的基本定律，即朗伯-比耳定律。其物质意义为：当一束平行的单色光通过一均匀的、非散射的吸光物质溶液时，其吸光度与溶液液层厚度和浓度的乘积成正比。它不仅适用于溶液，也适用于均匀的气体和固体状态的吸光物质。这是各类吸光光度法定量测定的依据。

朗伯-比耳定律用于互相不作用的多组分体系测定时，总吸光度是各组分吸光度之和：

$$A_{总}=\varepsilon_1 bc_1+\varepsilon_2 bc_2+\cdots\varepsilon_i bc_i \tag{13-22}$$

根据朗伯-比耳定律，在理论上，吸光度对溶液浓度作图所得的直线的截距为零，斜率为 εb。实际上，吸光度与浓度的关系有时是非线性的，或者不通过零点，这种现象称为偏离朗伯-比耳定律。

若溶液的实际吸光度比理论值大，则为正偏离朗伯-比耳定律；吸光度比理论值小，为负偏离朗伯-比耳定律，如图 13-11 所示。

2. 引起偏离朗伯-比耳定律的因素

偏离朗伯-比耳定律是由定律本身的局限性、溶液的化学因素以及仪器因素等引起的。

(1) 朗伯-比耳定律本身的局限性　朗伯-比耳定律适用于浓度小于 $0.01mol \cdot L^{-1}$ 的稀溶液。摩尔吸光系数 ε 与浓度无关，但与折射率 n 有关，在低浓度时，n 基本不变，服从朗伯-比耳定律。在高浓度时，由于 n 随浓度增加而增加。因此，偏离朗伯-比耳定律。

当入射光通过具有不同折射率的两种介质的界面时会发生反射作用。若被测溶液的折射率和空白溶液的折射率基本相同，反射作用的影响互相抵消。当被测溶液的浓度增加时，二者的差异增加，校正曲线不通过零点。为了校正或消除这种差异，测定时可用空白溶液作相对校正。空白溶液应与被测溶液的组成相近，且二者应装入大小、形状和材料相同的吸收

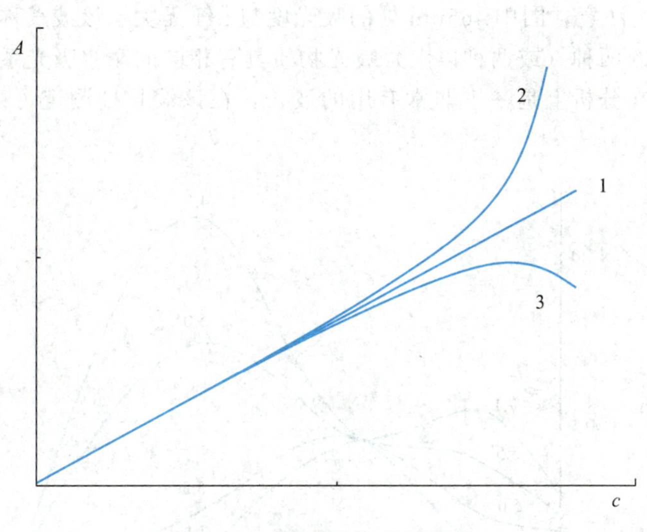

图 13-11　偏离朗伯-比耳定律

1—无偏离；2—正偏离；3—负偏离

池中。

(2) 化学因素　若溶液中发生了电离、酸碱反应、配位反应及缔合反应等，则改变了吸光物质的浓度，导致偏离比耳定律。若化学反应使吸光物质浓度降低，而产物在测量波长处不吸收，则引起负偏离；若产物比原吸光物质在测量波长处的吸收更强，则引起正偏离。

对配位反应，例如在二甲基甲酰胺溶液中，Cu^{2+} 与 Cl^- 形成配离子：

$$Cu^{2+} + 4Cl^- \rightleftharpoons [CuCl_4]^{2-}$$

该配离子在 λ_{max}438nm 处有吸收，而 Cu^{2+} 在该波长处无吸收。若将溶液稀释或加入 Cl^- 使平衡移动，由于吸光的配离子 $[CuCl_4]^{2-}$ 浓度的变化将引起偏离朗伯-比耳定律。

对酸碱反应，现考虑弱酸 HB，其最大吸收波长为 λ_{max}，在该波长下 B^- 对光不吸收。弱酸 HB 在溶液中存在下列平衡：

$$HB \rightleftharpoons H^+ + B^-$$

$$K_a = \frac{c_{H^+} c_{B^-}}{c_{HB}}$$

HB 的总浓度可表示为：

$$c = c_{HB} + c_{B^-}$$

只要未离解的 HB 分数 c_{HB}/c 不变，吸光度与 HB 的关系服从朗伯-比耳定律。而 c_{HB}/c，即分布系数 δ_{HB}，决定于溶液的 pH：

$$\delta_{HB} = \frac{c_{HB}}{c} = \frac{c_{HB}}{c_{HB} + c_B} = \frac{c_{H^+}}{c_{H^+} + K_a} \tag{13-23}$$

从上式知，若 $c_{H^+} \gg K_a$，该弱酸主要以 HB 形式存在，服从比耳定律；若 $c_{H^+} \ll K_a$，几乎完全解离，主要以 B^- 形式存在，其吸光度可以忽略。在 pH 缓冲溶液中，c_{HB}/c 比率恒定，则服从朗伯-比耳定律。若以酸碱指示剂甲基红为例：

$$\underset{红}{HIn} \rightleftharpoons H^+ + \underset{黄}{In^-}$$

在溶液中存在两种吸光物质，它们的比例与溶液的 pH 有关。在不同 pH 值时的吸收曲线如图 13-12 所示。注意，图中 465nm 处的吸光度与 pH 无关。该波长称为等吸光点。在某波长处，若平衡中的两种（或两种以上）吸光物质具有相同的摩尔吸光系数时，可以获得等吸光点。等吸光点在分析上是一个非常有用的波长，在该波长处测定可以避免偏离朗伯-比耳定律。

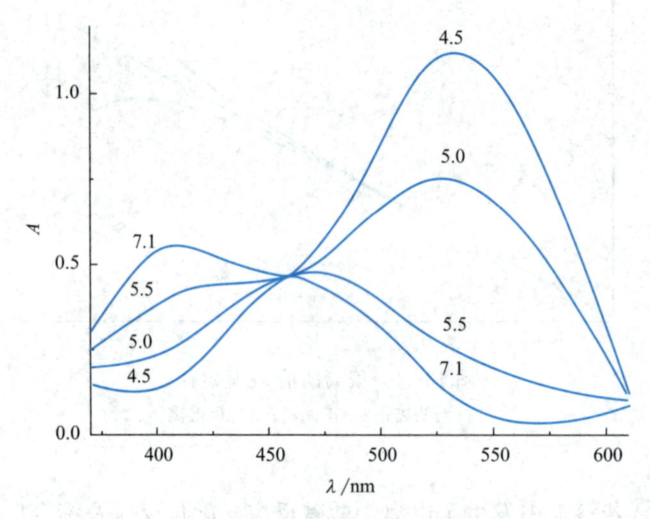

图 13-12　甲基红在不同 pH 值时的吸收曲线

在测定波长下，吸光物质在溶液中发生聚合反应也会引起物质浓度的改变，进而偏离朗伯-比耳定律。

（3）仪器因素　分光光度计仪器的性能会影响光源的稳定性、入射光的单色性等。

① 入射光的非单色性　当入射光为单色光时，溶液的吸收才严格服从比耳定律。实际上，真正的单色光却难以得到。现考虑由 λ_1 和 λ_2 两种波长组成的入射光，假定比耳定律应用于该两波长。在 λ_1 处：

$$A_1=\lg\frac{I_{0,1}}{I_1}=\varepsilon_1 bc \tag{13-24}$$

或

$$\frac{I_{0,1}}{I_1}=10^{\varepsilon_1 bc}$$

同样，在 λ_2 处：

$$\frac{I_{0,2}}{I_2}=10^{\varepsilon_2 bc} \tag{13-25}$$

当用 λ_1 和 λ_2 混合光测量时，吸光度为：

$$A=\lg\frac{I_{0,1}+I_{0,2}}{I_1+I_2} \tag{13-26}$$

将式(13-24) 和式(13-25) 代入式(13-26)：

$$A=\lg\frac{I_{0,1}+I_{0,2}}{I_{0,1}10^{-\varepsilon_1 bc}+I_{0,2}10^{-\varepsilon_2 bc}} \tag{13-27}$$

当 $\varepsilon_1=\varepsilon_2$ 时，则

$$A=\varepsilon_1 bc$$

则服从朗伯-比耳定律。

当$\varepsilon_1 \neq \varepsilon_2$时，则吸光度与浓度关系是非线性的。$\varepsilon_1$与$\varepsilon_2$差别愈大，对线性关系的偏离也愈大。$\varepsilon_1 > \varepsilon_2$时，测得的吸光度$A$比在“单色光”$\lambda_1$时测得的低，产生负偏离；$\varepsilon_1 < \varepsilon_2$时，则产生正偏离。

② 谱带宽度与狭缝宽度　“单色光”仅是一种理想情况，即使用棱镜或光栅等单色器所得到的“单色光”实际上是有一定波长范围的光谱带（此波长范围即谱带宽度）。单色器由色散元件和入射狭缝及出射狭缝等组成。单色光的纯度与狭缝宽度有关，狭缝越窄，它所包含的波长范围也越窄，单色的纯度越好。

三、紫外-可见分光光度计（Ultraviolet-Visible Spectrophotometer）

紫外-可见分光光度计分为单波长和双波长分光光度计两类。单波长分光光度计又分为单光束和双光束分光光度计。

（一）单波长分光光度计

1. 单波长单光束分光光度计

单波长单光束分光光度计的工作原理如图13-13所示。光源发出的混合光经单色器分光，其获得的单色光通过参比（或空白）吸收池后，照射在检测器上转换为电信号，并调节由读出装置显示的吸光度为零或透光度为100%，然后将装有被测试液的吸收池置于光路中，最后由读出装置显示试液的吸光度值。假设通过参比吸收池的单色强度为I_0，通过试液吸收池的光强度为I，若入射光波长一定时，摩尔吸光系数为常数，吸光度A与浓度c成比例。若在一系列不同波长处，测定试液的吸光度A或百分透光度$T\%$，可以获得吸收光谱图。

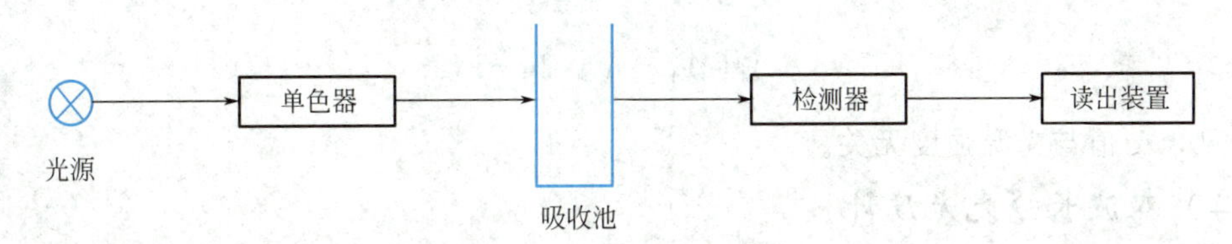

图13-13　单波长单光束原理图

（1）722型光栅分光光度计　它是一种应用较广的简便的可见分光光度计，波长范围为330～800nm。由钨卤灯光源、单色器、吸收池、光电管以及微电流放大器、对数放大器、数字显示器和稳压电源等部件组成。

由钨卤灯光源发出的混合光经滤光片消除二级光谱和聚光镜至入射狭缝聚焦成像，再通过平面反射镜反射至准直镜使成平行光后，被光栅色散，再经准直镜聚焦在出射狭缝。调节波长调节器可获得所需要的单色光，此单色光通过聚光镜和试液后，照射在光电管上，所产生的电流经放大，由数字显示器直接读出吸光度A或百分透光度$T\%$或浓度c。

（2）751型紫外-可见分光光度计　它是一种较精密的仪器，波长范围为200～1000nm。200～320nm用氢弧灯，320～1000nm用钨灯。用石英棱镜分光。光电管用GD-5紫敏光电管和GD-6红敏光电管。GD-5为锑铯阴极面，适用的波长范围为200～625nm；GD-6为银氧铯阴极面，适用的波长范围为625～1000nm。

光路图如图13-14所示。

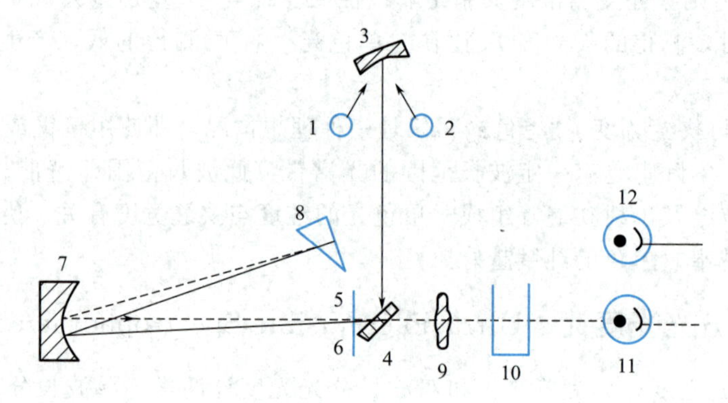

图 13-14　751 型紫外-可见分光光度计光路图

1—氢弧灯；2—钨灯；3，4—反射镜；5，6—上下狭缝；7—准直镜；8—石英棱镜；
9—聚光镜；10—吸收池；11—紫敏光电管；12—红敏光电管

2. 单波长双光束分光光度计

单波长双光束分光光度计将光源的光束分成两路，并分别射入参比池和试液池，这样消除了单光束受光源强度变化的影响。设入射光强度为 I_0，通过参比池和试液后的光强度分别为 I_R 和 I_S，则

$$A_1=\lg\frac{I_0}{I_S}$$

$$A_2=\lg\frac{I_0}{I_R}$$

$$A=A_1-A_2=\lg\frac{I_R}{I_S} \tag{13-28}$$

可见，A 值与光源强度无关。

（二）双波长分光光度计

双波长分光光度计采用两个单色器，如图 13-15 所示。光源的光束经两个单色器后分别产生波长为 λ_1 和 λ_2 的两单色光，由切光器使两单色光以一定的时间间隔交替通过同一吸收池，并被光电倍增管交替接收，测得吸光度差 ΔA。当光强度为 I_0 的两单色光 λ_1 和 λ_2 交替通过同一吸收池时。

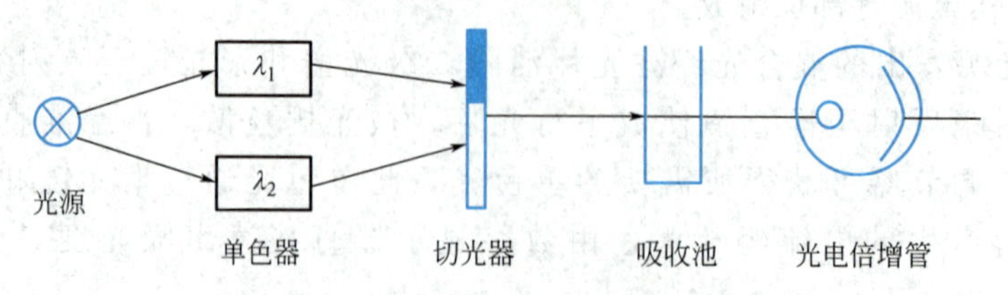

图 13-15　双波长分光光度计原理图

根据朗伯-比尔定律，对 λ_1 波长：

$$A_{\lambda_1}=\lg\frac{I_0}{I_{\lambda_1}}=\varepsilon_{\lambda_1}bc+\Delta A_{S_1}$$

对 λ_2 波长

$$A_{\lambda_2}=\lg\frac{I_0}{I_{\lambda_2}}=\varepsilon_{\lambda_2}bc+\Delta A_{S_2}$$

式中，ΔA_{S_1} 和 ΔA_{S_2} 为背景吸收，若 λ_1 和 λ_2 很相近，可视为相等。因此：

$$\Delta A=\lg\frac{I_{\lambda_1}}{I_{\lambda_2}}=(\varepsilon_{\lambda_1}-\varepsilon_{\lambda_2})bc \tag{13-29}$$

双波长光光度计不仅可测定多组分混合试样、混浊试样，还可测得导数吸收光谱。测量时使用同一吸收池，不用空白溶液作参比，消除了参比池的不同和制备空白溶液等产生的误差。此外，使用同一光源来获得两束单色光，减小了由光源电压变化而产生的误差，因此灵敏度高。

（三）多通道分光光度计

多通道分光光度计与常规仪器的不同之处在于使用了一个光二极管阵列检测器。由光源发出的辐射聚焦到吸收池上，光通过吸收池到达光栅，经分光后照射到光二极管阵列检测器上。该检测器含有一个由几百个光二极管构成的线性阵列。典型的仪器使用了316个硅光二极管阵列作为检测器。整个阵列在一只长1～6cm的芯片上，单个光二极管宽约15～50μm。整个仪器由计算机控制。该类仪器可在200～820nm的光谱范围内保持波长分辨率达到2nm。

光二极管阵列仪器的特点是具有多种优点，信噪比高于单通道仪器，测量快速，整个光谱记录仅需时间1s左右。因此该类仪器是研究反应中间体的有力工具，并且在动力学研究、液相色谱和毛细管电泳流出组分的定性和定量分析中也得到广泛应用。

四、显色反应和显色条件的选择（Selection of Reveal Reaction and Reveal Condition）

许多无机离子无色，有些金属水合离子有色，但它们的吸光系数值很小，通常必须选择一适当的试剂与它发生化学反应，从而转化为有色化合物再进行光度测定，此反应称显色反应，所用的试剂称为显色剂。常用的显色反应大多是能形成很稳定的、具有特征颜色的螯合物的反应，也有的是氧化还原反应。可见，为了得到准确的分析结果，除了选择合适的测量仪器外，还要使被测离子能生成一个灵敏度和选择性较高的有色化合物。

（一）对显色反应的要求

显色反应应有较高的灵敏度与选择性。灵敏度高，即在含量甚低时仍能测定。灵敏度的高低可从摩尔吸光系数 k 来判断，k 值越大则灵敏度越高。通常 k 值为 $10^4\sim10^5$ $L\cdot cm^{-1}\cdot g^{-1}$ 时，则可认为该反应的灵敏度较高，如 Fe^{3+} 与1,10-邻二氮菲生成螯合物的 k 为 $1.1\times10^4 L\cdot cm^{-1}\cdot g^{-1}$，其灵敏度较高。选择性好，即在选定的反应条件下，显色剂仅与被测组分显色，不与共存的离子显色。形成的有色螯合物的组成要恒定，化学性质要稳定，生成的有色螯合物与显色剂之间的颜色差别要大，显色条件要易于控制等。这样才能保证测定结果有良好的准确性和重现性。常用的无机显色剂如表13-8所示。

（二）显色反应的选择

实际工作中，为了提高准确度，在选定显色剂后必须了解影响显色反应的因素，控制其最佳分析条件。现讨论如下。

表 13-8　某些无机显色剂

测定元素	显色剂	酸度/$mol \cdot L^{-1}$	配合物组成及颜色	测定波长/nm
铁 钼 钨	硫氰酸盐	0.05～0.2　HNO_3 1.5～2　H_2SO_4 1.5～2　H_2SO_4	$Fe(SCN)^{2+}$　红 $MoO(SCN)_5^{2-}$　橙 $WO(SCN)_4^-$　黄	480 450 405
硅 磷	钼酸铵	0.15～0.3　H_2SO_4 0.5　H_2SO_4	$H_4SiO_4 \cdot 10MoO_3 \cdot Mo_2O_5$　蓝 $H_3PO_4 \cdot 10MoO_3 \cdot Mo_2O_5$　蓝	670～820 670～820
钛	过氧化氢	0.7～1.8　H_2SO_4	$TiO(H_2O_2)^{2+}$　黄	420

1. 显色剂的用量

在显色反应中存在下列平衡：

$$\text{M(被测离子)}+\text{R(显色剂)}=\!=\!=\text{MR(有色配合物)}$$

则$\dfrac{\dfrac{c(\mathrm{MR})}{c^{\ominus}}}{\dfrac{c(\mathrm{M})}{c^{\ominus}}}=\beta^{\ominus}(\mathrm{MR})g\,\dfrac{c(\mathrm{R})}{c^{\ominus}}$，从式中看出，$\beta^{\ominus}(\mathrm{MR})$ 越大，显色剂过量越多，越有利于 M 转化为 MR。对于 $\beta^{\ominus}(\mathrm{MR})$ 大的配合物，加入 R 稍过量，显色反应即能定量进行，但是，对 β 小或形成逐级配合物的反应，则必须严格控制 R 的用量。有时显色剂用量太多，反而对测定不利。例如用 SCN^- 作为显色剂测定 MO 时，要求生成 $Mo(SCN)_5$ 的红色配合物，而 SCN^- 浓度过高时，则生成 $Mo(SCN)_6^-$ 的浅红色配合物，致使其吸光度值降低。若 SCN^- 浓度过低，则生成 SCN^- 的浅红色配合物，也使吸光度降低。当以 SCN^- 作为显色剂测定 Fe^{3+} 时，随 SCN^- 浓度的增大，会逐渐生成颜色更深的不同配位数的配合物，使其吸光度值增大。这说明必须严格控制显色剂的用量，以得到准确的测定结果。在具体测定中，显色剂的适宜量常通过实验方法来确定。首先将被测组分的浓度及其他条件都固定，在一系列的溶液中加入不同量的显色剂，测定其吸光度 A，以吸光度 A 对显色剂的浓度 c（R）作图，从图中可选取最适宜的显色剂用量。

2. 酸度

酸度对显色反应的影响是多方面的。现讨论如下。

（1）酸度对显色剂浓度的影响　显色剂大多数是有机弱酸，在溶液中由如下平衡存在：

$$\begin{array}{c}\mathrm{M}^{Z+}\text{(被测离子)}+z\mathrm{R}^-\text{(显色剂离子)}=\!=\!=\mathrm{MR}_Z\text{(有色配合物)}\\ +\\ z\mathrm{H}^+=\!=\!=z\mathrm{HR}\text{(显色剂)}\end{array}$$

溶液酸度改变，引起上述平衡移动，平衡时：

$$\beta^{\ominus}(\mathrm{MR}_Z)=\frac{\dfrac{c(\mathrm{MR}_Z)}{c^{\ominus}}}{\left[\dfrac{c(\mathrm{M}^{Z+})}{c^{\ominus}}\right]\left[\dfrac{c(\mathrm{R}^-)}{c^{\ominus}}\right]^Z}\qquad K_a^{\ominus}=\frac{\left[\dfrac{c(\mathrm{H}^+)}{c^{\ominus}}\right]\left[\dfrac{c(\mathrm{R})}{c^{\ominus}}\right]}{\dfrac{c(\mathrm{HR})}{c^{\ominus}}}$$

合并得

$$\frac{c(\mathrm{MR}_Z)}{c(\mathrm{M}^{Z+})}=\frac{\beta^{\ominus}(\mathrm{MR}_Z)(K_a^{\ominus})^Z c^Z(\mathrm{HR})}{c^Z(\mathrm{H}^+)}\tag{13-30}$$

在一定条件下，$\beta^{\ominus}$（MR_Z）$\cdot K_a^{\ominus}$ 是常数，测定时 HR 的浓度是不变的，则式（13-30）

可写成为：

$$\frac{c(MR_Z)}{c(M^{Z+})}=\frac{K'}{c^Z(H^+)} \tag{13-31}$$

由式（13-31）可知，$\frac{c(MR_Z)}{c(M^{Z+})}$的比值就决定于溶液中的$c(H^+)$，当$c(H^+)$增大时，$\frac{c(MR_Z)}{c(M^{Z+})}$的比值减小，即$c(H^+)$增大，溶液中$c(R^+)$变小，使配位反应不能进行完全，因此使测定受到影响。

（2）酸度对显色剂颜色的影响　当显色剂为有机弱酸时，它本身具有酸碱指示剂的性质，在不同pH值的情况下，显色剂的分子和离子状态具有不同的颜色，它可能干扰测定。

（3）酸度对配合物组成的影响　在不同酸度下，某些被测组分于显色剂能形成不同组成的配合物，例如，磺酸水杨酸与Fe^{3+}的显色反应中，当溶液在pH为2～3时，生成1∶1的红紫色配合物；pH值为4～7时，生成1∶2的棕橙色配合物；pH为8～10时，生成1∶3的黄色配合物；当pH＞12时，生成$Fe(OH)_3$沉淀。因此，必须严格控制溶液pH，才能得到准确的测定结果。

（4）酸度对被测离子存在状态的影响　多数金属离子在溶液酸度降低时发生水解，形成各种核羟基配合物、碱式盐，甚至于析出氢氧化物沉淀，不利于吸光光度法的测定。

在实际测定中，显色反应的最适宜酸度由实验方法来确定。即固定被测组分和显色剂的浓度，在一系列溶液中改变pH值，在一定波长下，测定其吸光度，以A对pH作图，从图中找出最适宜的pH值作为测定时的条件。

3. 显色时的温度和时间

多数反应在室温下能很快地进行，当有些反应受温度影响很大，室温下反应很慢，须加热至一定温度（如磷钼蓝法测定磷，其发色温度55～60℃）才能进行完全。有些反应由于高温下不稳定，反应生成物易褪色，因此对不同的显色反应，必须选择合适的温度。显色反应由于反应速率不同，完成反应的时间也不同。有些反应能瞬时完成，且颜色能在长时间内保持稳定；有些反应虽能快速完成，但产物迅速分解。因此，必须选择适当的显色时间，使有色配合物的颜色能够稳定。然而，温度和时间的选择，都要通过实验来确定。

对于一般的分析，希望加入显色剂后数分钟就达到最大的吸光度值，且在1～2h内稳定不变。显色太慢，影响分析速度，颜色稳定时间太短，不便于操作。

4. 溶剂的影响

许多有色配合物在水中解离度较大，而在有机溶剂中的解离度较小。例如，$Fe(SCN)^{2+}$在丙酮溶液中，配合物颜色变深，从而提高了测定的吸光度，这种方法称萃取比色法。它的优点是：分离了杂质，提高了方法的选择性；把有色物质浓缩到有机溶剂的小体积内，降低了它的解离度，从而提高了测定的灵敏度；方法比较简单、方便、快速。

5. 干扰物质的影响及消除

常见的干扰物质对显色反应的影响表现为干扰离子本身由颜色、在测量条件下由吸收、或发生水解、或析出沉淀，以影响吸光度的测量。如干扰离子与显色剂生成更稳定的无色配合物，消耗显色剂，使被测离子显色反应不完全；或干扰离子与显色剂生成有色配合物而干扰测定。消除干扰的方法可通过控制溶液的酸度；加入适当的掩蔽剂利用氧化还原反应改变干扰离子的价态；选择适当的测量条件，如利用两者的λ_{max}不同，选择适当波长进行测定；

采用萃取或其他分离方法，预先分离干扰离子；选择合适的参比溶液等都可以消除干扰离子的影响。

五、紫外-可见吸收光谱法的应用（Application of UV-VIS）

紫外-可见吸收光谱法可以用于定性和定量分析，也可用于配合物的组成和稳定常数的测定等。

（一）定性分析

利用紫外-可见吸收光谱研究有机化合物结构，尤其是共轭体系很有用。通常情况下：

（1）在 200～800nm 范围内无吸收峰，该有机化合物可能是链状或环状的脂肪族化合物，或是它的简单的衍生物，如醇、胺、氯代烷及不含双键的共轭体系。

（2）在 210～250nm 范围内有强吸收带（$\varepsilon=2\times10^4\sim1\times10^4 L\cdot cm^{-1}\cdot mol^{-1}$），可能含有两个共轭双键。

（3）在 210～300nm 有强吸收带，可能含有 3～5 个共轭双键。

（4）在 250～300nm 有吸收峰，表示有羰基存在；有中强吸收峰且有振动结构时，表示有苯环。

1. 比较法

通常，通过未知纯试样的紫外吸收光谱图与标准纯试样的紫外吸收光谱图，或与标准紫外吸收光谱图比较进行定性。当溶剂和试样浓度相同时，若两紫外吸收光谱图的 λ_{max} 和 ε_{max} 相同，表明它们是同一有机化合物。

必须注意，有机化合物的紫外吸收光谱的吸收带宽而平坦，并且数目也不多。当它们的结构有差异，而分子中含有相同的生色团时，吸收曲线的形状基本相同，因此在比较它们的 λ_{max} 时还应该比较其 ε_{max}。

2. 计算最大吸收波长

利用紫外吸收光谱中的经验规律计算不饱和有机化合物的最大吸收波长 λ_{max}，并与实验值比较，从而推断其结构。

（1）Woodward-Fieser 经验规则　共轭二烯、三烯和四烯以及 α，β-不饱和羰基化合物的 $\pi\rightarrow\pi^*$ 跃迁的最大吸收波长 λ_{max}，可用 Woodward-Fieser 经验规律来计算，计算时以母体生色团的最大吸收波长 λ_{max} 为基数，再加上连接在母体 π 电子体系上的不同取代基助色团的修正值。通常，同一化合物的计算值和实验值比较接近，约相差 5nm 或更小。

（2）Scott 经验规则　它用于计算苯甲酸、苯甲醛或苯甲酸酯等芳香族羰基衍生物 RC_6H_4COX 的 λ_{max}。

紫外吸收光谱法不是定性分析的主要工具，但它可为红外吸收光谱、核磁共振波谱和质谱等方法进行有机化合物的结构分析提供有用的信息。

（二）定量分析

对单组分或多组分体系，若溶液对光的吸收服从朗伯-比耳定律，可用紫外-可见吸收光谱法进行定量测定。

1. 实验条件的选择

（1）波长　通常，测定时选择最大吸收处的波长 λ_{max} 作为分析波长，测定的灵敏度高，并且在最大吸收波长λ_{max}附近，吸光度随波长的变化小，测定的误差也小。但选用λ_{max}并不一定都是可行的，因为有的显色剂在被测物质的λ_{max}处往往也有吸收，例如3,3'-二氨基联苯（DAB）和Se形成配合物Se-DAB的最大吸收波长在340和420nm，如图13-16所示。在340nm波长处，DAB也有很强的吸收，在这种情况下，分析波长应选用420nm，否则测量误差较大。

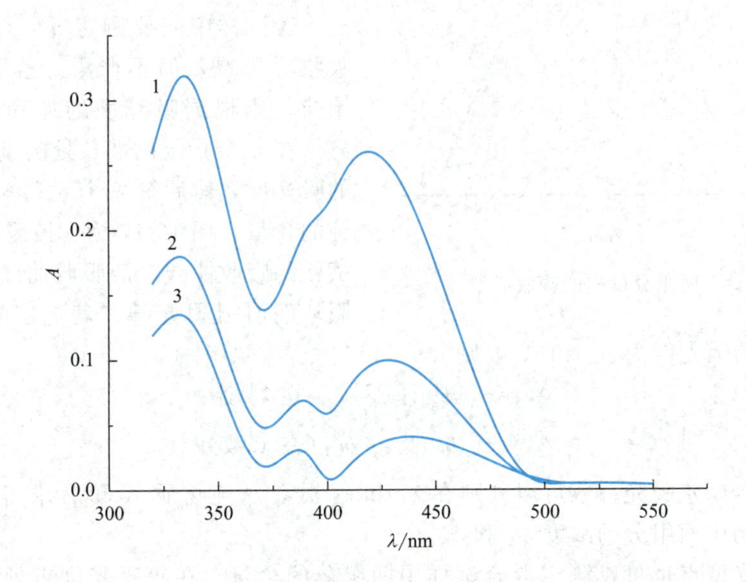

图13-16　DAB和Se-DAB在甲苯溶液中的吸收曲线

1—25mg Se-DAB在10mL甲苯溶液中；2—5mg Se-DAB在10mL甲苯溶液中；3—DAB在甲苯溶液中

（2）狭缝宽度　理论上，定性分析时采用最小的狭缝宽度。在定量分析中，为了避免狭缝太小，使出射光太弱而引起信噪比降低，可以将狭缝开大一点。通过测定吸光度随狭缝宽度的变化规律，可选择出合适的狭缝宽度。狭缝宽度在某范围内，吸光度恒定，狭缝宽度增大至一定程度时吸光度减小。因此，合适的狭缝宽度就是在吸光度不减小时的最大狭缝宽度。

（3）吸光度值　吸光度值控制在一定范围内，以使测定的相对误差较小。

2. 单组分定量分析

对试样中某种组分的测定，常常采用标准曲线法。配制一系列不同浓度的被测组分的标准溶液，在选定的波长和最佳的实验条件下分别测定其吸光度A。以吸光度对浓度作图得一条直线。在相同条件下，再测量样品溶液的吸光度，然后可以从标准曲线上查得样品溶液的浓度。

也可以采用目视比色法，它是用眼睛比较溶液颜色的深浅来确定试样中被测组分的含量。常用的目视比色法采用标准系列法。将一系列被测组分的标准溶液加入各比色管中，再分别加入等量的显色剂等，然后稀释至刻度，显色，便制成了一套标准色阶。将样品溶液在同样条件下显色，然后与标准色阶比较，可以确定其含量。目视比色法的仪器设备简单，操作方便，适合于大量试样的分析，但相对误差较大，约5%～20%。

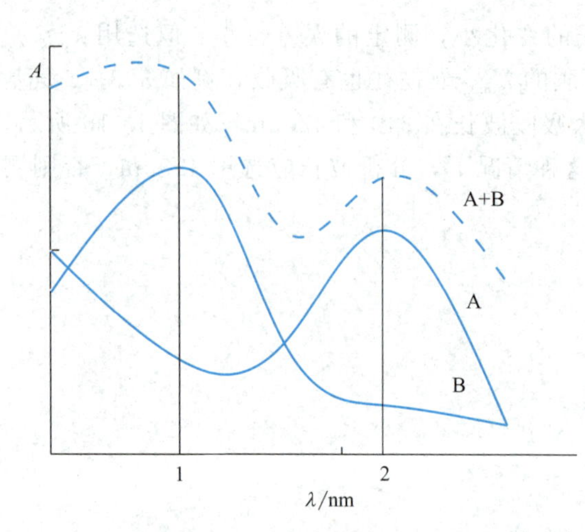

图 13-17　两组分试样的吸收曲线

3. 多组分定量分析

需要同时测定试样中的 n 个组分，若它们在吸收曲线上的吸收峰互相不重叠，可以不经分离分别选择适当的波长，按单组分的方法进行测定。

若试样中需要测定 n(2～5) 个组分的吸收峰重叠，但不严重。若服从朗伯-比耳定律，则根据吸光度的加和性，可不经分离，在 n 个指定的波长处测量样品混合组分的吸光度，然后解 n 个联立方程，求出各组分的含量。图 13-17 为含被测组分 A 和 B 的试样的吸收曲线，两吸收曲线互相重叠，但服从朗伯-比耳定律。若选定两个波长 λ_1 和 λ_2，测得试液的吸光度为 A_1 和 A_2，则

$$A_1=\varepsilon_{A_1}bc_A+\varepsilon_{B_1}bc_B(\text{在 } \lambda_1 \text{ 处})$$
$$A_2=\varepsilon_{A_2}bc_A+\varepsilon_{B_2}bc_B(\text{在 } \lambda_2 \text{ 处})$$

式中，四个摩尔吸光系数可以分别在 λ_1 和 λ_2 处，从纯物质 A 和 B 求得。解此方程组即可求出混合物中两组分的浓度 c_A 和 c_B。

利用等吸光度点也可以测定混合试样中两组分的含量。在等吸光度点处两组分的 ε 相同。测量时，首先测出该波长处两组分的总浓度，然后再测定一个组分在指定分析波长处的浓度。从总浓度中减去一个组分的浓度，可求得另一组分的浓度。

4. 分光光度法的灵敏度

通常，灵敏度是指校准曲线的斜率。分光光度法的灵敏度由吸收物质在最大吸收波长 λ_{max} 处的摩尔吸光系数表示

$$\varepsilon=\frac{A}{bc}(\mathrm{L\cdot mol^{-1}\cdot cm^{-1}}) \tag{13-32}$$

或用吸光系数 a 表示，它可由 ε 换算得到：

$$a=\frac{\varepsilon}{\text{相对原子质量}}\times10^{-3}(\mathrm{mL\cdot g^{-1}\cdot cm^{-1}}) \tag{13-33}$$

分光光度法的灵敏度还可用由 Sandell 提出的灵敏度指数即 Sandell 指数（S）表示。Sandell 指数表示光程长为 1cm，吸光度为 0.001 时，1mL 溶液中所含的吸收物质的 μg 数，以 $\mu g\cdot cm^{-2}$ 表示。S 与 ε 或 a 间的关系为：

$$S=\frac{1.0\times10^{-3}}{a}(\mu g\cdot cm^{-2})$$
$$S=\frac{\text{相对原子质量}}{\varepsilon}(\mu g\cdot cm^{-2}) \tag{13-34}$$

用二硫腙在波长 λ_{max} 550nm 处所测得的 Cu(Ⅱ) 灵敏度可分别表示为：

$\varepsilon/\mathrm{L\cdot mol^{-1}\cdot cm^{-1}}$	4.52×10^4
$a/\mathrm{mL\cdot g^{-1}\cdot cm^{-1}}$	0.71
$S/\mu g\cdot cm^{-2}$	0.0014

5. 分光光度法的误差

分光光度法的误差与使用的方法和被测物的浓度有关。通常比色法的误差为5%～10%，分光光度法为0.5%～2%。当测定的量在10^{-3}～10^{-4}%时，误差为10%。

透光度与浓度呈对数关系。由透光度的读数误差而引起的浓度的相对误差可按以下方法求得：

$$c=\frac{A}{ab}=-\frac{\lg T}{ab}$$

对上式微分：

$$\frac{\mathrm{d}c}{\mathrm{d}T}=-\frac{0.434}{Tab}$$

代入朗伯-比耳定律并重排：

$$\frac{\mathrm{d}c}{c}=-\frac{0.434}{\lg T}\left(\frac{\mathrm{d}T}{T}\right)$$

或
$$\frac{\Delta c}{c}=\frac{0.434}{T\lg T}\Delta T \tag{13-35}$$

该式表明，结果中浓度的相对误差与透光度的相对误差有关。而透光度的误差$\mathrm{d}T$的最恰当表示是用它的标准偏差σ_T来代替，同样用浓度的标准偏差σ_c代替$\mathrm{d}c$，则

$$\frac{\sigma_c}{c}=\frac{0.434\sigma_T}{\lg T\ \ T} \tag{13-36a}$$

而实际工作中，使用样本标准偏差S_c和S_T代替σ_c和σ_T，则

$$\frac{S_c}{c}=\frac{0.434}{\lg T}\times\frac{S_T}{T} \tag{13-36b}$$

式中，S_c/c和S_T/T分别是浓度和透光度的相对标准偏差。

从方程（13-35）可以看出，分光光度法测量浓度的相对标准偏差随透光度大小而改变，其变化方式较为复杂。而实际实验就更复杂。因为浓度测量误差既依赖于T，又依赖多种测量环境下的S_T。人们经长期的理论与实验研究发现，仪器的随机误差对浓度测量精度的误差影响大致分为三种情况：

（1）S_T与T无关；

（2）S_T正比于$\sqrt{T^2+T}$；

（3）S_T正比于T。

表13-9总结了三种误差的来源。将表13-9中第一列的S_T代入式（13-36b）得到浓度相对标准偏差的三个方程见表13-9第三列。

表13-9　透光度测量中仪器的随机误差类型

误差类型	误差来源	T对浓度相对标准偏差S_c/c的影响
$S_T=K_1$	读数分辨率； 热检测器噪音； 暗电流和放大器噪音	$\frac{S_c}{c}=\frac{0.434}{\lg T}\times\frac{K_1}{T}$　(13-37)
$S_T=K_2\sqrt{T^2+T}$	光子检测器的噪音	$\frac{S_c}{c}=\frac{0.434}{\lg T}\times K_2\sqrt{1+\frac{1}{T}}$　(13-38)

续表

误差类型	误差来源	T 对浓度相对标准偏差 S_c/c 的影响
$S_T=K_3T$	比色池的位置变化；光源强度的波动。	$\frac{S_c}{c}=\frac{0.434}{\lg T}\times K_3$ (13-39)

注：K_1，K_2，K_3 对指定的仪器均为常数。

（三）测定平衡常数

分光光度法可以测定酸碱离解常数，若为一元弱酸，在溶液中的离解反应为：

$$HB \rightleftharpoons H^+ + B^-$$

$$K_a=\frac{c_{H^+}c_{B^-}}{c_{HB}}$$

$$pK_a=pH-\lg\frac{c_{B^-}}{c_{HB}} \tag{13-40}$$

若测出 c_{B^-} 和 c_{HB}，就可算出 K_a。测定时，配制三份不同 pH 的 HB 溶液。一份为强碱性溶液，另一份为强酸性溶液，分别在 B^- 和 HB 的吸收峰波长处测定吸光度，由此计算出 B^- 和 HB 的摩尔吸光系数. 第三份为已知 pH 值的缓冲溶液，其 pH 值在 pK_a 附近，在测得 B^- 和 HB 的总吸光度后，用双组分测定的方法算出 B^- 和 HB 的浓度，再由式（13-40），即可计算出弱酸的离解常数。

由式（13-40）知，当 c_{B^-} 和 c_{HB} 相等时：

$$pK_a=pH$$

若以 pH 为横坐标，以某波长处测得的不同 pH 时的吸光度为纵坐标作图，得一条 S 形曲线，该曲线的中点所对应的 pH 值即为 pK_a 值。分光光度法也可以测定配合物的组成及其不稳定常数，

例 13-1 用分光光度法测定以下反应的平衡常数。

$$Zn^{2+}+2L^{2-} \rightleftharpoons [ZnL_2]^{2-}$$

配离子 $[ZnL_2]^{2-}$ 的最大吸收波长 λ_{max} 为 480nm，测量时用 1.00cm 的吸收池。配位剂 L^{2-} 的量至少比 Zn^{2+} 大 5 倍，此时的吸光度仅决定于 Zn^{2+} 的摩尔浓度。Zn^{2+} 和 L^{2-} 在 λ_{max}480nm 处无吸收。测得含 $2.30\times10^{-4}mol\cdot L^{-1}Zn^{2+}$ 和 $8.60\times10^{-3}mol\cdot L^{-1}L^{2-}$ 溶液的吸光度为 0.690。在同样条件下，含 $2.30\times10^{-4}mol\cdot L^{-1}Zn^{2+}$ 和 $5.00\times10^{-4}mol\cdot L^{-1}L^{2-}$ 溶液的吸光度为 0.540。试计算平衡常数。

解：根据题意，可由吸光度为 0.690 的溶液计算配离子的摩尔吸光系数 ε：

$$\varepsilon=\frac{A}{bc}=\frac{0.690}{1.00\times2.30\times10^{-4}}=3.00\times10^3L\cdot mol^{-1}\cdot cm^{-1}$$

由吸光度为 0.540 的溶液分别计算平衡时 $[ZnL_2]^{2-}$、Zn^{2+} 和 L^{2-} 的浓度。由于 Zn^{2+} 和 L^{2-} 在 λ_{max}480nm 无吸收，则

$$c[ZnL_2^{2-}]=\frac{A}{\varepsilon b}=\frac{0.540}{3.00\times10^3\times1.00}=1.80\times10^{-4}mol\cdot L^{-1}$$

因 $c(Zn^{2+})=c(Zn^{2+})+c[ZnL_2^{2-}]$，则

$$c(Zn^{2+})=2.30\times10^{-4}-1.80\times10^{-4}=5.00\times10^{-5}mol\cdot L^{-1}$$

$c(L^{2-})=c(L^{2-})+2c[ZnL_2^{2-}]$，则

$$c(L^{2-})=5.00\times10^{-4}-2\times1.80\times10^{-4}=1.40\times10^{-4}\,\mathrm{mol\cdot L^{-1}}$$

则平衡常数为

$$K=\frac{c(ZnL_2^{2-})}{c(Zn^{2+})c(L^{2-})^2}=\frac{1.80\times10^{-4}}{5.00\times10^{-5}\times(1.40\times10^{-4})^2}=1.84\times10^8$$

（四）研究有机化合物的异构体

紫外光谱可以用于研究有机化合物的顺反异构体和互变异构件等。

通常，反式异构体的最大吸收波长比顺式异构体的长，强度也大。这是由于反式异构体分子比顺式异构体长，空间位阻小，电子的非定域性大，而顺式异构体的空间位阻大，使共轭程度降低，波长较短。

紫外光谱也可用来研究有机化合物的互变异构体。例如，乙酰丙酮存在酮式和醇式两种异构体：

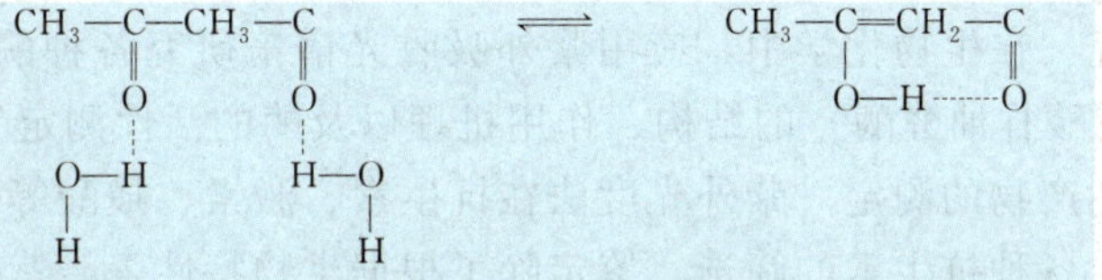

$$\mathrm{CH_3{-}\underset{\underset{\underset{\underset{H}{|}}{O{-}H}}{\vdots}}{\underset{\|}{\underset{O}{C}}}{-}CH_3{-}\underset{\underset{\underset{\underset{H}{|}}{H{-}O}}{\vdots}}{\underset{\|}{\underset{O}{C}}}} \rightleftharpoons \mathrm{CH_3{-}C{=}CH_2{-}C}\ (\text{O—H}\cdots\text{O})$$

酮式与水形成分子间氢键　　烯醇式形成分子内氢键

在极性溶剂水中，以酮式异构体为主，它与水形成分子间氢键，使体系的能量降低，从而达到稳定状态，其最大吸收波长 λ_{max} 为 277nm，ε_{max} 为 $1.9\times10^3\,\mathrm{L\cdot mol^{-1}\cdot cm^{-1}}$。在非极性溶剂己烷中，则以烯醇式为主，形成分子内氢键，λ_{max} 为 269nm，ε_{max} 为 $1.2\times10^4\,\mathrm{L\cdot mol^{-1}\cdot cm^{-1}}$。又如，N-(2-苯甲酰乙酰基) 苯胺也存在酮式和烯醇式两种互变异构体：

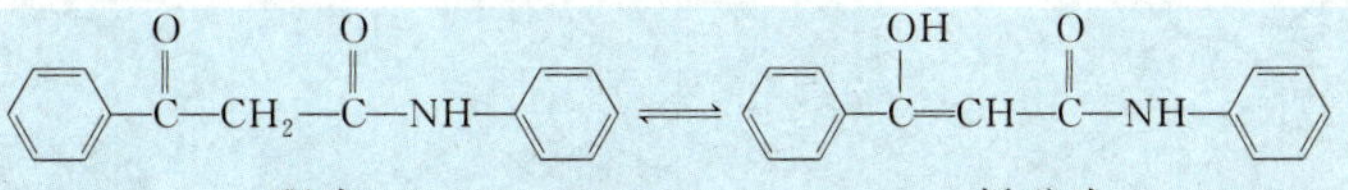

$$\mathrm{C_6H_5{-}\overset{\overset{O}{\|}}{C}{-}CH_2{-}\overset{\overset{O}{\|}}{C}{-}NH{-}C_6H_5} \rightleftharpoons \mathrm{C_6H_5{-}\overset{\overset{OH}{|}}{C}{=}CH{-}\overset{\overset{O}{\|}}{C}{-}NH{-}C_6H_5}$$

酮式　　烯醇式

在环己烷中测定这个混合物的紫外光谱，有两个吸收带，酮式异构体的 λ_{max} 在 245nm，烯醇式异构体的 λ_{max} 在 308nm。在 pH≥12 的强碱性溶液中，烯醇式异构体的羟基失去一个质子转变为烯醇离子，λ_{max} 则变为 323nm：

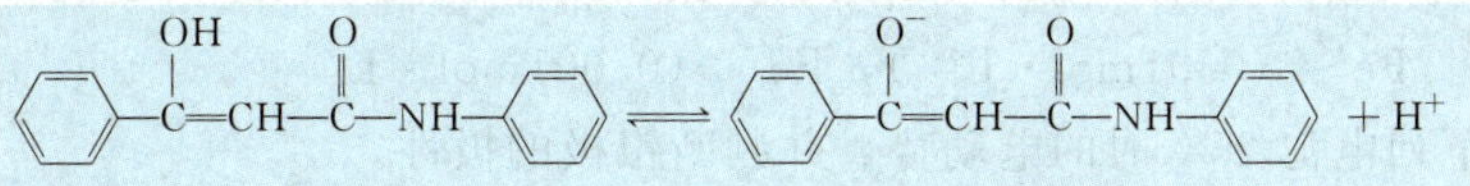

$$\mathrm{C_6H_5{-}\overset{\overset{OH}{|}}{C}{=}CH{-}\overset{\overset{O}{\|}}{C}{-}NH{-}C_6H_5} \rightleftharpoons \mathrm{C_6H_5{-}\overset{\overset{O^-}{|}}{C}{=}CH{-}\overset{\overset{O}{\|}}{C}{-}NH{-}C_6H_5}+H^+$$

烯醇式　　烯醇离子

（五）测定分子量

若一化合物在紫外-可见波长范围内无吸收，将它与摩尔吸光系数已知的生色团作用形成衍生物。经验表明，对同类衍生物，所生成的衍生物的 ε 与生色团的 ε 相近。根据比耳定律，该化合物的分子量 M 与有关参数存在以下关系：

$$M=\frac{\varepsilon mb}{A} \tag{13-41}$$

式中，m 为 1L 溶液中该化合物的质量。测得一定质量的该化合物的吸光度后，若 ε 已知，由上式可求得其相对分子质量。

六、紫外光度法在生物学中的应用（Application of UV-VIS In Biology）

紫外光度法在生物学中主要应用于对组分的定量测定、生物成分的鉴定和结构分析。

（1）蛋白质含量的测定　蛋白质由于含有酪氨酸和色氨酸，因此在紫外光区280nm处具有最大吸收，可利用该波长的吸光度与蛋白质浓度成正比的关系测定其含量。该法对于酪氨酸和色氨酸含量相近的蛋白质，测定误差较小，而对于一些氨基酸含量相差悬殊的蛋白质，必须另行校正才能应用。如果试样中含有嘌呤、嘧啶等化合物，它们在280nm处也有吸收，对测定有干扰。该法准确度较差，但测定迅速、试样用量少，低浓度的盐不干扰测定，因此必须严格控制溶液的pH值。

（2）核酸的测定　核酸是生物体的一种主要成分，它在紫外光区260nm左右有强的吸收峰，可用于测定核酸的含量。不同的碱基，其吸收峰的位置和吸收强度各不相同；因此，根据它的紫外吸收光谱的特征可以区别所含碱基的类别。

（3）酶的研究　在生物化学中，应用紫外吸收光谱来研究各种酶（如红血球碳酸酐酶，乙酰胆酯酶，3-磷酸甘油醛酶）的结构、作用机理以及酶的活性测定等。

（4）生物代谢产物的测定　紫外光度法在抗生素、激素、羧酸等微生物活动产物的鉴定中有着重要意义。各种抗生素的筛选、鉴定除了根据生物特性歪、紫外光谱也是作为鉴定抗生素的重要理化特征之一。各类抗生素有其特有的紫外吸收光谱特征，根据测得的紫外吸收光谱便可初步判断所属抗生素的类别。

这些化合物的紫外光谱鉴定是根据它们所含有的发色团和助色团在紫外区的特征吸收。例如，大多数饱和脂肪酸的吸收在215～220nm，油酸和其他单烯型的脂肪酸大约在180～185nm，而共轭的二烯酸的最大吸收在230nm附近，三烯酸的吸收在270nm，四烯酸的吸收在300nm等。最终鉴定必须与红外光谱、质谱等物理方法与生物方法相结合。

习　题

1.计算下列电极的电极电位（25℃），并将其换算为相对于饱和甘汞电极的电位值。

（1）Ag | Ag^+（0.001moL·L^{-1}）

（2）Ag | AgCl（固） | Cl（0.1mol·L^{-1}）

（3）Pt | Fe^{3+}（0.01mol·L^{-1}），Fe^{2+}（0.001mol·L^{-1}）

2.计算下列电池25℃时的电动势，并判断银极的极性。

Cu | Cu^{2+}（0.01mol·L^{-1}）‖Cl^-（0.01mol·L^{-1}）| AgCl（固）| Ag

3.用下面电池测量溶液pH

玻璃电极 | H^+（Xmol·L^{-1}）‖SCE

用pH=4.00缓冲溶液，25℃时测得电动势为0.209V。改用未知溶液代替缓冲溶液，测得电动势分别为0.312V，0.088V，计算未知溶液的pH值。

4.在25℃时，测定得到下列电池：

Hg | Hg_2Cl_2（固） | Cl^-，M^{n+} | M的电动势为0.100V，如果将M^{n+}浓度稀释50倍，电池电动势下降为0.050V，求金属离子M^{n+}的电荷n为何值？

*5.将一支ClO_4^-离子选择电极插入50.00mL某高氯酸盐待测溶液，与饱和甘

汞电极（为负极）组成电池，25℃时测得电动势为358.7mV，加入1.00mL $NaClO_4$标准溶液（0.0500mol·L^{-1}）后，电动势变成346.1mV，求待测溶液中ClO_4^-离子浓度？

*6.用Ca^{2+}选择性电极测定4.0×10^{-4}mol·L^{-1}的$CaCl_2$溶液的浓度，若溶液中存在0.20mol·L^{-1}的NaCl，计算

（1）由于NaCl的存在，所引起的相对误差是多少（已知$K_{Ca^{2+},Na^+}=0.0016$）？

（2）若要使得误差减小至2%，允许NaCl的最高浓度是多少？

*7.设溶液中pBr=3，pCl=1。如果用溴离子选择性电极测定Br^-活度，将产生多大的误差？已知电极的选择性系数$K_{Br^-,Cl^-}=6\times10^{-3}$。

*8.用标准加入法测定离子浓度时，于100mL铜盐中加入1mL0.1mol·$L^{-1}$$Cu(NO_3)_2$后，电动势增加4mV，求铜的原来的总浓度。

9.将下列百分透光度值换算为吸光度。

（1）1%　（2）10%　（3）50%　（4）75%　（5）99%

10.将下列吸光度值换算为百分透光度。

（1）0.01　（2）0.10　（3）0.50　（4）1.00

11.有两种不同浓度的$KMnO_4$溶液，当液层厚度相同时，在527nm处测得其透光度T分别为（1）65.0%，（2）41.8%。求它们的吸光度A各为多少？若已知溶液（1）的浓度为6.51×10^{-4}mol·L^{-1}，求出溶液（2）的浓度为多少？

12.有一含0.088mgFe^{3+}的溶液用SCN-显色后，用水稀释到50.00mL，以1.0cm的吸收池在480nm处测得吸光度为0.740，计算配合物$[Fe(SCN)]^{2+}$的摩尔吸光系数。

13.在pH=3时，于655nm处测定得到偶氮胂Ⅲ与镧的紫蓝色配合物的摩尔吸光系数为4.5×10^{-4}。如果在25mL的容量瓶中有30μg La^{3+}，用偶氮胂（Ⅲ）显色，用2.0cm的吸收池在655nm处测量，其吸光度应该为多少？

14.设有X和Y两种组分的混合物，X组分在波长λ_1和λ_2处的摩尔吸光系数分别为1.98×10^3L·mol^{-1}·cm^{-1}和2.80×10^4L·mol^{-1}·cm^{-1}。Y组分在波长λ_1和λ_2处的摩尔吸光系数分别为2.04×10^4L·mol^{-1}·cm^{-1}和3.13×10^2L·mol^{-1}·cm^{-1}。液层厚度相同，在λ_1处测得总吸光度为0.301，在λ_2处为0.398。求算X和Y两组分的浓度是多少？

15.某试液用2.0cm的吸收池测量时T=60%，若用1.0和4.0cm吸收池测定时，透光率各是多少？

16.有一标准Fe^{3+}溶液，浓度为6μg·mL^{-1}，其吸光度为0.304，而样品溶液在同一条件下测得吸光度为0.510，求样品溶液中Fe^{3+}的含量（mol·L^{-1}）。

17.$K_2Cr_2O_4$的碱性溶液在372nm有最大吸收.已知浓度为3.00×10^{-5}mol·L^{-1}的$K_2Cr_2O_4$碱性溶液，于1cm的吸收池中，在372nm处测得T=71.6%，求（1）该溶液的吸光度；（2）$K_2Cr_2O_4$溶液的ε；（3）当吸收池为3cm时该溶液的T%？

18.安络血的分子量为236，将其配制每100mL含0.4962mg的溶液，盛于1cm吸收池中，在λ_{max}为355nm处测得A值为0.557，试求安络血的ε值。

19.Fe(Ⅱ)-2,2′,2″-三联吡啶在波长522nm处的摩尔吸光系数ε为1.11×10^4L·mol^{-1}·cm^{-1}，用1cm吸收池在该波长处测得百分透光度为38.5。试计算铁的浓度为多少？

20. 转铁蛋白是血液中发现的输送铁的蛋白，它的相对分子质量为 81000，并携带两个 Fe(Ⅲ)。脱铁草氨酸是铁的有效螯合剂，常用于治疗铁过量的病人，它的相对分子质量为 650，并能螯合一个 Fe(Ⅲ)。脱铁草氨酸能从人体的许多部位摄取铁，通过肾脏与铁一起排出体外。被铁饱和的转铁蛋白（T）和脱铁草氨酸（D）在波长 λ_{max} 428nm 和 470nm 处的摩尔吸光系数分别为：

λ_{max}/nm	ε/L·mol^{-1}·cm^{-1}	
	T	D
428	3540	2730
470	4170	2290

铁不存在时，两个化合物均为无色。含有 T 和 D 的试液在波长 470nm 处，用 1.00cm 吸收池测得的吸光度为 0.424；在 428nm 处测得吸光度为 0.401，试计算被铁饱和的输铁蛋白（T）和脱铁草氨酸（D）中铁各占多少分数。

21. 有一有色溶液，用 1.0cm 吸收池在 527nm 处测得其透光度 $T=60\%$，如果浓度加倍则（1）T 值为多少？（2）A 值为多少？

22. 请将下列化合物的紫外吸收波长 λ_{max} 值按由长波到短波排列，并解释原因。

（1）$CH_2=CHCH_2CH=CHNH_2$

（2）$CH_3CH=CHCH=CHNH_2$

（3）$CH_3CH_2CH_2CH_2CH_2NH_2$

*23. 某化合物在正己烷和乙醇中分别测得最大吸收波长 $\lambda_{max}=305$nm 和 $\lambda_{max}=307$nm，试指出该吸收是由哪一种跃迁类型所引起？为什么？

*24. 问：在分子 $(CH_3)_2NCH=CH_2$ 中，预计发生的跃迁类型有哪些？

*25. 配制某弱酸的 HCl 0.5mol·L^{-1}、NaOH 0.5mol·L^{-1} 和邻苯二甲酸氢钾缓冲液（pH=4.00）的三种溶液，其浓度均含该弱酸 0.001g/100mL，在 $\lambda_{max}=590$nm 处分别测出其吸光度如表.求该弱酸的 pK_a。

pH	A(λ_{max}=590nm)	主要存在形式
4	0.430	HIn、In$^-$
碱	1.024	In$^-$
酸	0.002	HIn

**26. 当光度计的透光度的读数误差 $\Delta T=0.01$ 时，测得不同浓度的某吸光溶液的吸光度为：0.010，0.100，0.200，0.434。计算由仪器误差引起的浓度测量相对误差。

*27. Try to find the kinds of transition in the following molecules:

(a) CH_3OH　　(b) $CH_2=CH-CH=CH_2$　　(c) 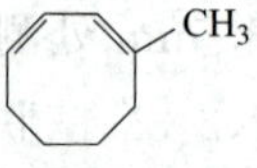 CH_3

*28. Whose λ_{max} is bigger? Discuss.

A $H_3C—HC═CH—CH═\overset{H}{C}—\overset{\overset{O}{\|}}{C}H$

B $H_3C—CH═\overset{H}{C}—CH═CH—CH═CH—\overset{\overset{O}{\|}}{C}H$

**29. Attempt to saperate $n\rightarrow\pi^*$ from $\pi\rightarrow\pi^*$?

附　录

附录一　一些重要的物理常数

真空中的光速	$c=2.99792458\times10^{8}\mathrm{m\cdot s^{-1}}$
电子的电荷	$e=1.60217733\times10^{-19}\mathrm{C}$
原子质量单位	$\mu=1.6605402\times10^{-27}\mathrm{kg}$
质子静质量	$m_{p}=1.6726231\times10^{-27}\mathrm{kg}$
中子静质量	$m_{b}=1.6749543\times10^{-27}\mathrm{kg}$
电子静质量	$m_{e}=9.1093897\times10^{-31}\mathrm{kg}$
理想气体摩尔体积	$V_{m}=2.241410\times10^{-2}\mathrm{m^{3}\cdot mol^{-1}}$
摩尔气体常数	$R=8.314510\mathrm{J^{-1}\cdot mol^{-1}\cdot K^{-1}}$
阿伏伽德罗常数	$N_{A}=6.0221367\times10^{23}\mathrm{mol^{-1}}$
里德堡常数	$R_{LD}=1.0973731534\times10^{7}\mathrm{m^{-1}}$
法拉第常数	$F=9.6485309\times10^{4}\mathrm{C\cdot mol^{-1}}$
普朗克常数	$h=6.6260755\times10^{-34}\mathrm{J\cdot s}$
玻尔兹曼常数	$\kappa=1.380658\times10^{-23}\mathrm{J\cdot K^{-1}}$

附录二　一些物质的 $\Delta_f H_m^\ominus$、$\Delta_f G_m^\ominus$ 和 $S_m^\ominus$ (298.15K)

物　质	$\Delta_f H_m^\ominus$(kJ·mol^{-1})	$\Delta_f G_m^\ominus$(kJ·mol^{-1})	$S_m^\ominus$(J·K^{-1}·mol^{-1})
Ag(s)	0	0	42.6
Ag^{+}(aq)	105.4	76.98	72.8
AgCl(s)	−127.1	−110.0	96.2
AgBr(s)	−100.0	−97.1	107.0
AgI(s)	−61.9	−66.1	116.0
$AgNO_2$(s)	−45.1	19.1	128.0
$AgNO_3$(s)	−124.4	−33.5	141.0

续表

物质	$\Delta_f H_m^\ominus$(kJ·mol^{-1})	$\Delta_f G_m^\ominus$(kJ·mol^{-1})	$S_m^\ominus$(J·K^{-1}·mol^{-1})
Ag_2O(s)	−31.0	−11.2	121.0
Al(s)	0.0	0.0	28.3
Al_2O_3(s,刚玉)	−1676.0	−1582.0	50.9
Al^{3+}(aq)	−531.0	−485.0	−322.0
AsH_3(g)	66.4	68.9	222.7
AsF_3(l)	−821.3	−774.0	181.2
As_4O_6(s,单斜)	−1313.9	−1154.0	214.2
Au(s)	0.0	0.0	47.3
Au_2O_3(s)	80.8	163.0	126.0
B(s)	0.0	0	5.8
B_2H_6(g)	35.6	86.6	232.0
B_2O_3(s)	−1272.8	−1193.7	54.0
$B(OH)_4^-$(aq)	−1343.9	−1153.1	102.5
H_3BO_3(g)	−1094.5	−969.0	88.8
Ba(s)	0.0	0.0	62.8
Ba^{2+}(aq)	−537.6	−560.7	9.6
BaO(s)	−553.5	−525.1	70.4
$BaCO_3$(s)	−1216.0	−1138.0	112.1
$BaSO_4$(s)	−1473.0	−1362.0	132.0
Br_2(g)	30.9	3.1	245.4
Br_2(l)	0.0	0.0	152.2
Br^-(aq)	−121.0	−104.0	82.4
HBr(g)	−36.4	−53.6	198.7
$HBrO_3$(aq)	−67.1	−18.0	161.5
C(s,金刚石)	1.9	2.9	2.4
C(s,石墨)	0.0	0.0	5.7
CH_4(g)	−74.8	−50.8	186.2
C_2H_4(g)	52.3	68.2	219.4
C_2H_6(g)	−84.68	−32.9	229.5
C_2H_2(g)	226.8	209.2	200.8
CH_2O(g)	−108.6	−110.0	218.7
CH_3OH(g)	−201.2	−161.9	238.0
CH_3OH(l)	−238.7	−166.4	127.0
CH_3CHO(g)	−166.4	−133.7	266.0
C_2H_5OH(g)	−235.3	−168.6	282.0

续表

物质	$\Delta_f H_m^\ominus$(kJ·mol^{-1})	$\Delta_f G_m^\ominus$(kJ·mol^{-1})	$S_m^\ominus$(J·K^{-1}·mol^{-1})
C_2H_5OH(l)	−277.6	−174.9	161.0
CH_3COOH(l)	−484.5	−390.0	160.0
$C_6H_{12}O_6$(s)	−1274.4	−910.5	212.0
CO(g)	−110.5	−137.2	197.6
CO_2(g)	−393.5	−394.4	213.6
Ca(s)	0.0	0.0	41.4
Ca^{2+}(aq)	−542.7	−535.5	−53.1
CaO(s)	−635.1	−604.2	39.7
$CaCO_3$(s,方解石)	−1206.9	−1128.8	92.9
CaC_2O_4(s)	−1360.6	—	—
$Ca(OH)_2$(s)	−986.1	−896.8	83.4
$CaSO_4$(s)	−1434.1	−1321.9	107.0
$CaSO_4\cdot 1/2H_2O$(s)	−1577.0	−1437.0	130.5
$CaSO_4\cdot 2H_2O$(s)	−2023.0	−1797.0	194.1
Ce^{3+}(aq)	−700.4	−676.0	−205.0
CeO_2(s)	−1083.0	−1025.0	62.3
Cl_2(g)	0.0	0.0	223.0
Cl^-(aq)	−167.2	−131.3	56.5
ClO^-(aq)	−107.1	−36.8	41.8
HCl(g)	−92.5	−95.4	186.6
HClO(aq,非解离)	−121.0	−79.9	142.0
$HClO_3$(aq)	104.0	−8.0	162.0
$HClO_4$(aq)	−9.7	—	—
Co(s)	0.0	0.0	30.0
Co^{2+}(aq)	−58.2	−54.3	−113.0
$CoCl_2$(s)	−312.5	−270.0	109.2
$CoCl_2\cdot 6H_2O$(s)	−2115.0	−1725.0	343.0
Cr(s)	0.0	0.0	23.8
CrO_4^{2-}(aq)	−881.1	−728.0	50.2
$Cr_2O_7^{2-}$(aq)	−1490.0	−1301.0	262.0
Cr_2O_3(s)	−1140.0	−1058.0	81.2
CrO_3(s)	−589.5	−506.3	—
$(NH_4)_2Cr_2O_7$(s)	−1807.0	—	—
Cu(s)	0.0	0.0	33.0
$(NH_4)_2Cr_2O_7$(s)	−1807.0	—	—

续表

物质	$\Delta_f H_m^\ominus$(kJ·mol^{-1})	$\Delta_f G_m^\ominus$(kJ·mol^{-1})	$S_m^\ominus$(J·K^{-1}·mol^{-1})
Cu(s)	0.0	0.0	33.0
Cu^+(aq)	71.5	50.2	41.0
Cu^{2+}(aq)	64.8	65.5	−99.6
Cu_2O(s)	−169.0	−146.0	93.3
CuO(s)	−157.0	−130.0	42.7
$CuSO_4$(s)	−771.5	−661.9	109.0
$CuSO_4\cdot 5H_2O$(s)	−2321.0	−1880.0	300.0
F_2(g)	0.0	0.0	202.7
F^-(aq)	−333.0	−279.0	−14.0
HF(g)	−271.0	−273.0	174.0
Fe(s)	0.0	0.0	27.3
Fe^{2+}(aq)	−89.1	−78.6	−138.0
Fe^{3+}(aq)	−48.5	−4.6	−316.0
FeO(s)	−272.0	—	—
Fe_2O_3(s)	−824.0	−742.2	87.4
Fe_3O_4(s)	−1184.0	−1015.0	146.0
$Fe(OH)_2$(s)	−569.0	−486.6	88.0
$Fe(OH)_3$(s)	−823.0	−696.6	107.0
H_2(g)	0.0	0.0	130.0
H^+(aq)	0.0	0.0	0.0
H_2O(g)	−241.8	−228.6	188.7
H_2O(l)	−285.8	−237.2	69.9
H_2O_2(l)	−187.8	−120.4	109.6
OH^-(aq)	−230.0	−157.3	−10.8
Hg(l)	0.0	0.0	76.1
Hg^{2+}(aq)	171.0	164.0	−32.0
Hg_2^{2+}(aq)	172.0	153.0	84.5
HgO(s,红色)	−90.8	−58.6	70.3
HgO(s,黄色)	−90.4	−58.4	71.1
HgI_2(s,红色)	−105.0	−102.0	180.0
HgS(s,红色)	−58.1	−50.6	82.4
I_2(s)	0.0	0.0	116.0
I_2(g)	62.4	19.4	261.0
I^-(aq)	−55.2	−51.6	111.0
HI(g)	26.5	1.7	207.0

续表

物　质	$\Delta_f H_m^{\ominus}$(kJ·mol^{-1})	$\Delta_f G_m^{\ominus}$(kJ·mol^{-1})	$S_m^{\ominus}$(J·K^{-1}·mol^{-1})
HIO_3(s)	−230.0	—	—
K(s)	0.0	0.0	64.7
K^+(aq)	−252.4	−283.0	102.0
KCl(s)	−436.8	−409.2	82.6
K_2O(s)	−361.0	—	—
K_2O_2(s)	−494.1	−425.1	102.0
Li^+(aq)	−278.5	−293.3	13.0
Li_2O(s)	−597.9	−561.1	37.6
Mg(s)	0.0	0.0	32.7
Mg^{2+}(aq)	−466.9	−454.8	−138.0
$MgCl_2$(s)	−641.3	−591.8	89.6
MgO(s)	−601.7	−569.4	26.9
$MgCO_3$(s)	−1096.0	−1012.0	65.7
Mn(s,α)	0.0	0.0	32.0
Mn^{2+}(aq)	−220.7	−228.0	−73.6
MnO_2(s)	−520.1	−465.3	53.1
N_2(g)	0.0	0.0	192.0
NH_3(g)	−46.1	−16.5	192.3
$NH_3 \cdot H_2O$(aq,非解离)	−366.1	−263.8	181.0
N_2H_4(l)	50.6	149.2	121.0
NH_4Cl(s)	−315.0	203.0	94.6
NH_4NO_3(s)	−366.0	−184.0	151.0
$(NH_4)_2SO_4$(s)	−1180.9	−901.7	220.1
NO(g)	90.4	86.6	210.0
NO_2(g)	33.2	51.5	240.0
N_2O(g)	81.6	103.6	220.0
N_2O_4(g)	9.2	97.8	304.0
HNO_3(l)	−174.0	−80.8	156.0
Na(s)	0.0	0.0	51.2
Na^+(aq)	−240.0	−262.0	59.0
NaCl(s)	−411.2	−348.2	72.1
$Na_2B_4O_7$(s)	−3291.0	−3096.0	189.5
$NaBO_2$(s)	−977.0	−920.7	73.5
Na_2CO_3(s)	−1130.7	−1044.5	135.0
$NaHCO_3$(s)	−950.8	−851.0	102.0

续表

物　质	$\Delta_f H_m^{\ominus}$(kJ·mol^{-1})	$\Delta_f G_m^{\ominus}$(kJ·mol^{-1})	$S_m^{\ominus}$(J·K^{-1}·mol^{-1})
$NaNO_2$(s)	−358.7	−284.6	104.0
$NaNO_3$(s)	−467.9	−367.1	116.5
Na_2O(s)	−414.0	−375.5	75.1
Na_2O_2(s)	−510.9	−447.7	93.3
NaOH(s)	−425.6	−379.5	64.4
O_2(g)	0.0	0.0	205.0
O_3(g)	143.0	163.0	238.8
P(s,白)	0.0	0.0	41.1
PCl_3(g)	−287.0	−268.0	311.7
PCl_5(g)	−374.9	−305.4	364.6
P_4O_{10}(s,六方)	−2984.0	−2698.0	228.9
Pb(s)	0.0	0.0	64.9
Pb^{2+}(aq)	−1.7	−24.4	10.0
PbO(s,黄色)	−215.0	−188.0	68.6
PbO(s,红色)	−219.0	−189.0	66.5
Pb_3O_4(s)	−718.4	−601.2	211.0
PbO_2(s)	−277.0	−217.0	68.6
PbS(s)	−100.0	−98.7	91.2
S(s,斜方)	0.0	0.0	31.8
S^{2-}(aq)	33.1	85.8	−14.6
H_2S(g)	−20.6	−33.6	206.0
SO_2(g)	−296.8	−300.2	248.0
SO_3(g)	−395.7	−371.1	256.6
SO_3^{2-}(aq)	−635.5	−486.6	−29.0
SO_4^{2-}(aq)	−909.3	−744.63	20.0
SiO_2(s,石英)	−910.9	−856.7	41.8
SiF_4(g)	−1614.9	−1572.7	282.4
$SiCl_4$(l)	−687.0	−619.9	239.7
Sn(s,白色)	0.0	0.0	51.6
Sn(s,灰色)	−2.1	0.1	44.1
Sn^{2+}(aq)	−8.8	−27.2	−16.7
SnO(s)	−280.7	−251.9	56.5
SnO_2(s)	−580.7	−519.6	52.3
Sr^{2+}(aq)	−545.8	−559.4	−32.6
SrO(s)	−592.0	−561.9	54.4

物　质	$\Delta_f H_m^\ominus$(kJ·mol^{-1})	$\Delta_f G_m^\ominus$(kJ·mol^{-1})	$S_m^\ominus$(J·K^{-1}·mol^{-1})
$SrCO_3$(s)	−1220.0	−1140.0	97.1
Ti(s)	0.0	0.0	30.6
TiO_2(s,金红石)	−944.7	−889.5	50.3
$TiCl_4$(l)	−804.2	−737.2	252.3
V_2O_5(s)	−1551.0	−1420.0	131.0
WO_3(s)	−842.9	−764.1	75.9
Zn(s)	0	0.0	41.6
Zn^{2+}(aq)	−153.9	−147.0	−112
ZnO(s)	−348.3	−318.3	43.6
ZnS(s,闪锌矿)	−206.0	−210.3	57.7

说明：数据主要摘自 Weast R C. CRC Handbook of Chemistry and Physics，66th ed.，(1985—1986).

附录三　一些化学键的键能 (kJ·mol^{-1}，298.15K)

单键		H	C	N	O	F	Si	P	S	Cl	Ge	As	Se	Br	I
	H	436													
	C	415	331												
	N	389	293	159											
	O	465	343	201	138										
	F	565	486	272	184	155									
	Si	320	281	—	368	540	197								
	P	318	264	300	352	490	214	214							
	S	364	289	247	—	340	226	230	264						
	Cl	431	327	201	205	252	360	318	272	243					
	Ge	289	243	—	—	465	—	—	—	239	163				
	As	274	—	—	—	465	—	—	—	289	—	178			
	Se	314	247	—	—	306	—	—	—	251	—	—	193		
	Br	368	276	243	—	239	289	272	214	218	276	239	226	193	
	I	297	239	201	201	—	214	214	—	209	214	180	—	180	151

双键　C═C620　C═N615　C═O708　N═N419　O═O498　S═O420　S═S423　S═C578

叁键　C≡C812　C≡N879　C≡O1072　N≡N945

说明：数据录自 Steudel R. Chemistry of Non—Metals. 1977.

附录四 元素的原子半径（pm）

IA	IIA	IIIB	IVB	VB	VIB	VIIB	VIII			IB	IIB	IIIA	IVA	VA	VIA	VIIA	VIIIA
H — 37.1																	He — 54.0
Li 152.0 133.6	Be 113.9 90.0											B 98.0 79.5	C 91.4 77.2	N 92.0 54.9	O — 66.0	F — 64.0	Ne — 71.0
Na 185.8 153.9	Mg 159.9 136.0											Al 143.2 118.0	Si 117.6 112.6	P 110.5 94.7	S 103.0 104.0	Cl — 99.4	Ar — 98.0
K 227.2 196.2	Ca 197.4 174.0	Sc 164.1 144.0	Ti 144.8 132.0	V 131.1 122.0	Cr 124.9 118.0	Mn 136.6 117.0	Fe 124.1 117.0	Co 125.3 116.0	Ni 124.6 115.0	Cu 127.8 117.0	Zn 133.3 125.0	Ga 122.1 126.0	Ge 122.5 122.0	As 124.8 120.0	Se 116.1 117.0	Br — 114.2	Kr — 112.0
Rb 274.5 216.0	Sr 215.2 191.0	Y 180.3 162.0	Zr 159.0 145.0	Nb 142.9 134.0	Mo 136.3 130.0	Tc 135.2 127.0	Ru 132.5 125.0	Rh 134.5 125.0	Pd 137.6 128.0	Ag 144.4 134.0	Cd 149.0 148.0	In 162.6 144.0	Sn 140.5 141.0	Sb 145.0 140.0	Te 143.2 137.0	I — 133.3	Xe — 131.0
Cs 265.5 235.0	Ba 217.4 198.0	La 187.7 169.0	Hf 156.4 144.0	Ta 143.0 134.0	W 137.1 130.0	Re 137.1 128.0	Os 133.8 126.0	Ir 135.7 127.0	Pt 138.8 130.0	Au 144.2 134.0	Hg 150.3 149.0	Tl 170.4 148.0	Pb 175.0 147.0	Bi 154.8 146.0	Po 167.3 146.0	At — 145.0	Rn
Fr	Ra	Ac 187.8 —															

Ce 182.4 165.0	Pr 182.8 165.0	Nd 182.2 164.0	Pm — 163.0	Sm 180.2 162.0	Eu 198.3 185.0	Gd 180.1 161.0	Tb 178.3 159.0	Dy 177.5 159.0	Ho 176.7 158.0	Er 175.8 157.0	Tm 174.7 156.0	Yb 193.9 —	Lu 173.5 156.0
Th 179.8 165.0	Pa 160.6 —	U 138.5 142.0	Np 131.0 —	Pu 151.3 —	Am 173.0 —	Cm	Bk	Cf	Es	Fm	Md	No	Lr

注：第一行数据为金属半径，第二行数据为共价半径。

附录五 元素的第一电离能（$kJ \cdot mol^{-1}$）

ⅠA	ⅡA	ⅢB	ⅣB	ⅤB	ⅥB	ⅦB	Ⅷ			ⅠB	ⅡB	ⅢA	ⅣA	ⅤA	ⅥA	ⅦA	ⅧA
H 1312.0																	He 2272.3
Li 520.3	Be 899.5											B 800.6	C 1086.4	N 1402.3	O 1314.0	F 1681.0	Ne 2080.7
Na 495.8	Mg 737.7											Al 577.6	Si 786.5	P 1011.8	S 999.6	Cl 1251.1	Ar 1520.5
K 418.9	Ca 589.8	Sc 631.0	Ti 658.0	V 650.0	Cr 652.8	Mn 717.4	Fe 759.4	Co 758.0	Ni 736.7	Cu 745.5	Zn 906.4	Ga 578.8	Ge 762.2	As 944.0	Se 940.9	Br 1139.9	Kr 1350.7
Rb 403.2	Sr 549.5	Y 616.0	Zr 660.0	Nb 664.0	Mo 685.0	Tc 702.0	Ru 711.0	Rh 720.0	Pd 805.0	Ag 731.0	Cd 867.7	In 558.3	Sn 708.6	Sb 831.6	Te 869.3	I 1008.4	Xe 1170.4
Cs 375.7	Ba 502.9	La 538.1	Hf 654.0	Ta 761.0	W 770.0	Re 760.0	Os 840.0	Ir 880.0	Pt 870.0	Au 890.1	Hg 1007.0	Tl 589.3	Pb 715.5	Bi 703.3	Po 812.0	At 912.0	Rn 1037.0
Fr	Ra 509.4	Ac 490.0															

Ce 528.0	Pr 523.0	Nd 530.0	Pm 536.0	Sm 543.0	Eu 547.0	Gd 592.0	Tb 564.0	Dy 572.0	Ho 581.0	Er 589.0	Tm 596.7	Yb 603.4	Lu 523.5
Th 590.0	Pa 570.0	U 590.0	Np 600.0	Pu 585.0	Am 578.0	Cm 581.0	Bk 601.0	Cf 608.0	Es 619.0	Fm 627.0	Md 635.0	No 642.0	Lr

注：数据摘自 James Huheey E. Inorganic Chemistry. Second edition. Harper & Row，New York，1997.

附录六　元素的电子亲和能（kJ · mol^{-1}）

ⅠA																	ⅧA
H −72.8	ⅡA											ⅢA	ⅣA	ⅤA	ⅥA	ⅦA	He 21.0
Li −59.8	Be 240.0											B −23.0	C −122.0	N 20.0	O −141.0	F −322.0	Ne 29.0
Na −52.9	Mg 230.0	ⅢB	ⅣB	ⅤB	ⅥB	ⅦB		Ⅷ		ⅠB	ⅡB	Al −44.0	Si −120.0	P −74.0	S −200.4	Cl −348.7	Ar 35.0
K −48.4	Ca 156.0	Sc	Ti —	V —	Cr −63.0	Mn	Fe	Co	Ni −111.0	Cu −123.0	Zn	Ga −36.0	Ge −116.0	As −77.0	Se −195.0	Br −324.5	Kr 39.0
Rb −46.9	Sr 168.0	Y	Zr	Nb	Mo −96.0	Tc	Ru	Rh	Pd	Ag	Cd −126.0	In −34.0	Sn −121.0	Sb −101.0	Te −190.1	I −295.0	Xe 40.0
Cs −45.5	Ba 52.0	La-Lu	Hf	Ta −80.0	W −50.0	Re −15.0	Os	Ir	Pt −205.3	Au 222.7	Hg	Tl −50.0	Pb −100.0	Bi −100.0	Po (−183.0)	At	Rn
Fr −44.0	Ra	Ac-Lr															

注：数据摘自 James Huheey E. Inorganic Chemistry. Second edition. Harper & Row，New York，1997.

附录七　元素的电负性

ⅠA	ⅡA	ⅢB	ⅣB	ⅤB	ⅥB	ⅦB	Ⅷ			ⅠB	ⅡB	ⅢA	ⅣA	ⅤA	ⅥA	ⅦA	ⅧA
H 2.1																	He
Li 1.0	Be 1.5											B 2.0	C 2.5	N 3.0	O 3.5	F 4.0	Ne
Na 0.9	Mg 1.2											Al 1.5	Si 1.8	P 2.1	S 2.5	Cl 3.0	Ar
K 0.8	Ca 1.0	Sc 1.3	Ti 1.5	V 1.6	Cr 1.6	Mn 1.5	Fe 1.8	Co 1.9	Ni 1.9	Cu 1.9	Zn 1.6	Ga 1.6	Ge 1.8	As 2.0	Se 2.4	Br 2.8	Kr
Rb 0.8	Sr 1.0	Y 1.2	Zr 1.4	Nb 1.6	Mo 1.8	Tc 1.9	Ru 2.2	Rh 2.2	Pd 2.2	Ag 1.9	Cd 1.7	In 1.7	Sn 1.8	Sb 1.9	Te 2.1	I 2.5	Xe
Cs 0.7	Ba 0.9	La－Lu 1.0－1.2	Hf 1.3	Ta 1.5	W 1.7	Re 1.9	Os 2.2	Ir 2.2	Pt 2.2	Au 2.4	Hg 1.9	Tl 1.8	Pb 1.9	Bi 1.9	Po 2.0	At 2.2	Rn
Fr 0.7	Ra 0.9	Ac～Lr 1.1～1.4															

注：数据摘自 Pauling L，Pauling P. Chemistry. 1995.

附录八　鲍林离子半径（pm）

离子	半径	离子	半径	离子	半径
H^-	208	Be^{2+}	31	Ga^{3+}	62
F^-	136	Mg^{2+}	65	In^{3+}	81
Cl^-	181	Ca^{2+}	99	Ti^{3+}	95
Br^-	195	Sr^{2+}	113	Fe^{3+}	64
I^-	216	Ba^{2+}	135	Cr^{3+}	63
		Ra^{2+}	140		
O^{2-}	140	Zn^{2+}	74	C^{4+}	15
S^{2-}	184	Cd^{2+}	97	Si^{4+}	41
Se^{2-}	198	Hg^{2+}	110	Ti^{4+}	68
Te^{2-}	221	Pb^{2+}	121	Zr^{4+}	80
		Mn^{2+}	80	Ce^{4+}	101
Li^+	60	Fe^{2+}	76	Ge^{4+}	53
Na^+	95	Co^{2+}	74	Sn^{4+}	71
K^+	133	Ni^{2+}	69	Pb^{2+}	84
Rb^+	148	Cu^{2+}	72		
Cs^+	169				
Cu^+	96	B^{3+}	20		
Ag^+	126	Al^{3+}	50		
Au^+	137	Sc^{3+}	81		
Ti^+	140	Y^{3+}	93		
NH_4^+	148	La^{3+}	115		

附录九　软硬酸碱分类

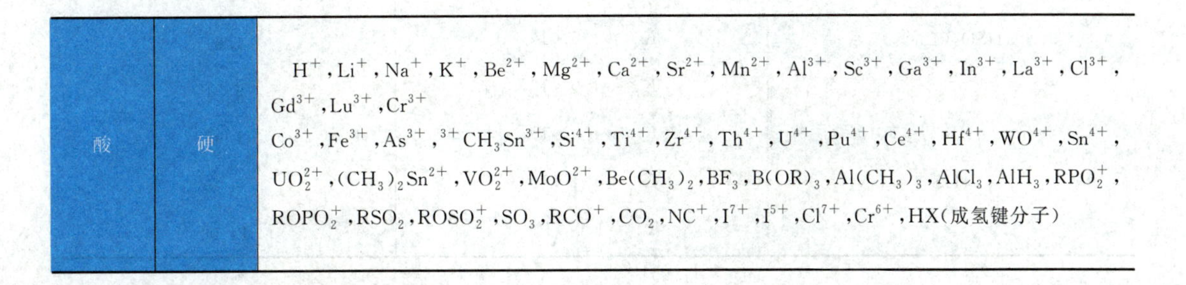

酸	硬	H^+，Li^+，Na^+，K^+，Be^{2+}，Mg^{2+}，Ca^{2+}，Sr^{2+}，Mn^{2+}，Al^{3+}，Sc^{3+}，Ga^{3+}，In^{3+}，La^{3+}，Cl^{3+}，Gd^{3+}，Lu^{3+}，Cr^{3+} Co^{3+}，Fe^{3+}，As^{3+}，$^{3+}CH_3Sn^{3+}$，Si^{4+}，Ti^{4+}，Zr^{4+}，Th^{4+}，U^{4+}，Pu^{4+}，Ce^{4+}，Hf^{4+}，WO^{4+}，Sn^{4+}，UO_2^{2+}，$(CH_3)_2Sn^{2+}$，VO_2^{2+}，MoO^{2+}，$Be(CH_3)_2$，BF_3，$B(OR)_3$，$Al(CH_3)_3$，$AlCl_3$，AlH_3，RPO_2^+，$ROPO_2^+$，RSO_2，$ROSO_2^+$，SO_3，RCO^+，CO_2，NC^+，I^{7+}，I^{5+}，Cl^{7+}，Cr^{6+}，HX(成氢键分子)

续表

碱	交界	Fe^{2+},Co^{2+},Ni^{2+},Cu^{2+},Zn^{2+},Pb^{2+},Sn^{2+},Sb^{3+},Bi^{3+},Rh^{3+},Ir^{3+},$B(CH_3)_3$,SO_2,NO^+,Ru^{2+},Os^{2+},R_3C^+,C_6H^+,GaH_3,Cr^{2+}
	软	Cu^+, Ag^+, Au^+, Tl^+, Hg^+, Pd^{2+}, Cd^{2+}, Pt^{2+}, Hg^{2+}, Tl^{3+}, $Tl(CH_3)_3$, CH_3Hg^+, $Co(CN)_5^{2-}$,Pt^{4+}, Te^{4+}, BH_3, $Ga(CH_3)_3$, $GaCl_3$, RS^+, RSe^+, RTe^+, I^+, Br^+, HO^+, RO^+, $InCl_3$,GaI_3,I_2,ICN等,三硝基苯,氰乙烯等,醌类等,O,Cl,Br,I,N,RO,RO_2,CH_2,M^0(金属原子),金属
	硬	H_2O,OH^-,O^{2-},F^-,$CH_3CO_2^-$,PO_4^{3-},SO_4^{2-},Cl^-,CO_3^{2-},ClC_4^-,NO_3^-,ROH,RO^-,R_2O,NH_3,RNH_2,N_2H_4
	交界	$C_6H_5NH_2$,C_5H_5N,N_3^-,Br^-,NO_2^-,SO_3^{2-},N_2
	软	R_2S,RSH,RS^-,I^-,SCN^-,$S_2O_3^{2-}$,S^{2-},R_3P,R_3As,$(RO)_3P$,CN^-,RNC,CO,C_2H_4,C_6H_6,H^-,R^-

附录十　一些弱电解质的标准解离常数

名称	解离常数	pK_a
HCOOH(20℃)	$K_a=1.8\times10^{-4}$	3.75
HClO(18℃)	$K_a=2.9\times10^{-8}$	7.53
$H_2C_2O_4$	$K_{a_1}=5.9\times10^{-2}$	1.23
	$K_{a_2}=6.4\times10^{-5}$	4.19
HAc	$K_a=1.8\times10^{-5}$	4.75
H_2CO_3	$K_{a_1}=4.3\times10^{-7}$	6.37
	$K_{a_2}=5.6\times10^{-11}$	10.25
HNO_2(12.5℃)	$K_a=4.6\times10^{-4}$	3.37
H_3PO_4(18℃)	$K_{a_1}=7.5\times10^{-3}$	2.12
	$K_{a_2}=6.2\times10^{-8}$	7.21
	$K_{a_3}=2.2\times10^{-13}$	12.67
H_2SO_3(18℃)	$K_{a_1}=1.5\times10^{-2}$	1.81
	$K_{a_2}=1.0\times10^{-7}$	6.91
H_2SO_4	$K_{a_2}=1.2\times10^{-2}$	1.92
H_2S	$K_{a_1}=1.1\times10^{-7}$	6.96
	$K_{a_2}=1.0\times10^{-14}$	14.00

续表

名称	解离常数	pK_a
HCN	$K_a=4.9\times10^{-10}$	9.31
HF	$K_a=3.5\times10^{-4}$	3.45
H_2O_2	$K_a=2.4\times10^{-12}$	11.62
$NH_3 \cdot H_2O$	$K_b=1.8\times10^{-5}$	4.74

说明：数据主要参照 Weast R C. CRC Handbook of Chemistry and Physics，69 th ed，p159～164，1988－1989 以上数据除注明温度外，其余均在 25℃测定。

附录十一　常用缓冲溶液的 pH 范围

缓冲溶液	pK_a	pH 有效范围
盐酸-甘氨酸($HCl\text{-}NH_2CH_2COOH$)	2.4	1.4～3.4
盐酸-邻苯二甲酸氢钾{$HCl\text{-}C_6H_4(COO)_2HK$}	3.1	2.2～4.0
柠檬酸-氢氧化钠{$C_3H_5(COOH)_3\text{-}NaOH$}	2.9，4.1，5.8	2.2～6.5
蚁酸-氢氧化钠($HCOOH\text{-}NaOH$)	3.8	2.8～4.6
醋酸-醋酸钠($CH_3COOH\text{-}CH_3COONa$)	4.7	3.6～5.6
邻苯二甲酸氢钾-氢氧化钾{$C_6H_4(COO)_2HK\text{-}KOH$}	5.4	4.0～6.2
琥珀酸氢钠-琥珀酸钠 $CH_2—COOH$	$CH_2—COONa$ — $CH_2—COONa$	$CH_2—COONa$	5.5	4.8～5.3
柠檬酸氢二钠-氢氧化钠 {$C_3H_5(COOH)_3HNa_2\text{-}NaOH$}	5.8	5.0～6.3
磷酸二氢钾-氢氧化钠($KH_2PO_4\text{-}NaOH$)	7.2	5.8～8.0
磷酸二氢钾-硼砂($KH_2PO_4\text{-}Na_2B_4O_7$)	7.2	5.8～9.2
磷酸二氢钾-磷酸氢二钾($KH_2PO_4\text{-}K_2HPO_4$)	7.2	5.9～8.0
硼酸-硼砂($H_3BO_3\text{-}Na_2B_4O_7$)	9.2	7.2～9.2
硼酸-氢氧化钠($H_3BO_3\text{-}NaOH$)	9.2	8.0～10.0
甘氨酸-氢氧化钠($NH_2CH_2COOH\text{-}NaOH$)	9.7	8.2～10.1
氯化铵-氨水($NH_4Cl\text{-}NH_3 \cdot H_2O$)	9.3	8.3～10.3
碳酸氢钠-碳酸钠($NaHCO_3\text{-}Na_2CO_3$)	10.3	9.2～11.0
磷酸氢二钠-氢氧化钠($NaH_2PO_4\text{-}NaOH$)	12.4	11.0～12.0

附录十二　难溶电解质的溶度积（18～25℃）

化合物		溶度积	化合物		溶度积
氯化物	$PbCl_2$	1.60×10^{-5}		$PbCrO_4$	1.77×10^{-14}
	$AgCl$	1.56×10^{-10}	碳酸盐	$MgCO_3$	2.60×10^{-5}
	Hg_2Cl_2	2.00×10^{-18}		$BaCO_3$	8.10×10^{-9}
溴化物	$AgBr$	7.70×10^{-13}		$CaCO_3$	8.70×10^{-9}
碘化物	PbI_2	1.39×10^{-8}		Ag_2CO_3	8.10×10^{-12}
	AgI	1.50×10^{-16}		$PbCO_3$	3.30×10^{-14}
	Hg_2I_2	1.20×10^{-28}	磷酸盐	$MgNH_4PO_4$	2.50×10^{-13}
氰化物	$AgCN$	1.20×10^{-16}	草酸盐	MgC_2O_4	8.57×10^{-5}
硫氰化物	$AgSCN$	1.16×10^{-12}		$BaC_2O_4\cdot2H_2O$	1.20×10^{-7}
硫酸盐	Ag_2SO_4	1.60×10^{-5}		$CaC_2O_4\cdot H_2O$	2.57×10^{-9}
	$CaSO_4$	2.45×10^{-5}	氢氧化物	$AgOH$	1.52×10^{-8}
	$SrSO_4$	2.80×10^{-7}		$Ca(OH)_2$	5.50×10^{-6}
	$PbSO_4$	1.06×10^{-8}		$Mg(OH)_2$	1.20×10^{-11}
	$BaSO_4$	1.08×10^{-10}		$Mn(OH)_2$	4.00×10^{-14}
硫化物	MnS	1.40×10^{-15}		$Fe(OH)_2$	1.64×10^{-14}
	FeS	3.70×10^{-19}		$Pb(OH)_2$	1.60×10^{-17}
	ZnS	1.20×10^{-23}		$Zn(OH)_2$	1.20×10^{-17}
	PbS	3.40×10^{-28}		$Cu(OH)_2$	5.60×10^{-20}
	CuS	8.50×10^{-45}		$Cr(OH)_3$	6.00×10^{-31}
	HgS	4.00×10^{-53}		$Al(OH)_3$	1.30×10^{-33}
	Ag_2S	1.60×10^{-49}		$Fe(OH)_3$	1.10×10^{-39}
铬酸盐	$BaCrO_4$	1.60×10^{-10}			
	Ag_2CrO_4	9.00×10^{-12}			

说明：数据主要参照 Weast R C. CRC Handbook of Chemistry and Physics 63th ed. B242，1982—1983.

附录十三　配离子的标准稳定常数

配离子	$K_f^\ominus$	$\lg K_f^\ominus$	配离子	$K_f^\ominus$	$\lg K_f^\ominus$
$[AgCl_2]^-$	1.74×10^{5}	5.24	$[Co(NH_3)_6]^{3+}$	2.29×10^{34}	34.36
$[CdCl_4]^{2-}$	3.47×10^{2}	2.54	$[Cu(NH_3)_4]^{2+}$	2.10×10^{13}	13.32
$[CuCl_4]^{2-}$	4.17×10^{5}	5.60	$[Ni(NH_3)_6]^{2+}$	1.02×10^{8}	8.01
$[HgCl_4]^{2-}$	1.59×10^{16}	16.20	$[Zn(NH_3)_4]^{2+}$	5.00×10^{8}	8.70
$[PtCl_3]^-$	2.50×10^{1}	1.40	$[AlF_6]^{3-}$	6.90×10^{19}	19.84
$[SnCl_4]^{2-}$	3.02×10^{1}	1.48	$[FeF_5]^{2-}$	2.19×101^{5}	15.34
$[SnCl_6]^{2-}$	6.60	0.82	$[Zn(OH)_4]^{2-}$	1.40×10^{15}	15.15
$[Ag(CN)_2]^-$	1.30×10^{21}	21.10	$[CdI_4]^{2-}$	1.26×10^{6}	6.10
$[Cd(CN)_4]^{2-}$	1.10×10^{16}	16.04	$[HgI_4]^{2-}$	3.47×10^{30}	30.54
$[Cu(CN)_4]^{3-}$	5.00×10^{30}	30.70	$[Fe(SCN)_5]^{2-}$	1.20×10^{6}	6.08
$[Fe(CN)_6]^{4-}$	1.00×10^{24}	24.00	$[Hg(SCN)_4]^{2-}$	7.75×10^{21}	21.89
$[Fe(CN)_6]^{3-}$	1.00×10^{31}	31.00	$[Zn(SCN)_4]^{2-}$	2.00×10^{1}	1.30
$[Hg(CN)_4]^{2-}$	3.24×10^{41}	41.51	$[Ag(Ac)_2]^-$	4.37	0.64
$[Ni(CN)_4]^{2-}$	1.00×10^{22}	22.00	$[Pd(Ac)_4]^{2-}$	2.46×10^{3}	3.39
$[Zn(CN)_4]^{2-}$	5.75×10^{16}	16.76	$[Al(C_2O_4)_3]^{3-}$	2×10^{16}	16.30
$[Ag(NH_3)_2]^+$	1.62×10^{7}	7.21	$[Fe(C_2O_4)_3]^{4-}$	1.66×10^{5}	5.22
$[Cd(NH_3)_4]^{2+}$	3.63×10^{6}	6.56	$[Fe(C_2O_4)_3]^{3-}$	1.59×10^{20}	20.20
$[Co(NH_3)_6]^{2+}$	2.46×10^{4}	4.39	$[Zn(C_2O_4)_2]^{2-}$	1.4×10^{8}	8.15

说明：主要选自 Sillen L G. Stability Constants of Metal-Ion Complexes，1964. Ac^- 代表醋酸根。

附录十四　标准电极电势（298.15K）

（一）在酸性溶液中

电对	电极反应	$E^\ominus$/V
Li(Ⅰ)-(0)	$Li^+ + e^- = Li$	−3.045
K(Ⅰ)-(0)	$K^+ + e^- = K$	−2.925
Rb(Ⅰ)-(0)	$Rb^+ + e^- = Rb$	−2.925
Cs(Ⅰ)-(0)	$Cs^+ + e^- = Cs$	−2.923
Ba(Ⅱ)-(0)	$Ba^{2+} + 2e^- = Ba$	−2.900
Sr(Ⅱ)-(0)	$Sr^{2+} + 2e^- = Sr$	−2.890
Ca(Ⅱ)-(0)	$Ca^{2+} + 2e^- = Ca$	−2.870
Na(Ⅰ)-(0)	$Na^+ + e^- = Na$	−2.714

续表

电对	电 极 反 应	$E^{\ominus}$/V
La(Ⅲ)-(0)	$La^{3+}+3e^{-}$ ══ La	−2.520
Ce(Ⅲ)-(0)	$Ce^{3+}+3e^{-}$ ══ Ce	−2.480
Mg(Ⅱ)-(0)	$Mg^{2+}+2e^{-}$ ══ Mg	−2.370
Sc(Ⅲ)-(0)	$Sc^{3+}+3e^{-}$ ══ Sc	−2.080
Al(Ⅲ)-(0)	$[AlF_6]^{2-}+3e^{-}$ ══ $Al+6F^{-}$	−2.070
Be(Ⅱ)-(0)	$Be^{2+}+2e^{-}$ ══ Be	−1.850
Al(Ⅲ)-(0)	$Al^{3+}+3e^{-}$ ══ Al	−1.660
Ti(Ⅱ)-(0)	$Ti^{2+}+2e^{-}$ ══ Ti	−1.630
Si(Ⅳ)-(0)	$[SiF_6]^{2-}+4e^{-}$ ══ $Si+6F^{-}$	−1.200
Mn(Ⅱ)-(0)	$Mn^{2+}+2e^{-}$ ══ Mn	−1.180
V(Ⅱ)-(0)	$V^{2+}+2e^{-}$ ══ V	−1.180
Ti(Ⅳ)-(0)	$TiO^{2+}+2H^{+}+4e^{-}$ ══ $Ti+H_2O$	−0.890
B(Ⅲ)-(0)	$H_3BO_3+3H^{+}+3e^{-}$ ══ $B+3H_2O$	−0.870
Si(Ⅳ)-(0)	$SiO_2+4H^{+}+4e^{-}$ ══ $Si+2H_2O$	−0.860
Zn(Ⅱ)-(0)	$Zn^{2+}+2e^{-}$ ══ Zn	−0.763
Cr(Ⅲ)-(0)	$Cr^{3+}+3e^{-}$ ══ Cr	−0.740
C(Ⅳ)-(Ⅲ)	$2CO_2+2H^{+}+2e^{-}$ ══ H_2CO_3	−0.490
Fe(Ⅱ)-(0)	$Fe^{2+}+2e^{-}$ ══ Fe	−0.440
Cr(Ⅲ)-(Ⅱ)	$Cr^{3+}+e^{-}$ ══ Cr^{2+}	−0.410
Cd(Ⅱ)-(0)	$Cd^{2+}+2e^{-}$ ══ Cd	−0.403
Ti(Ⅲ)-(Ⅱ)	$Ti^{3+}+e^{-}$ ══ Ti^{2+}	−0.370
Pb(Ⅱ)-(0)	PbI_2+2e^{-} ══ $Pb+2I^{-}$	−0.3650
Pb(Ⅱ)-(0)	$PbSO_4+2e^{-}$ ══ $Pb+SO_4^{2-}$	−0.355
Pb(Ⅱ)-(0)	$PbBr_2+2e^{-}$ ══ $Pb+2Br^{-}$	−0.280
Co(Ⅱ)-(0)	$Co^{2+}+2e^{-}$ ══ Co	−0.277
Pb(Ⅱ)-(0)	$PbCl_2+2e^{-}$ ══ $Pb+2Cl^{-}$	−0.268
V(Ⅲ)-(Ⅱ)	$V^{3+}+e^{-}$ ══ V^{2+}	−0.255
V(Ⅴ)-(0)	$VO_2^{+}+4H^{+}+5e^{-}$ ══ $V+2H_2O$	−0.253
Sn(Ⅳ)-(0)	$[SnF_6]^{2-}+4e^{-}$ ══ $Sn+6F^{-}$	−0.250
Ni(Ⅱ)-(0)	$Ni^{2+}+2e^{-}$ ══ Ni	−0.246
Ag(Ⅰ)-(0)	$AgI+e^{-}$ ══ $Ag+I^{-}$	−0.152
Sn(Ⅱ)-(0)	$Sn^{2+}+2e^{-}$ ══ Sn	−0.136
Pb(Ⅱ)-(0)	$Pb^{2+}+2e^{-}$ ══ Pb	−0.126
Hg(Ⅱ)-(0)	$[HgF_4]^{2-}+2e^{-}$ ══ $Pb+4F^{-}$	−0.040
H(Ⅰ)-(0)	$2H^{+}+2e^{-}$ ══ H_2	0.000
Ag(Ⅰ)-(0)	$[Ag(S_2O_3)_2]^{3-}+e^{-}$ ══ $Ag+2S_2O_3^{2-}$	0.010
Ag(Ⅰ)-(0)	$AgBr+e^{-}$ ══ $Ag+Br^{-}$	0.071

续表

电对	电极反应	$E^{\ominus}/V$
Ti(Ⅳ)-(Ⅲ)	$TiO^{2+}+2H^{+}+e^{-}=Ti^{3+}+H_2O$	0.100
S(2.5)-(Ⅱ)	$S_4O_6^{2-}+2e^{-}=2S_2O_3{}^{2-}$	0.080
S(0)-(-Ⅱ)	$S+2H^{+}+2e^{-}=H_2S$	0.141
Sn(Ⅳ)-(Ⅱ)	$Sn^{4+}+2e^{-}=Sn^{2+}$	0.154
Cu(Ⅱ)-(Ⅰ)	$Cu^{2+}+e^{-}=Cu^{+}$	0.159
S(Ⅵ)-(Ⅳ)	$SO_4^{2-}+4H^{+}+2e^{-}=H_2SO_3+H_2O$	0.170
Hg(Ⅱ)-(0)	$[HgBr_4]^{2-}+2e^{-}=Hg+4Br^{-}$	0.210
Ag(Ⅰ)-(0)	$AgCl+e^{-}=Ag+Cl^{-}$	0.222
Hg(Ⅰ)-(0)	$Hg_2Cl_2+2e^{-}=2Hg+2Cl^{-}$	0.268
Cu(Ⅱ)-(0)	$Cu^{2+}+2e^{-}=Cu$	0.337
V(Ⅳ)-(Ⅲ)	$VO^{2+}+2H^{+}+e^{-}=V^{3+}+H_2O$	0.337
Fe(Ⅲ)-(Ⅱ)	$[Fe(CN)_6]^{3-}+e^{-}=[Fe(CN)_6]^{4-}$	0.360
S(Ⅳ)-(Ⅱ)	$2H_2SO_3+2H^{+}+4e^{-}=S_2O_3{}^{2-}+3H_2O$	0.400
Ag(Ⅰ)-(0)	$Ag_2CrO_4+2e^{-}=2Ag+CrO_4^{2-}$	0.447
S(Ⅳ)-(0)	$H_2SO_3+4H^{+}+4e^{-}=S+3H_2O$	0.450
Cu(Ⅰ)-(0)	$Cu^{+}+e^{-}=Cu$	0.520
I(0)-(-Ⅰ)	$I_2+2e^{-}=2I^{-}$	0.535
Mn(Ⅶ)-(Ⅵ)	$MnO_4{}^{-}+e^{-}=MnO_4^{2-}$	0.564
As(Ⅴ)-(Ⅲ)	$H_3AsO_4+2H^{+}+2e^{-}=H_3AsO_3+H_2O$	0.580
Hg(Ⅱ)-(Ⅰ)	$2HgCl+2e^{-}=Hg_2Cl_2+2Cl^{-}$	0.630
O(0)-(－Ⅰ)	$O_2+2H^{+}+2e^{-}=H_2O_2$	0.682
Pt(Ⅱ)-(0)	$[PtCl_4]^{2-}+2e^{-}=Pt+4Cl^{-}$	0.730
Fe(Ⅲ)-(Ⅱ)	$Fe^{3+}+e^{-}=Fe^{2+}$	0.771
Hg(Ⅰ)-(0)	$Hg_2{}^{2+}+2e^{-}=2Hg$	0.793
Ag(Ⅰ)-(0)	$Ag+e^{-}=Ag^{-}$	0.799
N(Ⅴ)-(Ⅳ)	$NO_3^{-}+2H+e^{-}=NO_2+H_2O$	0.800
Hg(Ⅱ)-(Ⅰ)	$2Hg^{2+}+2e=Hg_2{}^{2+}$	0.920
N(Ⅴ)-(Ⅲ)	$NO_3^{-}+3H+2e^{-}=HNO_2+H_2O$	0.940
N(Ⅴ)-(Ⅱ)	$NO_3^{-}+4H+3e^{-}=NO+2H_2O$	0.960
N(Ⅲ)-(Ⅱ)	$HNO_2+H^{+}+e^{-}=NO+2H_2O$	1.000
Au(Ⅲ)-(0)	$[AuCl_4]^{-}+3e^{-}=Au+4Cl^{-}$	1.000
V(Ⅴ)-(Ⅳ)	$VO_2^{+}+2H^{+}+e^{-}=VO^{2+}+H_2O$	1.000
Br(0)-(-Ⅰ)	$Br_2(l)+2e^{-}=2Br^{-}$	1.065
Cu(Ⅱ)-(0)	$Cu^{2+}+2CN^{-}+e^{-}=Cu(CN)_2{}^{-}$	1.120
Se(Ⅵ)-(Ⅳ)	$SeO_4^{2-}+4H^{+}+2e^{-}=H_2SeO_3+H_2O$	1.150
Cl(Ⅶ)-(Ⅴ)	$ClO_4{}^{-}+2H^{+}+2e^{-}=ClO_3^{-}+H_2O$	1.190
I(Ⅴ)-(0)	$2IO_3^{-}+12H^{+}+10e^{-}=I_2+6H_2O$	1.200

续表

电对	电极反应	$E^\ominus$/V
Cl(Ⅴ)-(Ⅲ)	$ClO_3^- + 3H^+ + 2e^- = HClO_2 + H_2O$	1.210
O(0)-(-Ⅱ)	$O_2 + 4H^+ + 4e^- = 2H_2O$	1.229
Mn(Ⅳ)-(Ⅱ)	$MnO_2 + 4H^+ + 2e^- = Mn^{2+} + 2H_2O$	1.230
Cr(Ⅵ)-(Ⅲ)	$Cr_2O_7^{2-} + 14H^+ + 6e^- = 2Cr^{3+} + 7H_2O$	1.330
Cl(0)-(-Ⅰ)	$Cl_2 + 2e^- = 2Cl^-$	1.360
I(Ⅰ)-(0)	$2HIO + 2H^+ + 2e^- = I_2 + 2H_2O$	1.450
Pb(Ⅳ)-(Ⅱ)	$PbO_2 + 4H^+ + 2e^- = Pb^{2+} + 2H_2O$	1.455
Au(Ⅲ)-(0)	$Au^{3+} + 3e^- = Au$	1.500
Mn(Ⅲ)-(Ⅱ)	$Mn^{3+} + e^- = Mn^{2+}$	1.510
Mn(Ⅶ)-(Ⅱ)	$MnO_4^- + 8H^+ + 5e^- = Mn^{2+} + 4H_2O$	1.510
Br(Ⅴ)-(0)	$2BrO_3^- + 12H^+ + 10e^- = Br_2 + 6H_2O$	1.520
Br(Ⅰ)-(0)	$2HBrO + 2H^+ + 2e^- = Br_2 + 2H_2O$	1.590
Ce(Ⅳ)-(Ⅲ)	$Ce^{4+} + e^- = Ce^{3+}$ (1mol·L^{-1} HNO_3)	1.610
Cl(Ⅰ)-(0)	$2HClO + 2H^+ + 2e^- = Cl_2 + 2H_2O$	1.630
Cl(Ⅲ)-(Ⅰ)	$HClO_2 + 2H^+ + 2e^- = HClO + H_2O$	1.640
Pb(Ⅳ)-(Ⅱ)	$PbO_2 + SO_4^{2-} + 4H^+ + 2e^- = PbSO_4 + 2H_2O$	1.685
Mn(Ⅶ)-(Ⅳ)	$MnO_4^- + 4H^+ + 3e^- = MnO_2 + 2H_2O$	1.695
O(－Ⅰ)-(－Ⅱ)	$H_2O_2 + 2H^+ + 2e^- = 2H_2O$	1.770
Co(Ⅲ)-(Ⅱ)	$Co^{3+} + e^- = Co^{2+}$	1.840
S(Ⅶ)-(Ⅵ)	$S_2O_8^{2-} + 2e^- = 2SO_4^{2-}$	2.010
F(0)-(－Ⅰ)	$F_2 + 2e^- = 2F^-$	2.870

（二）在碱性溶液中

电对	电极反应	$E^\ominus$/V
Mg(Ⅱ)-(0)	$Mg(OH)_2 + 2e^- = Mg + 2OH^-$	－2.690
Al(Ⅲ)-(0)	$H_2AlO_3^- + H_2O + 3e^- = Al + 4OH^-$	－2.350
P(Ⅰ)-(0)	$H_2PO_2^- + e^- = P + 2OH^-$	－2.050
B(Ⅲ)-(0)	$H_2BO_3^- + H_2O + 3e^- = B + 4OH^-$	－1.970
Si(Ⅳ)-(0)	$SiO_3^{2-} + 3H_2O + 4e^- = Si + 6OH^-$	－1.700
Mn(Ⅱ)-(0)	$Mn(OH)_2 + 2e^- = Mn + 2OH^-$	－1.550
Zn(Ⅱ)-(0)	$Zn(CN)_4^{2-} + 2e^- = Zn + 4CN^-$	－1.260
Zn(Ⅱ)-(0)	$ZnO_2^{2-} + 2H_2O + 2e^- = Zn + 4OH^-$	－1.216
Cr(Ⅲ)-(0)	$CrO_2^- + 2H_2O + 3e^- = Cr + 4OH^-$	－1.200
Zn(Ⅱ)-(0)	$Zn(NH_3)_4^{2+} + 2e^- = Zn + 4NH_3$	－1.040
S(Ⅵ)-(Ⅳ)	$SO_4^{2-} + H_2O + 2e^- = SO_3^{2-} + 2OH^-$	－0.930

续表

电对	电极反应	$E^{\ominus}$/V
Sn(Ⅱ)-(0)	$HSnO_2^- + H_2O + 2e^- = SO_3^{2-} + 2OH^-$	−0.910
Fe(Ⅱ)-(0)	$Fe(OH)_2 + 2e^- = Fe + 2OH^-$	−8.770
H(Ⅰ)-(0)	$2H_2O + 2e^- = H_2 + 2OH^-$	−0.828
Cd(Ⅱ)-(0)	$Cd(NH_3)_4^{2+} + 2e^- = Cd + 4NH_3$	−0.610
S(Ⅳ)-(Ⅱ)	$2SO_3^{2-} + 3H_2O + 4e^- = S_2O_3^{2-} + 6OH^-$	−0.580
Fe(Ⅲ)-(Ⅱ)	$Fe(OH)_3 + e^- = Fe(OH)_2 + OH^-$	−0.560
S(0)-(-Ⅱ)	$S + 2e^- = S^{2-}$	−0.480
Ni(Ⅱ)-(0)	$Ni(NH_3)_6^{2+} + 2e^- = Ni + 6NH_3(aq)$	−0.480
Cu(Ⅰ)-(0)	$Cu(CN)_2^- + e^- = Cu + 2CN^-$	约-0.430
Hg(Ⅱ)-(0)	$Hg(CN)_4^{2-} + 2e^- = Hg + 4CN^-$	−0.370
Ag(Ⅰ)-(0)	$Ag(CN)_2^- + e^- = Ag + 2CN^-$	−0.310
Cr(Ⅵ)-(Ⅲ)	$CrO_4{}^{2-} + 2H_2O + 3e^- = CrO_2^- + 4OH^-$	−0.120
Cu(Ⅱ)-(0)	$Cu(NH_3)_2^+ + e^- = Cu + 2NH_3$	−0.120
Mn(Ⅳ)-(Ⅱ)	$MnO_2 + 2H_2O + 2e^- = Mn(OH)_2 + 2OH^-$	−0.050
Ag(Ⅰ)-(0)	$AgCN + e^- = Ag + CN^-$	−0.017
Mn(Ⅳ)-(Ⅱ)	$MnO_2 + 2H_2O + 2e^- = Mn(OH)_2 + 2OH^-$	−0.050
N(Ⅴ)-(Ⅲ)	$NO_3{}^- + H_2O + 2e^- = NO_2^- + 2OH^-$	0.010
Hg(Ⅱ)-(0)	$HgO + H_2O + 2e^- = Hg + 2OH^-$	0.098
Co(Ⅲ)-(Ⅱ)	$Co(NH_3)_6{}^{3+} + e^- = Co(NH_3)_6^{2+}$	0.100
Co(Ⅲ)-(Ⅱ)	$Co(OH)_3 + e^- = Co(OH)_2 + OH^-$	0.170
I(Ⅴ)-(−Ⅰ)	$IO_3{}^- + 3H_2O + 6e^- = I^- + 6OH^-$	0.260
Ag(Ⅰ)-(0)	$Ag(S_2O_3)_2^{3-} + e^- = Ag + 2S_2O_3^{2-}$	0.300
Cl(Ⅴ)-(Ⅲ)	$ClO_3{}^- + H_2O + 2e^- = ClO_2^- + 2OH^-$	0.330
Cl(Ⅶ)-(Ⅴ)	$ClO_4{}^- + H_2O + 2e^- = ClO_3{}^- + 2OH^-$	0.360
Ag(Ⅰ)-(0)	$Ag(NH_3)_2^+ + e^- = Ag + 2NH_3$	0.373
O(0)-(-Ⅱ)	$O_2 + 2H_2O + 4e^- = 4OH^-$	0.401
I(Ⅰ)-(−Ⅰ)	$IO^- + H_2O + 2e^- = I^- + 2OH^-$	0.490
Mn(Ⅵ)-(Ⅳ)	$MnO_4^{2-} + 2H_2O + 2e^- = MnO_2 + 4OH^-$	0.600
Br(Ⅴ)-(−Ⅰ)	$BrO_3{}^- + 3H_2O + 6e^- = Br^- + 6OH^-$	0.610
Cl(Ⅲ)-(Ⅰ)	$ClO_2^- + H_2O + 2e^- = ClO^- + 2OH^-$	0.660
Br(Ⅰ)-(−Ⅰ)	$BrO^- + H_2O + 2e^- = Br^- + 2OH^-$	0.760
Cl(Ⅰ)-(−Ⅰ)	$ClO^- + H_2O + 2e^- = Cl^- + 2OH^-$	0.890

说明：数据主要录自 John Dean A. Lange’s Handbook of Chemistry. 11th ed. 1973.

附录十五 金属离子与氨羧配位剂形成的配合物稳定常数的对数值

金属离子	EDTA			EGTA		HEDTA	
	$\lg K_{MHL}^{H}$	$\lg K_{ML}$	$\lg K_{MOHL}^{OH}$	$\lg K_{MHL}$	$\lg K_{ML}$	$\lg K_{ML}$	$\lg K_{MOHL}^{OH}$
Ag^{+}	6.0	7.3					
Al^{3+}	2.5	16.1	8.1				
Ba^{2+}	4.6	7.8		5.4	8.4	6.2	
Bi^{3+}		27.9					
Ca^{2+}	3.1	10.7		3.8	11.0	8.0	
Ce^{3+}		16.0					
Cd^{2+}	2.9	16.5		3.5	15.6	13.0	
Co^{2+}	3.1	16.3			12.3	14.4	
Co^{3+}	1.3	36					
Cu^{3+}	2.3	23	6.6				
Cu^{2+}	3.0	18.8	2.5	4.4	17	17.4	
Fe^{2+}	2.8	14.3				12.2	5.0
Fe^{3+}	1.4	25.1	6.5			19.8	10.1
Hg^{2+}	3.1	21.8	4.9	3.0	23.2	20.1	
La^{3+}		15.4			15.6	13.2	
Mg^{2+}	3.9	8.7			5.2	5.2	
Mn^{2+}	3.1	14.0		5.0	11.5	10.7	
Ni^{2+}	3.2	18.6		6.0	12.0	17.0	
Pb^{2+}	2.8	18.0		5.3	13.0	15.5	
Sn^{2+}		22.1					
Sr^{2+}	3.9	8.6		5.4	8.5	6.8	
Th^{4+}		23.2					8.6
Ti^{3+}		21.3					
TiO^{2+}		17.3					
Zn^{2+}	3.0	16.5		5.2	12.8	14.5	

附录十六 一些配位滴定剂、掩蔽剂、缓冲剂阴离子的 $\lg\alpha_{L(H)}$ 值

pH	EDTA	HEDTA	NH_3	CN^-	F^-
0	24.0	17.9	9.4	9.2	3.05
1	18.3	15.0	8.4	8.2	2.05

续表

pH	EDTA	HEDTA	NH_3	CN^-	F^-
2	13.8	12.0	7.4	7.2	1.1
3	10.8	9.4	6.4	6.2	0.3
4	8.6	7.2	5.4	5.2	0.05
5	6.6	5.3	4.4	4.2	
6	4.8	3.9	3.4	3.2	
7	3.4	2.8	2.4	2.2	
8	2.3	1.8	1.4	1.2	
9	1.4	0.9	0.5	0.4	
10	0.5	0.2	0.1	0.1	
11	0.1				
酸的形成常数					
$\lg K_1$	10.34	9.81	9.4	9.2	3.1
$\lg K_2$	6.24	5.41			
$\lg K_3$	2.75	2.72			
$\lg K_4$	2.07				
$\lg K_5$	1.6				
$\lg K_6$	0.9				

附录十七　金属羟基配合物的累积稳定常数的对数值

金属离子	离子强度	羟基配合物	$\lg\beta$
Al^{3+}	2	$[Al(OH)_4]^-$	33.3
		$[Al_6(OH)_{15}]^{3+}$	163
Ba^{2+}	0	$[Ba(OH)]^+$	0.7
Bi^{3+}	3	$[Bi(OH)]^{2+}$	12.4
		$[Bi_6(OH)_{12}]^{6+}$	168.3
Ca^{2+}	0	$[Ca(OH)]^+$	1.3
Cd^{2+}	3	$[Cd(OH)]^+$	4.3
		$[Cd(OH)_2]$	7.7
		$[Cd(OH)_3]^-$	10.3
		$[Cd(OH)_4]^{2-}$	12.0
Cu^{2+}	0	$[Cu(OH)]^+$	6.0
Fe^{2+}	1	$[Fe(OH)]^+$	4.5
Fe^{3+}	3	$[Fe(OH)]^{2+}$	11.0
		$[Fe(OH)_2]^+$	21.7

续表

金属离子	离子强度	羟基配合物	lgβ
		$[Fe_2(OH)_2]^{4+}$	25.1
Mg^{2+}	0	$[Mg(OH)]^+$	2.6
Mn^{2+}	0.1	$[Mn(OH)]^+$	3.4
Ni^{2+}	0.1	$[Ni(OH)]^+$	4.6
Pb^{2+}	0.3	$[Pb(OH)]^+$	6.2
		$[Pb(OH)]_2$	10.3
		$[Pb(OH)_3]^-$	13.3
		$[Pb_2(OH)]^{3+}$	7.6
Zn^{2+}	0	$[Zn(OH)]^+$	4.4
		$[Zn(OH)_3]^-$	14.4
		$[Zn(OH)_4]^{3-}$	15.5

附录十八　一些金属离子的 lg$\alpha_{M(OH)}$ 值

金属离子	离子强度	pH 值													
		1	2	3	4	5	6	7	8	9	10	11	12	13	14
Al^{3+}	2					0.4	1.3	5.3	9.3	13.3	17.3	21.3	25.3	29.3	33.3
Bi^{3+}	3	0.1	0.5	1.4	2.4	3.4	4.4	5.4							
Ca^{2+}	0.1													0.3	1.0
Cd^{2+}	3									0.1	0.5	2.0	4.5	8.1	12.0
Co^{2+}	0.1								0.1	0.4	1.1	2.2	4.2	7.2	10.2
Cu^{2+}	0.1								0.2	0.8	1.7	2.7	3.7	4.7	5.7
Fe^{2+}	1									0.9	0.6	1.5	2.5	3.5	4.5
Fe^{3+}	3			0.4	1.8	3.7	5.7	7.7	9.7	11.7	13.7	15.7	17.7	19.7	21.7
Hg^{2+}	0.1			0.5	1.9	3.9	5.9	7.9	9.9	11.9	13.9	15.9	17.9	19.9	21.9
La^{3+}	3										0.3	1.0	1.9	2.9	3.9
Mg^{2+}	0.1											0.1	0.5	1.3	2.3
Mn^{2+}	0.1										0.1	0.5	1.4	2.4	3.4
Ni^{2+}	0.1									0.1	0.7	1.6			
Pb^{2+}	0.1							0.1	0.5	1.4	2.7	4.7	7.4	10.4	13.4
Th^{4+}	1				0.2	0.8	1.7	2.7	3.7	4.7	5.7	6.7	7.7	8.7	9.7
Zn^{2+}	0.1									0.2	2.4	5.4	8.5	11.8	15.5

附录十九　条件电极电势 $E^{\ominus\prime}$ 值

半反应	$E^{\ominus\prime}$/V	介质
$Ag(II)+e^- \rightleftharpoons Ag^+$	1.972	$4mol \cdot L^{-1} HNO_3$
$Ce(IV)+e^- \rightleftharpoons Ce(III)$	1.700	$1mol \cdot L^{-1} HClO_4$
	1.610	$1mol \cdot L^{-1} HNO_3$
	1.440	$0.5mol \cdot L^{-1} H_2SO_4$
	1.280	$1mol \cdot L^{-1} HCl$
$Co^{3+}+e^- \rightleftharpoons Co^{2+}$	1.850	$4mol \cdot L^{-1} HNO_3$
$Co(en)_3{}^{3+}+e^- \rightleftharpoons Co(en)_3{}^{2+}$	−0.200	$0.1mol \cdot L^{-1} KNO_3+0.1mol \cdot L^{-1}$ 乙二胺
$Cr(III)+e^- \rightleftharpoons Cr(II)$	−0.400	$5mol \cdot L^{-1} HCl$
$Cr_2O_7^{2-}+14H^++6e^- \rightleftharpoons 2Cr^{3+}+7H_2O$	1.000	$1mol \cdot L^{-1} HCl$
	1.025	$1mol \cdot L^{-1} HClO_4$
	1.080	$3mol \cdot L^{-1} HCl$
	1.050	$2mol \cdot L^{-1} HCl$
	1.150	$4mol \cdot L^{-1} H_2SO_4$
$CrO_4^{2-}+2H_2O+3e^- \rightleftharpoons CrO_2^-+4OH^-$	−0.120	$1mol \cdot L^{-1} NaOH$
$Fe(III)+e^- \rightleftharpoons Fe(II)$	0.730	$1mol \cdot L^{-1} HClO_4$
	0.710	$0.5mol \cdot L^{-1} HCl$
	0.680	$1mol \cdot L^{-1} H_2SO_4$
	0.680	$1mol \cdot L^{-1} HCl$
	0.460	$2mol \cdot L^{-1} H_3PO_4$
	0.510	$1mol \cdot L^{-1} HCl+0.25mol \cdot L^{-1} H_3PO_4$
$H_3AsO_4+2H^++2e^- \rightleftharpoons H_3AsO_3+H_2O$	0.557	$1mol \cdot L^{-1} HCl$
	0.557	$1mol \cdot L^{-1} HClO_4$
$Fe(EDTA)^-+e^- \rightleftharpoons Fe(EDTA)^{2-}$	0.120	$0.1mol \cdot L^{-1}$ EDTA(pH4-6)
I_2(水)$+2e^- \rightleftharpoons 2I^-$	0.628	$1mol \cdot L^{-1} H^+$
$I_3+2e^- \rightleftharpoons 3I^-$	0.545	$1mol \cdot L^{-1} H^+$
$MnO_4+8H^++5e^- \rightleftharpoons Mn^{2+}+4H_2O$	1.450	$1mol \cdot L^{-1} HClO_4$
	1.270	$8mol \cdot L^{-1} H_3PO_4$
$Os(VIII)+4e^- \rightleftharpoons Os(IV)$	0.790	$5mol \cdot L^{-1} HCl$
$[SnCl_6]^{2-}+2e^- \rightleftharpoons [SnCl]_4^{2-}+2Cl^-$	0.140	$1mol \cdot L^{-1} HCl$
$Sn^{2+}+2e^- \rightleftharpoons Sn$	−0.160	$1mol \cdot L^{-1} HClO_4$
$Sb(V)+2e^- \rightleftharpoons Sb(III)$	0.750	$3.5mol \cdot L^{-1} HCl$
$Sb(OH)_6+2e^- \rightleftharpoons SbO_2+2OH^-+2H_2O$	−0.428	$3mol \cdot L^{-1} HaOH$
$SbO_2+2H_2O+3e^- \rightleftharpoons Sb+4OH^-$	−0.675	$10mol \cdot L^{-1} KOH$

续表

半反应	$E^{\ominus\prime}/V$	介质
$Ti(IV)+e^- \rightleftharpoons Ti(III)$	−0.010	$0.2mol \cdot L^{-1} H_2SO_4$
	0.120	$2mol \cdot L^{-1} H_2SO_4$
	−0.040	$1mol \cdot L^{-1} HCl$
	−0.050	$1mol \cdot L^{-1} H_3PO_4$
$Pb(II)+2e^- \rightleftharpoons Pb$	−0.320	$1mol \cdot L^{-1} NaAc$
	−0.140	$1mol \cdot L^{-1} HClO_4$
$UO_2^{2+}+4H^++2e^- \rightleftharpoons U(IV)+2H_2O$	0.410	$0.5mol \cdot L^{-1} H_2SO_4$

附录二十　一些化合物的摩尔质量

化合物	$M/g \cdot mol^{-1}$	化合物	$M/g \cdot mol^{-1}$
AgBr	187.78	$CaCl_2 \cdot H_2O$	129.00
AgCl	143.32	CaF_2	78.08
AgCN	133.84	$Ca(NO_3)_2$	164.09
Ag_2CrO_4	331.73	CaO	56.08
AgI	234.77	$Ca(OH)_2$	74.09
$AgNO_3$	169.87	$CaSO_4$	136.14
AgSCN	165.95	$Ca_3(PO_4)_2$	310.18
Al_2O_3	101.96	$Ce(SO_4)_2$	332.24
$Al_2(SO_4)_3$	342.15	$Ce(SO_4)_2 \cdot 2(NH_4)_2SO_4 \cdot 2H_2O$	632.54
As_2O_3	197.84	CH_3COOH	60.05
As_2O_5	229.84	CH_3OH	32.04
		CH_3COCH_3	58.08
$BaCO_3$	197.34	C_6H_5COOH	122.12
BaC_2O_4	225.35	C_6H_5COONa	144.10
$BaCl_2$	208.24	$C_6H_4COOHCOOK$（苯二酸氢钾）	204.23
$BaCl_2 \cdot 2H_2O$	244.27		
$BaCrO_4$	253.32	CH_3COONa	82.03
BaO	153.33	C_6H_5OH	94.11
$Ba(OH)_2$	171.35	$(C_9H_7N)_3H_3(PO_4 \cdot 12MoO_3)$（磷钼酸喹啉）	2212.74
$BaSO_4$	233.39		
		$COOHCH_2COOH$	104.06
$CaCO_3$	100.09	$COOHCH_2COONa$	126.04
CaC_2O_4	128.10	CCl_4	153.81
$CaCl_2$	110.99	CO_2	44.01

续表

化合物	M/g·mol^{-1}	化合物	M/g·mol^{-1}
Cr_2O_3	151.99	HNO_3	63.01
$Cu(C_2H_3O_2)_2 \cdot 3Cu(AsO_3)_2$	1013.80	H_2O	18.02
CuO	79.54		
CuSCN	121.63	$KAl(SO_4)_2 \cdot 12H_2O$	474.39
$CuSO_4$	159.61	$KB(C_6H_5)_4$	358.33
$CuSO_4 \cdot 5H_2O$	249.69	KBr	119.01
		$KBrO_3$	167.01
$FeCl_3$	162.21	KCN	65.12
$FeCl_3 \cdot 6H_2O$	270.30	K_2CO_3	138.21
FeO	71.58	KCl	74.56
Fe_2O_3	159.69	$KClO_3$	122.55
Fe_3O_4	231.54	$KClO_4$	138.55
$FeSO_4 \cdot H_2O$	169.93	K_2CrO_4	194.20
$FeSO_4 \cdot 7H_2O$	278.02	$K_2Cr_2O_7$	294.19
$Fe_2(SO_4)_3$	399.89	$KHC_2O_4H_2C_2O_4 \cdot 2H_2O$	254.19
$FeSO_4 \cdot (NH_4)_2SO_4 \cdot 6H_2O$	392.14	$KHC_2O_4 \cdot H_2O$	146.14
		KI	166.01
H_3BO_3	61.83	KIO_3	214.00
HBr	80.91	$KIO_3 \cdot HIO_3$	389.92
$H_2C_4H_4O_6$(酒石酸)	150.09	$KMnO_4$	158.04
HCN	27.03	KNO_2	85.10
H_2CO_3	62.03	K_2O	92.20
$H_2C_2O_4$	90.04	KOH	56.11
H_2O_2	34.02	KSCN	97.18
H_3PO_4	98.00	K_2SO_4	174.26
H_2S	34.08		
H_2SO_3	82.08	$MgCO_3$	84.32
H_2SO_4	98.08	$MgCl_2$	95.21
$HgCl_2$	271.50	$MgNH_4PO_4$	137.33
Hg_2Cl_2	472.09	MgO	40.31
$H_2C_2O_4 \cdot 2H_2O$	126.07	$Mg_2P_2O_7$	222.60
HCOOH	46.03	MnO	70.94
HCl	36.46	MnO_2	86.94
$HClO_4$	100.46	$NaBiO_3$	279.97
HF	20.01	NaBr	102.90
HI	127.91	NaCN	49.01
HNO_2	47.01	Na_2CO_3	105.99

续表

化合物	M/g·mol^{-1}	化合物	M/g·mol^{-1}
$Na_2B_4O_7$	201.22	$(NH_4)_2HPO_4$	132.05
$Na_2B_4O_7 \cdot 10H_2O$	381.37	$(NH_4)_3PO_4 \cdot 12MoO_3$	1876.53
$Na_2C_2O_4$	134.00	NH_4SCN	76.12
NaCl	58.44	$(NH_4)_2SO_4$	132.14
NaF	41.99	$NiC_8H_{14}O_4N_4$（丁二酮肟镍）	288.19
$NaHCO_3$	84.01		
NaH_2PO_4	119.98	P_2O_5	141.95
Na_2HPO_4	141.96	$PbCrO_4$	323.18
$Na_2H_2Y \cdot 2H_2O$（EDTA 二钠盐）	372.26	PbO	223.19
		PbO_2	239.19
NaI	149.89	Pb_3O_4	685.57
$NaNO_2$	69.00	$PbSO_4$	303.26
Na_2O	61.98	SO_2	64.06
NaOH	40.01	SO_3	80.06
Na_3PO_4	163.94	Sb_2O_3	291.50
Na_2S	78.05	Sb_2S_3	339.70
$Na_2S \cdot 9H_2O$	240.18	SiF_4	104.08
Na_2SO_3	126.04	SiO_2	60.08
Na_2SO_4	142.04	$SnCO_3$	178.82
$Na_2SO_4 \cdot 10H_2O$	322.20	$SnCl_2$	189.60
$Na_2S_2O_3$	158.11	SnO_2	150.71
$Na_2S_2O_3 \cdot 5H_2O$	248.19	TiO_2	79.88
Na_2SiF_6	188.06	WO_3	231.85
NH_3	17.03	$ZnCl_2$	136.30
NH_4Cl	53.49	ZnO	81.39
$(NH_4)_2C_2O_4 \cdot H_2O$	142.11	$Zn_2P_2O_7$	304.37
$NH_3 \cdot H_2O$	35.05	$ZnSO_4$	161.45
$NH_4Fe(SO_4)_2 \cdot 12H_2O$	482.20		

参考文献

［1］ 慕慧. 基础化学. 北京：科学出版社，2001.
［2］ 曲保中，朱炳林，周伟红. 新大学化学. 北京：科学出版社，2002.
［3］ ［美］L. 罗森堡，M. 爱波 · 斯坦. 大学化学习题精解. 孙家跃，杜海燕译. 北京：科学出版社，2002.
［4］ 华彤文，杨骏英. 普通化学原理. 第 2 版. 北京：北京大学出版社，1999.
［5］ 武汉大学. 分析化学. 第 5 版. 北京：高等教育出版社，2010.
［6］ 朱明华，仪器分析. 第 3 版. 北京：高等教育出版社，2000.
［7］ 陈荣三. 无机及分析化学. 第 2 版. 北京：高等教育出版社，1985.
［8］ 南京药学院主编. 分析化学. 北京：人民卫生出版社，1983.
［9］ 陈种菊，无机化学. 成都：四川大学出版社，1995.
［10］ 奚治文，向立人. 仪器分析. 成都：四川大学出版社，1992.
［11］ 孙淑声，赵钰琳. 无机化学（生物类）. 北京：北京大学出版社，1993.
［12］ B. M. Mahan，R. J. Myers，University Chemistry. 4th edition，Berkeley：Cummings Publishing Company，1987.
［13］ 谢有畅，邵美成. 结构化学（下册）. 北京：人民教育出版社，1980.
［14］ 周公度. 结构与物性——化学原理的应用. 北京：高等教育出版社，2000.
［15］ 张瑞林，崔相旭，郑伟涛，丁涛，胡安广. 结晶状态. 长春：吉林大学出版社，2002.
［16］ 李炳瑞. 结构化学. 北京：高等教育出版社，2004.
［17］ 潘道皑，赵成大，郑载兴. 物质结构. 北京：人民教育出版社，1983.
［18］ M. Duncan，M. Christine，Essentials of Crystallography，London：Blackwell scientific，1986.
［19］ Ulrich Müller，Inorganic Structural Chemistry，England：John Wiley & Son，1993.
［20］ 陈复生. 精密分析仪器及应用（上册）. 成都：四川科学技术出版社，1988.
［21］ E. E. 弗林特. 结晶学原理. 北京：高等教育出版社，1956.
［22］ 傅献彩. 大学化学. 北京：高等教育出版社，1999 .
［23］ 武汉大学等. 无机化学. 北京：高等教育出版社，1994.
［24］ 宋天佑，程鹏，王杏乔. 无机化学. 第 2 版，北京：高等教育出版社，2010.
［25］ 胡常伟，周歌. 大学化学. 第 2 版，北京：化学工业出版社，2013.
［26］ 李瑞祥，曾红梅，周向葛. 无机化学. 北京：化学工业出版社，2013.
［27］ 魏祖期，刘德育. 基础化学. 第 8 版. 北京：人民卫生出版社，2014.
［28］ 高松. 普通化学. 北京：北京大学出版社，2013.
［29］ 杨晓达. 大学基础化学. 北京：北京大学出版社，2012.
［30］ 鲁厚芳，高峻，何菁萍. 近代化学基础学习指导. 第 2 版，北京：化学工业出版社，2014.
［31］ 马家举，黄仁和，王斌. 普通化学学习指导. 北京：化学工业出版社，2012.
［32］ 游文玮，何炜. 医用化学. 第 2 版. 北京：化学工业出版社，2014.
［33］ L. Theodre，H. Brown，Eugene LeMay Jr. and Bruce E. Bursren，Chemistry-The Central Science，China Machine Press，2003，3.
［34］ 计亮年，黄锦汪，莫庭焕等. 生物无机化学导论. 第 2 版. 广州：中山大学出版社，2001.
［35］ 王懋登. 生物无机化学. 北京：清华大学出版社，1988.
［36］ 杨频，高飞. 生物无机化学原理. 北京：科学出版社，2002.
［37］ 郭子建，孙为银. 生物无机化学. 北京：科学出版社，2006.
［38］ 冯辉霞. 无机及分析化学. 武汉：华中科技大学出版社，2008.
［39］ Bertini I，Gray H B，Lippard S J，Valentine J S. Bioinorganic Chemistry，Mill Valley：University Science Books. 1994.
［40］ Frausto da Silva J J R and Williams R J. The Biological Chemistry of the Elements：The Inorganic Chemistry of Life. Oxford：Oxford University Press. 1991 .
［41］ Hay R W，Bio－Inorganic Chemistry. Chichester：Ellis Horwood. 1984.
［42］ Kaim W，Schwederski B，Bioinorganic Chemistry：Inorganic Elements in the Chemistry of Life，An introduction and Guide，Chichester：John Wiley & Sons. 1994.

参考文献

元素周期表

IUPAC 2013

图例（以95号元素为例）：95 — 原子序数；Am — 元素符号（红色的为放射性元素）；镅▲ — 元素名称（注▲的为人造元素）；$5f^77s^2$ — 价层电子构型；+2 +3 +4 +5 +6 — 氧化态（单质的氧化态为0，未列入；常见的为红色）；243.06138(2)✦ — 以 $^{12}C=12$ 为基准的原子量（注✦的是半衰期最长同位素的原子量）

s区元素　p区元素　d区元素　ds区元素　f区元素　稀有气体

族/周期	1 IA	2 IIA	3 IIIB	4 IVB	5 VB	6 VIB	7 VIIB	8	9 VIIIB(VIII)	10	11 IB	12 IIB	13 IIIA	14 IVA	15 VA	16 VIA	17 VIIA	18 VIIIA(0)	电子层
1	1 H 氢 $1s^1$ 1.008 −1 +1																	2 He 氦 $1s^2$ 4.002602(2)	K
2	3 Li 锂 $2s^1$ 6.94 +1	4 Be 铍 $2s^2$ 9.0121831(5) +2											5 B 硼 $2s^22p^1$ 10.81 +3	6 C 碳 $2s^22p^2$ 12.011 −4 +2 +4	7 N 氮 $2s^22p^3$ 14.007 −3 −2 −1 +1 +2 +3 +4 +5	8 O 氧 $2s^22p^4$ 15.999 −2 −1	9 F 氟 $2s^22p^5$ 18.998403163(6) −1	10 Ne 氖 $2s^22p^6$ 20.1797(6)	L K
3	11 Na 钠 $3s^1$ 22.98976928(2) −1 +1	12 Mg 镁 $3s^2$ 24.305 +2											13 Al 铝 $3s^23p^1$ 26.9815385(7) +3	14 Si 硅 $3s^23p^2$ 28.085 −4 +2 +4	15 P 磷 $3s^23p^3$ 30.973761998(5) −3 −2 −1 +3 +5	16 S 硫 $3s^23p^4$ 32.06 −2 +2 +4 +6	17 Cl 氯 $3s^23p^5$ 35.45 −1 +1 +3 +5 +7	18 Ar 氩 $3s^23p^6$ 39.948(1)	M L K
4	19 K 钾 $4s^1$ 39.0983(1) −1 +1	20 Ca 钙 $4s^2$ 40.078(4) +2	21 Sc 钪 $3d^14s^2$ 44.955908(5) +3	22 Ti 钛 $3d^24s^2$ 47.867(1) −1 0 +2 +3 +4	23 V 钒 $3d^34s^2$ 50.9415(1) 0 ±1 +2 +3 +4 +5	24 Cr 铬 $3d^54s^1$ 51.9961(6) −3 0 ±1 +2 +3 +4 +5 +6	25 Mn 锰 $3d^54s^2$ 54.938044(3) −2 0 ±1 +2 +3 +4 +5 +6 +7	26 Fe 铁 $3d^64s^2$ 55.845(2) −2 0 ±1 +2 +3 +4 +5 +6	27 Co 钴 $3d^74s^2$ 58.933194(4) 0 ±1 +2 +3 +4 +5	28 Ni 镍 $3d^84s^2$ 58.6934(4) 0 ±1 +2 +3 +4	29 Cu 铜 $3d^{10}4s^1$ 63.546(3) +1 +2 +3 +4	30 Zn 锌 $3d^{10}4s^2$ 65.38(2) +1 +2	31 Ga 镓 $4s^24p^1$ 69.723(1) +1 +3	32 Ge 锗 $4s^24p^2$ 72.630(8) +2 +4	33 As 砷 $4s^24p^3$ 74.921595(6) −3 +3 +5	34 Se 硒 $4s^24p^4$ 78.971(8) −2 +2 +4 +6	35 Br 溴 $4s^24p^5$ 79.904 −1 +1 +3 +5 +7	36 Kr 氪 $4s^24p^6$ 83.798(2) +2 +4	N M L K
5	37 Rb 铷 $5s^1$ 85.4678(3) −1 +1	38 Sr 锶 $5s^2$ 87.62(1) +2	39 Y 钇 $4d^15s^2$ 88.90584(2) +3	40 Zr 锆 $4d^25s^2$ 91.224(2) +1 +2 +3 +4	41 Nb 铌 $4d^45s^1$ 92.90637(2) 0 ±1 +2 +3 +4 +5	42 Mo 钼 $4d^55s^1$ 95.95(1) 0 ±1 ±2 +3 +4 +5 +6	43 Tc 锝▲ $4d^55s^2$ 97.90721(3)✦ 0 ±1 +2 +3 +4 +5 +6 +7	44 Ru 钌 $4d^75s^1$ 101.07(2) 0 +1 +2 +3 +4 +5 +6 +7 +8	45 Rh 铑 $4d^85s^1$ 102.90550(2) 0 ±1 +2 +3 +4 +5 +6	46 Pd 钯 $4d^{10}$ 106.42(1) 0 +1 +2 +3 +4	47 Ag 银 $4d^{10}5s^1$ 107.8682(2) +1 +2 +3	48 Cd 镉 $4d^{10}5s^2$ 112.414(4) +1 +2	49 In 铟 $5s^25p^1$ 114.818(1) +1 +3	50 Sn 锡 $5s^25p^2$ 118.710(7) +2 +4	51 Sb 锑 $5s^25p^3$ 121.760(1) −3 +3 +5	52 Te 碲 $5s^25p^4$ 127.60(3) −2 +2 +4 +6	53 I 碘 $5s^25p^5$ 126.90447(3) −1 +1 +3 +5 +7	54 Xe 氙 $5s^25p^6$ 131.293(6) +2 +4 +6 +8	O N M L K
6	55 Cs 铯 $6s^1$ 132.90545196(6) −1 +1	56 Ba 钡 $6s^2$ 137.327(7) +2	57~71 La~Lu 镧系	72 Hf 铪 $5d^26s^2$ 178.49(2) +1 +2 +3 +4	73 Ta 钽 $5d^36s^2$ 180.94788(2) 0 ±1 +2 +3 +4 +5	74 W 钨 $5d^46s^2$ 183.84(1) 0 ±1 ±2 +3 +4 +5 +6	75 Re 铼 $5d^56s^2$ 186.207(1) 0 ±1 +2 +3 +4 +5 +6 +7	76 Os 锇 $5d^66s^2$ 190.23(3) 0 +1 +2 +3 +4 +5 +6 +7 +8	77 Ir 铱 $5d^76s^2$ 192.217(3) 0 ±1 +2 +3 +4 +5 +6	78 Pt 铂 $5d^96s^1$ 195.084(9) 0 +2 +3 +4 +5 +6	79 Au 金 $5d^{10}6s^1$ 196.966569(5) +1 +2 +3 +5	80 Hg 汞 $5d^{10}6s^2$ 200.592(3) +1 +2 +3	81 Tl 铊 $6s^26p^1$ 204.38 +1 +3	82 Pb 铅 $6s^26p^2$ 207.2(1) +2 +4	83 Bi 铋 $6s^26p^3$ 208.98040(1) −3 +3 +5	84 Po 钋 $6s^26p^4$ 208.98243(2)✦ −2 +2 +3 +4 +6	85 At 砹 $6s^26p^5$ 209.98715(5)✦ ±1 +5 +7	86 Rn 氡 $6s^26p^6$ 222.01758(2)✦ +2	P O N M L K
7	87 Fr 钫▲ $7s^1$ 223.01974(2)✦ +1	88 Ra 镭 $7s^2$ 226.02541(2)✦ +2	89~103 Ac~Lr 锕系	104 Rf 𬬻▲ $6d^27s^2$ 267.122(4)✦	105 Db 𬭊▲ $6d^37s^2$ 270.131(4)✦	106 Sg 𬭳▲ $6d^47s^2$ 269.129(3)✦	107 Bh 𬭛▲ $6d^57s^2$ 270.133(2)✦	108 Hs 𬭶▲ $6d^67s^2$ 270.134(2)✦	109 Mt 鿏▲ $6d^77s^2$ 278.156(5)✦	110 Ds 𫟼▲ 281.165(4)✦	111 Rg 𬬭▲ 281.166(6)✦	112 Cn 鿔▲ 285.177(4)✦	113 Nh 鿭▲ 286.182(5)✦	114 Fl 𫓧▲ 289.190(4)✦	115 Mc 镆▲ 289.194(6)✦	116 Lv 𫟷▲ 293.204(4)✦	117 Ts 石田▲ 293.208(6)✦	118 Og 气奥▲ 294.214(5)✦	Q P O N M L K

	57	58	59	60	61	62	63	64	65	66	67	68	69	70	71
★ 镧系	57 La★ 镧 $5d^16s^2$ 138.90547(7) +3	58 Ce 铈 $4f^15d^16s^2$ 140.116(1) +2 +3 +4	59 Pr 镨 $4f^36s^2$ 140.90766(2) +3 +4	60 Nd 钕 $4f^46s^2$ 144.242(3) +2 +3 +4	61 Pm 钷▲ $4f^56s^2$ 144.91276(2)✦ +3	62 Sm 钐 $4f^66s^2$ 150.36(2) +2 +3	63 Eu 铕 $4f^76s^2$ 151.964(1) +2 +3	64 Gd 钆 $4f^75d^16s^2$ 157.25(3) +3	65 Tb 铽 $4f^96s^2$ 158.92535(2) +3 +4	66 Dy 镝 $4f^{10}6s^2$ 162.500(1) +3 +4	67 Ho 钬 $4f^{11}6s^2$ 164.93033(2) +3	68 Er 铒 $4f^{12}6s^2$ 167.259(3) +3	69 Tm 铥 $4f^{13}6s^2$ 168.93422(2) +2 +3	70 Yb 镱 $4f^{14}6s^2$ 173.045(10) +2 +3	71 Lu 镥 $4f^{14}5d^16s^2$ 174.9668(1) +3
★ 锕系	89 Ac★ 锕 $6d^17s^2$ 227.02775(2)✦ +3	90 Th 钍 $6d^27s^2$ 232.0377(4) +3 +4	91 Pa 镤 $5f^26d^17s^2$ 231.03588(2) +3 +4 +5	92 U 铀 $5f^36d^17s^2$ 238.02891(3) +2 +3 +4 +5 +6	93 Np 镎 $5f^46d^17s^2$ 237.04817(2)✦ +3 +4 +5 +6 +7	94 Pu 钚 $5f^67s^2$ 244.06421(4)✦ +3 +4 +5 +6 +7	95 Am 镅▲ $5f^77s^2$ 243.06138(2)✦ +2 +3 +4 +5 +6	96 Cm 锔▲ $5f^76d^17s^2$ 247.07035(3)✦ +3 +4	97 Bk 锫▲ $5f^97s^2$ 247.07031(4)✦ +3 +4	98 Cf 锎▲ $5f^{10}7s^2$ 251.07959(3)✦ +2 +3 +4	99 Es 锿▲ $5f^{11}7s^2$ 252.0830(3)✦ +2 +3	100 Fm 镄▲ $5f^{12}7s^2$ 257.09511(5)✦ +2 +3	101 Md 钔▲ $5f^{13}7s^2$ 258.09843(3)✦ +2 +3	102 No 锘▲ $5f^{14}7s^2$ 259.1010(7)✦ +2 +3	103 Lr 铹▲ $5f^{14}6d^17s^2$ 262.110(2)✦ +3